Solar Cell Engineering

태양전지공학

이준신 • 김경해 공저

도서출판 그린

머리말

21세기를 살아가는 인류에게 있어서 가장 중요한 문제는 어떻게 깨끗하고 공해 없는 지구환경을 후세에게 물려주는가 하는 것이다. 현재까지 우리는 불행하게도 많은 공해와 환경파괴를 유발시키는 화석연료와 원자력을 주 에너지원으로 사용하고 있다. 이러한 문제를 해결할 수 있는 방법 중의 하나가 바로 무한한 청정에너지원인 태양광 발전이다. 태양은 우리 인류에게 적어도 앞으로 50억 년 이상은 무료로 에너지를 사용할 수 있게 할 에너지원이다. 항구적인 청정에너지 기술로서 기대되어 온 태양광 발전 시스템의 실용화에의 전망은 의외로 빠르게 현재 자리 잡아가고 있다. 미래기술로 부상하는 태양전지 분야에 조그만 힘이 될 수 있기를 기원하며 본 책을 집필하였다. 그동안 어려운 가운데서도 태양전지 개발에 열정을 가지고 노력하신 국내과학자와 함께 출판의 기쁨을 나누고 싶다. 태양전지는 한국의 대표적인 산업으로 손꼽는 반도체 산업으로 전기전자 및 재료, 기계, 물리, 화학 등의 다양한 분야에서 공동의 노력에 자료로 사용되기를 바란다.

이 책의 내용 구성을 보면, 제1장에서 태양전지의 에너지 원천인 태양광을 다루고 제2장에서는 태양전지 전반을 소개하였다. 제3장에서 제5장까지는 태양전지 산업에 필요한 태양전지 원료, 제작, 평가법을 다루어 절반의 내용으로 태양전지의 기초과정을 다루었다. 이전의 출판에서 너무 학문적으로 편향되어 실무적용의 애로점을 해소하기 위해서 산업현장의 신규인원이 태양전지 관련내용을 파악할 수 있도록 하였다. 제6장 이후는 중급 이상의 과정으로 필요 시에 해당분야의 내용을 보면 도움이 될 수 있도록 내용을 구성하였다.

본 저서가 태양전지 분야에 공부하는 학생들과 산업계에 종사하는 분들에게 유익한 교재가 되기를 바라며, 이 책을 편집할 수 있도록 도와준 모든 분들께 감사를 표합니다.

2006년 9월

저자 씀

차 례

3 Chapter

실리콘 태양전지 기판재료

4 Chapter

태양전지 제작

5 Chapter

태양전지의 측정법

6 Chapter 태양전지 응용과 장래전망

7 Chapter 태양전지 재료 특성

태양에너지

1.1 서 론

우리가 매일 사용하는 전기를 만들기 위해서는 에너지 변환 과정에서 이산화탄소를 배출하는 화석연료를 사용한다. 배출된 이산화탄소는 지구대기권에 남아 마치 지구 전체가 비닐하우스를 덮어쓰고 있는 것과 같은 온실효과를 가져온다.

18세기 산업혁명 이후 화석연료의 사용으로 이산화탄소의 대기 중 농도가 급속히 증가하여 지구의 온도가 상승하여 빙하 및 북극, 남극에 있는 얼음이 녹고 또 해수의 체적이 팽창하여 해면의 수위가 상승했다. 지구의 온도는 2100년에는 현재보다 2°C 상승할 것이며 바다의 수위는 약 50 cm 올라갈 것으로 예측된다. 결과적으로 지구에 큰 변화가 올 것이며 기상이변으로 지구의 많은 지역이 사막으로 변하게 될 것이고, 사막화 현상은 삼림감소를 초래, 이산화탄소 흡수가 적어져 온실효과는 심각한 상태에 이를 것이다. 이러한 온실 효과 및 지구 온난화 현상이 가속화되는 것을 방지하려면 그 원인이 되고 있는 가스의 배출량을 감소시키는 것이 급선무이다. 화석에너지의 사용증가에 따른 지구온난화를 막기 위한 기후 변화협약에 따라 세계 각국은 미래에 환경친화적인 기술만이 존속 가능하도록 하는 프로그램을 개발하고 있다. 또한 환경오염이나 환경파괴에 근원이 되는 산업은 환경세, 오염세 등의 막대한 자금을 지출해야만 사용이 가능해질 것이다.

인류가 영원히 사용할 수 있다고 생각했던 화석에너지는 지금과 같은 양으로 계속해 사용한다면 석유는 40년, 석탄은 210년, 천연가스는 65년, 우라늄은 50년 후면 고갈된다. 현재에도 석유와 석탄에너지원은 이산화탄소를 배출하며 지구환경에 심각한 위협을 가하고 있고, 원자력 발전 역시 안전성과 핵 폐기물 처리 문제 등으로 새로운 설치를 꺼리고 있는 실정이다. 이러한 상황에서 인류가 선택할 방법은 새로운 에너지를 개발하는 일 뿐이다. 에너지 절약도 추구하여야겠지만 장기적으로 볼 때 대체에너지원 개발은 더 이상 미룰 수 없다. 이에 따라 세계 선진국가들은 이산화탄소의 발생을 초래하는 화석연료(석유, 석탄)의 사용을 줄이고 각 국가 특성에 가장 적합한 대체에너지 개발에 박차를 가하고 있다. 대체에너지로는 태양광(태양전지), 태양열, 바이오매스, 풍력, 조력, 지열, 연료전지, 수소에너지, 폐기물에너지 등이 있다. 에너지원을 수입하는 우리나라는 여름철 더위에 전력 수요가 증가하고 있다. 이러한 전력급증은 바로 냉방 수요의 증가에 기인하고 있다. 생활이 편리해짐에 따라 쾌적한 생활을 즐기려는 욕구가 증대되고 이러한 욕구는 곧 냉방수요의 증가로 나타나게 된다. 다양한 대체에너지원 중에서도 태양광을 전기에너지로 바꾸는 태양전지는 여름철 냉방 부하에 가장 적합하다. 태양전지는 햇빛을 받으면 광-전변환으로 전기에너지를 직접생산하며, 햇빛이 강할수록 보다 많은 전기를 생산하므로 여름철 냉방부하를 감당하기에 가장 적합한 발전방식이다. 우리나라의 에너지 해외의존도는 97% 이상이다. 이런 엄청난 에너지 수입국에서 에너지 수출의 신화를 이룩할 수 있는 산업은 태양전지를 기반으로 한 태양광 발전에너지이다. 태양전지는 기본적으로 n-형 실리콘 반도체와 p-형 실리콘 반도체를 접합한 반도체이다. 우리나라는 반도체 제조공정과 생산시설 측면에서 세계의 최고수준이며 이런 기반시설을 이용한다면 다양한 대체에너지원 가운데에서 가장 먼저 국제경쟁력을 갖춘 분야이다. [그림 1.1]에 보듯이 세계최고기술과 비교하여 국내기술력을 비교할 때 태양전지가 선진기술력과 가장 경쟁력을 확보할 수 있음을 알 수 있다. 이렇듯 태양전지 산업은 국내 기술력과 기반시설이 갖추어져 있기 때문에 국내에서 태양광 발전에 대한 인식을 재정립하고 또한 정책적인 지도를 강화하면 태양광 발전의 실용화는 가속화될 것이다.

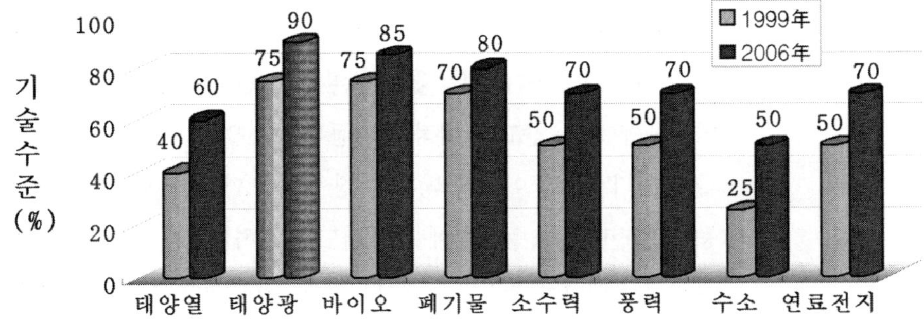

그림 1.1 선진국 대비 국내기술 수준

태양광 발전의 실용화는 이미 선진국을 중심으로 현재 활발하게 전개되고 있다 미국은 정부의 주도로 대규모 태양광 발전소를 계속적으로 증설하고 있으며, 전기자동차의 생산을 의무적으로 늘려나가는 법안을 통과시켜 이미 시행하고 있다. 산업체는 또한 새로운 공장과 생산량을 꾸준히 늘려가고 있다. 일본은 정부 주도로 태양광 발전 시스템의 설치비용을 50%까지 무상 지원해 주고 있으며 "Sunshine Project"라는 국가차원의 대규모 태양에너지 개발 계획을 추진하고 있다. 이런 개별 국가차원의 노력과 병행해서 국제기구의 협력이 진행되고 있다. 사막에 대규모 원자력 발전소 수기에 해당하는 수 Giga watt급 태양광 발전소를 설립하여 인접 국가들이 전력을 공유하는 방안이다. 예를 들면 "고비 프로젝트"나 "사하라 프로젝트"가 발족되서 경제적 타당성 조사가 진행되고 있다. 또한 태양전지를 이용한 양수 펌프로 지하수를 퍼 올려 사막의 녹지화가 가능하여 식물을 재배가 가능해진다. 이와 같이 항구적인 청정에너지 기술로써 기대되어 온 태양광 발전 시스템의 실용화에의 전망은 의외로 빠르게 현실적으로 되어가고 있다. 그러나 현재 태양전지를 사용한 전기에너지는 화석에너지에 비해 경제성이 낮아 민간이 개발 투자하기에는 어려움이 있다. 국외에서는 정부가 태양전지 직접개발에 참여하거나 개발자와 수요자에게 세금 혜택을 주고 보조금을 지급하는 등 다양한 방법으로 지원을 하여 태양전지의 수요가 공급을 앞서가고 있다. 우리 인류에게 적어도 앞으로 50억 년 이상은 무료로 에너지를 사용할 수 있게 하는 태양 전기에너지를 수출품목으로 육성할 수 있는 지혜를 가질 수 있는 정부의 정책이 필요한 시기이다.

이 장에서는 우선 태양광 발전의 근원이 되는 태양복사 에너지의 성질과 그것이 어느 정도의 양이 있고 인류의 생활에 필요한 에너지의 양과 비교해서, 얼마나 큰 것인가 등, 태양에너지의 질과 양에 대해서 서술한다. 이어서 태양광 발전 system에는 어떠한 것이 있는가를 분류하여 나타낸다. 그 후, 태양광 발전이 수력발전이나 화력발전 등, 지금까지의 발전방법과 비교해서 어떻게 다른 것인가에 관해서 설명한다. 태양광 발전은 원래 반도체의 양자효과에 근거하기 때문에, 열을 동반하지 않고 기계적인 가동부분이 없는 등의, 여러 가지 독특한 특징을 갖고 있다. 또한 이러한 많은 특징을 갖으면서도 지금까지 보급되지 않은 이유 등의 발전방식의 문제점에 관해서도 고찰하여, 21세기 인류문명의 유지에 필수적인 청정에너지 개발이라는 대명제에 대한 태양광 발전의 위치 부여와 그 중요성에 관해서 서술한다.

1.2 태양에너지

1.2.1 태양에너지의 질과 양

지구표면에 달하는 태양에너지는 우주라는 거의 진공의 공간을 통해 전자파의 형태로 도달한다. 그것은 평균 1억5,000만 km라는 지구와 태양과의 거리를 생각하면, 지구표면에서는 거의 평행광선으로, 전자기학적으로 말하면 많은 주파수를 갖는 평면파의 집합이라고 생각된다. 그리고 지표로 받는 복사 스펙트럼은 [그림 1.2]에 굵은 실선으로 표시되어 있다. 가는 실선으로 보이는 우주로부터의 태양복사는 대기권에 들어와 그 자외선이나 청색의 고 에너지 성분은 공기분자와의 산란에 의해서 잃게 되고(지상에서 보면 하늘이 푸르게 보이는 이유) 또한 그 위에 대기 중의 수증기 분자 등에 의한 흡수를 받게 되기 때문에, 최종적으로 지표에 달하는 태양광은 그림에 나타낸 회색의 부분을 뺀 굵은 실선으로 나타낸 스펙트럼 분포가 된다.

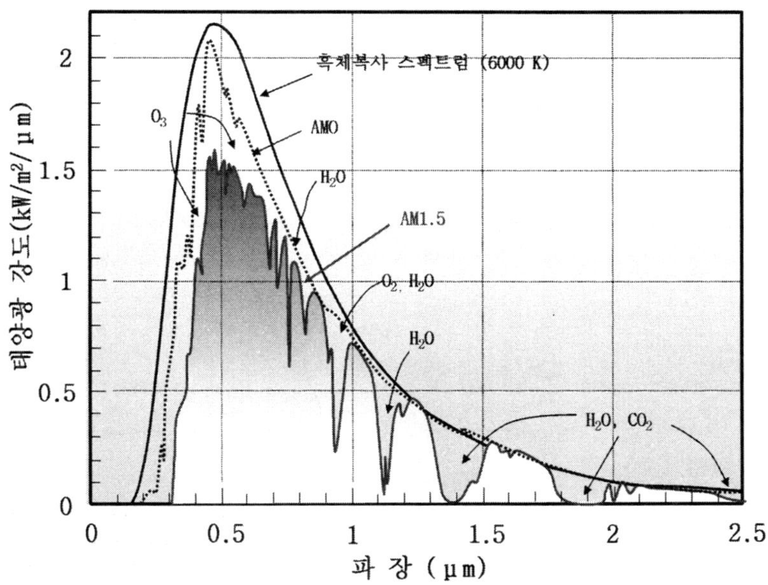

그림 1.2 태양권 외(AMO) 및 지표상(AM1.5)의 태양에너지 스펙트럼

태양복사 스펙트럼에는 장파장대 영역에서 태양전파라 칭하는 구조를 볼 수 있지만, 이들은 태양흑점의 활동 등에 의해서 변동하는 것이다. 따라서 일반적으로 simulator 광원 스펙트럼으로서, 우주권에서는 그림의 파선으로 나타난 6,000 K, 그리고 지표상에서는 5,700 K의 발열체 스펙트럼에 가까운 것이 사용되고 있다. 다음으로 태양복사 에너지의 양에 관해서 생각해 보면, 태양표면에서 방사된 에너지는 전력으로 환산하여 3.8×1,023 kW 정도로 추정되고 있다. 이것이 약 1억 5,000만 km의 우주를 통하여 지구의 대기권 가까이에 도달하면, 그 복사에너지 밀도는 대략 1.4 kW/m^2 정도가 된다. 이 값을 태양정수[1](solar

1) 태양정수 ; 지구가 태양으로부터의 공도 평균거리 1,495 × 10^8 km에 있다면, 대기의 흡수나

constant)라 부르며, 인공위성을 사용하여 실측된 값이다. 그런데 지구상에 어떤 지점에 입사되는 태양광선은 그 장소의 위도, 시간, 기상의 상황에서 여러 가지로 변화한다. 예를 들면 같은 장소의 남중 때의 직사 일광이라도 사계에 따라 통과 공기량이 변화한다. 이 대기권 통과 공기량을 air mass(Air Mass; AM)라 부른다. 이 단위로서, 천장으로부터 수직으로 입사하는 통과 공기량을 기준으로 나타내어, 이것을 AM1이라고 쓴다. 예를 들면 대기권 외에서는 AM0, 또한 겨울의 동경에서 정오 때의 직사일광은 AM1.5 정도이다. 지표에 도달하는 총 복사에너지는 따라서 이 태양정수에 지구의 투영면적을 곱한 것이다. 지구는 장경 6,378 km, 단경 6,356 km의 거의 구에 가까운 타원체이지만, 시험적으로 단경을 써 계산하면, 177 × 1,012 kW가 된다. 이렇게 해서 지구에 내려오는 태양에너지를 100%로 하여, 이것이 지구상에서 어떠한 배분으로 잃게 되는지를 나타낸 것이 [그림 1.3]이다.

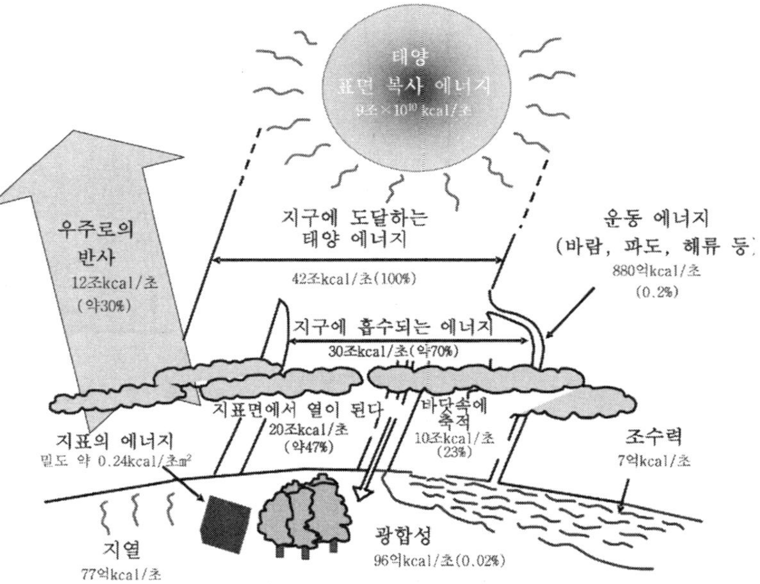

그림 1.3 지표에 주어지는 태양복사 에너지와 지구보유 에너지

[그림 1.3]에 보이는 대로 지구에 내리쏟아지는 태양복사 에너지의 거의 30% 정도(52×10^{12} kW)는 빛으로 다시 우주에 반사된다. Apollo 우주선에서 지구를 보면, 달 표면에 비교해서 훨씬 반사율이 좋은 바다나 구름을 갖고 있는 지구는 푸르게 빛나서 대단히 밝게 보이는 것도 수긍할 수 있는 것이다. 그런데 나머지

산란이 없는 장소(대기권 외)로 입사방향에 수직으로 놓여 1 cm^2의 평면에 1분간에 입사하는 태양복사 에너지로 정의되고, 그 양은 1,941 ly(langly, 1ly = 1 cal/cm^2) ≡ 135.3 mW/cm^2 ≡ 1,353 kW/m^2.

약 70%가 지표에 달하는 에너지이지만, 이 중에 47%가 지표에서 직접 열로 되어 기온을 유지하고, 나머지의 23%는 해수나 얼음에 축적되어 그 속의 일부가 구름이나 비를 만드는 물의 증발 등에 쓰이고 있다.

이들 중에서, 우리들의 생활에 직접 관계가 깊은 바람, 파도, 대류에 쓰이는 에너지는 불과 0.2%의 0.37×10^{12} kW 정도, 게다가 지구상의 동식물의 육성 등, 생태계에 광합성의 형태로 쓰이는 소위 biomass 에너지는 그 1/10인 0.02% 정도(400×10^{8} kW)로 매우 적다. 그러나 다음 절에서 서술하는 바와 같이 이 적은 에너지가 지구환경 유지에 귀중한 것이다.

태양과 천정각 분할선으로 AM($AM = 1/\cos\theta$)을 정의하며, 태양광이 직사광선으로 가해질 때 최소 경로 길이(h)에 상대적인 대기 경로 길이(s)를 측정한다. $AM = (1+(s/h)^2)^{1/2}$. 대기 외부에 대한 태양 스펙트럼을 나타내는 조건을 AM0 조건이라 한다. AM0 스펙트럼은 5,800 K 흑체에 근사한 스펙트럼을 가진다. AM0 스펙트럼 상태는 인공위성 또는 우주 비행체가 노출되는 환경조건이다. AM1 스펙트럼은 태양이 천정에 있을 때의 태양광선을 나타내는 것이며, 강도는 약 92.5 mW/cm^2이다. 태양광의 투사각 $\theta = 60°$에서 AM2 스펙트럼은 약 69.1 mW/cm^2의 투과력을 갖고 있다. AM1.5 조건(수평선에서 45°에서 태양투사)은 지구상 적용 조건에 가장 근접한 에너지 누적 평균을 나타낸다. 파장을 양자 에너지로 변환하기 위해 다음과 같은 관계를 이용한다.

$$\lambda = \frac{c}{\nu} = \frac{1.24}{h\nu(eV)}\ \mu m \tag{1.1}$$

AM1.5에서의 강도는 83.2 mW/cm^2이다. 태양에너지 발전에 있어서 해당기간 동안 여러 지역에서 많은 에너지가 필요한지가 필요하다. 이러한 범위를 이용해서 인공위성으로 AM에 대한 범위를 조사하여 그러한 분포도를 제작할 수 있다. 실제 태양전지를 개발할 때에는 지상조건의 누적평균 일조량에 가장 적합한 AM1.5 G를 가장 많이 사용하며 강도는 100 mW/cm^2이다. <표 1.1>에 NASA에서 발급한 AM1.5 표준 스펙트럼 강도를 파장별로 제시하였다.

태양전지 성능 평가를 위해서는 정밀한 태양광 스펙트럼을 낼 수 있는 제논(Xenon) 광원이 필요하다. 여타의 광원은 태양에서 발생하는 스펙트럼과는 파장별로 다른 빛의 강도를 가지므로 제논램프 광원이 우선된다. [그림 1.4] 제논램프를 이용한 광에너지 스펙트럼 분포도와 표준 AM1.5 G 스펙트럼 비교도를 제시하였다. 700 nm 이상에서 스파이크 형태의 오차가 있음을 알 수 있다. 이를 개선하기 위해서 [그림 1.5]와 [그림 1.6]에서처럼 2개 제논램프를 이용하고 또 보다 정밀한 스펙트럼 달성을 위해서 AM1.5 G 필터를 별도로 추가해야만 한다.

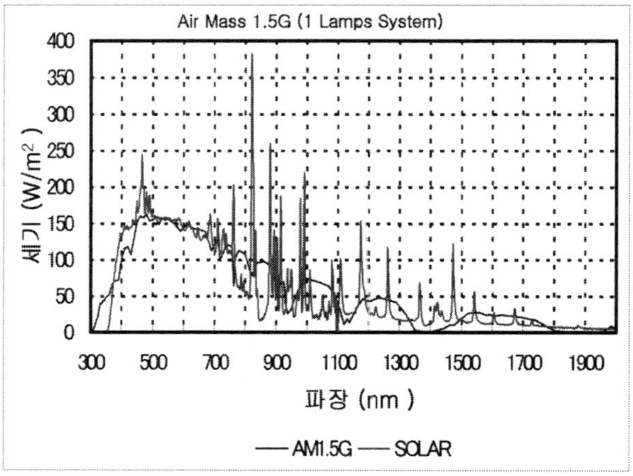

그림 1.4 제논램프를 이용한 광에너지 스펙트럼 분포도와 표준 AM1.5 G 스펙트럼 비교도

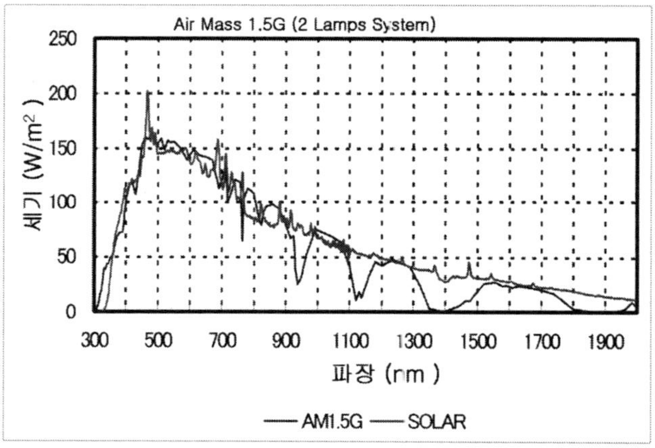

그림 1.5 2개 제논램프를 이용한 광에너지 스펙트럼과 표준 스펙트럼 비교

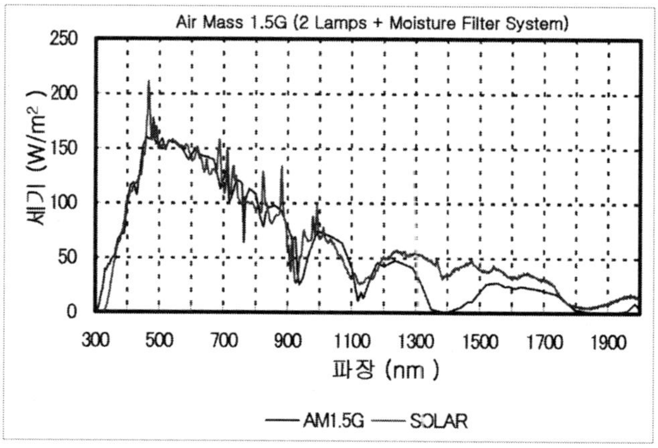

그림 1.6 2개 제논램프와 AM1.5 G 필터를 이용한 광에너지 스펙트럼과 표준 스펙트럼 비교

표 1.1 태양광 스펙트럼 - AM1.5

파장 (μm)	전력밀도 mW/(cm^2-μm)	파장 (μm)	전력밀도 mW/(cm^2-μm)	파장 (μm)	전력밀도 mW/(cm^2-μm)
0.295	0	0.720	113.383	1.236	38.381
0.305	0.132	0.7277	97.430	1.264	32.388
0.315	2.096	0.730	111.093	1.276	34.411
0.325	11.348	0.740	108.644	1.228	34.569
0.335	18.223	0.750	107.044	1.314	28.424
0.345	23.443	0.7621	73.308	1.335	17.528
0.355	28.601			1.384	0.242
0.365	35.588	0.770	103.601	1.432	3.006
0.375	38.680	0.780	101.842	1.457	6.714
0.385	38.178	0.790	100.358	1.472	5.989
		0.800	98.811	1.542	24.085
0.395	49.218	0.8059	86.028	1.572	22.614
0.405	75.172	0.825	93.274		
0.415	82.245	0.830	92.387	1.599	22.014
0.425	84.226	0.835	91.495	1.608	21.176
0.435	89.055	0.8465	40.711	1.626	21.126
0.445	107.707	0.860	85.746	1.644	20.185
0.455	116.243	0.870	84.302	1.650	19.968
0.465	118.061	0.875	83.510	1.676	18.050
0.475	121.272	0.8875	81.712	1.732	16.159
0.485	1180.43	0.900	80.783	1.782	13.665
		0.9075	79.387	1.862	0.201
0.495	125.383	0.915	77.897	1.955	3.943
0.505	124.228	0.925	21.712		
0.515	121.101	0.930	16.372	2.008	7.258
0.525	124.487	0.940	24.912	2.014	8.001
0.535	129.951	0.950	23.130	2.057	7.257
0.545	127.347			2.124	7.029
0.555	127.614	0.955	25.561	2.156	6.476
0.565	127.774	0.965	27.969	2.201	6.829
0.575	129.251	0.975	52.964	2.266	6.252
0.585	128.455	0.985	49.664	2.320	5.703
0.595	126.261	1.018	58.503	2.338	5.357
0.605	126.179	1.082	48.620	2.356	5.001
0.615	125.543	1.094	44.874	2.388	3.193
0.625	124.019	1.098	48.672	2.415	2.810
0.635	124.379	1.101	50.057	2.453	2.410
0.645	123.396	1.128	10.086	2.494	1.582
0.655	118.832			2.537	0.259
0.665	122.840	1.131	11.687		
0.675	121.008	1.137	10.868		
0.685	120.072	1.144	15.544		
		1.147	13.919		
0.695	118.124	1.178	37.429		
0.6983	97.353	1.189	38.337		
0.700	117.331	1.193	42.485		
0.710	115.270	1.222	38.257		

예제 1.1

태양광 시스템의 에너지 변환효율이 15%이라고 가정하여 1 m^2의 태양전지로 얻을 수 있는 1일 전력량과 1년간의 전력량을 계산하시오.

풀이 국내의 1일당 평균 일사시간을 적용하여 태양전지의 출력을 계산하면 1m^2의 태양전지로는 1일당 1 kW/m^2(면적) × 15%(태양전지효율) × 3.84 h(일사량) = 0.576 kWh/m^2이며 1년당은 0.384 kWh/m^2·일 × 365일= 210.24 kWh/m^2이다.

1.2.2 Ecology 사이클과 태양의 혜택

우리들 인간을 포함한 지구상의 생태계활동의 순환 cycle은 극히 단순히 생각하면, 우선 탄산가스와 물, 그리고 태양에너지에 의해서 광합성하여 성장하는 식물계, 광합성에 의해 식물이 내는 산소를 흡수하며, 식물을 먹어 태양에서 자라는 동물계, 그리고 동식물의 배설물이나 고사체를 분해하여, 식물이나 동물의 영양분으로 다시 생태계에 환원하는 역할을 하는 bacteria 등의 미생물이 있다. 그리고 이 3자가 만들어 내는 ecology 사이클에 의해서 유지되고 있다.

인류를 포함한 지구상의 모든 동식물, 그리고 bacteria는 지구와 그 주위를 둘러싼 대기에 의해서 적당히 보온된 속에서 오랫 동안 태어나 자라온 것으로, 이러한 생명활동의 근원은 역시 태양에너지인 것이다. 특히 지구라는 천체가 세상에서 가장 비열이 큰 물과 수증기를 풍부하게 가지고 있는 것은 이들 생명활동에 필요한 보온이라는 점에서도, 또한 물과 산소와 수소가 있는 장소에 빛과 열이 더해져 산화나 환원반응이 촉진되는 자연계의 화학반응계의 활성화에도 큰 역할을 한다고 할 수 있다. 그런데 이러한 ecology 사이클, 요컨대 생태계 순환 사이클의 에너지에 비교해서 훨씬 큰 기상 에너지에 극히 작은 unbalance가 생기면, 생체 활동계에 장소적인 분포변화가 일어난다. 이러한 분포변화로 고사한 생체에 빛이나 열로서 오랫동안 태양에너지가 작용하여, 말하자면 지층이라는 압력솥의 안에서 찜구이하여 만들어진 것이 석유, 석탄 등의 화석에너지 자원이다. 이러한 화석에너지를 불과 200~300년 사이에 다 써 버리려고 하는 것이다.

1.3 태양광 발전의 특징

1.3.1 economy 중심문명으로부터 ecology 중점문명의 개막

1926년 이후 불과 60여 년 동안에 지금까지의 인류문명 사상에 있어서 일찍이 볼 수 없었던 급속한 진보를 보았다. 예를 들면 전기 공학의 분야에서는 transistor의 발명을 중심으로 하는 고체전자공학이 탄생하여 통신, 교통, 산업으로부터 우주 개발 등, 문명생활의 모든 장소에 electronics를 침투시켜, 고도정보화 사회라고 언급되는 시대를 만들어 낸 것이다. 한편 에너지 면에서는 원자력 시대를 개척하였다. 이들은 그야말로 인류사상의 위업이라 할 수 있겠다. 현재 우리들은 이 문명의 혜택을 누리며 세월을 보내고 있다. 그러나 세상의 움직임에는 「빛」과 「그림자」가 있어, economy 중심으로만 급속히 진보하여 온 문명은 ecology의 시점으로 보면 실은 거대한 자연파괴를 야기하고 있는 것이다. 요컨대 유사 이래 태양광에 의해 오랫동안 축적되어 온 석유나 석탄을 1765년 제임스와트의 증기기관의 발명 이래 불과 300년 미만으로 다 써버리려 하고 있는 것이다. 그뿐인가, 연소라는 화학반응을 통해 지구의 대기를 오염하여, 산성비를 내리게 하거나, 대기 중의 이산화탄소(CO_2)의 농도를 증가시켜 온실효과를 야기하는 등 여러 가지의 공해를 퍼뜨리면서 발전하여 온 것이다.

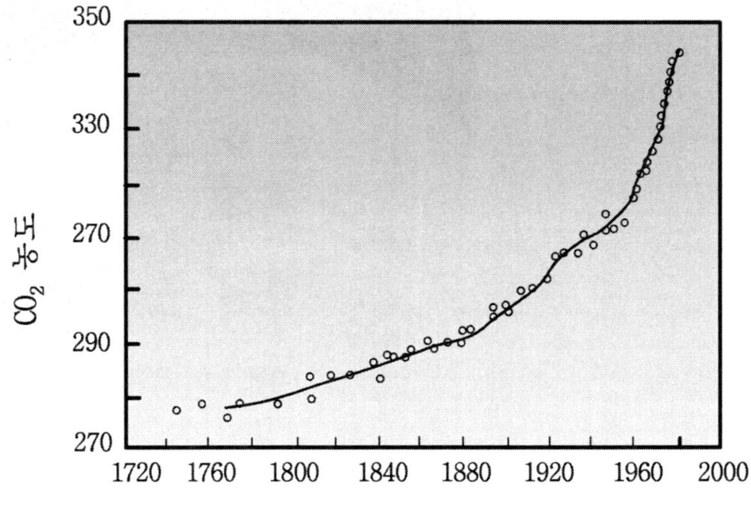

그림 1.7 대기 중의 CO_2 함유량 추이

화석연료의 대량소비에 의한 대기 중의 CO_2 함유량 증가의 연차추이는 [그림 1.7]의 data를 보더라도 명백하듯이, 세계경제가 급성장을 보인 1960년대를 경계로 하여 급격 한 신장을 보이고 있다.

요컨대 1965년 당시 미국에서는 interstate highway망이 완성되어 second car시대가 개막하여, 일본을 시작으로 서구 제국에서도 각 가정에서 'my car'시대가 시작할 즈음이다.

이러한 대기 중의 CO_2 함유량의 증가는 비록 조금이더라도, 태양의 복사에너지가 막대하기 때문에 그 흡수 에너지량도 거대한 것이다. [그림 1.8]은 태양광이 지표로 흡수되어 열이 되고, 거기서 방사되는 적외선을 성층권에 축적된 이산화탄소의 층에서 다시 반사되어, 열선이 가두어지는「온실효과」를 설명한 것이다. 이 그림으로 나타난 이산화탄소의 증가를 따져보면, 지구상의 평균기온은 매년 상승할 것으로 예측되고 있다. 그 결과, 남극이나 북극 등의 얼음을 녹여 해양의 수위가 상승하거나, 농작물의 수확에 영향을 주는 등 기상조건을 바꿔, 생태계의 순환 사이클에 변조를 초래하고 있는 것이다. 물질문명의 진보가 가져온 말하자면「그림자」라고 말할 수 있을 것이다.

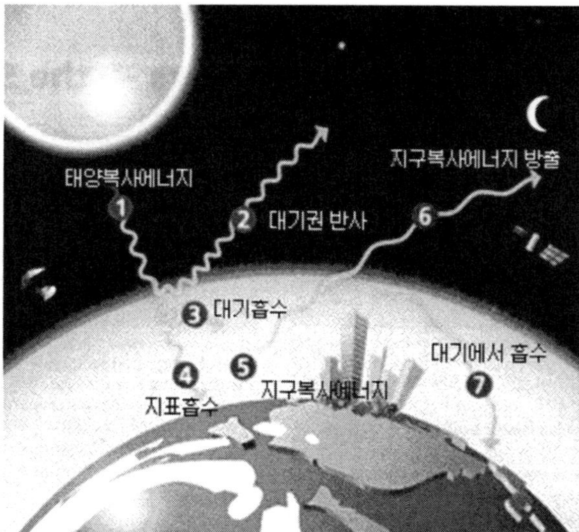

그림 1.8 온실효과

앞으로의 고도 문명사회라는 것은 인간 사회뿐만 아니라, 흙 속에 있는 bacteria로부터 동식물에 이르기까지의 지구상의 모든 생물이 행복하게 살 수 있는 환경을 구축하는 것이며, 이것이야말로 참된 문명의 모습이라고 생각된다.

1.3.2 깨끗하고 독특한 특징을 갖는 태양광 발전

인류가 지표로부터 채집할 수 있는 에너지는 그 99.98%가 태양에너지에 의한 것이다. 그 나머지 0.02%가 지열에너지이다.

우선, 태양에너지의 양이 어느 만큼 큰 것인가에 관해서는 전술한 것과 같이 태양에서 1억5,000만 km 떨어진 지구에 들어오는 태양에너지는 이것을 전력으로 고치면 1.77×10^{14} kW 정도이고, 이 값은 전세계의 평균 소비전력과 비교해서 수 십만 배로 크다. 요컨대 문명 활동에 사용되고 있는 총 에너지가 이것이 지금의 수 배가 되었다고 해도, 그것은 태양의 흑점 활동[2]에 의한 지표도달 에너지의 변화보다 현격히 작은 차이 정도이다.

태양전지에 의해서 태양에너지를 직접 전기에너지로 변환하는 '태양광 발전 system'은 입사되는 태양 광선이 무한하고, 게다가 '무료'이며, 태양에너지 이용 기술 원래의 merit 외에, 미래의 에너지자원으로서 다른 system과는 다른 몇 가지의 독특한 특징을 갖고 있다. 이를 정리하여 나열하면 다음과 같다.

(1) 가동부분이 없고 깨끗한 에너지의 발생

광으로부터 전기에너지로의 변환은 반도체 특유의 양자효과(quantum effect)에 의한, 종래의 발전원리인 프레밍의 오른손 법칙 같은 가동부분을 필요로 하지 않는다. 요컨대 화력이나 원자력 발전과 같이 수차나 turbine 등 회전기를 필요로 하지 않는다. 따라서 잡음이나 방사능 누설이나 폭발의 위험도 없고, 물론 유해한 가스의 발생도 없는 문자 그대로의 무공해인 청정에너지 변환법이다.

(2) 유지가 간편하고 자동화, 무인화가 용이

회전기나 고온고압의 부분이 없다는 것은 말하자면 기계적으로 마모하는 것도 없고, 윤활유도 불필요하다. 즉 인공위성이나 무인등대 등의 전원으로서 이미 실증되어 있는 것처럼, 운전유지가 간편하고, system의 무인화나 자동화가 용이하다.

(3) 규모의 대소에 관계없이 일정효율로 발전

태양전지의 변환효율은 그 이용 system의 규모의 대소에 관계없이 대개 일정하다. 예를 들면 7 MW의 대규모 태양광 발전소에서도, 전자계산기용의 20

---

2) 태양의 흑점활동에 의해 지표도달 에너지는 0.1~1%의 order로 변화를 볼 수 있다. 그리고 사실 이과정의 변화로 기온이나 농작물의 수확에 영향을 끼치게 한다고 되어 있다.

mW의 작은 module 전지라도, 사용되는 전지의 수량이 변할 뿐이고, 같은 변환효율로 발전할 수 있다. 이 장점은 태양전지가 내부 광전효과라는 양자효과에 의한 에너지 변환과정에 근거하는 본질적인 것으로, 원자력발전이나 광-열발전 system과 같이, 열에너지를 중심으로 하는 발전법으로서는 아무래도 모방할 수 없는 특징이다.

(4) module 구조에 의한 양산성이 풍부하고, scale merit가 큼

태양전지는 조밀한 module 구조로 제조되기 때문에, 양산성이 풍부하고, 수요의 확대에 따라서 연속자동화 제조공정 등에 의한 저 cost화를 꾀할 수 있다. 요컨대 transistor등 반도체 소자와 같이 scale merit가 대단히 크다.

(5) 확산광에 의해서도 발전한다

Solar 전자계산기가 형광등 아래서도 동작하는 것 같이, 태양광 발전은 직사일광이라도, 비오는 날에도, 확산광이라도, 입사광의 에너지에 상응하는 발전이 가능하다. 이것도 양자효과에 근거하는 이 발전법의 장점이다.

(6) 광발전은 버리는 에너지의 유효 이용

태양광 발전은 그 효율이 낮기 때문에 안 된다고 하는 사람이 있다. 그러나 이것은 예를 들면 화석 연료를 사용할 때에 증기터빈이 좋은가, 가스 터빈이 좋은가 라는 변환효율에 관한 토론과 혼동하여서는 안된다. 요컨대 화력발전으로 종합효율이 38%라 말하는 것은, 62%의 중유를 쓸데없이 태우고 있는 것이다. 이것에 비교해서, 태양전지의 변환효율이 15%라고 말하는 경우, 그 연료는 무료로, 원래 버리고 있는 에너지를 15% 전기로 바꿔 유효하게 이용한다고 하는 점에 큰 차이가 있는 것이다.

1.4 태양에너지와 태양광 발전

태양에너지를 태양광 발전 시스템을 이용하여 전기로 변환할 경우, 시스템의 총 변환효율을 10%로 하면, 1 m^2당 0.1 kW(100 W)의 정격출력이며, 1 m^2에서 태양빛이 1시간 내리쬐면 0.1 kWh를 발전하게 된다. 대략적으로 면적 10 m^2의 태양전지로 표준상태의 경우, 1 kW의 정격출력으로 생각할 수 있다. 기존의 계산으로부터 필요출력(kW)을 10배하면 태양전지의 필요면적을 구할 수 있으며, 태양전지의 m^2 단위의 면적을 10으로 나눈 것이 kW 단위 정격출력이다. 태양에너지는 여름철 맑게 갤 때에는 1 m^2당 1 kW의 에너지를 지구표면에 내리쬔다. 그러나 1년 중에는 갠 날이나 흐린 날, 비오는 날, 겨울과 여름 등 여러 조건에 따른 햇빛이 쪼이는 시간에 차이가 있다. 이러한 것을 기상청에서 오랫동안 측정하여 1 m^2당 1 kW의 에너지로 태양이 빛나고 있는 시간으로 환산 1년을 평균하면 하루에 3.84시간이다. [그림 1.9]에 한국의 지역별 태양에너지 연간 분포도를 제시하였으며, 목포, 진주, 포항, 강릉, 대전 등이 가장 우수한 일사량 분포도를 가진다.

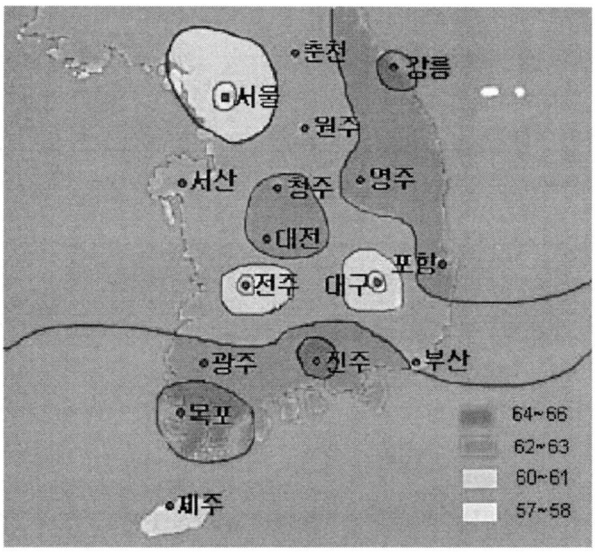

그림 1.9 한국의 지역별 태양에너지 연간 분포도

표 1.2 특정 도시 지역의 월별 태양에너지

서울

경사도	1월	2월	3월	4월	5월	6월	7월	8월	9월	10월	11월	12월	평 균
24	2473	3040	3437	3872	3919	3620	2768	3175	3406	3245	2362	2087	3117.0
27	2549	3098	3465	3855	3874	3570	2735	3150	3411	3294	2423	2155	3131.6
30	2618	3151	3485	3830	3823	3515	2698	3120	3410	3336	2479	2218	3140.3
33	2682	3196	3499	3799	3766	3455	2657	3084	3403	3371	2529	2276	3143.1
36	2740	3235	3505	3761	3704	3391	2613	3044	3389	3399	2575	2330	3140.5
39	2792	3267	3505	3717	3636	3321	2565	3000	3368	3420	2614	2378	3131.9
42	2838	3291	3497	3666	3562	3248	2514	2950	3342	3434	2649	2421	3117.7
45	2877	3309	3482	3609	3483	3170	2460	2896	3309	3441	2677	2459	3097.7
48	2910	3320	3459	3545	3399	3088	2402	2838	3270	3441	2700	2491	3071.9
51	2937	3324	3430	3475	3310	3002	2342	2775	3225	3433	2717	2518	3040.7
54	2956	3321	3394	3400	3217	2913	2279	2708	3175	3419	2728	2539	3004.1
57	2970	3311	3351	3318	3119	2820	2214	2638	3118	3397	2733	2554	2961.9
60	2976	3293	3301	3232	3018	2725	2146	2563	3056	3369	2732	2564	2914.6
외기온도	-3.4	-1.1	5.5	11.8	17.4	21.5	24.6	25.4	20.6	14.3	6.6	-0.4	11.90
시수온도	3.8	2.3	3.6	8.3	13.7	18.3	22.3	24.5	22.8	18.6	13.1	7.5	13.23

표 1.2 특정 도시 지역의 월별 태양에너지(계속)

대전

경사도	1월	2월	3월	4월	5월	6월	7월	8월	9월	10월	11월	12월	평 균
24	2643	3110	3647	4123	4037	3633	3355	3788	3495	3496	2576	2315	3351.5
27	2720	3166	3675	4103	3988	3582	3311	3757	3498	3547	2641	2388	3364.7
30	2791	3215	3696	4075	3934	3525	3263	3719	3495	3591	2701	2456	3371.8
33	2856	3258	3710	4040	3873	3463	3210	3675	3485	3627	2754	2519	3372.5
36	2915	3294	3715	3997	3806	3396	3153	3625	3469	3656	2802	2576	3367.0
39	2967	3323	3713	3948	3733	3325	3091	3569	3446	3677	2844	2627	3355.3
42	3013	3345	3703	3891	3654	3249	3025	3507	3417	3691	2880	2673	3337.3
45	3052	3360	3685	3828	3571	3169	2955	3440	3381	3697	2910	2713	3313.4
48	3084	3368	3660	3757	3481	3085	2881	3367	3339	3695	2933	2746	3283.0
51	3109	3369	3627	3681	3388	2997	2803	3288	3291	3685	2950	2774	3246.8
54	3128	3362	3587	3598	3289	2906	2722	3205	3237	3667	2960	2795	3204.7
57	2970	3311	3351	3318	3119	2820	2214	2638	3118	3397	2733	2554	2961.9
60	2976	3293	3301	3232	3018	2725	2146	2563	3056	3369	2732	2564	2914.63
외기온도	-2.4	-0.2	4.9	12.2	17.5	21.8	25	25.4	20.2	13.6	6.5	0.2	12.06

광주

경사도	1월	2월	3월	4월	5월	6월	7월	8월	9월	10월	11월	12월	평 균
24	2781	3178	3634	4146	4209	3756	3393	3578	3643	3711	2780	2463	3439.3
27	2859	3233	3654	4124	4156	3700	3348	3546	3645	3763	2849	2538	3451.3
30	2931	3280	3665	4093	4096	3639	3297	3509	3640	3808	2911	2607	3456.3
33	2996	3321	3670	4056	4030	3572	3242	3466	3628	3845	2968	2671	3455.4
36	3055	3355	3668	4011	3958	3501	3182	3417	3610	3873	3018	2729	3448.1
39	3107	3381	3658	3959	3879	3425	3118	3362	3584	3894	3061	2781	3434.1
42	3152	3401	3641	3899	3794	3344	305	3303	3552	3906	3098	2827	3413.9
45	3190	3414	3617	3833	3704	3259	2977	3238	3513	3910	3128	2867	3387.5
48	3222	3419	3586	3760	3609	3170	2901	3168	3468	3906	3151	2900	3355.0
51	3245	3417	3549	3681	3508	3077	2821	3093	3416	3894	3167	2927	3316.3
54	3262	3408	3504	3596	3402	2980	2738	3014	3358	3873	3177	2947	3271.6
57	3272	3392	3452	3504	3292	2880	2651	2930	3293	3845	3179	2960	3220.8
60	3274	3368	3394	3407	3178	2777	2562	2842	3223	3808	3174	2967	3164.5
외기온도	-0.2	1.3	6	12.7	17.8	21.7	25.4	26.2	21.3	15.2	8.5	2.5	13.20

부산

경사도	1월	2월	3월	4월	5월	6월	7월	8월	9월	10월	11월	12월	평 균
24	3216	3555	3605	3983	4095	3751	3554	3805	3345	3655	3149	3013	3560.5
27	3311	3619	3623	3961	4044	3695	3505	3772	3345	3706	3231	3112	3577.0
30	3399	3676	3635	3931	3986	3634	3452	3732	3339	3749	3305	3204	3586.8
33	3480	3725	3639	3895	3922	3568	3393	3686	3326	3785	3373	3289	3590.1
36	3552	3766	3636	3851	3852	3496	3330	3633	3308	3813	3433	3366	3586.3
39	3617	3799	3627	3801	3775	3420	3262	3575	3284	3832	3486	3436	3576.2
42	3674	3824	3610	3744	3694	3340	3189	3511	3253	3844	3531	3497	3559.3
45	3722	3841	3586	3680	3605	3254	3112	3441	3217	3847	3568	3551	3535.4
48	3761	3849	3555	3610	3514	3165	3031	3366	3174	3843	3598	3597	3505.3
51	3793	3849	3517	3534	3416	3072	2946	3286	3126	3830	3619	3635	3468.6
54	3815	3841	3472	3453	3314	2976	2858	3200	3073	3809	3632	3664	3425.6
57	3829	3825	3421	3365	3207	2876	2766	3110	3013	3780	3637	3684	3376.1
60	3834	3800	3363	3272	3097	2773	2671	3015	2949	3744	3634	3696	3320.7
외기온도	2.2	3.7	7.8	12.9	17.3	20.3	24.1	25.9	21.9	17.1	11	5	14.10

국내의 1일당 평균 일사시간을 적용하여 태양전지의 출력을 계산하면 1 m^2의 태양전지로는 1일당 1 kW/ m^2 × 10% × 3.84 h = 0.384 kWh/m^2이며 1년당은 0.384 kWh/m^2 · 일 × 365일 = 140.16 kWh/m^2이다. 단독주택의 지붕면적인 약

60 m^2에 태양전지를 설치하였을 때는, 1일당 0.384 kWh/m^2 × 60 m^2 = 23.04 kWh가 되어서 1일당 약 23 kWh의 전력을 획득할 수 있는 셈이 된다. 단독주택 옥상의 남측부분(약 60 m^2)에 태양전지 시스템의 30%가 직류를 교류로 변환하는 과정에서 손실이 된다고 가정하면 1일당 16 kWh의 전력을 획득할 수 있다. 단독주택을 3,000만호로 가정하고 그 중 80%를 태양전지의 설치가 가능한 주택으로 보면 1년간의 발전량은 16(kWh/일) × 30,000,000호 × 0.8 × 365(일/년) ≒ 140억(kWh/년)이 된다. 향후 초·중·고 및 대학교, 시청, 구청 등의 공공시설, 산업시설 등에 태양전지를 설치하면 총 전력수요의 절반 이상 충족이 가능하다.

위에서는 태양전지의 변환효율로서 10%를 적용하여 계산하였다. 그러나 현재 기술적으로 20%의 태양전지를 제조할 수 있기 때문에 앞에서 계산한 연간 발전량은 2배로 되며, 발전에 필요한 면적은 절반으로 축소 가능하다. 이렇게 태양전지의 변환효율이 20%로 증가함에 따라서 경제성 측면에서 우위를 점할 수 있다. 관건은 어떻게 고효율 태양전지를 양산화 공정을 통해 대량생산하는가에 있다.

태양전지 제조공정을 자동화하여 대량생산을 하게 된다면 태양전지 가격은 파격적으로 낮아지게 된다. 이러한 가격 및 효율 목표를 달성하기 위한 여러 가지 혁신적인 제조공정이 실리콘 태양전지에 대해 개발 중이며, 개선된 박막기술들이 실험실 수준에서 개발 중이거나 실용화 단계에 와 있다. 결정질 실리콘 태양전지는 현재의 변환효율이 꾸준히 향상되어, 2010년도에는 23% 효율의 모듈양산에 이를 것으로 전망하고 있다. 또한 대량생산과 공정 자동화를 통한 원가절감으로 2010년의 태양전지 가격이 $1.00/Watt 미만에 이르면 상용전원과 경쟁이 가능한 수준까지 도달하게 될 것이다. 태양전지는 반도체의 광전효과를 사용한 것이므로 일반적으로 태양전지 그 자체의 수명은 70년으로 본다. 원리적으로 반영구적이라 볼 수 있다. 그러나 실제로 사용하는 경우에 있어서는 태양전지 자체의 수명뿐 아니라 태양전지를 장치한 태양전지 모듈의 재질 등의 내환경성이 문제가 된다. 이러한 점까지를 고려할 때의 태양전지 모듈의 수명은 현재 약 20년 정도로 보고 있다. 즉 태양전지 그 자체가 아니라 연결된 금속선이나 봉입하고 있는 플라스틱 재료가 시간의 경과에 따라 질이 저하된다는 것이다. 그러나 이 수명은 태양전지를 장치한 모듈의 소재에 따라 크게 변한다. 내구성이 있는 주변 소재의 개발이 태양전지의 수명을 연장하는 데 있어 중요하다. 가까운 장래에는 태양전지 모듈의 수명은 약 30년으로 현재의 1.5배가 될 것으로 예측되고 있다. 태양전지 수명이 길어질수록 태양전지를 통해 얻을 수 있는 전기에너지의 총량은 많아지고 투자대비 에너지 회수율이 높아지므로 경쟁력을 가지게 된다. 태양전지 제조공정을 자동화하여 대량생산을 하고, 내구성이 강한 주변소재의 개발로 태양전지의 수명이 길어지면, 많은 양의 에너지를 얻을 수 있게 된다. 이렇게 되면 태양전지는 자원고갈의 위기 앞에 놓여 있고 또한 지구를 크게 위협하는 기존 전력원들과는 비교할 수 없는 안전하고 깨끗한, 그리고 고갈의 염려가 없는 필수 불가결한 에너지원이 될 것이다.

연습문제

1 태양전지에 이용되는 빛 스펙트럼을 그리고 파장별 에너지에 대해서 논하시오.

2 태양전지에 이용되는 태양광의 스펙트럼에 영향을 주는 인자를 조사하시오.

3 태양전지에 이용되는 인공 태양광의 스펙트럼의 종류에 대해서 논의하시오.

4 현재 사용되고 있는 에너지와 그 한계량에 대해서 설명하시오.

5 태양광 시스템의 에너지 변환효율이 20%이라고 가정하면 우리나라 총 사용전력을 감당하기 위해서 필요한 태양전지 설치 면적을 계산하시오.

6 태양 스펙트럼을 그리고 AM1.5 조건의 에너지량과 AM1.0의 값을 기입하시오.

7 우리나라의 월별 일사량의 평균값을 조사하고 태양광 입사각도에 따른 에너지 변화량에 대해서 논하시오.

참고문헌

1. 대체에너지 개발・보급 대토론회, 산업자원부, (2000)18.
2. 이준신, 신재생에너지 활용을 위한 고효율 실리콘 태양전지, 생능출판사, (2001)7.
3. 이재형, 임동건, 이준신, 태양전지원론, 홍릉과학출판사, (2005)18.
4. 浜川圭弘 : 太陽光發電入門, オーム社(1981) 12~13.
5. S. Manabe and R. J. Geophys. Res. 85(1980)5529.
6. E. Cook : Scientific American, September(1971)134.
7. 新發電システムの標準化に關する調査研究, (社)日本電氣工業會) (1992)9.
8. Y. Hamakawa : Optoelectronics 5(1990)113.

Chapter 2

태양전지의 기초이론

제1장에서 태양광의 에너지 스펙트럼을 학습하였다. 본 장에서는 태양에너지가 어떻게 전기에너지를 생성하는지를 학습한다. 태양전지는 빛에너지를 흡수하여, 전기에너지의 근원인 전하(정공, 전자)를 생성한다. 생성된 전기입자(전하)는 어떻게 태양전지 내에서 움직이는지를 살펴본다. 생성된 전하는 음극성 전자와 양극성 정공으로 이루어지며, 태양전지 내에서 영원히 존재할 수 없어 소멸되기 전에 전자와 정공을 분리해야 한다. 전자와 정공이 분리되면 외부전극으로 전자와 정공을 수집해서 전기로 사용이 가능하다. 이상의 태양광 발전의 과정은 빛에너지 흡수, 전하생성, 전하분리, 전하수집 과정이해를 본 장의 초반부에서 다루고, 중반 이후는 태양전지의 전기적 특성에 대한 기초지식 습득을 목표로 한다.

2.1 빛 흡수 및 전하생성 작용

태양광의 스펙트럼은 파장으로 말하면 0.3 μm에서 3 μm인 범위에서 파장별로 서로 다른 세기 강도를 가지고 있다. 이와 같은 빛을 물질, 특히 반도체에 조사한 경우, 입사광은 그 물질에 의해 다음과 같은 영향을 받는다.

① 표면에서 반사, 굴절, 산란된다.
② 물질에 의해 흡수된다.
③ 물질을 통과한다.

높은 빛 흡수를 통한 전기의 근본인 전하생성은 표면에서 반사와 물질을 투과하는 부분은 감축하고 최대한 흡수를 증가해야한다. 표면의 거칠기에 따라서 표면에 도달한 빛은 여러 방향으로 흩어지는 산란현상이 존재하며, 빛이 입사된 각도와 배출되는 각도가 동일할 때를 반사로 정의한다. 태양전지에서는 반사를 줄이기 위해서 반사를 방지하는 반사방지막을 이용하고, 거울과 같은 평탄한 평면보다 3배 이상 빛이 표면에서 반사경로를 가지도록 표면에 피라미드 조직 구조물을 형성한다. 빛은 진행하는 매질이 달라지면 진행 경로에 변경이 생기며 이는 물질마다 굴절하는 정도를 나타내는 지수로 공기를 1로 하고 공기보다 밀도가 높은 액체(물 1.5)나 고체(질화막 2.3, 실리콘 3.8)에서는 경로가 휘는 정도가 틀리게 되어 이는 다시 반사도에 영향을 준다.

빛 흡수는 반도체의 두께에 의존한다. 초기에 입사된 빛의 세기(Intensity)는

I_o이고, $I(x)$는 표면으로부터 x에서의 빛의 세기이고, δI는 [그림 2.1]에 나타낸 것처럼 x에서의 두께 δx을 갖는 미세 요소 부피 내에서 광자 흡수에 의해 생기는 빛 세기 변화라고 가정하자. 그러면 δI는 이 부피에 도달하는 광자의 수 $I(x)$와 두께 δx에 의존할 것이다. 그러므로

$$\delta I = -\alpha I\ \delta x \tag{2.1}$$

이 되는데, 여기서 α는 흡수 계수(absorption coefficient)로 파장에 의존하는 상수이며, 단위는 거리의 역수(cm^{-1})이다.

$$\alpha = -\frac{\delta I}{I\,\delta x} \tag{2.2}$$

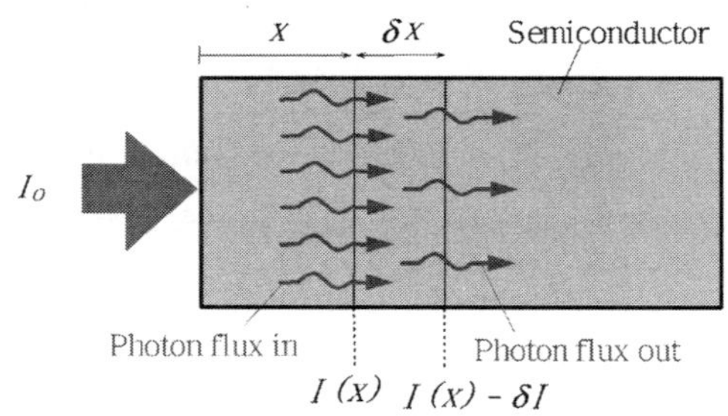

그림 2.1 폭 δx을 갖는 미세 요소 부피 내의 광자 흡수

일정한 파장을 갖는 빛이 조사되는 경우에 대하여 식 (2.2)을 적분하면 투과하는 빛의 세기가 두께에 따라 지수 함수적으로 감소한다는 Beer-Lambert 법칙을 얻는다.

$$I(x) = I_o\ \exp(-\alpha x) \tag{2.3}$$

즉 빛의 세기는 물질에서 흡수하는 정도에 따라서 지수함수 적으로 급격하게 감소함을 알 수 있다.

예제 2.1

태양전지에 사용되는 실리콘의 흡수계수가 $10^3\ cm^{-1}$인 경우와 $10^4\ cm^{-1}$ 때에 초기 입사한 빛이 70%, 50%, 10%, 0.1%로 감소하는 두께를 구하시오.

풀이 $I(x) = I_o \exp(-\alpha x)$에서 흡수계수가 $10^3\ cm^{-1}$와 $10^4\ cm^{-1}$ 때이고, 감쇠하는 두께 x는 $x = -\frac{1}{\alpha} \times \ln\frac{I(x)}{I_o}$ 이므로 빛 감쇄는 아래도표로 정리된다.

$I(x)/I_o$	x (흡수계수가 $10^3\ cm^{-1}$)	x (흡수계수가 $10^4\ cm^{-1}$)
70%	3.5 μm	0.35 μm
50%	6.9 μm	0.69 μm
10%	23 μm	0.23 μm
1%	46 μm	0.46 μm
0.1%	69 μm	0.69 μm

즉 비정질 실리콘과 같이 흡수계수가 $10^4\ cm^{-1}$로 큰 경우는 0.69 μm 정도의 얇은 두께에서도 빛 흡수가 완료되고, 결정질 실리콘 같이 흡수계수가 $10^3\ cm^{-1}$로 감소하면 69 μm로 비교적 두꺼운 두께에서 빛 흡수가 완료된다. 흡수계수는 작은 경우에 물질의 두께도 얇다면 투과하는 성분이 증가하여 광전변환에 손실요소가 된다.

빛의 흡수에 의한 전자와 정공 생성은 참으로 이해하기 난해한 부분이나, 본 절에서 개념을 정리한다. 육안으로 관찰이 불가능한 원자구조와 이들 원자가 서로 결합한 상태를 이해해야 하기 때문에 어렵더라도 참고 개념을 파악해야 한다. [그림 2.2]에 물질을 구성하는 원자에 대한 다양한 원자구조 모델을 제시하였다. 전자구름 형태 구조의 톰슨(Thompson) 모델, 양전하를 중심으로 특정 위치에 전자가 회전운동하는 보어(Bohr) 모델, 타원형 궤도에 전자가 운동하는 윌슨-소머펠드(Wilson-Sommerfeld) 모델이 있다. 이 중에서 보어의 모델이 고전적으로 가장 많이 인용된다. 모델의 핵심은 전자가 특정 에너지 레벨(에너지 수준, 에너지준위) 껍질에서 보다 바깥쪽으로 이동하기 위해서는 외부로부터 에너지를 받아야 하고, 외부로 에너지를 방출하면서 에너지 준위가 낮은 안쪽으로 이동한다. 이때 전자들은 음과 양의 인력과 회전하는 원심력이 평형을 이루어 일정 위치궤도 유지가 된다. 태양전지에서는 원자가 에너지를 받으면 더 높은 에너지 궤도인 바깥쪽 궤도로 천이하여 원자핵으로부터 구속을 덜 받는 움직임이 자유로운 자유전자가 된다. [그림 2.3]에서 전자의 위치에너지와 에너지 준위를 보어 모델을 이용하여 가시화하였다. 실리콘은 전자가 14개(K 껍질에 2개, L 껍질에 8개, M 껍질 4개)를 가지며 최외곽(M 껍질)에 전자를 4개 가지는 구조이다.

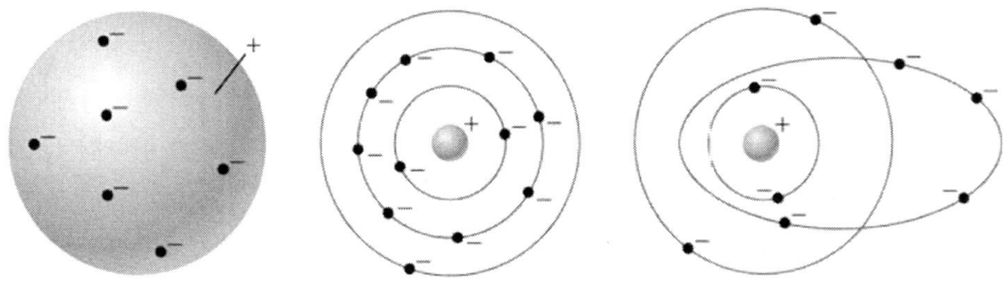

(a) (b) (c)

그림 2.2 다양한 원자구조 모델

(a) 전자구름 형태 구조의 톰슨(Thompson) 모델, (b) 양전하를 중심으로 특정 위치에 전자가 회전운동하는 보어(Bohr) 모델, (c) 타원형 궤도에 전자가 운동하는 윌슨-소머펠드(Wilson-Sommerfeld) 모델

반도체와 같은 고체는 원자가 혼자 하나서 독립으로 존재하기보다는 일정한 배열로 아주 가까운 거리에 주기성을 가지고 배치하게 된다. 원자가 서로 가까이 근접하면서 최외곽에 전자는 서로를 공유하며 에너지 밴드(energy band)를 형성하게 된다. 이런 에너지 밴드는 전자가 모두 채워지는 밴드(충만대 또는 가전자대)와 전자를 가질 수 있으나 비어 있는 밴드(전도대)로 구분된다. [그림 2.4]에 실리콘의 경우 최외곽의 전자껍질이 원자거리가 가까워지면서 서로 일직선으로 연결되는 에너지 밴드(energy band)가 형성되는 개념을 도시화하였다. [그림 2.5]에서는 충만대(valence band, Ev)에서 전도대(conduction band, Ec)로 전자의 이동, 즉 전자 생성과 전자가 이동하면 생성되는 빈자리 정공의 개념을 도시하였다.

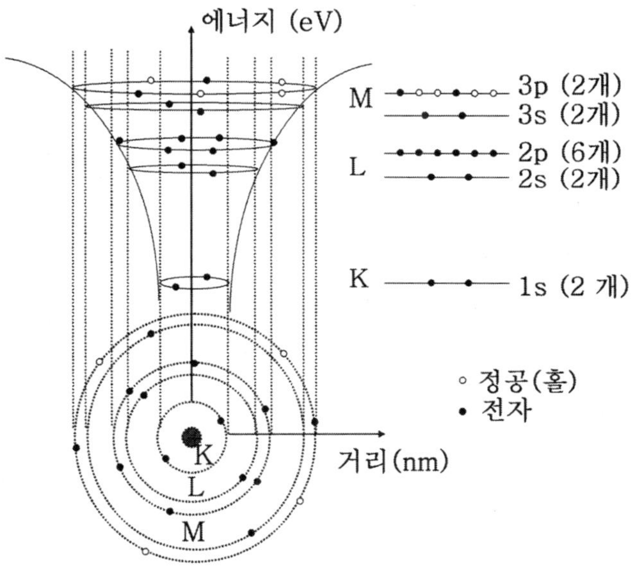

그림 2.3 보어모델을 이용한 실리콘 원자의 전자와 홀 개념도

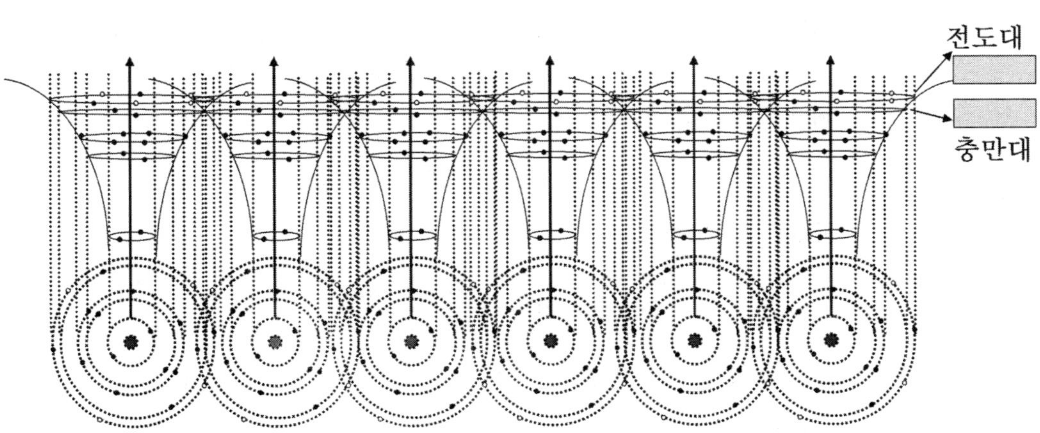

그림 2.4 원자거리가 가까워지면서 서로 일직선으로 연결되는 에너지 밴드(energy band)가 형성

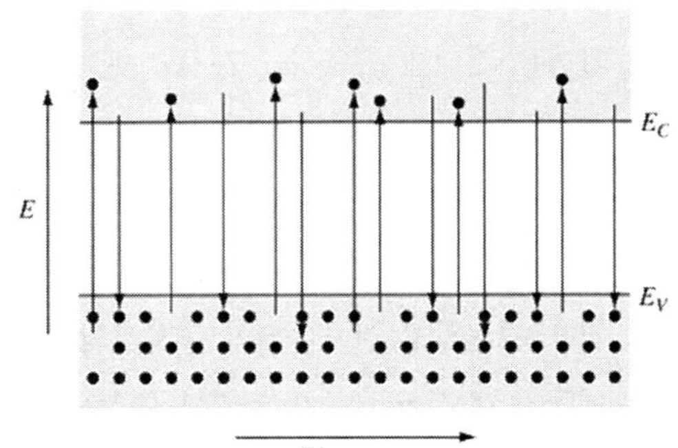

그림 2.5 에너지 밴드 개념을 이용한 전자와 정공 생성과 소멸 개념도

광흡수의 물리적 기구를 생각해 보자. 광을 반도체에 조사하면 광이 갖고 있는 에너지를 전자에 주어, 전자는 보다 높은 에너지 상태로 이동한다. 원자 주위에 전자가 공간상에서 특정한 위치에 존재를 하고, 빛 흡수를 통해서 전자가 핵자로부터 구속을 덜 받는 위치로 이동하여 자유롭게 이동 가능한 자유전자가 생성이 된다. 이런 자유전자는 전기전도에 기여하는 전도전자이기도 하다. 빛 흡수를 통해서 전도전자가 생성될 때에는 원래 전자가 위치해 있던 자리는 빈공간이 생기며 이를 개념상 전자의 반대 극성을 가지는 정공(홀, hole)이라 한다. 결국 빛 흡수에 의한 전하생성은 전자와 정공이 쌍으로 생성된다.

예제 2.2

직접 밴드갭 반도체에 세기가 $I(\lambda)$이고 파장이 λ인 광생성을 발생시키는 빛이 조사된다고 가정하자. 빛이 조사되는 면적은 $A=(L\times W)$이고, 반도체의 두께(깊이)는 D이다. 만약 η가 양자 효율(흡수된 광자당 생성된 자유 전자-정공 쌍의 수)이고 τ가 광생성된 운반자의 재결합 수명이라면 다음과 같이 정의되는 정상상태 광전도도가

$$\Delta\sigma = \sigma(\text{in linght}) - \sigma(\text{in dark})$$

다음과 같이 주어짐을 보이시오.

$$\Delta\sigma = \frac{e\eta I\lambda\tau(\mu_e+\mu_h)}{hcD} \tag{2.4}$$

광도전 전지는 길이 1 mm, 폭 1 mm, 그리고 두께 0.1 mm이고, 끝에 전기적 접촉을 가지는 CdS 결정으로 구성되어서 빛을 받는 넓이가 1 mm^2이고 각 접촉(contact)의 넓이는 0.1 mm^2가 된다. 전지는 파장 길이 450 nm이고 세기가

1 mW/cm^{2}인 파란색 빛으로 조사된다. 이 전지가 단위 양자효율을 갖고 전자의 재결합 시간이 1 ms일 때

a. 초당 생성되는 EHP의 수를 계산하시오.
b. 시료의 광전도도를 계산하시오.
c. 50 V가 시료에 인가될 때 생성되는 광전류를 계산하시오.

CdS 광도전체는 밴드갭이 $E_g = 2.6$ eV인 직접 밴드갭 반도체이고, 전자 이동도는 $\mu_e = 0.034\ \text{m}^2\text{V}^{-1}\text{s}^{-1}$ 그리고 정공 이동도는 $\mu_h = 0.0018\ \text{m}^2\text{V}^{-1}\text{s}^{-1}$이다.

풀이 만약 Γ_{ph}가 초당 단위 면적당 도착하는 광자의 수(photon flux)라고 하면 $\Gamma_{ph} = I/h\nu$가 된다. 여기서 I는 빛의 세기(단위 면적에 초당 흐르는 에너지)이고 $h\nu$는 광자당 에너지이다. 양자효율 η는 흡수된 광자당 생성되는 자유 EHP의 수로 정의된다. 그러므로 단위 부피당 초당 생성되는 EHP의 수 혹은 단위 부피당 광생성률인 G_{ph}는 다음식으로 주어진다.

$$G_{ph} = \frac{\eta A \Gamma_{ph}}{AD} = \frac{\eta\left(\frac{I}{h\nu}\right)}{D} = \frac{\eta I \lambda}{hcD}$$

정상 상태에서는

$$\frac{d\Delta n}{dt} = G_{ph} - \frac{\Delta n}{\tau} = 0$$

이 되므로 다음을 얻는다.

$$\Delta n = \tau G_{ph} = \frac{\tau \eta I \lambda}{hcD}$$

그러나 정의에 의해서

$$\Delta\sigma = e\mu_e\Delta n + e\mu_h\Delta p = e\Delta n(\mu_e + \mu_h)$$

이 되고 전자와 정공이 쌍으로 생성되기 때문에 $\Delta n = \Delta p$이 된다. 그러므로 위의 $\Delta\sigma$ 표현식에 있는 Δn을 치환하면 다음 식을 얻는다.

$$\Delta\sigma = \frac{e\eta I\lambda\tau(\mu_e + \mu_h)}{hcD}$$

a. 단위 시간당 광생성률은 G_{ph}가 아니고 G_{ph}는 단위 시간당 단위 부피당 광생성률이고 EHP_{ph}를 전제 부피(AD)에서 단위 시간당 생성되는 총 EHP의 수로 정의한다. 그러므로 다음을 얻는다.

$$\text{EHP}_{ph} = \text{전체 광생성률}$$

$$\begin{aligned}\text{EHP}_{ph} &= (AD)G_{ph} = (AD)\frac{\eta I\lambda}{hcD} = \frac{A\eta I\lambda}{hc} \\ &= [(10^{-3}\times10^{-3}\ \text{m}^2)(1)(10^{-3}\times10^{4}\ \text{J s}^{-1}\text{m}^{-2})(450\times10^{-9}\ \text{m})] \\ &\quad \div[(6.63\times10^{-34}\ \text{J s})(3\times10^{8}\ \text{m s}^{-1})] \\ &= 2.26\times10^{13}\ \text{EHP}\ s^{-1}\end{aligned}$$

b. 전도도변화 식은

$$\Delta\sigma = \frac{e\eta I\lambda\tau(\mu_e + \mu_h)}{hcD}$$

즉

$$\Delta\sigma = \frac{(1.6\times10^{-19}\text{C})(1)(10^{-3}\times10^{4}\,\text{J s}^{-1}\text{m}^{-2})(450\times10^{-9}\text{m})(1\times10^{-3}\text{s})(0.0358\,\text{m}^2\text{V}^{-1}\text{s}^{-1})}{(6.63\times10^{-34}\,\text{Js})(3\times10^{8}\,\text{ms}^{-1})(0.1\times10^{-3}\,\text{m})}$$

$$= 1.30\ \Omega^{-1}\,\text{m}^{-1}$$

c. 광전류밀도는

$$\Delta J = E\Delta\sigma = (1.30\,\Omega^{-1}\,\text{m}^{-1})(50\,\text{V}/10^{-3}\,\text{m}) = 6.50\times10^{4}\ \text{Am}^{-2}$$

가 될 것이다. 그러므로 광전류는 다음과 같이 된다.

$$\text{DI} = \text{ADJ} = (10^{-3}\times 0.1\times 10^{-3}\ \text{m}^2)(6.50\times 10^{4}\,\text{Am}^{-2})$$
$$= 6.5\times 10^{-3}\ \text{A}\ \text{혹은}\ 6.5\ \text{mA}$$

2.2 캐리어의 재결합 소멸

광여기에 의한 캐리어의 발생과는 반대관계에 있는 캐리어의 재결합에 대해 생각해 보자. 광생성된 전자가 영원히 전도대역에 존재할 수 있는 것인가? 광조사에 의해 가전자대에 있는 전자가 전도대로 이동된다고 하면 가전자대에는 전자가 빠져나간 구멍, 즉 정공이 존재한다. 전도대로 이동한 전자는 전체의 계로서 열평형 상태로 돌아가려고 하기 때문에 후 어떤 시간 τ를 경과한 후 다시 충만대(valance band)에 있는 정공과 재결합하여 전자와 정공이 쌍으로 소멸한다. τ를 소수 캐리어의 수명시간 또는 라이프타임(lifetime)이라 한다. 재결합 소멸 과정에서 전자는 금지대폭에 해당하는 에너지를 격자진동으로서 또는 광의 에너지로서 잃게 된다. 외부에너지 유입으로 전자-정공이 생성되고, 외부로 에너지를 발산하면서 전자-정공 소멸한다. 보통 전도대와 가전자대 간에서 직접 재결합하는 것은 드물고 불순물 준위와 트랩 준위를 경유하여 재결합하는 경우가 많다. 소수 반송자 수명은 태양전지의 성능을 결정하는 가장 중요한 인자이다. 광생성된 전자와 정공은 수 마이크로초라는 짧은 수명시간을 가지므로 수명시간 이내에 재결합되기 전에 분리하고 수집하지 않은면 태양전지에서 전기에너지 발생이 어렵다. 소수 반송자 수명은 일반적으로 아래와 같은 경향을 가진다.

① 다수 캐리어 농도가 높으면(도핑이 많은 경우, 비저항 낮은 경우) τ는 작다.
② 단결정이 여러 개의 결정으로 이루어진 다결정 실리콘에 비해서 τ은 크다.
③ 캐리어 농도가 같더라도 산소농도, 탄소농도 함유량이 많고 결정 결함이 많은 소위 저급의 결정에서는 τ가 작게 된다.

태양전지에서 소수 캐리어 수명이 클수록 생성된 전자와 정공을 전기로 활용할 수 있어 높은 캐리어 수명을 달성해야 한다. 캐리어 수명이 길수록 재결합 소멸이 작아지며 광생성된 전하의 확산거리 L이 길어지므로 캐리어 분리와 수집이 용이하며 광생성 전류를 증가 하여 효율 향상을 한다. 이상에서 논한 재결합 과정은 반도체 내에서 일어나지만 이외 태양전지의 성능에 크게 영향을 미치는 것으로는 표면 및 계면에서의 재결합 소멸이 있다. 결정표면에서는 공유결합이 끊어진 빈자리를 가진 원자가 많아, 광생성된 전자가 이들 빈 자리와 재결합하여 소멸하게 된다. 예제 2.1에서 학습한 대로 광흡수, 즉 광생성되는 전하가 빛이 입사는 표면의 마이크로미터 이내에서 대부분 생성되므로 표면의 결함을 줄이는 접근법은 태양전지 효율향상에 필수적이다.

예제 2.3

$t=0$에서 계단식의 빛을 n-형 반도체에 조사하고, $t=t_{off}\,(\gg \tau_h)$에서 조사를 멈출 때 정공농도를 구하시오.

풀이 $0 \le t \le t_{off}$ 동안 광전하 생성률 G_{ph}가 일정하다는 조건을 가지고, 다음을 얻을 수 있다.

$$\ln\left[G_{ph} - \left(\frac{\triangle p_n}{\tau_h}\right)\right] = \left(\frac{t'}{\tau_h}\right) + C_1$$

여기서 C_1은 적분 상수이다. $t=0$에서는 $\Delta p_n(0)=0$이므로 $C_1 = G_{ph}$이다. 그러므로

$$\Delta p_n(\mathrm{t}) = \tau_h G_{ph}\left[1 - \exp\left(-\frac{1}{\tau_h}\right)\right] \qquad 0 \le t < t_{off} \tag{2.5}$$

빛이 조사되자마자 한 소수 운반자 농도는 지수적으로 정상상태의 값인 $\Delta p_n(\infty) = \tau_h G_{ph}$로 증가한다. 이것은 $t > \tau_h$인 시간 후에 도달하게 된다.

광조사가 멈추는 순간에 $t_{off} \gg \tau_h$라고 가정하여서, 다음을 얻을 수 있다.

$$\Delta p_n(t'_{off}) = \tau_h G_{ph}$$

t'를 $t = t_{off}$로부터 측정된 시간으로, 즉 $t' = t - t_{off}$로 정의할 수 있다. 그러면

$$\Delta p_n(t=0) = \tau_h G_{ph} 4$$

$t > t_{off}$ 또는 $t' > 0$일 때 $G_{ph} = 0$인 조건을 이용하여 풀면 다음을 얻는다.

$$\Delta p_n(t') = \Delta p_n(0)\ \exp(-\frac{t'}{\tau n})$$

여기서 $\Delta p_n(0)$는 실제로 $t' = 0$에서의 Δp_n값에 대한 경계조건과 동등한 적분상수이다. $t' = 0$와 $\Delta p_n = \tau_h G_{ph}$을 대입하면

$$\Delta p_n(t') = \tau_h G_{ph}\ \exp(-\frac{t'}{\tau n}) \tag{2.6}$$

과잉 소수 운반자 농도는 빛이 꺼지는 순간부터 소수 운반자 재결합 시간과 동일한 시상수 값을 가지고, 지수 함수적으로 감소함을 보인다. 소수 운반자 농도의 시간에 대한 변화는 $t = 0$에서 스위치가 켜져 빛이 조사되고 $t = t_{off}$에서 스위치가 꺼져 빛의 조사를 멈춘다. 과잉 소수 운반자의 농도 $\Delta p_n(t)$는 시상수 τ_h를 가지고 정상상태로 지수함수적으로 증가한다. t_{off}부터는 과잉 소수 운반자 농도가 평형상태 값으로 지수함수적으로 감소한다.

예제 2.4

아래와 같은 가정 하에서 주어진 입사광의 세기에서 전자와 정공쌍 생성률과 전자의 변화율을 계산하시오. p-형 실리콘 재료가 온도 25°C에서 조사광 세기 $I_v(x) = 50\ \text{mW/cm}^2$이고 이때의 파장은 $\lambda = 0.75\ \mu\text{m}$, 소수 반송자 수명은 $\tau = 10^{-7}$ sec이다.

풀이 흡수계수가 이 파장에서 $\alpha \approx 0.7 \times 10^4\ \text{cm}^{-1}$이라면 광자의 에너지는

$$E = h\upsilon = \frac{1.24}{0.75} = 1.65\ \text{eV}$$

이다. 만약 광자 한 개가 전자 한 개를 생성한다는 1:1 대응의 분광특성을 가진 경우로 가정하고, 위 식에서 joule 단위와 eV 변환 요소를 감안하면 생성률은 아래와 같이 주어진다.

$$g' = \frac{\alpha I_v(x)}{h\upsilon} = \frac{(0.7\times10^{4})(0.05)}{(1.6\times10^{-19})(1.65)} = 1.33\times 10^{21}\ \text{cm}^{-3}\ \text{sec}^{-1}$$

여기서 조사광이 시간에 항상 일정한 정상상태를 가정하면, 과잉전자의 농도는 $\delta n = g'\tau$로 주어진다. 여기서 τ Si의 소수 반송자 수명시간으로 $\tau = 10^{-7}$ sec이다. 따라서 변동된 전자수는 아래와 같다.

$$\Delta n = (1.33\times 10^{21})(10^{-7}) = 1.33\times 10^{14}\ \text{cm}^{-3}$$

2.3 광생성 전하분리

이제 광생성된 전기입자를 빨리 외부로 분리해내지 않으면 소멸하여 전기에너지로 사용하기가 어렵다는 것을 알게 되었다. 그러면 어떻게 전자와 정공을 분리할 수 있을까? 현재 태양전지에서 사용하고 있는 방법은 태양전지 자체 내에 전기의 높낮이를 형성하는 방법이다. 광생성되는 전자와 정공이 극성을 가지고 있으므로 전압차이를 주면 전자-정공쌍이 전자는 전압이 높은 쪽으로 분리되고 정공은 보다 음극을 가지는 전압이 낮은 쪽으로 분리된다. 이는 마치 수압 차이로 물이 높은데서 낮은 곳으로 흐르는 원리와 동일한 개념이다. 태양전지에서는 전기 높낮이를 접합(p-n 접합, pin 접합, 쇼트키 금속-반도체 MS 접합, 금속-절연체-반도체 MIS 접합, 이종접합)을 사용하여 형성한다. 접합은 초보자에게는 어려운 개념이므로 주의 깊게 읽기 바란다. 접합을 이해하기 위해서는 반도체의 유형을 이해해야 한다. 도핑(doping)이란 반도체의 전기 전도성을 제어하기 위해 의도적으로 불순물(dopant)을 반도체에 주입시키는 것으로 불순물인 원자가 반도체 내부에 존재하는 원자의 위치를 차지하게 되는 치환(substitution)이 일어나서 자유전자나 정공의 수를 조절한다. 예를 들면 [그림 2.6]에서와 같이 IV족의 원소인 실리콘이 규칙적으로 배열된 결정에서 하나의 실리콘 원자를 대신에 그 자리에 실리콘보다 하나 더 많은 가전자(valence electron)를 가지는 V족 원소인 인(P)이나 비소(As)를 넣게 되면 [그림 2.6]과 같이 주위의 실리콘과 결합을 하고 남게 되는 여분의 전자는 묶여 있는 정도가 매우 약하여 조금만 에너지를 얻더라도 모원자로부터 쉽게 분리가 된다. 따라서 이 전자는 모원자를 (+)로 대전된 이온의 형태로 남겨놓고 주변의 격자 사이로 움직일 수 있는 자유전자가 된다. 이와 같이 자신은 (+)로 대전되고 주변의 결정구조에 하나의 자유전자를 제공하는 불순물을 도너(donor)라고 하고, 이것에 의해 도핑된 반도체를 n-형 반도체라 한다. n-형 반도체의 경우 도너에 의해서 생성된 전도대역 내 전자의 수가 많아지게 된다. n-형 반도체 하나만의 경우에서는 전자가 전기적으로 음극성이고 도핑원자가 양이온화되므로 항상 전기적으로 음과 양이 동수로 존재하는 중성조건을 가진다. 보통 태양전지에서는 n-형 도핑을 단위부피(cm^{-3})당 10^{16}개에서 10^{21}개까지 범위에서 조절한다. 참으로 많은 양극성 이온과 자유전자의 개수를 가지도록 할 수 있는 것으로 생각되나 실제 실리콘원의 개수가 단위 부피당 약 10^{22}개에 이르므로 아무리 과다한 도핑이더라도 수순한 실리콘 원자만으로 구성되는 진성(intrinsic)의 2% 이하에서 도핑된다.

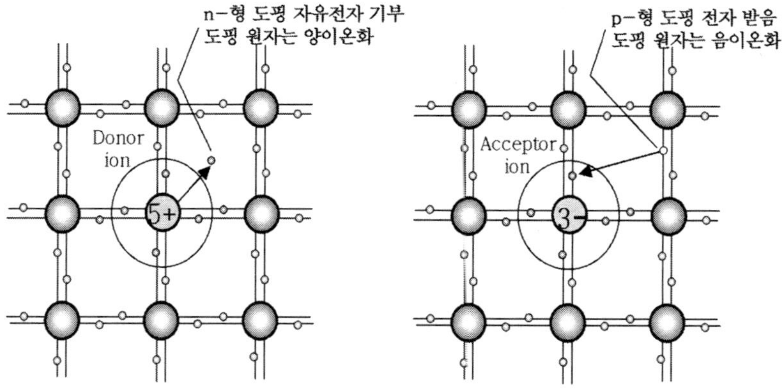

그림 2.6 도너로 도핑된 n-형 반도체와 억셉터로 도핑된 p-형 반도체

이와 반대로 주위의 IV족 반도체 원자에 비하여 하나의 가전자를 덜 갖는 원자를 도핑할 때, 예를 들면 실리콘에 III족 원소인 붕소(B), 알루미늄(Al)을 넣게 되면, 이 III족의 붕소 원자가 주위의 실리콘 원자와 공유결합을 하는 데 있어서 하나의 전자가 부족하게 된다. 이 빈자리(정공)는 주변의 실리콘 원자에 속해 있던 전자에 의해서 점유되며, 이와 같은 과정을 반복하게 되면 전자는 이 빈자리를 이용하여 움직일 수 있다. 이와 같이 주변으로부터 한 개의 전자를 제공받아 자신은 (−)으로 대전된 이온이 되고, 그 주변에 빈자리(정공, hole)를 남기는 불순물을 억셉터(acceptor)라고 하며, 이러한 반도체를 p-형 반도체라 한다. p-형 반도체의 경우 정공이 훨씬 증가한다. p-형 반도체 하나만의 경우에서는 정공이 전기적으로 양극성이고 도핑원자가 음이온화되므로 항상 전기적으로 음과 양이 동수로 존재하는 중성조건을 가진다. 보통 태양전지에서는 p-형 도핑을 단위부피(cm^{-3})당 10^{16}개 정도로 1~3 ohm-cm인 비저항을 가진다.

이제 p-형 반도체와 n-형 반도체의 특성을 알았다. 그러면 이런 반도체를 어떻게 해서 전기적인 높낮이를 형성할 수 있을까? [그림 2.7]과 같이 실리콘 시료의 한쪽은 n-형으로 그리고 다른 쪽은 p-형으로 도핑된 경우 어떤 일이 일어나는지 생각해 보자. p-형과 n-형 영역 사이에 **p-n 접합**이라고 부르는 급격한 불연속성이 선을 중심으로 한쪽은 전자가 많고 다른 한편은 정공이 많은 경우이다. p-n 접합이 형성되는 즉시에 p-형 쪽의 정공들은 n측을 향해서 우측으로 확산한다. 밀도가 높은 곳에서 낮은 곳으로 확산은 평형을 이루기 위한 자연법칙이다. 마찬가지로 전자 농도가 많은 n-형의 전자들은 좌측으로 확산한다. 정공과 전자들은 서로를 향해서 확산하고 접합 영역 근처에서 만나서 재결합하여 전자와 정공이 소멸한다. 결과적으로 접합 영역은 접합에서 n-형 지역에는 양이온이 남고 p-형 지역에는 음이온이 남는다. 접합부근에는 **공간전하층**(space charge layer, SCL)이 존재하여 반도체 내부에서 전기적으로 높은 지역과 낮은 지역을 형성한다(내부전위, built-in potential). 이제 어려운 개념인 p-n 접합을 통한 전기의 높낮이 형성개념을 이해하였다. 이제 p-n 접합 반도체에 광전하가 생성되면 내부전위차에 의해 전하 분리가 되므로, 이제 분리된 전하를 외부로 수집해서 사용만 하면 된다.

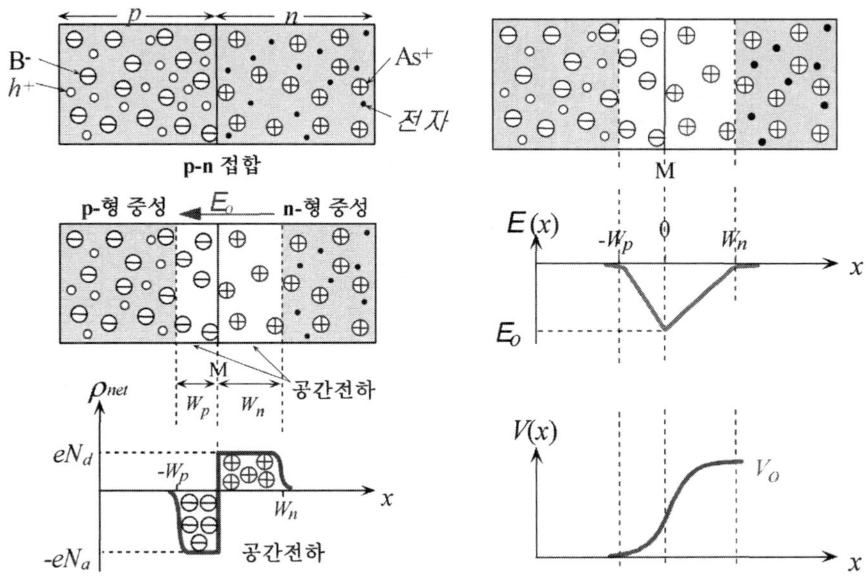

그림 2.7 p-n 접합을 통한 내부전위 형성

예제 2.5

한쪽 끝에 빛이 지속적으로 조사되는 무한히 긴 n-형 반도체 내 소수 운반자의 농도 분포 $p_n(x)$를 구하시오. 광생성은 표면 근처에서 발생한다고 가정하고, 재결합하기 전에 소수 운반자에 의해 확산되는 평균 거리가 L_h임을 보이시오.

풀이 지속적인 빛의 조사는 정상 상태임을 의미하고, 이차 미분 방정식의 일반 해는 다음과 같다.

$$\Delta p_n(x) = A \ \exp\left(-\frac{x}{L_h}\right) + B \ \exp\left(\frac{x}{L_h}\right) \tag{2.7}$$

여기서 A와 B는 경계조건으로부터 구해져야 하는 상수들이다. 무한대로 긴 막대에서는 $x=\infty$에서 $\Delta p_n(\infty)=0$이므로, $B=0$이 된다. $x=0$에서 $\Delta p_n = \Delta p_n(0)$이므로 $A = \Delta p_n(0)$이다. 그러므로 x지점에서 (광주입된)과잉(광주입된) 정공 농도는 다음과 같다.

$$\Delta p_n(x) = \Delta p_n(0)\exp\left(-\frac{x}{L_h}\right) \tag{2.8}$$

광주입된 정공의 평균 위치를 구하기 위하여 다음의 평균값의 정의를 사용한다.

$$\bar{x} = \frac{\int_0^{\infty} x \Delta p_n(x)\,dx}{\int_0^{\infty} \Delta p_n(x)dx}$$

$\Delta p_n(x)$를 대입하고 적분을 하면 $\bar{x} = L_h$가 얻어진다. 확산거리 L_h는 재결합 전에 소수 운반자에 의해 확산된 평균거리라고 귀결된다. 결과로서 $1/L_h$는 단위 길이당 정공이 전자와 재결합하는 평균확률임을 추론할 수 있다.

예제 2.6

n측에 비해 p측이 매우 높게 도핑이 된 $N_a \gg N_d$인 p^+n 접합을 고려하자. 야금 접합의 양쪽에서의 전하의 양이 Q이고 동일해야(그래서 전하의 접합이 전체적으로 중성이어야)하므로

$$Q = eN_aW_p = eN_dW_n$$

이 되고 확실히 공핍 영역은 근본적으로 n측으로 확장한다. $N_d \ll N_a$일 때 폭은 다음과 같다.

$$W_0 = \left[\frac{2\varepsilon V_0}{eN_d}\right]^{1/2}$$

p측이 10^{18} cm^{-3}의 억셉터 원자로 도핑되고 n측이 10^{16} cm^{-3}의 도너 원자로 도핑된 p-n 접합 실리콘 다이오드에서 공핍층 폭은 얼마인가?

풀이 위의 식을 적용하기 위해 내부전위를 구해야 하는데 이는 다음과 같다.

$$V_0 = \frac{kT}{e}\ln\left(\frac{N_aN_d}{n_i^2}\right)$$

$$V_0 = (0.0259\ \text{V})\ln\left[\frac{(10^{18})(10^{16})}{(1.45\times10^{10})^2}\right] = 0.816\ \text{V}$$

그리고 나서 $N_d = 10^{16}\ \text{cm}^{-3} = 10^{22}\ \text{m}^{-3}$, $V_o = 0.816$ V, $\varepsilon_r = 11.9$를 W_o에 관한 식에 넣으면 다음을 얻는다.

$$W_0 = \left[\frac{2\varepsilon V_0}{eN_d}\right]^{1/2} = \left[\frac{2(11.9)(8.85\times10^{-12})(0.816)}{(1.6\times10^{-19})(10^{22})}\right]^{1/2}$$

$$= 3.3\times10^{-7}\text{m 혹은 } 0.33\,\mu\text{m}$$

거의 모든 공핍영역(전체의 99%)이 n측에 존재한다.

2.4 광생성 전하수집으로 광전변환 완료

태양전지를 제작할 때 대개 p-형 재료를 기판재료로 사용하는데, 이것은 전자의 이동도가 크므로 p-형에서 생성된 전자가 접합까지 확산한 뒤 내부전위차에 의해서 n-형으로 이동해 가는 비율이 높기 때문이다. 즉 분리에 효율성이 높기 때문이다. 그러나 분리되기 전에 기판재료가 저급이거나 너무 두꺼우면 접합부위에서 분리되기 전에 광생성된 전자-정공쌍이 재결합하여 소멸된다. 만일 빛에 의해 생성된 전자와 정공이 p-n 접합(정확히는 공간전하층의 끝)에 도달한다면 이들은 내부전계에 의해 접합을 가로질러 반대편으로 휩쓸려 내려간다. 전자는 n-형 지역 공간상의 양이온들에 끌려서 신속하게 n-형 에미터로 이동하고 이동 후에는 일정간격으로 배치한 금속전극에 수집되어 부하에 전류를 흐르게 한다. 반대로 정공의 경우는 p-형 베이스 기판쪽의 전극으로 이동 수집된다. 태양전지의 에미터와 베이스가 서로 연결되어 있는 경우(예를 들어 태양전지가 단락되어 있는 경우) 빛에 의해 생성된 캐리어(또는 광생성 전류)는 외부 회로에 전력을 공급한다.

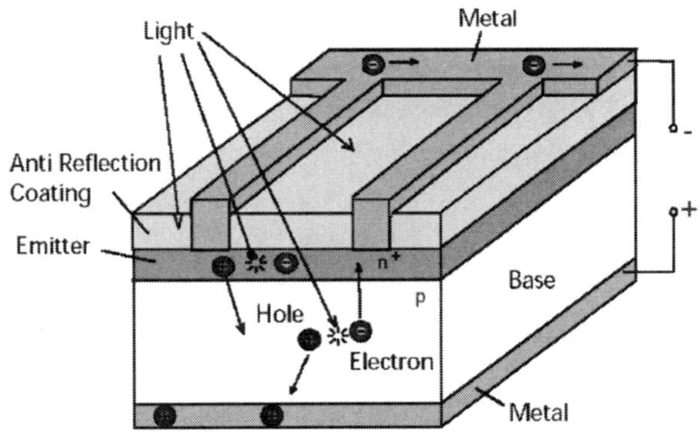

그림 2.8 광생성 전하수집 과정과 태양전지 구조

빛에 의해 생성된 캐리어의 수집 그 자체만으로는 전력을 생산할 수 없다. 전력을 생산하기 위해서는 전류뿐만 아니라 전압도 발생되어야 한다. 태양전지 내에서 "광기전력 효과(photovoltaic effect)"라 알려진 과정에 의해 전압이 발생된다. 광기전력 효과란 p-n 접합에 빛을 조사시킬 때 전자-정공 쌍이 생성되고 분리되면 n-형 에미터 쪽에는 전자가 과다하게 많고 다른 p-형 베이스 쪽에는 홀이 많이 모이게 됨으로 접합 양단에 두 전극을 서로 띄어 개방(open)하면 광기전력(또는 전위차)이 발생하는 현상이다. 이를 개방전압(open-circuit voltage, V_{oc})라 한다. 태양전지 출력전압의 극성은 태양전지 내부에 형성된 전위차

의 반대극성이다. [그림 2.8]에서 외부회로를 연결하여 단락(short)하면 입사광양에 비례한 광전류가 외부회로에 흐르게 되는데, 이때 이 전류를 단락 광전류(short-circuit photocurrent, I_{sc})라 한다.

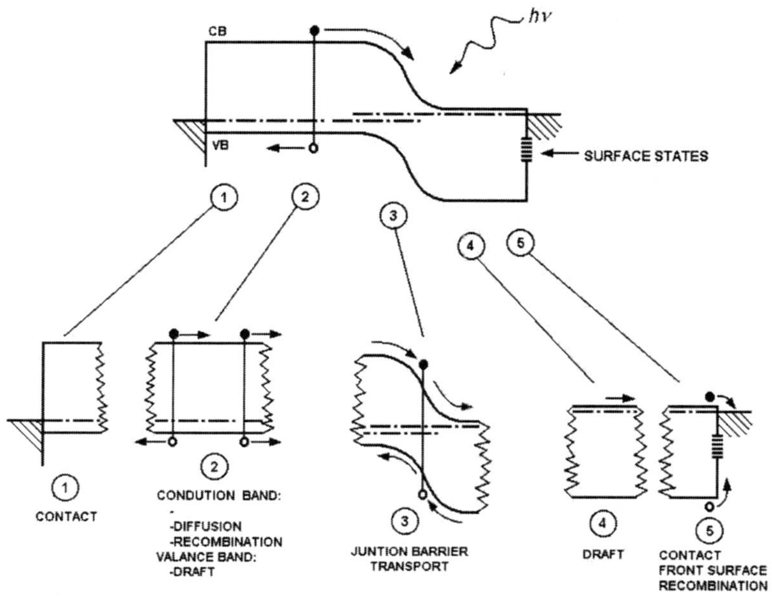

그림 2.9 부하에 연결된 태양전지의 에너지 밴드 다이어그램

태양광이 조사되어 광에너지가 변환되는 과정을 고찰해 보았다. 광흡수와 전하생성, p-n 접합을 통한 전하분리와 전극을 통한 수집과정을 요약하면 [그림 2.9]로 요약 가능하다. p-형(2번)과 n-형(4번)에서 광흡수를 통해서 전자-정공 쌍을 생성하고, p-n 접합(3번)에서 전자와 정공을 분리하여, 전면전극(1번)과 후면전극(5번)에서 분리된 전자와 정공을 수집하여 에너지 변환을 완성한다.

2.5 | 태양전지의 전류-전압 곡선

태양전지는 넓은 면적의 다이오드로 볼 수 있으므로 이것의 전압-전류 특성곡선은 암 상태에서의 다이오드 전류-전압 곡선에 광생성 전류를 중첩시키면 된다. 즉 암 상태에서의 다이오드 전압-전류 곡선을 아래쪽으로 광생성 전류 I_L만큼 이동시키면 된다. 이때 다이오드 방정식은 다음과 같이 주어진다.

$$I = I_d - I_L = I_0[\exp\left(\frac{qV}{nkT}\right) - 1] - I_L \qquad (2.9)$$

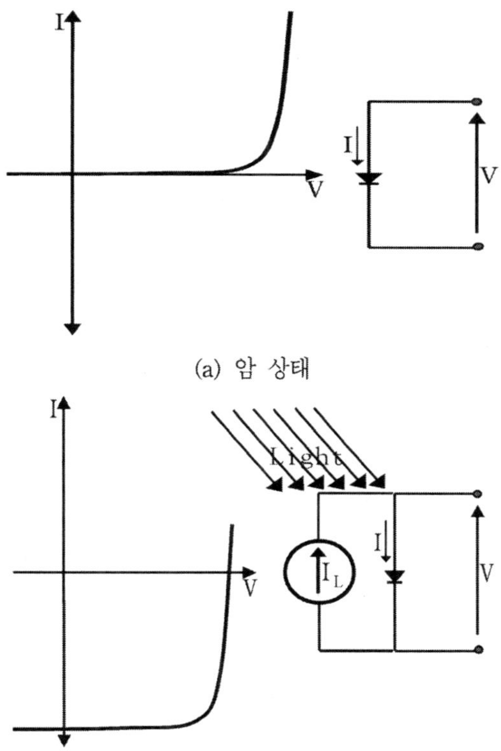

(a) 암 상태

(b) 광 상태

그림 2.10 태양전지의 전압-전류 곡선

2.6 단락전류

단락전류(short-circuit current)는 태양전지 양단의 전압이 0일 때(예를 들어 태양전지가 단락되었을 경우) 흐르는 전류를 의미한다. 단락전류는 광에 의해 발생된 캐리어의 생성과 수집에 기인하므로 이상적인 태양전지의 경우 단락전류와 광생성 전류는 동일하다. 그러므로 단락전류는 태양전지로부터 끌러낼 수 있는 최대 전류이다. [그림 2.11]은 전류-전압 곡선 상에서의 단락전류를 나타낸 것이다.

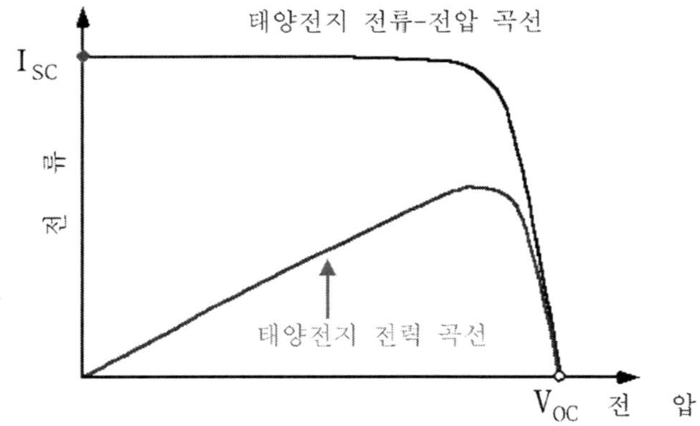

그림 2.11 태양전지 전류-전압 곡선에서의 단락전류

태양전지에 광을 조사할 때의 단락전류는 다음 식으로 표현된다.

$$I_{sc} = \int_0^{\infty} J_{sc}(\lambda)d\lambda \simeq \int_{0.3\mu m}^{\lambda c} J_{sc}(\lambda)d\lambda$$
$$= \int_{0.3\mu m}^{\lambda o} (1 - R(\lambda))qF(\lambda)\eta_{coll}(\lambda)d\lambda \tag{2.10}$$

여기서

λ : 입사광의 파장

$R(\lambda)$: 표면에서의 반사율

$F(\lambda)$: 태양스펙트럼 내에서 파장이 $\lambda \sim \lambda + d\lambda$인 범위의 광자 수

이다. $F(\lambda)$의 값은 태양의 천청 각에 크게 의존하는 값이다. $F(\lambda)$의 분포를 나타내는 변수로서 AM (air mass)이 있다. AM은 지구 대기에 입사된 태양광선이 통과한 여정의 거리를 나타내고

$$AM = \frac{b}{b_0} \sec Z \tag{2.11}$$

로 정의한다. 여기서

b_0 : 표준기압

b : 측정시의 기압

Z : 태양의 천정거리이다.

한편 단락 전류는 다음 같은 요소들에 의해 영향을 받는다.

- 태양전지의 면적
  태양전지 면적 의존성을 없애기 위해 보통 단락전류 대신 단락전류밀도(short-circuit current density)로 나타낸다.
- 입사광자 수(예를 들어 입사광원의 출력)
- 입사광 스펙트럼
- 태양전지의 광학적 특성(빛의 흡수 및 반사)
- 태양전지의 수집확률
  광에 의해 생성된 캐리어가 p-n 접합에 의해 수집될 확률로서, 주로 표면 패시베이션(passivation)과 베이스에서의 소수 캐리어 수명에 의존한다.

실리콘 태양전지의 경우 AM1.5에서 얻을 수 있는 최대 전류는 약 46 mA/cm^{2}이다. 실험실에서 제작된 전지는 42 mA/cm^2 이상의 단락전류밀도를 나타내기도 하며, 상업적으로 판매되는 전지의 경우 28~35 mA/cm^{2}의 값을 갖는다.

2.7 개방전압

개방전압(open-circuit voltage)은 전류가 0일 때 태양전지 양단에 나타나는 전압으로 태양전지로부터 얻을 수 있는 최대 전압에 해당한다.

식 (2.9)에서 $I=0$(개방)로 하고 $I_L = I_{sc}$라 하면

$$V_{oc} = \frac{nkT}{q} \ln[(I_{sc}/I_0)+1] \tag{2.12}$$

이 된다. I_{sc}는 직렬저항, 병렬저항의 영향이 무시될 때 입사광 세기에 비례하는 값이고, $I_{sc} \gg I_o$인 범위에서 V_{oc}는 입사강도의 대수에 비례한다. [그림 2.12]은 대표적인 Si와 GaAs 태양전지에 대해 I_{sc}와 V_{oc}의 관계를 나타낸 것이다. Si와 GaAs를 비교하면 GaAs의 금지대폭이 Si보다 크기 때문에 I_0의 값은 Si보다 작고, GaAs의 V_{oc}는 0.45 V 정도 높다. p-n 접합이 잘 형성되면 금지대폭이 큰 반도체일수록 개방전압은 커지며, 상대적으로 단락전류는 작게 된다. I_L 또는 I_{sc}는 R_s와 R_{sh}가 무시될 때 입사광의 세기에 비례하므로 $I_{sc} \gg I_0$인 범위에서 V_{oc}는 입사광의 세기에 비례한다. 그러나 실제 입사광 세기의 범위에서 V_{oc}의 I_{sc} 의존성은 작기 때문에 V_{oc}는 거의 변하지 않는다. 또한 에너지 밴드갭(E_g)이 커지면 I_0

은 상당히 감소하므로, V_{oc}는 증가한다. 그러나 광조사에 의해 생성되는 전류(photogenerated current)는 밴드갭이 커질수록 흡수되는 태양광 스펙트럼 영역이 줄어들므로 감소한다. 따라서 최대 효율을 얻을 수 있는 밴드갭은 1.4~1.5 eV이다.

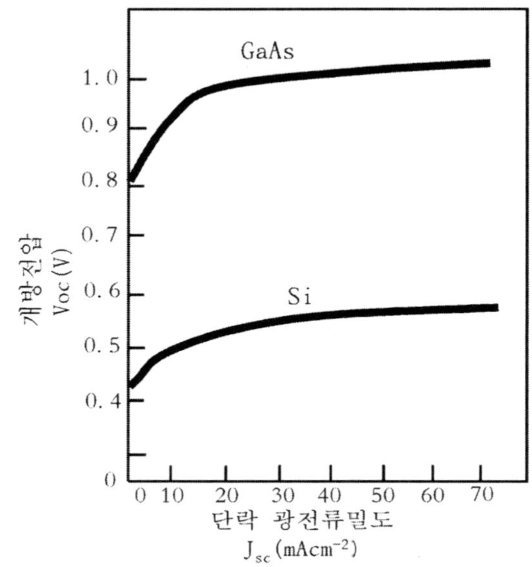

그림 2.12 개방전압과 단락전류의 관계

예제 2.7

아래의 조건에서 p-n 접합 실리콘 태양전지의 상온상태의 개방전압을 계산하시오.

$N_a = 5\times10^{18}\ \text{cm}^{-3}$ $\qquad N_d = 10^{16}\ \text{cm}^{-3}$

$D_n = 25\ \text{cm}^2/\text{sec}$ $\qquad D_p = 10\ \text{cm}^2/\text{sec}$

$\tau_0 = 5\times10^{-7}\ \text{sec}$ $\qquad \tau_{p0} = 10^{-7}\ \text{sec}$

광전류 밀도는 $J_L = I_L/A = 15\ \text{mA/cm}^2$으로 가정하라.

풀이 누설전류는

$$J_o = \frac{I_s}{A} = \left(\frac{eD_n n_{po}}{L_n} + \frac{eD_p n_{po}}{L_p}\right) = en_i^2\left(\frac{D_n}{L_n N_a} + \frac{D_p}{L_p N_d}\right)$$

식에서 계산할 수 있다. 여기서 확산거리는 아래 식으로 계산한다.

$$L_n = \sqrt{D_n \tau_{n0}} = \sqrt{(25)(5\times10^{-7})} = 35.4\ \mu\text{m}$$

$$L_p = \sqrt{D_p \tau_{n0}} = \sqrt{(25)(10^{-7})} = 10.0\,\mu\text{m}$$

그러므로 누설전류 값은

$$J_o = (1.6\times10^{-19})(1.5\times10^{10})2\times\left\{\frac{25}{(35.4\times10^{-4})(5\times10^{18})} + \frac{10}{(10\times10^{-4})(10^{16})}\right\}$$

$$= 3.6\times 10^{-11} A/\ cm^2$$

이다 따라서 개방전압은 아래식으로 구할 수 있다.

$$V_{oc} = \frac{kT}{q}(1+\frac{I_L}{I_o}) = \frac{kT}{q}\ln(1+\frac{J_L}{J_o})$$

$$= (0.0259)\ln(1+\frac{15\times10^{-3}}{3.6\times10^{-11}}) = 0.514 \text{ volt}$$

이다. 여기서 누설전류는 불순물 주입 농도가 증가하면 감소하므로 개방전압을 상승시키기 위해서는 누설전류 감소가 필요하다.

예제 2.8

만약 입사광을 증폭하는 경우에 광전류를 증가시킬 수 있으며 기존에 1SUN에서 광전밀도가 $J_L = I_L / A = 15$ mA/cm^{2}이던 태양전지가 $J_L = I_L / A = 150$ mA/cm^{2}로 10배 증가했다면 개방전압은 얼마나 상승하는지 계산하시오. 이때 변수는 이전 문제와 동일한 가정을 한다.

$N_a = 5\times10^{18}\text{cm}^{-3}$ $\qquad$ $N_d = 10^{16}\text{cm}^{-3}$

$D_n = 25\,\text{cm}^2/\text{sec}$ $\qquad$ $D_p = 10\,\text{cm}^2/\text{sec}$

$\tau_0 = 5\times10^{-7}\text{ sec}$ $\qquad$ $\tau_{p0} = 10^{-7}\text{ sec}$

풀이 누설전류의 값이 동일하게 $J_o = 3.6\times10^{-11}$ mA/cm^{2}로 고정되어 있다면, 개방전압은 아래식을 계산할 수 있다.

$$V_{oc} = \frac{kT}{q}\left(1+\frac{I_L}{I_o}\right) = \frac{kT}{q}\ln\left(1+\frac{J_L}{J_o}\right)$$

$$= (0.0259)\ln\left(1+\frac{150\times10^{-3}}{3.6\times10^{-11}}\right) = 0.574 \text{ volt}$$

따라서 개방전압은 누설전류와 광전류의 비율에 민감하지는 않다. 그러나 실제 태양전지 제작 응용에서는 누설전류가 크게 mA/cm^2 이상으로 커지면 개방전압도 크게 낮아진다.

2.8 | 곡선인자

태양전지의 곡선인자(Fill Factor, FF)는 개방전압과 단락전류의 곱에 대한 출력의 비로 정의되며, [그림 2.13]의 전류-전압 곡선에서 채울 수 있는 최대 직사각형의 면적에 해당한다. 곡선인자는 최적 동작전류 I_m과 최적 동작전압 V_m이 I_{sc}와 V_{oc}에 가까운 정도를 나타내며, I_{sc}, V_{oc}와 더불어 전지의 효율에 직접적인 영향을 미치는 중요한 파라미터이다.

$$\mathrm{FF} = \frac{I_m \cdot V_m}{I_{sc} \cdot V_{oc}} \tag{2.13}$$

$$= \frac{V_m}{V_{oc}}\left[1 - \frac{\exp\left(\dfrac{qV_m}{nkT}\right) - 1}{\exp\left(\dfrac{qV_{oc}}{nkT}\right) - 1}\right] \tag{2.14}$$

이상적으로 곡선인자는 개방전압만의 함수로서 일반적으로 사용되는 수식은 경험적으로 다음과 같이 주어진다.

$$\mathrm{FF} = \frac{v_{oc} - \ln(v_{oc} + 0.72)}{v_{oc} + 1} \tag{2.15}$$

여기서 v_{oc}는 정규화된(normalized) 개방전압으로 다음과 같이 표현된다.

$$v_{oc} = \frac{q}{nkT} V_{oc} \tag{2.16}$$

한편 곡선인자에 영향을 주는 다른 요인으로는

① 이상적인 다이오드 특성으로부터 벗어나는 정도를 나타내는 n 값
② 태양전지의 직렬저항, 병렬저항

이 있으며, 개방전압이 클수록, 또는 n 값이 작을수록 FF는 증가한다. 보통의 Si 태양전지에서 V_{oc}는 0.6 V, n = 1.5~1.0, FF = 0.7~0.8이고, GaAs 태양전지에서는 V_{oc}가 0.95 V, n = 1.0~2.0, FF = 0.78~0.85이다.

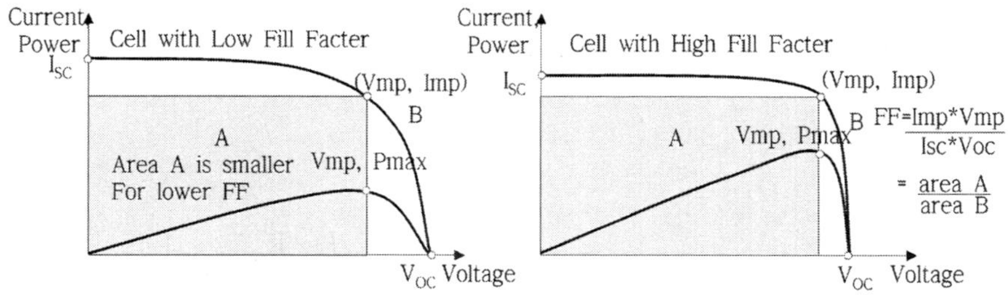

(a) 낮은 곡선인자를 갖는 경우 (b) 높은 곡선인자를 갖는 경우

그림 2.13 전압에 따른 태양전지의 출력전류와 전력곡선

2.9 변환효율

변환효율(efficiency)은 태양전지의 성능을 나타내는 가장 중요한 인자로서 태양으로부터 입사된 에너지에 대한 출력에너지의 비로서 정의된다. 효율은 입사되는 태양광 스펙트럼이나 세기, 그리고 전지의 온도에 영향을 받기도 하므로 태양전지의 변환효율은 정밀하게 조절된 조건에서 측정되어야 한다. 지상에서 사용되는 태양전지의 경우 효율은 25℃, AM1.5 조건에서 측정되며, 우주용인 경우 AM1.0 조건에서 측정된다.

태양전지에 연결된 부하저항의 크기를 조정함으로써 [그림 2.13]에서와 같이 어떤 최적 동작 점에서 최대의 출력 P_{max}이 얻어지게 된다.

$$P_{max} = V_m \cdot I_m \tag{2.17}$$

최대 출력 조건을 구하기 위해 먼저 부하저항에서 소비되는 에너지를 P_{out}이라 하면

$$\begin{aligned} P_{out} &= V \cdot I \\ &= V \cdot \left\{ I_{sc} - I_0 \left[\exp\left(\frac{qV}{nkT}\right) - 1 \right] \right\} \end{aligned} \tag{2.18}$$

최적부하 조건에서

$$\frac{dP_{out}}{dV} = I_{sc} + I_0 - \exp\left(\frac{qV_m}{nkT}\right)\left(I_0 + V \cdot I_0 \cdot \frac{q}{nkT}\right) = 0 \tag{2.19}$$

식 (2.19)에서 최적 동작전압 V_m은

$$\exp\left(\frac{qV_m}{nkT}\right)\left(1+\frac{qV_m}{nkT}\right)=\left(\frac{I_{sc}}{I_0}\right)+1 \tag{2.20}$$

또는

$$V_m = V_{oc} - \frac{nkT}{q}\ln\left\{\frac{V_m}{nkT/q}+1\right\} \tag{2.21}$$

을 만족한다. 또한 이때의 최적 동작전류 I_m은

$$I_m = \frac{(I_{ph}+I_0)\cdot(qV_m/nkT)}{1+(qV_m/nkT)} \tag{2.22}$$

가 된다. P_m가 커지기 위해서는 특성곡선에서 I_m과 V_m이 I_{sc}와 V_{oc}에 가까워야 한다. 한편 태양전지의 변환효율은 입사전력에 대해 출력에 나타나는 최대 전력 에너지의 비로서 정의한다. 즉

$$\eta = \frac{P_m}{P_{input}} = \frac{I_m\cdot V_m}{P_{input}} = \frac{V_{oc}\cdot J_{sc}}{P_{input}}\cdot \mathrm{FF} \tag{2.23}$$

2.10 직·병렬저항

태양전지의 직렬저항은 다음의 세 가지 원인에 의해 발생된다.

① 태양전지의 에미터와 베이스를 통한 전류 흐름. 즉 에미터와 베이스의 수직 저항성분
② 금속전극과 에미터, 베이스 사이의 접촉저항
③ 전면 및 후면 금속전극의 저항

비록 큰 직렬저항에 의해 태양전지의 단락전류가 감소하기는 하지만 직렬저항에 의해 주로 영향 받는 파라미터는 FF이다. 한편 직렬저항은 태양전지의 개방전압에 큰 영향을 미치지 않지만 개방전압 부근에서 전류-전압곡선은 직렬저항에 의해 크게 영향을 받는다.

태양전지의 병렬저항으로 인해 큰 출력 손실을 가져오는데, 태양전지 제조과정 중의 결함에 의해 발생한다. 낮은 병렬저항은 누설전류로 인해 태양전지의 p-n 접합을 가로질러 흐르는 광생성 전류 및 전압을 감소시킨다. 병렬저항은 태

양전지에 입사되는 빛의 세기가 약한 경우 더욱 큰 영향을 미친다. 누설 전류에 기인하는 병렬저항 R_{sh}에 관해 구체적으로 생각해 보자. 1 cm^2의 면적을 갖는 전지에 대해서 R_{sh} >1 kΩ 이상이면 R_{sh}의 영향은 태양전지 특성에 나타나지 않는다. 통상의 태양전지에서는 R_{sh} ≫1 kΩ이지만, 특히 결함이 많고, 접합부에서의 누설 전류가 많은 경우 또는 다결정 태양전지에서 접합이 완전히 되지 않는 경우에는 R_{sh}가 문제가 된다. 태양에너지 변환으로서가 아니라 미약한 광을 검출하는 것을 목적으로 태양전지를 이용할 경우에는 광전류가 극히 작게 되므로 측정 한계가 R_{sh}로 결정된다. 시판되고 있는 실리콘 검출기에서는 R_{sh} ≥ 100 MΩ로 0.01 lux 이상의 조도 범위에서 조도-광전류의 선형성이 유지되고 있다.

예제 2.9

실리콘 p^+n 계단접합 다이오드는 1 mm^2의 단면적을 가지고 p측에 붕소 원자로 5×10^{18} cm^{-3}의 억셉터 농도를 가지고 n측에는 비소 원자로 10^{16} cm^{-3}의 농도를 가지고 있다. n-영역에서의 정공의 수명은 417 ns이고 p-영역에서의 전자의 수명은 p측에서의 더 높은 불순물(재결합 중심) 농도 때문에 5 ns이다. 평균 열 생성 수명(τ_g)은 약 1 ms이고 p-영역과 n-영역의 길이는 각각 5 μm, 100 μm이다.

a. 소수 운반자의 확산거리를 계산하고 어떤 형태의 다이오드인지를 결정하시오.
b. 접합에서의 내부 전위는 얼마인가?
c. 27°C에서 다이오드에 0.6 V의 순방향 전압이 걸렸을 때 전류는 얼마인가? 전류는 소수 운반자의 확산에 의해서 흐른다고 가정하시오.
d. 다이오드에 0.6 V의 순방향 전압이 유지될 때 100°C에서의 순방향 전류를 어림잡아 구하시오. n_i는 D, L, μ보다 온도의 영향을 더 받는다고 가정하시오.
e. 다이오드가 5 V로 역방향 바이어스될 때, 즉 V_r = 5 V일 때 역방향 전류는 얼마인가?

풀이 확산길이의 일반적인 표현식은 $L = \sqrt{D\tau}$이고 여기서 D는 확산계수이고 τ는 운반자 수명이다. D는 아인슈타인 관계식 $D/\mu = kT/e$에 의해서 운반자의 이동도 μ와 관련이 있다. 그러므로 D와 L을 계산하기 위해서 μ를 알 필요가 있다. 전자는 p-영역에서 확산하고 정공은 n-영역에서 확산하기 때문에 N_a의 억셉터가 존재할 때의 μ_e를 알아야 하고 N_d의 도너가 존재할 때의 μ_h를 알아야 한다. 유동 이동도 μ와 불순물 농도에 대한 관계로부터 다음을 얻을 수 있다.

$$N_a = 5 \times 10^{18}\ \text{cm}^{-3}\text{일 때, } \mu_e = 120\ \text{cm}^2\ \text{V}^{-1}\ \text{s}^{-1},$$

$$N_d = 10^{16}\ \text{cm}^{-3}\text{일 때,} \qquad \mu_h \approx 440\ \text{cm}^2\ \text{V}^{-1}\ \text{s}^{-1}$$

따라서 다음을 얻는다.

$$D_e = \frac{kT\mu_e}{e} \approx (0.0259\ \text{V})(120\ \text{cm}^2\text{V}^{-1}\text{s}^{-1}) = 3.10\ \text{cm}^2\text{s}^{-1}$$

$$D_h = \frac{kT\mu_h}{e} \approx (0.0259\ \text{V})(440\ \text{cm}^2\text{V}^{-1}\text{s}^{-1}) = 11.39\ \text{cm}^2\text{s}^{-1}$$

확산길이는 다음과 같이 된다.

$$L_e = \sqrt{D_e\tau_e} = \sqrt{[(3.10\ \text{cm}^2\text{s}^{-1})(5\times10^{-9}\text{s})]}$$
$$= 1.2\times10^{-4}\ \text{cm} \quad \text{혹은} \quad 1.2\mu\text{m} < 5\mu\text{m}$$

$$L_h = \sqrt{D_h\tau_h} = \sqrt{[(11.39\ \text{cm}^2\text{s}^{-1})(417\times10^{-9}\text{s})]}$$
$$= 21.8\times10^{-4}\ \text{cm} \quad \text{혹은} \quad 21.8\mu\text{m} < 100\mu\text{m}$$

그러므로 긴 다이오드임을 알 수 있다. 내부전위는 다음과 같다.

$$V_0 = \left(\frac{kT}{e}\right)\ln\left(\frac{N_dN_a}{n_i^2}\right) = (0.0259\ \text{V})\ln\left[\frac{(5\times10^{18}\times10^{16})}{(1.45\times10^{10})^2}\right] = 0.856\ \text{V}$$

$V = 0.6$ V일 경우 순방향 전류를 계산하기 위해서 전류를 구성하는 확산과 재결합 성분들을 알 필요가 있다. 이 순방향 바이어스에서 확산 성분이 재결합 성분을 능가할 것이다(이는 쉽게 증명할 수 있다). 순방향 전류가 중성영역의 소수 운반자의 확산 때문이라고 가정하면 다음과 같이 된다.

$$I = I_{so}\left[\exp\left(\frac{eV}{kT}\right) - 1\right] \approx I_{so}\exp\left(\frac{eV}{kT}\right)\ ;\quad V \gg \frac{kT}{e}\ \text{일 때}\ (= 0.0259\ \text{V})$$

여기서 $N_a \gg N_d$일 때 다음을 얻는다.

$$I_{so} = AJ_{so} = Aen_i^2\left[\left(\frac{D_h}{L_hN_d} + \frac{D_e}{L_eN_a}\right)\right] \approx \frac{Aen_i^2D_h}{L_hN_d}$$

다시 말해서 전류는 주로 n-영역에서의 정공의 확산에 기인한다. 따라서 다음과 같이 된다.

$$I_{so} = \frac{(0.01\ \text{cm}^2)(1.6\times10^{-19}\ \text{C})(1.45\times10^{10}\ \text{cm}^{-3})^2(11.39\ \text{cm}^2\text{s}^{-1})}{(21.8\times10^{-4}\text{cm})(10^{16}\ \text{cm}^{-3})}$$
$$= 1.76\times10^{-13}\ \text{A} \quad \text{혹은} \quad 0.176\ \text{pA}$$

그러면 다이오드 전류는 다음과 같다.

$$I \approx I_{so}\exp\left(\frac{eV}{kT}\right) = (1.76\times10^{-13}\text{A})\exp\left[\frac{(0.6\ \text{V})}{(0.0259\ \text{V})}\right]$$
$$= 2.0\times10^{-3}\ \text{A} \quad \text{혹은} \quad 2.0\ \text{mA}$$

0.6 V의 순방향 바이어스가 인가될 경우 내부 전위는 0.856 V에서 0.256 V로 감소함을 주목하라. 이는 정공을 p에서 n측으로 전자를 n에서 p측으로 확산시키는 소수 운반자의 주입을 촉진한다. 100°C에서의 전류를 구하기 위해서 먼저 $I_{so} \propto n_i^2$로 가정하자. 그러면 $T = 273 + 100 = 373$ K에서, $n_i \approx 1.2\times10^{12}\ \text{cm}^{-3}$(n_i에 대한 $1/T$의 그래프로부터 얻음)이고 그래서 다음을 얻는다.

$$I_{so}(373\,\mathrm{K}) \approx I_{so}(300\,\mathrm{K})\left[\frac{n_i(373\,\mathrm{K})}{n_i(300\,\mathrm{K})}\right]^2$$

$$= (1.76\times10^{-13})\left[\frac{1.2\times10^{12}}{1.45\times10^{10}}\right]^2 = 1.21\times10^{-9}\,\mathrm{A} \quad \text{혹은} \quad 1.21\,\mathrm{nA}$$

100°C에서 다이오드에 0.6 V이 인가되는 경우 순방향 전류는

$$I = I_{so}\exp\left(\frac{eV}{kT}\right) = (1.21\times10^{-9})\exp\left[\frac{(0.6\,\mathrm{V})(300\,\mathrm{K})}{(0.0259\,\mathrm{V})(373\,\mathrm{K})}\right] = 0.15\ \mathrm{V}$$

역방향 바이어스 V_r이 인가될 때 공핍 영역을 가로지르는 전위차는 $V_0 + V_r$가 되고 공핍층 폭 W는 다음과 같다.

$$W = \left[\frac{2\varepsilon(V_0+V_r)}{eN_d}\right]^{1/2} = \left[\frac{2(11.9)(8.85\times10^{-12})(0.856+5)}{(1.6\times10^{-19})(10^{22})}\right]^{1/2}$$

$$= 0.88\times10^{-6}\,\mathrm{m} \quad \text{혹은} \quad 0.88\,\mu\mathrm{m}$$

$V_r = 5\,\mathrm{V}$일 때 열 생성 전류는 다음과 같다.

$$I_{gen} = \frac{eAWn_i}{\tau_g} = \frac{(1.6\times10^{-19}\,\mathrm{C})(0.01\mathrm{cm}^2)(0.88\times10^{-4})(1.45\times10^{10})}{(10^{-6}S)}$$

$$= 2.0\times10^{-9}\ \mathrm{A} \quad \text{혹은} \quad 2\ \mathrm{nA}$$

열 생성 전류는 역방향 포화 전류($I_{so} = 0.176\,\mathrm{pA}$)에 비해서 매우 크다. 그러므로 역방향 전류는 I_{gen}에 의해서 지배되고 이는 2 nA이다.

2.11 | 수집확률, 양자효율

캐리어 수집확률(collection probability)은 태양전지의 특정 영역 내에서 흡수된 광에 의해 생성된 캐리어가 p-n 접합에 의해 수집될 확률을 나타낸다. 수집확률은 광생성 캐리어가 캐리어의 확산거리에 비교하여 이동해야 할 거리에 커질수록 감소한다. 또한 수집확률은 전지의 표면 특성에 의해서도 변화된다. 공핍층 내에서 전자-정공쌍은 전계에 의해 빠르게 휩쓸려 내려가 수집되므로 이 영역에서의 수집확률은 1이다. 접합으로 멀리 떨어진 경우 수집확률은 줄어든다. 만일 접합으로부터 확산거리 이상 떨어진 곳에서 캐리어가 생성된 경우 이 캐리어의 수집확률은 아주 작다. 유사하게, 접합에서보다 높은 재결합률을 갖는 표면 같은 영역 근처에서 생성된 캐리어는 재결합할 것이며, 그 결과 수집확률은 감소한다. [그림 2.14]는 수집확률에 미치는 표면 패시베이션(surface passivation)과 확산거리의 영향을 나타낸 것이다.

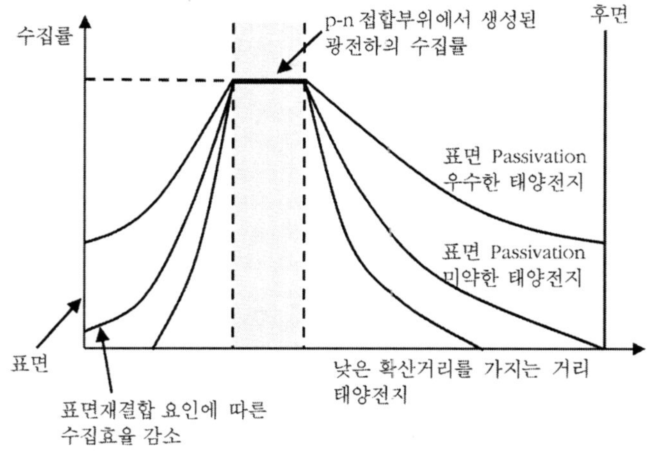

그림 2.14 수집확률과 표면 패시베이션 및 확산거리와의 관계

태양전지의 광생성 전류는 캐리어의 수집확률과 생성률에 의해 결정된다. 광생성 전류는 전지의 각 지점에서의 캐리어 생성률과 수집확률을 곱한 것을 전체 전지 두께에 대해 적분함으로써 계산할 수 있다.

$$J_L = q\int_0^W G(x)CP(x)dx \qquad (2.24)$$

여기서 W는 태양전지의 두께, $G(x)$는 캐리어 생성률, $CP(x)$는 수집확률이다. [그림 2.15]는 태양전지 내의 거리에 따른 캐리어 생성률과 수집확률을 나타낸 것이다.

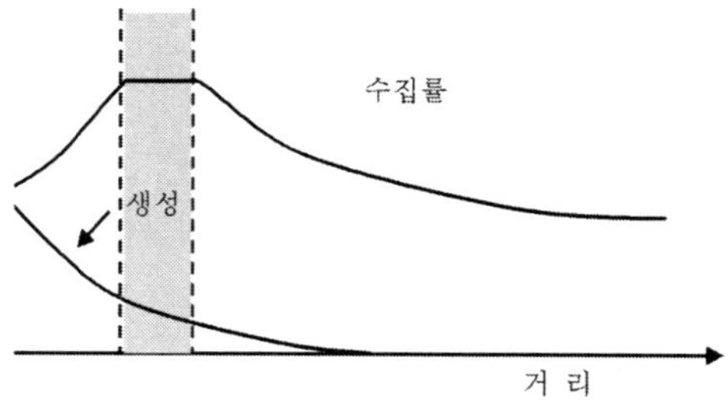

그림 2.15 태양전지 내의 거리에 따른 캐리어 생성률과 수집확률

양자효율(quantum efficiency)은 태양전지에 입사되는 광자 수에 대한 태양전지에 의해 수집되는 캐리어 수의 비를 의미하며, 입사되는 광자의 파장 또는 에너지의 함수로서 주어진다. 만약 일정 파장의 모든 광자가 흡수되고, 그 결과 소수 캐리어가 수집된다면 특정 파장에서의 양자효율은 1이다. 금지대폭(밴드갭)보다 작은 에너지를 갖는 광자에 대한 양자효율은 0이다. [그림 2.16]은 이상적인 태양전지에 대한 양자효율 곡선을 나타낸 것이다. AM1.5 조건에서 350 nm

보다 짧은 파장에서의 빛 세기는 매우 약하므로 보통 이 이하의 파장에서 양자효율은 측정하지 않는다.

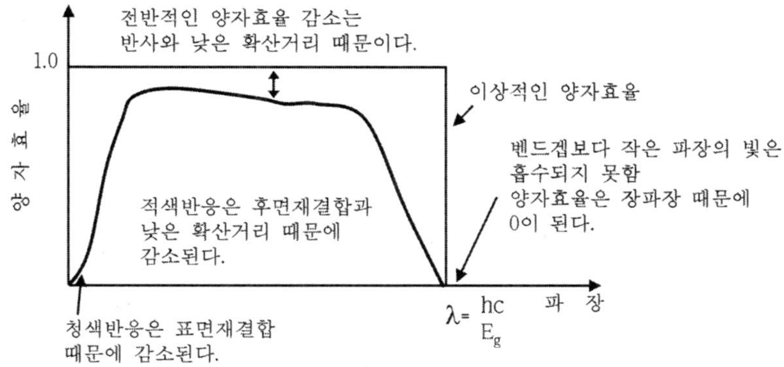

그림 2.16 실리콘 태양전지의 양자효율

이상적으로 양자효율은 그림에서 보듯이 직각 형태이지만, 대부분의 태양전지의 경우 재결합 효과로 인해 양자효율은 감소한다. 양자효율은 수집효율과 같은 기구에 의해 영향을 받는다. 예를 들어 전면 패시베이션(front surface passivation)은 표면 근체에서 생성된 캐리어에 영향을 미친다. 또한 태양광 스펙트럼 중 단파장 영역의 빛(blue light)은 표면에 매우 가까운 곳에서 흡수되므로 큰 전면 재결합은 양자효율 스펙트럼에서 단파장 쪽에 영향을 미친다. 유사하게, 장파장 영역의 빛은 태양전지의 내부에서 흡수되며, 캐리어의 낮은 확산거리(diffusion length)는 태양전지 내에서의 수집확률에 영향을 미친다. 그 결과 양자효율 스펙트럼에서 장파장 쪽의 효율이 감소한다.

실리콘 태양전지의 외부 양자효율(external quantum efficiency)은 투과(transmission)와 반사(reflection)와 같은 광학적 손실에 영향을 받는다. 그러나 종종 반사되거나 투과된 빛에 의해 손실된 부분을 제외하고 남은 빛에 대한 양자효율을 구하는 것이 유용한 경우도 있다. 내부 양자효율(internal quantum efficiency)은 전지로부터 반사 또는 투과되지 않은 광자가 수집 가능한 캐리어를 생성할 효율을 의미한다. 내부 양자효율은 전지의 반사나 투과를 측정함으로써 외부 양자효율로부터 계산할 수 있다.

분광반응도(spectral response)는 개념적으로 양자효율과 유사하다. 양자효율은 입사되는 광자 수에 대해 태양전지 내에서 생성되는 전자 수의 비를 의미하는 반면, 분광반응도는 입사되는 전력에 대해 태양전지에 의해 생성되는 전류비이다. 이상적인 분광반응도의 경우 반도체의 금지대폭보다 작은 에너지를 갖는 광자는 반도체 내에서 흡수될 수 없기 때문에 장파장에서 제한된다. 또한 직각

모양의 양자효율 곡선과는 달리 분광반응도는 단파장에서 감소한다. 이들 파장에서 각 광자는 상대적으로 장파장에서보다 큰 에너지를 가지므로 동일한 전력에 대해 광자의 수는 줄어든다. 또한 금지대폭 이상의 에너지 성분은 태양전지에 의해 흡수되지 못하고 열로 소비된다. 그 결과 단파장에서의 분광반응도는 감소하게 된다.

분광반응도는 태양전지로부터 측정되며, 이것으로부터 양자효율이 계산된다. 양자효율은 분광반응도에서 특정 파장에서의 빛 세기(전력)를 그 파장에서의 광자속(photon flux)으로 바꿈으로써 결정할 수 있다.

$$SR = \frac{q\lambda}{hc} QE \tag{2.25}$$

여기서 SR은 분광반응도, q는 전자의 전하량, λ는 입사광자의 파장, h는 플랑크 상수, c는 광속도, QE는 양자효율이다.

한편 구체적으로 파장 λ인 광을 조사한 경우의 단락광 전류 $J_{sc}(\lambda)$를 구해보자. 먼저 태양전지의 광 흡수효율 η_{cell}을 다음과 같이 정의한다.

$$\eta_{cell} = \frac{\text{단락광전류}}{(\text{단위시간당 입사포톤수}) \times \text{전자전하}} \times 100(\%) \tag{2.26}$$

즉 태양전지에 1개의 광자가 입사했을 때 외부회로에 1개의 전자가 유출되면 수집효율 η_{cell} = 100%가 된다. 실제로는 반도체 내부에서의 재결합과 표면 재결합 때문에 수집효율은 100%가 되지 않는다. 여기서는 태양전지가 본래 가져야 할 수집효율(internal collection efficiency ; 그리드 면적 제외한 태양전지 면적의 분광 반응도)을 취하고 표면반사는 없다고 본다.

2.12 | 실리콘 태양전지의 고효율화

고효율 태양전지를 만들기 위한 가장 단순한 접근법은 어떻게 하면 광생성되는 전자-정공쌍을 많이 만들 수 있을까와 이를 손실됨이 없이 외부로 끌어내는가에 달려있다. **광생성 전하를 많이** 하기 위해서 빛을 많이 받도록 해야 한다. 이에 대한 장애요소가 표면전극, 표면 반사, 장파장의 투과 또는 열손실이다. 이를 극복하기 위해서는 빛을 가두는 역활이나 빛의 경로를 늘리는 반사방지막, 표면 texturing, 후면에 모든 전극을 일체화하는 구조, 서로 다른 밴드갭의 다층화된 태양전지와 같은 방법과 미래형 태양전지인 1개의 포톤으로 다수의 전자-정공쌍을 많이 만들 수 있는 반송자 다중화 태양전지가 방안이다. 이런 광전하 생성은 곧 전류크기를 결정하는 요소이다. 다양한 기법을 통해서 광생성된 전자-정공쌍(electron hole pair, EHP)을 많이 만든 후에는 전자와 정공을 분리해서 외부로 수집해 내와야 한다. 분리는 마치 물이 높은데서 낮은 곳으로 흐르듯이 광생성된 전자와 정공도 p-n 접합 전위차(금속/반도체, 금속/절연막/반도체 접합 전위차)에 의존하여 분리될 수밖에 없다. **광생성된 전자와 정공을 분리하는 p-n 접합 전위차는 태양전지의 개방전압의 한계를 결정**한다. 분리를 원활하게 하기 위해서 전위차이를 크게 해 주면 표면 및 벌크 재결합 상승으로 인한 손실 때문에 고효율 태양전지 제작은 재결합 손실과 p-n 접합의 도핑 농도는 따로 분리해서 취급할 수 없다. 이에 대한 대안이 전극이 직접 접촉하는 부분에 고농도의 $n^{++}(>10^{20}\ cm^{-3})$ 형태를 취하고 나머지 전극이 없는 부분에 $n^{-}(<10^{17}\ cm^{-3})$로 저농도/고농도 도핑으로 전면을 처리하고 후면은 다시 $p(10^{16}\ cm^{-3})/p^{++}(2\times10^{18}\ cm^{-3})$형태의 후면 전계를 형성함이 대안이다. 이때 고농도 층을 지나치게 과대하게 불순물을 주입할 경우 전극부분의 재결합이 상승하여 에너지 변환 손실로 이어진다. 따라서 전면의 p-n 접합, 후면의 p/p^{++}영역에서 재결합도 작게 하여 누설전류를 줄이고 병렬저항 성분을 증가하여야만 고효율을 기대할 수 있다. 이렇게 해서 광생성 전하를 많이 하고 분리를 위한 접근을 마쳤다고 해도 실리콘 태양전지에서 광생성된 전하는 전면이나 후면까지 확산을 통해서 이동하고 p-n 접합부근에서 전위차에 의해 분리되어 외부 전극으로 수집된다. 확산해서 이동할 수 있는 거리를 규명하는 수치가 소수 반송자의 확산거리이며 이는 반송자의 수명시간이 길수록 확산거리도 길다. 이러한 연유에서 p-형 기판재료를 사용하여 소수 반송자인 전자의 확산거리가 긴 것을 이용 고효율을 달성하는 기반으로 한다. 수명이 길기 위해서는 재결합을 할 수 없도록 실리콘 내부에 결함이 작게 해야 한다. 이는 3장에서 기술한 실리콘 제조 방법에 따라서 물질의 한계가 주어진다. 어떻게 하면 산소, 탄소, 철, 니켈, 코발트 등의 불순물이 최소한으로 되면서도 결정결함이 없는 실리콘을 저온, 저가에서 만들 수 있는지가 고효율 달성 기술경쟁력이다. 현재는 값싼 결함이 많은 재료에 순물을 석출하거나, 결함을 passivation하는 방법과 태양전지 구조를 최적화하는 것이 태양전지 산업의 중요경쟁력을 담당하고 있다. 마지막으로 수집되는 과정에서 태양전지 자체가 가지고 있는 저항성분에 의한 광전류 감소에 기인한 효율감소이다. 이 성분을 $1\,\Omega\cdot cm^2$ 이하로 하기 위해서 그리드설계, 불순물 농도 제어에 의한 면저항, 기판의 비저항, 금속접합의 접촉저항 성분을 모두 함께 고려하여 설계할 수 있다.

이상의 기법을 요약하면 효과적인 광포획, 생성, 분리, 수집으로 요약할 수 있다.

i) 광을 효과적으로 포획

①은 빛의 반사를 감소시키고 반사된 광을 재활용한다. ②는 전극면적을 감소시키면서 반사된 광을 재활용한다. 또한 전극에서 광이 투과되도록 한다. ③은 빛의 반사를 증가시키면서 투과된 광을 재활용한다.

ii) 전하를 효과적으로 생성

①은 잉여 에너지를 전하생성에 이용한다. ②는 전하를 발생시키나 손실이 없다.

③은 금지대 내에 전하가 존재할 수 있는 에너지 상태를 만들어 준다.

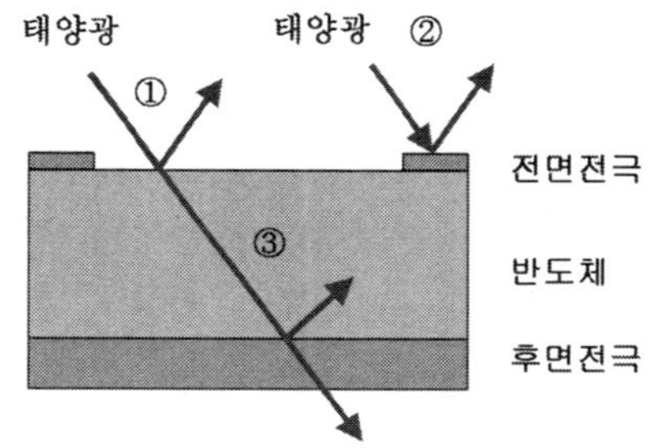

그림 2.17 광을 효과적으로 포획 방법

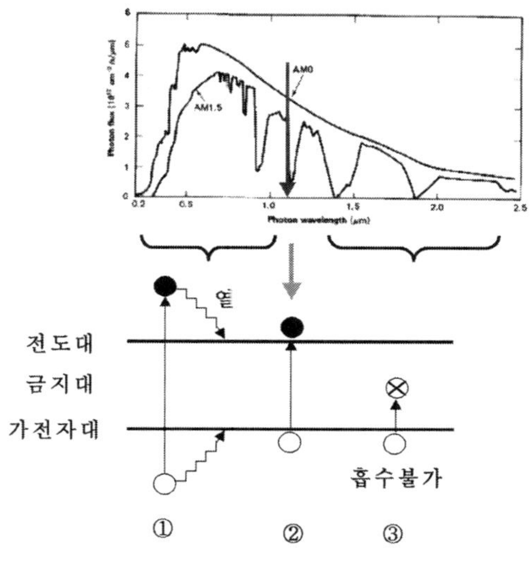

그림 2.18 전하를 효과적으로 생성 방법

iii) 전하를 효과적으로 분리

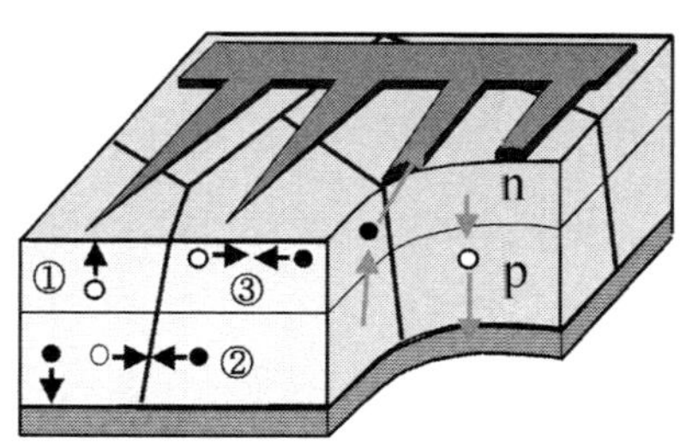

그림 2.19 전하를 효과적으로 분리하는 방법

①은 표면으로 전하가 이동하는 것을 제어한다. ②는 결정입계의 면적을 줄이면서 결정입계 내의 재결합장소를 줄인다. ③은 결정립의 재결합 장소를 줄인다.

iv) 전하를 효과적으로 수집

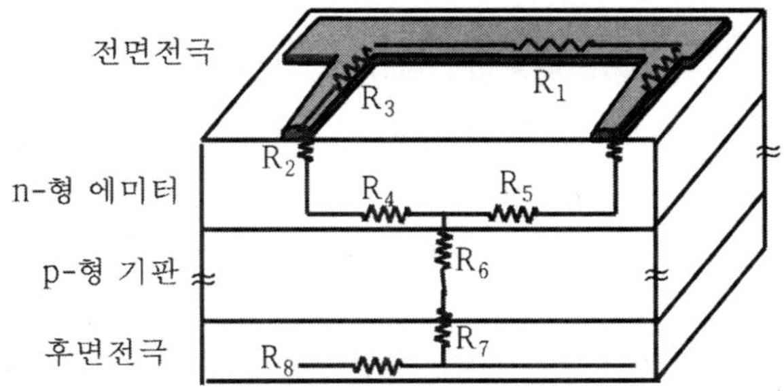

그림 2.20 전하를 효과적으로 수집하는 방법

직렬저항에 의한 에너지 손실과 누설전류를 줄인다.

v) 태양전지는 빛이 표면으로 입사하게 되면, 입사된 빛이 최대한으로 반사됨 없이 전기적 에너지로 변환하여야 한다. 이를 위해서 표면에 반사방지막이나 표면에서 입사된 빛이 난반사가 되도록 피라미드 구조를 만들어 입사광이 여러 각도에서 실리콘 내부에서 흡수되도록 한다. 이를 위해 건식식각으로 에칭하는 방법이 있다.

vi) 다결정 실리콘은 여러 개의 결정들로 구성되며 이들 결정 사이의 경계면은 에너지 변환손실의 주요원인이다. 이를 해결하기 위해서 passivation을 중심으로 효율을 증가시킬 수 있다.

태양전지의 광조사시의 출력특성을 좌우하는 것은 단락전류(I_{sc}), 개방전압(V_{oc}), 충실도(곡선인자, fill factor FF) 세 가지이다. 단락전류는 Si의 금지대폭 1.1 eV 이상의 에너지를 가지는 포톤이 1 대 1로 전자-홀쌍을 생성한다 가정하고 태양광의 각 파장에 따른 포톤수를 이용해서 계산하면 AM1.5(83.2 mW/cm^2)에서 단락전류 밀도 J_{sc}는 37.7 mA/cm^2, AM0(135.3 mW/cm^2)에서 54.2 mA/cm^{2}로 예측할 수 있다. 개방전압 V_{oc}의 근본적인 한계는 실리콘의 밴드갭 보다 클 수 없으며 이상적인 p-n 접합에서, V_{oc}는 다음의 식

$$V_{oc} = \frac{kT}{q} \ln\left(\frac{I_{sc}}{I_o} + 1\right) \tag{2.27}$$

으로 간주한다. V_{oc}을 크게 하기 위해서는 I_o 가능한 작은 쪽이 바람직하여 산화막이나 질화막 내부에 존재하는 양전하를 이용 실리콘 표면층에 역전층을 이용하여 누설을 줄이거나 금속/절연막/반도체 접합으로 개방전압을 올리면서도 광생성된 전하는 극히 얇은 절연층을 통과해 광전류 손실이 크지 않도록 한다. Si의 경우 고성능의 태양전지로서 달성 가능한 V_{oc}의 최고치는 700 mV로 보고있다. 태양전지 전류-전압 곡선인자 FF는 개방전압의 계수에서 실험적으로,

$$\text{FF} = \frac{V_{oc} - \ln(V_{oc} + 0.72)}{V_{oc} + 1} \tag{2.28}$$

구할 수 있다. V_{oc} = 700 mV에 대해서는 식(2.28)에서 FF = 0.846이 얻어진다. 따라서 AM1.5 (83.2 mW/cm^2)의 조건에서 한계 에너지 변환효율은

$$\eta_{max} = \frac{37.2 \times 700 \times 0.846}{83.2} = 26.5\% \tag{2.29}$$

이다. 고효율의 실리콘 p-n 접합 태양전지를 제작하고 설계함에 있어서 변환효율의 손실 요인을 분석하고 체계화할 필요가 있다. 1954년 태양전지가 최초로 제작된 이래로 많은 연구자에 의해서 이론적인 최고 변환효율을 계산하는 작업들이 이루어져 왔다. 이 과정에서 분석된 태양전지의 손실 요인들을 [그림 2.21]에 나타내었다.

실리콘계 태양전지의 손실 요인은 물질 자체의 특성에서 오는 손실로써 기판물질을 바꾸는 방법 외에는 특별히 제거할 방법이 없는 부분과 제조 공정의 최적화로 어느 정도 제거가 가능한 손실요인으로 나눌 수 있다. [그림 2.21]에서 가장 많은 손실 요인을 제공하고 있는 부분은 실리콘의 에너지 밴드갭(energy band gap)에 관련된 것으로서 밴드갭보다 낮은 에너지를 가지는 포톤은 실리콘 태양전지에 EHP를 형성시키지 못하고 태양전지를 투과해 버린다. 또한 높은 에너지를 가지는 포톤은 태양전지에 한 개의 EHP를 형성시키지만 남는 에너지는 열로써 방출되므로 태양전지는 큰 에너지의 일부분만을 이용하게 될 수밖에 없다. 이들 두 가지 요인은 태양전지의 재료로 이용되는 물질이 결정되면 피할 수 없는 것으로써 이들을 효과적으로 이용하고자 하는 노력으로는 큰 에너지 밴드갭을 갖는 물질을 전면에, 낮은 에너지 밴드갭을 갖는 물질을 후면에 접합하는 다중 접합(multi stack) 태양전지에 대한 연구도 진행되고 있다. 약 2.4%를 차지하는 곡선 인자에 기인한 손실은 요인은 p-n 접합 태양전지는 넓은 의미에서

다이오드이므로 전류-전압 특성이 지수 함수적으로 증가하므로 정확한 사각형이 될 수 없다. 따라서 아무리 잘 만들어도 충실도가 100%가 될 수 없는 데에서 한계 값이 존재한다.

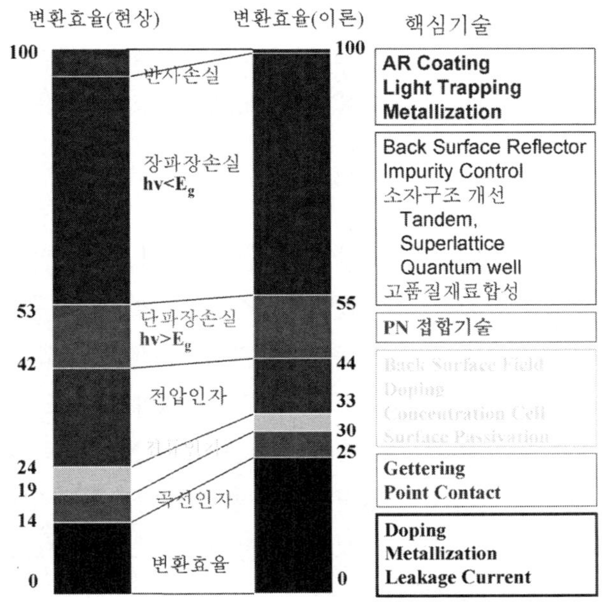

그림 2.21 실리콘 태양전지의 효율저하요인

이들 네 가지 요소는 태양전지에서 피할 수 없는 손실 요인이며, 나머지 요소들은 최적화된 공정의 개발로 어느 정도 감소가 가능하다. 그렇다면 좀더 자세히 살펴보면 에너지 손실 요인은 다음과 같다.

i) 표면반사에 의한 손실

낮은 반사는 적당한 확산조건 하에서의 고농도불순물에서 얻어진다. 또한 반사방지막을 이용하면 2% 이하의 손실로 줄일 수 있다.

ii) 장파장 손실에 의한 불완전흡수(투과)

태양광이 태양전지의 전자-정공쌍의 발생에 기여하기 위해서는 광에너지 $h\nu$(h : 플랭크 상수, ν: 진동수)가 재료의 금지대폭 E_g보다 커야 한다. 만일 광에너지 $h\nu$가 재료의 금지대폭 E_g보다 작을 경우 ($h\nu < E_g$) 빛은 전자-정공쌍의 발생에 기여하지 못한다. 실리콘 태양전지의 전기 발생에 기여하는 태양광의 파장 λ은 $E_g < h\nu$,

$$h\nu = h\frac{c}{\lambda} = \frac{1.24}{E_g}$$

의 관계식으로부터 구할 수 있다(단, c는 광속).

$$\lambda = \frac{1.24}{E_g},\ \lambda < \frac{1.24}{1.1},\ \lambda = 1.13\,\mu\text{m}$$

위의 식에서 1.13μm보다 짧은 파장의 빛이 실리콘 태양전지에 흡수될 경우 전기에너지 발생에 기여하게 된다.

iii) 단파장에서 열 손실

*E-H*쌍의 생성시 포톤에너지의 부분적 이용 흡수되는 포톤은 *E-H*쌍을 만들기에 충분한 에너지를 가지고 있다. 그 충분한 에너지는 에너지갭이다. 그러나 흡수된 포톤에너지 중 에너지갭을 넘는 초과량을 격자의 진동에 따른 열로 소모=전력의 손실이 있다($E = hc/\lambda$). p-n 접합에서의 확산에 의한 *E-H*쌍의 불완전수집 포톤 흡수로 만들어진 대부분의 EHP는 p-n 접합의 공핍층에서 발생하지 않기에 접합으로부터 확산거리 내에 있는 EHP만이 모여질 것이다. 그리고 접합으로부터 확산거리 밖의 EHP는 대부분 재결합할 것이다. 그래서 100% 아래로 수집효율을 떨어뜨린다.

iv) 전압인자(Voltage Factor = V_{oc}/E_g)

a) EHP 발생 이용 에너지량 = E_g

b) 가장 많이 이용할 수 있는 전압 = 개방전압

항상 (a) > (b)이다. 그 이유는 최대 이용 순방향 전압은 n^-, p^- 페르미 레벨차로 페르미레벨은 금지대 내부에 위치하므로 장벽높이의 전압은 결코 직사광선으로부터 흡수할 수 없는 극도의 고주입에서만 얻어진다.

v) 직렬저항 손실

내부직렬저항에 기인한 곡선의 부가적인 효율 감쇄를 가져온다. n층의 농도, 두께 금속전극간격, p층 비저항, p층 두께, 상하부 금속 접합 접촉저항, 금속 자체의 저항성분이 직렬저항과 관계된다. 이 직렬저항이 커지면 단락전류의 감소를 가져오며 곡선인자 또한 감소하게 되어 효율이 떨어진다.

표준적인 태양전지는 통상 저항률 0.3~1 W·cm의 p−Si을 이용해서 확산으로 p-n 접합이 만들고(접합깊이 0.5 mm 부근) 표면불순물밀도는 $2\sim4\times10^{20}$ cm이다. 표면부근에 있는 불순물밀도가 상당히 높으므로 이 영역에 있는 소수캐리어의 수명이 작게(확산거리가 짧다) 되어서 광조사에 의해 형성된 전자-정공이 접합부분까지 도달할 수가 없어 광전류에 기여하지 못하게 된다. 그 결과 변환효율은 11~14% 정도에서 달성되었다.

단락전류를 개선하기 위해서 접합깊이를 0.2~0.3 mm로 하고 불순물 밀도를 작게 해서 표면에 소위 불순물 도핑에 의한 "dead layer"를 줄여 단파장영역을 광응답 특성을 개량한 바이올렛(violet) 셀이 미국 COSMAT사에서 개발해 AM1 스펙트럼에서 변환효율 15%를 얻었다. 이를 개량해서 cosmat non-reflective solar cell(CNR)은 실리콘 표면을 피라미드 texturing해서 실리콘 표면에 반사율이 35~45%에서 25%로 감소되고 Ta_2O_5 반사방지막과 결합하여 반사율 7% 이하까지 감소하여 변환효율 18%를 달성하였다. 바이올렛 셀과 texture 구조의 결합으로 AM0의 단락 전류밀도가 36 mA/cm^{2}에서 46 mA/cm^{2}로 증가했다. 이것들에 개량을 전부 결합해서 단락전류밀도는 이론치의 90% 이상이 얻어질 수 있다. n^+p 구조에서는 p층의 이면 전면에 대해서 옴성 전극부에서 광조사에 의해 생성되어진 소수캐리어의 재결합이 일어나고 그 부분이 광전류에 기여하지 않게 된다. n^+pp^+ 구조로 해서 pp^+ 사이에 존재하는 에너지 차를 소수캐리어의 전자에 대한 장벽에 대해서 재결합을 감소시키고 표면 위의 확산거리를 크게 해서 장파장 영역의 광응답특성을 개선한 BSF 구조(HL 구조)를 독일의 베테분겐사에서 제안하였다. BSF 구조의 효과는 p^+층이 다수캐리어 정공에 대해서 양호한 옴성전극이 되고 직렬저항을 감소시켜 pp^+ 간의 에너지 차가 개방전압의 상승을 초래하는 등의 장점도 가지고 있다. 저항률이 0.3~1 W·cm의 p−Si을 이용해서 550 mV가 600 mV로 개선됨을 보였다.

개방전압의 증가는 태양전지의 효율향상에 도움을 주고 곡선인자를 향상시키게 된다. 개방전압을 위해서는 태양전지의 암시의 역방향 포화전류밀도 I_o의 저감을 하지 않으면 안된다. 이 전류는 n^+층으로부터 p층으로의 전자주입, p층으로부터 n^+으로의 정공의 주입으로 결정된다. n^+층이 얇은 것을 고려해서 p-n 접합 특성을 분석한다면 암시의 역방향에 있는 포화전자 전류밀도 J_{po}는,

$$J_{no} = q\,n_i^2 \frac{D_n}{L_n \cdot N_A} \tag{2.30}$$

$$J_{po} = pn_i^2 / N_D\left(S_p + \frac{X_j}{\tau_p}\right)$$

로 나타낸다. 이곳에서 n_i은 진성캐리어 밀도, D_n, L_n은 p층으로 전자의 확산계

수와 확산거리, τ_p, S_p는 n^+층에서의 정공의 수명 및 표면재결합속도, N_D, N_A는 n^+, p층의 도너 및 억셉터 밀도, X_j는 접합깊이이다. 식 (2.30)에서는 n+층이 얇기 때문에 주입된 소수 반송자가 표면에서 재결합하여 발생하는 표면재결합전류를 포함하고 있다. n^+층에서 불순물을 고농도로 첨가하면 ① 결정격자에 변형을 가하기 때문에 금지대폭 E_g를 낮추게 한다. 이는 또한 진성캐리어 밀도 n_i을 증가하게 된다($N_D = 10^{19}\ cm^{-3}$의 불순물밀도의 경우, $\Delta E_g = 60\sim100$ meV의 변화를 초래하고, $n_i \propto \exp(\Delta E_g/kT)$에 의해서 n_i^2은 50배 증가된다). ② 격자결함의 증가와 및 오제(Auger) 재결합의 증가에 의해 소수캐리어인 정공의 수명 τ_p을 낮게 하고 이에 따라서 J_{po}를 증가하게 한다. 게다가 ③ n^+층이 엷게 되어 평면에서의 재결합 효과가 나타나고 J_{po}의 증가를 불러일으킨다. 역방향 포화전류밀도 J_o는 J_{no}와 J_{po}의 합으로 주어지게 된다. 기판 0.1 Ω·cm의 p−Si을 사용할 때, $S_p = 10^3$ cm/s 이상에서는 J_o가 증가하게 된다.

역방향 포화전류 저감을 위해서 J_{no} 저감이 필요하며, 이를 위해서는 도핑량 N_A를 크게 하고 전자의 확산거리 L_n이 길어지도록 한다. L_n을 길게 하는 것은 광전류를 크게 하는 방향과 일치하지만 도핑량 N_A가 증가하면 L_n은 짧아지게 된다. 기판의 비저항을 1 Ω·cm로 선택하고 공정최적화로 벌크 내에서의 재결합이 주요한 인자가 되는 J_{no}는 충분히 작게 할 수 있다. 일반적으로 J_{po}는 엷은 n^+층 내부와 그 표면에서의 재결합이 크게 영향을 주게 된다. 따라서 고농도 불순물첨가를 피하는 것과 표면재결합속도 S_p을 감소하는 passivation(산화, 질화, 수소화 등)이 바람직하다. 동시에 n^+층의 불순물첨가량 N_D를 줄임에 따라 직렬저항이 크게 되면 태양전지의 성능이 나쁘게 되므로 주의를 요한다. 접합에서 표면까지의 두께 90% 정도를 $10^{15}\sim10^{17}\ cm^{-3}$ 농도로 하고 표면부근의 극히 엷은 층을 직렬저항과 접촉저항을 낮추는 고농도(n^+층의 형성)로 하는 표면 HL 접합과 BSF 구조에서 개방전압이 600 mV 정도의 전지를 640 mV까지 달성된다. 전면의 n^+층을 불순물 첨가에 의해 만들어내는 대신에 양의 공간 전하를 포함하는 산화막을 형성하면, 산화막과 n-형 층 사이에 전자를 축적하면 표면부분의 n^+n의 HL접합을 형성하게 되서 개방전압을 개선할 수 있다. 산화막을 이용해서 passivation하는 표면에서의 재결합을 줄이고 누설전류가 감소하여 개방전압도 상승한다. 태양전지 구조가 금속/절연막/n/p인 MINP(metal insulator np) 구조를 사용하여 V_{oc}를 비약적으로 향상 가능하다. 기존 태양전지 구조에서는 광전류 수집 전극부에서 금속과 반도체가 직접적으로 접해서 있기 때문에 암시의 역방향포화 전류가 이 부분에서의 재결합전류가 크게 영향을 주었다. MINP 구조에서는 n^+층 표면에서 재결합을 방해하기 때문에 2~3 nm의 엷은 SiO_2층을 열산화법으로 형성하였다. 표면에서의 재결합이 감소하므로 역방향 포화류를 감소하는 동시에 광조사에 의해 생성되는 전자-정공쌍의 표면재결합도 방지된다. 캐리어 수집 시에 금속전극과 반도체의 사이에 엷은 산화막이 존재하지만 터널링 효과에 의해 충분히 전류가 흐르므로 단락 전류에는 큰 영향을 주지 않는다. 표면전극에는 Ti-Pd-Ag 구조를 이용하고 있다. Ti 같이 낮은 일함수를 갖는 금속을 사용하여 전극의 접촉저항을 줄일 수 있다. 그러나 일반적으로 A_g 금속 paste로 스크린 프린팅 기술을 이용하여 전극을 형성할 때에는 상부 n층이 0.5 mm 이하에서는 p-n 접합 short 문제가 발생하고 A_g의 일함수가 높아 n^+층 (10^{20} cm^{-3})이 필요하다. 따라서 태양전지 양산을 위해서는 금속접합부의 도핑 농도는 높고 그 외의 표면농도는 낮게 하기 위한 n^+/n층의 두께가 0.5 mm 내외에서 형성하고 상부금속이외 부분을 식각하고 또 표면을 저온에서 양의전하를 포함하는 산화, 질화막 도포가 바람직하다.

다결정 태양전지에 영향을 주는 요소의 이론적 설계를 다음에서 살펴본다. 베이스층의 특성 중 전지의 효율에 크게 영향을 주는 요소는 베이스층의 두께 및 비저항, 후면 재결합 속도와 소수 반송자 수명이다. [그림 2.22]에 베이스층의 두께와 후면 재결합 속도에 따른 다결정 실리콘 태양전지의 에너지 변환효율을 보이고 있다. 소수 반송자 확산거리 베이스층의 두께는 얇을수록 좋으나, 이는 소수 반송자 확산거리에 관계한다. 즉 소수 반송자 확산거리에 가까워질수록 효율이 좋아지며, 길거나 짧으면 효율이 감소한다. 베이스층의 비저항은 약 0.1~0.5 Ω·cm에서 최고 변환효율을 보이나 이는 실제 웨이퍼 생산 시에 정밀한 조절이 어렵다. 실제 변환효율에 큰 영향을 미치며 고도의 기술력이 필요한 요소는 후면 재결합 속도와 소수 반송자 확산거리이다.

소수 반송자 확산거리가 100 μm까지는 후면 재결합 속도에 거의 영향을 받지 않음을 알 수 있다. 이는 후면에서 생성된 EHP가 공핍영역에 도달하기 전에 이미 p층 내에서 재결합을 하게 되므로 후면의 영향을 거의 받지 않음으로 해석된다. 그러나 확산거리가 증가할수록 후면 재결합 속도의 영향이 매우 중요하게 작용한다. 확산거리가 p층의 두께인 250 μm 이상이 되면 단락 전류는 포화 상태가 되어 거의 증가하지 않게 되며, 개방 전압은 베이스 포화전류(I_o)가 감소하므로 전체적인 전지의 역 포화전류가 감소하여 계속 증가하게 된다. 따라서 효율이 계속 증가하는 것은 개방전압의 영향으로 해석된다.

Internal Quantum Efficiency(IQE)는 태양전지가 입사된 태양광 스펙트럼을 얼마만큼 효과적으로 이용하는가를 판가름할 수 있는 매우 중요한 특성이다. 베이스층은 비교적 낮은 에너지를 가지고 있는 장파장 영역의 IQE 특성에 많은 영향을 주고 있으며 이를 높이는 것은 효율향상을 위해 필수적이다. [그림 2.23]

에 장파장 영역에서의 IQE에 후면 재결합 속도와 확산거리가 주고 있는 영향을 나타내었다. 확산거리가 50 μm인 경우, 즉 베이스층 내의 재결합이 많은 경우에는 후면 재결합 속도의 향상이 아무런 영향을 주지 않는 것을 알 수 있다. 이는 확산거리가 150 μm 이내에서는 효율이 급격히 감소하는 것과 같은 원인으로 해석된다. 즉 확산거리가 약 100 μm 이상이 되어야만 비로소 후면 재결합 속도가 전지의 IQE 특성에 영향을 줌을 알 수 있다. 따라서 장파장 영역에서의 수집효율을 올리기 위해서는 확산거리가 적어도 150 μm 이상이 되어야 함을 알 수 있다.

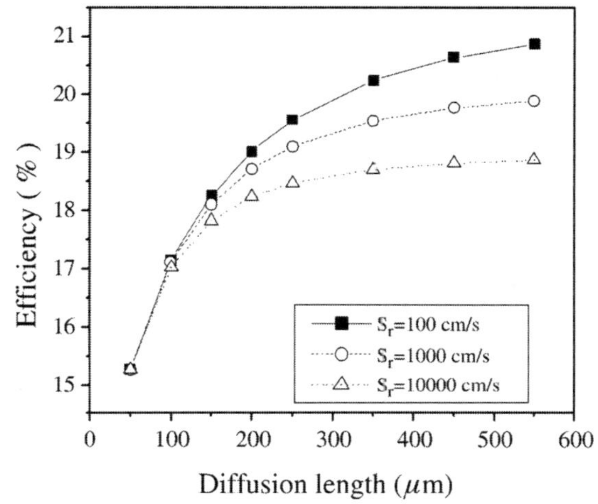

그림 2.22 베이스층의 소수 반송자 확산거리와 후면 재결합 속도에 따른 변환효율

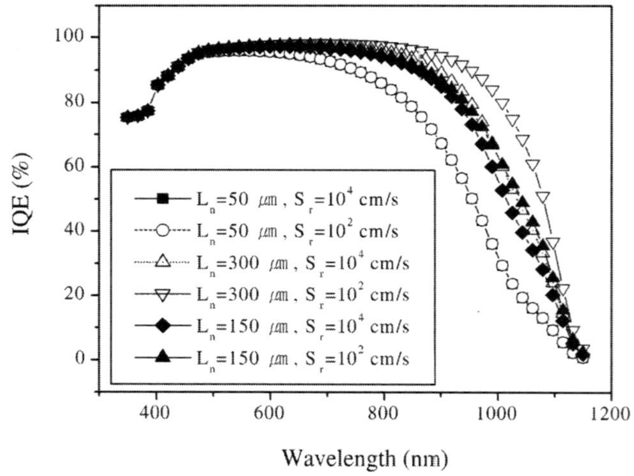

그림 2.23 베이스층의 소수 반송자 확산거리와 후면 재결합 속도에 따른 IQE

후면의 재결합 속도가 에미터층의 모의실험에 주는 영향을 최소화하기 위하여 재결합 속도는 100 cm/s로 고정하고 에미터층의 모의실험을 수행하였다. 에미

터의 표면저항은 전면 전극을 설계할 때 매우 중요한 요소이므로 이를 이용하여 도핑 농도를 변화시켰으며 이들이 변환효율에 주는 영향을 [그림 2.24]에 나타내었다.

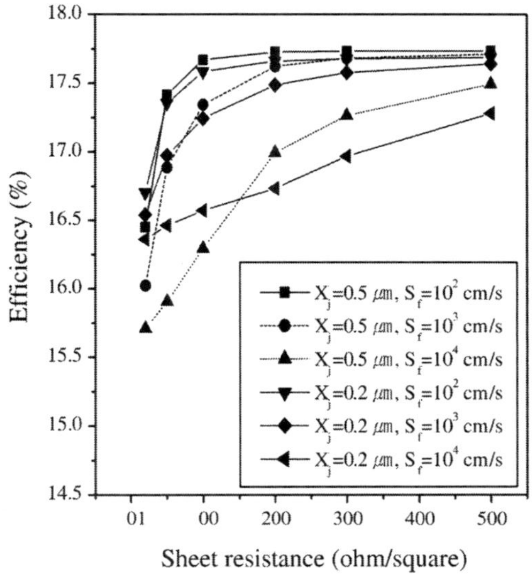

그림 2.24 에미터층의 접합깊이, 전면 재결합 속도, 면저항에 따른 변환효율

에미터층의 표면 재결합이 1,000 cm/s이하인 경우에 표면 저항이 약 100 Ω/□ 이하에서 변환효율이 급격히 떨어짐을 볼 수 있다. 이는 도핑 농도가 높아짐에 따라 에미터층의 반송자 이동도가 현저히 떨어지고 내부의 재결합이 증가하여 단락 전류와 개방전압이 급격히 감소하는 것으로 해석된다. 재결합을 1,000 cm/s 이하로 떨어뜨릴 수 있는 공정을 확립할 경우 적절한 에미터층의 면저항은 약 100 Ω/□이나 모의 실험에서 사용된 것과 같이 전면 전극이 차지하는 면적을 전지 면적의 4 % 이하로 유지하면서 동시에 직렬저항을 1 Ω·cm^2 이하로 유지할 수 있는 그리드의 설계가 필수적이다.

에미터층 면저항을 100 Ω/□로 고정하고 접합깊이와 전면 재결합 속도를 변수로 하여 IQE를 조사해본 결과 같은 면저항을 사용하였을 경우에는 전면 재결합 속도가 가장 큰 변수로 작용하였으며, 접합깊이는 큰 영향을 주지 않음을 알 수 있었으며, 도핑 농도를 변수로 하여 같은 실험을 수행한 결과 도핑 농도가 낮을수록 IQE가 좋아짐을 알 수 있었다.

따라서 좋은 IQE를 얻기 위해서는 낮은 표면 재결합 속도가 필요하며, 이를 달성하지 못할 경우 낮은 도핑 농도와 접합깊이가 필요함을 알 수 있었다.

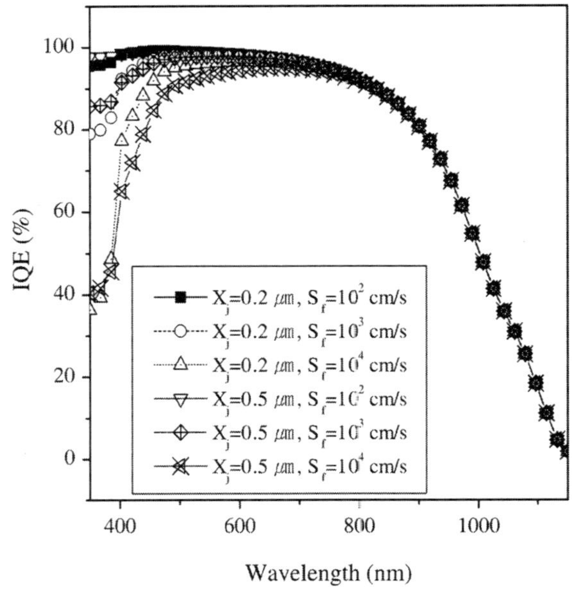

그림 2.25 에미터층의 접합깊이, 전면 재결합 속도, 면저항에 따른 IQE

후면 전계는 후면 금속전극과의 접촉저항을 줄이거나 낮은 후면 재결합 속도를 얻음으로써 전지의 역포화 전류를 억제하는 효과를 얻을 수 있으므로 높은 개방 전압을 얻는 데 매우 중요한 부분이다. <표 2.1>에 전면 재결합 속도 100 cm/s, 에미터 면저항 100 Ω/□, 베이스 확산거리 200 μm인 경우의 후면 전계의 특성이 전지효율, 개방전압, IQE에 주는 영향을 보였다. 접합 깊이가 5 μm 이상이 되면 도핑 농도는 큰 영향을 주지 않고 있는 것을 볼 수 있으며, 1 μm에서는 도핑 농도에 비례함을 알 수 있다. 일반적으로 도핑 농도와 접합깊이가 커질수록 후면 전계의 효과가 커진다. 그러나 후면 전계층 자체의 확산거리가 도핑 농도에 반비례하므로 적정 농도가 필요하다. 모의 실험 결과 도핑 농도 5×10^{19} cm^{-3}, 접합깊이는 약 5 μm 정도가 가장 적절함을 알 수 있다.

표 2.1 BSF의 특성에 따른 변환효율과 IQE

P+ doping (cm^{-3})	BSF depth (μm)	V_{oc} (V)	EFF (%)	IQEavg (%)
5×10^{18}	1	0.627	18.55	80.38
	5	0.630	18.93	81.71
	10	0.631	19.09	82.29
5×10^{19}	1	0.629	18.87	81.51
	5	0.632	19.17	82.52
	10	0.633	19.22	82.58
5×10^{20}	1	0.631	19.04	83.72
	5	0.632	19.04	83.31
without BSF		0.625	18.32	79.55

연습문제

1 태양전지 에너지 광-전 변환과정과 반송자의 흐름에 대하여 논하시오

2 태양전지 흡수효율에 대해서 기술하고 왜 흡수효율이 100%가 되기 못하는지에 대하여 기술하시오. 각 파장에 따른 분광 반응도를 단결정, 다결정, 비결정실리콘 태양전지로 구분하여 조사하시오.

3 단파장 반응도 개선을 위해서 취할 수 있는 방법을 기술하시오. 장파장에서 개선을 위해서 어떤 방법이 있으며 왜 장파장과 단파장 분광 반응도 개선을 위해서 서로 다른 방법을 사용해야 하는지 원인을 쓰시오.

4 입사광 파장이 300 nm에서 1,500 nm까지 가변될 때 100 nm씩 증가하면서 각 파장별로 완전한 흡수를 위해서 요구되는 실리콘의 두께를 계산하시오.

5 태양전지 변환효율에 영향을 미치는 단락전류, 개방전압, 곡선인자에 대해서 조사하고 각각의 항의 성능 개선을 위해서 필요한 방안을 적으시오.

6 직렬저항과 병렬저항이 태양전지에 미치는 결과를 기술하시오. 또한 직렬저항이 어디에서부터 오는지와 태양전지에서 병렬저항은 어디서 기인하며 어느 정도의 값을 가지는지 조사하시오.

참고문헌

1) 犬石, 浜川, 白勝 : 半導體物性 II, 朝倉書店(1977)132~133.
2) 後川, 浜川, 高橋 : 太陽光電池, 森北出版(1980)70~72.
3) 浜川圭弘 : 太陽光發電入門, オーム社(1981)51~55.
4) 高倉, 浜川 : 電氣學會論文誌 98-C(1978)273.
5) 浜川圭弘 : 金屬(1991) 3月号, 22~30.
6) Y. Matsumoto, G. Hirata, T. Takakura, H. Okamoto and Y. Hamakawa : J Appl. Phys. 67(1990) 6538
7) 이준신, 신재생에너지 활용을 위한 고효율 실리콘 태양전지, 생능출판사, (2001)7.
8) 이재형, 임동건, 이준신, 태양전지원론, 홍릉과학출판사, (2005)18.

Chapter 3

실리콘 태양전지 기판재료

3.1 실리콘 태양전지 기판재료

태양전지 시장은 지구상에서 가장 매장량이 풍부한 실리콘 소재가 저렴하기 때문에 실리콘기판이 태양전지 기판소재로 사용된다. GaAs는 기판소재가 10배 고가이고, InP는 50배 이상 원부자재 가격이 고가이다. 또한 저가형이 가능한 염료감응형 태양전지는 아직 신뢰도와 에너지 변환효율 측면에서 개발이 진행 중으로 양산산업화 실적은 향후 10년 정도 이내에 진행될 것으로 예측된다. 에너지 변환효율 특성과 가격측면에서 기판소재는 실리콘이 시장을 주도하고 있다. 실리콘기판을 가격별로 구분하면 금속 불순물을 포함한 순도 98% 실리콘 원료(금속실리콘), 이를 한 번 정제하여 금속 분순물을 제거하여 순도를 높인 고급 금속실리콘(upgraded metallugical grade, UMG), 이를 가스화학 반응을 통해서 한번 더 정제하면 태양전지급(solar grade silicon, SOG)을 얻는다. 이는 2004년 현재 kg당 25달러이다. 반도체급은 초고순도의 원료가 필요하므로 고순도 실라인(SiH_4) 원료에서부터 다시 정제하여 기판을 형성한다.

태양전지용과 반도체에서 요구하는 실리콘기판의 순도와 가격이 차이가 나며, 기판준비에 사용되는 기술의 정밀도도 차이가 난다. 실리콘 재료는 금속불순물을 최소화한 고순도, 결정결함을 최소화한 고품질, 저가 대량생산 등이 태양전지의 양산공정을 결정하는 가장 중요한 부분이다. 한 물질이 다른 기본물질에 최대로 녹아들어 갈 수 있는 정도를 기본물질에 대해 그 물질의 고용도(solid solubility)라고 하며, 압력이 일정할 때 온도에 따라 변화되어진다. [그림 3.2]는 실리콘을 기본물질로 했을 때에 각종 물질들의 온도에 따른 고용도를 나타내고 있다. 실리콘의 경우 그림에서 알 수 있듯이, 일반적으로 온도가 증가할수록 고용도는 증가하게 되나 실리콘의 용융점 부근에 도달하게 되면 갑자기 떨어져 버린다. 이와 같은 것을 일반적으로 퇴보형 고용도(retrograde solid solubility) 특성을 갖는다. 단결정 실리콘 주괴(ingot)를 제조하는 방법으로 Czochralski(CZ)법 ingot은 $10^{17} \sim 10^{18}\ cm^{-3}$ 정도의 산소를 함유하고 있어 태양전지의 광유도노화(light induced degradation, LID)에 나쁜 영향을 미친다. 태양전지는 p-형 기판을 사용함으로써 광흡수로 발생된 전자의 확산거리가 길어서 외부로 재결합 소멸 없이 부하에 전달한다. 만약 n-형 기판인 경우 정공이 표면으로 수집하는 과정에서 재결합 소멸 확률이 높아 에너지 변환효율이 떨어지므로, 전자를 이동시키는 p-형 기판이 태양전지 양산에 사용된다. 특히 저가를 달성하기 위해서 초고순도의 실리콘기판을 사용하는데 제약을 가지는 태양광 산업에서 99% 이상이 p-형 기판을 사용한다. p-형은 보론과 갈륨을 2% 이하로 도핑하여 비저항 가변이 가능하나, 보론이 가볍고 균일한 도핑 특성이 달성 가능하여 일반적으로 사용된다. 보론을 사용하는 경우 이미 기판에 내포하고 있는 산소와 반응하여 B_2O_3 형태의 화합물을 생성 광열화의 원인이 된다. 태양전지급 CZ법 단결정 실리콘기판의 소수 반송자(minority carrier)의 수명시간(lifetime)은 일반적으로 10 μs 이상 달성 가능하다. 반도체에 사용되는 프라임급 CZ Si 기판은 소수 반송자 수명시간은 150 μs 이상 달성 가능하다. 소수 반송자 수명시간 차이는 10배, 재결합 소멸없이 이동해갈 수 있는 확산거리는 3배 이상 차이가 난다. 수명시간 1ms 이상 달성이 가능한 FZ법은 Crucible을 사용하지 않으므로 매우 순도가 높은 단결정 실리콘을 얻을 수 있고 FZ법으로 제조한 실리콘기판으로 매우 높은 효율의 태양전지를 얻을 수 있으나, 높은 기판 제조비용으로 인해 태양전지에 사용하기에는 부적합하다. CZ법에 의한 단결정 실리콘 잉곳 성장은 폴리실리콘을 저장할 수 있는 Crucible을 사용하여 폴리실리콘을 충진한 다음 용융시켜서 단결정 seed를 담구어 용액 표면으로부터 서서히 단결정을 결정화되도록 하는 방식이다. 그러나 단결정 seed가 무전위 상태라고 할지라도 온도차이에 의해 발생되는 열충격 때문에 전위가 생성된다. 이 전위를 사라지게 하기 위하여 직경 5 mm 정도 되는가는 단결정 neck를 적당한 조건 하에서 수백 mm 성장을 시키면 무전위 상태가 되고 결정직경을 원하는 만큼 키울 수 있다. 또한 무전위 상태는 보다 안정되어 있어 큰 직경의 결정을 높은 cooling strain에도 불구하고 성장시킬 수 있으며, 무전위 상태로 결정 성장을 끝마칠 수 있는데 이는 결정 직경을 가늘게 줄이면서 성장공정을 마무리하는 tailing 작업에 의하여 가능하다.

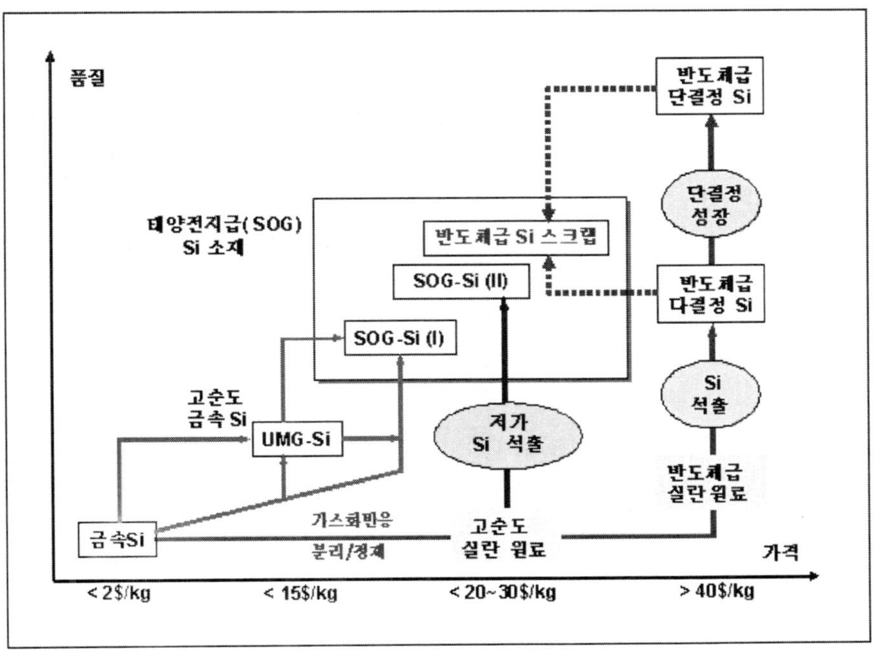

그림 3.1 실리콘 순도별 종류와 가격분포도

실리콘 용융체는 모든 재료와 반응하기 때문에 crucible 재료로는 실리카 재질이 사용되며, 여기서 발생하는 SiO는 쉽게 증발되기 때문에 용융체에 SiO가 과포화되는 것을 막아준다. 용융체에 산소가 과포화되면 결정에도 산소 과포화를 유발하여 응고 계면에 산소 석출물과 전위를 형성하여 무전위 결정성장이 불가능하게 된다. 마찬가지로 과포화된 모든 불순물들도 같은 작용을 한다. SiO의 증발과 제거를 촉진시키고 용융체로의 불순물의 역류를 막기 위해 내부를 진공으로 유지하고 알곤가스를 계속 흘려보낸다. 실리콘의 경우 대부분의 불순물은 편석계수(segregation coefficient)의 값이 1보다 작고, 결정이 성장함에 따라 불순물의 농도는 점점 증가한다. 다결정 실리콘 ingot을 제조하는 방법으로는 casting법이 주로 사용된다. 미래의 태양전지 소재와 태양전지 가격하락을 위해서는 현재 태양전지 제조가의 60%에 달하는 기판재료 개발이 필수적이다.

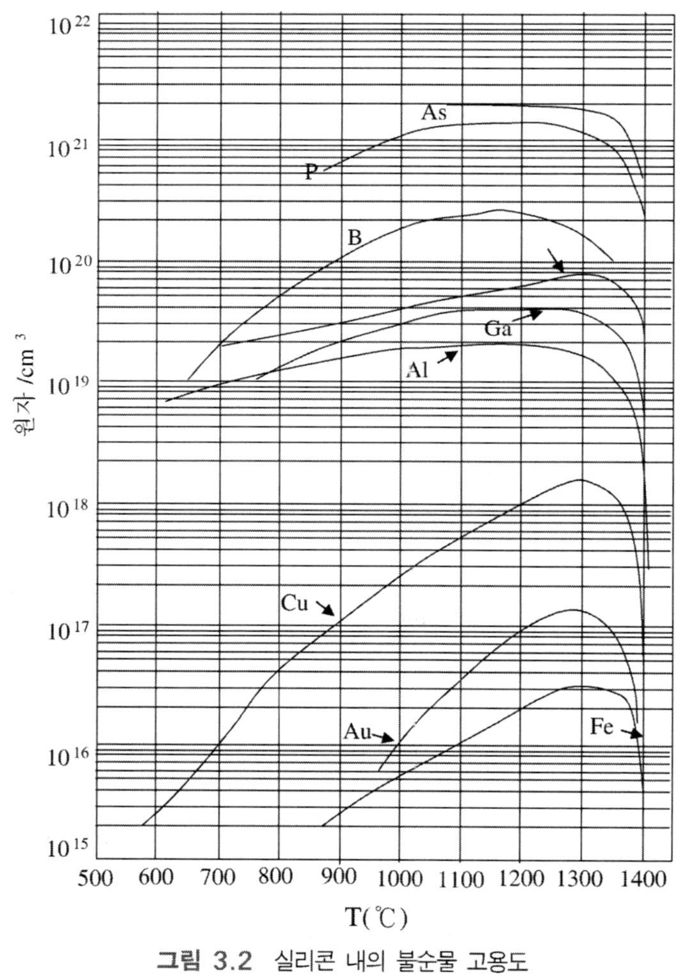

그림 3.2 실리콘 내의 불순물 고용도

3.2 실리콘 원료

태양전지 소재로 많이 쓰이는 반도체 재료는 실리콘(Si)이다. 결정 성장과 순도를 높이는 정제에 관한 이해는 단원자 반도체(elementary semiconductor)와 화합물 반도체(compound semiconductor) 전반의 결정 성장과 정제방법들을 알게 하는 기초가 된다. 지구표피인 지각에는 무게 비로 약 20%의 실리콘이 존재하고 있다. 자연에 존재하는 실리콘은 단원자로 존재하는 것이 아니고 주로 석영(SiO_2), 규산염(예 : 장석)으로 존재하고 있다. 태양전지를 만들기 위한 양질의 다결정 실리콘(polycrystalline silicon)으로부터 단결정 ingot이 형성되는데, 이 다결정 실리콘은 석영과 탄소를 전기로에 넣어 고온으로 가열하면

$$SiO_2 + 2C \xrightarrow{1,460℃} Si + 2CO \tag{3.1}$$

의 반응결과 약 95~98%의 순수도를 갖는 다결정 실리콘이 얻어진다. 이 과정에서 12~14 kWh/kg의 많은 전력 소모가 일어난다. 저순도의 실리콘을 염산과 같이 화학반응을 시키면 다음과 같은 반응에 의하여 비교적 고순도를 갖는 $SiHCl_3$(trichlorosilane)가 생성된다.

$$Si + 3HCl \xleftrightarrow{300℃} SiHCl_3 + H_2 \tag{3.2}$$

$SiHCl_3$를 수소와 함께 석영으로 둘러싸인 반응기속에 도핑하고 1,100℃ 정도의 온도를 유지시키면, 아래와 같이 실리콘과 염화 수소가 만들어진다.

$$SiHCl_3 + H_2 \xrightarrow{1,100°C} Si + 3HCl \tag{3.3}$$

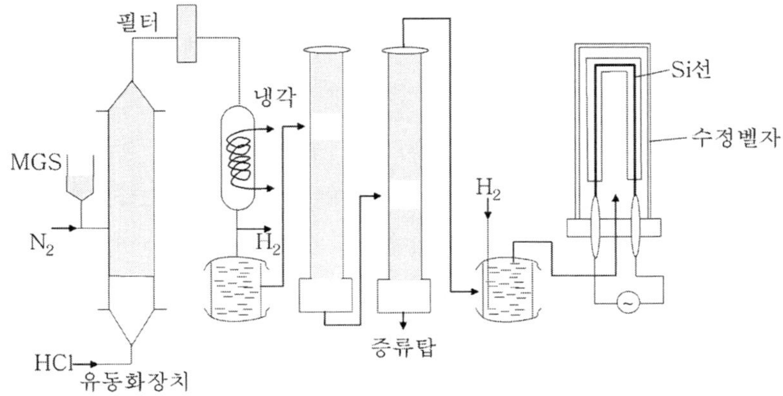

그림 3.3 SiHCl₃ 생성 및 다결정 Si 생성 공정 장치

[그림 3.3]은 $SiHCl_3$ 생성 및 다결정 Si 생성 공정 장치를 도시하고 있다.

실리콘 성장 반응은 CVD 반응에서 이루어지며, $SiHCl_3$로부터 자유로워진 실리콘은 기존 실리콘 봉에 부착되어 약 200 mm의 직경을 갖는 고순도의 다결정 실리콘으로 성장하게 된다. 여기서 만들어진 다결정 실리콘이 단결정 실리콘을 만드는 원료로 사용된다.

3.3 쵸크랄스키(Czochralski, CZ)법

고주파나 저항가열체로부터 가열되는 석영(quartz)이나 흑연(graphite) 도가니 속에 앞서 만들어진 다결정 실리콘 덩어리를 넣고 가열하면 녹아 액체로 된다. [그림 3.4]는 종자결정(seed crystal)을 용액 속에 담가 천천히 상부로 끌어올리면서 회전시켜 종자 결정방향과 일치하는 단결정을 만드는 모양을 나타내고 있다.

이와 같은 단결정 성장방법은 처음으로 제안한 자의 이름을 따서 쵸크랄스키 방법이라고 부른다. 결정성장시에 성장 도가니는 진공이나 보호가스가 채워진 상태에서 사용한다. 용액 속의 불순물 분포의 균일성과 온도분포 대칭성을 유지하기 위하여 결정성장 도중에 도가니와 종자결정을 회전시킨다. 성장속도는 보통 3~18 cm/h이며 회전은 20~120/min이다.

이 성장방법의 장점은 장비의 간단한 구조와 큰 직경의 단결정 봉을 성장시킬 수 있을 뿐 아니라, 쉽게 매우 낮은 저항 값을 갖도록 불순물을 도핑시킬 수 있는 데 있다. 또한 임의 형태, 즉 가루나 알갱이 고양을 하고 있거나 막대 모양을 하고 있는 다결정 실리콘의 어느 것을 재료로 사용해도 가능하다는 장점이 있다. 그러나 높은 성장온도(실리콘의 용융온도는 1,412℃)로 인하여 석영 도가니가 천천히 침식당하여 SiO_2가 녹아들어 가게 되며, 동시에 B, P 뿐만 아니라 다른 금속들의 불순물이 섞여들게 되는 큰 단점이 있다. 이와 같은 것 외에 또한 산소가 석영 도가니로부터 10^{17}~10^{18} atom/cm^3 정도로 단결정에 함께 존재하게 되는 단점이 있다. 상기의 원인들로 인하여 쵸크랄스키 방법으로는 매우 높은 비저항을 갖는 실리콘 단결정은 성장시킬 수 없으며, 최대 50~100 Ωcm 정도의 비저항을 갖는 단결정성장이 가능하다.

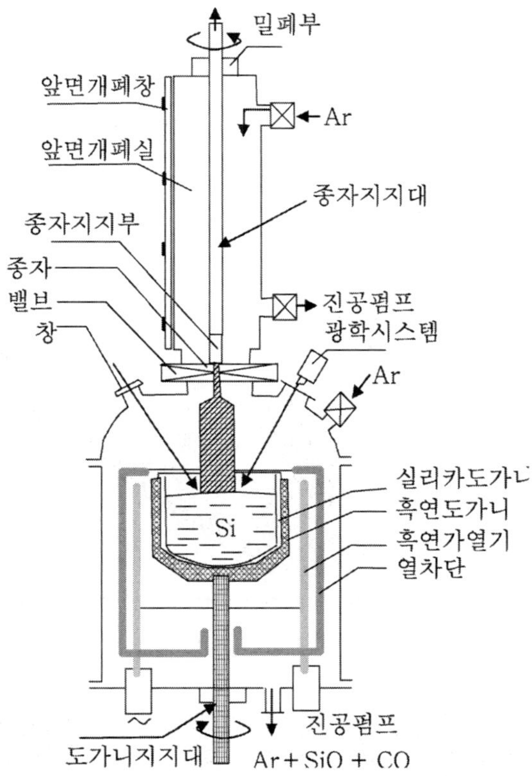

그림 3.4 쵸크랄스키 결정성장 개념도

결정이 성장됨에 따라 편석계수(segregation coeffcient)에 의한 용융된 실리콘 내의 불순물 농도가 점차 증가하여 종자결정에서 멀어질수록 더욱 높은 불순물이 분포하게 되는 불순물 분포의 불일치 현상이 나타난다. 이와 같은 것을 개선하기 위하여 부상 도가니(swimming crucible) 쵸크랄스키 방법이 사용된다.

결정성장은 큰 도가니 내에 떠 있는 작은 도가니로부터 이루어진다. 작은 도가니의 아랫부분에 작은 구멍이 뚫려 있어, 이곳을 통하여 큰 도가니로부터 일정 농도의 용해된 실리콘이 공급되며 작은 도가니에 잔존하게 되는 많은 불순물들은 큰 도가니로 확산 이동하게 된다.

1950대 중반 이후로 반도체 산업의 경이적인 성장은 실리콘에 관련된 기술의 발전에 의하여 비롯되었다. 1947년 게르마늄(germanium) 트랜지스터의 개발 시점으로 상업성이 있는 반도체의 단결정 성장법의 연구가 활성화되기 시작하여 현재는 12인치 이상의 대구경 실리콘 단결정이 생산되기에 이르렀다. 쵸크랄스키(Czochralski, CZ)법으로 알려진 대표적인 단결정 성장법은 30여 년 전에 쵸크랄스키에 의해서 발명된 것으로서 CZ법에 의해 성장된 단결정은 전세계적으로 태양전지뿐만 아니라 집적회로(Integrate Circuits, ICs) 제조를 위한 기판으로 가장 널리 사용되고 있다. CZ법에 의해 생산된 실리콘 단결정은 실리콘 고집적회로 제조에 적절한 정도의 고순도 및 대구경의 웨이퍼에 대한 요구를 만족시키고 있어 Si, Ge 및 일부 화합물 반도체 단결정을 성장시키는 가장 대표적인 제조법으로 널리 활용되고 있다. [그림 3.5]에서 보는 바와 같이 주괴(ingot)라 불리는 원통 모양의 실리콘 덩어리가 만들어진다.

그림 3.5 실리콘 주괴

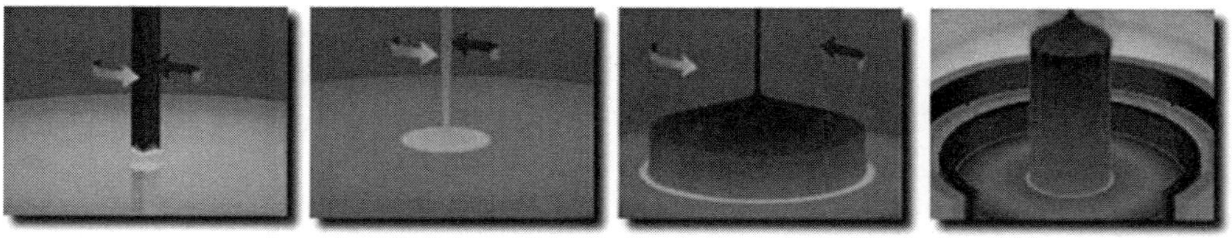

그림 3.6 쵸크랄스키 단결정 실리콘 Ingot 성장법

CZ 단결정성장 장치의 구조 및 성장 과정을 [그림 3.6]에 나타내었다. 성장공정은 실리콘의 녹는점인 1,412℃의 고온에서 이루어진다. 실리콘 용융액으로부터 결정성장을 방해할 수 있는 SiO_2나 Si_3N_4의 생성을 막기 위해서는 장치 내부에 공기의 출입을 막는 것이 필수적이다. 장치 내부는 높은 순도의 아르곤(Ar) 가스를 도핑하여 약 20~30 Torr의 압력을 유지한다. 흑연(graphite) 가열장치는 용융 실리콘과 성장 중인 결정에 적절한 온도를 제공한다. 도가니(crucible) 내의 용융액 온도의 균일성 및 비등방성장 방지를 위해 종자 결정봉 또는 도가니를 회전시키는데, 보통 서로 반대 방향으로 회전시킨다. 단결정성장 장치는 온도변화, 진동, 가스의 도핑 등에 매우 민감하기 때문에 안정적인 성장 조건을 결정하기 위해 다양한 제조공정 변수의 영향을 이론적으로 해석할 수 있는 전산 모사법(simulation)이 사용되고 있으며, 현재에도 이의 개선을 위하여 많은 연구가 계속되고 있다.

단결정 실리콘의 성장을 위해 성장 도가니 내부에 다결정 실리콘 원료를 넣고 얻어지는 실리콘이 적절한 전기적 특성을 나타내도록 하기 위해 정해진 양의 도펀트(dopant)를 첨가한다. 태양전지 기판으로 사용될 웨이퍼의 종류는 첨가된 불순물의 종류와 그 양에 의하여 결정되어지는데, 주기율 5족 물질인 인(P) 또는 비소(As)와 같은 n-형 불순물이 첨가되면 n-형 웨이퍼로, 주기율 3족 물질인 붕소(B)와 같은 p-형 불순물이 첨가되면 p-형 웨이퍼로 만들어지며, 불순물의 농도에 따라서 저항 값이 좌우된다. 도가니를 밀봉한 후에 적당한 기체의 흐름과 압력을 유지하고 다결정 실리콘을 용융시켜 실리콘이 완전히 녹으면 도가니의 온도를 실리콘의 녹는 점보다 몇 도 정도 높게 유지한 후 적절한 회전속도(보통 분당 15회)로 도가니를 회전시키면서 단결정을 성장한다.

원하는 결정 방향(crystal orientation)을 가진 실리콘 결정으로부터 자른 종자 결정은 길이가 약 100 mm이고, 직경이 약 10 mm 정도로서 종자 결정의 방향이 성장될 단결정 실리콘의 방향을 결정한다. 주로 사용되는 결정 방향은 <100>과 <111>이지만 때때로 <110>이 사용되기도 한다. 종자를 아래로 내려서 용융상의 실리콘과 접촉시키면 용융 실리콘의 큰 표면장력으로 인해 종자는 용융 실리콘의 표면보다 약간 높은 위치에서 고상(solid phase)-액상(liquid phase) 계면(interface)을 형성하게 된다. 결정을 성장시키기 위해서 종자를 약간 끌어올리면 고상-액상 계면은 조금씩 냉각하기 시작하면서 결정의 성장이 시작된다. 끌어올리는 속도나 온도를 높이면 성장하는 결정의 직경은 작아지는 반면, 끌어올리는 속도나 온도를 낮추면 직경이 큰 결정을 얻을 수 있다. 일반적으로 도가니와 종자를 지속적으로 회전시키면서 결정을 성장하게 되는데, 이는 용융상의 흐름을 조절하여 계면의 온도를 균일하도록 함으로써 불순물의 분포가 균일하고 원형인 결정을 제조하기 위해서이다.

성장초기 용융 실리콘에 종자를 접촉시키면 심한 온도 충격으로 인해 종자 결정 내에 전위(dislocation)라 불리는 2차원적 결함(defect)이 형성될 수 있기 때문에 이러한 결함이 없는 결정을 생산하기 위해서 성장초기에 종자의 끌어올리는 속도를 증가시키는 방법을 사용한다. 전위 결함은 주로 (111)면을 따라 전파되며, 실리콘 외부 표면에서 결함의 계속적인 전파가 정지되기 때문에 성장 초기에 결함이 표면에서 모두 제거될 때까지는 단결정의 직경을 키우지 않고 성장을 진행하게 되는 것이다. 결함이 모두 제거되면 온도를 약간 내리고 끌어올리는 속도를 약 2.5 cm/h 정도로 줄이면 결정의 직경이 점차 증가하기 시작한다. 결정이 만족할 만한 직경을 이루게 되면 결정이 더욱 커지는 것을 막기 위해 속도를 다시 증가시켜 일정한 직경에서 성장이 이루어지도록 유지한다. 100 mm 직경의 결정을 성장시키기 위한 일반적인 속도는 약 8 cm/h 정도이며, 직경이 더욱 큰 결정은 좀 더 느린 속도로 성장시켜야 한다. 결정의 성장이 거의 끝나게 되면 결정의 직경을 점차적으로 작게 하기 위해서 속도를 조금 증가시킨다. 결정의 끝 부분의 직경을 점차 작게 하는 이유도 마찬가지로 결정이 용융상으로부터 완전히 분리될 때 생기는 전위 결함을 막기 위해서이다.

한편 다결정 실리콘 원료와 함께 실리콘의 전기적 특성을 조절하기 위해 첨가한 도펀트들은 단결정 성장과 함께 실리콘 내부로 고르게 첨가된다. 이때 도펀트의 농도는 너무 높지 않아야 하며 어느 정도 이상의 농도에서는 도펀트와 실리콘이 고용체(solid solution)를 형성하지 않고 도펀트가 침전될 수 있다. 용융상에 고르게 분포되어 있는 도펀트들은 일반적으로 고체와 용융상에서 서로 다른 평형농도를 가진다. 용융상의 도펀트의 농도와 성장 중인 결정의 불순물 농도의 비를 편석계수(segregation coefficient)라고 부른다.

$$k = C_s / C_l \tag{3.4}$$

여기서 C_s는 성장하는 결정에 존재하는 도펀트의 평형농도이며, C_l은 용융상 내에 존재하는 도펀트의 평형농도이다. 대부분의 도펀트에 있어서 편석계수 k는 1보다 작으며, 가장 많이 사용되는 도펀트인 붕소(boron)는 $k = 0.8$, 그리고 인(phosphorous)은 $k = 0.35$이다. 편석계수가 1인 경우에 용융상에 첨가한 도펀트의 농도는 그대로 단결정의 도펀트 농도로 얻어지지만 편석계수가 1보다 작은 경우에는 용융상의 도펀트 농도가 결정상의 농도보다 높아 결정성장이 진행되면서 점차 용융상의 도펀트 농도가 높아지게 된다. 이러한 영향으로 인해 단결정 실리콘의 위 부분보다 아래로 갈수록 도펀트의 농도가 높게 나타나기도 한다. 이러한 도펀트의 계면 사이에서의 분리현상은 공정조건에 따라서도 영향을 받는다. 도가니 및 종자의 회전에 따라, 그리고 종자를 끌어올리는 속도에 따라 계면에서의 도펀트의 확산 및 대류에 의한 물질 전달이 영향을 받기 때문에 단결정의 실제 도핑농도를 이론적으로 해석하기 위해서는 계면에 형성되는 경계층(boundary layer)에서의 물질전달이 고려되어야 한다.

앞서 기술한 바와 같이 도펀트들은 반도체의 전기적 특성을 조절하기 위해 의도적으로 첨가한 불순물이지만 단결정 성장과정 중에 어쩔 수 없이 첨가되는 여러 가지의 불순물이 있는데, 이것은 산소(oxygen)와 탄소(carbon)로서 각각 성장 장치의 재료로부터 비롯된 것이다. 실리카 도가니로부터 비교적 많은 양의 산소원자가 SiO의 형태로 용융상으로 유입되며, 탄소는 흑연가열기로부터 유입된다. 산소는 대개 결정 내에 존재하는 도펀트의 농도와 유사한 정도의 높은 농도로 발견되는데, 실제로 산소의 농도는 도가니의 크기, 도가니와 종자의 회전속도, 용융상과 결정상과의 비율 등 여러 가지 변수에 따라 다르게 나타난다. 산소는 주로 격자(lattice)의 틈새 위치(interstitial site)에 존재하며, 탄소는 실리콘의 격자 위치에 첨가된다. 결정 내에 존재하는 산소는 집적회로 제조공정을 통해 수행되는 다양한 가열 공정으로 인해 과포화되어 SiO_2로 침전이 일어나게 되면서 반도체 소자의 성능을 저하시킨다. 결정 내에 존재하는 산소의 양을 줄이기 위해 결정을 열처리하게 되면 틈새 위치에 존재하는 산소 원자는 쉽게 이동하여 실리콘 표면에서 기체 형태로 제거될 수 있다. 이러한 현상은 주로 표면 근처에서 일어나며, 이렇게 산소 불순물이 제거된 표면 근처의 영역(denuded zone)에 소자를 형성한다.

양질의 단결정을 만들기 위해서 계속적으로 발전된 CZ 성장기술들이 개발되고 있다. 자기장을 이용하여 용융상의 와류를 방지할 수 있는 방법(magnetic field applied Czochralski, MCZ), 배치(batch) 공정이 아닌 연속식(continuous)의 CZ법, 그리고 화합물 반도체의 경우에 주로 활용이 되는 LECZ(liquid-encapsulated CZ)법 등이 활용되고 있다.

3.4 부유대역(Float Zone, FZ)법

부유대역법은 CZ법 외에 유일하게 단결정 실리콘을 상업적으로 생산할 수 있는 방법이다. 1953년 Keck 등에 의해 개발된 방법으로, 그 당시에는 단결정성장 목적이 아닌 실리콘 내의 불순물을 제거하는 정제 수단으로 사용되었다. FZ법은 높은 전도성과 초순도의 결정을 생산할 수 있기 때문에 사이리스터나 민감하게 적외선 분광을 측정할 수 있는 소자, 초고효율 태양전지와 같은 특수한 용도로의 활용을 위해 선택되고 있는 방법이다. FZ법은 생산할 수 있는 웨이퍼 크기의 제한이 있다는 점과 경제성의 문제 때문에 태양전지 및 집적회로 제조산업에서는 일반적으로 사용되고 있지 않다.

단결정 실리콘 봉을 수직으로 고정하여 회전시키는 가운데 고주파에 의해 가열되어 녹은 작은 영역(보통 1.5 cm)이 아래에서 위쪽으로 이동하게 된다. 종자결정이 아래에 고정되고 이곳으로부터 가열 영역이 상부로 이동하면 아래에서부터 단결정이 형성되기 시작한다. 쵸크랄스키 방법의 경우 석영 도가니로부터 유입되는 원하지 않는 물질들로 인하여 고순도 단결정 성장이 불가능하지만, 프로우팅죤 방법에 의해서는 보다 고순도의 단결정 실리콘을 성장시킬 수 있다.

[그림 3.7]은 프로우팅죤 단결정 성장법을 도시하고 있다.

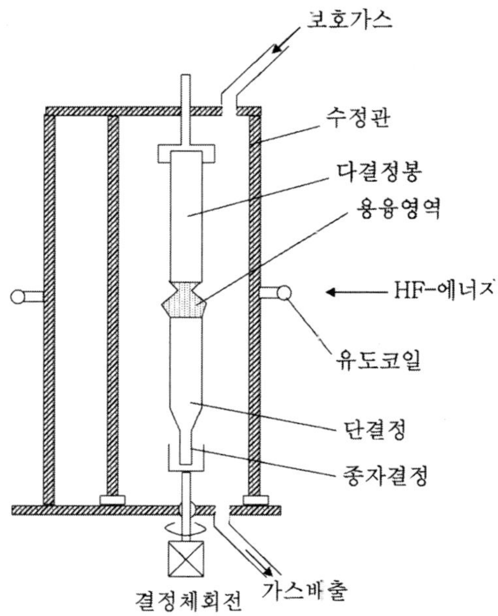

그림 3.7 프로우팅존 결정 성장법의 개략도

유도 가열에 사용되는 주파수는 보통 3~4 MHz이며, 직경 100 mm 정도의 단결정은 이 방법에 의하여 쉽게 만들어질 수 있다.

1952년 pfann에 의해 고순도 게르마늄(germanium) 정제를 위한 대역 정제법이 소개된 이래 반도체 정제를 위해서 지금까지도 사용되고 있다. 이 방법의 가장 기본이 되는 원리는 불순물이 반도체의 액상(liquid phase)에서와 고상(solid phase)에서 차이가 나게 녹아있는데 있다.

[그림 3.8]과 같이 일정 구간 X와 $X+l$ 사이만 가열하면서 용융된 대역을 우측으로 이동하면 편석계수에 의한 고상 내의 불순물량의 감소로 인하여 정제효과를 얻을 수 있다.

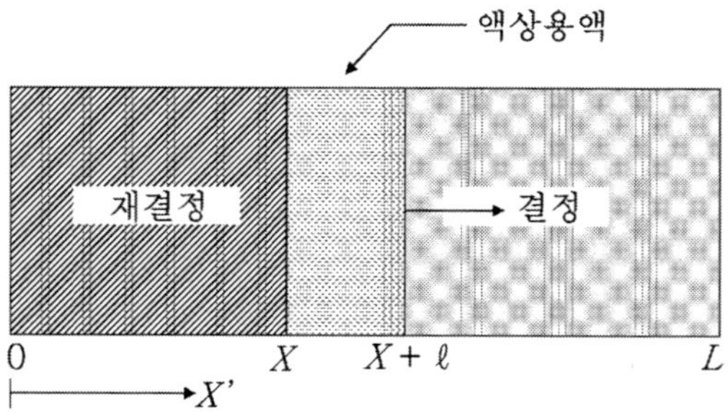

그림 3.8 대역 용융 정제(refining of zone melting procee)의 개략도

앞의 정상 응고 공정과 마찬가지로 가정할 경우 다음과 같은 방정식을 얻을 수 있다.

$$(X+l)C_0 = \int_0^X C_s(X')dX' + \int_X^{X+l} C_l dX'$$
$$= \int_0^X C_s(X')dX' + C_l\ l \tag{3.5}$$

경계 (즉 $X'=X$)에서 $C_s(X') = C_s(X) = KC_l$이므로, 이 관계를 대입하고 X에 관하여 미분하면 다음과 같이 된다.

$$\frac{dC_s}{dX} = \frac{K}{l}(C_0 - C_s) \tag{3.6}$$

이것의 일반 해는 아래와 같다.

$$C_s(X) = C_0 + Ae^{-\frac{KX}{l}} \tag{3.7}$$

경계 조건은 $C_s(0) = KC_0$이므로 $A = C_0(K-1)$이 되어 다음과 같은 해를 얻게 된다.

$$C_s(X) = C_0[1-(1-K)e^{-\frac{KX}{l}}] \tag{3.8}$$

$e^{-\frac{KX}{l}} = e^{-K\frac{LX}{lL}}$ 라고 변경할 수 있으므로 $\frac{L}{l}$=10일

$$C_s(X) = C_0[1-(1-K)e^{-K10\frac{X}{L}}] \tag{3.9}$$

의 고상 내에 존재하는 불순물 분포식을 얻을 수 있다.

[그림 3.9]는 서로 다른 K에 따른 $\frac{X}{L}$와 $\frac{C_s(X)}{C_0}$ 관계를 위의 식 (3.9)에 따라 도시한 것이다.

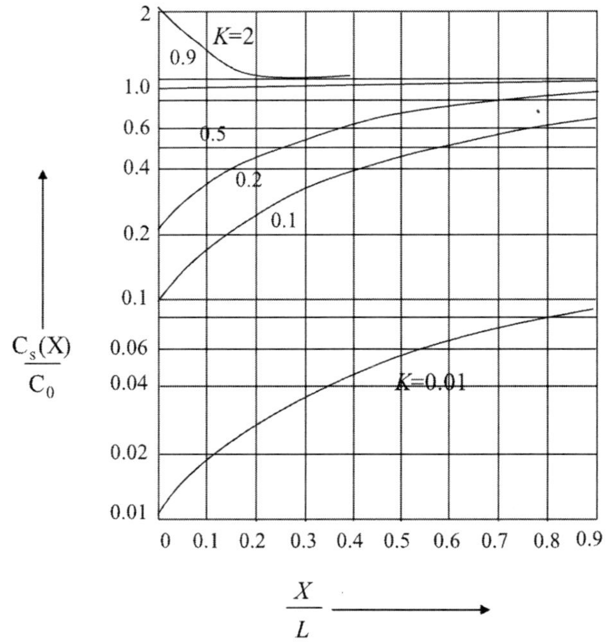

그림 3.9 대역 용융 정제시의 K 값에 따른 불순물 농도 분포도

[그림 3.10]은 정상 응고 정제법과 대역 용융 정제법을 이용했을 때의 고상 내의 불순물 분포 비교도를 나타내고 있다. 정상 응고 정제법이 대역 용융 정제법에 비하여 불순물량을 크게 줄일 수 있고 좋은 정제효과가 나타남을 알 수 있으나, 대역 용융 정제법은 정제횟수를 쉽게 반복할 수 있는 장점이 있으므로 용융 대역 정제법에 비하여 더욱 많이 사용된다.

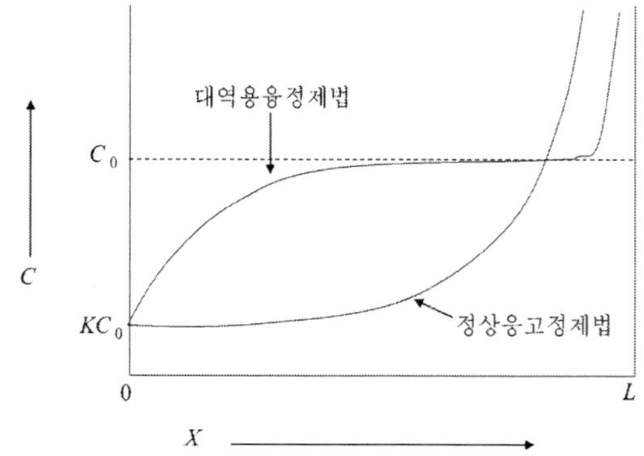

(b)

그림 3.10 정상 응고 정제법과 대역 용융 정제법의 비교

[그림 3.11]은 반복 횟수에 따른 불순물 분포를 나타내고 있다.

[그림 3.11]에서 알 수 있는 바와 같이, 이상 더 반복할 필요가 없는 불순물 분포의 경계치가 나타나는 반복 횟수는 $n \approx 1.5\frac{L}{l}$이 Pfann에 의해 주어져 있다.

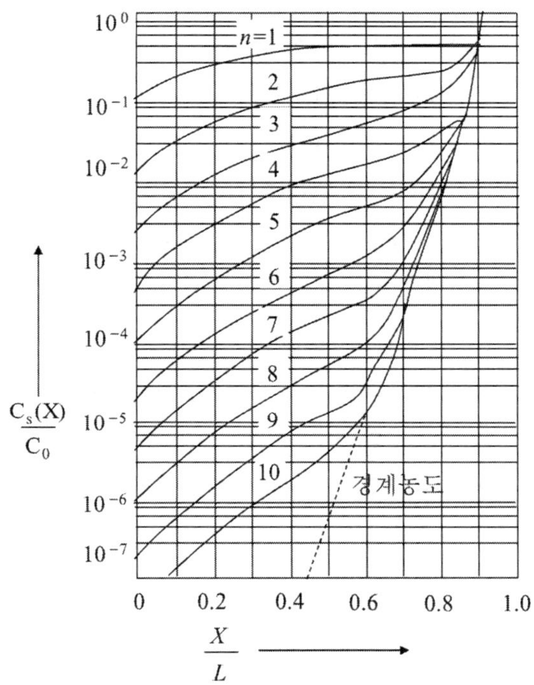

그림 3.11 대역 용융 정제법의 반복 횟수에 따른 불순물 분포($\frac{L}{l}=10$)

이 공정의 원리는 용융상 실리콘 영역을 다결정 실리콘 봉을 따라 천천히 이동시키면서 다결정 실리콘 봉이 단결정 실리콘으로 성장되도록 하는 것이다. FZ법은 ① 용융상과 직접 접촉되는 도가니를 사용하지 않고, ② 성장장치 내부에 흑연 가열기를 사용하지 않고, 또한 ③ 도가니 안에 있는 용융상 실리콘 내에 도펀트의 증가를 보이는 분리효과가 나타나지 않기 때문에 고도로 순수한 단결정을 만들 수 있다는 장점을 가지고 있다.

FZ법 장치의 주요 구성요소는 흑연을 사용한 가열장치와 실리카 도가니를 사용하지 않는다는 점 외에는 CZ법과 유사하다. 다결정 실리콘 도핑 봉은 회전운동을 하면서 위에서부터 밑으로 장치 내부로 이동되며, 이때 고주파(radio frequency, RF) 코일 가열기에 의해 도핑 봉 밑의 일부분이 녹으며 액상은 표면장력의 효과로 봉에 부착되어 있는 상태가 된다. 종자는 아래로부터 이동하여 액상의 실리콘과 접촉된다. 종자를 밑으로 내려줌과 동시에 도핑 봉을 천천히 고주파

코일 쪽으로 내려주면서 단결정 성장이 시작된다. 초기의 도핑속도와 공급전력을 적당한 직경의 단결정이 성장하도록 맞춘다. 결정의 크기는 종자와 도핑 봉과의 상대적인 하강 속도의 비로 결정한다. 도핑 봉의 직경이 균일해야만 성장되는 단결정 실리콘이 균일한 직경을 갖는다. CZ법에서와 같은 불순물 분리에 관한 원리가 FZ법에도 그대로 적용이 되나, 액상의 실리콘이 적다는 것만 유의하면 된다. 도핑물질이 순도 N_0를 갖는다면 종자의 끝은 불순물 농도가 kN_0인 도핑물질보다 적은 불순물을 포함하고 있다. 그러나 CZ법과는 다르게 액상 실리콘의 불순물 농도는 곧 N_0/k로 증가할 것이다. 이러한 현상이 일어나면 성장하는 결정은 초기 도핑물질과 같은 농도를 갖게 된다. 원하지 않는 불순물을 따라 도펀트가 격리되는 것을 막기 위해서, 도펀트는 공정의 마지막 과정에서 가스와 함께 도핑된다. 다결정 실리콘기판 기술은 2002년까지 단결정과 다결정 실리콘의 기판 두께가 350 μm(0.35 mm)에서 2004년 주력생산은 270 μm(0.27 mm)이나, 일부 선진회사는 250 μm(0.25 mm)의 기판을 사용하여 태양전지를 대량생산하였다. 기판의 두께는 원부자제 가격에 중요한 인자이며, 실리콘기판의 품질은 에너지 변환효율에 중요한 인자이다. [그림 3.12]에 실리콘기판 두께와 소수 반송자 확산거리에 따른 효율변화도를 보였다. 기판의 순도와 결정학적 결함이 없는 고품질일수록 전자의 확산거리(diffusion length, Ln)가 길어 생성된 전자의 손실이 적어 고효율 달성이 가능하다. FZ 기판은 확산거리 500 μm 이상, CZ 기판은 100 μm 이상, 다결정기판의 경우 제조방법에 따라서 50 μm 이하의 범위에 위치한다. 따라서 소수 반송자 확산거리와 기판의 두께에 따라서 $n^+/p/p^+$형 구조의 달성 가능한 에너지 변환효율은 14%에서 21%내외이다.

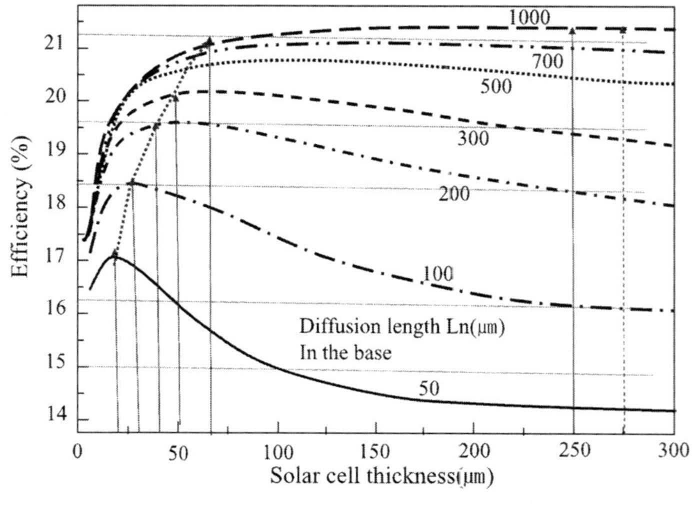

그림 3.12 실리콘기판 두께와 소수 반송자 확산거리에 따른 효율변화도

광학적으로 태양광의 흡수는 70μm이면 태양광의 모든 파장별 흡수와 광생성이 충분하게 마무리된다. 따라서 기판의 두께는 70μm 정도이면 된다. 그러나 기계적으로 종이장과 같이 얇은 기판을 태양전지 제조과정에서 파손을 회피하기 어려운 점과 표면 거칠기, 기판의 전체적인 두께 변화도를 만족시키는 기술상의 어려움이 존재한다. 미래는 얇은 기판을 이용한 고효율 태양전지 제조기술이 저가화의 핵심이 된다. 향후 기판재료를 세계 한계 기술은 2007년까지 200μm (0.2 mm) 이하 태양전지 제조기술, 2012년까지는 100μm(0.1 mm) 두께로 얇게 하여 원부자재 비중을 현재보다 1/3로 축소하고 제조공정에 파손율을 축소하고 효율 향상을 하는 방향으로 기술이 전개될 것이다. 이런 접근 방안은 향후 2010년 이후까지도 시장을 지배할 기술로 예상된다.

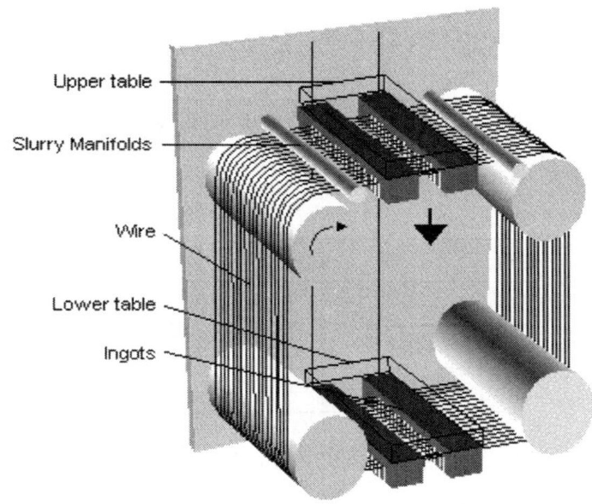

그림 3.13 실리콘기판형성을 위한 wire sawing 장비

3.5 | 웨이퍼링(Wafering)

Wire sawing의 절단방식은 연마제(slurry)에 의한 표면 가공에 속하는 wire saw는 wire에 장력을 주어 연마제에 의하여 기판에 미세균열(micro crack)을 만들어 기판을 마멸시켜서 절단을 한다. 따라서 lapping과 같이 가공속도를 빨리 할 수 없기 때문에 웨이퍼에 잔류응력이 적다. 그리고 wire는 항장력이 높고 내마모율이 높은 재료를 선택하는 것이 적합하다. 연마제는 GC(Green Carborundum)가 적합한데 이는 wire가 직접적인 웨이퍼의 절단 매개체로서는 이용되지 않고 한번 사용된 입자는 다시 치환되어 사용하기 때문이다. 더불어 GC는 입자

의 형상과 크기가 실리콘에 미세균열을 만들기에 적합한 것으로 알려져 있다. Wire는 절단 중에 일정 진동이 있게 되는데, 이 wire가 silicon에 침투하면 진폭이 억제되므로, 왕복방향에서는 실리콘 중심보다 외부에서의 절단 손실이 증가한다. 이 결함을 줄이기 위해 여러 가지 방안이 제시되었지만 제일 중요한 요소는 wire의 장력이라 할 수 있다. Wire saw에서는 1선의 wire를 roller에 겹겹이 붙여서 행하므로 wire 양끝의 인장력을 균일하게 하는 것이 어렵다. Wire saw의 문제점인 wire의 끊어지는 단선을 최소화하는 방안도 마련해야 한다. Wire sawing시 가장 cost가 많이 소요되는 consumable의 종류 및 cost에 대한 사양을 <표 3.1>에 나타내었다. 기판절단에 사용되는 Wire와 수용성 oil이 가장 큰 소모성 가격 구성도를 가진다.

표 3.1 Wire sawing시 소요되는 소모품과 공정 단가

Item	사용량(1 cut)	가격 (unit당)	cost (2 ingot)
Wire	5 kg	$ 920/50 kg	$91
Abrasive	28 kg	$ 53.8/28 kg	$54
Oil	20 l	$ 750/200	$75
Beam	2 ea	$ 25/ea	$50
Guide Roller	2.4 ea	$ 8/ea	$20
Mail roller	1/30 ea	$1,500/set	$50
Ingot 2 ea(125 × 125 × L450) Cutting 시 소요경비		total	$307/1,700 pcs
		단지 consumable 비용만 산정	

Ingot 형태로 제작된 단결정들은 300 μm 두께로 절단된 후, 태양전지 소자제조회사에 웨이퍼(wafer)로 공급된다. 이 과정을 웨이퍼링이라고 한다.

웨이퍼링은 다음과 같은 많은 공정 절차를 거치게 된다.

i) 성장된 단결정 덩어리(single crystal ingot)의 특성 측정(50% 정도의 불량)
 - 저항률(resistivity)
 - 불순물량(impurity content)
 - 결정 완전도(crystal prefection)
 - 크기, 무게

ii) 연마단계 식각단계
 - 일정한 직경과 사각형 모양을 형성

– 연마된 부분의 손상 제거

iii) 절단 작업(sawing operation)

예) 최종 wafer 두께 : 300 μm

절단중의 손실 : 120 μm

연마 손실 : 50 μm

식각 손실 : 25 μm

등을 고려하여 약 400 μm 간격이 필요함

– 두께 조정(Al_2O_3 및 glycerine 연마제)

– 모서리(edge) 평탄화 작업 및 식각

– 화학적-기계적 연마(polishing) sodium hydroxide 및 SiO_2(~100 Å) 입자

표 3.2 웨이퍼의 성질과 특성비교

성질	쵸크랄스키	프로우팅존	태양전지 요구
저항률(붕소) p-type(Ω/cm)	1~3	1~3	1~3
저항률(안티몬) n–type(Ω/cm)	0.005~10	–	0.001~0.02
저항률(붕소) p-type(Ω/cm)	0.005~50	1~300	5~50
저항률검사(4-점 탐침)(%)	5~10	20	<10
소수 반송자 수명(μs)	3~300	50~500	2~10
산소(ppma)	5~25	검출되지 않음	<2
흑연(ppma)	1~5	0.1~1	<5
어긋나기 결함(공정전)(cm^{-2})	≤500	≤500	≤10,000
한변길이(mm)	200	100	125 이상
휨(μm)	≤25	≤25	<40
표면 평탄도(μm)	≤5	≤5	<10
중금속 불순물(ppba)	≤1	≤0.01	≤5

<표 3.3>은 연마된 실리콘 다결정 웨이퍼의 특성 비교표를 보여주고 있다. 웨이퍼 직경이 클수록 두께가 두꺼워지며 변의 길이도 길어진다.

표 3.3 연마된 단결정 실리콘 웨이퍼 외형 특성

파라미터(parameter)	100 mm	125 mm	150 mm
변길이(mm)	100±1	125±1	150±1
두께(mm)	0.25	0.27	0.30
휨(μm)	25	30	40
전체두께변화(μm)	(100)±1.5°	좌와 동일	좌와 동일
표면방향	(111)±1.5°	좌와 동일	좌와 동일

3.6 다결정 실리콘 웨이퍼(Multicrystalline Silicon Wafer)

최근 들어 수년 동안 지속적으로 연 30% 이상의 고속 성장세를 유지하고 있는 태양전지 시장은 2005년 기준 약 1,000 MW에 상회하는 수요량을 보임으로써 수년 내(2007년 정도)에 상업용 원자력 발전소 규모의 수기를 상회할 전망이다.

그간 power용 모듈에 사용되고 있는 태양전지는 주로 Czochralski 인상법에 의한 단결정 실리콘기판(off grade 반도체용 wafer)이 주류를 이뤄 왔으나 최근 태양전지의 수요가 급증하면서 근본적으로 원료 수급의 한계를 보일 수밖에 없는 단결정기판 대신 다결정기판의 수요가 획기적으로 증대하고 있으며, 1998년도부터 단결정기판을 제치고 수위를 차지하고 있다. 그 수요 또한 계속적인 증가 추세에 있으며 최근에는 결정질 실리콘의 70% 정도를 차지하고 있다. 현재 세계 반도체용 실리콘 사용량은 연간 16,000톤으로 최대 30%를 태양전지에 사용한다고 가정하더라도 500 MW 정도이다. 이 통계는 앞으로 3~4년 이후의 세계 태양전지 시장 예측치에 상응하는 수치로서, 따라서 기판 재료의 수급문제는 머지않아 태양전지 업계 최대의 현안이 될 전망이다.

현재 다결정 실리콘기판의 상업적 생산기술로는 Casting기술과 Ribbon기술이 활용되고 있는데 전자의 방법에 의한 생산량이 90% 이상을 차지함으로써 다결정 실리콘기판 제조의 주된 기술이다. Casting 기술은 세라믹(혹은 graphite) 도가니에 실리콘을 충진한 후 1,420°C 이상 가열하여 용융시키고 이를 다시 자체 혹은 제3의 도가니에서 냉각 고화시킴으로써 주상구조(columnar structure)의 다결정 실리콘 ingot을 제조하는 기술이다. Ribbon기술은 ingot을 거치지 않고 곧 바로 다결정기판을 제조하는 기술로서 sawing이 필요 없어 저가화가 가능하나 기판의 물성과 효율이 나쁘며 제조공정이 복잡하여 일부만이 상업화되어 있다.

Casting법에 의한 다결정 규소 ingot의 제조는 이른바 "방향성 응고(directional freezing)"를 그 요체로 하고 있다. 태양전지용 다결정 규소기판은 단결정기판에 비해 내부의 grain boundary(GB)들로 인하여 전기적, 기계적 효율 면에서 저하를 가져오며, 이 효과의 극소화를 위해서는 결정방향이 기판의 면방향에 수직하게 자란 "주상구조(columnar structure)"의 기판을 필요로 하게 된다. 특정 방향 선호성을 가진 결정들을 제외하고는 일반적인 결정들의 성장 방향은 응고 시 고액 계면에 수직하게 성장하게 되는데, 본 규소 결정도 응고 시

형성된 고액 계면의 형태에 따라 다양한 형태의 다결정 구조를 형성하게 된다([그림 3.14]). 따라서 응고 시 규소 ingot 내의 온도분포를 측정하거나 추정함으로써 결정구조를 예상할 수 있으며, 역으로 적절한 온도분포를 유지시켜 줌으로써 요구되는 주상구조의 결정을 얻을 수 있게 된다. Ingot의 온도분포에 방향성을 주는 방법으로는 기본적으로 다음과 같은 세 가지 방법을 고려할 수 있다.

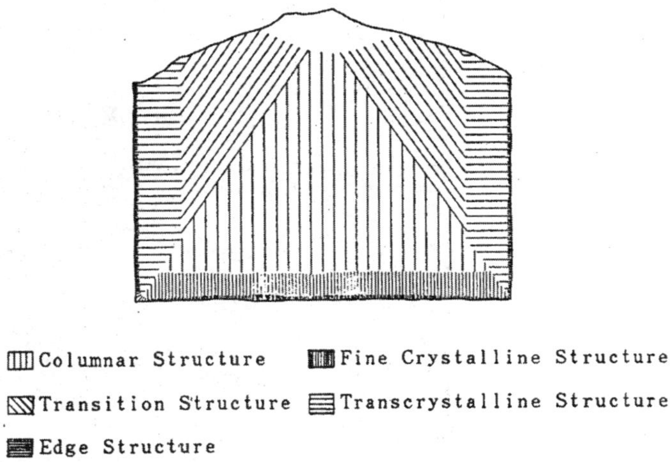

그림 3.14(a) Ingot의 결정성장 방향

그림 3.14(b) Columnar structure
도가니 밑면으로부터 위쪽으로 방향성 응고가 진행된 경우

① 도가니의 이동 : 온도구배를 가진 고정된 heater 내부로 도가니 이동

② Heater의 이동 : 고정된 도가니 주위로 heater의 이동

③ Heater 및 도가니의 고정 : 고정된 위치에서 heater 온도만을 감소

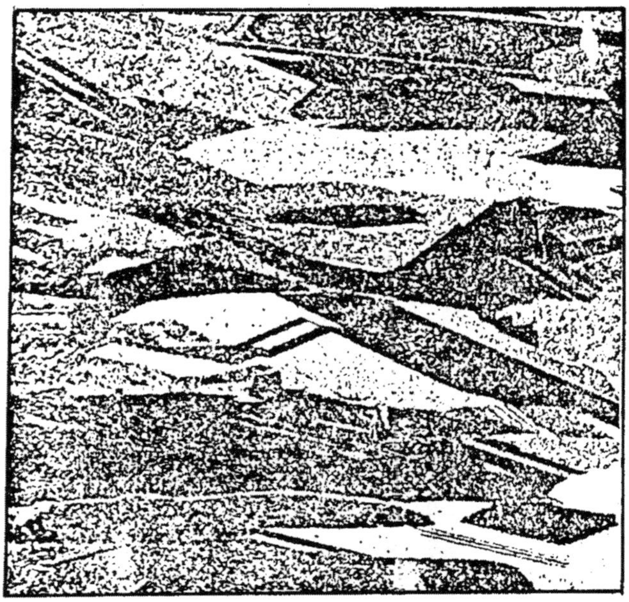

그림 3.14(c) Transcrystallization structure
도가니 벽면 쪽으로 방향성 응고가 진행된 경우

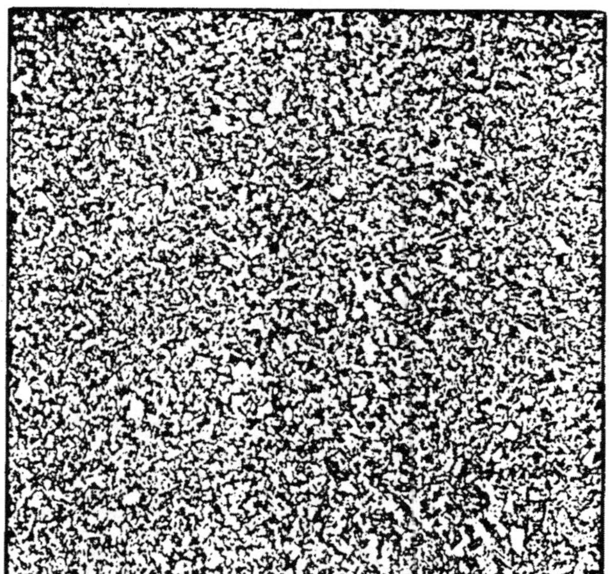

그림 3.14(d) Fine crystalline structure
도가니 밑면 쪽에서 불규칙적으로 결정성장이 이루어진 경우

그림 3.14(e) Edge structure
도가니의 벽면 부근에서의 결정 구조

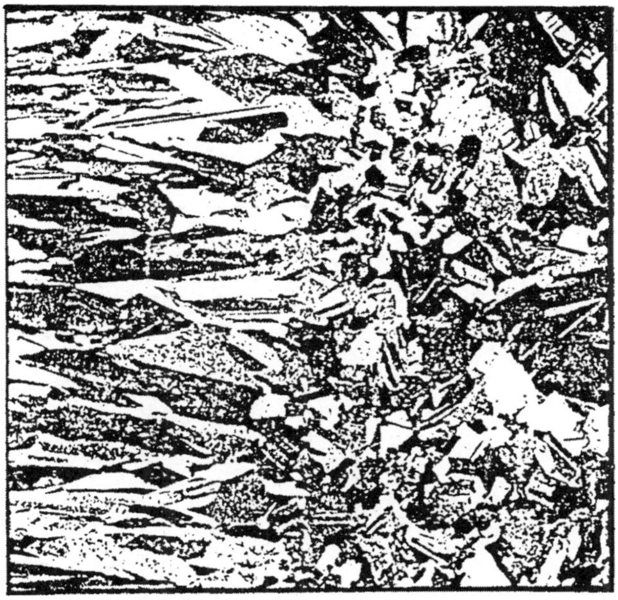

그림 3.14(f) Transition structure
도가니의 앞면과 윗면 쪽으로 결정성장이 동시에 이루어진 경우

현재 알려진 몇 가지 casting 공정들은 모두 이 범주에 속하며 특히 첫 번째나 세 번째 방식을 적용하여 에너지 소모의 극소화와 동시에 효과적인 주상구조

를 얻는 데 노력하고 있다.

고액 계면의 형태와 더불어 실제 결정성장에 있어 결정의 크기, 결정의 안정성 등에 가장 큰 영향을 미치는 요소로는 결정 성장속도를 들 수 있다. 이는 응고 시 발생하는 잠열의 크기와 상관되어 있기 때문인데, 너무 빠른 성장속도는 과도한 잠열의 발생으로 계면 근처의 온도분포를 혼란시켜 결정성장에 불안정성을 유발시키게 된다. 이를 그림으로 나타낸 것이 [그림 3.15]인데, 생성된 잠열에 의해 계면의 온도가 액상의 온도보다 국부적으로 높아서 안정적인 결정성장 조건, $\partial T_L/\partial Z > 0$을 만족시키지 못함을 보여주고 있다. 계면에서의 결정성장 속도, f는 다음 식으로 주어지게 된다.

$$k_L \frac{\partial T_L}{\partial Z} + f \Delta H_L = k_s \frac{\partial T_s}{\partial Z} \tag{3.10}$$

여기서 k_L, k_s는 각각 규소액상 및 고상의 열전도도이며 $\triangle H_L$은 결정화 잠열이다. 따라서 Z 방향으로의 방향성 응고를 생각할 때 안정적으로 결정이 성장하기 위해서는 계면 주위 고상의 온도구배가 충분히 커서 생성되는 잠열을 충분히 제거해 줄 수 있어야 함을 의미한다. 역으로 ingot내의 온도구배가 일단 설정이 되면 안정적인 최대 결정성장속도는 $\partial T_L/\partial Z > 0$으로부터,

$$f_{\max} = \frac{k_s}{\triangle H_L} \frac{\partial T_s}{\partial Z} \tag{3.11}$$

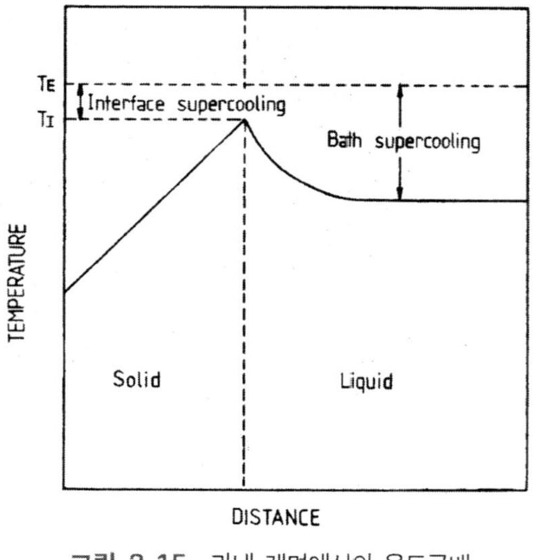

그림 3.15 과냉 계면에서의 온도구배

식으로 주어지게 됨을 의미한다. 따라서 계면근처에서의 온도구배는 너무 과도하여 심한 thermal stress의 위험이 없는 한 클수록 유리하며 본 규소 결정성장의 경우 경험적으로 f_{max}는 1 mm/min 정도인 것으로 알려지고 있다.

규소 액상 내에서의 온도구배는, 규소 용융점(1,420°C) 근처에서의 k_s 값이 k_L 값보다 두 배 정도 크며 또한 액상 내부에서의 대류현상 등으로 고상에 비해 상당히 작은 값을 가지게 되는데, 여러 가지 불순물이나 B, P 등과 같이 의도적인 dopant들이 상당량 포함되어 있을 때는 이른바 "조성적 과랭 현상(constitutional supercooling)" 때문에 충분한 값 이상으로 유지되어야 한다. 이 현상은 여러 가지 불순물의 고상과 액상에 대한 편석계수(segregation coefficient)의 차이로 결정응고와 함께 액상으로 밀려난 불순물의 농도가 계면에서 국부적으로 농축됨으로써 일어나는 현상이다. 즉 계면주위의 농축된 액상의 응고점이 bulk 상에 비해 낮아져 국부적으로 과냉 현상의 정도가 역전됨으로써 계면 주위의 결정성장에 불안정성을 야기한 것을 말한다. 이를 방지하기 위해서는 계면 주위 액상에서의 온도구배가 응고점 강하 곡선의 기울기에 비해 충분히 크도록 유지되어야 한다. 한편 계면에서의 불순물의 분리에 의한 고상 ingot 내의 불순물 농도 변화는 일반적으로 다음 식으로 주어진다.

$$C = kC_0(1-g)^{k-1} \tag{3.12}$$

여기서 k는 편석계수(segregation coefficient)이며, C_0은 초기 불순물 농도, g는 응고된 ingot의 분율이다. 규소의 경우, 대부분의 불순물은 1보다 훨씬 작은 k값을 가지므로 방향성 응고가 진행됨에 따라 ingot 내의 불순물은 점차로 줄어들게 됨을 알 수 있다.

결론적으로, 방향성 응고 시 계면의 형태는 평평하거나 액상 쪽으로 약간 볼록한 것이 바람직하며, 계면에서의 온도구배는 충분히 크되, 냉각속도는 적절한 값 이하로 유지해 줌이 결정크기나 주상구조의 결정성장에 유리한 것으로 보인다.

3.7 다결정 규소기판의 특성평가

태양전지용 다결정 규소기판의 전기적, 물리적 특성을 좌우하는 변수로는 규소기판의 불순물 농도, 결정구조, 결정입자크기, defect 농도 등이 있다. 다결정 규소기판은 단결정 규소기판과는 달리 grain boundary(GB)가 존재하고 이

GB는 일반적으로 광 여기된 전자, 정공쌍의 재결합 center로 작용하여 태양전지에서의 광전류를 감소시킨다. 이와 같이 GB에서 광전류가 감소하는 것은 GB 내의 혼입된 불순물과 결정구조의 불량등과 밀접한 관계가 있는 것으로 알려져 있다. GB에 존재하는 불순물로는 Fe, Al, Cu 등을 들 수 있으며 각각의 불순물들은 서로 다른 영향을 끼친다. 다음은 이들 요소의 영향을 하나의 식으로 정리한 것으로서 광 여기된 carrier의 확산거리는 규소기판 중에 혼입된 불순물 농도, 종류 및 defect 농도, GB의 면적(GB의 면적이 클수록 결정입자 크기는 적어짐)등이 커질수록 작아지게 되어 태양전지의 효율을 저하시키는 결과를 낳게 된다.

$$\frac{D}{L^2} = \frac{D_0}{L_0^2} + \sum_{i=1}^{P} K_i K_i + K_{dK_d} + K_g K_g \tag{3.13}$$

L : 반송자 유효확산거리

L_0 : 오염이나 결함이 없는 단결정에서 확산거리

D : 확산계수

N_i : 불순물농도

P : Si 잉곳 내의 P개의 불순물 종류

N_d : 결함밀도

N_g : 단위체적당 결정입계 면적

가. 결정구조

앞 절에서도 언급된 것처럼 주상구조의 결정구조는 GB가 전자, 정공의 이동 방향과 평행하여 재결합 center로의 역할이 확률적으로 훨씬 줄어들 수 있는 반면, 다른 구조는 전자, 정공쌍의 이동 길목에 위치하여 그 확산거리들을 급격히 감소시키는 역할을 하게 된다. 따라서 같은 분율의 GB가 결정 내에 존재하더라도 결정구조의 형태에 따라 광전류의 흐름은 큰 차이를 보이게 된다. 각 결정구조의 모양은 앞 [그림 3.14]에 나타나 있는 것과 같다. 실제로 주상구조가 잘 발달된 다결정 규소기판도 단결정기판에 비해서는 태양전지의 효율 면에서 10~20% 정도 떨어지는 것으로 나타나고 있다. 결정구조의 파악은 ingot을 결정성장 방향과 평행하게 자른 다음 표면 에칭을 거쳐 육안으로 관찰할 수 있다.

나. 결정 입자크기

다결정의 입자크기는 태양전지 효율과 직접적인 관련이 있다. Grain boundary가 작을수록 단결정의 물성에 접근하기 때문에 다결정 입자의 크기는 클수록 유리하다. [그림 3.16]은 각각의 다른 조건하에서 다결정 규소 태양전지를 제조하여 결정입자 크기와 효율과의 관계를 이론 및 실험적으로 비교한 것이다. 그림에서 보면 알 수 있듯이 결정입자 크기가 100 μm 이상이면 태양전지 효율에는 큰 영향이 없음을 알 수 있다. 다결정 규소기판의 결정입자 크기는 아래와 같은 이론식을 이용하여 구한다. 한편 이러한 다결정 실리콘 ingot 결정입자의 크기는 태양전지 제조 전 기판상태의 물성을 판단할 수 있는 carrier lifetime 및 태양전지 제조 후의 개방전압, 단락전류 등의 물성과 밀접한 관계가 있기 때문에 크게 할수록 유리하다. [그림 3.16]은 결정입자크기에 따른 태양전지 제조 전후의 물성인 carrier lifetime 등의 변화를 나타낸 것으로 그림에서 보듯이 결정입자크기에 의해서 태양전지 제조 후의 물성이 크게 좌우됨을 알 수 있다.

$$D(\mathrm{cm}) = \frac{2}{\sqrt{\pi N_1 N_2}} \tag{3.14}$$

여기서 N_1, N_2 : x-축, y-축 결정입계의 평균치이다. 한편 이러한 결정입자크기에 관련된 최근의 문헌상의 결과를 아래 <표 3.4>, [그림 3.17]과 [그림 3.18]에 나타내었다. 표와 그림에서 보듯이 결정입자크기가 태양전지 물성을 좌우하는 가장 중요한 변수 중의 하나이다.

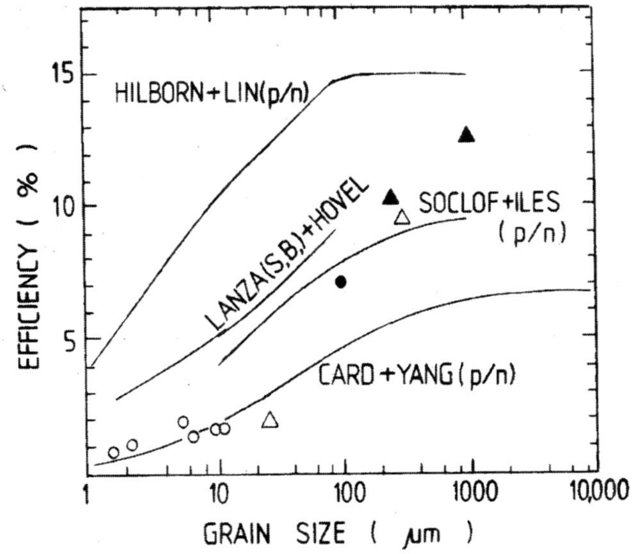

그림 3.16 Grain size와 이론 및 실험적인 태양전지 효율과의 관계

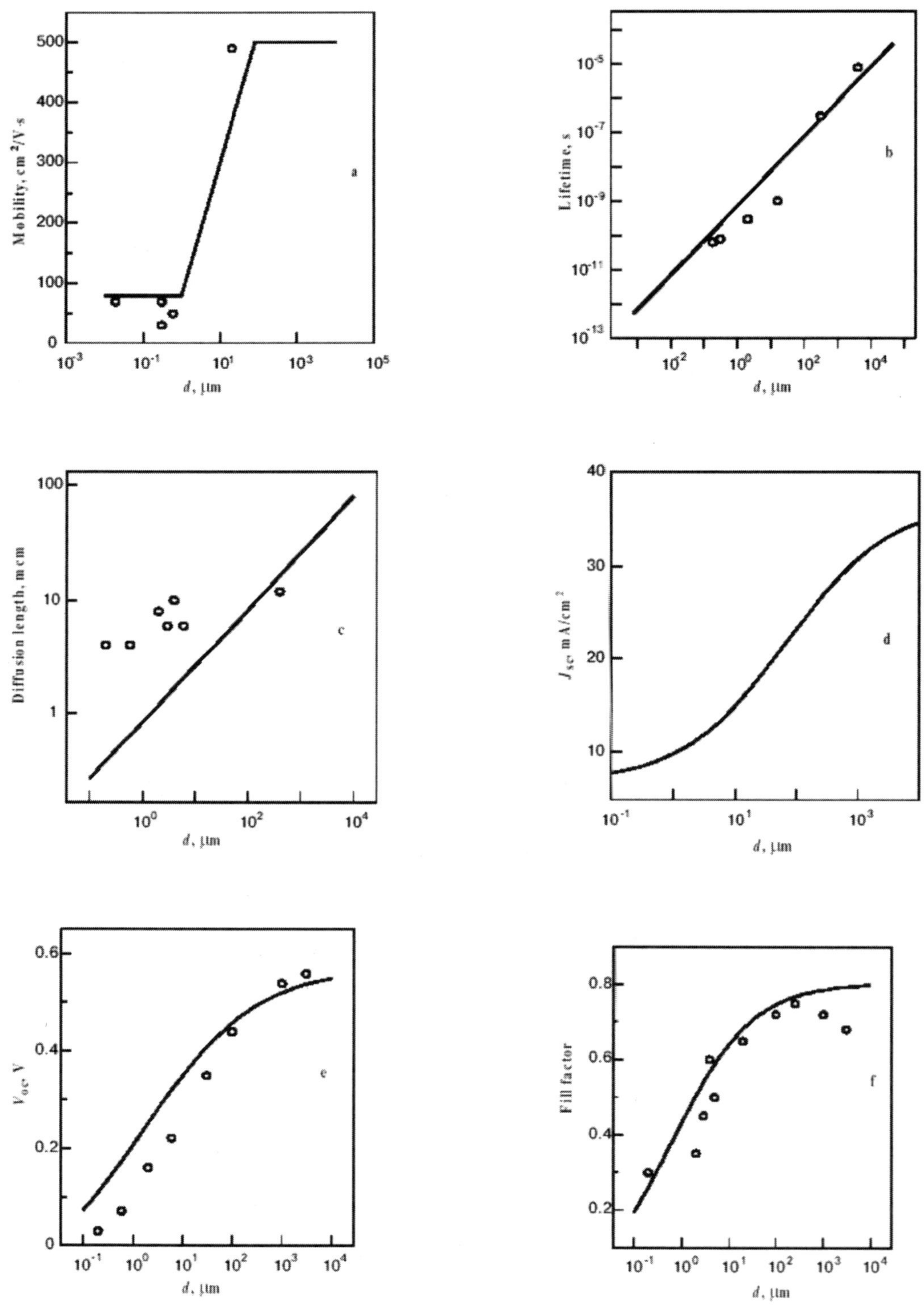

그림 3.17 결정립 크기에 따른 물성특성과 태양전지 특성

표 3.4 다결정 실리콘 태양전지의 특성 변수

Area $[cm^2]$	Thickness W [mm]	Grain size g [mm]	Base doping N_A $[cm^{-3}]$	[%]	V_{oc} [mV]	FF [%]	J_{sc} $[mA/cm^2]$	cell type
4	60	10^4	2×10^{16} a)	16.5	608	77	35.1	*np*
1	100	10^3	2×10^{16} a)	16.6	608	82	33.5	*np*
1	72	10^3	2×10^{16} b)	9.3	567	76	21.6	*np*
1	30	10^3	2×10^{16} b)	11	570	76	25.6	*np*
1	300	500	2×10^{16} b)	9.95	517	7.2	27.1	*np*
1	300	500	2×10^{16} b)	11.1	538	72.4	28.5	*np*
1	500	250	2×10^{16} b)	10.7	527	69	31.1	*np*
1	49	200	2×10^{17}	8.2	525	66	23.8	*np*
1.3	30	150	3×10^{16}	8.3	561	74	20.1	*np*
?	330	20	2×10^{16} b)	4.3	430	64	16.7	*np*
0.01	4.2	10	4.3×10^{17}	6.5	480	53	25.5	*np*
1	15	7	1×10^{17}	5.2	461	64	17.5	*np*
1	15	5	2×10^{17}	2.8	368	59	12.8	*np*
0.17	15	1	1×10^{17}	5.3	400	58	23	*np*
1	20	1−3	2×10^{17}	2.0	340	59	10.1	*np*
?	2	~0.5	2×10^{16} b)	10.1	539	77	24.35	*pvn*
1	5.2	1	2×10^{16} b)	9.2	553	66	25	*pvn*
0.7	2	0.05	2×10^{16} b)	7.5	499	68.7	22	*pin*
0.25	2.1	0.042	2×10^{16} b)	0.5	500	68	28	*pin*
0.25	2.5	0.01	2×10^{16} b)	8.6	500	66	26.2	*pin*
0.33	2	0.01	2×10^{16} b)	8.5	531	70	22.9	*pin*

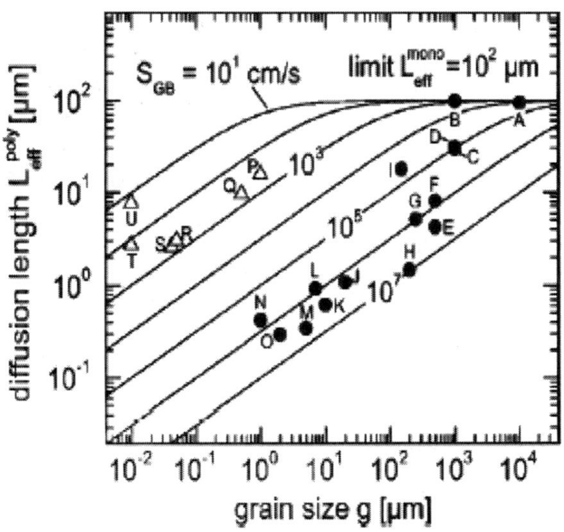

그림 3.18 결정립 크기에 따른 확산거리

다. 결정결함(Defect)

Grain boundary 외에도 다결정 규소기판의 defect로는 twin boundary, dislocation 등을 들 수 있다. Twin boundary는 결정면 내에서 굵은 직선으로 관찰되는 면결함의 일종이며, dislocation은 굵은 점으로 관찰되는 선결함의 일종이다. 이들은 결정성장 시 불순물의 편재, 과도한 thermal stress 등으로 형성되며, GB 근처에서 많이 발견된다. 이들 역시 전자, 정공쌍의 재결합 center로 작용하여 태양전지의 효율에 영향을 미치게 된다. [그림 3.19]는 dislocation 농도와 GB length에 따른 diffusion length를 도시한 것으로, 그림에서 보듯이 dislocation 농도의 영향이 큼을 알 수 있다. Twin은 NaOH 수용액 중에서 웨이퍼를 에칭하면 관찰이 가능하다. Dislocation 관찰용 기판은 미세연마 후 $HF/H_2O/CrO_3$(10/10/5) 용액 중에서 에칭하여 관찰한다. 에칭된 웨이퍼를 현미경을 통해서 관찰하면 삼각형 모양의 (111) 방향 dislocation etch pit가 식별되며, 단위면적당 전체 숫자를 세어 dislocation density를 구한다. 미세 연마된 웨이퍼를 $HF/H_2O/CrO_3$ (20/10/7.5) 용액으로 에칭하면 (100) 방향의 dislocation etch pit을 관찰할 수 있게 된다. 일반적으로 태양전지의 물성을 저하시키지 않는 최대허용 dislocation density는 약 10^5 ea/cm^{2}인 것으로 알려져 있다.

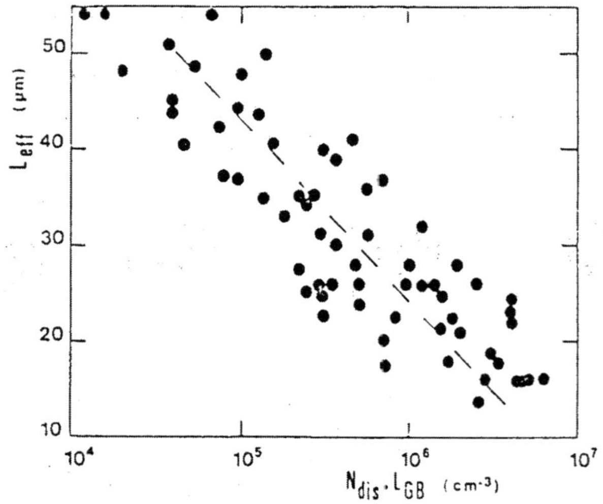

그림 3.19 결합밀도와 결정립계 수가 미치는 확산거리

라. 불순물 혼입농도

규소기판 중에 혼입된 Fe, Cu 등의 금속 불순물과 C, O 등의 불순물들은 태양전지 제조 시 개방전압, 단락전류 등의 값을 저하시키는 주요 요인으로 작용하

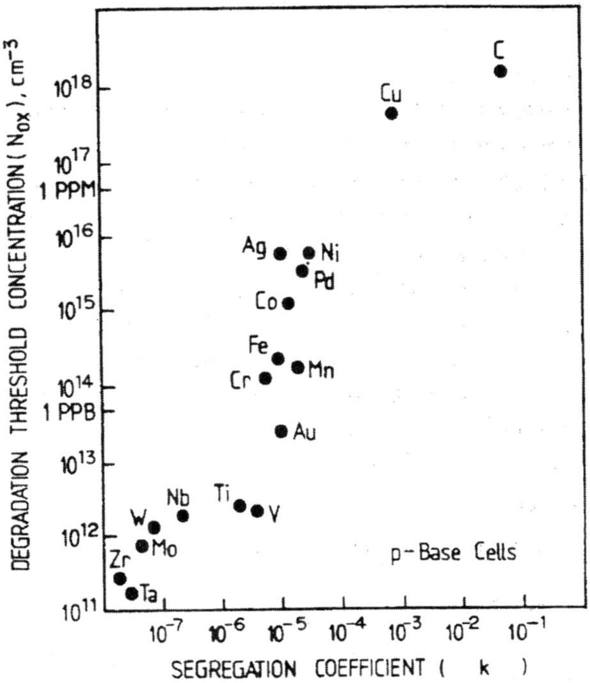

그림 3.20 불순물 최소농도와 편석계수 관계도

기 때문에 가능한 한 억제되어야 한다. 일반적으로 알려진 최대허용 불순물 농도는 각각의 한 원소에 대한 것이며, 여러 가지 물질들이 혼입된 경우에는 불순물들 간의 상호작용에 의해서 불순물에 의한 영향은 예측이 곤란한 것으로 알려져 있다. [그림 3.20]과 [그림 3.21]은 각각의 금속 불순물에 대한 최대 허용농도를

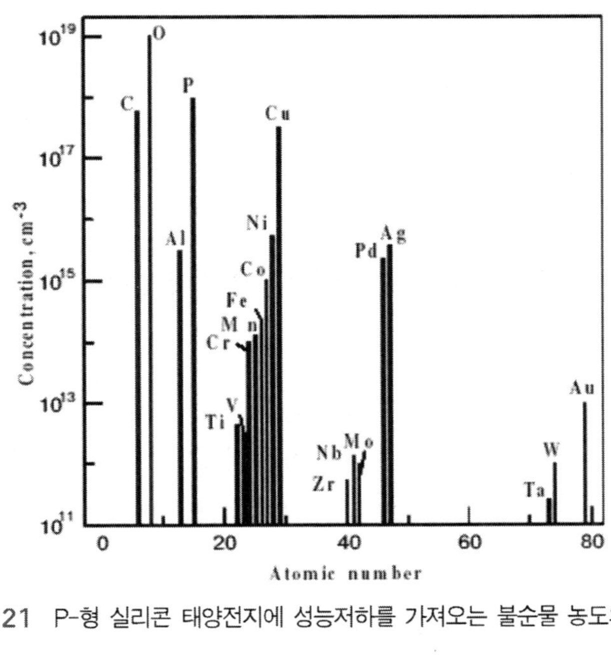

그림 3.21 P-형 실리콘 태양전지에 성능저하를 가져오는 불순물 농도의 입계감

나타낸 것으로서 $10^{12} \sim 10^{17}$ atom/cm^3 정도인 것을 알 수 있다. 이때 금속 불순물은 NAA(neutron activation analysis)를 이용하고, C, O 등은 FTIR을 이용하여 측정한다. 다음은 ASTM 방식에 의한 C, O의 혼입농도 계산을 위한 식이다.

산소농도

at 300 K　　ppm atomic = $2.0\,\alpha$

atom/cm^3 = $1.0 \times 10^{17}\,\alpha$

at 77 K　　ppm atomic = $0.9\,\alpha$

atoms/cm^3 = $4.5 \times 10^{16}\,\alpha$

탄소농도

at 300 K　　ppm atomic = $4.9\,\alpha$

atom/cm^3 = $2.45 \times 10^{17}\,\alpha$

at 77 K　　ppm atomic = $1.9\,\alpha$

atom/cm^3 = $0.95 \times 10^{17}\,\alpha$

$$\alpha = \frac{1}{x} \ln \frac{I_0}{I} \tag{3.5}$$

α : 흡수계수

x : 두께

I : 흡수도에서 투과된 세기강도

I_0 : 흡수도 기저세기 강도

3.8 다결정 규소기판의 제조방법

세계 유수의 태양전지 회사들은 대부분 Casting법으로 다결정 실리콘기판을 제조하고 있는데, 대표적인 회사가 미국의 BP-Solar, 일본의 Kyocera와 Sharp, 독일의 SolarWorld(옛 Wacker사, Bayer사) 등이며, RWE 사는 유일하게 Ribbon법(EFG법)으로 다결정 실리콘기판을 제조하고 있다.

3.8.1 Silso법

독일의 Wacker 사에서 개발한 공정으로 석영 도가니에서 실리콘을 완전히 용융시킨 후 차가운 흑연 도가니에 부어 응고시키는 방법(SolarWorld에서는 SOPLIN 공정이라 불림).

(1) 실리콘의 용융

석영으로 만들어진 다결정 실리콘 용융부에서는 실리콘을 응고용 흑연 도가니에 공급하기 전에 미리 용융시키는데 Ar 가스를 흘려 계 내를 불활성 분위기로 유지시킨 후 행한다. 계 내의 압력은 가압 상태로 하여 C와 O 등의 불순물 혼입을 방지한다.

(2) 결정성장 및 냉각

앞서의 과정에서 준비된 액상 실리콘을 사각형의 흑연도가니에 공급한 후 결정 성장을 행하여 실리콘 ingot을 제조한다. 이때 흑연 도가니의 온도는 600~1,200°C로 가열하여 고화된 실리콘과 도가니와의 고착방지 및 바람직한 결정구조를 갖는 실리콘 ingot을 제조한다. 흑연 도가니에 공급된 실리콘은 일정한 상하 온도구배를 유지하면서 최종냉각을 행하며 thermal stress가 최소가 되도록 온도 하강속도를 조절한다.

(3) 실리콘기판의 물성

SolarWorld 사의 ingot 제조공정은 단순하고 또한 생산속도도 크게 할 수 있다는 장점이 있지만, 도가니의 냉각 시 thermal stress의 잔존 및 주상구조가 일부영역(중앙부분)에 한정되어 형성되는 문제점이 있는데, Kyocera 및 Solar World 사에서는 도가니 보호층 코팅에 의해 현재 이 문제도 상당히 개선된 것으로 알려지고 있다. 생산규모는 200~300 kg/batch 정도이다.

3.8.2 HEM(Heat Exchanger Method)법

Sapphire 제조에 이용된 공정을 미국의 Crystal System 사가 태양전지용 다결정 실리콘기판 제조에 응용한 것으로 미국 GT solar에서 200~300 kg/batch 규모의 장치를 생산 중이다.

(1) 실리콘의 용융

앞서 Wacker 사의 Silso법이 반연속 공정이라 한다면 HEM에 의한 다결정 실리콘 ingot 공정은 회분식공정이다. 석영으로 제작된 도가니에 약 200~300 kg의 다결정 실리콘을 충진한 다음 도가니의 회전이나 이동이 없는 고정 상태로 고체 실리콘을 용융시킨다. 이때 사용되는 석영도가니는 일반적인 석영 도가니와는 달리 특수 제작된 것으로 porous silica crucible을 이용한다. 일반적인 도가니로는 실리콘과의 열팽창계수의 차이에 의해 석영 도가니는 물론 실리콘 ingot에도 crack이 생겨 기판의 제조가 불가능해진다. Porous silica crucible은 SiO_2 분말을 소성에 의해 제조한 것으로 약 20~30% 정도의 기공이 존재하여 용융규소의 냉각 시 열팽창계수의 차이에 의한 stress를 최소화하도록 한 것으로서 현재 대부분의 다결정 실리콘 ingot 제조용 crucible로 사용되고 있다. 그러나 porous silica crucible만으로는 ingot의 crack 문제를 해결할 수 없기 때문에 crucible 내부에 Si_3N_4 등의 도가니 보호층을 코팅하여 사용한다. 아래 <표 3.5>는 실험에서 사용한 porous silica crucible에 대한 물성을 나타낸 것이다.

(2) 결정성장 및 냉각

다른 공정과는 달리 초기 HEM 공정에서는 단결정 seed를 도가니 밑면에 사용하기도 하기 때문에 전체적인 결정구조가 단결정에 유사한 특성을 가지게 된다. 냉각은 도가니 하부에 heat exchanger를 설치하여 불활성 가스를 흘려 도가니의 하부 쪽으로부터 실시한다. 그러나 최근에는 이러한 가스에 의한 냉각 대신에 흑연 블럭 등을 이용한 열교환법에 의해 태양전지용 다결정 실리콘 ingot을 제조하고 있다.

(3) HEM법에 의해 제조된 실리콘기판의 물성

HEM법에 의해서 제조된 실리콘기판은 다결정이라 할지라도 거의 단결정에 가깝다. 이는 seed의 사용에 의한 결정성장 결과이며 보통 전체 규소 ingot 중 약 85% 정도까지도 단결정 영역이 가능하다. 그러나 최근의 대규모 용량에서는 seed 사용을 배제하고 있는 것으로 생각된다. 대체적인 효율은 다결정 태양전지로서는 높은 편이다.

3.8.3 도가니 피복법

일본전기에 의해서 처음 개발된 것으로 도가니 내면을 Si_3N_4 powder와 같은 피복제로 코팅하여 사용하며, 나머지 사항은 seed를 사용하지 않는 HEM법과 유사하다. 최근에는 도가니 피복물질로서 Si_3N_4 이외에 SiO_2 및 SiC 등에 관한 연구도 활발하게 이루어지고 있다. 아래 <표 3.5>와 <표 3.6>은 실험에서 사용한 99.9% Si_3N_4 및 고순도 Si_3N_4 powder의 물성자료이다.

표 3.5 99.9% Si_3N_4 powder의 물성

Element	Result(%)	Element	Result(%)	Element	Result(%)
Al	0.1	Co	<0.01	Mg	<0.01
B	0.02	Cu	<0.01	Ni	<0.01
Ca	0.01	Fe	0.01		

표 3.6 고순도 Si_3N_4 powder의 물성

Grade	High purity	
Items	Specification	Value
N(wt%)	>38.0	>38.0
O(wt%)	<2.0	1.28
C(wt%)	<0.2	<0.2
Cl(ppm)	<100	<100
Fe(ppm)	<100	<100
Ca(ppm)	<50	<50
Al(ppm)	<50	<50
$\beta/(\alpha+\beta)$(wt%)	<5	<5
Crystallinity(wt%)	>99	>99.5
SSA(m^2/g)	9.0~13.0	10.9

(1) 실리콘의 용융

석영도가니에 Si_3N_4 powder를 보호물질로 사용하여 실리콘 ingot을 제조한다. 이때 사용되는 도가니는 앞서 HEM에서 사용한 graded silica가 아닌 일반적인 것을 사용해도 무방하므로 도가니 제조비용이 절감될 수 있다는 장점이 있다. 다결정 규소의 용융은 고정상의 도가니에서 행한다. 도가니를 흑연으로 제조하면 도가니의 재사용도 가능하다.

(2) 결정성장 및 냉각

도가니 중에서 고체 실리콘이 완전 용융되면 도가니 하부에 Ar 가스 등을 흘리면서 결정성장을 행하며 이때 heater에 공급되는 power는 Ar 가스 유량 증가와 함께 감소시킨다. 실리콘이 완전히 고화된 후 ingot의 냉각은 도가니의 이동 없이 고정된 상태에서 행한다. 도가니 온도가 1,000°C 이하로 되면 heater에 공급되는 전원을 중단한다.

(3) 실리콘 웨이퍼의 물성

물성은 다른 방법에 뒤지지 않으며 실험에 사용되는 다결정 실리콘을 off-grade로 사용하면 경제성이 있는 것으로 평가되고 있다.

3.8.4 Ployx법

Polyx법은 프랑스의 Photowatt 사 등에 의해서 사용된다.

(1) 실리콘의 용융

Polyx법은 흑연도가니에 alkaline과 alkaline-earth fluoride 등을 보호물질로 사용하여 흑연도가니 내에서 이루어지며 도가니 가열 시에는 도가니 하부 상부 및 벽면을 각각 단열하여 복사에 의한 열손실을 최소화한다. 다른 공정과는 달리 도가니 상부 쪽에도 별도의 heater를 설치하여 도가니 상부 쪽의 냉각을 방지한다.

(2) 결정성장 및 냉각

도가니 중의 실리콘이 완전히 용융되면 도가니 하부 쪽에 설치된 방열판을 시간 경과와 함께 서서히 제거하면서 결정성장을 행한다. 이때 도가니 크기 및 규소 충진량에 따라 방열판의 크기가 달라지며 Polyx법에 의해 제조한 ingot의 물성은 도가니 크기와 방열판의 크기, 가열온도 등에 따라 좌우된다. 도가니 중의 용융 실리콘이 완전히 고화되면 ingot은 cooling 반응챔버로 이송되고 또 다른 도가니를 실리콘 용융부에 설치하여 앞서의 과정을 반복한다.

(3) 실리콘기판의 물성

원료는 보통 off-grade를 사용하며 효율은 다른 방법에 비해 조금 낮은 편이다.

3.9 실리콘 sheet 제조법

RWE 사의 EFG(Edge defined Film Growth)과 Evergreen 사의 Web 기판 성장 과정은 [그림 3.22]에서 보였다. EFG는 일정 간격을 두고 흑연 형판을 사용한 실리콘 용융체로 구성된 octagonal 튜브(tube)로 구성되어 있다. Octagonal segments의 첨단 길이는 거의 100 mm이고 전체 튜브 직경은 거의 30 cm이다. 10 mm로 생산된 튜브와 slice 벽두께는 온도와 끌어당기는(pulling) 속도(약 cm/min)에 따른 흑연 모세관의 형태에 따라 정해진다. 4~5 m 길이의 튜브를 이 기술로 끌어당길 수 있다. 동일한 모세관 현상을 이용하는 Web 실리콘을 [그림 3.22(b)]에 나타내었다. 기판 준비에 두 개의 지지선 사이에 실리콘 판이 형성되도록 하고, 태양전지 제작 시에는 이 선을 그대로 두고 레이저를 이용해 원하는 길이로 절단 가능하다.

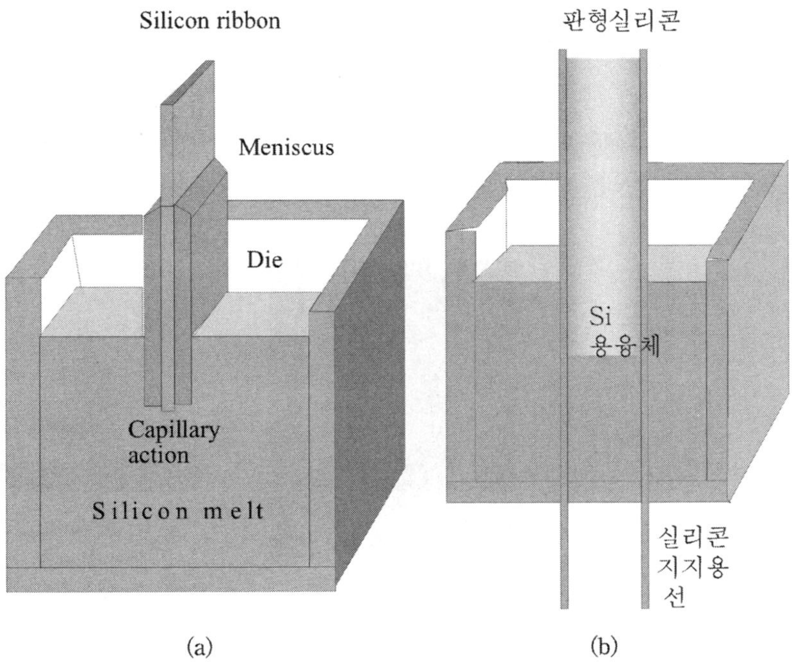

그림 3.22 (a) EFG 다결정 실리콘 (b) Web 실리콘기판 웨이퍼 성장

[그림 3.23]에서와 같이 G E사(구 Astropower 사)에 사용하는 SSP(silicon sheet from powder)과정은 석영(quartz) 형태로 대체된 실리콘 분말로 구성된다. 첫 번째 단계에서 분말은 소결된다. 두 번째 단계에선 자체적으로 호일(foil)이 zone melting 과정으로 이동한다. 그러면 매우 큰 결정립(수 mm~수 cm)

을 가진 다결정 재료가 생성된다. Melting 과정은 incoherent light에 초점이 맞추어진다. 거의 400μm 두께를 지닌 실리콘 시트는 이러한 방법으로 생산된다. 태양전지는 약 13%의 효율을 낼 수 있다.

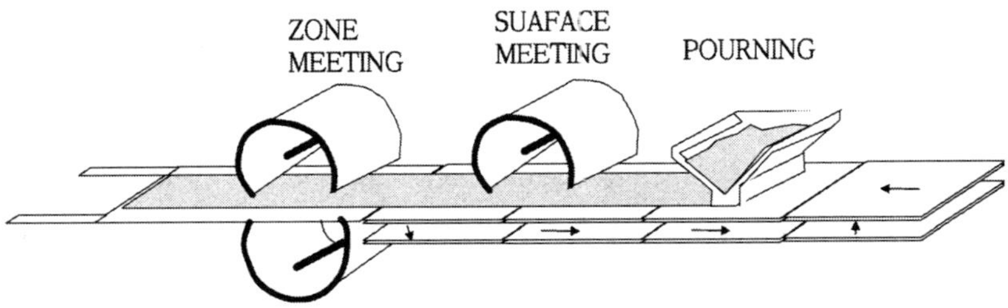

그림 3.23 SSP process에 의한 Silicon 판 생산

Ingot을 성장하는 대신에 직접 기판형태로 사용하여 시장을 확대하고 있는 회사로는 General Electric(구, Astropower) 사의 Silicon sheet, RWE 사의 Edge Film feed Growth(EFG), Evergreen 사의 string ribbon 등이 기초 기반기술에서 우위를 보이고 있으며, 효율은 12%에서 15%선 달성 가능하다. [그림 3.24]에서는 네덜란드 에너지 연구소인 ECN에서 개발한 RGS (Ribbon growth on substrate) 개념도와 RWE 사의 EFG 그리고 Evergreen 사의 String ribbon 제조법을 도시하였다. 국내현황은 동분야에 대한 기술개발이나 상용화가 전무한 상황이나 향후 무게중심을 두어 연구개발과 상용화를 추진해야

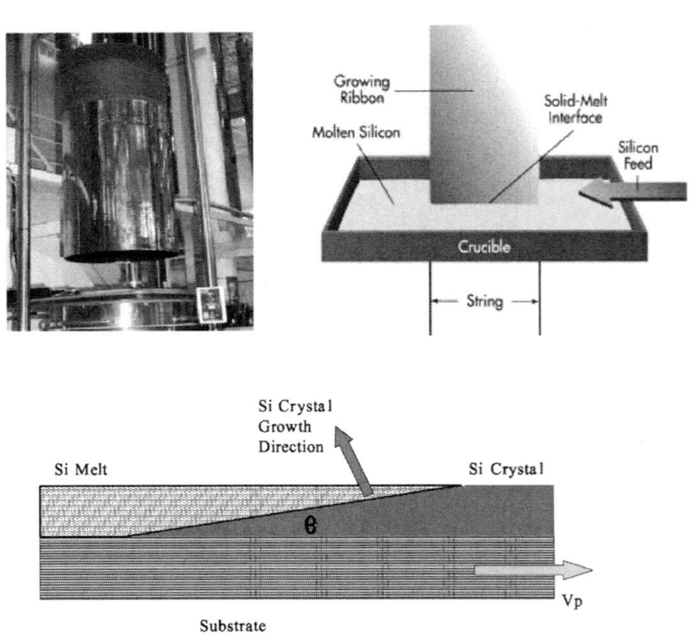

그림 3.24 다결정 실리콘기판 직접제조(좌 : EFG, 우 : Ribbon, 하 : RGS)

한다. 2005년 90% 이상의 태양전지용 기판제조 회사들은 multi-wire saw를 이용하여 최대한 기판을 얇게 만들어 태양전지를 제조하는 기술을 확보하고자 한다. 2005년 극한 기술로는 기판의 두께가 50 μm(0.05 mm)의 기판까지 multi-wire saw로 절단이 가능함을 보이고 있어 근시일 내에 전지 가격하락과 보급 확대는 현실로 다가올 것이다.

기존의 Cast 다결정 실리콘기판준비 과정에서 산소와 카본 농도 저감과 결정결함 최소화를 위한 가열로 질화막 코팅법, 원료 자체 불순물을 제거하는 플라즈마 이용법, 전자기를 이용한 결함최소화법, 열교환 기법을 통한 방향성 결정립 응고, 생산량증대를 위한 연속주조 및 대용량 생산법 등이 현재의 기술의 핵심사항이다. 리본기술 개발현황 비교를 위해 <표 3.7>에서 생산량과 <표 3.8>에서 기술별로 보고되는 산소와 카본 농도를 제시하였다.

표 3.7 리본기술 개발현황

Current status of leading ribbon technologies

Technology	Year started	Production level (MW) 2003	2005 Estimated
EFG Octagon-RWE Schortt Solar	1971	20	100
String Ribbon-Evergreen Solar	1981	3	10 ~ 14
Silicon Film-GE	1983	30	60
RGS-ECN	1980	R & D	Pilot

표 3.8 업체별 리본 특성비교

Material characteristics of ribbons

Material (Company)	Dislocation Density (cm^{-2})	Grain size	Carbon (cm^{-3})	Oxygen (cm^{-3})
EFG (RWE)	$10^5 \sim 10^6$	1 ~ 10 mm	8×10^{17}	$< 5\times10^{17}$
String Ribbon (Evergreen)	$10^4 \sim 10^6$	1 ~ 10 mm	$5\sim7\times10^{17}$	$< 8\times10^{16}$
Silicon FilmTM (GE)	$10^4 \sim 10^5$	100 ~ 500 μm	6×10^{17}	5×10^{17}
RGS (ECN)	$10^5 \sim 10^7$	100 ~ 500 μm	$\sim10^{18}$	$\sim10^{18}$

태양전지에 사용되는 실리콘기판을 요약하면; FZ 기판, CZ 반도체급, CZ 태양전지급, Cast mc−Si, Si Sheet, EFG, Ribbon, 후막, 비정질 박막 실리콘으로 구분 가능하다. [그림 3.25]에서 이를 주요웨이퍼의 외관, 성장법, 가격범위, 태양전지 적용에 장단점을 제시하였다. <표 3.9>에 사용가능 기판 두께와 n^+pp^+ 형태의 태양전지 구조로 달성 가능한 에너지 변환효율을 정리하였다. 기판이 고품질일수록 긴 확산거리 때문에 두꺼운 기판사용이 가능하며, 기판의 품질이 저하 할수록 가격은 저가화가 가능하나 효율 달성을 위해서는 낮은 확산거리 때문에 얇은 두께를 사용해야만 한다. 원천적으로 불순물과 결정결함을 가지고 있는 저가의 기판을 사용하여 후속으로 고품질화 공정으로 불순물을 석출하는 gettering 공정과 이를 제거하는 방법으로 인과 알루미늄을 사용한 고온 가열과 천천히 온도를 식히는 서랭 과정을 통해서 특성개선이 가능하나 추가공정에 따른 시설비용과 시간이 필요하다. 수소화나 산화를 통한 금속결함 부동태화와 표면 결함제거를 통해서 품질 측면에서 CZ 태양전지급과 Cast 다결정 실리콘기판 태양전지를 제조함이 현재와 미래의 주류를 이룰 것으로 판단된다.

Wafer 종류	사진	성장법	가격(5")	장점	단점
FZ wafer	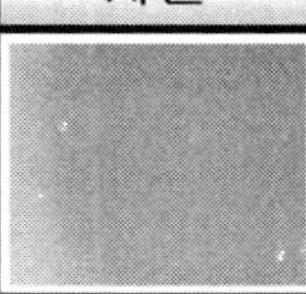	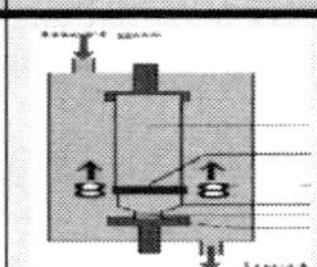	최고 가격 (4"양산 최대) 7$−12$	고품질 불순물 농도최하	지상전력에 사용불가 특수 목적용
CZ Solar grade wafer		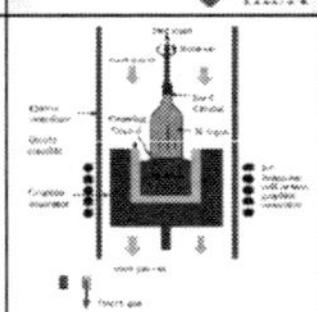	중간 가격 2$−4$	중저가 원부자재 활용 지상전력 시장 30−40%	원형 웨이퍼 성장 손실 저가공정 필요
Tri−grain wafer	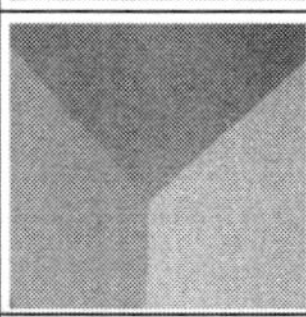	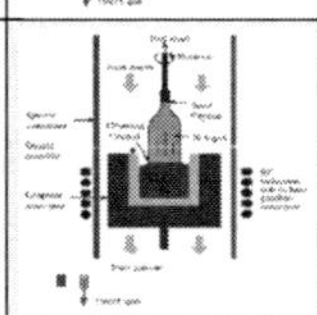	단결정 웨이퍼 가격을 상회 3$−4$	웨이퍼 두께 감소 가능	양산 극미 연구수준
Cast mc−Si		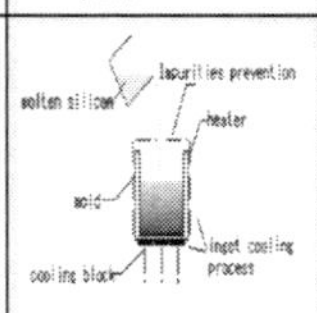	가판가격 저렴 1.2$−1.8$	저가 실리콘 원부자재 활용 지상전력 시장 40−50%	고효율 제조공정 노하우 필요

그림 3.25 기판재료의 외관, 성장법 원리, 가격과 특성비교도

표 3.9 태양전지 기판별 특성비교 요약

기판종류	소수 반송자 수명 (μs)	확산거리 (μm)	사용 기판두께 (μm)	달성 변환효율 (%)
FZ	1,000	1,000	700	24.8
CZ 반도체급	150	387	450	24
CZ 태양전지급	10	100	250	23
Cast mc−Si	3	54	180	20
EFG	1	31	250	17
Ribbon	0.5	22	270	16
후막	0.01	3.2	25	13
비정질 박막	0.001 이하	1 이하	1 이하	12

태양전지 제조공정이 가변이 어렵게 고정되어 있다면, 태양전지의 효율을 상승시키기 위해서는 고품질의 실리콘기판을 사용해야 한다. 기판의 소수 반송자 수명시간이 긴 것일수록 반송자 확산거리가 길어 손실이 적고 달성가능 효율도 높다.

연 습 문 제

1 단결정 실리콘(c-Si) 태양전지 기판 제조방법을 열거하고 각각의 장단점을 논하시오.

2 단결정 실리콘(c-Si) 태양전지의 소수 반송자 수명에 영향을 주는 인자를 기록하시오.

3 태양전지에 요구되는 기판의 사양을 조사하시오.

4 다결정 실리콘(mc-Si) 태양전지 기판 제조방법을 열거하고 각각의 장단점을 논하시오.

5 Sheet형 다결정 실리콘 태양전지 기판 제조방법을 열거하고 각각의 장단점을 논하시오.

6 다결정 실리콘(mc-Si) 태양전지 기판에서 결함의 종류에 대하여 열거하고, 태양전지 제조에 필요한 최소의 결함요구사항에 대하여 논하시오.

7 다결정의 결함을 검사하는 방안을 조사하시오.

8 태양전지 기판에 사용되는 불순물의 온도별 포화한계를 조사하시오.

9 태양전지에 요구하는 산소와 탄소의 농도를 구하시오.

10 태양전지에서 요구하는 각종 불순물 농도의 한계치를 조사하시오.

참고문헌

1) PV News, May, 2003.

2) J.C. Brice, "The Growth of Crystals from Liquids", North Holland Publishing Co., Amsterdam, 1973.

3) K. Roy, K.D. Rasch and H. Fischer, Proc. 14th IEEE Photovoltaic Specialists Conf., p.897, 1980.

4) A.Z. Lin, Z.Q. Fan, H.Y. Shen and L. Tang, Proc. 18th IEEE Photovoltaic Specialists Conf., p. 1375, 1984.

5) A.K. Ghosh, C. Fishman and T. Feng, J. Appl. Phys., 51 (1980) 446.

6) T. Saito, A. Shimura and S. Ichikawa, Proc. 15th IEEE Photovoltaic Specialists Conf., p.576, 1981.

7) V.G. Popov, Semiconductor Physics, Quantum Elect. & Optoelect., 3(4) (2000) 479.

8) K. Taretto, U. Rau and J.H. Werner, J. Appl. Phys., 93(9) (2003) 5447.

9) S. Pizzini, A. Sandrinelli, M. Beghi, D. Narducci, F. allegretti and f. Porchio, J. Electrochem. Society, 135 (1988) 155.

10) ASTM Standards, p. 47-82, 81, 1984.

11) S. Hyland, P. Iles, D. Leung, G. Schwuttke and J.A.A. Engel brecht, Proc. 16th IEEE Photo- voltaic Specialists Conf., p. 68, 1982.

12) R.H. Hopkins and A. Rohatgi, J. Crystal Growth, 75 (1986) 67.

13) ASTM Standards, F121-83, 234, 1984.

14) 浜川圭弘, 桑野莘德 : 太陽電池-工學, 培風館, (1994).

15) 일본특허공개공보, 11244988(1999).

16) 일본특허공개공보, 064388(2003).

17) 이준신, 신재생에너지 활용을 위한 고효율 실리콘 태양전지, 생능출판사, (2001).

18) 이재형, 임동건, 이준신, 태양전지원론, 홍릉과학출판사, (2005).

19) 황호정, 반도체공정기술, 생능출판사, (2003).

20) 이준신 외, 주택보급형 태양전지 양산기술 및 계통연계 3 kW 태양광 시스템 상용화 기술개발, 산업자원부 기술개발 보고서, (2004).

태양전지 제작

4.1 웨이퍼 세정

태양전지 산업 생산량의 80% 이상을 차지하고 있는 결정질 실리콘 태양전지의 대체적인 제조과정은 어떻게 되는지와 그 세부사항의 특징에 대해 살펴보자. 주요 태양전지 제조관련 공정은 아래와 같이 정리할 수 있다.

① 세정 및 웨이퍼 표면 가공(Texturing)
② 에미터 형성(Doping)
③ 도핑시 형성된 산화막(PSG) 제거
④ p-n 접합 측면분리(Edge isolation)
⑤ 반사방지막 형성(AR Coating)
⑥ 금속전극 형성(Metallization)
⑦ 금속전극 소성(Firing)
⑧ 태양전지 특성 검사 및 분류(Sorting)

태양전지의 성능과 신뢰성 및 생산 수율은 제작시 사용된 웨이퍼 표면에 존재하는 물리적·화학적 불필요한 불순물들에 의하여 많은 영향을 받는다. 웨이퍼 표면을 세정하는 기술은 크게 습식 화학 방법, 건식 방법, 증기(vapor phase) 방법 등으로 나눌 수 있다. 전통적인 웨이퍼 세정방법은 대부분 NaOH와 순수물을 사용한 화학적 습식 방법이었나, 많은 화학 물질의 소모와 사용된 이들 물질의 폐기, 발전되는 제작 공정과의 비호환성 등으로 인하여 점차 건식이나 기상쪽으로 세정 방법이 변화하고 있다.

웨이퍼 표면에 존재하는 불순물들은 필름, 개별 입자 혹은 입자 덩어리, 흡착된 가스 등으로 이루어져 있으며 이들은 원자, 이온, 분자 등과 같은 물질 특성을 갖고 있다. 분자 형태 불순물들은 주로 윤활유, 슬러시, 용제 찌꺼기 등으로부터 발생된 응결된 유기물질 가스들과 DI-물(De-ionized water)이나 플라스틱 용기로부터 생겨난 유기화합물, 금속산화물이나 수산화물 등으로 이루어진다. 이온 불순물들은 대부분 Na, F, Cl 이온 등과 같은 것을 물리적으로 흡착하든지 화학적으로 결합한 무기 화합물로부터 생겨나게 된다.

세정공정의 근본 목적은 불순물 제거인 것이다. 물의 화학적 성질은 기체, 액체, 고체 등을 녹이는 특성을 갖고 있기 때문에, 액체 세정용 시약이나 혼합물들을 사용하는 세정공정 중에서 물을 액체의 기본으로 사용하는 세정공정이 가장 널리 사용되어져 왔으며 이를 습식 화학 세정공정이라고 한다. 따라서 휘발성 유기용제에 의한 세정은 습식 화학 세정이 아니지만, 수성의 산화 작용 물질에 의한 세정은 습식 화학 세정인 것이다. 세정원리는 단순한 물리적 분리를 통해서나 화학반응을 통해서 일어나게 되는데, 화학식각과 같이 화학반응을 통하여 물에 녹을 수 있는 물질로 변화되는 과정이 여기에 포함되는 것이다. 표면 오염은 오염물질이 웨이퍼 표면의 최외각 층과 상호결합되어 생겨날 수 있다. 유기오염물질들은 윤활유, 냉각제, 절삭 기름, 사람 손의 기름기, 화장품 파우더, 공기 중의 입자, 세제, 부식 방지액, 웨이퍼 표면의 유기용제 증발 후에 남은 유기물 찌꺼기 등 다양한 종류로부터 발생된다.

카아복실(1가의 COOH기) 그룹은 일반적으로 탄화수소가 빠져나간 표면에 물리적으로 흡착되어 웨이퍼 표면과 화학반응을 일으킨 후 화학적으로 흡착을 나타낸다. 이런 경우엔 이들이 이온결합, 공유결합, 금속결합 중 어느 한 결합 형태를 취하기 때문에, 긁어내거나 물을 뿌린다거나 초음파 세척 같은 단순한 물리적 방법으로 제거하기가 어려우며 화학적 방법으로 제거해야 한다.

무기 오염물질들은 전하를 띤 이온이나 전하를 띠지 않은 중성 상태로 웨이퍼 표면에 흡착되어 있으며, 이들은 환 데어 발스 결합이나 분자 상호간 결합 형태로 되어 있다. 결합에너지는 12 kcal/mol 이하이므로 유기화합물의 오염에 비하여 쉽게 제거할 수가 있다. 그러나 무기물 오염 중에서도 산성 식각용액 속에서 치환 도금 형태로 부착된 무전하의 금속 오염물질은 결합에너지가 강하여 제거하기가 매우 어렵다.

수용액은 일반적으로 극성을 갖는 용제로서 전하를 띤 오염물질들을 분리하여 내는 데 가장 효과적이다. 오염물질의 용해도는 농도, PH, 온도 혹은 다른 첨가물 등에 의하여 증가되어질 수 있을 뿐 아니라, 녹을 수 있는 복합물질이 잘 형성되게 함으로써 더욱 증가될 수 있다. 산성 용액의 음이온은 전자 도너 혹은 기, 금속 이온은 전자 엑셉터 역할을 하여 전하를 주고받아 용해도가 큰 복합물질을 형성함으로써 금속의 세정이 이루어지게 되는 것이다. 예를 들어 Cu를 제거해야 한다면, 비록 산도(PH)가 비슷한 HNO_3와 HCl이지만, NO_3-가 $Cl-$보다 금속과 전자를 주고받는 기로서의 역할을 더욱 강하게 할 수 있기 때문에 질산이 염산보다 구리 세정에 더욱 효과적인 물질이 되는 것이다.

음이온 기들의 활성화 강도는

$$NO_2- > F- > NO_3- > Cl- > Br- > I- > ClO_4-$$

의 순으로 되어 있다.

오염물질들이 잘 녹을 수 있는 다른 물질로 변화되게 하는 방법은 유기물질의 세정에도 그대로 적용된다. 즉 유기물질을 카아복실 산과 같은 물에 잘 녹는 산화 물질로 변화시키는 방법을 사용하는 것이다. 산화가 잘 일어나게 하기 위하여서는 과산화수소, 과황산암모늄, 오존 등의 산화작용 물질 외에 질산도 사용된다.

웨이퍼 표면에는 외부에 직접적으로 노출되어 있는 유기물질이나 무기물질의 오염 외에, 성장된 반도체 결정 덩어리를 절삭하여 웨이퍼 형태로 연마하고 나면 곧바로 표면을 덮게 되는 자연 산화층이 형성된다. 이 산화층의 형성 시에 Na, K 등과 같은 물질이 포함되어 오염된 산화층을 이루게 된다. 뿐만 아니라 절삭 시에 사용되는 Al_2O_3로부터도 알루미늄 오염물질이 존재할 수 있다.

표 4.1 실리콘 웨이퍼의 습식 화학 세정용액

용액	화학표기	일반이름	제거물 및 목적
Part 1			
수산화 암모늄/과산화수소/물	$NH_4OH/H_2O_2/H_2O$	RCA−1, SC−1(*Standard Clean*−1), APM (*ammonia*/*peroxide*)	유기물, 입자, 금속 산화보호막 성장
염산/과산화수소/물	$HCl/H_2O_2/H_2O$	RCA−2, SC−2(*Standard Clean*−2), HPM (*hydrochloric*/*peroxide*)	중금속, 알카리, 금속
황산/과산화수소	H_2SO_4/H_2O_2	*Piranha*, SPM(*sulfuric*/*peroxide*), "Caros acid"	유기물
불산/물	HF/H_2O	HF, DHF(*dilute* HF)	SiO_2
불산/불화 암모늄/물	$HF/NH_4F/H_2O$	BOE(*buffered oxide each*), BHF(*burff*−*eredhy*−*drofluoric acid*)	SiO_2
질산	HNO_3		유기물, 중금속
콜린	$(CH_3)_3N^+-CH_2CH_2OHOH$	*trimethyl*(2−*hydroxy*−*ethyl*) *ammonium hydroxide*	금속, 유기물
콜린/과산화수소/물	$(CH_3)_3N^+-CH_2CH_2OHOH$ H_2O_2/H_2O	Choline/peroxide	중금속, 유기물, 입자
황화암모늄/황산	$(NH_4)_2SO_4/H_2SO_4$	SA−80	유기물
Part 2 1987년 이후 개발된 실리콘 웨이퍼 세정액			
이황화페록시산/황산	$H_2S_2O_8/H_2SO_4$	PDSA, "*Caros acid,*" *Piranha*	유기물
오존이 녹은 DI−물	O_3/H_2O	오존화된 물	보호산화막 성장, 유기물
황산/오존화된 물	$H_2SO_4/O_3/H_2O$	*SOM*(*sulfuric*/*ozone*)	유기물
불산/질산	HF/HNO_3		Si 식각, 금속
불산/과산화수소	HF/H_2O_2		Si 식각, 금속

이들은 확산계수가 크기 때문에, 고온 공정 때 본래 있던 곳을 이탈하여 웨이퍼 벌크 속으로 이동하여 태양전지 특성에 영향을 주게 되므로 역시 제거되어야 한다.

<표 4.1>은 실리콘 웨이퍼의 습식 화학 세정용액들을 보여주고 있다.

세적액의 온도 변화는 여러 가지 중요한 효과들을 일으킨다. 온도가 증가되면 화학물질들의 반응률이 증가하여, 10°C 온도가 증가할 때마다 약 2배 정도의 반응률 상승이 나타난다. 뿐만 아니라 온도 증가는 일반적으로 오염물질들의 물에 녹는 용해도를 증가시켜 세정이 빨리 이루어지게 한다. 온도에 따라 용해도의 변화가 거의 없거나 도리어 약간 감소하는 물질도 있다. 온도에 따른 각 물질들의 용해도가 <표 4.2>에 주어져 있다. 온도 증가는 이와 같은 세정률을 증가시키는 반면, 웨이퍼 표면에 금속 복합물질의 도금작용을 증가시킬 수도 있다.

표 4.2 온도에 따른 무기 물질들의 물에 대한 용해도

물질	에너지(kcal / mol)					
$(NH_4)_2C_2O_4$	2.2	4.4	8.0	–	–	–
$FeSO4_z$	15.65	26.5	40.2	–	–	–
NH_4HCO_3	11.9	75.5	91.1	107.8	126	145.6
KCl	27.6	34.0	40.0	45.5	51.1	56.7
$CaCl_2$	59.5	–	–	136.8	147.0	159
$CuCl_2$	70.7	77.0	83.8	91.2	99.2	107.9
$NaNO_3$	73	88	104	124	148	180
Kl	127.5	144	160	176	192	208
NH_4MnPO_4	–	192	297.0	421.0	580.0	871.0
$Ca(O_3)_2$	–	208.8	242.5	284.5	354.5	426.3
Znl_2	429.4	–	445.2	467.2	490	510.5
NaCl	35.7	36.0	36.6	37.3	38.4	39.8
Na_2CO_3	–	–	48.5	46.4	45.8	45.5
$CaSO_4$	0.1759	0.1688	0.0973	0.0576	–	0

세정용액이 웨이퍼 표면에 잘 흡착되어야 세정작용이 일어날 수 있다. 따라서 세정용액의 웨이퍼 표면 부착상태는 세정효과의 향상을 위해 역시 고려해야 할 요소가 되는 것이다. 고체인 웨이퍼와 액체인 용액의 표면장력이 서로 비슷하거나, 고체 표면장력이 액체보다 더 클 때 고체표면에서의 액체부착이 잘 일어난다. 많은 유기용제들은 무기물 용액에 비하여 이와 같은 표면장력이 낮아 웨이퍼에 잘 부착된다.

웨이퍼의 표면장력은 표면을 구성하고 있는 상태에 따라 달라진다. 예를 들어

산화층 표면이 최종표면이라면 표면장력이 강해져서 친수성(hydrophilic)이 되지만, 산화층이 없어지면 비친수성(hydrophobic)이 되어 물이 표면에 잘 흡착되지 않는다.

표면 산화층 식각이 잘 되었는지 육안으로 검사하는 가장 쉬운 방법이 바로 이런 성질을 이용하는 것이다. 즉 식각 후 물에 행군 다음 웨이퍼를 끄집어내었을 때 웨이퍼에 물이 그대로 촉촉이 묻어 있으면 산화층 식각이 아직 덜 된 상태이고, 방울방울 둥글게 맺혀지면서 많은 영역이 물기가 없이 마른 형태가 되면 식각이 다 이루어진 것으로 판단할 수 있는 것이다.

웨이퍼 표면의 오염물질 역시 웨이퍼 표면장력을 변화시킬 수 있다. 유기 오염물질은 앞서 언급한 바와 같이 낮은 표면장력으로 인하여 친수성의 웨이퍼를 표면장력이 매우 낮은 비친수성으로 바꾼다. 이와 같이 세정 용액과 유기 오염물질로 인한 웨이퍼의 표면장력 차이가 심하게 나면, 흡착제나 계면활성제(surfactant)를 첨가하여 상호간의 표면장력 차이를 줄여 웨이퍼 전 역역에 세정 용액이 고르게 흡착되게 함으로써 세정작용이 잘 일어나게 한다.

웨이퍼는 공정 때에 테프론(Teflon)으로 되어 있는 운반용기인 캐리어에 25장이나 100장 정도 넣어 동시에 세정을 하게 된다. 테프론 자체는 화학물질들에 대하여 매우 안정된 성질을 갖고 있어 세정작용 자체에 아무런 영향을 주지 않으나, 테프론에 존재하는 다공질층들이 화학물질들을 흡수하여 후속 공정 때에 이들이 오염물질로 작용할 수 있으므로, 캐리어 자체를 자주 세정하여 오염물질 배출을 사전에 방지하는 것이 좋다.

웨이퍼 건조는 오염물질을 성공적으로 제거하기 위한 세정공정의 가장 중요한 마지막 단계인 것이다. 물이 찌꺼기를 웨이퍼 표면에 그대로 남겨 두고 증발하기 전에 강제적으로 물기를 제거하여야만 되는 것이다. 건조는 원심분리, 증기건조(vapor drying), 고온물 건조 등의 3가지 방법으로 구분할 수 있다. 가장 많이 사용되어온 건조 방법으로 일명 스핀건조(spin drying)이라고도 한다. 모터에 의해 고속 회전하는 웨이퍼로부터 원심력에 의해 대부분의 물이 밖으로 밀려 나가 건조되는 것이다. 매우 얇은 층의 물이 웨이퍼 표면에 잔존하게 되므로, 이로 인하여 그대로 잔류하는 오염물질은 최소화 된다.

장비의 가격이 저렴하고 원리가 간단한 반면 정전기, 진동, 마찰 등에 의한 입자오염 발생과 진동으로 인한 웨이퍼 파손이 일어날 수 있다. 또한 3차원 형상에 잔류하는 물기로 인하여 물 반점이 생겨나 이것이 오염원이 될 수 있다.

액화 상태의 이소프로필 알코올(IPA : isopropyl alcohol)을 200~300℃로 가열하여 증기화시켜 웨이퍼를 통과하게 하면, 이소프로필 알코올 증기가 웨이퍼 표면에 잔존하는 물기를 밀어내고 그 자리에 들어가게 된다. 떨어져 나온 물기는 아래로 흘러 밖으로 배출되며, 이소프로필 박막으로 덮개가 씌어진 웨이퍼를 다시 끄집어 들어올리면, 휘발성이 강한 물질이기 때문에 즉시 이소프로필이 휘발되어 건조한 웨이퍼만 남게 된다.

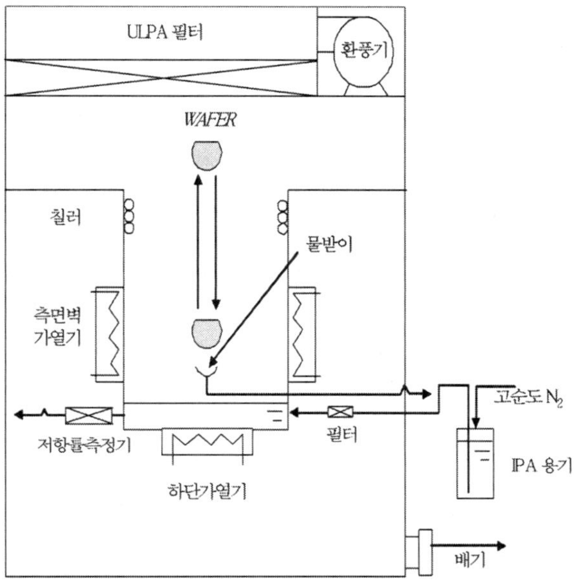

그림 4.1 이소프로필 알코올 증기 건식 장치의 개략도

미 반응된 이소프로필 알코올 증기는 상부의 냉각부에서 다시 액화되어 장치 내벽으로 흘러내린 후 다시 증기가 되어 건조에 사용된다. 원심분리기에 비하여 장비가 복잡하고 고가이면서 폭발성 이소프로필 알코올의 사용으로 인한 위험성이 있으나 정전기, 진동, 마찰 등에 의한 입자 오염 발생이 없고, 진동에 의한 웨이퍼 파손도 일어나지 않는다. 뿐만 아니라 물 반점과 같은 3차원 형상으로 인한 오염이 방지될 수 있다. 고온의 DI-물 속에 웨이퍼를 담가 행군 후 천천히 들어올리면, 모세관 현상과 표면작용으로 인하여 물이 끊기지 않고 웨이퍼로부터 그대로 용기 속으로 밀려 내려오게 된다. 웨이퍼에 가장 적은 응력을 주며 장치의 간편성 등이 장점이지만, 아직까지 널리 사용되고 있지는 않다. 화학 용액 속의 불순물 제거 난점, 고순도의 화학 물질과 DI-물의 고가격, 사용된 폐기물의 처리 등등 많은 문제점들로 인하여 건식 웨이퍼 세정 기술에 관한 관심도가 급격하게 증가되고 있다.

4.2 | 기판 표면 조직화(Texturing)

실리콘 기판이 준비되면 기판 절단시 발생되는 손상 제거와 표면에 조직화(texturing)을 위한 공정이 필요하다. 표면 조직화에 의한 빛 수집의 목적은 전면에서의 반사율을 감소시키고, 태양전지 내에서 빛의 통과 길이를 길게 하며, 후면으로부터의 내부반사를 이용하여 흡수된 빛의 양을 증가시키는 것이다. 따라서 태양전지의 단락전류를 향상시킬 수 있다. 경면 처리된 실리콘 표면은 태양 빛의 약 30% 정도를 반사하는데, 표면을 조직화시키면 반사가 약 10% 정도로 감소하고, 여기에 반사방지막까지 추가하면 반사율을 약 3%까지 감소시킬 수 있다.

실리콘을 표면 조직화하면 표면에 피라미드 구조가 형성되는데, 이때 피라미드 형성각도가 빛의 진행 방향에 중요한 역할을 수행한다. [그림 4.2]에 피라미드 구조물의 각도와 그에 따른 빛의 반사경로를 표시하였다. 만약 $\alpha = 30°$이면 V-자형 홈 하단부에서만 빛이 2회 반사되는 경로를 가진다. $\alpha = 45°$에서는 모든 입사광이 2회 반사되는 경로를 가지며, $\alpha = 60°$에서는 모든 입사광이 3회 반사되는 경로를 가진다. 따라서 피라미드 구조물의 각도가 클수록 반사회수가 증가하며 그만큼 광 생성된 전류를 증가하게 된다. [그림 4.3]에서 입사각도가 53.7° 이상에서 태양전지의 단락전류가 급격하게 상승함을 볼 수 있다. 태양전지 최종 에너지 변환효율에 미치는 표면 조직화의 효과는 무작위 표면 조직화 ≪ 전·후면 규칙적인 피라미드 구조 ≪ 전면 피라미드 구조 순으로 효과적인데, 후면까지 조직화를 할 경우에는 후면 재결합 상승으로 효율이 감소하기 때문이다.

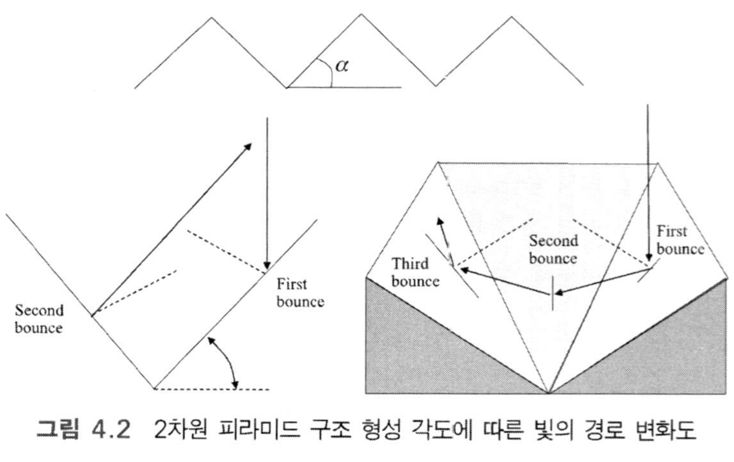

그림 4.2 2차원 피라미드 구조 형성 각도에 따른 빛의 경로 변화도

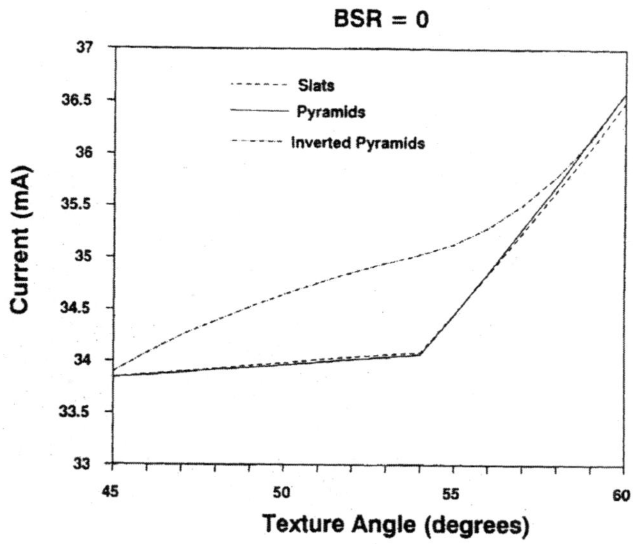

그림 4.3 표면 조직화 각도에 따른 광생성 전류 변화

반도체의 특정 면을 다른 면에 비해 빨리 용해시키는 것을 비등방성(anisotropic) 또는 방향성 식각이라고 한다. 다이아몬드 격자 구조에서는 (111) 면이 (100) 면보다 원자가 훨씬 조밀하게 밀집되어 있으므로 (111) 면의 식각 속도가 더 느리다. 실리콘 표면에 임의로 생성되는 기포가 식각이 느리게 되는 특성을 이용하여 KOH나 NaOH와 같은 염기성 용액으로 실리콘 표면을 텍스처링 할 수 있다. 이때 피라미드 사면체의 크기는 약 10 μm가 광학적으로 우수하나, 양산 시에 큰 피라미드는 파손증가와 FF 감소를 발생하기 때문에 4 μm가 생간에 가장 유리하다. 식각조건은 용액의 구성, 농도, 온도 및 식각 시간에 따라서 좌우된다. 또한 용액 내 생성되는 기포의 밀도, silicate 생성량, 식각 중의 기포발생 정도, 증발정도 배기속도 등의 조건을 최적화하여야 한다. 예를 들면 2% KOH + IPA(2-isopropyl-alcohol), 85~90°C, 20분 또는 90 vol % 물 + 10 vol % IPA + 2 wt % NaOH, 80°C, 15분 동안 텍스처링한다. OH− 이온에 의해 실리콘 표면이 다음과 같이 산화되며, K+, Na+ 이온과 결합하여 sodium (meta) silicate(K_2SiO_3)가 형성된다.

$$Si + 2OH^- + H_2O \rightarrow SiO_3^{2-} + 2H_2 \tag{4.1}$$

따라서 용액 내의 산소 및 산화막 제거가 중요하다. [그림 4.4]는 무작위로 텍스처링된 실리콘 표면 사진을 나타낸 것이다. 실리콘 표면 식각시의 주의사항은 표면 식각이 과도하게 되어 사면체의 상부에서 새로운 식각이 일어나게 된다. 피라미드의 구조가 손상되며 빛의 경로도 감소된다. 이는 사진 감광공정을 이용해서 규칙적인 피라미드 구조물을 형성할 때에도 동일하게 과도하거나 미약하게 식각이 되지 않도록 최적화 작업이 필요하다.

그림 4.4 무작위로 텍스처링된 실리콘 표면(상), 과도하게 텍스처링된 실리콘 표면(하)

다결정 규소의 결정방향은 일정하지 않기 때문에, 염기보다는 산 용액을 이용한 등방성 식각(isotropic etching)이 효과적인 방법이다. 이때 고려해야 할 사항으로는 결정방향에 무관한 균일한 식각, 상업적인 생산에 이용 가능한 공정, 짧은 공정시간, 대량의 웨이퍼에서 재현성 등이다. 산 용액의 기본구성은 $HF:HNO_3:H_2O$ + 표면 활성화제(surfactant) + 촉매이다. HNO_3는 실리콘 표면을 산화시키고, HF는 산화된 표면을 제거한다.

$$3Si + 4HNO_3 + 18HF \rightarrow 3H_2SiF_6 + 4NO + 8H_2O \qquad (4.2)$$

CH_3COOH와 같은 표면 활성제와 촉매는 텍스처링이 효과적으로 생성될 수 있게 한다. 다결정의 경우 의도적으로 결함밀도가 많은 결정입계를 제거하여 관찰할 필요가 있는데 이때에 사용 가능한 용액을 <표 4.3>에 정리하였다. 이 중에서도 Schimmel계의 용액은 표면에 텍스처링 효과가 우수하게 나타나면서도

결정입계를 우선적으로 제거하는 데 효과적이다.

표 4.3 실리콘 기판의 결함을 우선적으로 제거하는 식각 용액 조성 및 특성

용액명	조성	특성
Dash	1HF : $3HNO_3$: 10 acetic acid	(110) silicon 기판의 결함 식각이 용액교반 없이 사용 가능
Sirtl	1HF : 1(5M CrO_3)	(111) silicon 결함 식각 용액교반 (100) silicon 결함 식각이 어려움
Seeco	2HF : 1(0.15M $K_2Cr_2O_7$)	(100) silicon 기판의 결함 식각. 용액교반 시에 식각율 하강
Wright-Jenkins	60ml HF : 30ml HNO_3 : 30ml (5M CrO_3) : 2g $Cu(NO_3)_2$: 60ml acetic acid : 60ml H_2O	(100)와 (111) silicon 기판의 결함 식각이 용액교반 필요
Schimmel	2HF : 1(1M CrO_3)	(100) silicon 기판의 결함 식각이 용액교반 없이 사용 가능. 비저항 0.6~15.0 ohm-cm인 n, p-형 실리콘 기판에 결함 식각에 우수
수정 Schimmel	2HF : 1(1M CrO_3) : 1.5H_2O	고농도 도핑된 (100) silicon에 효과적
Yang	1HF : 1(1.5M CrO_3)	(111), (110), (100) silicon 기판의 결함 식각이 용액교반 없이 사용가능
P1	1HF : $26HNO_3$: $33CH_3COOH$	다결정 실리콘: 진성, B-doped
P2	1HF : $40HNO_3$: $15CH_3COOH$	(111) etch rate: ~0.15mm/min (100) etch rate: ~0.2mm/min

최근에는 다결정 실리콘이 화학적인 방법에 의해서는 표면 텍스처링이 어려워 레이저를 이용하여 홈을 형성하거나, 다수의 다이아몬드 날을 이용한 피라미드 형성하는 기술이 개발되었다. [그림 4.5]는 다이아몬드 날을 이용하여 기계적으로 표면을 제거하고, 이를 다시 화학 용액으로 표면결함을 제거하여 경사각도 35° 내외의 규칙적인 피라미드가 형성된 표면을 나타낸 것이다. [그림 4.6]에는 건식 식각 기술을 이용한 다결정 실리콘 표면과 표면 반사도를 나타내었다. 이때 건식 식각에서도 사진인쇄 공정이나 마스크 사용은 없다. 극히 낮은 반사율을 얻을 수 있으며, 450 nm에서 1,000 nm까지 2% 이하의 반사율이 가능함을 그림으로부터 알 수 있다. 그러나 광학적인 반사율은 낮지만, 플라즈마를 이용한 건식 식각 시에 에너지가 큰 이온에 의한 충격에 의해서 표면 손상이 존재하기 때문

에 표면 재결합이 증가하고 누설 전류성분 증가에 의해 낮은 개방전압과 충실도로 결국 효율이 저하된다. Reactive ion etching (RIE), Inductively coupled plasma (ICP)를 이용하고 사용 가스는 $Cl_2/CF_4/O_2$, SF_6/O_2, $CHF_3/SF_6/O_2$ 등의 가스를 혼합하여 10분 이내에 식각을 마친다. 건식식각에서도 표면의 다른 산화율이 표면 텍스처(texture)를 가능하게 하고 사진감광 공정을 사용하여 피라미드 각도가 72° 이상 직각까지도 구현 가능하다.

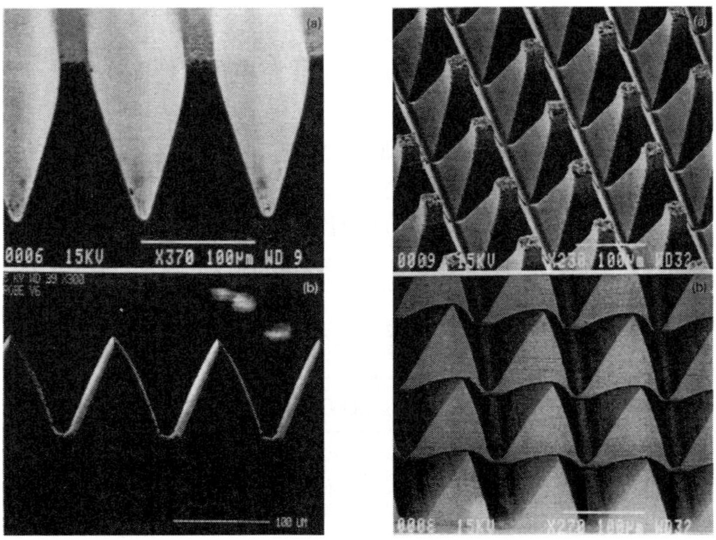

그림 4.5 다이아몬드 날을 이용한 표면 텍스처링 기술

태양전지의 효율에 영향을 주는 인자는 ① 웨이퍼 기판의 품질, 두께, 소수 반송자 수명시간, ② 웨이퍼 세정 및 texture 구조와 균일도 정도, ③ 도핑 프로파일 표면농도와 접합깊이, ④ 표면 passivation(전면과 후면), ⑤ 반사방지막의 광학적 투과도, 반사도, 흡수도, 그리고 굴절률과 두께, ⑥ 전극의 표면적 차광손실 정도, 전극접합의 접촉저항을 포함한 직렬저항 성분이다. 상기 6개 항을 조건을 동시에 가장 최적의 상황으로 구현하여야 하며, 한 가지의 원인 때문에도 태양전지의 효율은 하락할 수 있다.

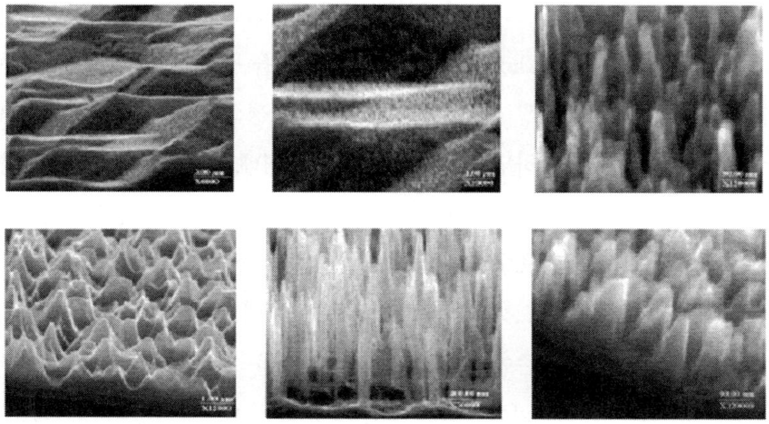

(a)

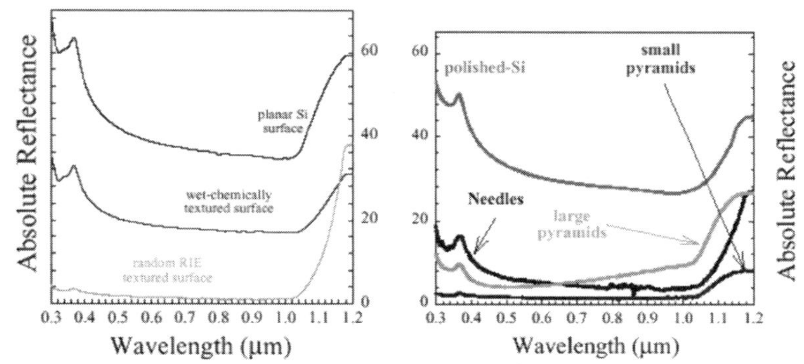

(b)

그림 4.6 건식식각 기술을 이용한 다결정 (a) 실리콘 표면 (b) 표면 반사도

태양전지 기판세정은 현재까지 중요도를 부과하지 못한 부분이다. 그러나 기판 절단과정에서 비수용성 oil과 기판세정이 잘못된 상태로 유기물 오염된 표면이면, 아세톤이나 TCE를 이용하여 선행 세척이 필요하다. 심각한 절삭유가 남아 있는 경우에는 별도의 장시간 유기물 세정이 필요하다. 특히 불균일하게 특정부위만 오염물질이 잔존하는 경우, 후속으로 표면에 빛의 반사도저감과 광 여정을 길게 하기 위한 표면 조직화(surface texture)에 불균일성이 나타나고 태양전지 완성품의 전류와 시각적 불균일성을 초래한다. 따라서 효율 향상을 위해서는 기판의 세정부터 정밀하게 수행이 되어야 한다. 단결정 태양전지는 KOH보다 가격 측면에서 유리한 NaOH를 이용하여 수행한다. NaOH를 기반으로 한 표면 조직화는 수용액이 대부부분 초순수 물이므로 실리콘 표면장력(70)이 커서, 표면 장력을 낮게 하는 표면적심(surface wetting) 개선용으로 IPA를 10% 이상 사용한다. 온도 70°에서 80° 사이에는 IPA가 휘발하여 주기적으로 보충하지 않으

면 표면조직화에 균일성이 떨어지고 단락전류의 저하를 가져온다. NaOH가 해리되어 OH 음이온 실리콘 표면을 산화 촉진시키는 과정에서 물에 포함된 수소분자가 생성되어 다수의 기포를 생성한다. 기포가 발생되어 실리콘 표면에 장시간 존재하면 표면이 피라미드 형태보다는 표면이 평탄한 피라미드가 형성되어 반사도를 증가하고 이는 다시 단락전류의 하락을 가져온다. 이를 방지하기 위해서는 기포를 터뜨려 소멸시키기 위한 고체 형태의 실리케이트가 10% 이상 용액 내에 필요하다. 이는 Na_2SiO_3 형태로 실리콘 표면 조직화과정에서 다수 생성되므로 기존에 사용하던 에칭용액을 10% 이상 사용함이 바람직하다.

완전 피라미드와 같은 구조들은 <111> 방향 식각속도와 <100> 방향의 식각속도가 100배 이상 차이가 나도록 하는 특성을 이용해서 얻어진다. 다결정 실리콘 기판의 경우 각기 다른 결정방향이 존재하고 다른 결정립은 서로 식각속도가 다르기 때문에, 균일한 표면 조직화가 어렵다. 대부분의 다결정 실리콘 기판은 <111> 결정방향이 60% 이상이다. 나머지 40% 정도를 (110)과 (100) 방위가 결정 성장법에 따라서 약간씩 다른 분포도를 가진다. 이들 방향도 무작위로 혼합 배열된 상태를 가지면서 (100) 방위 결정립과 (111) 방위의 결정립 사이에는 계단과 같은 식각단차가 발생하여 태양전지 효율이 떨어진다. 이러한 급격한 단차위로는 접합깊이가 얇고, 반사방지막 또한 다른 부분과 급격한 차이를 형성하면서 금속전극이 이러한 단차위로 형성되면 누설전류 증가와 개방전압 감소로 효율상승이 어려워진다.

따라서 다결정 실리콘 기판에서 단결정 실리콘과 동일한 기판표면 조직화 기술을 적용하면 10% 이하의 피라미드 조직화된 구조를 달성하고, 단결정과 달리 높은 NaOH(20%) 농도에서 시간을 단축하여 표면조직화하여 산업에 적용하고 있다. [그림 4.7]에 NaOH를 중심한 다결정 실리콘 기판의 다양한 표면구조를 도시하였다. 문제가 되는 계단형 식각결과 사진을 [그림 4.7]의 좌, 상에 피라미드보다는 사각이나 육각에 가까운 표면 조직이 60% 이상이 된다. 단지 10% 내외가 [그림 4.7]의 하, 우처럼 피라미드 구조를 가진다. 알칼라인 용액을 이용한 표면조직화가 다결정 태양전지에 최선은 아니지만, 재현성과 용액의 저가화 측면에서 유리하므로 단결정과 다결정 실리콘 태양전지 제조가 산업에 주류를 이루고 있다. 다결정 실리콘 기판에서 알칼라인 용액의 표면 조직화 한계를 극복하기 위해서 산 용액을 이용하는 방법으로 HNO_3 : HF : CH_3COOH(또는 DI water)를 4 : 1 : 1 비율로 경면 처리하는 방법과 2 : 15 : 5 비율로 다공성 표면처리하는 방법이 2000년 초반부터 사용되기 시작하였다. 가격이 비교적 고가이고 반응시에 자체발열 반응이 발생하므로 온도를 냉각하고 식각과정에서 발생하는 독성증기를 배기시키기 위한 설비가 필요하다.

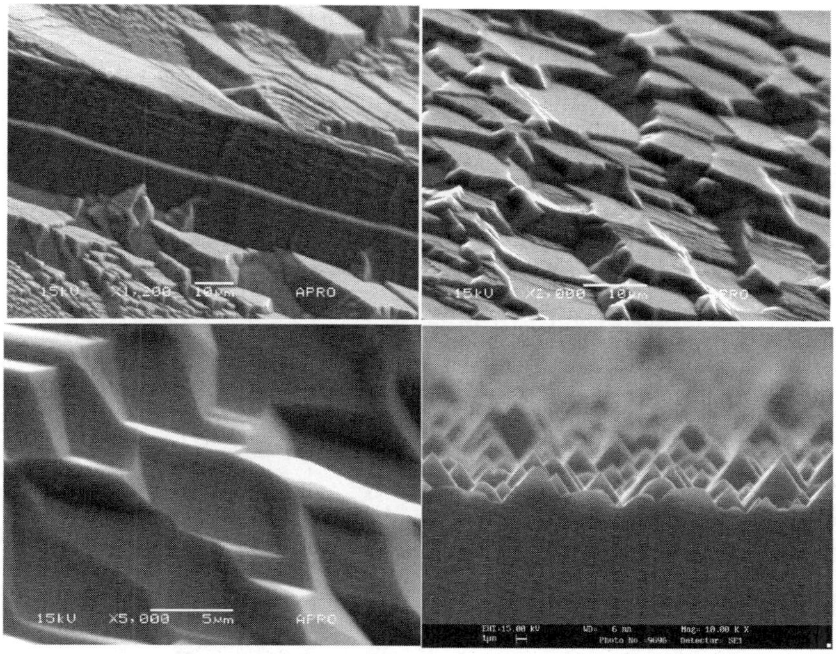

그림 4.7 NaOH를 중심한 다결정 실리콘 기판의 다양한 표면구조

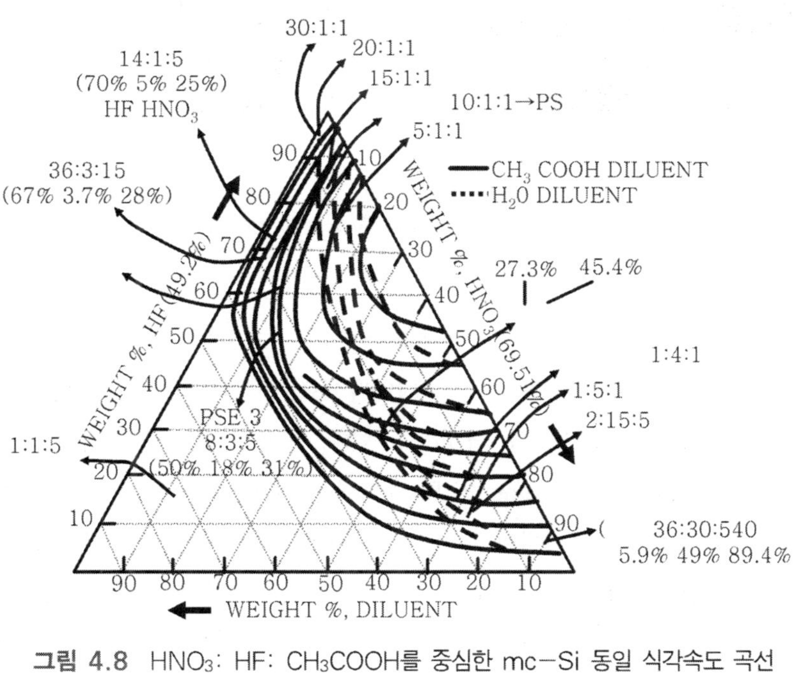

그림 4.8 HNO_3: HF: CH_3COOH를 중심한 mc-Si 동일 식각속도 곡선

[그림 4.8]에 HNO_3 : HF : CH_3COOH를 중심한 동일 식각속도 곡선을 각 용액 비율 가변에 따라서 달성가능한 곡선을 도시하였다. [그림 4.8]의 우, 하변이 표면 경면처리에 가까운 식각특성을 나타내며, 좌상변에 비율에서 다공성 표면 조직화 결과를 달성할 수 있다. [그림 4.9]에 HNO_3 : HF : CH_3COOH를 이용하여 mc−Si 다공성 표면 구조화 결과사진과 시간과 비율 조절에 따른 다공성 형성정도의 개념도를 도시하였다. 장비와 시설에 따른 최적시간과 비율은 별도의 공정최적화 과정이 필요하다.

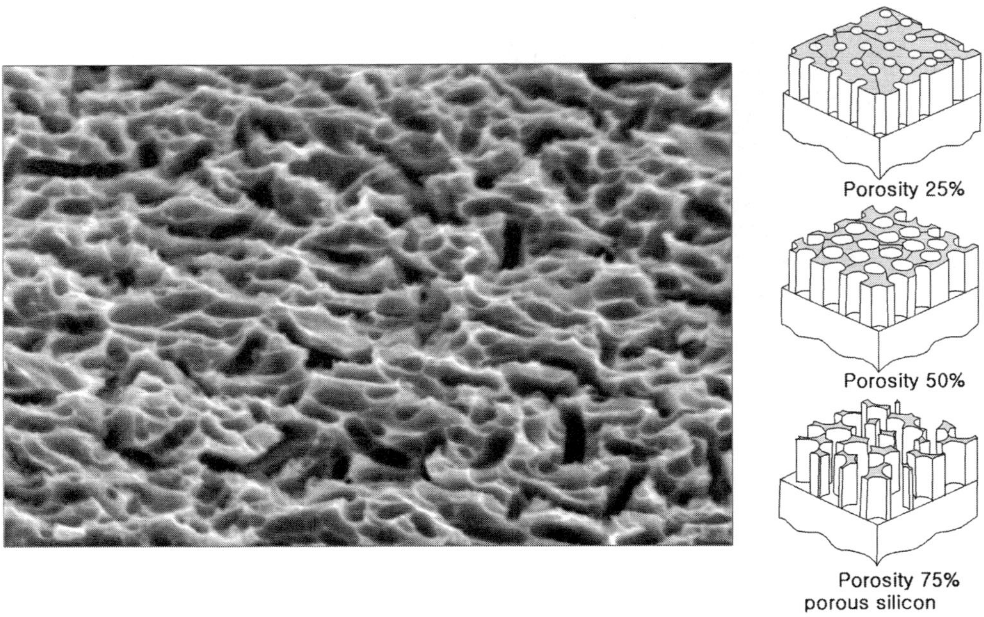

그림 4.9 HNO_3: HF: CH_3COOH를 중심한 mc−Si 표면식각 구조

용액을 이용한 습식식각에 한계를 가지고 있어 최근에는 플라즈마를 이용한 건식식각 표면조직화 기술을 대면적 다결정 태양전지로 산업양산 수준에 최고의 변환효율인 17.2%를 달성하고 있다. 반응성 플라즈마 이온을 이용한 식각(reactive ion etching, RIE) 시스템은 일반적으로 플라즈마 식각보다 더 높은 에너지의 이온 가격이 웨이퍼에 가해지는데 이는 접지된 전극에 비해 더 높은 음 전위가 전극에 형성되기 때문이다. 따라서 일반적으로 100 mTorr 이하에서 공정이 진행되고, 반면에 플라즈마 에칭은 표면에서의 이온 포격 평균에너지를 감소시키도록 더 높은 압력에서 공정을 진행한다. 이온 증진 식각(ion enhanced etching)을 설명하기 위해 제안되는 몇 가지 메커니즘이 있다. ① 화학적으로 부가된 물리적 스퍼터링 모델은 이온 가격을 통해 화학적으로 변화된 표면층이 변화되지 않은 표면보다 더 큰 스퍼터링 생산을 가질 수 있다는 가정하

에서 이온의 효과를 설명한다. ② 결합 모델은 이온 가격에 의해 발생하는 격자 결함이 결함이 없는 물질의 반응비와 비교해서, 기판위에 etchant 종들의 반응비에 부가된다. ③ 화학적 스퍼터링 모델은 이온 가격에 의해 연쇄 충돌이 생겨 반응층에 에너지가 공급된다. 이로 인해 휘발성 생성물을 만들고 표면으로부터 탈착해 나가는 분자들의 이동도를 증가시킨다. 이들 모델에 따르면, 반응단계와 에칭된 표면상에서 형성된 생성물질의 제거는 이온 포격에 의해 증진된다. 식각원과 기판 물질에 따라 세 개의 모델 중 주된 활성 이온 식각 메커니즘이 결정된다. 예를 들어 화학적 스퍼터링 모델은 fluorine 계열로 실리콘을 식각할 때 주된 식각 메커니즘으로 받아들여지고 있다. 에칭 공정에서 물질의 수소화는 표면의 수소 원자의 흡수와 음이온이 되기 위해 기판 표면으로부터 전자를 획득함으로써 형성된다고 한다. SiF_4와 같은 생성물은 분자 형성을 위한 수소화의 획득을 위해 결정질 격자로의 수소화 침투가 발생하여야 하는데 이때 etchant 종들의 크기에 의존한다고 한다. 따라서 H, F는 효과적으로 실리콘 에칭이 이루어지는 반면, Cl은 매우 느리고 에칭이 일어나고, Br의 경우, 만약 표면에서 강한 이온 가격이 없다면 실온에서 에칭이 일어나지 않는다.

도핑되지 않은 실리콘은 단지 이온 포격만으로 실온에서 Cl, Br에 의해 식각될 수 있고, 수직 형태의 에칭은 이들 플라즈마에서 형성될 수 있다. 또한 n-type 도핑된 실리콘은 이온 포격 없이 Cl 플라즈마에 의해 쉽게 에칭된다. 이러한 층의 각기 다른 측면 에칭비 때문에 순수한 이온 포격에 의한 식각 형태의 조절은 매우 어렵다. 이들 문제는 sidewall passsivation에 의해 해결될 수 있다. Sidewall passivation은 측면 패턴에 식각이 진행되지 않도록 하거나 식각 속도를 현저히 떨어뜨릴 수 있는 막을 형성시키는 것이다. 일반적으로 Cl 플라즈마에 산소를 첨가하면 이온 포격이 되지 않는 측벽에 이러한 막이 형성되고, 이온 포격이 되는 하부에는 이러한 막이 형성되지 않는다. 그러므로 식각은 수직한 벽면을 형성한 결과로 인해 하부 방향으로만 진행된다. [그림 4.10]을 보면 sidewall층은 trench의 하부에 있는 실리콘 표면의 에칭에 의해 형성된 라디칼로부터 성장된다. 라디칼인 $SiCl_4$, $SiCl_3$, $SiCl_2$, SiCl, Si는 큰 접착계수(sticking coefficient)를 가지고 sidewall 쪽에서 흡수된다. 또한 이러한 라디칼들은 SiO_2와 증발하기 쉬운 Cl_2, HCl, Cl_2O 형성을 위해 산소와 반응한다. Sidewall passivation을 사용하게 되면 식각 형태를 조절할 수 있다.

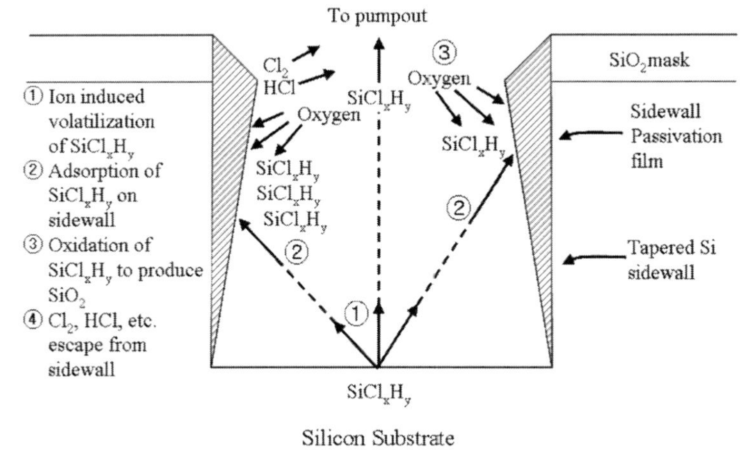

그림 4.10 HCl/O_2/BCl_3 RIE 공정에서 sidewall막 형성을 위한 모델

식각 선택비(seletivity)는 여러 물질들의 공정 속도가 다르기 때문에 생기는 현상으로서, 식각원의 흡착과 휘발성 생성물의 탈착 현상이 여기에 포함된다. CF_4+H_2 또는 CHF_3 플라즈마를 silicon이나 Silicon dioxide 식각에 사용할 때, 물질 중 하나의 식각과 중합 사이의 균형을 획득하는 방법으로 플라즈마 조건을 조절할 수 있다. 이러한 비는 플라즈마에서 F/C 비율의 기능이지만 기판 바이어스와 가스주입에 따른 식각과 중합 사이의 경계선을 보여주는 [그림 4.11]에 설명된 것처럼 가스 주입과 플라즈마 상태에 따라 또한 영향을 받는다. 이 효과를 이용하여 식각 선택도를 획득할 수 있다. Flamm과 Donnelly의 etchant-unsaturated 모델과 coburn과 winters의 fluorine-to-carbon ratio 개념은 서로 유사하다. 이 두 모델에서 에칭은 atomic radical과 가스 혼합에 의해 주로 획득되고, 플라즈마에서 이 라디칼의 밀도 증가는 식각률 증가를 초래한다. fluorocarbon 플라즈마에서 주요한 식각 종들은 F 원자이다. 이들은 CF_3와 함께 가스 phase 재결합 반응에 의해 손실된다. 또한 CFx 종들은 처리된 표면상에 Fluorocarbon막을 형성할 수 있고 실리콘 식각을 억제한다.

RF power와 Gas flow rate에 따라 플라즈마 표면 처리된 다결정 실리콘과 경면처리된 표면(polished surface)에 완전 100% 무반사 흑체표면(black surface)까지 가변 가능하다. [그림 4.12]는 건식식각으로 표면경면처리 및 조직화된 다결정 실리콘의 반사도를 비교하여 나타내었다. RF power가 증가함에 따라 급격히 반사도가 감소하고 있음을 알 수 있었고, 표면 에칭된 블랙 실리콘은 가시 영역뿐만 아니라, IR 영역 부근에서도 반사도가 거의 0을 나타내고 있음을 알 수 있었다. 이는 O_2가 표면 식각 공정에서 sidewall passivation 역할을 주도하여 anisotropic 식각이 심화됨에 따라 반사가 거의 일어나지 않는 needle-like nano 구조 형성이 원인임을 알 수 있었다.

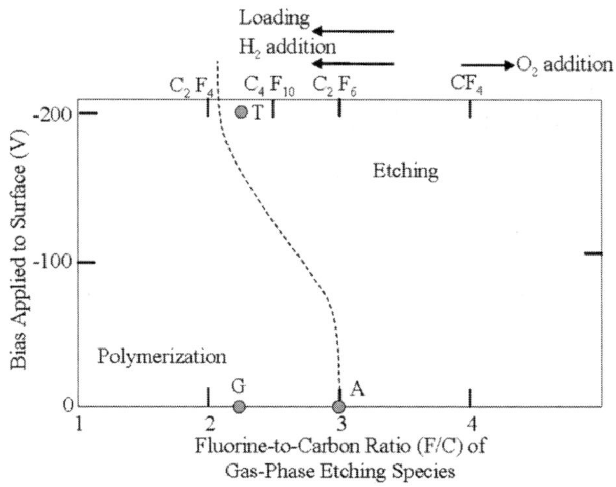

그림 4.11 식각/중합 경계상에서 플라즈마 조성과 바이어스의 효과

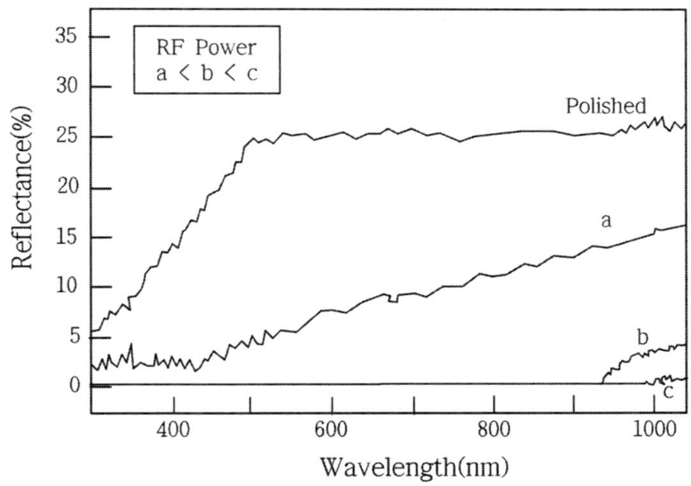

그림 4.12 RF power에 따라 플라즈마 표면 처리된 다결정 실리콘의 반사도 비교

플라즈마를 이용해서 극히 낮은 반사도(400~1000 nm 이상에서 2% 이하인) 달성은 용이하게 가능하나, 문제들이 광학적 반사도 저감과 전기적인 표면 손상이 없도록 처리해야 하는데 태양전지 고효율화 기술의 핵심에 있다. RIE에 의한 충격에의 표면 손상은 존재할 수 있고 이는 달성가능 전류가 표면 재결합으로 저하하고, 표면손상에 기인한 낮은 V_{oc}와 FF를 만든다. 따라서 반사도와 전기적 표면손상을 동시에 만족시키는 방안이 필요하다. 다결정 실리콘 기판을 이용해

서 15% 정도의 에너지 변환효율을 달성하기 위해서는 표면 조직화가 가장 중요한 요소는 아니지만, 16% 이상 고효율 다결정 실리콘 태양전지 제조를 위해서는 빛을 포획할 수 있는 표면 조직화가 아주 중요한 문제이다.

4.3 불순물 도핑 및 확산

확산기술은 실리콘 기판 상에 3족과 5족에 속하는 불순물 원자를 도입하여 그 전도성과 불순물 분포를 제어하여 p-n 접합을 형성하는 기술이다. 불순물 확산 기술은 산화막을 확산 마스크(mask)로 사용한 선택 확산 방법으로 반도체 소자뿐만 아니라 고효율 태양전지를 제조하는데도 사용하며, 불순물 농도의 정밀 제어 및 얇은 p-n 접합의 형성 등의 중요한 기술이 요구된다. 그 불순물 주입 기술에 필요한 것은 불순물의 농도 분포 제어뿐만 아니라 불순물 표면 농도와 불순물 주입 깊이(junction depth)의 제어가 있다. 또한 불순물을 고농도 상태에서 깊게 주입시키는 경우에는 열확산법이 사용되기도 한다. 열확산법의 일반적인 방법으로는 불순물 원을 높은 온도에서 불순물을 함유하고 있는 유리(glass)층을 형성한 후 확산에 의하여 불순물 원자를 열적으로 실리콘 기판 중에 주입시키는 것이다.

표 4.4 반도체를 만드는 원소의 주기율표에서의 위치

Ⅱ	Ⅲ	Ⅳ	Ⅴ	Ⅵ
	B	C		
	Al	Si	P	S
Zn	Ga	Ge	As	Se
Cd	In	Sn	Sb	Te

4.3.1 확산 방정식

확산 현상은 농도가 높은 영역으로부터 낮은 영역으로 입자(불순물)의 이동이 열평형 상태가 될 때까지 일어난다. [그림 4.13]에 나타낸 것과 같이 열적으로 이동하는 입자의 농도차에 의하여 확산 유속이 형성될 것이며, 수학적으로 확산 유속을 표현하는 것이 유용할 것이다. 비전하 입자의 유속 단위는 단위 시간당 입

자의 수를 나타내는 s^{-1}이다. 확산유속밀도는 J_{diff}로 표기하며, 단위는 $s^{-1}\,m^{-2}$이다.

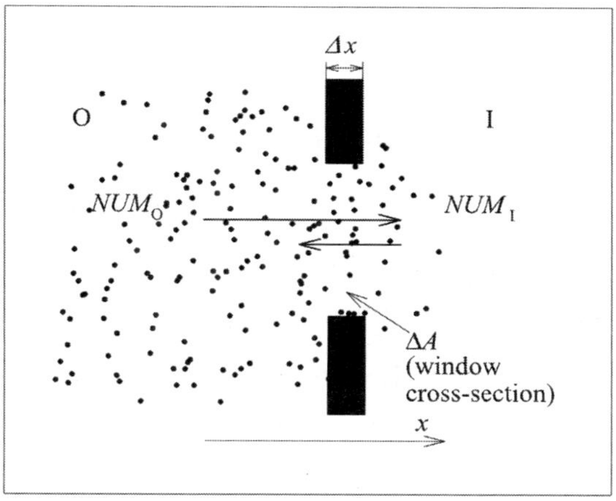

그림 4.13 확산 유속 : 양방향으로 개구부를 통하여 흐르는 입자 좌측에 보다 많은 입자가 존재하므로 좌측에서 우측으로 입자들의 이동이 발생할 것이다

앞에서 언급한 바와 같이 외부에서 내부로 이동하는 입자의 유속 밀도($J_{diff\rightarrow}$)는 외부에 존재하는 입자의 농도(N_0)에 비례한다. 반대로 내부에서 외부로 이동하는 입자의 유속밀도($J_{diff\leftarrow}$)는 내부에 존재하는 입자의 농도(N_I)에 비례할 것이다. 그러므로 실효 유속밀도는 두 유속밀도의 차와 같다.

$$J_{diff} = J_{diff\rightarrow} - J_{diff\leftarrow} \propto N_O - N_I \equiv -\triangle N \tag{4.3}$$

여기서 ΔN의 - 부호는 농도 N이 x방향으로 감소함을 의미한다. 이때 $\Delta N \equiv N(x+\Delta x)-N(x)$이다. 거리가 크면 클수록 양 측면에서의 농도 차 ΔN과 관계없이 확산유속밀도는 감소할 것이다. 그러므로 유속밀도는 거리 Δx에 해당하는 농도 차 ΔN에 비례할 것이며, 거리에 반비례한다.

$$J_{diff} \propto -\frac{\triangle N}{\triangle x} \tag{4.4}$$

여기서 $\Delta N/\Delta x$는 농도 구배인 단위길이당 농도의 변화를 나타낸다. 따라서 가파른 구배는 커다란 확산전류를 가져올 것이다. 식 (4.4)에서 비례상수 D를 대입하고 유한차분 Δ를 미소차분 ∂로 대치하면 확산유속밀도 방정식은

$$J_{dif} = -D\frac{\partial N}{\partial x} \tag{4.5}$$

와 같이 표현할 수 있다. 식 (4.5)은 Fick의 제1법칙으로 농도 구배를 x축에 따

라 변화하는 농도의 편미분 $\partial N/\partial x$으로 표현하였으며, 시간과 같은 다른 요인들은 포함하고 있지 않다. 식 (4.5)은 일차원적인 표현이며, 삼차원적인 표현으로 확대하여 표현하면 다음과 같이 된다.

$$J_{diff} = -D\left(\frac{\partial N}{\partial x}x_u + \frac{\partial N}{\partial y}y_u + \frac{\partial N}{\partial z}z_u\right) = -D\triangle N \qquad (4.6)$$

고온에서 입자의 열적 운동은 더욱 활발하여 유속밀도가 증가한다. 위에서 설명한 수학적 모델에는 온도의 영향이 포함되어 있지 않다. 입자의 열적운도에 대한 온도 의존성은 물질마다 변화하며, 입자의 종류에 따라서도 다르기 때문에(기체 또는 고체 상태에 따라서도 다르다) 확산유속밀도에 대한 일반적인 온도 의존 모델을 제시하는 것은 불가능하다. 그러나 일반적으로 온도 의존성을 고려해 주기 위하여 비례상수인 D, 즉 확산계수를 이용한다. 확산계수는 물질과 입자의 종류에 따라 변화하며, 확산계수의 온도의존성을 물질과 입자의 종류에 따라 구하면 온도의존성을 구할 수 있을 것이다.

확산과정에 의하여 시간에 따라 입자농도가 변화한다. 기판 표면에 입자의 농도가 일정하게 유지될지라도 입자가 내부로 확산함에 따라 농도분포는 변화할 것이다. 확산입자의 농도는 두 변수로 표현할 수 있는 함수이다. 즉 $N(x, t)$로 표현된다. 따라서 농도분포의 시간의존성을 설명하기 위하여 방정식이 하나 더 필요하다.

[그림 4.14]에서 개구부의 입자농도가 시간에 따라 어떻게 변화하는지를 설명해 보자. 먼저 Δt 시간동안 개구부의 육면체 내에 포함된 입자수의 변화를 구해보면 결국 Δt 시간 동안 육면체 안으로 들어가는 입자수(NUM_{in})와 나오는 입자수(NUM_{out})의 차이일 것이다.

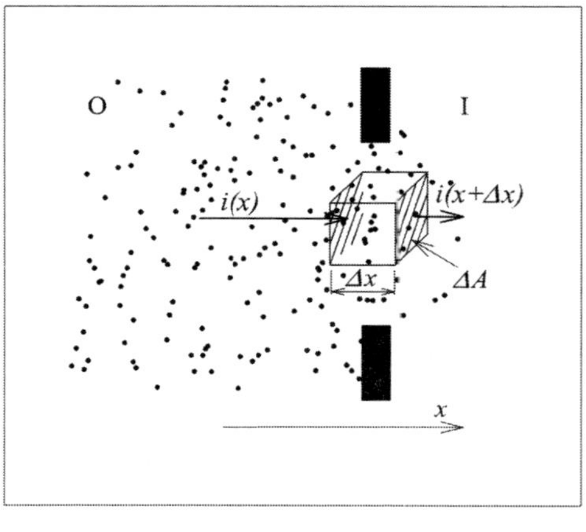

그림 4.14 유입되는 입자와 방출되는 입자의 수가 시간에 따라 다르다($\partial N/\partial t \fallingdotseq 0$).

$$\frac{NUM_{in} - NUM_{out}}{\triangle t} = \frac{\triangle NUM}{\triangle t} \tag{4.7}$$

여기서

$$NUM_{in} = NUM_{o\to box} + NUM_{I\to box}$$

$$NUM_{out} = NUM_{box\to o} + NUM_{box\to I}$$

이므로

$$\frac{\triangle NUM}{\triangle t} = \frac{NUM_{o\to box} - NUM_{box\to o}}{\triangle t} - \frac{NUM_{box\to I} - NUM_{I\to box}}{\triangle t} \tag{4.8}$$

와 같다. 식 (4.8)의 우변의 첫 번째 항은 단위 시간당 유입되는 입자의 실제 수, 즉 외부에서 육면체로 유입되는 입자로써 [그림 4.14]에는 $i(x)$로 표기하였다.

$$\frac{\triangle NUM}{\triangle t} = i(x) - i(x + \triangle x) \equiv -\triangle i(x) \tag{4.9}$$

이다. 식 (4.9)을 육면체의 측면 면적 ΔA로 나누면 밀도의 변화율을 구할 수 있다.

$$\frac{\triangle i(x)}{\triangle A} = \triangle J(x) = -\frac{\triangle NUM / \triangle A}{\triangle t} \tag{4.10}$$

입자의 수 NUM을 농도 N으로 변환시키기 위하여 체적 $\Delta A\,\Delta x$로 나누어 주어야만 한다. 이는 식 (4.10)을 Δx로 나누어줌으로써 얻을 수 있다.

$$\frac{\triangle J}{\triangle x} = -\frac{\triangle NUM / \triangle A \triangle x}{\triangle t} = -\frac{\triangle N}{\triangle t} \tag{4.11}$$

마지막으로 미소차분 ∂로 대치하면 다음과 같은 입자흐름의 연속방정식을 구할 수 있다.

$$\frac{\partial J}{\partial x} = -\frac{\partial N}{\partial t} \tag{4.12}$$

확산만 존재할 경우 밀도는 J_{diff}로 표현되므로

$$\frac{\partial J_{diff}}{\partial x} = -\frac{\partial N}{\partial t} \tag{4.13}$$

와 같다.

반도체 내의 도핑 불순물의 확산을 해석하기 위하여 필요한 것은 도핑 불순물의 농도 $N(x,t)$이다. 밀도 J_{diff}를 식 (4.5)과 (4.13)의 연속방정식에서 소거시키면 Fick의 제2법칙인 확산 방정식을 구할 수 있다.

$$\frac{\partial N(x,t)}{\partial t} = D\frac{\partial^2 N(x,t)}{\partial x^2} \tag{4.14}$$

적당한 경계 조건과 초기 조건을 적용하여 위의 방정식을 풀면 시간에 의존하는 반도체 내의 불순물의 농도 분포 $N(x,t)$를 구할 수 있다.

한편 반도체 내의 불순물 분포는 확산시간으로 제어할 수 있다. 또한 확산공정은 확산계수 D에 의하여 온도에 의존한다. 불순물 원자의 확산에서 확산계수는 다음과 같이 온도에 지수함수적으로 변화한다.

$$D = D_0 e^{-\frac{E_A}{kT}} \tag{4.15}$$

여기서 T는 절대온도, k는 볼츠만 상수, E_A와 D_0는 각각 활성화 에너지(activation energy) 및 빈도 인수로 반도체 물질 및 불순물 원자의 종류에 따라 변화한다.

확산공정은 두 단계, 즉 선증착 공정(predeposition)과 후확산 공정(drive-in)으로 분류된다. 선증착 공정은 반도체 기판 표면에 일정한 도핑농도 N_0를 공급해주는 공정이다. 후확산 공정은 추가적인 도핑원자를 공급하지 않으면서 반도체 내부로 불순물 원자를 확산시켜 재배열하는 공정이다. 선증착 공정은 도핑할 불순물 원자가 풍부한 조건 하에서 수행된다면 표면 불순물 농도 N_0는 해당 원자의 용해도 일 것이다. 용해도는 온도에 의존하며, 실리콘에서 붕소(B)는 4×10^{20} cm^{-3}, 인(P)은 8×10^{20} cm^{-3}, 비소(As)는 1.5×10^{21} cm^{-3}, 안티몬(Sb)은 4×10^{19} cm^{-3} 정도이다. 도핑 원자의 시간 의존성 $N(x,t)$는 적당한 경계조건을 적용한 Fick 방정식의 해로 주어진다. 일정한 농도의 불순물 원자의 확산에서 경계조건은 다음과 같이 주어진다.

$$N(x,0) = 0,\ N(0,t) = N_0,\ N(\infty,t) = 0 \tag{4.16}$$

식 (4.16)의 경계조건을 만족하는 해는 다음과 같이 주어진다.

$$N(x,t) = N_0 erfc\frac{x}{2\sqrt{Dt}} \tag{4.17}$$

여기서 erfc는 오차보상함수로서

$$\mathrm{erfc}\,(z) = \frac{2}{\sqrt{\pi}} \int_z^\infty e^{-a^2} da \tag{4.18}$$

와 같이 정의한다. 위의 오차보상함수를 [그림 4.15]에 나타내었으며, 선확산 시간/온도가 다른 세 가지 경우에 대한 도핑농도 분포도를 [그림 4.16(a)]에 나타내었다. 도핑농도 분포도는 시간 및 확산계수의 곱 Dt 에 의존하며, 확산계수는 식 (4.15)에서 알 수 있듯이 온도에 지수함수적으로 변화한다. 일반적인 선확산 공정의 온도는 950°C이며, 시간은 30분 정도이다. 이보다 낮은 온도와 짧은 시간은 상대적으로 낮은 도핑농도 분포를 나타낼 것이며, 이는 후확산공정의 초기 조건으로 사용될 것이다.

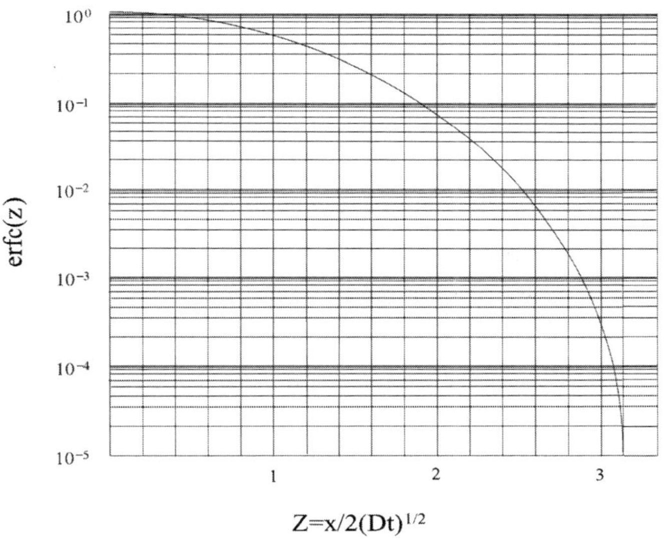

그림 4.15 오차보상함수

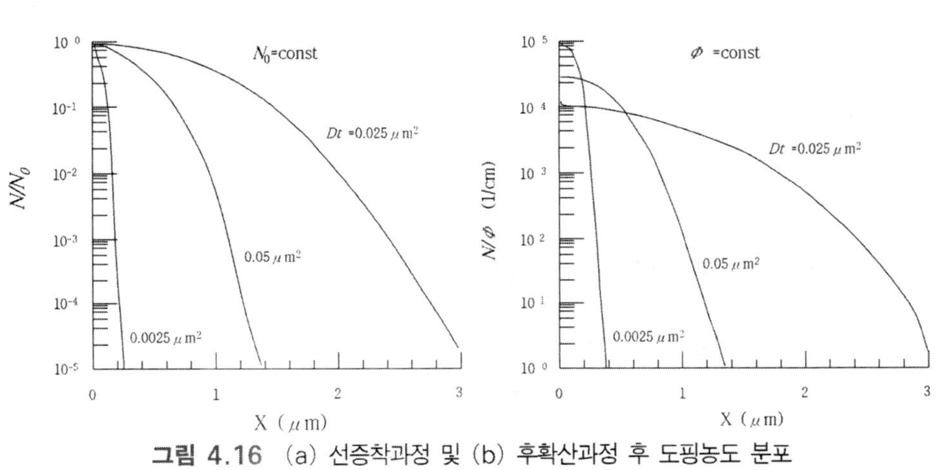

그림 4.16 (a) 선증착과정 및 (b) 후확산과정 후 도핑농도 분포

후확산공정은 도핑원자를 제거하고 산소나 질소를 포함한 분위기 중에서 수행된다. 그러므로 다음과 같이 도핑원자가 일정한 경계조건을 가진다.

$$\int_0^{\infty} N(x, t) = \Phi ;\ N(\infty, t) = 0 \tag{4.19}$$

여기서 φ는 선증착공정에서 반도체 표면에 확산된 도핑원자의 도즈(dose)량이다. 도즈량은 깊이와 관계없이 단위면적당 도핑 원자의 수를 표시한다. 도핑 원자의 농도분포인 $N(x, t)$를 x축에 따라 적분하면 단위면적당 전체 도핑 원자의 수, 즉 도즈량을 구할 수 있다. 후확산과정 중에 도즈량은 새로운 도핑 원자가 공급되지 않기 때문에 변하지 않으며($\varphi \neq \varphi(t)$), 단지 반도체 내부로 도핑 원자를 확산하여 분포시킬 것이다. 경계조건인 식 (4.19)을 만족하는 식 (4.14)의 해는

$$N(x, t) = \frac{\Phi}{\sqrt{\pi D t}} e^{-\frac{x^2}{4Dt}} \tag{4.20}$$

이다. 세 가지 다른 Dt 값에 대하여 후확산과정 후 도핑농도의 분포를 [그림 4.16(b)]에 나타내었다.

Φ를 구하기 위하여 선확산과정 후 도핑농도 분포 식 (4.17)을 적분하면

$$\Phi = N_0 \int_0^{\infty} erfc \frac{x}{2\sqrt{Dt}}\, dx \tag{4.21}$$

이며, 이 결과를 식 (4.20)에 대입하면 두 단계의 확산공정 후 도핑농도 분포는

$$N(x) = \frac{2N_0}{\pi} \sqrt{\frac{D_1 t_1}{D_2 t_2}}\, e^{-\frac{x^2}{4D_2 t_2}} \tag{4.22}$$

와 같이 표현할 수 있다. 식 (4.22)에서 D_1, t_1은 선증착공정, D_2, t_2는 후확산공정에 대한 값이며, $N_s = N(0)$는 후확산공정 후 표면에서의 도핑농도를 나타낸다.

4.3.2 불순물 확산 방법

도핑 방법은 결정 성장 중에 불순물이 주입되는가 또는 결정 형성 후 표면을 통해 불순물이 주입되는가에 따라 두 가지로 나누어진다.

표면을 통한 도핑에서는, 결정격자는 고정되어 있고 불순물 원자가 다음의 세 가지 방법에 의해 주입된다. 즉 고온에서 표면을 불순물을 포함한 기체 또는 고

체에 노출시키거나 이온 주입 방법에 의해 불순물을 실리콘 내부로 도핑시킨다. 이때 사용되는 물질의 종류를 <표 4.5>에 나타내었다.

표 4.5 불순물 확산법(source에 의한 분류)

<table>
<tr><th>구 분</th><th>확 산 원</th><th colspan="2">확 산 법</th></tr>
<tr><td rowspan="2">단원소 source</td><td>As</td><td colspan="2">밀폐된 튜브 내에서의 직접 확산</td></tr>
<tr><td>Au</td><td rowspan="3">유리층 형성 – drive
(가스 확산)</td><td rowspan="6">2단계
확산</td></tr>
<tr><td>기체 source</td><td>PH_3, B_2H_6</td></tr>
<tr><td>액체 source</td><td>$POCl_3$, BBr_3, PBr_3</td></tr>
<tr><td rowspan="2">고체 source</td><td>As_2O_3, Sb_2O_3
B_2O_3, P_2O_5</td><td>유리층 형성 – drive</td></tr>
<tr><td>BN, As–Si 합금 등</td><td>B_2O_3 유리층 형성 – drive</td></tr>
<tr><td rowspan="2">고상–고상확산</td><td>CVD막
$SiH_4-PH_3-O_2$ 계
$Si(OC_2H_5)-PO(OCH_3)_3$계 등</td><td>doped oxidation 형성 – 열확산
(PSG, BSG, ASSG)
doped poly silicon 형성 – 열확산
(인, 비소를 doped시킨 poly silicon)</td></tr>
<tr><td>도포막</td><td colspan="2">스핀 coating에 의한 유리층의 형성 – 열확산</td></tr>
<tr><td>이온주입</td><td>PH_3, PF_6, BF_3, AsH_3 등</td><td colspan="2">이온 주입 – 열처리</td></tr>
</table>

(1) 기상 확산법

기상 확산법은 실리콘 표면 등에 불순물을 확산하는 방법으로부터 가장 많이 사용되어 왔는데, 고온로 안에서 도핑될 불순물을 포함한 증기에 실리콘 웨이퍼를 노출시킨다. 이때 불순물을 포함한 증기는 [그림 4.17]에서와 같이 고체 불순물 원을 가열하여 생성시키거나, 액체 불순물 원을 운반 가스로 나르기도 하며, 기체 상태의 불순물을 그대로 이용하기도 한다. 이때 사용되는 운반가스(carrier gas)는 일반적으로 불활성 가스가 사용된다.

고체 소스형의 경우 태양전지 제작을 위해 [그림 4.18]과 같이 확산원과 웨이퍼를 마주보게 배치하고, 일정의 온도로 유지된 확산로 내에서 확산 소스에 의해 발생되는 불순물 증기에 의하여 웨이퍼에 확산하는 방법이 사용된다. 이때 사용되는 물질로는 질화 보론(BN)과 glass ceramic boron이 가장 많이 사용된다. 고체 소스형은 기체 소스형에 비해 균일한 불순물 농도 확산이 가능하며, 실리콘 웨이퍼의 크기가 커질수록 유리한 확산법이다.

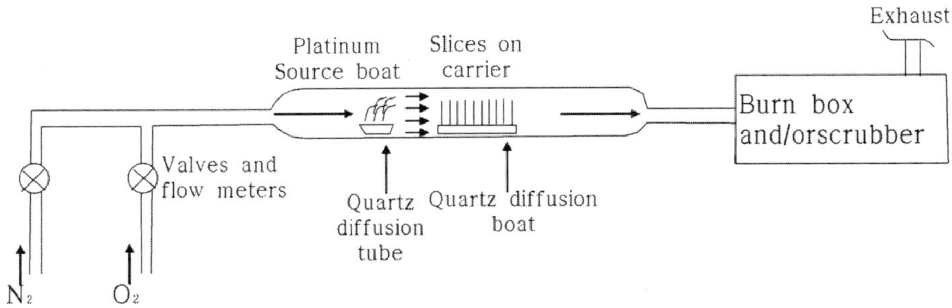

(a) 고체 소스형

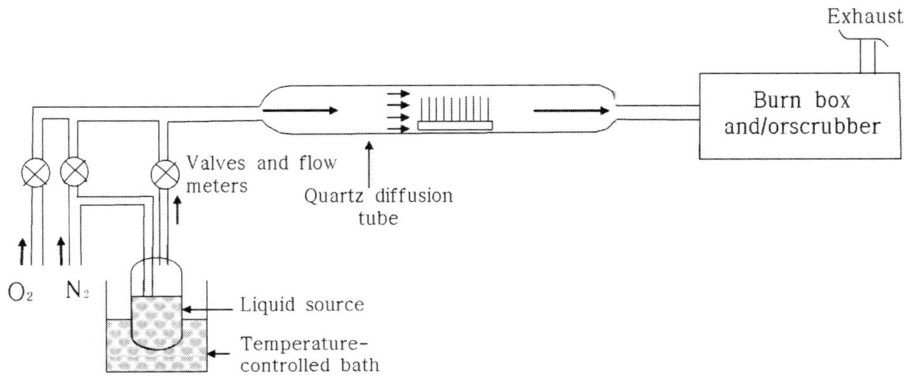

(b) 액체 소스형

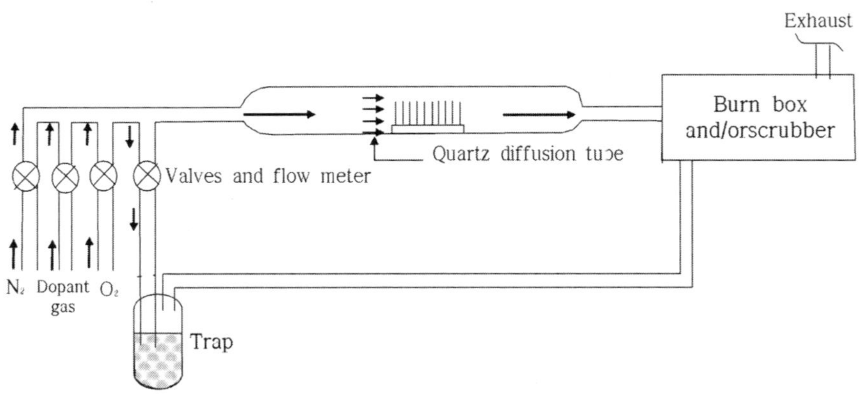

(c) 기체 소스형

그림 4.17 기상 확산법의 종류

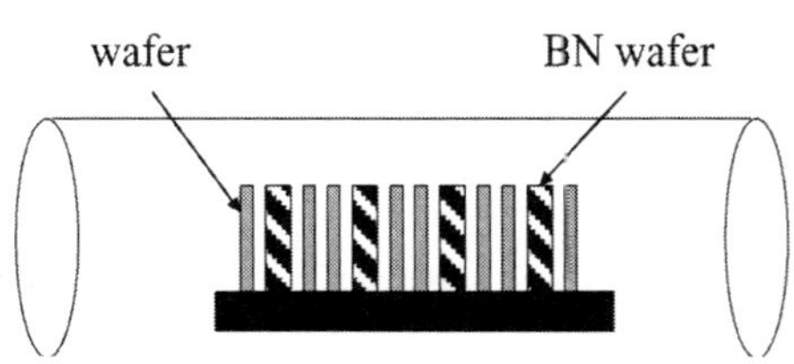

그림 4.18 웨이퍼 형태의 고체 확산원을 사용한 기상 확산법

(2) 고상 확산법

도핑될 불순물을 포함한 층을 실리콘 표면에 형성시키고 고온에 두면 실리콘 표면을 통해 불순물이 실리콘 내부로 확산되는 방법이다.

i) 도포 확산법(Spin-on-Doping, SOD)

불순물 혹은 산화 불순물을 유기 용매에 녹여서 그 액체를 spinner를 이용하여 웨이퍼에 도포하고 그 후 열처리에 의하여 확산시키는 방법이다. 용매는 일반적으로 알코올이 주성분이며, 도포 후의 막질이 균일하게 되도록 점도가 낮다. 장점으로는 위험한 유해 가스를 사용하지 않고 확산이 가능하지만, 실리콘 표면의 패턴 단차와 도포 후의 SOD 소스에 포함된 불순물 제거가 필요할 수 있다.

ii) 도핑된 산화막 및 다결정 실리콘을 이용한 확산법

웨이퍼 표면에 불순물 원소를 포함하는 기상 성장막을 성장시키고, 그 후에 열처리를 행하여 실리콘 내부로 불순물을 확산시키는 방법이다. 확산에 사용하는 기상 성장막은 일반적으로 산화막과 다결정 실리콘의 두 종류의 막이 있다. 도핑된 산화막을 제조하기 위해 SiH_4과 산소를 반응시킬 때 불순물을 포함한 가스를 흘리면 다음과 같은 반응이 발생한다.

$$SiH_4 + O_2 + PH_3 = P_8O_5 + SiO_2$$
$$SiH_4 + O_2 + B_2H_6 = B_2O_2 + SiO_2$$

이때 형성된 막을 PSG(phospho-silicate-glass) 또는 BSG(boro-silicate-glass)라고 부른다. PSG 또는 BSG막은 확산로에서 불순물을 실리콘 내로 확산시키는 소스로 작용한다. 이 경우의 확산은 성장된 막의 상태와 산화막 중의 불순물 농도에 의하여 분포가 결정되므로 고농도 확산에 유리한 방법이다. 한편 다결정 실리콘의 경우도 앞서 기술한 방법과 동일하게 기상 성장법에 의해서 막을 형성한다.

이 방법은 최근에는 소자의 활성 영역을 형성하는 목적으로 사용하지 않고 배선 저항을 내리기 위한 확산 또는 silicon, SiO_2 중에 포함되어 있는 오염물질, 중금속류의 제거를 목적으로 사용하는 경향이 있다.

(3) 이온 주입

실리콘 웨이퍼를 진공 속에 두고 불순물 이온을 가속하여 표면으로 주입한다. 충돌에 의해 불순물 이온이 실리콘 내에 머물게 된다. 이 경우 불순물을 도핑하지 않을 영역은 표면을 실리콘 산화막과 같은 물질로 보호함으로써 불순물을 부분적으로 웨이퍼에 도핑시킬 수 있다.

태양전지의 효율을 결정하는 가장 중요한 공정으로 p-형 실리콘 기판에 n-형 물체를 확산을 시키는 방법에서 여러 형태로 변환효율을 향상시키기 위한 방법을 연구해 왔다. 태양전지 산업에서 사용하는 도핑에서는, 결정격자는 고정되어 있고 불순물 원자가 다음의 세 가지 방법에 의해 주입된다. 첫 번째는 기판표면에 산화물 입자를 직접 뿌리거나 스핀코팅하는 것이고, 두 번째로는 산화물 가루로 만든 고체를 증기화하여 기판의 표면과 반응시켜 도핑하는 것이고, 세 번째 방법은 퍼니스(furnace) 안에서 화학적 반응에 의한 산화물을 생성하는 방법이 있다. 또 도핑소스 선택시 고려해야할 사항은 ① 도핑소스가 완전히 도핑되기 전까지 농도와 증기압의 변화가 없어야 하며, 농도와 증기압을 쉽게 조절할 수 있어야 한다. ② 일반 운반가스와 혼합이 잘 되어야 한다. 반응 생성물은 masking layer 또는 반도체를 손상시키지 말아야 한다. ③ 튜브 내벽 또는 보트 등에 불필요하게 쌓이는 것이 최소화되어야 한다. ④ 작업과 저장 시 그 온도에서 화학적으로 안정해야 하며, 다루기가 쉽고, 무독성, 폭발성이 없어야 한다. ⑤ 비용이 저렴해야 한다. 인(phosphorus)은 p-형 태양전지 기판에 가장 널리 사용되는 n-형 도핑물질이며, 인소스로는 PH_3와 같은 기체소스와 $POCl_3$, H_3PO_4 같은 용액소스, P_2PO_5와 P_2PO_7을 포함하는 고체산화물 소스 등이 있다. $POCl_3$는 가장 보편적으로 사용되는 도핑소스이다. $POCl_3$ 용액을 사용하여 인 확산을 한다. 2단계를 걸쳐 인 확산이 시행된다. 첫 단계는 선증착(pre-depoition)이고 두 번째 단계는 밀어 넣는 확산(drive-in)이다. 선증착 과정은 웨이퍼 표면에 많은 원자를 포함하는 산화막을 20 nm 두께 내외로 증착하는 과정이다. 선증착은 830°C에서 900°C까지 10분 정도 유지하면서 $POCl_3$를 주입한다. $POCl_3$ 용액은 23~25°C의 온도를 유지하고, 질소가스를 통해 운반된다. 이러한 $POCl_3$은 질소와 산소의 혼합가스와 함께 퍼니스에 투입된다. Drive-in 확산 이전에 P_2O_5를 형성한다. 반응식은 식 (4.23)에서와 같다.

$$4POCl_3 + 3O_2 \rightarrow 2P_2O_5 + 6Cl_2 \tag{4.23}$$

확산 온도에서 실리콘 표면에서 확산 반응식은 식 (4.24)와 같다.

$$2P_2O_5 + 5Si = 4P + 5SiO_2 \quad (4.24)$$

$$ySiO_2 + xP_2O_5 \rightarrow xP_2O_5ySiO_2 \text{ Phosphosilicate glass(PSG)} \quad (4.25)$$

Drive-in 과정에서는 도핑 원료는 주입되지 않는다. 높은 온도에서 불순물은 이미 실리콘 표면에 증착되어 농도차에 의하여 웨이퍼 속으로 확산해간다. 불순물의 농도는 실리콘 표면에서 최대이며 웨이퍼 속으로 들어갈수록 Gaussian 분포나 error 함수를 따라 줄어든다. 실리콘 웨이퍼는 실제적으로 앞뒷면이 모두 확산되므로 n^+-p-n^+ 구조를 갖는다. 인 확산 과정에서 O_2는 확산 산화막의 성장을 가져온다. 일반적으로 식 (4.25)에서 phosphosilicate glass(PSG)라고 알려진 산화막이 실리콘 표면에 성장한다. 인은 기판에 내포된 금속 불순물을 외부로 석출할 수 있으며 특히 가열기간 보다는 냉각기간에 발생이 효과적이다. 고의로 온도를 천천히 냉각하여 불순물 석출에 효과를 보는 gettering 기법을 사용하면 반송자 수명시간 연장과 전류향상에 기여할 수 있다. PSG층은 이런 원하지 않는 불순물을 석출하여 포함하고 있기 때문에 확산공정 후에 제거함이 일반적이나 별도의 산화공정을 하지 않고 표면 passivation 효과를 보기 위해서 온도 40°의 HCl 처리 후, 온도 90°의 증류수에 담구어 금속 성분과 P_2PO_5를 제거하여 사용할 수도 있다. 일반적으로 같은 시간과 온도에서 산화막을 형성했을 때보다 상대적으로 더 두껍게 증착된다. 이것은 인 도핑된 실리콘의 산화막 성장 때문이다. PSG는 5% HF 용액 안에 넣어 제거 한 후에 증류수로 세척한다. p-n 접합의 단락을 막기 위하여 HF, HNO_3와 CH_3COOH 용액을 사용하여 측면분리를 한다. 측면만을 식각하기 위하여 앞뒷면을 산으로부터 보호하고 준비된 HF, HNO_3와 CH_3COOH 용액에 담근다. SF_6나 CF_4 등의 가스를 주입하면서 플라즈마를 이용하여 측면을 식각하는 방법이 가장 널리 사용되고 있으나, 최근의 추세는 측면분리를 레이저를 이용하여 분리하는 방법이 적용되고 있다. [그림 4.19]에 $POCl_3$ 용액을 이용한 인 확산을 위한 시스템을 도시하였다. 한 튜브당 현재 200장에서 400장 사이로 도핑을 진행하며, 면저항 값, 균일도, 표면농도, 접합깊이 등을 조절하여 태양전지 변환효율을 최적화하고 있다. 추세는 면저항 값을 기존의 40 Ω/□에서 60 Ω/□로 이동하고 있으며 향후 미래에는 100 Ω/□에서도 스크린 인쇄기법을 이용한 태양전지가 생산될 것으로 예상한다.

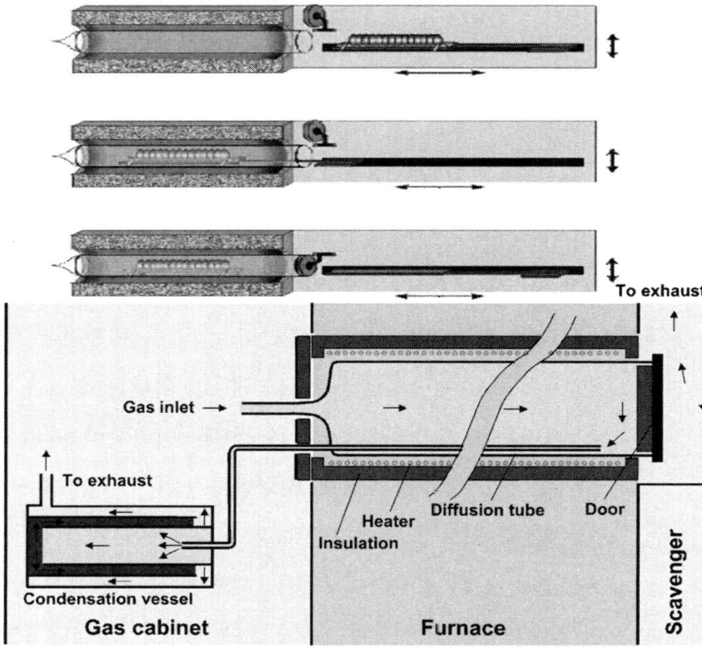

그림 4.19 $POCl_3$ 용액을 이용한 인 확산을 위한 시스템

높은 개방전압을 얻기 위해 과도한 도핑을 한 경우 반송자의 이동동가 감소하며, 과도한 불순물과의 산란 영향으로 인한 재결합속도가 커지고 반송자 수명시간도 감소한다. 또한 너무 낮게 도핑을 한 경우에는 표면 면저항이 너무 커져 이들에 의한 손실이 발생하고 스크린 인쇄 시 직렬저항의 증가로 곡선인자 충실도가 감소하는 경향이 나타난다. 이를 개선하기 위해 핑거와 핑거 사이를 줄이기 위한 연구가 진행되지만 차광손실 %가 증가하여 단락전류의 감소를 가져왔다. 따라서 광에너지를 효과적으로 이용하기 위해서 에미터의 두께와 도핑농도를 최적화함으로써 표면재결합을 줄여야 한다. 기존공법으로는 면저항에 있어 40 Ω/□, 농도에 있어서 $N_D = 10^{19}\ \mathrm{cm}^{-3}$의 값에서 변환효율의 가장 좋은 특성이 나왔다. 도핑시의 온도와 가스주입량에 따라 면저항은 같이 온도가 증가함에 따라, 가스주입량이 증가하고 압력이 낮아짐에 따라서 면저항은 낮아진다.

일반적으로 면저항이 높아짐에 따라 표면 재결합이 줄어들고 단락전류가 높아진다. 그러나 스크린 프린트를 사용하여 전극을 열처리할 경우 높은 면저항의 낮은 접합깊이의 에미터는 쉽게 전면 전극이 Ag가 에미터층을 뚫고 접합 누설이 생길 수 있다. 이러한 누설을 방지하기 위해서는 높지 않은 온도에서 최적의 조건을 찾아야 한다. 그러나 온도가 충분히 올라가지 않으면 전면 전극과 에미터와의 접촉저항이 증가하고 증가된 접촉저항은 직렬저항을 크게 하여 효율의 저하를 가져온다. 또한 낮은 온도에서의 열처리는 후면 표면 전계의 저하를 가져오고 이로 인하여 개방전압의 저하를 가져온다. 이와 같이 급속 열처리 공정을 이용하여 전극의 열처리를 할 때 도핑 조건은 큰 영향을 미친다. 각 면저항에서의 최대의 효율을 가져오는 최적의 열처리 조건을 찾아야 한다.

급속 열처리 공정을 이용한 전극 열처리 문제를 해결하기 위해서는 접촉저항이 낮은 Ag paste를 사용하거나 태양전지의 전면 전극의 열처리 온도와 후면 전극의 열처리 온도를 다르게 하여 각각 열처리를 하는 방법이 있다. 만일 동시 열처리를 실시하고자 하면 전면의 Ag의 온도와 후면의 Al의 온도차를 크게 내어서 후면의 Al의 열처리 온도를 높여서 후면 표면 전계의 효과를 가져오고 전면의 Ag 열처리를 온도를 낮추어서 낮은 에미터의 접합 누설을 줄일 수 있다. 이와 같이 급속 열처리 공정을 이용한 전극 열처리는 도핑에 따라 여러 조건들을 고려하여 최적화되어야 함을 알 수 있다. 태양전지의 도핑과 금속전극형성은 함께 동시에 고려해야 된다. 태양전지의 전력 손실은 크게 광학적 손실과 전기적 손실 두 가지로 볼 수 있다. 첫째는 전면전극에 의해 빛의 입사 면적을 줄이는 광학적 손실이다. 두 번째는 전극 저항과 에미터에 흐르는 캐리어에 의한 저항 손실이다. 이러한 저항 손실은 면저항이 커짐에 따라 커진다. 이러한 저항 손실을 작게 하기 위해서는 핑거와 핑거 사이의 간격을 줄일수록 작아진다. 그러나 핑거와 핑거 사이의 거리를 줄일수록 광손실에 의한 전력 손실이 증가한다. 그러므로 각각의 면저항에 따라서 핑거 거리를 최적화 하여야 한다. [그림 4.20]에서는 이러한 핑거거리와 에미터 면저항에 따른 전력손실을 결과를 도시하였다. 면저항이 30 Ω/□에서부터 100 Ω/□까지 변화할 때의 전력 손실을 나타내었다. 이와 같은 면저항의 변화에 따라 최소의 전력손실을 얻기 위해서는 전면 전극의 핑거의 간격를 최적화 하여야 한다. 핑거의 간격을 2.0 mm에서 3.0 mm까지 변화시키면서 최소의 전력 손실 값을 구하였다. 면저항이 30 Ω/□에서는 핑거 간격이 3.0 mm일 때 가장 전력 손실이 작다. 그러나 면저항이 증가하면서 핑거간격이 작아질 때 최소의 효율을 보이고 있다. 즉 면저항이 60 Ω/□일 때에는 핑거간격이 2.5 mm에서 면저항이 100 Ω/□일 때에는 핑거 간격이 2.1 mm에서 최소의 전력 손실을 보이고 있다. 즉 면저항이 커짐에 따라 저항 손실이 커지기 때문에 저항 손실을 줄이기 위하여 핑거 간격이 줄어들어야만 한다. 이때 핑거 간격이 줄어들면서 광손실 또한 커지기 때문에 이를 고려하여 핑거 간격이 결정된다. 또한 면저항이 커질수록 일반적으로 낮은 에미터 접합 깊이를 갖는다. 이러한 낮은 에미터 접합은 전극 열처리 공정인 "firing-through" 공정시 접합 누설의 기회를 준다. 낮은 에미터 접합의 누설을 방지하기 위하여 열처리 온도를 낮추어야 한다. 그러나 이와 같이 낮아진 열처리 온도는 전극과 에미터 사이의 높은 접촉저항을 가져온다. 이러한 접촉저항의 증가는 직렬저항의 증가를 가져오고 효율을 떨어뜨린다. 뿐만 아니라 낮은 온도의 열처리는 낮은 후면 표면전계(BSF) 형성을 가져오며, 결국 낮은 개방전압이 된다. 따라서 좋은 접촉저항의 높은 후면 전계를 얻기 위하여 열처리 온도를 높이되 낮은 에미터의 누설이 생기지 않도록 최적의 열처리 조건을 찾아야 한다.

이와 같이 면저항에 따라서 전면 전극의 구조와 열처리 공정이 확립되어야 한다.

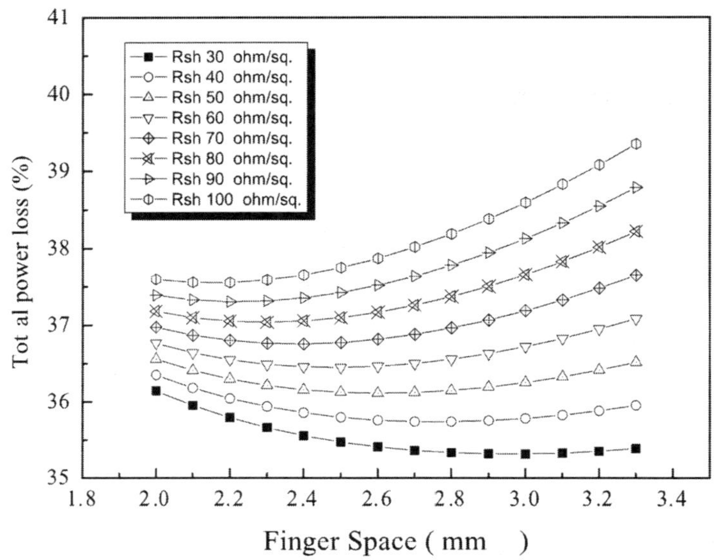

그림 4.20 핑거거리와 에미터 면저항에 따른 전력손실

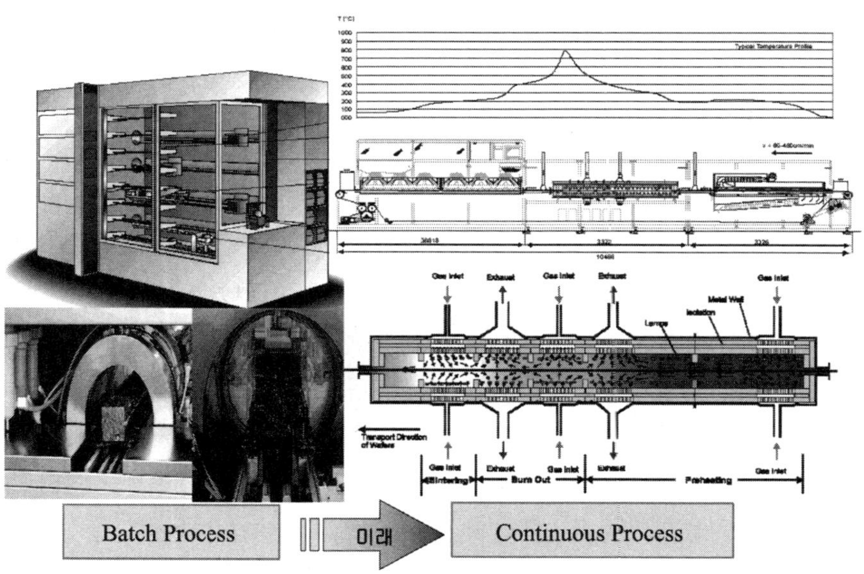

그림 4.21 기존의 연속공정 설비와 미래 연속공정 도핑 개념도

태양전지는 저가화를 주요 달성 목표로 개발이 추진되면서, 기존의 튜브 bach 형태에서 in-line 연속공정 도핑 기술로 발전되고 있다. 연속공정이 가능한 방안으

로 스프레이, 도핑페이스트 스크린인쇄로 대치하고 벨트형태의 열처리를 920° 내외에서 15분 이내로 처리하여 양산에 적용한다. 효율은 기존 튜브형태와 유사한 결과까지 달성하면서도, 생산량과 공정시간은 기존보다 훨씬 우월하다. 이러한 연속공정 도핑 개념도를 [그림 4.21]에 도시하였다.

4.4 반사방지막 형성

반사방지막(anti-reflection coating)은 상층에서 반사된 빛과 하층에서 반사된 빛이 서로 상쇄간섭(destructive interference)을 일으키도록 함으로써 태양전지 표면에서의 빛 반사를 줄이고, 특정한 파장영역의 선택성을 증가시키기 위해 사용된다. 이러한 상쇄간섭은 위상차가 180°이거나 경로차가 파장의 절반이 되는 조건에서 일어나기 때문에 반사방지막의 두께와 굴절률 값에 따라서 정해지는 제한된 범위의 파장에서만 최저 반사율을 얻을 수 있다. 실제 반사방지막을 제작할 경우 이론적으로 사용되는 물질의 두께와 굴절률을 최적화 하는 작업이 선행되어야만 효과적인 태양전지 반사방지막을 달성할 수 있다. 태양전지 표면에서의 빛 반사를 줄여주고 특정한 파장영역의 선택성을 증가시켜 주기 위해서 반사방지막을 해주는데 빛의 반사를 줄이기 위해서는 굴절률이 n_1인 반사방지막 재료의 표면에서 반사되는 빛과 굴절률이 n_2인 실리콘 표면에서 반사되는 빛이 파괴적 간섭을 일으켜야 한다.

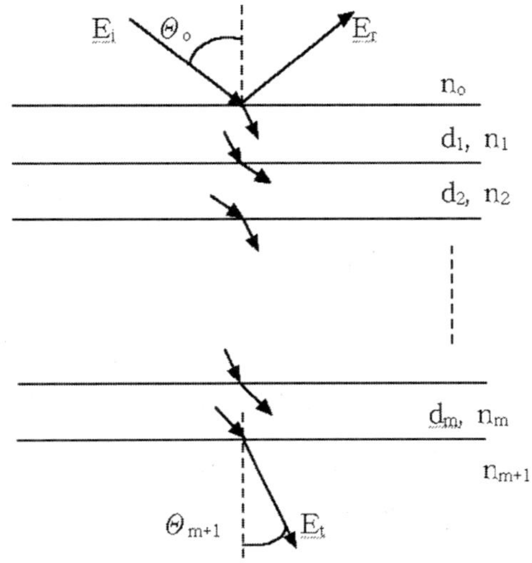

그림 4.22 다중 반사방지막의 모식도

다중 반사방지막의 이론적 해석을 위해 [그림 4.22]에 이들의 구조를 도시하였으며, 다중 반사방지막의 반사율은 다음의 행렬방법으로 해석이 가능하다. 각 층 j는 그의 광학적 성질을 결정짓는 다음의 행렬식으로 표시된다.

$$M_j = \begin{bmatrix} \cos\delta_j & -ip_j^{-1}\sin\delta_j \\ -ip_j\sin\delta_j & \cos\delta_j \end{bmatrix} \tag{4.26}$$

여기서 광 위상차(optical phase change) δj는

$$\delta_j = (2\pi/\lambda_o)n_j d_j \cos\theta_j \tag{4.27}$$

λ_o : 입사되는 빛의 파장　　n_j : 각 층의 굴절률

d_j : 각 층의 두께　　θ_j : 각 층의 입사각

로 표시되며, 각 층의 입사각 θ_j는 다음의 식에 의해서 결정된다.

$$n_j \sin\theta_j = n_o \sin\theta_o \tag{4.28}$$

p_j는 전기파(TE)와 자기파(TM)에 따라서 각각 다음의 식에 의해서 결정된다.

$$p_j = n_j \cos\theta_j \quad \text{for TE wave} \tag{4.29a}$$

$$p_j = (1/n_j)\cos\theta_j \quad \text{for TM wave} \tag{4.29b}$$

각 층의 광학적 성질을 나타내는 행렬 M_j를 차례로 곱하면 반사방지막 전체의 광학적 성질을 나타내는 행렬식을 얻을 수 있다.

$$M = M_1 \cdot M_2 \cdot M_3 \cdot M_4 \cdot \cdot \cdot M_m \tag{4.30}$$

따라서 TM, TE파 각각에 대한 반사율을 다음의 식 (4.31)과 (4.32)로 구해지며,

$$\begin{bmatrix} a \\ b \end{bmatrix} = \begin{bmatrix} p_o & -1 \\ p_o & 1 \end{bmatrix} \cdot M \cdot \begin{bmatrix} 1 \\ p_{m+1} \end{bmatrix} \tag{4.31}$$

$$R = \left| \frac{a}{b} \right|^2 \tag{4.32}$$

최종 반사율은 식 (4.33)과 같다.

$$R = 0.5\, R_{TE} + 0.5\, R_{TM} \tag{4.33}$$

단층 반사방지막의 경우 식 (4.30)로부터 입사각이 수직인 경우, 광학적 위상차가 180°일 때 상쇄 간섭으로 인해 최소의 반사율을 가지므로 이때의 두께는 다음과 같이 결정된다.

$$d_j = \lambda_o / 4n_j \tag{4.34}$$

위의 식들을 이용하여 반사율을 구하면 다음과 같다.

$$R = \left(\frac{n_1^2 - n_o n_2}{n_1^2 + n_o n_2} \right)^2 \tag{4.35}$$

식 (4.35)의 반사율 식으로부터 반사율이 최소가 되는 굴절률을 구할 수 있다. 즉 $n_1 = \sqrt{n_o n_2}$를 만족할 때 가장 낮은 반사율을 얻을 수 있다. 이층 구조의 반사방지막의 경우에는 반사율이 다음의 식과 같이 주어진다.

$$R = \left(\frac{n_1^2 n_3 - n_o n_2^2}{n1^2 n_3 + n_o n_2^2} \right)^2 \tag{4.36}$$

따라서 최소의 반사율을 얻기 위한 굴절률은 $n_1^2 n_3 = n_o n_2^2$를 만족해야 한다. <표 4.6>에는 태양전지용 반사방지막 재료의 굴절률을 요약하여 나타내었다. 이들 재료를 단층이나 이층으로 조합하여 반사방지막을 형성한다.

표 4.6 반사방지막 재료별 굴절률

재료	굴절률	재료	굴절률
Al_2O_3	1.8~1.9	SiO_2	~1.46
Galsses	1.5~1.7	TiO_2	~2.30
MgF_2	~1.38	Ta_2O_5	2.1~2.3
MgO	~1.74	ZnS	~2.33
Si_3N_4	~1.9	CeO	~1.95
SiN	~2.30	CeO_2	~2.40
SiO	1.8~1.9	Si	~3.85

반사방지막 재료의 표면에서 반사되는 빛과 실리콘 표면에서 반사되는 빛이 서로 상쇄 간섭을 일으키기 위한 조건은 식 (4.34)로 주어지는데, 빛의 파장이 4분의 1 파장보다 작거나 크면 코사인 함수와 파장에 따른 굴절률의 변화에 의해서 반사율이 증가하게 된다. 파장이 600 nm인 빛의 파장에 대한 실리콘의 굴절률은 약 3.8에 해당되므로 대기 중에서($n_0 = 1$) 실리콘 태양전지의 경우 반사방지막의 적당한 굴절률 값은 1.9가 된다. 기존에는 SiO 단층의 반사방지막이 사용되었으나 반사율을 줄일 수 있는 파장 영역이 좁아서 별 효과를 얻을 수 없었다. 현재 이를 해결하고 저가로 형성 가능한 이층 구조의 반사방지막(double layer antireflection coation)에 관한 많은 연구가 진행되고 있다. 하부층으로는 2.2~2.6 사이의 높은 굴절률을 가진 물질들이 사용되며, 1.3~1.6 사이의 낮은 굴절률의 물질들이 상부층으로 연구되고 있다. 다양한 이층 반사방지막 구조 중

에서 MgF_2/ZnS, MgF_2/TiO_2, SiO_2/SiN, MgF_2/CeO_2 등이 가장 낮은 반사율을 가지는 것으로 보고되고 있다. 최근에는 표면 패시베이션과 반사방지막 역할을 동시에 하는 수소를 포함한 질화실리콘(silicon nitride)막이 사용되고 있다. 한편 반사방지막을 형성시키는 방법으로는 진공증착법(vacuum evaporation), 화학기상증착법(CVD: Chemical Vapor Deposition), 스핀 코팅, 스크린 인쇄, spray coating 등이 있다.

4.5 박막제조 및 공정

태양전지 제조기술 발전의 주 흐름을 살펴보면 현재까지는 단결정 실리콘 태양전지에서 다결정 실리콘 태양전지로 발전하였고, 향후에는 박막 태양전지로 발전해나갈 것이다. 현재 결정질 실리콘 태양전지 제조 공정에서 사용되는 박막은 광여기된 전류를 수집하기 위한 그리드 전극 박막이나 표면 패시베이션층이나 반사방지막을 형성하기 위한 절연막 등으로 크게 구분할 수 있다. 박막 태양전지의 경우에는 Si 박막이나 화합물 반도체 박막 등의 증착이 추가로 필요할 것이다.

태양전지와 같은 반도체 소자 제작에 사용되는 박막은 열적 성장이나 물리적 증착, 혹은 화학반응에 의한 증착되는 금속, 반도체, 부도체의 얇은 층을 말한다. 이런 박막들은 구성 성분과 두께 등이 서브마이크론(submicron) 공정에 적합하도록 조절될 수 있어야 하고 핀홀(pinhole)과 같은 결함이 없어야 한다. 태양전지 관련 박막제조의 대표적인 방법은 다음과 같다.

① 물리기상증착(PVD : Physical Vapor Deposition)
② 화학기상증착(CVD : Chemical Vapor Deposition)
③ 전기도금(EP : Electroplating)
④ 스크린 프린팅(SP : Screen Printing)

4.5.1 스퍼터링(Sputtering) 물리적 기상증착

스퍼터링은 글로우 방전에서 발생되는 정 이온을 전계에 의해 높은 에너지로 가속시켜 고에너지의 정 이온이 고체의 표면과 충돌하면 고체표면의 원자 또는 분자가 표면에서 밖으로 튀어나오는 스퍼터링 현상을 이용한 박막제조 방법이다. <표 4.7>은 스퍼터링의 장·단점을 비교하여 나타내었다.

표 4.7 물리적 박막 제작방식의 비교

장 점	단 점
1. 박막의 질이 우수(pin-hole free) 2. 넓은 면적의 증착(기존 반도체공정 라인 이용)이 가능 3. 저증기압의 원소나 화합물 적용이 가능	1. 다성분 박막에서 조성비 제어가 어려움 2. Step coverage가 나쁨 3. 고전압, 수랭, 희가스의 도입으로 장치가 복잡 4. 박막형성 속도가 느림 5. 박막의 온도제어가 어려움

스퍼터링 방법에서는 진공조 전체를 방전관으로 하여 내부에 방전용의 가스를 넣고 2극 직류의 글로우 방전을 일으킨다. 진공계의 구성은 진공증착장치와 비슷하지만 방전을 위한 가스 도입구와 고전압 전원, 그리고 진공도 측정을 위한 진공계 등이 필요하다. 가속된 정 이온이 충돌하는 음극은 스퍼터 물질이 되며, 양극은 알루미늄 혹은 스테인리스강으로 만들어 양극 상에 기판이 놓이게 된다.

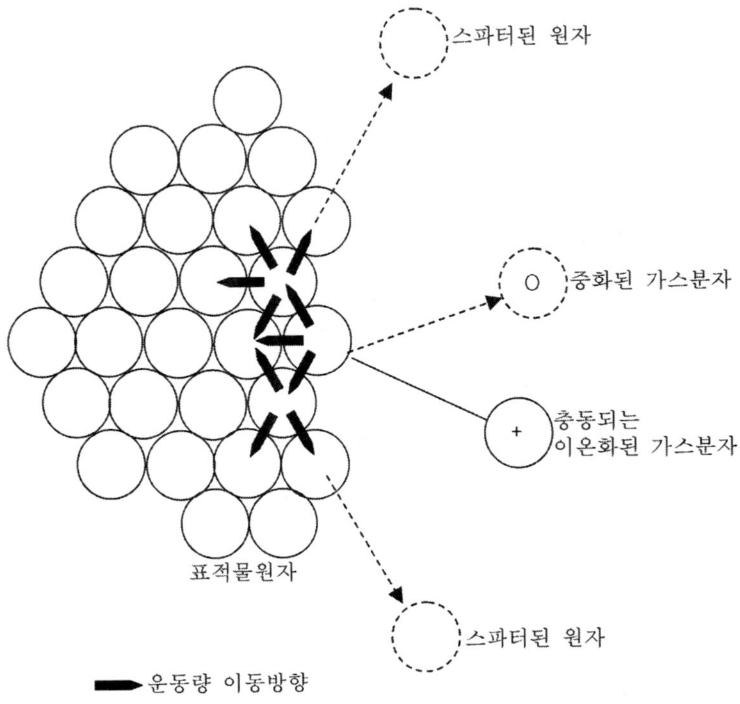

그림 4.23 스퍼터링 현상

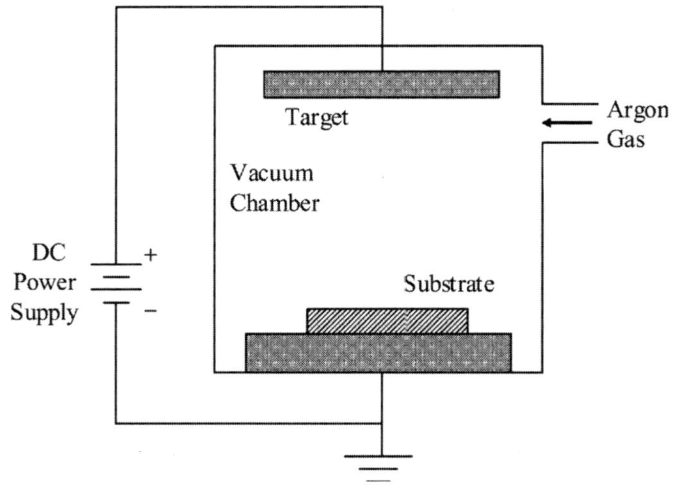

그림 4.24 2극 직류 스퍼터링 장치의 개략도

스퍼터 장치에서 플라즈마를 생성시키기 위해서는 챔버 내 가스의 이온화를 위한 문턱전압 이상의 전압이 인가되어야 한다. 이 전압에 의해 전계가 나타나고, 음극으로부터 상온에서 발생되는 전자 및 자연 방사선으로부터 생성되는 전자가 전계에 의하여 가속된다. 플라즈마 내의 전자는 이온에 비하여 매우 가벼우므로 운동속도가 빨라 쉽게 양극으로 빠져나가고, 플라즈마는 양전하의 이온으로 가득차게 되어 플라즈마 전위 V_P를 띠게 된다. 양극 쪽에서의 전위는 플라즈마 전위 V_P에서 접지점의 전위로 급격하게 떨어지게 되고, 인가된 전압 $|V_C|$와 플라즈마 전위 V_P의 합이 플라즈마와 음극 사이에 나타나게 된다. 플라즈마 내에서는 전압 강하가 없으므로 전체적인 전위분포는 [그림 4.25]와 같다. 플라즈마 내에서는 여기된 전자가 다시 원상태로 되돌아갈 때 에너지 차이에 상응하는 빛을 발산하게 되므로 밝은 부분이 나타나지만, 양극과 음극 부근에서는 이와 같은 플라즈마가 없으므로 빛의 발산이 없는 어두운 영역(dark space)이 형성된다. 다크스페이스 폭은 V_P에 의존하며, 이온밀도와 V_P가 증가할수록 커진다. 플라즈마가 지속되기 위하여 사용되는 DC 전압은 다크스페이스를 가로질러 플라즈마로부터 이온을 음극 쪽으로 가속시키며, 음극으로부터 방출되는 2차 전자가 플라즈마 쪽으로 가속되도록 한다. 가속된 전자들이 가스 이온과 충돌하여 플라즈마가 지속되고, 발생된 이온이 음극 전압이 연결된 타깃에 큰 운동에너지를 갖고 충돌하여 스퍼터링 현상이 나타나게 된다.

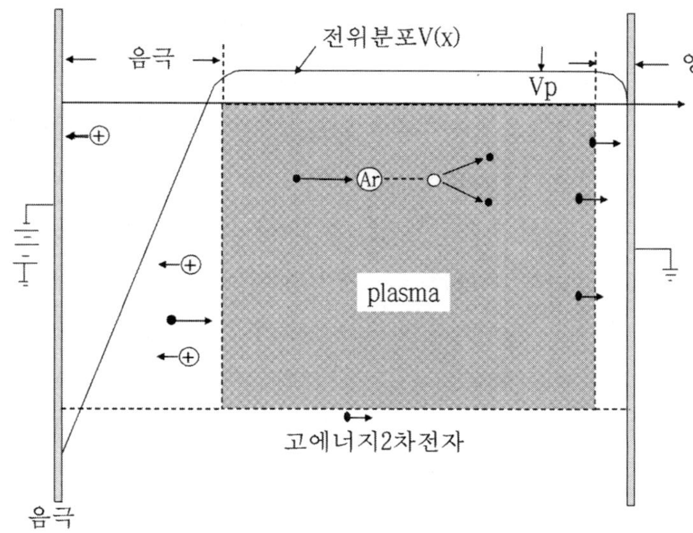

그림 4.25 2극 직류 스퍼터 장치의 글로우 방전과정과 전위분포

2극 직류 스퍼터 장치는 구성이 간단하지만 ① 고전압 필요, ② 낮은 스퍼터 효율, ③ 높은 에너지의 2차 전자로 인한 기판 가열 및 격자손실, ④ 타깃의 과도한 가열, ⑤ 불안전한 방전, ⑥ X-선에 의한 기판 손상, ⑦ 부도체 스퍼터링은 불가능하다.

절연체에서도 가능한 스퍼터링 장치로서 고안된 것이 RF 스퍼터링 장치이다. 실제 직류 스퍼터링 장치에서는 타깃에 도달된 이온의 중성화와 2차 전자 발생으로 인한 양전하의 전기적 중화를 위해서는 음극으로부터 전자를 공급받아야 하는데 타깃이 부도체이므로 전자를 공급받을 수 없다. 결국 스퍼터링이 진행될수록 타깃의 전위가 점점 높아져 음극과 양극 사이의 전위차가 줄어들게 되므로 플라즈마가 지속될 수 없다. 캐패시터는 부도체 목표물을 등가화시킨 것일 뿐 아니라, 목표물이 도체일 때 사용되는 직류방지 캐패시터를 나타낸다. RF 전원이 공급되면, 양의 반주기 동안 전자가 음극으로 끌려가서 전자 전류가 흐른다. 반대로 음의 반주기가 되면, 이온이 끌려가서 이온 전류가 흐르게 된다. 전자가 이온보다 가벼우므로 전자 전류가 더 많이 흐르는 결과가 나타난다. 인가된 RF 전원의 주파수가 매우 커서, 양의 반주기 동안에 음극 쪽으로 이동하여 부도체에 축적된 전자가 이온에 끌려가는 다음 반주기 동안에 충분히 방전되지 못하면, 그곳에 쌓이게 되어 음의 직류 오프셋(offset) 전압이 형성된다. 따라서 다음 양의 반주기 동안에는 앞의 양의 반주기보다 오프셋 전압만큼 감소된 전압이 인가되어 음전극으로 이동해 가는 전자 수가 적어진다. 이와 같은 과정이 반복되면, 캐패시터에 등가된 부도체 표면에는 충분히 많은 양의 축전된 전자로 인한 V_{DC}의 오프셋 전압이 생성되어 이 전압에 RF 전원이 첨가된 모양이 된다. 이때가 되면, 목표물의 양 전위 기간이 짧아지고 상대적으로 음 전위 기간이 길어져 전자와 이온의 흐름이 균형을 이루게 되는 안정 상태에 도달하게 된다. 이런 현상을 자기 바이어스(self-bias)라고 한다. 따라서 음 전위가 전극에 인가될 때 크게 가속된 이온이 부도체 쪽으로 끌려와서 충돌하여 스퍼터링 작용을 일으키게 된다. 이에 반하여, 기판 쪽에는 항상 플라즈마에 비하여 작은 값의 플라즈마 전압 V_P만큼 낮은 전위가 형성되므로 극소량의 매우 낮은 에너지를 갖는 이온이 이동하여 스퍼터링 효과가 무시된다. 또한 양쪽 전극의 넓이에 반비례하여 다크스페이스 전압이 걸리므로 스퍼터링이 일어나게 하고 싶은 목표물 쪽 전극 넓이가 작을수록 많은 전압이 그곳 다크스페이스에 걸려 강한 스퍼터링 효과가 나타나게 된다. [그림 4.26]에 일반적인 RF 스퍼터링 장치의 개략도를 나타내었다. 통상 사용되는 고주파의 주파수는 13.56 MHz이며, 발진된 RF는 최대 에너지가 전극에 공급할 수 있도록 인덕터와 캐패시터로 구성된 정합회로망(matching network)을 경유하여 목표물이 있는 전극에 공급된다.

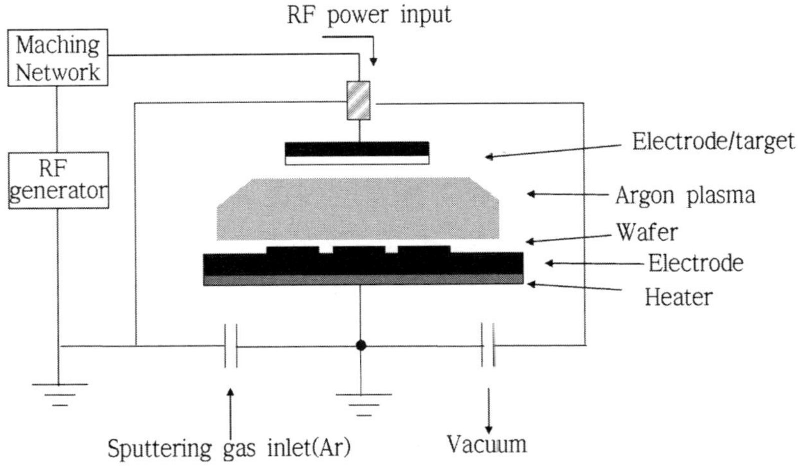

그림 4.26 RF 스퍼터링 장치의 개략도

마그네트론(magnetron) 스퍼터링은 음극인 타깃 주위에 자장 터널을 만들어 주어서 작동기체의 이온화율을 높여서 스퍼터 효율을 크게 하는 것이다. 또한 2차로 발생한 전자가 이 전자 터널을 이탈하지 못하도록 한다. 이들 전자들은 원통형 궤적을 따라 이동하면서 기체의 이온화에 기여한다. 일반 스퍼터링에서는 20~30%의 이온화율에 비해 이 경우에서는 70% 이상 달성 가능하다. 따라서 이 장치를 이용하면 유전체의 박막 제조에 큰 효과를 얻을 수 있다. 반응성

(reactive) 스퍼터링은 음극 스퍼터링 과정 중 음극 물질과 O_2. N_2, H_2S와 같은 기체를 외부로부터 주입시켜 고의로 타깃물질과 화학반응을 일으키면서 화합물 박막이 형성되게 하는 장치이다. 산화물 박막, 질화물 박막, 유화물 박막 등을 만들 수 있다.

4.5.2 화학기상증착(CVD)

CVD법은 반응실에 도입된 원료가스를 여기시켜 기상 또는 기판상에서 기상 화학반응(열분해, 산화, 질화 등)을 통해 박막을 퇴적시키는 방법으로 태양전지 제작과정에서 가장 중요한 공정 중의 하나이다. 즉 이 방법은 기체 원료, 또는 고체 및 액체 원료를 기화하여 캐리어 가스와 함께 가열한 방응 용기로 도입시켜 산화나 열분해, 가수분해 등의 화학반응에 의해 산화물 등의 물질을 합성하여, 기판 표면에 퇴적시키는 방법의 총칭이다.

CVD 박막의 장점은 비교적 낮은 온도에서 고순도와 결함이 없는 결정층뿐 아니라, 비정질 물질도 얻으며 다양한 종류의 박막 형성 및 광범위한 화학량론적 구성을 쉽게 조절할 수 있다는 점이다. 태양전지 제조공정에서 CVD는 표면의 패시베이션막 제조에 많이 이용되고 있다.

CVD에 의한 막 증착에 있어서 그 반응 과정은 기상반응가스의 기판 표면으로의 수송 속도와 기판 표면에서의 가스 반응속도에 의해 크게 영향을 받는다. 기상반응가스의 기판 표면으로의 수송 속도의 경우는 반응실의 조건(압력, 가스 공급 방법, 기판의 설치 방법 등)에 크게 좌우되며, 특히 막 두께의 균일성을 향상시킬 때 중요하다. 기판 표면에서의 가스 반응속도의 경우는 대단히 복잡한 계(system)로 되어 있어 기판의 온도, 재질, 형상, 그리고 그 외에 사용하는 가스 종류에 크게 영향을 받는다.

반도체 공정에서 이용되는 CVD 기술은 화학반응이기 때문에, CVD를 분류하는 변수에는 막 형성시의 반응압력과 반응가스의 여기방법에 따라 열 CVD(상압 · 감압 CVD), 플라즈마 CVD, 광 CVD 등으로 분류된다. <표 4.8>은 각종 절연막 형성을 위한 CVD법을 정리하여 표기한 것이다. 이와 같은 절연막의 형성을 위해서는 화학 반응의 구동력에 따라 열, 플라즈마 방전, 광 또는 이들의 조합에 의한 CVD방법이 사용된다. 이때 화학반응의 여기 방법은 구동에너지에 의한 반응 메커니즘과 기판표면과의 반응에 관계가 있다. 특히 열 CVD 반응에서는 화학반응이 일어나는 장소를 표면으로 한정시킬 수 있으나, 이것이 반드시 표면반응이라는 의미는 아니다.

표 4.8 CVD법에 의한 절연막 형성

CVD 반응	개요	실제예	성막 온도
열 CVD (APCVD LPCVD)	분해 산화 등의 화학반응에 의한 성막으로 열에 의해 반응이 진행된다. 반응은 기상 중 및 표면에서 일어남	SiH_4-O_2계 TEOS$-O_2$계 TEOS$-O_3$계	400°C~(SiO_2) 750°C~(SiO_2) 400°C~(SiO_2)
플라즈마 CVD	플라즈마 방전 중, 원료가스의 여기에 의한 저온막 형성 반응은 주로 기상 중 혹은 반응로 벽면에서 일어남	$SiH_4-N_2(NH_3)$계 SiH_4-N_2O계 TEOS계	~350°C(SiN) ~350°C(SiON) ~350°C(SiO_2)
ECR 플라즈마 CVD	마이크로웨이브 ECR 플라즈마에서의 O_2, N_2 등의 활성화와 원료 가스의 반응	SiH_4-N_2계 SiH_4-O_2계	실온~(SiO_2) 실온~(SiN)
바이어스 ECR 플라즈마 CVD	기판에 RF 바이어스를 인가한 ECR 플라즈마 CVD 방식으로, Ar 등의 가스첨가에 의하여 기판표면을 스퍼터 에칭시켜 CVD막 형성과 동시에 진행(패턴간의 매립성 향상)	SiH_4-O_2-Ar계	실온~(SiO_2)
광여기 CVD	원료가스의 흡수 피크에 해당하는 단파장광을 조사, 활성화시켜 반응을 여기시킨다. 또한 증감제를 매개로 하여 반응시키기도 함	SiH_4-O_2계 SIH_4-NH_3-Hg계	100~200°C (SiO_2) 100~200°C (SiO_2)
광어시스트 CVD	플라즈마 CVD 혹은 열 CVD에 보조적인 엑시머 레이저에 포함한 광에너지를 조사하여 반응을 촉진	플라즈마 CVD와 동일	플라즈마 CVD와 동일

4.5.3 열 CVD법

열 CVD법에는 반응압력에 따라 상압에서 행하는 상압 CVD(APCVD : Atomspheric Pressure CVD)와 감압 하에서 행하는 감압 CVD(LPCVD : Low Pressure CVD)가 있다. 상압 CVD는 RF 코일에 의해 약 300~900°C 정도로 가열된 서셉터(susceptor) 위에 실리콘 웨이퍼를 배치하여 웨이퍼 표면에서 반응가스와의 화학반응을 통해 박막을 퇴적시키는 방법이다. 이때 균일한 막을 얻기 위해 서셉터를 회전시킨다.

상압 분위기 하에서는 가스의 흐름을 균일화하기 어렵기 때문에, 균일한 막 형성이 곤란하다는 단점이 있다. 따라서 이를 보완하기 위하여 가스의 평균자유행정을 길게 하고, 균일한 박막을 얻기 위해 감압 CVD법이 출현하였다. 감압

CVD법은 대기압의 1/100~1/1000 정도로 감압시킨 반응실에서 미리 가열된 기판 위에 반응가스를 보내 기판 위에서의 화학반응을 이용하여 박막을 형성시키는 것으로 장치의 개략도는 [그림 4.27]과 같다

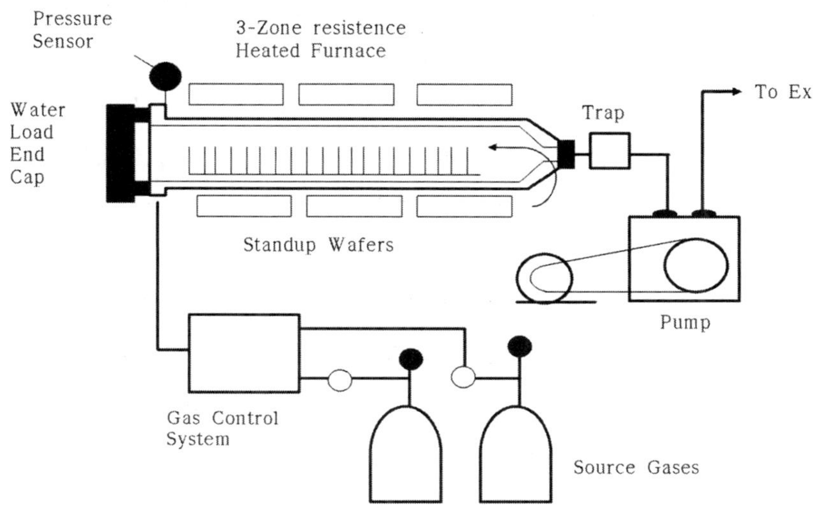

그림 4.27 LPCVD의 장치도

감압 CVD법은 박막의 성장속도가 느리고 또 진공배기 장치가 상압 CVD보다 복잡하게 되는 단점이 있으나, 가스 분자끼리의 충돌이 줄어 반응관 내의 가스 분포가 광범위에 걸쳐 균일하게 되며, 그 결과 균일한 막 두께뿐만 아니라 단차피복성(step coverage)과 막질이 우수한 박막을 얻게 된다. 또한 [그림 4.27]에 나타낸 바와 같이 대량의 웨이퍼를 일정한 간격으로 수직 배치하여 한 번에 수십장씩 처리할 수 있다. 오늘날의 반도체 공정에서는 생산성이 주요 고려사항이므로 박막의 고품질화와 동시에 높은 처리능력(throughput)이 가능한 감압 CVD법은 대단히 중요한 요소기술이라고 할 수 있다. 하지만 상압이나 감압 CVD법은 모두 퇴적 온도가 350~900°C로 비교적 높다. 태양전지 시장의 대부분을 차지하고 있는 다결정 실리콘 태양전지 제조 공정의 경우 단결정에 비해 상대적으로 결함밀도가 높기에 수소 함유량이 높은 SiN 박막을 사용하여 패시베이션하게 된다. 하지만 높은 공정온도로는 높은 수소 함유량을 얻을 수 없기에 저온화와 고신뢰성의 막 형성을 위한 새로운 방법이 필요하게 되었다. 필요성을 충족하는 방법으로 플라즈마 CVD와 광 CVD 등이 있다.

4.5.4 플라즈마 CVD법

플라즈마 CVD법은 감압 상태에서 글로우 방전을 통해 발생하는 고에너지의 전자를 반응가스와 충돌시켜 가스분자를 해리시킴으로써 반응기(radical)나 이온을 생성하는 플라즈마를 이용하여 원료가스를 화학적으로 활성화한 반응을 촉진시킴으로써 막을 퇴적하는 방식이다. 플라즈마 CVD법은 플라즈마로부터 에너지가 공급되기 때문에 앞서 언급한 상압이나 감압 CVD법처럼 열에 의한 반응과는 달리 300°C 전·후의 저온에서 막을 형성시킬 수 있으며, 형성된 박막은 기계적 강도가 크고 단차피복성이 우수하다. 이 방법으로 SiO_2, Si_3N_4막 등을 생성시켜, 패시베이션막이나 단차피복성으로 활용한다. 또한 플라즈마 CVD 반응은 통상 저온 열반응이 곤란한 소스에 적용된다. 예컨대 TEOS($Si(OC_2H_5)_4$; Tetra Ethyl Ortho Silicate)를 소스로 한 SiO_2막 형성시의 열반응 반응에서는 700°C 이상의 온도가 필요하나, 플라즈마 CVD를 이용하면 300°C 정도에서 SiO_2막 형성이 가능하다. 그러나 플라즈마 CVD법은 방전 영역에서 전체에 걸쳐 원료가스가 활성화되기 때문에 성막을 위한 기판 표면만을 선택적으로 퇴적시키는 것이 불가능하고 이온 손상이 문제가 된다.

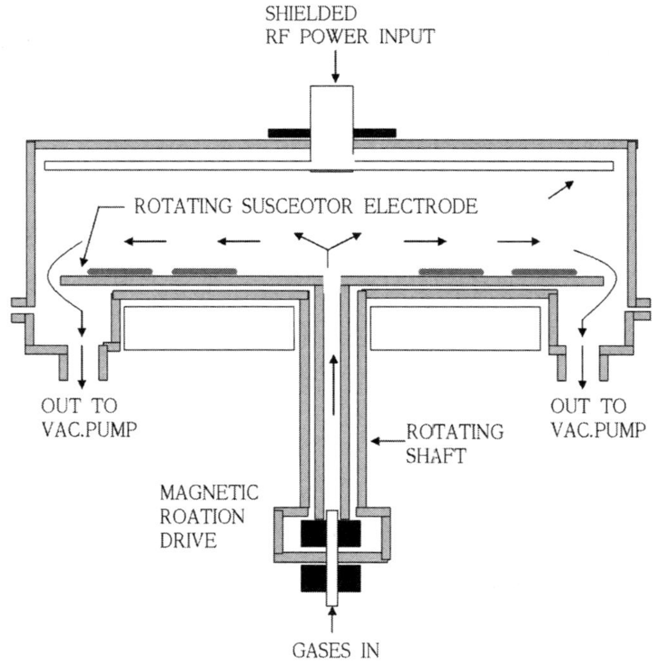

그림 4.28 Plasma CVD 장치의 개략도

[그림 4.28]은 플라즈마 CVD 장치의 개략도를 나타내었다. 플라즈마 CVD 장치의 반응로는 기판과 반응로의 열에너지 공급형태에 따라 핫월(hot wall)과 콜드월(cold wall)의 두 가지 방식으로 분류된다. 콜드월 방식은 반응이 활성화되어 막 퇴적이 생기는 영역이 기판 영역에만 한정되어, 원료가스의 손실을 방지할 수 있으므로 현재 사용되는 대부분의 플라즈마 CVD법은 이 방식을 취하고 있다.

이와 같이 플라즈마 CVD 방식은 일반적으로 웨이퍼를 서셉터 위에 놓고 히터로 가열하며, 1 Torr 전후의 압력으로 반응가스를 반응로 내로 도입시킨다. 또 플라즈마 방전은 직류가 아니라 RF에 의한 고주파 방전 플라즈마를 사용하며, 전원 주파수를 13.56 MHz 또는 50 MHz가 많이 이용되고 있다. 한편 막질을 더욱 향상시키기 위한 마이크로파 방전 플라즈마, ECR(Electron Cyclotton Resonance) 플라즈마를 사용한 CVD법도 있다.

4.6 금속전극

전면 전극 형성시 고려해야 될 두 가지 사항은 전면 전극의 설계 및 스크린 인쇄법에 의해 전면 전극을 형성할 때의 열처리 온도와 시간이다. 먼저 태양전지 표면의 금속전극은 표면에서의 빛의 반사 및 직렬저항 성분에 큰 영향을 준다. 직렬저항은 기판저항, 전자가 그리드(grid)까지 수평 이동할 때 받는 수평저항, 실리콘과 금속 간의 접촉저항, 금속 자체저항 등이 있는데, 여기서 접촉저항은 전면 전극을 늘리면 감소하며, 금속 자체 저항은 그리드 핑거(finger) 폭이 넓을수록 감소된다. 그리드 핑거의 간격은 좁을수록 빛 조사에 의해 생성된 전자가 재결합되지 않고 전극에 도달하는 가능성이 커진다. 즉 수평저항이 줄어든다. 결론적으로 직렬저항을 줄이기 위해서는 전극 금속의 전체 면적과 핑거 폭은 커야 하고, 핑거 사이의 간격은 작아야 한다. 그러나 금속전극의 면적이 증가하면 유효 입사면적이 감소하며 광생성 전류를 감소시키므로 이런 점들을 잘 고려하여 그리드를 설계하여야 한다. 그러므로 전면 그리드를 설계할 때에는 전체 금속 면적을 줄여 태양광을 받는 면적을 넓게 하고, 전면전극 그리드 사이의 간격을 줄여 전자가 받는 저항을 줄여주는 것이 좋다. 상용으로 가장 일반적인 상부전극은 Ag를 스크린 인쇄하는 방법이다. 이때 얇은 에미터 접합을 사용하면 접합이 단락되는 문제가 발생하므로 이에 대한 공정 최적화가 수반되어야 한다. 스크린 인쇄법에 의해 전극을 형성할 때에는 최소 선폭이 결정되므로 이것에 의해 전체 전극 면적도 결정된다. 전면 전극의 면적이 태양전지 면적의 1% 이하로 설계해 주는 Ti/Pd/Ag 다층막과는 다르게 스크린 인쇄법에서는 보통 4% 정도일 때 최고 효율을 얻었다고 발표되고 있다. 일반 생산 판매제품은 6%에서 8% 사이에서 재현성과 생산성을 고려하여 각 회사별로 고유의 공정조건을 가진다. 또한 Ag 페이스트를 이용하는 스크린 인쇄법으로 태양전지를 제조할 때 가장 중요한 공정은 전면전극의 열처리이다. 이 열처리 조건에 따라 태양전지 특성이 결정되므로 최적 조건을 갖도록 전극을 설계하고 이에 따른 열처리 조건을 찾아야 한다.

성막될 물질이 보통 금속일 경우, 이 물질이 이온의 형태로 녹아 있거나, 어떤 액체 속에 섞여 있는 것을 사용한다. 그 용액이나 액체 속에 두 전극인 +와 −를 삽입하고, 전압을 걸어주면 금속성인 +이온이 음극으로 끌려오고, 이 금속이온이 음극표면에 모여서 막이 형성된다. 성막된 물질의 양은 이때 이동한 전하의 양에 비례한다. 이 비례상수를 그 물질의 전기화학적 당량이라고 한다. 예를 들면 2.04×10^{-3} g/C이고, Al은 0.09×10^{-3}g/C이다. 성막된 막의 특성은 기판에의 접착도와 그 막의 결정구조 같은 것인데, 이들은 전해질의 성질에 의해 영향을 받는다. 이 경우 박막은 도체 위에만 만들 수 있고, 막이 전해질의 불순물에 의해 오염되는 것이 단점이다. 실제에서 이들 막의 전기적 성질이 균일하지 못하다. 일반적으로 전해액의 순도가 좋지 않아서 생기는 막 내의 오염이 큰 결점이 되고 있는데, 이것은 이들 막을 실제로 사용하지 못하는 이유가 된다.

광학적인 측면에서 전극에 대한 손실을 줄이면서도 전극의 유효한 면적을 줄이는 방법이 [그림 4.29]에 나타낸 매몰형 전극(buried contact)이다. 레이저나 다이몬드 날을 이용해 기계적으로 홈을 형성하고, 홈을 판 영역에만 금속을 무전해 도금이나 진공 증착 시에 경사를 주어서 형성 가능하다.

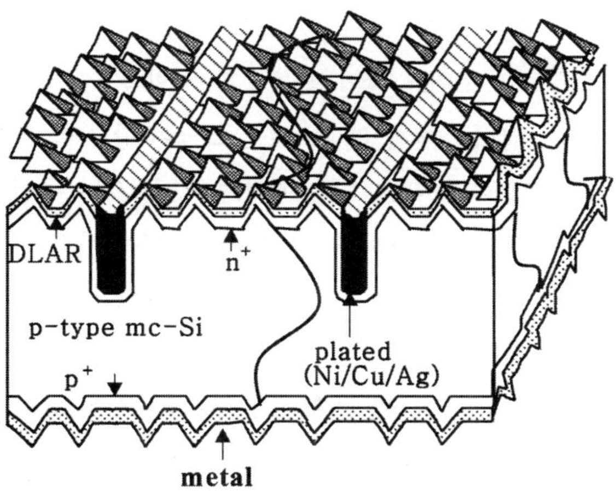

그림 4.29 매몰형 전극을 갖는 실리콘 태양전지 구조

스크린 인쇄는 스테인리스 망사에 유제로 개구부가 형성된 스크린 마스크를 이용하여 페이스트를 스퀴즈로 문질러 기판 표면에 패턴을 형성하는 방법이다. 스크린 인쇄시 페이스트와 스크린 마스크, 그리고 인쇄기의 특성이 중요한 요인으로 작용한다. 페이스트는 높은 형상 유지성과 양호한 판 분리성이 필요로 하며, 스크린 마스크는 초기 정밀도를 유지하는 것은 물론 여러 번의 인쇄 후 판의 신장이 발생하지 않고, 초기 치수를 유지시키는 것이 필요하다. 스크린 인쇄는 스크린 마스크를 기판에 접촉시켜 인쇄하기 때문에 스크린에 손상을 준다. 이러한 손실을 줄이기 위해 인압을 작게 하는 인쇄기가 사용되고 있다. [그림 4.30]에 스크린 인쇄 과정을 나타내었다.

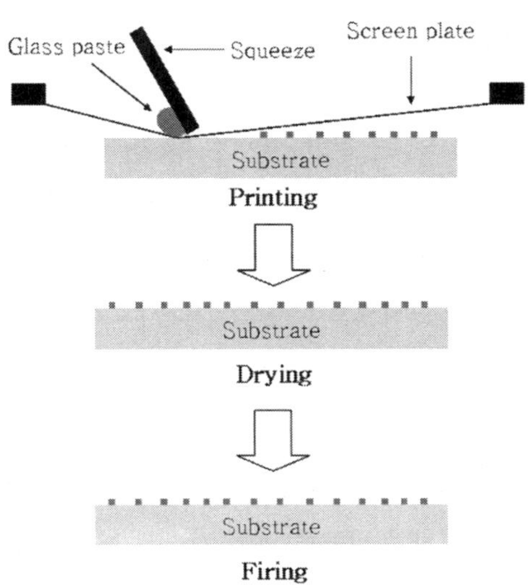

그림 4.30 스크린 인쇄 과정

페이스트는 스퀴즈와 스크린 기판이 접촉하는 위치에서 스퀴즈의 이동으로 유동하여 스퀴즈 각의 면에서 수직 방향으로 힘을 받아 이 압력이 앞으로 전달된다. 압력을 받은 페이스트는 스크린 망사의 개구부를 통해 기판에 도달하며, 유제로 둘러 싸였던 공간에서는 페이스트가 충전된다. 공간에 페이스트가 충전되면 그 후의 압력을 받았던 페이스트는 반작용으로 위쪽에 흐르고, 스퀴즈 면을 타고 전방으로 회전한다. 이것이 페이스트의 롤링이다. 즉 페이스트 토출에 가장 영향을 미치는 것은 페이스트와 스퀴즈의 접촉각도이다. 또한 스퀴즈 속도는 압력을 받아 시간에 관계되고, 토출에 영향을 미친다. 스퀴즈 속도가 늦으면 오랜 압력을 받아 토출력을 증가시킨다. 스퀴즈의 인압은 토출력에 직접 관계하여 스크린 상의 페이스트를 균일하게 얻을 수 있고, 기판과 접촉하는 만큼 얻을 수 있다.

페이스트가 인쇄된 후 이격거리와 스크린 판의 장력으로 인하여 기판에 인쇄된 페이스트가 스크린 판과 분리되어 기판 상에 남게 된다. 이러한 판 분리는 스크린의 장력과 페이스트의 점탄성과의 관계에서 일어나기 때문에, 균일한 인쇄를 위해서는 좋은 판 분리성이 절대적인 전제조건이다. 판 분리 후 기판 위에 남아있는 페이스트는 스스로의 성질에 의해 인쇄표면의 메시자국을 지우고 기판 위에서 형상을 보존한다. 기판 위에 형성된 페이스트는 건조(통상 150°C 정도)와 소결과정을 거쳐 원하는 특성을 얻게 된다. 스크린 프린트를 이용하여 태양전지를 제조하는 방법에는 후면전극을 인쇄하고 건조 및 고온 열처리하여 후면전계를 먼저 형성하고, 전면전극을 인쇄하고 건조 및 고온 열처리하여 인쇄 페이스트에 포함된 저융점 유리 프릿 성분이 반사방지막을 뚫고 n-형층과 접촉을 하게 하는 방법이 double firing 방법이다. 다른 태양전지제조방법으로 일반적으로 산업계에서 사용되는 방법은 후면전극 인쇄 후 건조, 전면 전극 인쇄 후 건조하여 한번 고온열처리로 후면전계와 전면 전극접촉을 동시에 달성하는 co-firing 방법이 있다. 전면 전극인 Ag와 후면 전극으로 AgAl 그리고 Al 금속 사용이 가장 일반적이다. 금속 Al을 위한 뒤판의 마스크는 3D-200을 사용하여 20 μm 이상의 Al을 도포한다. 전면전극인 Ag 성막을 위해서는 3D-325를 사용한다. 스퀴지는 다이아몬드 스퀴지를 사용로 경도는 70에서 80 사이를 사용한다. 퀴즈 속도는 4~10 cm/s이다. 먼저 Al paste를 증착한 후 120°C에서 5분 동안 열처리한 후 전면 전극인 Ag paste를 스크린 프린트를 사용해 증착한 후 다시 120°C에서 5분 동안 열처리를 한다. 그 이후 급속 열처리 공정을 이용하여 전후면 동시 열처리를 하여 전극을 형성한다. 전극 형성을 위하여 스크린 프린트를 사용하여 낮은 접촉저항을 갖는 태양전지의 제작은 태양전지 양산에 있어서 중요한 과제 중의 하나이다. 급속 열처리 공정의 온도 및 시간, 분위기에 대한 공정 최적화가 각 line 별로 필요하다. 태양전지의 전극의 두께는 직렬저항에 영향을 미친다. 전극의 높은 두께는 낮은 직렬저항을 가져오며 이는 높은 변환효율을 가져오게 한다. 전극의 두께를 높이기 위하여 스크린 프린트에 사용되는 3D 망사를 사용이 바람직하다. [그림 4.31]은 3D 망사와 일반적인 망사의 구조를 보여주고 있다. 망사의 재질은 스테인리스 스틸이다. 3D 망사는 일반적인 망사에 비하여 높은 두께를 가진다. 태양전지의 핑거 폭의 감소와 두께의 증가는 효과적으로 저항손실과 광 손실을 최소화한다. 3D 망사와 일반적인 망사의 두께 비교는 <표 4.9>에 요약하였다. 태양전지의 전면전극을 위하여 3D-325를 사용 전면전극 Ag의 두께는 15 μm을 얻을 수 있고, 후면전극을 위해서는 3D-200을 사용 25 μm 이상의 Al 두께를 얻을 수 있다. <표 4.10>에 스크린 인쇄의 문제 발생 유형 원인과 대책을 요약하여 정리하였다.

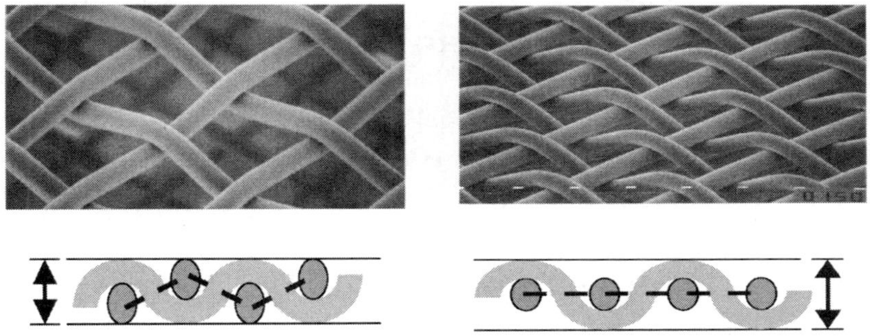

(a) (b)

그림 4.31 3D 망사 (a)와 일반적인 망사 (b)의 망사구조와 두께 구조 비교

표 4.9 3D 망사와 일반 망사의 두께 비교

MODEL	3D Mesh Thickness (μm)	Normal Mesh Thickness (μm)
3D−500 mesh	53	42
3D−400 mesh	54	42
3D−400 mesh	66	55
3D−325 mesh	77	60
3D−250 mesh	85	60
3D−200 mesh	115	80
3D−165 mesh	126	95

표 4.10 스크린 인쇄의 문제 발생 유형 원인과 대책

문제점	원 인	대 책
인쇄 튐	* 피인쇄체에 물, 기름, 먼지, 윤활제 따위가 묻어있음	* 표면 세정
	* 공중에 먼지가 많다	* 바닥에 물을 뿌림, 습도유지
	* 잉크 속에 불순물이 있음	* 잉크 여과, 신규 조색
	* 제판이 오염되어 있음	* 제판 세정
핀 홀	* 잉크의 교반이 불충분함	* 사용 전 충분히 교반
	* 교반 후 바로 인쇄	* 숙성시간 유지
	* 흑색 인쇄중이 두꺼움	* 전공정 인쇄층 조정
기포 발생	* 잉크점도가 너무 높다	* 희석제로 점도를 낮춘다
	* 스퀴지 속도가 빠르다	* 인쇄 조건을 조정한다
	* 제판과 조방의 간격이 크다	* 간격은 4~5 mm가 최적
	가능한 점도를 낮추고, 적당한 인쇄속도 유지가 바람직함	
번 짐	* 잉크점도가 너무 낮다	* 희석제를 줄인다
	* 잉크의 유동성이 너무 크다	* 희석제를 줄인다
	* 인쇄 압력이 너무 높다	* 인쇄 압력을 낮춘다
	* 제판/스퀴지/홀더가 더럽다	* 세정 후 작업
		* 잉크 도포 후 정지시간을 축소
얼룩 무늬	* 잉크의 유동성 불량	* MEDIUM으로 유동성 낮춤
	* 점도가 너무 높다	* MEDIUM으로 유동성 낮춤
	* 판 막힘, 판의 오염	* 제판 세정
	* 스퀴지 날의 굽음, 손상	* 스퀴지 조정
줄 무늬	* 인쇄 압력 부족	* 인쇄 조건을 조정한다
	* 스퀴지 속도가 빠르다	* 인쇄 조건을 조정한다
	* 피 인쇄지의 오염	* 피 인쇄지 세정
판막힘	* 건조	* 습도유지
	* 잉크의 불순물	* 현장 청결유지, 잉크여과
	* 세제의 부적합	* 지연제 사용
	* 유제층이 너무 두껍다	* 유제층 적정 유지
뜬김	* 제판상태 불량	* 재 제판 작업
	* 제판과 조방의 간격이 크다	* 간격 조정
빼짐	* 제판 건조	* 습도 유지
	* 잉크 점도가 너무 낮다	* 희석제를 줄인다

금속전극을 형성하고 나면 후속으로 열처리 과정을 거쳐서 접촉저항 선저항 등을 최소화함과 동시에 후면전계(BSF: Back Surface Field)을 형성하는 과정을 거치게 된다. 후면전계란 p-형 웨이퍼 뒷면에 p^+층을 형성하는 것을 말하며, p 영역의 전자가 뒷면으로 이동하여 재결합하게 되는 것을 방지하는 역할을 한다. 그 결과 누설 전류를 줄이고, 좋은 저항성 접촉(Ohmic contact)을 만들어 주는 게 되어 태양전지의 개방전압과 충실도의 향상을 가져오게 된다. 박막 공정에서는 뒷면에 재결합 방지막이 있는 경우와 없는 경우 BSF 최적 조건이 바뀌며, 최근에는 아주 긴 캐리어 수명을 갖는 실리콘으로 태양전지를 제작할 때에는 BSF 공정이 오히려 수명을 감소시킬 수 있기 때문에 뒷면을 페시베이션만 해주고 BSF는 생략하기도 한다. 스크린 인쇄 공정에 의해 BSF층을 형성할 경우, 알루미늄 페이스트(paste)가 너무 얇으면 BSF 효과가 나타나지 않으며, 너무 두꺼우면 웨이퍼가 휘게 되므로 그 사이의 최적치를 찾아서 스크린 인쇄하여야 한다.

후면 전계 형성을 위한 물질로는 붕소(B)과 알루미늄(Al)이 사용된다. 붕소 확산을 위한 물질로는 일반적으로 BN 웨이퍼와 BBr_3와 또는 APCVD법에 의해 제조한 SiO_2:B_2O_3가 사용된다. 다결정 실리콘의 경우 일반적으로 알루미늄 금속을 사용한다. 진공증착이나 스크린 인쇄된 알루미늄을 850℃ 이하의 온도에서 열처리하여 p^-p^+ 접합을 형성한다. 열처리시의 온도상승, 유지, 하강 속도에 따라서 태양전지의 효율이 크게 영향을 받으며, 급속한 열처리에서 보다 우수한 특성을 얻는다.

4.7 | 단결정 실리콘 태양전지

실리콘 태양전지는 크게 단결정(single crystal) 형태와 다결정(polycrystalline) 형태의 재료로 나뉘며, 기본적으로 p-n 동종접합(homojunction)으로서 태양전지에 사용된다. 단결정은 순도가 높고 결정결함밀도가 낮은 고품위의 재료로서 당연히 높은 효율을 달성할 수 있으나 고가이고, 다결정 재료는 상대적으로 저급한 재료를 저렴한 공정으로 처리하여 최대의 효율을 달성할 수 있는 태양전지를 최저의 비용으로 생산하는 기술이 핵심이 된다. 단결정 실리콘을 사용한 전지는 집광장치를 사용하지 않은 경우 최고 변환효율은 호주의 UNSW(University of New South Wales) 대학이 발표한 24%(4 cm^2)이며, 집광장치를 사용한 전지는 28%이상의 효율이 발표되었다. 다결정 실리콘전지는 약 19.8% 효율이 발표되었는데, 실리콘계 효율의 도달 한계치는 단결정이 35%, 다결정이 19%정도인 것으로 예측된 바 있다. 지상용으로 가장 널리 사용되고 있는 결정질 실리콘 태양전지는 스크린 인쇄법에 의한 전극을 갖는 구조로써 광변환효율이 12~17% 정도이다. 현재 태양전지 공정에 대한 연구는 태양전지 제조 시에 소요되는 공정을 16시간에서 1시간대 이내로 단축하는 공정 단순화, 대량 생산용 연속 제조공정, 저온 급속 열처리 공정 개발과 고효율을 달성하기 위한 표면처리 기술에 집중되어 있다. 실리콘 재료를 기반으로 한 진행된 지상 전력용 태양전지 효율 향상에 대한 연도별 진척도를 [그림 4.32]에 도시하였다.

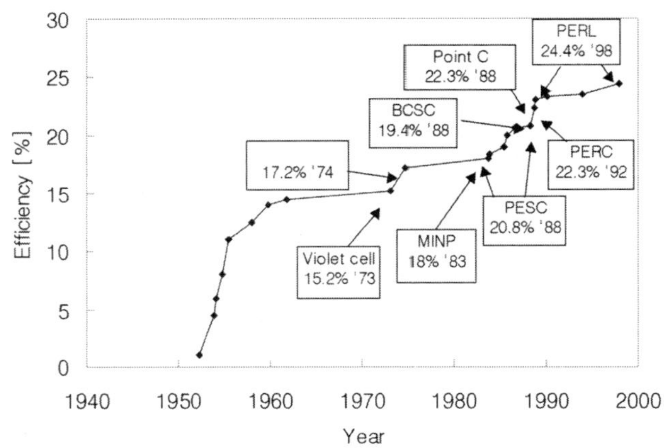

그림 4.32 연도별 실리콘 태양전지 효율 진척도

그 외에 우주용이나 집광용등 특수한 용도로 사용되고 있는 고효율의 결정질 실리콘 태양전지는 진공증착이나 전기도금 등에 의한 전극을 갖는 PERL(passivated emitter, rear locally- diffused) 태양전지, 매몰전극 태양전지(buried contact solar cell : BCSC), 모든 전극을 후면에 가지는 IBC(integrated back-side contact) 태양전지 등으로서 18~24%의 높은 광변환효율을 갖는다. 고효율 태양전지의 주요 특성은 표면에서의 재결합을 방지하기 위하여 passivation을 하고, 광전효과를 발생하는 캐리어의 재결합(특히 후면전극 부근에서 재결합을 억제하는 후면 표면전계 구조)이나 가시광의 기판 표면에서의 반사율 감소를 위한 기판 표면에 피라미드 모양의 기공을 형성하고, 빛 흡수를 최대화하기 위하여 이중 반사방지막을 형성하고, 전면 전극의 면적을 최소화하였으며, 전극과 실리콘 기판과의 접촉저항을 최소화하였다.

PERL(passivated emitter, rear locally-diffused) 태양전지는 호주의 New South Wales 대학에 의하여 개발된 것으로서 24% 이상의 광변환효율을 달성

하였다. 특징은 광 흡수면이 역피라미드 표면구조를 가지며, 후면이 부분적으로 P^+층을 갖고, 태양전지 기판의 전후면에 200Å의 산화층을 입혀 표면에서의 재결합을 줄이도록 하고 있다. 또한 전면전극 아래의 실리콘층을 n^+층으로 처리하여 전극과 실리콘층과의 접촉저항을 줄이고자 하였으며, 빛 흡수를 극대화하기 위하여 역피라미드 표면 위에 이중 반사방지막을 채택하고 있다. [그림 4.33]은 PERL 태양전지 구조를 나타낸 것이다. [그림 4.34] PERL 태양전지 표면의 전자현미경 사진을 나타낸 것으로, 역피라미드 표면구조와 전기도금을 형성된 finger의 모습을 보여주고 있다. 전체 finger 폭은 20μm 이하이고, 접촉 폭은 3μm이다. 현재 PERL 전지를 완성하기 위해서는 숙련된 전문가가 제작할 경우 3일 이상의 제조과정이 소요되므로 상용화에는 적합하지 않다.

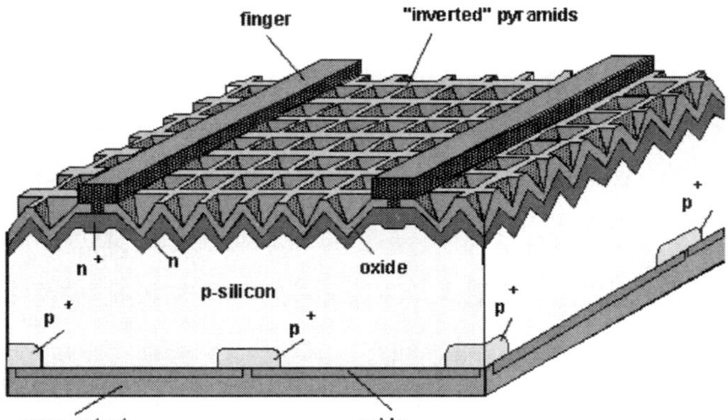

그림 4.33 호주의 UNSW에서 개발된 PERL(passivated emitter, rear locally-diffused) 태양전지

그림 4.34 PERL 태양전지의 표면 전자현미경 사진

이러한 장시간의 제조과정을 해결할 수 있으면서도 고효율 달성이 가능한 것이 [그림 4.35]에 나타낸 매몰형 태양전지(BCSC : buried contact solar cell)이

다. 매몰형 태양전지는 스크린 인쇄법에 의해 전극을 형성시키는 기존 태양전지의 문제점을 극복하면서도 값싸게 만들 수 있는 태양전지로 각광을 받고 있다. 즉 스크린 인쇄법에 의한 태양전지는 전면전극 면적이 태양전지 면적의 8~10%로서 증착 등의 방법에 비하여 광 흡수면이 훨씬 적고, 접촉저항이 커서 효율을 향상시키는데 한계가 있다. 그러나 buried contact 태양전지의 경우 레이저에 의해 형성된 홈 내에 전극이 매몰되어 있어 금속의 접촉면을 늘일 수 있다. 그 결과 전극 면적을 5% 이하로 줄이면서도 접촉저항을 작게 할 수 있다. 2000년에 국내의 삼성 SDI에서도 20.5% 이상의 광변환효율을 갖는 태양전지를 개발하였다. 이 태양전지는 New South Wales 대학에서는 개발단계에서 23%의 광변환효율을 얻었으며, 영국의 BP Solar, 미국의 Uniserch Ltd. 등은 17~18%의 광변환효율을 갖는 태양전지를 생산하고 있다. 태양전지 제조는 기존의 스크린 인쇄법에 의한 방법과 마찬가지로 웨이퍼 표면 결함 제거 및 피라미드 형태의 표면을 형성하기 위해 텍스처링(texturing)을 실시한다. 그 후 표면저항이 다소 높게(100 Ω/□) 인을 확산시키고, 산화막과 반사방지막을 형성시킨다. 웨이퍼 표면의 깊고 긴 홈을 laser 또는 기계적으로 가공한 후 식각하고, 전면전극 아래 부분의 n^+층이 더 높은 농도(20 Ω/□)를 갖도록 2번째 인 확산을 실시한다. 알루미늄을 후면에 스크린 인쇄, 또는 증착이나 합금시키고, 무전해 니켈도금에 이어 구리와 은의 무전해 도금으로 전, 후면 전극을 형성시킴으로써 태양전지가 제조된다. 매몰전극을 형성하기 위해서 기존에 감광층을 이용한 사진패턴 형성기술이나 레이저를 사용한 직접적인 홈 형성 방법을 사용하였으나 현재는 기계적으로 홈 형성이 가능한 다이아몬드 날을 이용한 연구개발이 완성된 상태이다. 한편 Kyocera는 100 cm^2의 면적을 갖는 FZ(floating zone)실리콘 기판을 사용하여 19.44%의 광변환효율을 갖는 태양전지를 개발하였다. 태양전지 제조방법의 특징은 전면전극과 실리콘층과의 오믹 접촉을 좋게 하기 위하여 전극 접촉면 아래에 고농도 인 확산층을 형성하였고, 표면 passivation용 산화층과 이중 반사방지막을 채택하였다. 또 기존의 스크린 인쇄법에 의한 태양전지와 유사한 텍스처링된 표면과 Al paste 인쇄 및 열처리에 의한 후면전계 형성, 표면 passivation용 산화층 형성 등의 공정을 사용하였다.

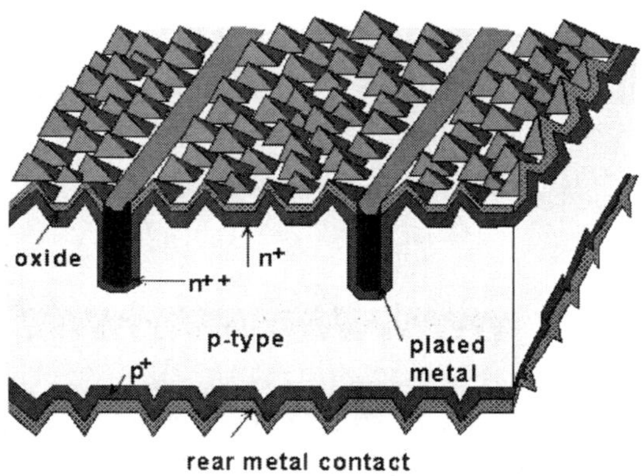

그림 4.35 매몰형 전극(BCSC)구조 태양전지

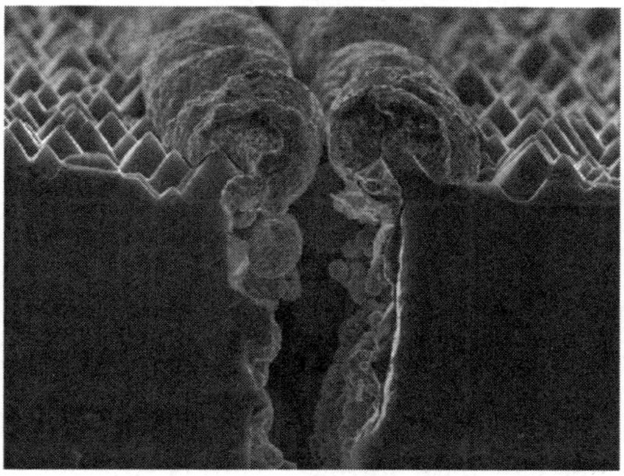

그림 4.36 레이저에 의해 형성된 홈의 단면 사진

IBC 태양전지는 Stanford 대학에서 집광용으로 개발하였으나 비집광용으로도 매우 높은 효율을 갖는다. 이 태양전지의 가장 큰 특징은 [그림 4.37]에 나타낸 것처럼 종래의 태양전지와는 달리 음극 및 양극 전극이 태양전지의 후면에 존재한다는 것이다. 이렇게 함으로써 전극이 없는 다른 면에서 태양광이 최대한 흡수되도록 하고, 직렬저항을 최소화되도록 하였다. 전면에 산화막을 입혀 표면 재결합을 방지하고, 이중 반사방지막을 채택하여 빛 흡수율을 향상시키도록 하였으며, Al/Ni/Au 금속전극을 채택하였다. 지상의 태양광 조건으로 개발 수준에서 22.7%를 갖는 태양전지는 현재 미국의 Sunpower 사의 파일롯 생산 규모에서도 20~21%의 광변환효율을 나타내고 있다.

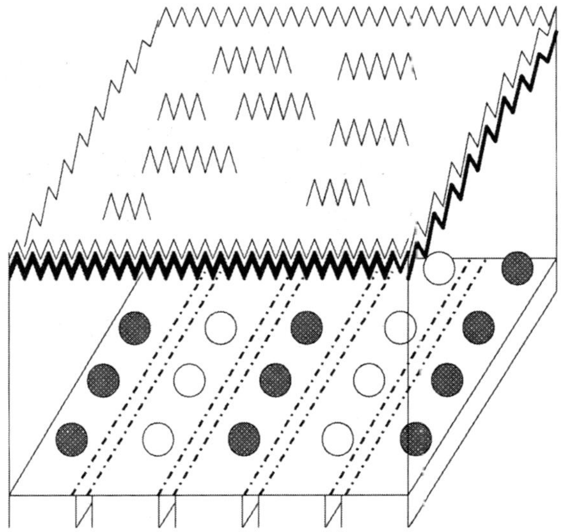

그림 4.37 Stanford University에 의하여 개발된 IBC(integrated backside contact)

한편 20% 이상의 초고효율 태양전지를 개발하려는 연구가 활발히 이루어지고 있다. 현재 세계적으로 3개의 회사만이 제1세대 초고효율 태양전지를 양산하고 있다([그림 4.38]). 그 중에서 Sanyo사는 단결정 실리콘 기판에 비정질 실리콘 박막(amorphous silicon thin film)을 성장시킨 이종접합 구조인 HIT(Hetero-junction with Intrinsic Thin-layer) 태양전지로 양산기준 19.5%의 에너지 변환효율을 달성하여 200 W 모듈 시장에 선보이고 있다. 실험실 수준에서는 21.4% 내외의 에너지 변환효율을 달성하여 초고효율 태양전지 제조분야 기술력을 확보하였다. Sanyo HIT 태양전지는 두께 0.2 mm, n-형 단결정 실리콘 기판에 수소화된 진성 비정질 실리콘층과 투경 전도막(TCO: Transparent Conducting Oxide)을 이용한다. 두 번째 상용으로 초고효율 태양전지를 양산하고 있는 회사는 BP Solar 사로 125 mm × 125 mm 크기에서 레이저 스크라이빙(laser scribing)법과 무전해 도금(electroless plating)을 이용한 매몰형 금속 태양전지이다. 기존의 스크린 인쇄 전극형성보다 3% 높은 18.3%의 에너지 변환효율을 달성, 판매하고 있다. 레이저 스크라이빙을 이용한 홈이 절연막을 성장시킨 후에 형성되기 때문에 홈을 따라서 무전해 도금으로 Ni, Cu 그리고 Ag를 차례로 입힌다. 호주의 UNSW에서 개발되어 2003년 현재 BP Solar사에서 연간 30 MW 용량의 초고효율 태양전지를 양산하고 있다. 미국의 Sunpower 사는 후면에 모든 전극이 집적화된 태양전지인 BIC(Back Integrated Cell)로 제3의 초고효율 태양전지 양산 대열에 뛰어들고 있다. 이 회사는 2004년에 비교적 기판

재료가 고품질로 고가인 FZ(Floating Zone) 실리콘 기판을 이용하여 양산을 계획하고 있다. 국내에서는 삼성 SDI에서 BCSC 형태의 태양전지로 70 mm × 70 mm 면적에서 21% 내외의 초고효율 태양전지 개발에 성공하여 대한민국 10대 신기술 상을 수상한 바 있다.

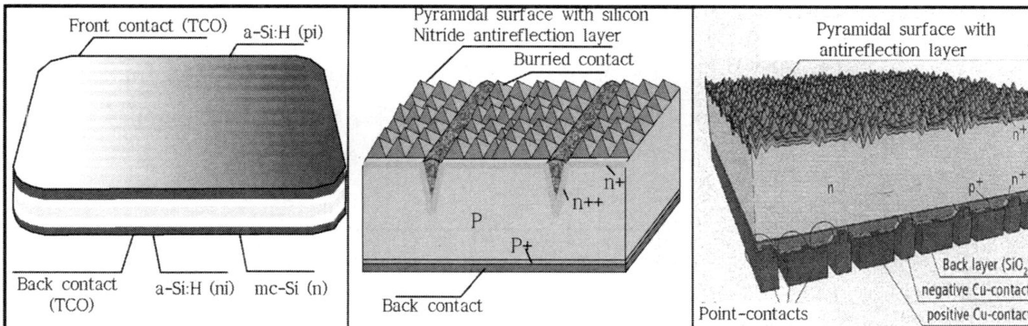

SANYO, Japan, 1997	BP Solar(1994~) Saturn cell	SunPower Corporation, USA(1988~) Cell with only back contact
Heterojunction with Intrinsic Thin-layer(HIT) ● Sandwich structure, n-type wafer, 200㎛ ● pr type a-Si, ntype c-Si, ni type a-Si ● Transparent conducting Oxide layer for Ag-contract of the grid on both sides ● The non-doped si-layers instead of SiN, prevents recombination. ● 200 Wmodule-April 20003-19.5%eff ● plasma procedure needs only 200℃ ● performance of the HIT module drops only by 0.3% with higher outside temperature instead of 4% or 5% inother convertional modules ● A cell with 21% efficiency is prepared in Laboratory 200W	● Using eight times thinner Laser Grooved Buried Contact instead of conventional metal contact ● Grooves are strongly negatively doped and coated with Nickel(Chemical bath) and Copper ● Ni Layer acts as a protective layer for not allowing Cuto penetrate into silicon ● Less shadowing(5% more light absorotion) and many gridlines at shorter distances(less contact resistance) ● Less than 3% of the light is reflected in total ● The new 125×125mm cell has efficiency of 18.3% 180W	● Prof. Swanson brought up the idea of the contacts only on the back side ● Chemically etched for pyramidal structure on the front surface of n-doped wafers ● Strong p-doping with B at the back ● Masking to form zebra pattern at back ● unmasked stripes are etehed off and strongly doped with p to form n-type stripes ● SiO_2 coating at back preverts transmission of the light at back and recombination at front ● Using mask and Screen printing device metal contacts on p-type and n-type stripes are made with copper and tin.

그림 4.38 세계적으로 초고효율 태양전지를 양산하고 있는 3개 회사

4.8 지상전력용 다결정 실리콘 태양전지 기술

다결정 실리콘 분야에서도 단결정 실리콘과 유사하게 고가, 고난도의 공정을 사용하여 16% 이상의 고효율을 달성하기 위한 노력이 진행되고 있다. <표 4.11>에는 개발된 고효율 다결정 실리콘 태양전지 사례를 도시하였다. Kyocera 사에서는 다결정 실리콘 태양전지를 n^+-p-p^+ 형태로 실리콘 질화막 표면처리와 RIE(reactive ion etching)법으로 면을 텍스처링시켜 고효율을 달성하였다. New South Wales 대학에서는 단결정 고효율 태양전지 제조기술인 BCSC를 다결정 기판에 적용하는 방법과 불순물 제거기술, 그리고 접합부의 누설 전류를 억제하기 위해서 사진 패턴 형성 기술을 이용하여 17.1%의 효율을 달성하였다.

이때 다결정 기판 내에 존재하는 철, 니켈, 코발트 등의 불순물은 n^{+}-p 접합 형성을 위한 불순물 확산 후에 전기로의 온도를 천천히 식히는 방법으로 석출하고, 이 불순물을 포함한 표면층을 다시 식각(etch back)하였다. 또한 표면 재결합을 줄이기 위해서 열 산화막을 성장하였다. Multi-blade wheel grinding 방법으로 표면에 V-형 홈을 형성하여 1 cm^2의 면적에서 18.6%, 10 cm × 10 cm의 면적에서 17.2%의 변환효율을 얻었다. 현재는 기계적으로 V-형 홈을 형성하고 원형 고무 막대에 Ag 금속선을 자동으로 인쇄하는 기술을 이용해 상용화하기 위한 노력을 하고 있다. 미국 조지아 공대에서는 HEM(heat exchange method) 방법으로 제작된 mc−Si 이용하여 n^{+}-p-p^{+} 형태의 다결정 실리콘 태양전지를 제작하였고, 1 cm^2의 면적에서 변환효율은 18.6%를 보였다.

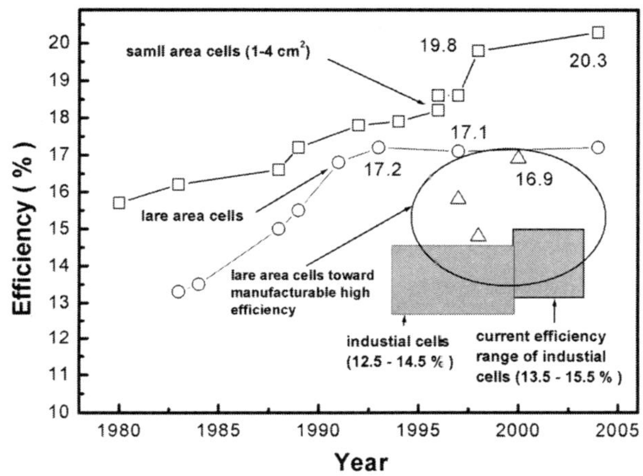

그림 4.39 지난 20년 동안 다결정 실리콘 태양전지 효율의 발전

다결정 태양전지의 효율은 지난 20년 동안 꾸준하게 발전되어 왔다. 이러한 발전은 고품질 재료의 개발과 태양전지 제작공정의 개발에 의해 이루어진 것이다. [그림 4.39]에서와 같이 다결정 태양전지의 효율에 대한 발전은 3개의 범주로 나뉘어진다. 첫째는 소면적(1~4 cm^2) 연구용 태양전지로서 고가의 기술의 발전 그룹이다. 둘째는 양산용 및 연구용 대면적(≥100 cm^2) 태양전지 기술이다. 셋째는 양산용 대면적 태양전지 기술이다. 현재는 양산용의 일반적인 다결정 태양전지의 효율은 12.5~15.0% 정도를 나타내고 있다. <표 4.11>에서는 이러한 효율의 발전에 따른 대표적인 태양전지의 특징을 보여주고 있다.

표 4.11 다결정 태양전지의 효율의 발전 요약표

연도	회사	효율	면적	특징	관계 그림
1989	UNSW	17.8%	1×1 cm^2	PESC Real Al treatment	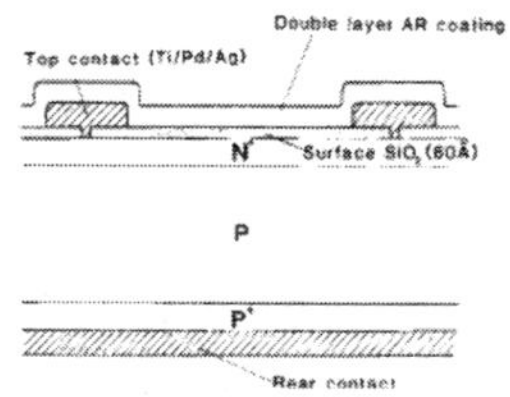
1993	Kyocera	16.4%	15×15 cm^2	Fine Front Electrode (evaporation)	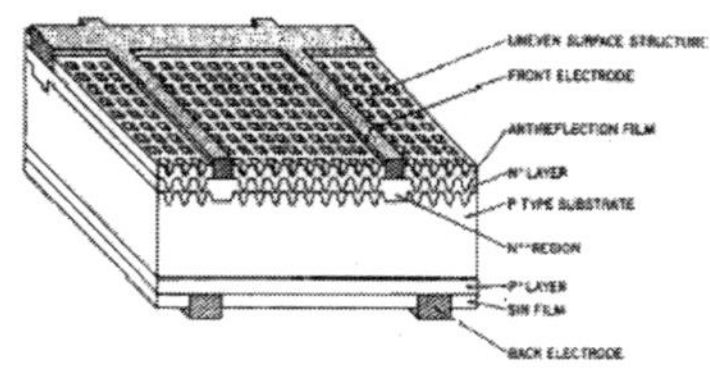
1993	Sharp	17.2%	10×10 cm^2	V−groove	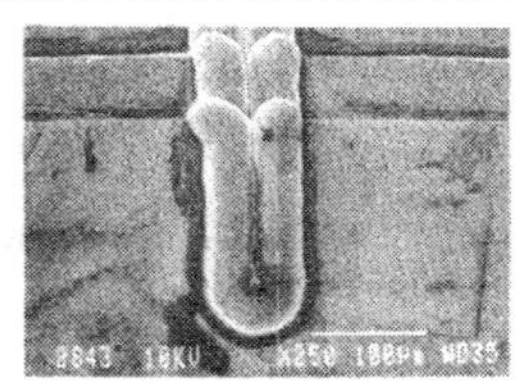
1996	Kyocera	17.2%	15×15 cm^2	RIE Texture	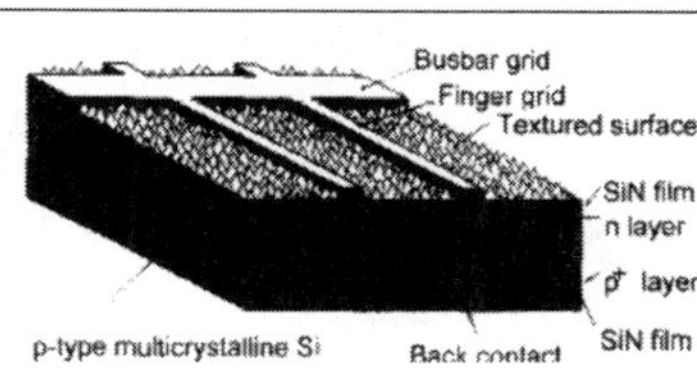
1996	GIT	18.6%	1×1 cm^2	Sb:2000cm/s Effective BSF, HEM mc−Si	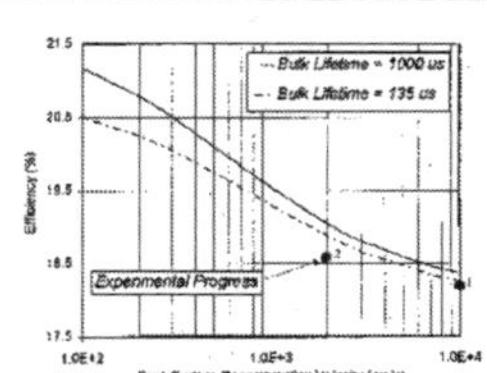
1999	UNSW	19.85%	1×1 cm^2	Honeycomb texture+PERL	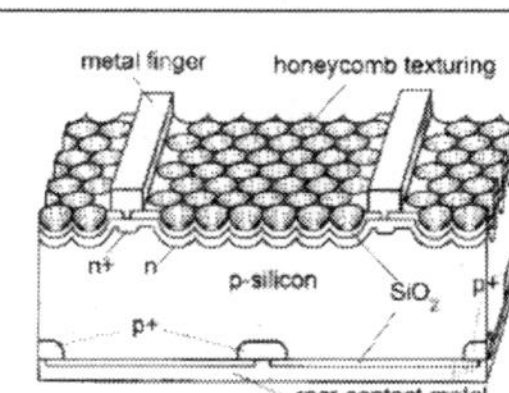
2004	Fraun hofer	20.3%	1×1 cm^2	LFC 구조 + wet oxidation	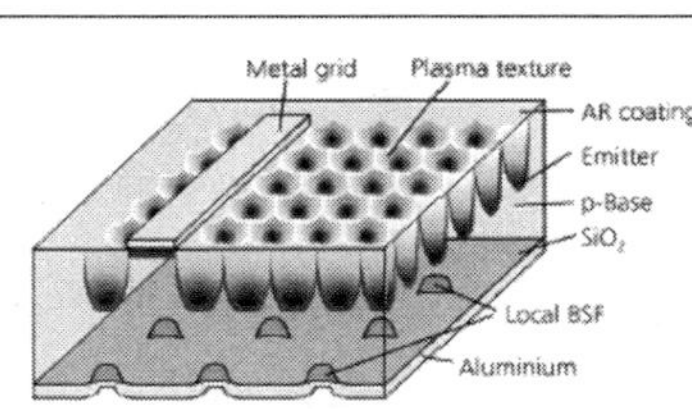

다결정 태양전지의 양산은 21년 전부터 시작하였다. 현재는 전세계의 태양광 모듈의 41% 정도를 차지하고 있다. 1995년 이후로 다결정 실리콘 기판의 사용은 매년 증가하여 미래에는 더욱 더 가속화 될 것을 볼 수 있다. 2000년에 세계 7개의 태양전지 top 회사들은 생산량의 60%를 다결정 실리콘 기판에 두고 있다. 1980년에 8%의 산업용 태양전지의 효율로부터 시작하여 2000년에는 14.5%의 양산용 태양전지의 효율을 보이고 있다. 또한 산업용 태양전지의 크기에 있어서 90 cm^2에서 230 cm^2으로 변화되었다. 다결정 실리콘 태양전지의 성장의 필요는 무엇보다는 CZ 단결정 실리콘 태양전지와 비교하여 저가의 기판이기 때문이다. 1990년대에 들어서면서 정부는 태양광 개발 사업을 위한 단계적인 계획을 갖고 태양광 회사들을 지원하기 시작하였다. Casting 공정 개발에 대한 우수한 논문들이 출판되었다. 1980년에 Solarex(현재 BP Solar)는 산업용 다결정 실리콘 태양전지의 개발의 선두주자이었다. 지난 20년 동안 산업용 casting 기술은 놀라운 발전을 이루었다. Crystalox와 GT Solar의 다결정 실리콘의 개발은 Deutche Solar(Bayer Solar)나 Scanwafer 사와 같은 독립적인 웨이퍼 공급업체를 태양광 산업으로 발전시켰다. 1980년대에는 대면적을 자를 수 없었으나 1995년부터 15 cm × 15 cm 크기의 산업용 태양전지를 위하여 웨이퍼 절단 기술이 발전되었다. 특별히 Shaping Wywtems, Meyer + Berger, M. Setek와 같은 회사에 의해 웨이펄 절단 기술이 발달되었다. 1990년까지 다결정 실리콘 태양전지의 성장에 대한 보고가 여러 기관에 의해 되었다. Kyocera는 bifacial SiN를 이용하여 100 cm^2의 크기의 15.72%를 가지는 다결정 태양전지를 개발하였다. 1989년에는 ECN에서 400 cm^2의 크기의 9.6 %의 효율을 보이는 태양전지를 개발하였다. 많은 대학에서 태양전지의 효율의 개선을 위하여 노력하고 있는 중에 태양광 회사들은 저가화와 대량생산 기술에 주력하였다. 1980년대 말까지 대부분의 태양과 회사들은 photolithographic 금속 대신에 스크린 인쇄를 이용하였다. 또한 Solarex는 튜브형의 확산 공정을 벨트 퍼니스 확산 공정으로 개발시키면서 특허를 내었다. GIT는 포토리소그래피와 진공증착 금속과 forming 가스 열처리를 이용하여 18.6%의 다결정 태양전지를 제작하였다. UNSW는 포토리소그래피와 진공 금속 증착 또한 벌집모양의 텍스처를 이용한 PERL 구조를 가진 19.8%의 다결정 태양전지를 개발하였다. 연구용의 태양전지는 기술의 대면적 태양전지의 개발에 쉽게 접목 되지는 않는다. 많은 공정 장비의 개발과 공정이 필요하다. IMEC는 이러한 어려움들을 극복하며 개발해 나갔다. 1992년 산업용 태양전지를 위한 pilot line을 구성하고 대량생산을 이루어 나갔다. 이러한 노력으로 저가화와 대량 생산의 가속화를 이루었다. 여러 크기의 면적을 가진 태양전지가 개발되었다. 이러한 효율 개선은 태양전지의 모델과 특성분석, 기계적인 텍스처, 표면 부동태화, 급속열처리 기술의 개발로 이루어졌다. 수소를 포함하고 있는 SiN 반사방지막은 금속 접촉을 위한 열처리시 웨이퍼 속으로 확산되어 벌크 패시베이션을 이룬다. SiN 반사방지막을 이용한 산업용 다결정 태양전지는 1984년에 개발되었다. 그러나 1990년대 말까지 이러한 패시베이션 공정이 널리 쓰이지는 않았다. IMEC은 한 번의 열처리고 금속 접촉을 이루는 동시열처리 공정과 SiN를 뚫고 열처리하는 공정을 개발하였다. 이러한 공정은 16.3%의 효율의 다결정 태양전지를 가능하게 하였으며 열처리 공정의 단계를 축소시켰다.연구용 태양전지 개발에 있어서는 게더링과 결함 패시베이션을 통한 효율의 향상이 있었다. 1989년에는 UNSW에서 17.8%의 다결정 실리콘 태양전지를 처음으로 개발하였다. 그러나 이러한 작은 면적의 태양전지의 공정 기술은 양산에 적용하기에는 많은 문제점이 있다. 그러나 이러한 소면적의 태양전지의 연구는 결국 양산을 위한 태양전지의 개발의 기초가 되는 중요한 밑거름이 된다. 즉 소면적의 게더링과 패시베이션 기술은 산업용 태양전지에 적용되어서 2004년에 효율 20.3%를 달성하는 훌륭한 성과를 거두었다.

연 습 문 제

1 태양전지 제조 과정 중 도핑과정에 대해서 논하시오.

2 문제 1에서 에미터의 면저항이 20 Ω/□인 고농도 접합과 100 Ω/□인 에미터를 형성하기 위한 전증착과 확산공정 조건을 기술하고 접합 깊이를 0.5 mm로 가정하고 수식을 사용하여 농도 프로파일을 계산하고 그래프로 그리시오.

3 15 cm × 15 cm의 태양전지에 상부금속의 차광손실이 5%, 7%, 10%, 13%가 되도록 전면 전극을 설계하시오. 설계시에 60 Ω/□인 에미터를 가정하고 직렬저항 성분을 1 Ω · cm 이하로 유지하면서 상부금속의 차광손실을 최소화하는 전극을 설계하고 설계과정을 기술하시오.

4 태양전지의 현실적인 에너지 변환효율 한계를 계산하시오.

5 태양전지 제작에서 그리드 금속과 반도체 접합층에서 발생하는 접촉저항이 문제시된다. 접촉저항을 최소화하기 위한 방안을 조사하시오.

6 태양전지 그리드로 사용될 수 있는 금속의 일함수(work function)를 조사하고 n-형 에미터에 오옴성 접합에 유리한 금속을 적고 사용한 금속과 n-형 silicon 반도체에 에너지 밴드다이그램 그리고 접합에 따른 결과를 논하시오.

7 태양전지 에너지변환 손실요소를 도표화하고 각 항목에 대해서 개선을 위한 방안을 적으시오.

8 태양전지의 단락전류에 영향을 주는 요소에 대해서 논하고 개선방안을 쓰시오.

9 습식식각의 종류와 실리콘 표면이 식각되기 위한 화학 반응식을 적으시오.

10 건식식각 RIE에 대한 방법에 대해서 설명하시오.

11 표면 texturing의 종류에 따른 장단점을 비교하시오.

12 고효율 태양전지를 제조하는 공정을 쓰고 각 공정에 핵심이 되는 기술을 요약하시오.

참고문헌

1) A. E. Becquerel, Comt. Rend. Acad. Sci. 6, 1839, p.561.
2) A. Goetzberger, J. Knoblock, B. Voss, Crystalline Silicon Solar Cells, Wiley, New York, 1998.
3) M. A. Green, Silicon Solar Cells: Advanced Princeples and Practice, Bridge Printery, Sidney, 1995.
4) Shell Renewable Energy Information Brochure, 1997.
5) M. A. Green, IEEE Transcations on Electron Devices, 46, 10, 1999.
6) M. J. keevers and M. A. Green, J. Appl. Phys. 75, 8, 1994, p.4022.
7) M. Wolf and etc., J. Appl. Phys 83. 8, 1998, p.4213.
8) K. W. J. Barnham, J. Appl. Phys., 67, 7 1990, p.3490.
9) Keith Barnham, Appl Surf. Science, 113, 1997, p.722.
10) K. Shirasawa, H. Watanabe, Y. Inomata, K. Fukui, K. Okada, M. Takayaka, H. Watanabe, Proc. 12th European Photovoltaic Solar Energy Conf. Amsterdam, 1994, p. 757-760.
11) H. Nakaya, M. Nishida, Y. Takeda, S. Moriuchi, T. Tonegawa, T. Machida, T. Nunoi, Sol. Energy Mat. Sol. Cells 34, 1994, p. 769-772.
12) M. Takayama, H. Yamashita, K. Fukui, K. Masuri, K. Shirasawa, H. Watanabe, Tech DigestInt. PVSEC-5 1990, p. 319-322.
13) J. Nijs, E. Demesmaeker, J. Szlufcik, J. Poortmans, L. Frisson, K. De Clereq, M. Ghannam, R. Mertens, R. Van Overstraeten Proc. First World Conf. on Photovoltci Energy Conversion, Hawaii, 1994, p. 18-22.
14) J. Szlufcik, F. Duerinckx. E. Van Kerxchaver, R. Einhaus, A. Ziebakowski, E. Vazsonyi, K. De Clercy, J. Horzel, L. Frisson, J. Nijs, and R. Mertens, Proc. 14th European Photovoltaic Solar Energy Conf. Barcelona. 1997.
15) ISE PV Chart, Frunhofer institute EhG-ISE, Freiburg, Germany, November, 1996.
16) T. Saitoh, R. Shimokawa, Y. hayashi, proc. 22ndIEEE Photovoltaic Specialists conf. Las Vegas, 1991, p. 1026-1029.
17) S.R. Wenham, M.A. Green. Buried Contact Solar Cell. US Patent 4,726,850. 1988.
18) S.R. Wenham, M.A. Green. laser Grooved Solar Cell, in US Patent 4,748,130.
19) M.A. Green, S.R. Wenham and J. Zhao, Proc. 23rd IEEE Photovoltaic Specialists Conf, Louisville, 1993. p. 8-13.
20) C.B. Honsberg, S.R. Wenham, Progress in Photovoltaics,3, 1995, p .79-87.

21) S. narayanan, j.h. Wohlgemuth, S.P. Roncin, J.M. perry, proc. 23rd. IEEE Photovoltaic Specialists Conf. Louisville 1993, p .277-280.

22) D. Jordan, J.P. Nagle, Progress in Photovoltaics, 2. 1994, p. 171-176.

23) S.R. Wenham and M.A. Green Progress in Photovoltaics 4, 1996, p. 3-33.

24) R. Hezel, and Schroner J. Appl. phys 27. 1981, p. 3076.

25) R. Heze,W. Hoffmann and K. Jager, Proc. 10th European Photovoltaic Solar Energy Conf. Libon 1991, p. 511.

26) M. Kardauskas, Proc. 6th Sorksop on the Role of Impurities and Defects in Silicon Device Processing, 1996, p. 172-176.

27) J. Amick, F.J. Bottari, J.I. Hanoka, US Patent 5,320,684, 1994.

28) R. Hezel, W. Hoffmann, and K. Jager, Proc. 10th European Photovoltaic Solar Energy Conf. Lisbon 1991, p. 511.

29) P. Campgell, and M.A. Green, IEEE Trans. Electron Dev. ED-33, 1986, p.234-239.

30) A.M. Barnett, S.R. Collins, J.E. Cotter, D.H. Ford, R.B. Hll, C.L. Kendall, S.M. Lampo, and J.A. Rand Tech Digest 9th Int. PVSEC, 1996, p. 247-248.

31) D.H. Ford, A.M. Barnett, J.C.Checchi, S.R. Collins, R.B. hall, C.L. Kendall, S.M. Lampo, and J.A. Rand Tech. Digest 9th Int. PVSEC. 1996, p.247-248.

32) A.E. Ingram, A.M. Barnett, J.E. Cotter, D.H. Ford, R.B. Hall, J.A.Rand, and C.J. Thomas, Proc. 25th IEEE Photovoltaic Specialists Conf. Washington DC, 1996, p. 477-480.

33) D.H. Ford, A.M. Barnett, R.B. Hall, C.L. Kerndall, and J.A. Rand, Proc, 25th IEEE Photovoltaic Specialists Conf. Washington DC. 1996, p. 601-604.

34) J.F. Hoelscher, IEEE PVSC, 1981, p. 745.

35) PV industry information service Report PC-11, July 2000, Strategies Unlimited and Private- communications, Bob Johnson Strategies Unlimited.

태양전지의 측정법

태양전지의 출력특성은 사용하는 광원의 강도에 의해서 변화하는 것은 물론, 광원의 스펙트럼이나 사용하는 회로의 성질에 의해서도 크게 영향받는다. 따라서 측정을 할 때는 이들의 영향에 대해서 충분히 숙지한 뒤에 적절한 측정조건을 설정하여, 오차가 생기지 않도록 항상 주의하지 않으면 안된다. 또한 실제로 태양전지를 사용하는 경우, 그 영향을 고려하여 주어진 조건 하에서 얻어지는 출력특성에 관해서 미리 알아두지 않으면 안된다. 그것을 위해서는 정확히 규정된 표준측정으로 얻어진 출력특성과 주어진 조건에서의 특성을 정확히 견적하는 방법이 필요하다. 이 장에서는, 태양전지의 측정법을 중심으로, 회로 중의 직렬저항이나 병렬저항의 원인, 측정에 쓰이는 각종 광원의 스펙트럼의 차이와 태양전지의 분광감도로부터 생기는 출력특성의 차에 대해서 설명하며, 온도, 조도 등에 관한 보정법, 실제로 행하여지고 있는 표준측정법에 관해서 소개한다.

5.1 회로 중의 직렬·병렬저항의 원인과 측정법

제2장에서 태양전지의 등가회로 및 직렬저항, 병렬저항이 태양전지 특성에 어떠한 영향을 주는가에 관해서 서술하였다. 여기서는 회로 중에 직렬저항, 병렬저항이 발생하는 원인과 그 측정법에 관해서 서술한다.

5.1.1 직렬저항

직렬저항의 원인으로서는 표면, 이면 전극의 저항, 전극-반도체 계면에서의 ohmic 접촉저항, 표면층을 캐리어가 흐를 때의 저항, bulk 저항이 있어, 이런 특성의 계산 방법으로서 Handy, Milnes 등의 해석이 일반적으로 사용되고 있다.

실제의 태양전지에서는 제2장에서도 말한 것 같이, R_s는 0.5 Ω 이하로 되어 영향은 작지만, 조사강도가 큰 경우에는 R_s의 영향이 문제로 되어, 대면적의 cell이나 집광형 태양전지 등 대전류가 흐르는 경우에는 설계 등에 주의를 요한다. 직렬저항의 측정법으로서 가장 간편한 방법은 순방향 특성의 직선부분으로부터 산출하는 것으로([그림 5.1]) 충분히 직선성이 좋은 영역에서 I_1과 I_2의 전압강하로부터 직렬저항을 구한다.

다음으로 잘 채택되는 방법은 광 강도 변화법이다. 이 방법은 조사강도를 변화시켜 전류-전압 특성을 측정함에 의해 R_s를 산출하는 것으로, 자세히는 5.3절에서 서술하기로 한다.

이 밖에도 넓은 범위의 광 강도에 대한 $V_{oc}-I_{sc}$의 곡선과 암시순전류특성 또는 광조사시순전류특성과의 관계로부터 구하는 방법이나, 일정한 광강도에서의 전류-전압 특성으로부터 산출하는 방법도 있다.

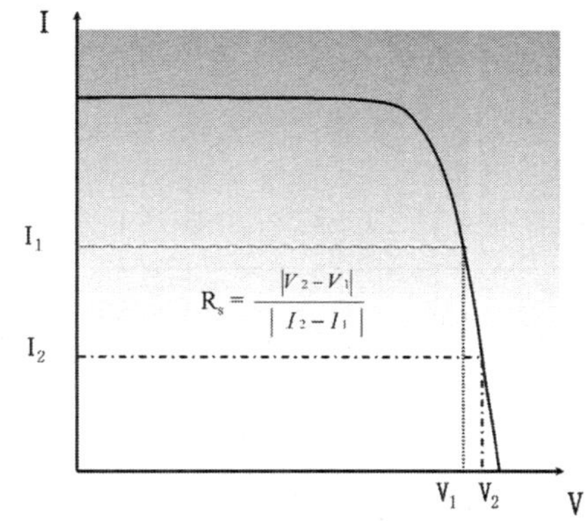

그림 5.1 R_s의 측정법

5.1.2 병렬저항

병렬저항은 접합부에 결함이 많고, 누설전류가 큰 경우나, 불완전한 접합이 형성된 경우에 문제가 된다. 통상의 태양전지에서는 R_{sh}는 1 kΩ 보다 충분히 큰 값이고, 그 영향은 무시할 수 있지만, 미약한 빛을 검출하는 것을 목적으로서 태양전지를 사용하는 경우에는 광전류가 대단히 작아지기 때문에, R_{sh}의 영향이 문제가 된다. 병렬저항의 측정은 가장 간편한 역방향 특성의 직선부분으로부터 산출하는 방법이 일반적이다.

5.2 인공태양 광원

태양전지의 성능을 정확히 평가하는 것은 연구개발뿐만 아니라, system 설계나 관리, 상거래 상에 있더라도 중요하다. 자연 태양광은 지리적인 위치, 날씨(대기조건), 계절, 일시 등에 의해서 입사각, 조도나 분광 방사 조도가 변화하기 때문에 태양전지의 측정용 광원으로서 쓰는 것은 어렵다. 통상 태양전지의 평가에는 태양광을 모사한 인공광원(solar simulator)이 사용되고 있고, 여기서는 그 몇 가지를 소개한다.

5.2.1 기준 태양광

지상에서의 태양광은 전술한 것 같이 끊임없이 변동하는 것이기 때문에, air mass(AM) 값과 대기정수를 지정하여(이것을 기준 태양광이라고 부른다), 측정 때의 조도를 정할 필요가 있다. 현재 일본((재)일본품질 보증기구)과 미국(DOE)

표. 5.1 자연광의 분광방사분포(IEC[USA(AM1.5)에 따름)

파장 [nm]	방사조도 [$\mu W/cm^2 \cdot nm$]	파장 [nm]	방사조도 [$\mu W/cm^2 \cdot nm$]	파장 [nm]	방사조도 [$\mu W/cm^2 \cdot nm$]	파장 [nm]	방사조도 [$\mu W/cm^2 \cdot nm$]
305	0.95	520	148.44	880	93.29	1477	10.55
310	4.23	530	157.18	904	74.88	1497	18.20
315	10.78	540	156.05	915	66.78	1520	26.25
320	18.09	550	155.09	925	69.01	1539	27.41
325	24.68	570	150.10	930	40.35	1558	27.49
330	39.52	590	139.50	937	25.82	1578	24.45
335	39.00	610	148.48	948	31.35	1592	24.73
340	43.51	630	143.36	965	52.66	1610	22.86
345	43.88	650	141.94	980	64.62	1630	24.44
350	48.36	670	139.18	993.5	74.65	1646	23.47
360	52.01	690	112.96	1040	69.03	1678	22.94
370	66.60	710	131.63	1070	63.73	1740	17.15
380	71.23	718	101.00	1100	41.24	1800	3.07
390	42.05	724.4	104.28	1120	10.89	1860	0.20
400	101.28	740	121.08	1130	18.90	1920	0.12
410	115.78	752.5	119.34	1137	13.21	1960	2.12
420	118.36	757.5	117.51	1161	33.89	1985	9.11
430	107.15	762.5	64.29	1180	45.98	2095	2.68
440	130.15	767.5	103.03	1200	42.34	2035	9.95
450	152.55	780	112.07	1235	48.03	2065	6.04
460	159.90	800	108.12	1290	41.29	2100	8.91
470	158.04	816	84.89	1320	25.01	2148	8.21
480	162.77	823.7	78.47	1350	3.25	2198	7.15
490	153.86	831.5	91.61	1395	0.16	2270	7.02
500	154.82	840	95.93	1442.5	5.57	2360	6.20
510	158.59	860	97.85	1462.5	10.51	2450	2.12

일사조건: AM1.5, 100 mW/cm^2, 수평면 37° 입사, 산란도: 0.2, H_2O ; 1.42 cm, O_3 ; 0.34 cm,
혼탁도 0.27(0.05 μm)

이 기준 태양광으로서 채용하고 있는 것은, 미국 IEC[3]가 제안한 경사면 전천 일사의 기준분광 방사분포로서 산란광 성분도 고려한 TC-82이다 ([그림 5.2], <표 5.1>). 또한 온도의 규정은 25°C이다.

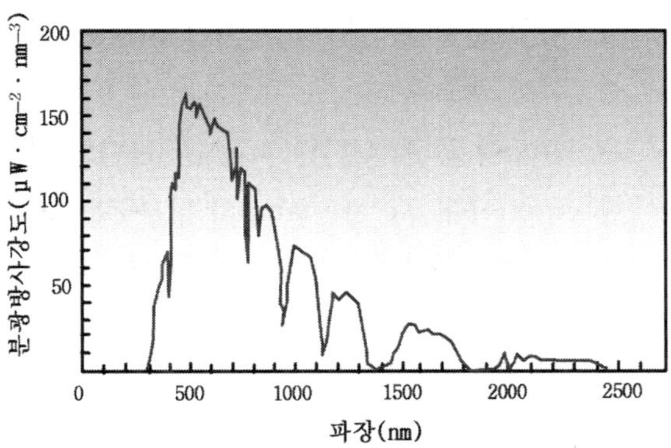

그림 5.2 기준 분광 산란 분포(TC-82)

5.2.2 측정용 광원

측정용 광원－인공광원(solar simulator)－은 기준 태양광과 분광방사조도가 같고, 또한 전방사 조도가 가변인 것이 이상적이다. 그러나 그와 같은 광원 장치는 현실적으로는 어렵다. 현재 가장 검토가 진행되고 있는 종류는 제논(Xe) short arc lamp이고, 또한 long arc의 pulse·제논램프, tungsten·Halogen lamp(적외보정부) 등이 있다. 어느 쪽의 광원도 광학계와 스펙트럼 보정 filter를 조합하여, 지상 태양광의 기준 스펙트럼과 적절히 일치시킨 장치가 없으면 안된다. 인공광원의 성능은 100 nm의 파장마다 나눠 나타낸 경우에 있어서의 기준 스펙트럼부터의 '차이'에 의해 A～C class로 분류된다(<표 5.2> 참조).

표 5.2 solar simulator의 특성

성 능	등 급		
	Class A	Class B	Class C
기준 spectra로 부터의 차이	±25%	±40%	±60%
조사강도면 내 균일성	±2%	±5%	±10%
조사강도 안정성	±2%	±5%	±10%

3) 국제 전자기술 위원회(IEC : International Electrotechnical Commission)

(1) 정상광형(연속광형) solar simulator

통상 사용하고 있는 정상광형 solar simulator는 Xe short arc lamp를 광원으로 사용한 것으로, 그 특징은 ① 색온도가 6000 K으로 태양의 온도(5762 K)에 가까운 것, ② 휘도가 높고, 적절한 광학계를 사용하면 평행도가 좋은 광빔을 얻을 수 있는 것이다. 반면, 근적외부(800~1,000 nm)에 Xe 특유의 강한 휘선이 존재하기 때문에, 이것을 억누르는 보정 filter가 필요하다. [그림 5.3]은 500 W Xe lamp를 25 A(500 W), 15 A(300 W)로 점등한 경우의 스펙트럼 분포를 비교한 graph이다. Xe arc lamp의 방사광은 연속 스펙트럼과 휘선 스펙트럼을 포함하고 있어 lamp 전류를 증가시키면, 전자의 강도가 후자의 강도에 비하여 상대적으로 증대한다. 색온도가 태양의 온도와 유사한 Xe arc lamp를 사용하는 경우도, 기준 태양광에 가까운 분광방사 분포를 얻기 위해서는 근적외부의 휘선을 억누르는 filter와 동시에, 대기의 투과특성과 등가인 filter가 필요하다. 실제로는 대기에 의해서 산란되어 정자외부(200~480 nm)로 강한 휘선이 존재하는 근적외부(800~1,000 nm)를 2장의 다층막 filter를 사용하여 억누르는 것에 따라 AM1, AM1.5, AM2 등의 solar simulator가 제작되고 있다. [그림 5.4]에 AM1.5의 solar simulator의 분광 방사 특성의 예를 제시한다.

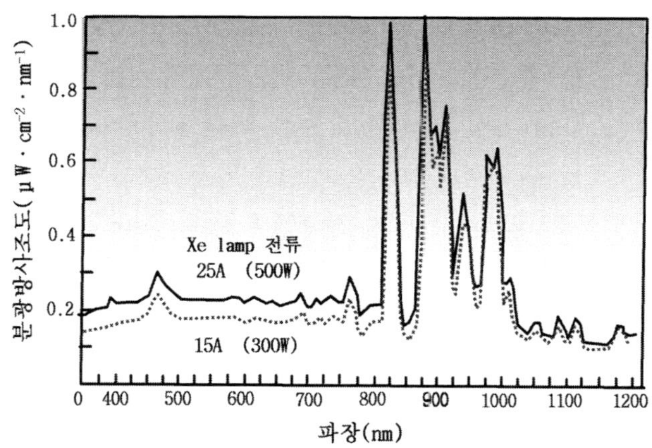

그림 5.3 500W Xe lamp 분광 방사 조도의 lamp 전류 의존성

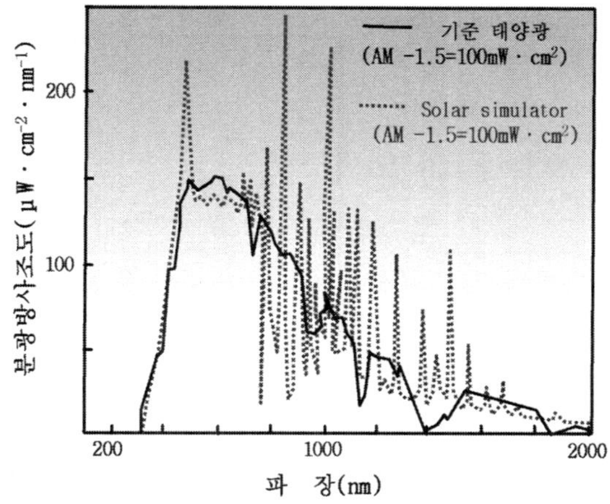

그림 5.4 AM1.5 solar simulator의 분광방사특성

(2) Xe lamp **이외의 광원을 사용한 정상광형** solar simulator

Xe lamp 이외의 광원으로서 우선 생각되는 것이 Halogen · tungsten lamp 이다. 이것은 tungsten lamp 봉체 내에 취소, 요소 등의 Halogen 가스를 넣어 tungsten lamp 보다도 고온에서 사용할 수가 있도록 한 것이다. 그러나 색온도는 3000~3400 K에서 태양의 온도보다도 꽤 낮기 때문에 스펙트럼 분포는 장파장 쪽에 가깝게 되어 그대로는 solar simulator로서는 알맞지 않다([그림 5.5]).

Halogen lamp에 적당한 다이클로익 미러를 가진 ELH lamp는 [그림 5.6] 같은 분광방사 특성을 갖고, 이것에 의해서 태양전지의 측정에 사용 가능해진다. 그 외에, metal halide lamp를 광원으로 한 solar simulator는 halide 금속을 봉입한 방전 등으로, 봉입금속에 의해서 발광 스펙트럼을 조정하는 것이 가능하다. 이 일례를 [그림 5.7]에 나타내었다. 그림으로부터 알 수 있듯이, 양자는 꽤 잘 일치하고, 보정 filter 없이 solar simulator로서 사용할 수 있는 가능성이 있다.

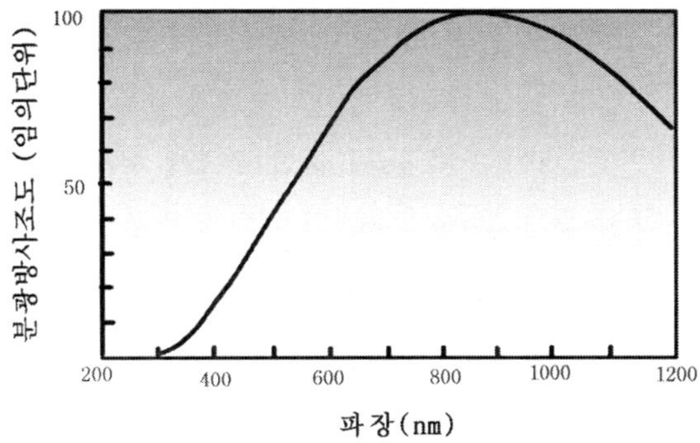

그림 5.5 Halogen lamp의 분광방사조도(색온도(color temperature) 3400 K)

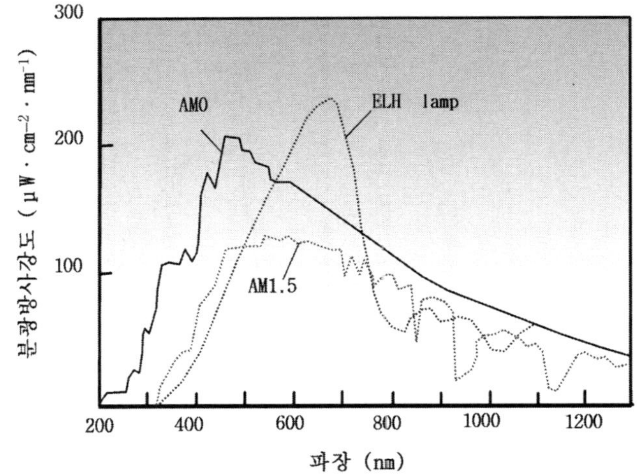

그림 5.6 ELH lamp solar simulator의 분광방사특성

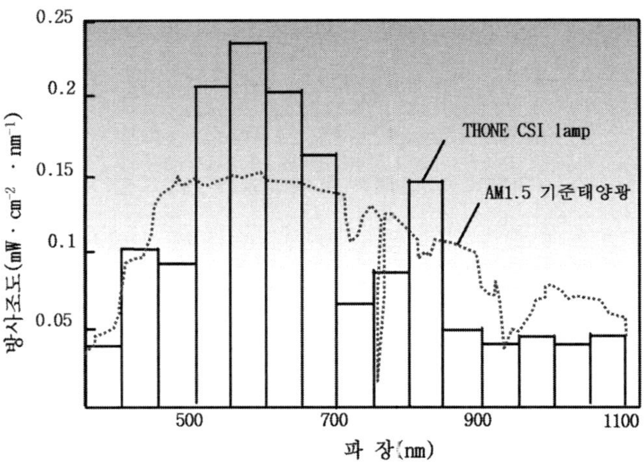

그림 5.7 Metal halid lamp의 분광방사특성

(3) pulse형 solar simulator

광원에 Xe flash lamp를 사용하여 순간에 대전력(수백 W~MW)을 lamp에 주입하여, 고휘도에 방사되는 발산광을 이용하여 대면적의 조사를 가능하게 한 것으로 태양전지 module의 측정에 사용한다. 어떤 시간 내는 광량이 일정하게 설계되어 있지만, 전류-전압(I-V) 특성의 측정시간이 짧다. 그 때문에 I-V 특성 측정에는 고속 data를 넣고, 그 처리용 computer system이 필요하게 된다.

Pulse형 solar simulator의 방사 조도의 조절에는 ① 조사거리를 바꾸는 방법과 ② lamp 전류를 바꾸는 방법이 있지만, 후자의 경우는 스펙트럼 분포도 변화하기 때문에, 통상은 전자쪽 방법이 쓰인다. Xe flash lamp의 스펙트럼 분포의 전류밀도를 증가시키면, 연속 스펙트럼의 쪽이 휘선 스펙트럼 보다도 상대적으로 커져, AM filter가 불필요하게 된다(단지, 색온도(color temperature)가 7000~9000 K으로 높게 되기 위해서 자외부의 보정 filter는 필요하다). 그러나 lamp 부하가 과대해지기 때문에 lamp 수명이 줄어든다.

[그림 5.8]에 pulse형 solar simulator의 분광방사특성의 예를 나타낸다.

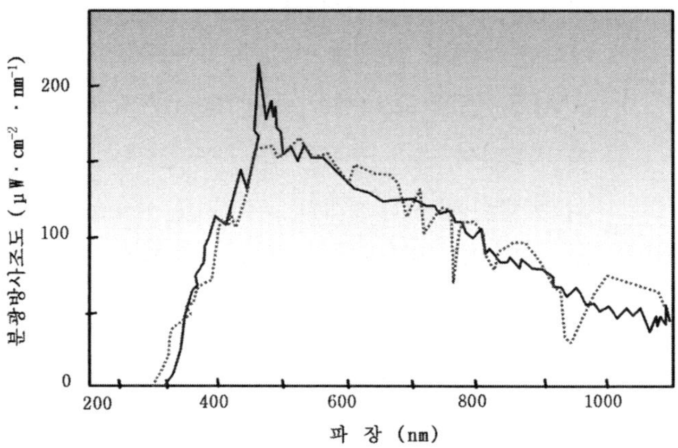

그림 5.8 Xe flash lamp solar simulator의 분광방사특성

(4) 복합형 solar simulator

전술한 것 같이 Xe lamp를 사용한 solar simulator에는 근적외부에 Xe 특유의 휘선이 있기 때문에, Halogen lamp와 조합하는 것에 의해 휘선 성분을 제어한 2광원의 solar simulator가 개발되어 있다. [그림 5.9]에 2광원 solar simulator의 분광방사특성의 예를 나타낸다. 이와 같은 solar simulator는 적외부에 감도 특성을 갖는 것에 의해 태양전지의 평가에 한층 유효하다.

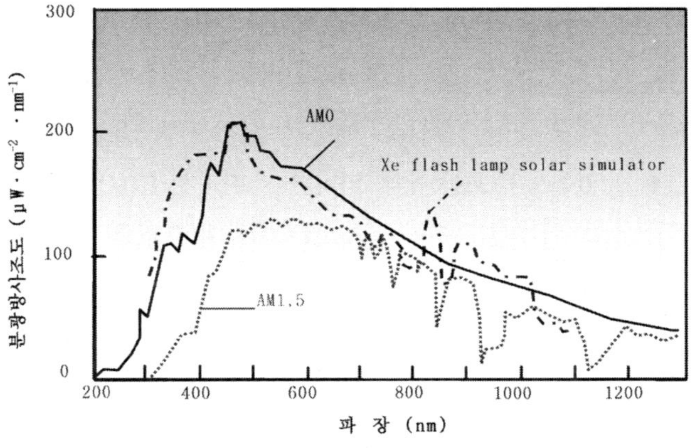

그림 5.9 2광원 solar simulator의 분광방사 특성

5.3 출력특성의 환산 및 보정

태양전지의 분광감도특성은 제2장에서 서술한 것 같이 빛의 파장에 의존함으로써, 입사하는 광의 스펙트럼이 다르면, 출력특성, 특히 출력전류가 변화한다. 따라서 단지 power meter로 강도를 측정하는 것으로는 불충분하고, 실제로 사용하는 측정용 광원과 측정에 쓰이도록 규정된 광원의 스펙트럼(예를 들면 AM1.5 등) 및 강도(예를 들면 100 mW/cm^2)와의 사이에 생기는 출력특성의 차를 비교하여, 옳은 출력을 얻을 수 있도록 보정해야 한다. 구체적인 방법(광강도의 보정법)에는 ① 절대치 교정법, ② reference cell법이 있어 이하에 소개한다.

5.3.1 절대치 교정법

태양전지가 발생하는 광전류(단락전류) I_{sc}는 다음 식으로 나타난다.

$$I_{sc} = \int_{\lambda_1}^{\lambda_2} I_s \cdot F_1(\lambda) d\lambda \tag{5.1}$$

여기서 기호의 의미는 아래와 같다.

λ_1 : 태양전지의 최단 감도파장

λ_2 : 태양전지의 최장 감도파장

$I_s(\lambda)$: 태양전지의 절대 분광감도

$F_1(\lambda)$: 입사광의 포톤 수의 스펙트럼

태양전지의 절대 분광감도 $I_s(\lambda)$는 각 파장에 있어서, 입사한 포톤 수와 외부에 꺼낼 수 있는 전하수의 비를 나타내는 값이고, 1개의 포톤이 입사한 경우, 1개의 전하가 전류로 나오는 것이 1이 된다. 한편 $F_1(\lambda)$는 입사광의 각 파장에 있어서의 포톤 수를 의미한다. 따라서 $I_s(\lambda)$와 $F_1(\lambda)$와의 적은, 입사광에 의해서 각 파장에 대하여 발생하는 전류치가 된다. 이 적을 파장으로 적분함에 의해, 주어진 입사광에 의해서 발생하는 단락전류가 구해진다.

다음으로 실제의 측정법에 관해서 말한다. 우선 $I_s(\lambda)$는 bias 광이 부착된 오트시 분광기로 측정한다. Bias광이란 분광감도의 측정 시에, 단색광에 가하는 백색광의 것으로, 실제로 사용하고 있는 상태에서의 분광감도를 얻기 위해서 필요

한 것이다. 따라서 bias광은 측정 대상이 되는 입사광과 같은 종류·강도(예를 들면 AM1.5, 100 mW/cm^2)인 것이 필요하다. 단색광의 포톤(광자) 밀도를 일정 값 A로 하는 정포톤 분광기에 의해 측정된 태양전지의 전류를 $I_{cp}(\lambda)$로 하면, $I_s(\lambda)$는 다음식으로 구한다.

$$I_s(\lambda) = \frac{I_{cp}(\lambda)}{SA} \tag{5.2}$$

여기서 S는 태양전지의 면적이다. 이 절대치 교정법의 point는 정포톤 분광기에 의한, 분광 감도의 정확한 절대치 측정에 있다고 말할 수 있다. 정포톤 분광기가 발생하는 단색광의 포톤 수 (에너지 밀도)는 진공 열전대 등의 고정밀도의 power meter로 측정하지만, 이 측정이 전체의 측정 정밀도에 영향을 주기 때문에, 절대분광 방사강도를 교정해야 한다. 또한 입사광의 포톤 수 스펙트럼 $F_1(\lambda)$의 값은 측정 대상이 되는 광의 에너지 밀도 스펙트럼을 포톤 밀도로 환산한 것으로, 일례로서는 IEC TC-82의 AM1.5 스펙트럼 ([그림 5.2]) 등이 있다. 종래는 직달 일사량의 스펙트럼이 사용되고 있었지만, 최근은 전천 일사량의 스펙트럼이 쓰이는 경향에 있다.

$I_s(\lambda) \cdot F_1(\lambda)$가 구해지면, 식 (5.1)에 의해, 규정된 입사광에 대한 태양전지의 단락전류 I_{sc_1}가 구해지고, 이 I_{sc_1}의 값과 실제로 측정한 단락전류 I_{sc_2}와의 비 C_{sc}가 보정을 위한 교정계수가 된다.

$$C_{sc} = \frac{I_{sc_1}}{I_{sc_2}} = \frac{\int_{\lambda_1}^{\lambda_2} I_s(\lambda) \cdot F_1(\lambda) d\lambda}{\int_{\lambda_1}^{\lambda_2} I_s(\lambda) \cdot F_2(\lambda) d\lambda} \tag{5.3}$$

$F_2(\lambda)$는 실제로 측정에 사용한 광원의 각 파장에 있어서의 포톤수이다.

5.3.2 reference cell법

절대치 교정법의 어려움은 태양전지의 단락전류 I_{sc}의 값을 정하는 데 있다. 거기서 보다 간단히 입사광의 교정을 하는 방법으로서, reference cell법이 잘 쓰인다. 미리 5.3.1항의 방법으로 I_{sc_1} 를 값으로 기준 태양전지(reference cell)를 써, 조사광의 강도를 reference cell의 단락전류가 값 I_{sc_1}가 되는 것 같이 조정하여, 태양전지의 특성을 측정하는 방법이다.

Reference cell의 단락전류의 값을 정할 때는 (재)일본품질 보증기구 등의 권

위있는 기관에서 행하여지는 것이 바람직하다. Reference cell법에서 주의해야 할 것은, 다음 두 가지이다.

① 특성의 시간 경과 변화가 거의 없는 cell을 선택하여 정기적으로 교정한다.
② Reference cell은 측정하고 싶은 태양전지의 분광감도 특성과 대개 동일한 분광감도 특성을 가질 필요가 있다.

5.4 | 조도의존성 및 온도의존성

태양전지는 측정때의 온도, 조도에 의해서 특성이 변화하지만, 측정조건이 변화할 때마다 특성을 측정하는 것은 효율에 나쁘다. 거기서 표준조건으로 측정한 결과로부터 보정에 의해, 주어진 조건에서의 특성을 견적하는 것이 행하여지고 있다.

기준상태에서의 전압값, 전류치, 방사조도 및 피측정 태양전지 cell 온도를 각각 V_2, I_2, E_2, T_2로 하여, 임의의 상태로 측정한 전압값, 전류치, 방사조도 및 피측정 태양전지 cell 온도 및 단락전류를 각각 V_1, I_1, E_1, T_1, I_{sc}으로 하였을 때, 다음 식을 사용하여 보정을 할 수 있다. 이 방법은 결정계 태양전지에 대하여 JIS에 의해서 규정된 것이다.

$$I_2 = I_1 + I_{sc}\left(\frac{E_2}{E_1} - 1\right) + \alpha(T_2 - T_1) \tag{5.4}$$

$$V_2 = V_1 + \beta(T_2 - T_1) - R_s(I_2 - I_1) - KI_2(T_2 - T_1)$$

여기서

α : 피측정 태양전지 cell 온도가 1°C 변동함에 따른 I_{sc}의 변동치(A/°C)
β : 피측정 태양전지 cell 온도가 1°C 변동함에 따른 V_{oc}의 변동치(V/°C)
R_s : 피측정 cell의 직렬저항(Ω)
K : 곡선보정인자(Ω/°C)

이들 네 개의 보정계수는 태양전지의 특성을 나타내는 대표적인 계수이고, 그 측정 및 산출법에 대해서 이하에 설명한다. 또 아래에 기술한 측정은 전부 JIS에서 규정하는 solar simulator를 사용한다.

(1) I_{sc} 및 V_{oc}의 온도계수 : α, β

방사조도 100±1 mW/cm^{2}에 있어서, 약 10°C의 간격으로 5점 이상 10~70°C의 범위로 온도를 변화시켜, 출력특성을 측정한다. 이때 태양전지의 온도가 충분히 안정해야 하는 것에 주의해야 한다. 각 온도로 얻어진 I_{sc} 및 V_{oc}를 온도에 관하여 plot하여, 그것들을 최소 이승법으로 직선 근사한다. 이상의 수법으로 얻어진 직선의 경사를 출력전류의 온도계수 α_c(A/°C) 및 출력전압의 온도계수 β_c(V/°C)로 나타낸다.

module의 출력전류, 출력전압의 온도계수 α 및 β는 다음 식으로부터 산출된다.

$$\alpha = \eta_p \cdot \alpha_c \tag{5.5}$$

$$\beta = \eta_s \cdot \beta_c$$

여기서 η_p는 module 내의 병렬접속 cell수, η_s는 직렬접속 cell수이다.

(2) 직렬저항 : R_s

[그림 5.10]에 나타낸 것 같이 두개의 다른 방사조도(예를 들면 120 mW/cm^{2}과 80 mW/cm^2)에서의, I-V 특성곡선의 측정을 실온(예를 들면 25°C)에서 한다. 이 경우의 실온의 변화는 2°C 이내가 아니면 안된다. 높은 방사조도에서의 I-V 특성곡선상의 V_{pm} 보다 조금 높은 전압을 가리키는 점 P를 골라, 이때의 전류치와 R_{sc_1}의 차를 ΔI로 한다. 낮은 방사조도에 있어서의 I-V 특성곡선 상의 전류가 I_{sc_2}-ΔI와 같은 점 Q를 구한다.

점 P과 점 Q의 사이의 전압의 차 ΔV를 구하여, 다음 식에 의해서 R_{sc_1}을 산출한다.

$$R_{S_1} = \frac{\Delta V}{I_{sc_1}} - I_{sc_2} \tag{5.6}$$

여기서

I_{sc_1} : 높은 방사조도에서의 cell의 단락전류

I_{sc_2} : 낮은 방사조도에서의 cell의 단락전류

그 위에 상기의 두 개의 방사조도와 다른 제3의 방사조도로 I-V 특성곡선을 같은 온도에서 측정한다. 먼저 측정한 두 개의 I-V 특성곡선의 각각과의 조합으로부터 같은 방법에 의해서 R_{s_2}, 및 R_{s_3}를 구한다. R_{s_1}, R_{s_2} 및 R_{s_3}의 평균치를 R_s라 한다.

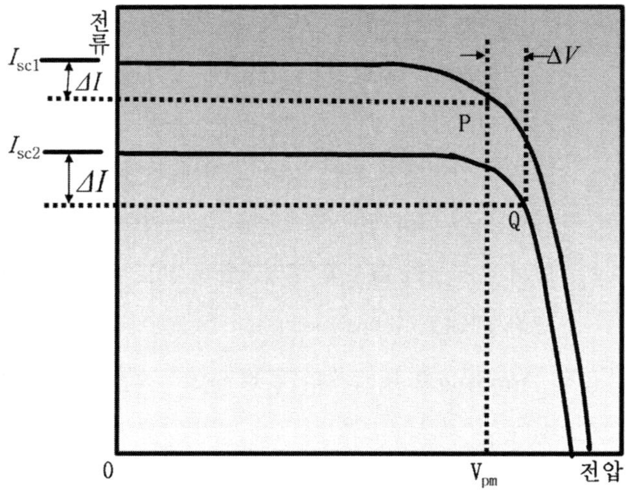

그림 5.10 직렬저항 R_s의 결정방법

(3) 곡선보정인자 : K

태양전지 cell이 쓰이는 온도범위에서 동시에 30°C 이상의 온도폭의 3점의 온도 T_3, T_4 및 T_5를 골라, 각 온도에서의 I-V 특성곡선을 방사조도를 한 점(예를 들면 80 mW/cm^2)으로 설정하여 측정한다. K의 추정치(예를 들면 결정 silicon에서는 1.25×10^{-3} Ω/°C)를 사용하여, T_3로 얻어진 I-V 특성으로부터 다음 식을 적용하여, T_4에서의 전류와 전압을 구한다.

$$I_4 = I_3 + \alpha(T_4 - T_3) \tag{5.7}$$

$$V_4 = V_3 + \beta(T_4 - T_3) - KI_4(T_4 - T_3)$$

여기에,

I_3, V_3 : T_3에서의 I-V 특성 곡선상의 전류와 전압

I_4, V_4 : T_4에서의 I-V 특성 곡선상의 전류와 전압

상기식으로 구한 T_4에 있어서의 특성(전류와 전압)과 T_4에서의 실측으로부터 얻어진 특성이 일치하지 않은 경우는, K의 값을 바꿔 일치할 때까지 상기의 순서를 반복한다. K의 값이 정해지면, T_3 및 T_4의 특성을 같은 방법에 의해서 순차 T_5에 옮겨, 각각이 T_5에서의 실측으로부터 얻어지는 특성과 일치하는지 어떤지 확인한다. 양자가 일치하지 않을 때는 K의 값을 조금 바꿔, 각 온도(T_3, T_4)로부터 옮긴 값이 T_5에서의 실측치에 일치할 때까지 반복한다. 최종의 K의 값은 T_3～T_5의 각 온도 사이에서 구한 세 가지의 K의 평균치로 한다.

5.5 태양전지 특성측정의 실제

그렇다면 태양전지의 개발현장에서는 실제로 어떻게 하여 태양전지 특성을 측정하고 있는 것인가? 본 절에서는 태양전지 특성측정에 일반적으로 잘 사용하고 있는 방법에 관해서, 태양전지 단위 cell(unit cell)과 태양전지 module 각각의 경우에 관해서 서술하며, 정확한 측정을 위한 유의점 등에 관해서도 설명한다.

5.5.1 태양전지(unit cell)의 측정

태양전지로부터 어느 정도의 전력을 취하여 내놓을 수 있는가를 알기 위해서는 태양전지를 실제로 쓰는 장소에 설치하여 자연 태양광 밑에서 측정하는 것이 가장 바람직한 것은 말할 필요도 없지만, 태양전지를 개발, 제조하는 측에서나, 또한 user에게 있어서도, 같은 조건 밑에서 측정한 출력특성을 공칭치로써 나타내는 편이 제품관리나 system 설계에 있어서도 현실적이다. 일반적으로는 solar simulator를 사용하여 어떤 일정한 조건 하에서 어느 정도 출력을 얻을 수 있는가를 측정하는 것에 의해 태양전지 특성의 평가를 하고 있다.

Solar simulator의 광원으로서는 5.1.2항에서 말한 중에서도, Xe short arc lamp를 쓴 정상광형 solar simulator가 가장 잘 쓰이고 있고, 또한 태양전지 module 등의 대면적의 sample의 측정에는 Xe flash lamp를 쓴 pulse형 solar simulator도 이용되고 있다. 태양전지의 측정 순서를 [그림 5.11]에 나타낸다.

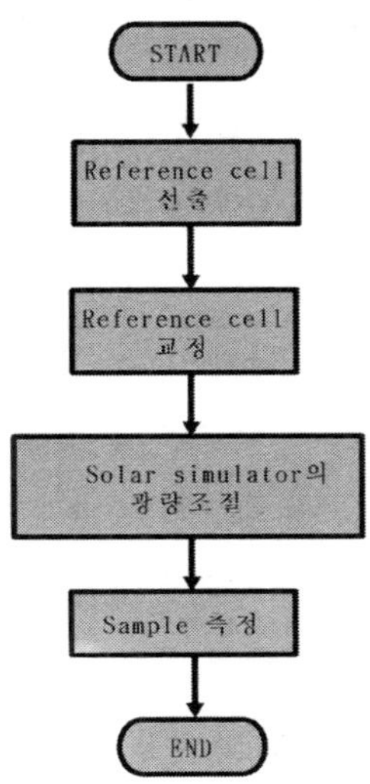

그림 5.11 태양전지 측정의 flow chart

(1) reference cell의 교정

태양전지 특성의 측정에는 5.2절에서 서술한 것 같이, 측정하고 싶은 태양전지군의 속에서 대표적인 태양전지를 하나 고르는 것이고, 이 태양전지를 reference로서 다른 태양전지의 특성을 측정하는 「reference cell법」이 통상 쓰인다. 여기서 태양전지군이라고 하는 것은 같은 분광감도특성을 갖는 태양전지의 모임이라는 의미이다. Reference cell법에서는 reference가 되는 태양전지의 단락전류 Isc_0를 정확하게 평가하는 것이 중요하다. 그와 같은 reference cell의 교정에 있어서 일본에서는 (재)일본품질 보증기구(JQA) 같은 권위있는 기관에서 하는 것이 바람직하다. Reference cell의 교정은 5.2.1항에 서술한 절대치 교정법에 의해 행해진다.

(2) solar simulator의 광량 조정

교정된 reference cell을 solar simulator 아래에서 측정하고, 그 단락전류가 단락전류의 교정치 I_{sc_0}로 되도록 solar simulator의 광량을 조정한다.

(3) 태양전지 측정

광량을 조정한 뒤에 측정하고 싶은 태양전지를 측정한다. 이때 엄밀하게는 reference cell과 같은 위치에 sample을 설치해야 한다. 이것은 solar simulator의 광 강도의 면 내에서의 격차에 의한 오차를 피하기 위해서이다.

5.5.2 대면적 module의 측정

module의 측정을 하는 경우도 면적이 커지는 이외는 unit cell의 경우와 기본적으로 동일하지만, 큰 module의 측정을 하기 위해서는 그것에 적당한 조사면적을 cover할 수 있는 solar simulator가 필요하다. 충분한 균일성을 확보하는 것도 어렵게 되어, 보다 고정밀도인 보정이 solar simulator에 요구된다. 또한 module은 통상 복수의 unit cell이 직렬로 접속된 모양으로 되어 있고, 각 unit cell의 전류치가 module 전체의 효율의 제한 요소가 되기 때문에, 빛의 균일성이 보다 크게 영향을 준다. 극단적인 예로서는, 측정 때의 module의 방향이 다르면 측정결과에 차가 생기는 것으로도 생각되고, 적어도 module의 측정 방향을 바꿔서 특성이 안정하게 있을지 확인하는 정도의 주의는 필요하다.

극단적으로 큰 module의 경우, solar simulator로서는 그 면적을 cover 가

능하지 않은 것이 생각된다. 그 경우 옥외에서 자연의 태양광을 쓴 측정을 하지 않으면 안된다. 그렇지만 자연의 태양광은 대단히 불안정하고 언제나 변화하고 있고, 표준 cell 등에서의 측정과 real time로 정확히 monitor하는 것이 불가결하다. 당연히 이 때 쓰는 표준 cell의 분광감도는 module의 것과 정확히 일치하는 것이 필요하여, 같은 type의 소면적 cell을 규정된 광원 하에서 표준화하는 것이 바람직하다. 광의 균일성에 있어서는 system 전체 등과 같이 구름의 영향을 생각하지 않으면 안될 정도로 광대한 경우를 제외하면, 대개 문제는 없다고 생각하여도 좋을 것이다.

5.5.3 태양전지 특성측정에 있어서의 유의점

5.4절에서 말한 것 같이, 태양전지 특성은 온도에 의해서 크게 변화한다. 따라서 태양전지 특성을 측정할 때는 cell 온도를 일정하게 유지할 필요가 있다. 국제전기규격 표준화 위원회(IEC)의 규정으로서는 25°C에 놓고, 다른 온도에서 측정한 경우에는 25°C에서의 값에서 환산하여 보고하도록 하고 있다. 단지 5.4절에서 나타낸 환산법은 결정계 태양전지에 대하여 규정되어 있는 것으로, amorphous 태양전지 등의 재료 특성이 다른 태양전지를 측정하는 경우는 그 발전 메커니즘의 차이로부터 환산방법이 적당하지 않은 것이 있고, 정확한 온도로 측정하는 것이 바람직하다. 또 amorphous 태양전지에 대해서는 환산법의 표준화가 행해지고 있다.

측정 때, 태양전지의 온도를 일정하게 유지하는 연구로서 reference cell에 쓰이는 밀봉된 case의 예로서는 알루미늄 등의 열전도성이 좋은 재료를 사용하여, cell의 이면측에 물을 흘리는 것에 의해 온도제어할 수 있는 것 같은 구조를 채택하고 있다. Reference cell 이외에 관하여도 예를 들면 대면적의 태양전지 module 등을 측정하는 pulse형 solar simulator는 측정 때의 수초 사이만 광을 조사하기 때문에 태양전지의 온도 상승을 막을 수 있다. 게다가 amorphous silicon의 장시간의 광조사에 의한 광열화 시험을 하는 것 같은 경우에는 cell 온도의 상승을 막기 위해서 냉동기를 병설한 solar simulator를 써, 광 조사시에 끊임없이 찬바람을 공급하여 cell 온도를 일정하게 유지하는 것 같은 연구를 하는 것도 있다.

태양전지 특성의 측정 정밀도를 올리기 위한 연구로서는 reference cell과 측정하고 싶은 태양전지를 동시에 측정하여 측정 때의 lamp의 광 강도의 변동이

나 어른거림(깜빡임)에 의한 오차를 보정하거나, 수회의 측정치의 평균을 잡는 방법이 있다. 단지 이 경우, solar simulator의 광 강도의 면내 균일성이 좋은 것이 전제가 된다.

Solar simulator를 사용하는 한에 있어서 언제나 염두에 둘 문제로서, solar simulator의 스펙트럼 분포에 의해서 **곡선인자**(FF, fill factor), **개방전압**(V_{oc}, open circuit voltage)이 변화한다는 것이 있다.

reference 방식에 있어서는 단락전류의 수준을 기준의 상태에 합치시킬 뿐이기 때문에(분광방사조도 특성은 반드시 일치하지 않는), 특히 적층형 태양전지와 같은 경우에는 주의가 필요하다. 이와 같은 분광방사조도의 분포는 solar simulator의 lamp, filter 등의 구성부품, 또한 그것들의 시간 경과 변화에 의해서도 변화하기 때문에, 사용하는 solar simulator의 분광조사 특성을 충분히 파악하여, 또한 그것들의 보수에 관해서도 끊임없이 주의를 하지 않으면 안된다.

현재 적층형 태양전지의 측정법에 있어서는 1 SUN(비집광형, 일반광원 표준)형의 solar simulator에 관해서는 적층된 각 태양전지층이 각각 주로 어떤 파장영역의 빛을 전기에너지변환에 이용하는 가를 비교하여 각 태양전지층마다 reference cell(일반적으로는 단결정 silicon 태양전지에 적당한 filter를 조합한 것)을 사용하여 광 강도를 조절하는 방법이나, 복합형의 solar simulator를 쓰는 방법 등이 검토되고 있다. 또한 특히 적층형 태양전지에 있어서는 자연 태양광 밑에서의 특성평가도 중요하다고 해서 옥외 측정의 검토도 이루어지고 있다.

태양전지의 개발에 관계하는 사람은 지금까지 말하였던 것 같은 태양전지 특성의 측정방법에 관해서, 그 특징과 문제점을 이해하고, 또한 사용하는 solar simulator의 특성 등을 충분히 파악한 뒤에, 태양전지의 정확한 평가에 노력하지 않으면 안된다.

5.6 태양전지의 전류-전압 특성

제조한 태양전지에서 광조사가 없는 경우의 전류-전압 특성은

$$I = I_o[\exp(qV/nkT) - 1] \tag{5.8}$$

로 나타낸다고 가정하였다.

본 절에서는 I_0, n 등의 값에 관해 생각해 보자.

p-n 접합에 흐르는 전류성분으로서는 [그림 5.12]와 같이 소수 캐리어 주입전류 I_{inj}, 공핍층 내에서 트랩을 통해 재결합하는 전류성분 I_r, 공핍층 내의 트랩 준위로 턴넬된 후에 재결합하는 전류성분 I_T 등이 있다.

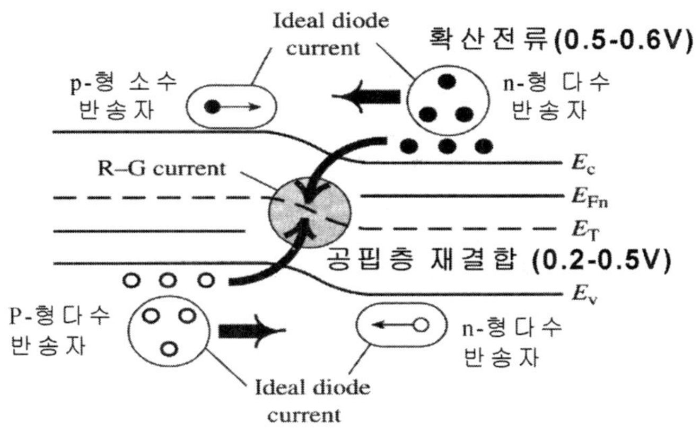

그림 5.12 p-n 접합 태양전지의 재결합전류와 확산전류

그외 격자부정합이 큰 재료에 의한 해트로 접합 구조에서도 계면준위를 통한 전류성분 I_T 등이 존재한다. 또 MIS형 태양전지에서는 표면전하와 산화막 두께에 따라 전류 수송메커니즘이가 크게 달라진다. 더욱 집광하여 동작시킬 경우에는 소위 대주입의 문제로서 전류-전압 특성을 생각해야 한다.

5.6.1 확산전류

접합에 순방향 바이어스 V를 인가했을 때의 전류는 역시 소수 캐리어 연속의 방정식을 풀어서 얻는다. 이 경우 광여기는 없다. 또 경계 조건은 접합부에서 Boltzman 법칙에 의해

$$p_n = p_{n0}\exp(qV/kT)$$
$$n_p = n_{p0}\exp(qV/kT) \tag{5.9}$$

가 된다.

BSF 구조, 즉 npp+로 만들어지는 BSF 구조에서 표면으로부터 p층으로 주입되는 전류도 역시

$$I_{inj,n} = I_0[\exp(qV/kT) - 1]$$

가 된다. 이 구조에서 I_0는 계단접합구조의 값보다 약 1승 정도 작다.

이는 같은 단락광전류가 흐르더라도 전자의 개방전압이 높다는 것을 의미한다.

5.6.2 공핍층 내 재결합 전류

접합에 순방향 바이어스를 인가하면 일부의 소수 캐리어는 공핍층 내부에서 트랩을 통해 재결합하게 된다. 이때의 전류에 관해서는 Sah-Noyce-Shockley에 의한 해석이 있고, 단일 트랩 준위인 경우 I_r는

$$I_r \sim \frac{qW}{2}\delta v_{th} N_t n_i \exp\left(\frac{qV}{2kT}\right) \tag{5.10}$$

로 나타내고, $\exp(qV/2kT)$에 비례하는 값이다. 여기서

W : 공핍층폭

δ : 포획단면적

v_{th} : 캐리어의 열속도

N_t : 트랩농도

n_i : 진성 캐리어 농도이다.

주입전류 I_{inj}와 재결합전류 I_r를 비교해 보면 전자를 n_i^2에 (즉 $\exp\{-\frac{E_g}{kT}$에$\}$) 후자는 n_i에 (즉 $\exp\{-\frac{E_g}{2kT}\}$) 비례하여 금지대폭이 넓은 반도체에서 I_r가 중요하다. 태양전지의 경우 면저항이 60 Ω/sq 이상에서 전면전극으로 금속 Ag를 스크린인쇄하고 소성온도가 과다하면 공핍층 내의 재결합 전류가 과대해진다. 공핍층의 재결합 전류는 실리콘의 경우 순방향 0.2 V에서 0.45 V 사이에서 주도한다. 높은 공핍층 재결합 전류는 태양전지의 FF를 감소하므로 소성 시에 벨트속도와 소성온도 프로파일 조건을 최적화해야 한다.

5.6.3 턴넬전류

전도대에 있는 전자 또는 가전자대의 정공이 금지대 중에 존재하는 에너지 준위로 턴넬 효과에 의해 천이할 때 그 후 재결합하는 과정에서 생기는 전류가 턴

넬전류이다. 이 경우 턴넬 확률에 의해 전류의 크기가 억제되어

$$I_{tun} = K_1 N_t \exp(BV) \tag{5.11}$$

이 된다. 여기서 N_ts는 금지대 중에 존재하는 에너지 준위밀도, K_1 : 비례정수이고 B는

$$B = (4/3)(m * \varepsilon / N_{d,a})^{1/2}$$

로 주어진다. 여기서 주의할 것은 B는 온도 T에 무관한 일정 일정치이다.

턴넬전류는 특히 저항률이 낮은 경우(Si에서는 0.01 Ω·cm) Cu_2S/CdS 등의 해트로 접합 및 쇼트키 장벽 등에서 현저히 나타난다.

5.6.4 고농도에서의 전류

주입되는 소수 캐리어 농도가 다수 캐리어 농도와 같은 정도가 되면 소수 캐리어의 흐름을 돕는 방향으로 전계가 발생한다. 즉 n층에서 내장전계의 크기 E는

$$E = -(kT/q) \cdot \nabla n / n \tag{5.12}$$

로 표시되고, 이때 p^+n 접합을 예를 들면 정공전류 $I_{p,\,high}$는

$$I_{p,\,high} = \frac{2qD_p \cdot n_t}{L_p}\left[\exp(qV/2kT) - \frac{p_n}{n_t}\right] \tag{5.13}$$

이 된다. 저주입 레벨에서의 전류와 비교하면 대주입 시에는

$$D_p \rightarrow 2D_p,\ p_n \rightarrow n_i,\ V \rightarrow \frac{V}{2}$$

으로 된다.

[그림 5.13]은 주입레벨에 의해 전류성분이 어떻게 변하는가를 나타내고 저주입 레벨 측에서 log I-V의 기울기가 n = 2(재결합 또는 턴넬전류) n = 1(주입전류), n = 2(대주입전류)로 변하는 모양이 분명히 구분되어 있다. 역바이어스 −0.2 V에서 −0.45 V까지는 공핍층 영역에서 전하생성이 전류증가를 주도하고 −0.1~0.1 V 사이에서는 병렬저항 성분이 전류값을 주도한다. 이들 두 값은 선형 전류-전압 그래프 상에서도 쉽게 구분이 가능하여 태양전지의 성능 판별에 용이하나, 공핍층 재결합성분에 의한 전류증가는 +0.2 V에서 +0.45 V 영역에서 나

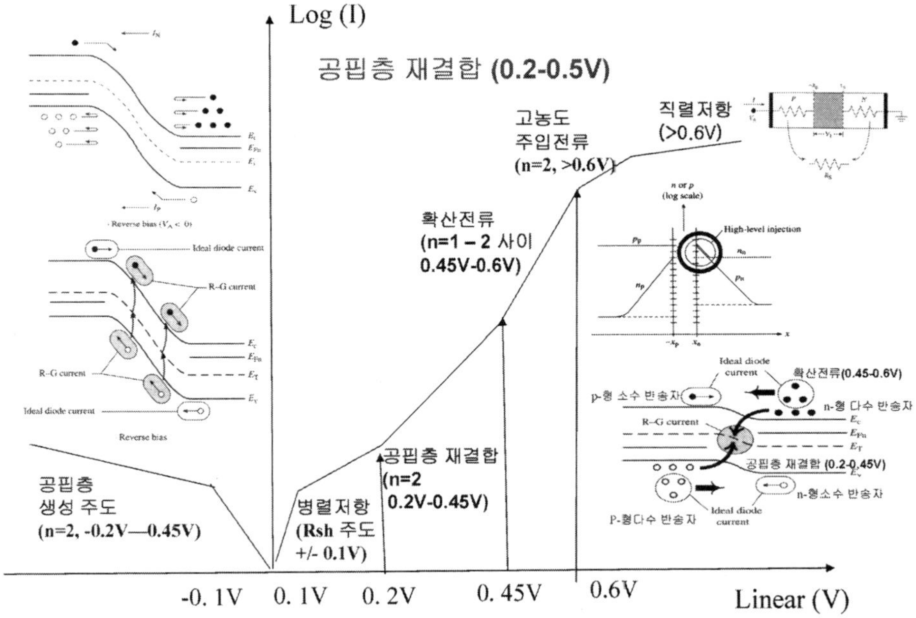

그림 5.13 실리콘 태양전지 전류-전압 특성의 주요 주도성분 요약

타나며 로그 전류와 선형 전압 특성곡선에서 쉽게 구분가능하다. 실제 상용태양전지에서 누설전류의 변화도를 [그림 5.14]에 비교 요약하였다.

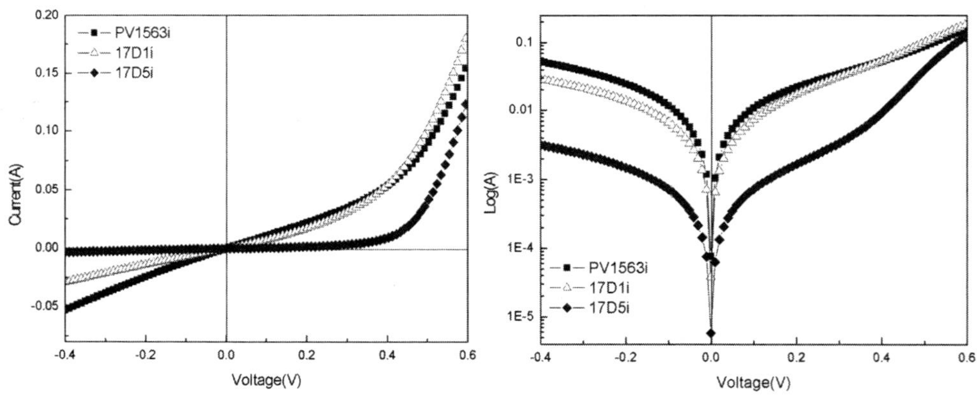

그림 5.14 상업용(125 mm × 125 mm) Si 태양전지의 전류-전압 특성곡선

5.7 태양전지 재료 평가법

태양전지 재료의 평가는 그 재료 개발에서 최종 태양전지 완성까지의 프로세스에 있어서 여러 단계에서 필요하게 된다. 이때 각각의 단계에서 평가의 의미와 내용이 다르다. 따라서 태양전지 제작과정에서 단계별로 어떠한 평가를 행하여야 하는가를 알고 있는 것은 대단히 중요하다.

평가방법에 따라서 규명 후에 원래의 시편의 파괴여부에 따라서 파괴와 비파괴 기법으로 구분한다. 또한 재료의 특성을 살펴보기 위해서는 평가용 탐침 역할을 수행할 수 있는 다양한 종류의 입자(photon, electron, ion, x-ray)를 시료 표면에 조사하여 반사(reflection), 방출(emission), 굴절(refraction), 흡수(absorption), 투과(transmission)되는 정도를 구분하여 태양전지 재료의 물리적, 기계적, 화학적, 전기적 특성을 규명하게 된다. 아래 [그림 5.15]에 다양한 입자 종류에 따른 규명 방법을 요약하였다.

태양전지 재료의 경우, 일반적으로 개발하여야 할 재료의 화학적 조성은 적어도 대략적으로는 정해져 있으므로, 신재료 개발의 단계에서는 실제로 만들어진 태양전지 재료가 예상되는 조성을 갖고 있는지 아닌지를 평가하는 것이 필요하게 된다. Si이나 Ge 등의 원소 태양전지 재료 또는 GaAs이나 InP와 같은 2원 화합물 태양전지 재료의 경우에는, 기본적인 조성은 정해져 있으므로, 화학식을 정하는 것과 같은 의미에서의 조성 평가, 즉 화학분석이나 EPMA(Electron Probe Micro Analysis) 등을 사용한 평가는 필요치 않다. 3원 이상의 화합물 태양전지 재료, 즉 소위 혼정 태양전지 재료에서는, 결정 성장 등에 의해 제작된 재료의 조성을 평가할 필요가 있다. 조성의 평가는 EPMA 등에 의해 직접 측정할 뿐만 아니라, 3원의 혼정 태양전지 재료에서는 금지대폭과 같은 기본적인 성질을 측정함으로써 대략적인 그 조성을 알 수 있다. 원소 태양전지 재료나 2원 화합물 태양전지 재료에서는 기대된 재료가 실제로 제작되어 있는지 아닌지를 확인하기 위하여 기본적인 성질의 평가를 행하는 것이 좋다. 예로 결정 성장에 사용한 장치의 기밀성이 나빠서 산화가 일어나거나, 단결정 성장을 꾀하였는데 성장 조건의 설정이 적절하지 않아 단결정에서 상당히 벗어날 수가 있다. 단결정, 다결정 또는 아몰퍼스의 어떤 구조인가는 전자선이나 X선의 회절상을 측정하거나, 라만(Raman) 분광 스펙트럼을 조사하여 평가할 수 있다.

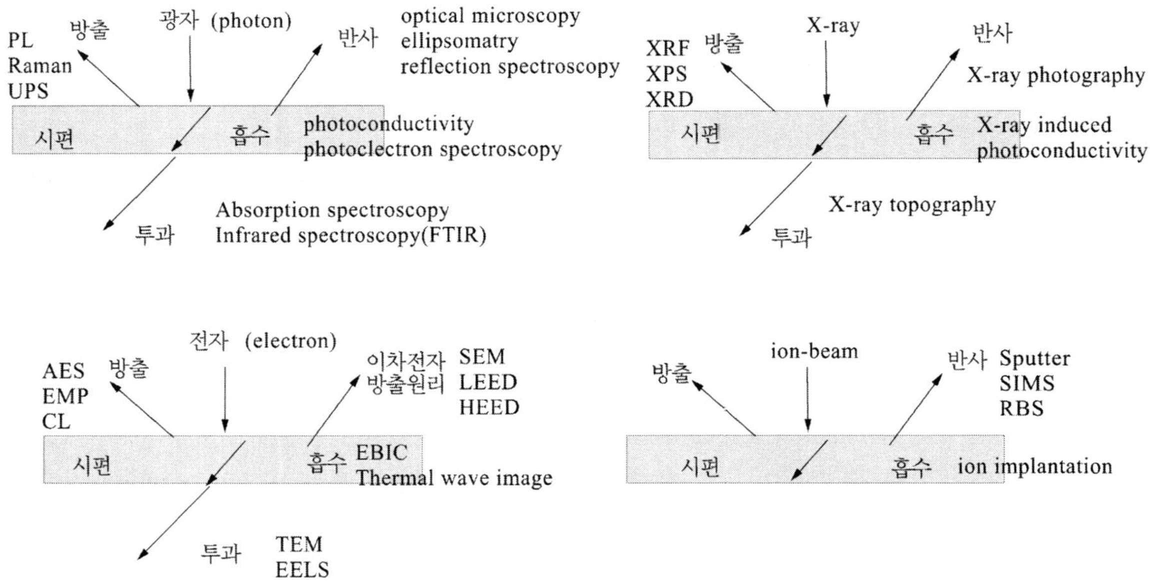

그림 5.15 태양전지 재료특성 평가기술 요약도

태양전지 재료 결정의 순도는 태양전지 특성에 크게 영향을 미치는 기본적인 성질이다. 태양전지를 형성하기 위해서는, 불순물을 첨가시켜야 하는데, 고의로 불순물을 첨가시키지 않고 제작된 태양전지 재료 결정의 순도는 대단히 높은 것이 요구된다. 일반적으로 말하면 99.99999% 이상의 순도가 필요하므로, 그와 같은 미소량의 불순물을 분석하는 것은 용이하지 않다.

태양전지 재료 결정 중의 불순물을 분석하려면, 원료의 순도 평가에 쓰이는 화학분석, SIMS, 적외 흡수 등 직접적인 평가 방법과 간접적인 평가 방법이 있다. 간접적인 평가라는 것은, 태양전지 재료결정 중의 불순물 중에서 전기적 또는 광학적으로 작용하는 것을, 그들의 성질을 통해 평가하는 방법을 말한다. 태양전지 재료에 포함되는 불순물의 모든 것이 디바이스의 특성에 영향을 주는 것은 아니기 때문에, 간접적으로 평가해도 어느 정도의 목적은 달성할 수 있다. 간접적인 평가에 대해서 주의하여야 할 것은, 예로 전기적으로 작용하는 불순물이라도 그 작용하는 방법은 여러 가지이므로, 어떤 평가를 하면 충분할 것인가 라는 것이다.

태양전지 재료의 대부분은 전자 디바이스에 쓰여지고 있는 관계로 많은 경우 기본적인 전기적 성질을 평가하는 것이 필요하다. 전기적인 기본적 성질로서는 금지대폭, 저항률, 반송자 밀도, 반송자 이동도 등이 있다. 태양전지 재료를 쓰는 디바이스에 따라 또는 그 재료의 성질을 조금 깊게 상세히 알고자 할 때는 소수 반송자 수명, 깊은 에너지 준위, 더욱이 쇼트키 구조나 음성 접촉과 같이 금속-태양전지재료 구조의 성질 등의 평가가 필요하다.

준비한 시료가 제작되면, 기본적인 특성의 평가를 행한다. 전기적인 특성은 기본적으로 I-V와 C-V법으로 평가하는데, 이를 통해 저항률, 반송자 밀도, 반송자 이동도를 구할 수 있다. 또한 광학적인 특성으로서는 포토 루미네슨스, 결정 구조의 완전성에 관해서는 표면의 관찰이나 에치피트 밀도 등의 평가를 행한다. 전기적인 저항률이나 반송자 밀도, 반송자 이동도의 측정은 실온에서 행하여도 무방하지만, 액체 질소 온도에서 행하면 더 많은 정보를 얻을 수 있다. 그리고 온도 의존성의 측정은 재료의 품질 향상 단계에서 행하면 좋다. 예로 실온에서의 반송자 이동도를 알면 제작된 재료의 대략적인 그의 순도나 결정 구조의 완전성을 알 수 있다. 또 포토 루미네슨스도 실온에서 액체 질소까지의 온도 범위에서 행하면 거의 충분하다. 결정 구조의 완전성에 관해서도 에피택셜층이면 그 표면을, 또 벌크 결정이면 웨이퍼 모양으로 하여, 연마나 에칭을 한 표면을 광학현미경이나 주사형 전자현미경으로 관찰하면 좋다.

시료 중의 불순물을 분석하려면, 원료의 순도 평가에 쓰이는 화학분석, SIMS, 적외 흡수 등 직접적인 평가 방법과 간접적인 평가 방법이 있다. 간접적인 평가라는 것은, 반도체 결정 중의 불순물 중에서 전기적 또는 광학적으로 작용하는 것을, 그들의 성질을 통해 평가하는 방법을 말한다. 간접적인 평가에 대해서 주의하여야 할 것은, 예로 전기적으로 작용하는 불순물이라도 그 작용하는 방법은 여러 가지이므로, 얼마만한 평가를 하면 충분할 것인가 라는 것이다.

5.7.1 금지대폭

금지대폭은 진성상태가 되는 온도범위에서 반송자 밀도의 온도의존성을 측정함으로써 구할 수 있다. 즉 불순물을 포함하지 않은 진성태양전지 재료나 불순물을 포함하여도 가전자대에서 전도대로의 전자의 여기(EHP)가 반송자 밀도를 정하는 고온 영역에서는 전자와 정공의 밀도는 다음 식으로 주어진다.

$$n = p = n_i = AT^{3/2}\exp(-E_g/2kT) \tag{5.14}$$

여기에서 n_i는 진성 반송자 밀도, A는 상수, T는 절대온도, k는 볼츠만 상수, $E_g(T)$는 금지대폭이다. 따라서 $\log(n/T^{3/2})$과 T^{-1}의 그래프를 통해 E_g의 값을 구할 수 있다.

5.7.2 반송자 밀도

반송자 밀도는 C-V법(쇼트기법)이나 홀효과의 측정에 의해 구할 수 있다. C-V법에서는 통상 직류바이어스에다 1 MHz 정도의 교류의 주파수가 낮으면 깊은 에너지 준위의 불순물로부터의 전자 혹은 정공의 포획·방출도 추종되게 되어서 그것만큼의 반송자 밀도의 오차가 되므로 주의가 필요하다. 또 시료에 광이 비춰져 있으며, 광에 의해 여기된 전자나 정공이 통상의 반송자에 가해지는 수가 있으므로 주의할 필요가 있다. C-V법에서는 쇼트키 전극의 크기는 지름 0.5~1 mm 정도인 것이 많으므로, 이와 같은 전극을 다수 형성시키면 시료면 내의 반송자 밀도의 분포를 측정할 수 있다.

홀효과의 측정은 사각모양의 시료를 사용하는 경우와 Van der Pauw법에 의한 경우가 있다. 단책상의 시료는 벌크 결정에서 잘라내기 때문에, 두께가 있는 태양전지 재료 시료의 홀효과 측정에 적합하다. 이 방법으로 홀정수 R_H를 측정하면, R_H와 반송자 밀도 사이에는 n-형 및 p-형 태양전지 재료의 경우 각각 다음 식으로 표시되는 관계가 있기 때문에 반송자 밀도가 구해진다.

$$R_H = -\gamma \frac{1}{qn} \tag{5.15 a}$$

$$R_H = \gamma \frac{1}{qp} \tag{5.15 b}$$

여기에서 q는 정공의 전하, n, p는 각각 전자 및 정공의 밀도이다. γ는 반송자의 속도가 운동에너지에 의존하는가 하지 않는가에 의존하여 변하는 정수이며, 불순물을 도핑한 반도체 재료에서는 1이 아니다. 즉 격자진동에 의한 산란이 반송자의 이동도에 대해 지배적인 경우는 $\gamma = 3\pi/8$이 되며, 이온화된 불순물에 의한 산란이 지배적인 경우에는 $\gamma = 315\pi/512$가 된다. 실온 부근에서는 격자진동이 지배적인데, 이온화 불순물에 의한 영향도 주변온도가 하강하면 무시할 수 없다. 따라서 γ의 값을 어떻게 선택하느냐에 따라 오차가 발생한다.

5.7.3 반송자 이동도

반송자 이동도는 통상 홀효과의 측정으로부터 구해진다. 홀효과에는 반송자 밀도의 평가에서도 말한 바와 같이 사각모양의 시료를 쓰는 방법과 Van der Pauw법의 두 가지가 있다. 도전율 σ와 전자 또는 정공의 이동도 μ_n 및 μ_p와의 사이에는 다음과 같은 관계가 있다.

$$\sigma = qn\mu_n \text{ (n-형 태양전지 재료)} \tag{5.16 a}$$

$$\sigma = qp\mu_p \text{ (p-형 태양전지 재료)} \tag{5.16 b}$$

반송자 밀도와 홀계수 R_H의 관계는 식 (5.15)와 같이 표시됨으로써, 홀계수가 측정되면 반송자 이동도가 구해진다. 즉 반송자 이동도는 다음 식과 같이 표시된다.

$$\mu_n \quad \text{또는} \quad \mu = \pm\sigma R_H/\gamma \tag{5.17}$$

γ는 반송자 밀도의 측정에서 말한 정수이다. 태양전지 재료 중의 반송자로서 전자와 정공 양쪽을 고려하지 않으면 안될 경우, 즉 n-형 태양전지 재료에서도 억셉터가 꽤 포함되어 있는 경우, 혹은 p-형 태양전지 재료에서도 도너가 무시될 수 없는 경우에는, 홀정수 R_H 및 전도율 σ는 다음 식과 같이 주어지므로 주의가 필요하다.

$$R_H = \gamma \frac{p\mu_p^2 - n\mu_n^2}{q(n\mu_n + p\mu_p)^2} \tag{5.18}$$

$$\sigma = q(n\mu_n + p\mu_p) \tag{5.19}$$

이와 같이 전자와 정공의 양쪽이 반송자로서 작용하는 태양전지 재료에서는 홀효과에 의해 측정되는 반송자 이동도는 상호 상쇄된 이동도이다.

또 홀효과의 측정으로부터 반송자 이동도를 구하는 방법으로 얻은 이동도는 홀 이동도(Hall mobility)라 불리며, 통상 반송자 이동도라 불리는 드리프트 이동도(drift mobility)와는 약간 다르다. 양자의 관계는 반송자 이동도를 정하는 산란기구에 의해 변한다.

5.7.4 소수 반송자 수명

소수 반송자 수명은 바이폴라 트랜지스터나 발광 다이오드 등 소수 반송자의 거동에 의해 특성이 정해지는 디바이스 혹은 재료에 있어서, 평가해야 할 가장 중요한 파라미터이다. 소수 반송자 수명을 측정하는 방법을 <표 5.3>에 표시한다. 이들 중에서 어느 수법을 선택하는 가는 소수 반송자의 오더, 평가하고 싶은 영역, 혹은 시료의 형태 등에 의해 정해진다.

고순도의 결정에 있어서의 소수 반송자 수명의 오더는 밴드 구조에 의해 크게 다르게 된다. 즉 GaAs와 같은 직접 천이형의 태양전지 재료에서는 전자와 정공의 재결합시 광자를 방출하기 쉬우므로 수명은 짧다. 한편 Si는 밴드 구조가 간접천이형이므로, 재결합에는 포논과의 상호작용도 필요하게 되므로, 수명이 길게 된다. 저주입 수준에서는 발광성의 재결합 수명은 다음 식으로 주어진다.

$$\tau_{Rp} = (\beta n_{n0})^{-1} \qquad \text{(n-형)} \qquad (5.20\ a)$$

$$\tau_{Rn} = (\beta p_{p0})^{-1} \qquad \text{(p-형)} \qquad (5.20\ b)$$

여기서 β는 정수이며, 실온에서의 값은 GaAs에 대해서 $7.21 \times 10^{-10}\ cm^{-3}\ s^{-1}$, Si에 대해서는 $1.79 \times 10^{-15}\ cm^{-3}\ s^{-1}$이다. 따라서 예로 $n_{no} = 10^{14} \sim 10^{17}\ cm^{-3}$의 결정에 대한 소수 반송자 수명은 GaAs에서 $14\ \mu$sec~14 nsec, Si에서는 $1.4\ \mu$sec~1.4 nsec가 된다.

표 5.3 소수 반송자 수명의 측정

수법의 분류	과잉 반송자의 발생법	측정하는 양
과잉 반송자의 감쇠 특성에서 구하는 방법	광조사 전자선 여기전류 전기적 주입	도전율(광도전), 루미네슨스(PL) 도전율(전류), 루미네슨스(CL) 전압, 저항
과잉 반송자의 주파수 응답에서 구하는 방법	광조사 전기적 주입	도전율(광도전), 루미네슨스(PL) 확산용량, 스프레딩 저항
확산거리를 구하는 방법	광조사 전자선 여기전류 전기적 주입	전위분포, 단자전류의 프로브위치의존성 단자전류의 프로브위치 의존성 전위분포
디바이스 특성에서 구하는 방법	전기적 주입	$I-V$ 특성, 다이오드의 회복특성 확산용량, 트랜지스터의 베이스 또는 컬렉터 특성, 광기전력
기타의 방법	광조사 열(발생수명) 전기적 주입	표면광기전력, 홀전압 MIS용량 잡음 스펙트럼

실제의 태양전지 재료 결정에는 불순물이나 격자결함이 포함되어 있다. 그리고 이들은 재결합 중심으로 작용하는 경우가 많다. 저주입 수준($n_n \gg p_n$ 혹은 $p_n \gg n_p$)에서는, 소수 반송자 수명은 다음 식으로 주어진다.

$$\tau_{NRp} = (v_{th,p}\sigma_p N_T)^{-1} \qquad \text{(n-형)} \qquad (5.21\ a)$$

$$\tau_{NRn} = (v_{th,n}\sigma_n N_T)^{-1} \qquad \text{(p-형)} \qquad (5.21\ b)$$

여기서 v_{th}는 각 반송자의 열속도, σ는 포획 단면적, N_T는 재결합 중심밀도이다. 전형적인 σ의 값은 $10^{15}\ cm^{-2}$정도이므로, 예로 $N_T = 10^{14} \sim 10^{17}\ cm^{-3}$에

대한 반송자 수명은 1μ sec~10^4 nsec로 된다. 또 재결합의 경로가 복수로 있는 경우에, 소수 반송자 수명은

$$\tau_p = 1/(\sum_i \tau_{pi} - 1) \qquad \text{(n-형)} \qquad (5.22\ a)$$

$$\tau_n = 1/(\sum_i \tau_{ni} - 1) \qquad \text{(p-형)} \qquad (5.22\ b)$$

로 된다.

5.8 도핑 프로파일 규명 기법

5.8.1 스프레딩 저항 프로파일링 분석법(SRP)

태양전지에 있어서 도핑 프로파일은 태양전지의 효율에 큰 영향을 미친다. 따라서 올바른 도핑 프로파일의 측정은 태양전지 제작 및 해석에 있어서 필수적인 요소이다. 도핑 프로파일을 측정하는 편리하고 효과적인 방법 중의 하나가 SRP법이다. SRP법은 넓은 도핑농도 영역의 실리콘 소자에 광범위하게 응용되기 때문에 반도체에서의 비저항 및 반송자 농도의 측정에 많이 사용되고 있다. 이 방법은 두 개의 probe가 측정하고자 하는 시료의 표면을 따라 움직이며 10~15 mV의 전압을 가하면서 두 probe 사이의 저항을 측정하는 방법이다. [그림 5.16]에서 보는 바와 같이 연마(bevel)된 샘플에 대해 두 개의 탐침이 베벨을 짚어간다. 이때 연마각(bevel angle)은 15°에서 5°의 범위가 일반적이다. 베벨을 짚을 때마다 수직 높이 차가 기록되고, 저항이 측정된다. 각 점의 저항 값으로부터 그곳의 도핑농도를 구할 수 있다. 이 깊이와 저항 값으로부터 농도 프로파일이 계산된다.

스프레딩 저항을 좀 더 쉽게 이해하기 위해 [그림 5.17]과 같은 반도체 표면과의 기계적인 탐침 접촉을 생각해 보자. 전류 I가 반지름 r인 탐침으로부터 비저항 ρ인 반도체로 흘러간다. [그림 5.17]에서 동심원은 등전위선을 나타내며, 점선은 등전위선에 수직인 전기장을 나타낸다. 전기장 방향으로 흐르는 전류는 탐침 팁(probe tip)에 집중되고 팁으로부터 퍼져나가므로 스프레딩 저항이라고 부르는 것이다.

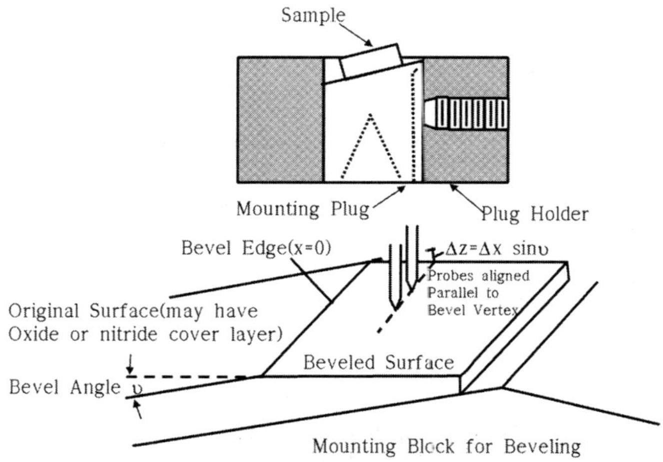

그림 5.16 Spreading resistance 측정법

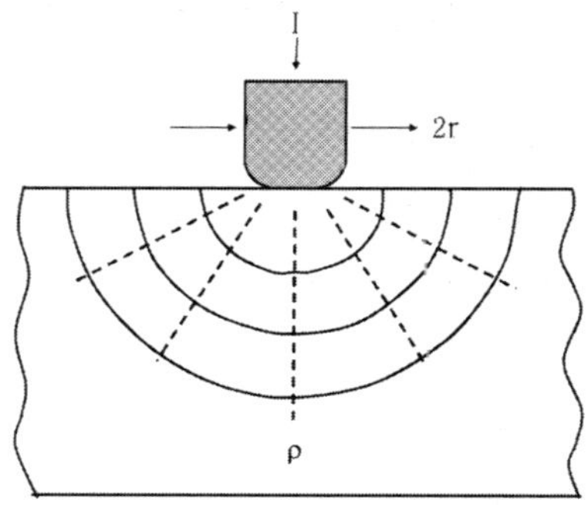

그림 5.17 반도체 표면과 탐침과의 접촉

이론적으로 스프레딩 저항 R_{sp}는 식 (5.23)과 같이 주어진다.

$$R_{sp} = \frac{\rho}{4r} \tag{5.23}$$

실제로는 식 (5.23)을 저항이 미리 알고 있는 표준 비저항에 맞게 보정시키고 특정 탐침에 대한 농도의 함수인 보정인자(correction factor) C.F.를 곱하여 식 (10.12)와 같이 된다.

$$R_{sp} = \frac{\rho}{4r}\ C.F. \tag{5.24}$$

위의 식은 가장 간단한 형태의 보정이고 다른 방법도 쓰인다. 스프레딩 저항 측정방법은 탐침의 특징이 충분히 검토되었을 경우에 정확하고 유용한 것이다. 그러나 복잡한 프로파일의 경우에는 R_{sp}를 프로파일로 바꾸기는 어렵고 많은 보정을 해주어야 하기 때문에 위의 기술을 사용하는 것이 곤란하다.

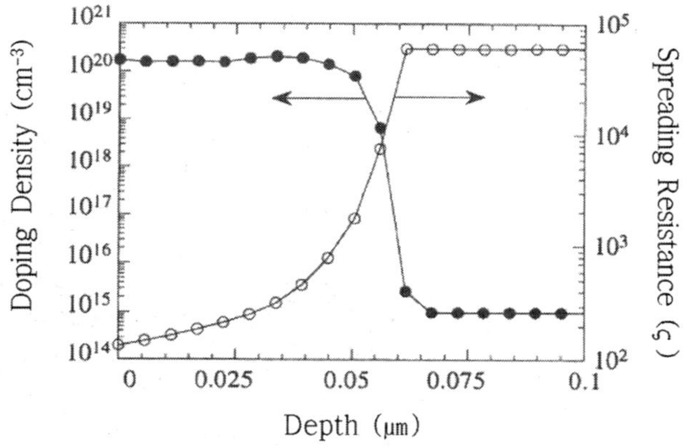

그림 5.18 SRP법을 이용한 도핑 프로파일 분석 결과

5.8.2 이차 이온 질량분석법(SIMS)

이차 이온 질량분석법(SIMS)에서는 일반적으로 수 100 eV~25 KeV 정도의 에너지를 지닌 이온을 이용한다. [그림 5.19]에 고체시료와 이온과의 상호작용에 의해 일어나는 스퍼터 현상을 나타내었다. 높은 에너지의 이온빔(ion beam)을 고체표면에 쬐어주면, 입사 이온은 시료 중의 원자와 역학적 상호작용 및 전자적 상호작용에 의한 두 가지 충돌과정을 거쳐서 시료 내로 침투하여 시료 내에서 정지하게 되든가, 또는 그 이전에 후방산란(back scattering)에 의해 반사된다. 시료중의 원자는 입사 이온과 탄성충돌에 의해 운동에너지를 받게 되며, 그 에너지가 결정격자의 퍼텐셜에너지보다 크게 되면, 시료원자는 격자점으로부터 이탈되어 가까운 원자와 차례로 충돌하게 된다. 이 충돌 사슬(chain)이 시료표면에 도달하여 배면 방향 성분의 에너지가 원자의 결합에너지보다 커지면 시료원자는 진공 중으로 방출된다. 방출되는 원자는 대부분이 중성이지만 일부는 음(-)이나 양(+)이온으로서 시료 표면의 원소에 특성을 따라 갖게 된다. 스퍼터에 의해 방출된 에너지의 총수에서 이온화한 원자의 수를 뺀 값을 이온화율로 정의하기도 하지만, 이 값은 방출원자의 이온화 전압, 시료 표면의 마무리 정도, 전기 음성도 또는 전자친화력 등의 물리 화학적인 성질에 따라 민감하게 변화한다.

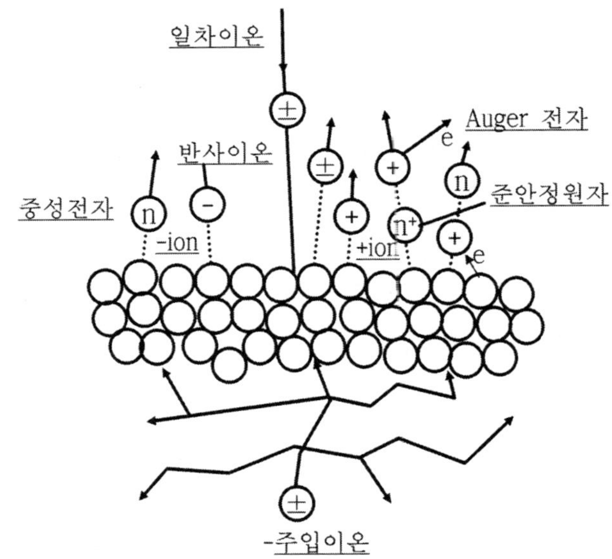

그림 5.19 스퍼터 현상

SIMS의 원리는 이와 같이 일차 이온의 조사를 받은 시료표면으로부터 이차적으로 스퍼터된 시료원자에 의한 이차 이온을 질량분석계에 걸어서 원소분석을 하는 것으로서, 이러한 스퍼터 현상은 SIMS의 특징인 표면으로부터 수직방향의 원소농도 분석에 이용된다. 한편 스퍼터된 원자의 탈출 깊이는 대략 10 Å 정도로 알려져 있으며 SIMS는 1 nm 정도의 표면층으로부터 방출되는 원자를 이용한다.

SIMS는 시료표면의 원소형태를 관찰하는 방법에 따라 주사형(scanning method), 투사형(transmitting method) 등 2종류가 개발되어 실용화되고 있다. [그림 5.20]에 이들 방법의 원리 및 개요를 나타내었다. [그림 5.20]에서 보는 바와 같이 주사형에서는 일차 이온빔을 CRT의 전자 빔과 동시에 시료에 주사시킨 후, 시료로부터 방출되는 이차 CRT의 휘도변조(영상)신호를 이용하여, CRT 상에 시료표면 원소의 이차원 상을 형성케 한다. 이때 상 분해능은 직접 일차 이온 빔 지름에 의존한다. 일반적으로 투사형에는 우선 일차 이온에 의해서 발생한 이차이온을 질량분석계로서 질량 분리시킴과 동시에 collect slit의 뒤쪽에 투사렌즈를 설치하여, 이것에 의해 형광판상에 시료표면의 이차원 원소 상을 형성케 한다. 이때의 상 분해능은 이차 이온 광학계의 모든 수차에 의존한다.

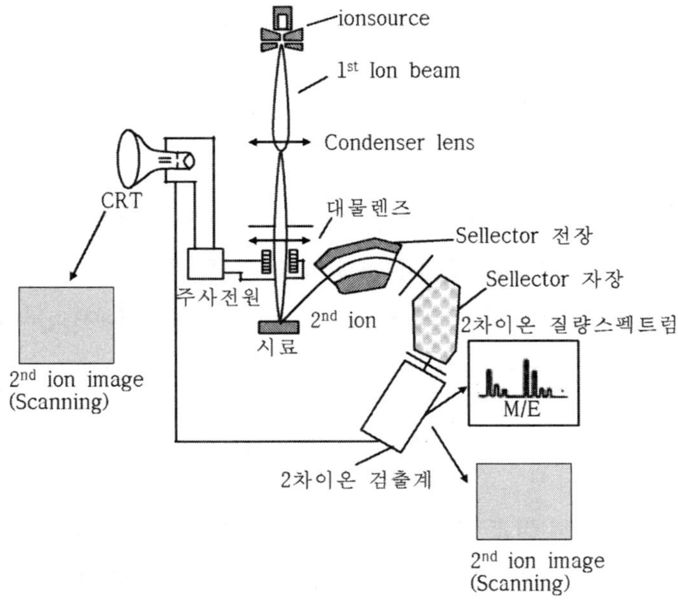

그림 5.20 SIMS 구성도

일차 이온 광학계는 이온 원, 콘덴서 렌즈, 대물렌즈 및 편극된 전극(polarized electrode) 등으로 구성되어 있다. 이온 원으로서는 일반적으로 duoplasmatron형 이온 원이 많이 사용되고 있으며, 시료에서의 spot 지름은 1μm 정도이다. 이차 이온 광학계로서는 전자장의 조하에 따라 sector형, 이중집중 질량 분석계(double focussing mass spectrometer)와 사중 질량분석(quadruple mass spectrometer)의 두 종류가 사용되고 있다. 신호처리에 있어서는 적산계산기가 이용되고 있다. 주요 처리내용으로는 미소신호의 적산, 각 원소별 이차 이온 강도의 판독 및 그래프와 특정 원소의 이온 강도에 대한 모든 이온 또는 내부 표준원소 이온 강도비에 따른 규격화 및 특정 원소의 깊이에 따른 농도 분포의 표시 등을 들 수 있다.

5.9 박막 분석법

5.9.1 박막 두께 측정법

(1) 광 간섭법

태양전지의 패시베이션층이나 반사방지막으로 사용되는 절연막은 무색 투명하고, 기판은 대부분 경면처리가 되어 있으며, 또한 절연막과 기판과의 굴절률 차가 크기 때문에 빛의 간섭무늬를 이용한 간섭법을 활용할 수 있다. 광학적인 방법은 사용의 제약은 있으나 조건만 맞으면 기계적 접촉법에 의한 측정보다 정밀한 측정이 가능하다.

[그림 5.21]에 빛의 간섭무늬를 이용한 광간섭법에 의한 두께 측정법을 나타내었다. 광간섭법에 의해 막의 두께를 측정하는 경우, 절연막의 표면에서 반사하는 빛과 절연막을 투과하여 기판과의 경계면에서 반사하는 빛 사이에 $2nd$ (여기서 d = 막 두께, n = 굴절률)의 광로차가 있으므로

$$2nd = (2k+1)\frac{\lambda}{2} \qquad k = 0, 1, 2, \cdots \tag{5.25}$$

식 (5.25) 조건을 만족할 때, 상쇄간섭이 일어나 파장 λ의 빛은 강도가 0이 된다. 이와 같은 시료를 백색광 아래에서 관찰하면 간섭이 일어난 파장의 빛이 결여된 보색이 나타난다. 따라서 절연막의 굴절률과 대체적인 막의 두께를 알고 있으면 표면색으로 막의 두께를 예측할 수 있다. 실리콘 열산화막(SiO_2막)은 굴절률이 거의 일정하므로, 표면색과 색견본을 비교하면 비교적 정밀하게 두께를 알아낼 수 있다. <표 5.4>는 SiO_2막의 표면색과 막 두께와의 관계를 보여주고 있다.

표 5.4 실리콘 표면의 열산화막의 두께와 간섭색

색명	두께 (μm)		
	1차	2차	3차
회색 (Gray)	0.01		
황갈색 (Tan)	0.05		
갈색 (Brown)	0.07		
청색 (Blue)	0.08		
보라색 (Violet)	0.10	0.28	0.46
청색 (Blue)	0.15	0.30	0.49
녹색 (Green)	0.18	0.33	0.52
황색 (Yellow)	0.21	0.37	0.56
오렌지색 (Orange)	0.22	0.40	0.60
적색 (Red)	0.26	0.44	0.62

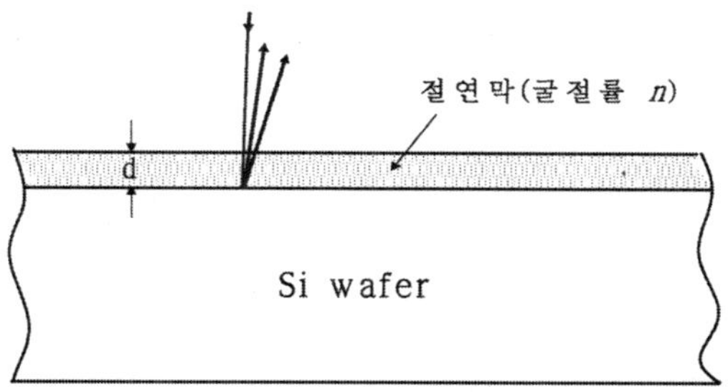

그림 5.21 광간섭법에 의한 절연막의 두께 측정

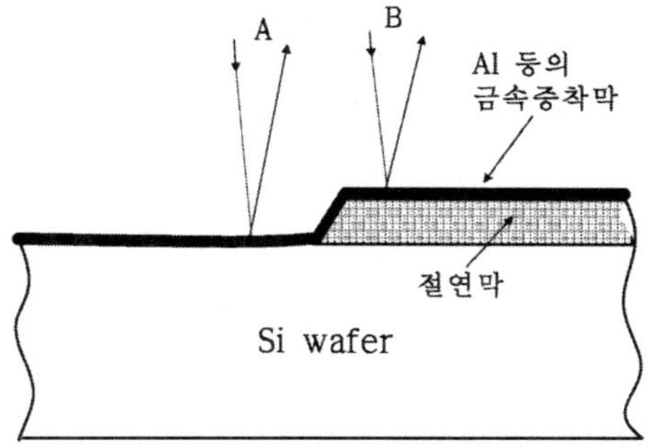

그림 5.22 단차를 이용한 간섭현미경에 의한 막 두께 측정

막 두께를 보다 정밀하게 측정해야 하는 경우에는 간섭현미경을 사용한다. [그림 5.22]에 나타낸 바와 같이 막의 일부를 제거하고 그 위에 균일하게 Al 등의 금속막을 증착한다. A와 B의 빛과 다중빔 간섭계 내의 기준면 사이에서 N_a 또는 H_g 램프의 단색광을 이용하여 간섭을 취하면 예리한 간섭무늬가 얻어진다. 이때 막의 두께 d는

$$d = \text{무늬의 수} \times \frac{\lambda}{2} \tag{5.26}$$

로 구할 수 있다.

간섭현미경에 의한 단차 측정법보다 간편한 측정법으로는 파장이 400~700 nm 정도인 Hg 램프의 빛을 슬릿을 통해 시료표면에 조사하면 공기(n_0), 절연막(n_1)과 실리콘 기판(n_2)에서의 굴절, 반사에 의한 간섭현상을 이용하는 방법이 있다. 이때 각 매질에서의 간섭에 의한 막 두께 d는 식 (5.27)을 이용하여 구할 수 있다.

$$d = \frac{\lambda(G-P)}{2n^*} \tag{5.27}$$

여기서 $n^{*}=(n_k^2-\sin^2\varphi)^{1/2}$, n_k는 각 매질의 굴절률, φ는 기판의 법선에 대한 입사각, G는 간섭도, $P=\Phi_s-\Phi_j$, Φ_s와 Φ_j는 n_0/n_1 및 n_2/n_1에서의 위상변화이다.

그 외에 막 두께를 관찰하는 수단으로는 SEM(Scanning Electron Microscope)이 있다. SEM은 우수한 입체적 시감을 얻을 수 있지만 치수를 교정해야 하는 단점이 있다.

(2) 편광해석법(Ellipsometry)

편광해석법은 기판 위에 형성시킨 박막의 굴절률과 막 두께를 정밀하게 측정하는 방법으로 널리 사용되고 있다. [그림 5.23]은 편광현미경의 원리도이다. 먼저 단색 광원을 편광판을 통해 기판에 빛을 조사하면, 기판에 증착된 박막의 굴절률에 따라 반사광의 강도와 위상이 변화한다. 이를 검지기가 두 광성분의 진폭의 비와 위상차를 측정한 후 컴퓨터로 막 두께와 굴절률을 계산한다.

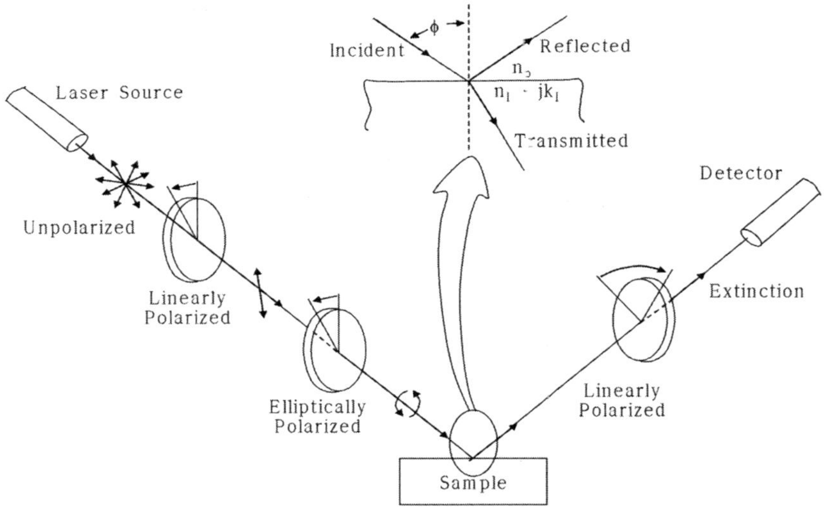

그림 5.23 편광현미경의 원리도

박막에 입사하는 빛이 표면에서 반사될 때, 반사광 중에서 입사면에 평행한 진동성분(p 성분) 프레넬(Frenel) 반사율 r_p, 입사면에 수직인 진동성분(s 성분)의 프레넬 반사율을 r_s라 하면,

$$\frac{r_p}{r_s}\equiv\tan\theta\cdot\exp(i\triangle) \tag{5.28}$$

가 된다. 이 식의 $\tan\theta$와 Δ를 구하면 굴절률과 막 두께를 알 수 있다. 여기서

$\tan\theta$는 두 광성분의 진폭비이며, Δ는 두 광성분 사이의 위상차를 나타낸다. 식(5.28)을 유도하기 위해서는 프레넬 공식(Frenel's Formula)이 이용되면 그 방법은 다음과 같다.

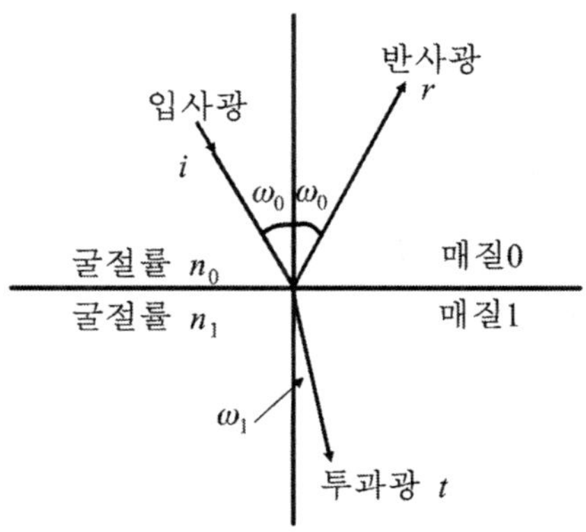

그림 5.24 광의 매질계면에서의 굴절과 반사

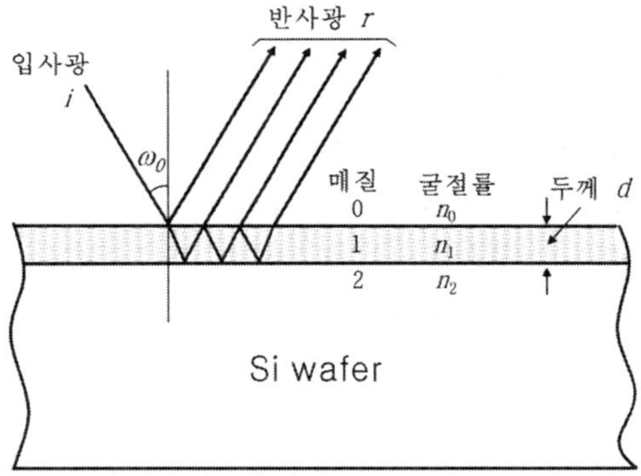

그림 5.25 기판상의 투명 박막에 의한 입사광의 다중반사

[그림 5.24]에서와 같이 매질 0으로부터 파장이 λ인 빛이 입사각 φ_0로 매질 1 내에 입사한 후 굴절각 φ_1으로 굴절하는 경우, 입사면에 평행한 진동성분을 p, 수직 진동성분 s라 하면 프레넬 공식에 의해서 프레넬 반사율 r_p, r_s, 프레넬 투과율 t_p, t_s는 다음 식으로 표현된다. 또 두 매질의 굴절률과 입사각 및 굴절각 사이에는 스넬의 법칙(Snell's law)이 성립한다.

$$r_p = \frac{\tan(\varphi_0 - \varphi_1)}{\tan(\varphi_0 + \varphi_1)} \tag{5.29 a}$$

$$r_s = \frac{\sin(\varphi_0 - \varphi_1)}{\sin(\varphi_0 + \varphi_1)} \tag{5.29 b}$$

$$t_p = \frac{2\cos\varphi_0 \sin\varphi_1}{\sin(\varphi_0 + \varphi_1)\cos(\varphi_0 - \varphi_1)} \quad (5.30\ a)$$

$$t_s = \frac{2\cos\varphi_0 \sin\varphi_1}{\sin(\varphi_0 + \varphi_1)} \quad (5.30\ b)$$

$$\frac{\sin\varphi_0}{\sin\varphi_1} = \frac{n_1}{n_2} \quad (5.31)$$

[그림 5.25]에 나타낸 바와 같이 기판 위의 투명한 박막에 입사각 φ_0로 파장의 λ의 빛이 입사하여 다중 반사하는 경우, 이 계의 프레넬 반사율 r_p, r_s는 프레넬 공식과 스넬의 법칙으로부터 다음과 같이 나타낼 수 있다.

$$r_p = \frac{r_{1p} + r_{2p}\exp(-i\Delta)}{1 + r_{1p}r_{2p}\exp(-i\Delta)} \equiv r_{p0}\exp(i\Delta_p) \quad (5.32\ a)$$

$$r_s = \frac{r_{1s} + r_{2s}\exp(-i\Delta)}{1 + r_{1s}r_{2s}\exp(-i\Delta a)} \equiv r_{s0}\exp(i\Delta_s) \quad (5.32\ b)$$

단, r_{1p}, r_{2p}는 각각 계면 1, 2에서의 입사광의 p성분의 프레넬 반사율이면 r_{1s}, r_{2s}는 s성분의 프레넬 반사율을 나타낸다. 또 Δ는 표면에서의 반사광과 기판으로부터의 반사광 사이의 위상차이며, r_{p0}, r_{s0}는 각각 r_p, r_s의 진폭성분, Δ_p, Δ_s는 각각 r_p, r_s의 위상성분을 나타낸다. 여기서 Δ는

$$\Delta = \frac{4\pi d}{\lambda}(n_1^2 - \sin^2\varphi_0) \quad (5.33)$$

로 나타내며, d는 막 두께이다. 한편 식 (5.32)을 변형하면,

$$\frac{r_p}{r_s} = \frac{r_{p0}}{r_{s0}}\exp i(\Delta_p - \Delta_s) \equiv \tan\Theta \cdot \exp(i\Delta)\ (\text{단, } \Delta = \Delta_p - \Delta_s) \quad (5.34)$$

이 되고, 이때 Θ와 Δ는 박막 및 기판의 광학정수(굴절률), 박막의 두께, 입사각, 입사과장의 함수이다. 실제는 Θ와 Δ의 값을 측정하여 박막의 굴절률과 두께를 구한다. 따라서 식 (5.33)에 굴절률 n_1과 v와 입사각을 대입하면 막 두께 d를 구할 수 있다.

실제 편광해석법으로는 실리콘 위에 형성한 고온 열산화막과 같이 굴절률이 거의 일정한 경우에는 한 점에서의 측정만으로도 막 두께를 구할 수가 있고, 막 두께가 2 nm 정도의 아주 얇은 막에 대해서도 정확한 측정이 가능하다.

(3) 스타일러스(Stylus)

알루미늄등과 같은 금속 박막은 광학장비로는 정확히 측정할 수 없기 때문에 기계적인 접촉을 통해 박막을 두께를 측정하는 스타일러스가 주로 사용된다. 막의 두께를 측정하기 위해서는 박막의 단차를 형성시켜야 하는데 마스킹 및 식각 작업으로 박막의 일부를 제거하여 단차를 형성한다.

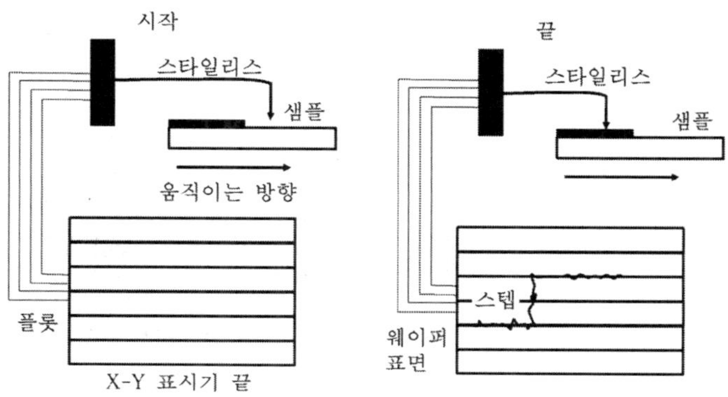

그림 5.26 스타일러스를 이용한 박막의 두께 측정

[그림 5.26]과 같이 준비된 시료를 지지대에 고정시킨 후, 10μm 정도의 팁(tip) 반지름을 갖는 다이아몬드 스타일러스를 표면에 접촉시켜 움직이게 한다. 스타일러스의 표면접촉 시 가해지는 힘은 보통 1 mg에서 30 mg 정도까지 조절된다. 스타일러스는 위치에 따라 전기적 신호를 내는 인덕터에 연결되어 있으므로, 스타일러스의 기계적인 움직임은 전기적인 신호로 바뀐다. 이때 얻어진 전기적인 신호를 증폭하여 X-Y 플로터로 보내면, 스타일러스의 위치변화가 기록되어 막의 두께를 알 수 있게 되는 것이다. 스타일러스로 막 두께를 측정할 때는 외부의 충격이나 진동을 충분히 흡수하여 오차가 발생하지 않도록 해야 한다. 또한 스타일러스의 무게를 고려하면, 매우 무른 막의 측정은 곤란하며, 거친 표면의 경우도 잡음을 유발할 수 있으므로 주의해야 한다.

5.9.2 박막의 구조적 분석

(1) X-선 회절 분석법(XRD)

결정 내부의 원자배열을 조사하기 위해서는 원자의 크기와 유사한 파장을 갖는 파에 의한 회절현상을 이용한다. 가장 대표적인 방법은 XRD법으로 결정체의 미세구조 해석에 폭넓게 사용되고 있는 방법 중의 하나로 측정시 시료의 결정구조나 화학적 구성에 영향을 주지 않는다. XRD법은 결정물질 속에 있는 원자들의 배열과 상호거리에 관한 정보뿐만 아니라 화학분석, 응력측정분석, 상태 연구, 결정립도 측정, 결정방위의 결정, 다결정 집합체의 방향 등에도 이용할 수 있으며 최근에는 스테로이드, 비타민, 항생물질과 같은 복잡한 자연물의 구조를 밝힐 때에도 이용되고 있다.

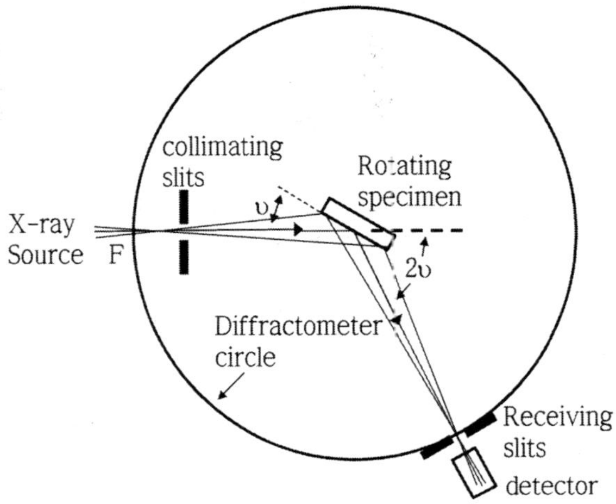

그림 5.27 XRD 구성도

[그림 5.27]의 X-선 회절계에서는 X-선 관에서 나온 X-선이 결정 위에 쪼여지는데, 이 결정은 회전할 수 있는 장치 위에 놓여 있어서 그 회전각을 이 장치의 눈금으로 읽어낼 수 있게 되어 있다. 결정을 회전시키면 각 세트의 원자면으로부터 산란되어 나오는 보강 빛살을 검출기로 들어가게 할 수 있다. 이 검출기는 기체 이온화 함, 섬광 카운터나 Geiger 카운터로 되어 있으며 여러 회전 각도에서의 응답을 기록하여 여러 θ 값에서의 피크 무늬를 기록할 수 있다. 이와 같이 측정한 θ 값으로부터 다음과 같은 Bragg 식을 이용하여 원자면 사이의 간격을 계산할 수 있다.

$$n\lambda = 2d\sin\theta \tag{5.35}$$

또한 회절선의 폭으로부터 다음 식을 이용하여 다결정 박막의 결정입의 크기 t를 알 수 있다.

$$t = \frac{0.9\lambda}{B\cos\theta} \tag{5.36}$$

여기서 B는 최대강도의 반이되는 곳에서 측정한 회절선의 폭이다. 이 방법으로는 5~100μm 범위의 결정의 크기를 결정할 수 있다.

(2) 주사전자현미경(SEM)

SEM은 고체 상태에서 작은 크기의 미세조직과 형상을 관찰하는 데에 가장 다양하게 쓰이는 현미경이다. 또한 초점 심도가 크기 때문에 3차원적인 영상의 관찰이 용이해서 곡면 혹은 울퉁불퉁한 표면의 영상을 육안으로 관찰하는 것처럼 보여준다. 활용도도 매우 다양해서 금속 파편, 광물과 화석, 반도체 소자와 회로망의 품질 검사, 고분자 및 유기물, 생체 시료와 유가공 제품 등 전 산업 영역에 걸쳐 있다. 특히 X-선을 이용하여 작은 부피의 화학조성을 빠르고 정확하게 측정할 수 있어서 이의 용도는 영상의 관찰이나 분석의 범위를 훨씬 능가하고 있다.

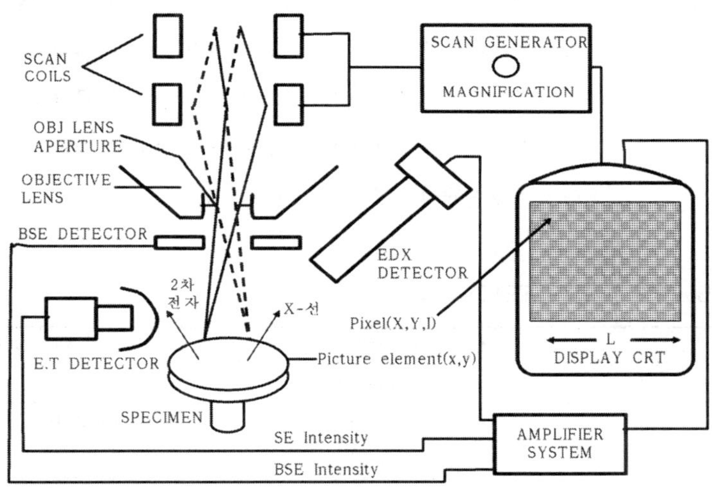

그림 5.28 SEM 구성도

SEM은 광원과 수렴렌즈, 대물렌즈와 시료의 표면에서 반사된 빛을 사용하여 영상을 만드는 전체적인 구성은 광학 현미경과 유사하다. 차이점은 가시광선 대신에 가속 전자빔을 광원으로 하며, 유리렌즈 대신에 전자기 렌즈를 사용하고, 반사된 빛으로 영상을 형성하는 대신에 가속전자와 고체 표면의 반응으로 발생되는 이차 전자를 전자검출기로 검출하여 CRT 스크린에 영상화한다. 이때 가속 전자빔을 TV 스크린에서처럼 시료의 표면에 주사시키고, 동시에 검출된 이차 전자신호도 CRT에 해당하는 위치로 주사하여 영상으로 나타낸다. 또한 SEM에서는 광원, 시료 및 검출기 등이 진공 중에 있는 점이다. 전자는 이 물질과 충돌하여 쉽게 산란하는 성질이 있어서, 대기 중에서는 렌즈로 초점을 맞추거나 검출이 불가능하기 때문이다.

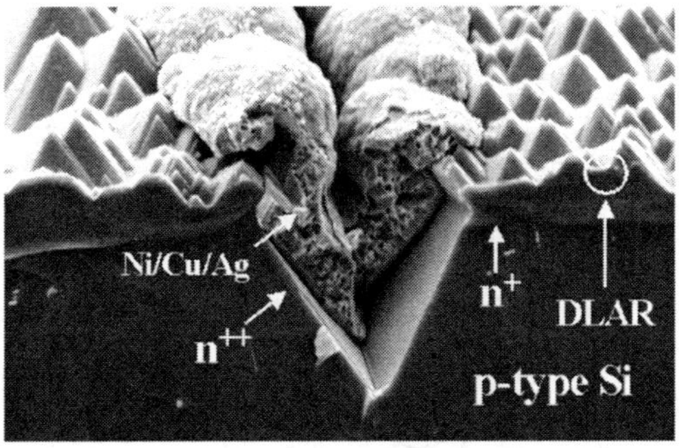

그림 5.29 SEM 측정 결과 (Si 태양전지 단면)

(3) 투과전자현미경(TEM)

TEM의 작동원리는 광학현미경과 같으나 광학현미경의 광원이 빛인데 반하여 TEM의 광원은 가속전자빔으로 시편을 투과하고, 상의 배율조절을 위해 렌즈의 작용을 전자기장으로 조절하는 것이다. 즉 관찰하고자 하는 재료의 파장보다 작은 가속전자를 발생하여 매질에 투과시키면 결정면이나 결함 등의 정도에 따라 투과할 수 있는 전자빔의 강도차가 발생하게 된다. 이때의 투과된 빔강도 차이는 형광스크린에서 명암으로 나타난다.

표 5.5 광학 현미경과 TEM의 차이점

	광학현미경	TEM
광원	가시광선	전자빔
파장	750 ~ 200 nm	0.0086 nm(20 keV) ~ 0.0025 nm(200 keV)
전파매질	공기	진공
렌즈	유리렌즈	전자렌즈(전자기장)
조리개 각도	~70°	~35°
해상력	~0.2 μm	atomic resolution
사용배율	10 ~ 2,000배	100 ~ 450,000배
초점	기계적	전기적
콘트라스트 기구	흡수, 반사	산란, 흡수, 회절, 위상차

TEM은 아주 작은 구조물의 결정구조를 보는 대표적인 장치이지만 전자가 에너지 손실없이 투과할 수 있는 얇은 두께(약 50 nm 이하)의 샘플을 요한다. 시편의 준비작업이 어렵지만 TEM은 ① 원자스케일의 분해능 가능, ② 역격자의 패턴을 얻을 수 있음 ③ 부과적인 장치를 통해 이차신호를 분석하여 다양한 정보를 얻을 수 있음 등의 장점을 가지고 있어서 현재에는 필수적인 분석 장치로 평가받고 있다.

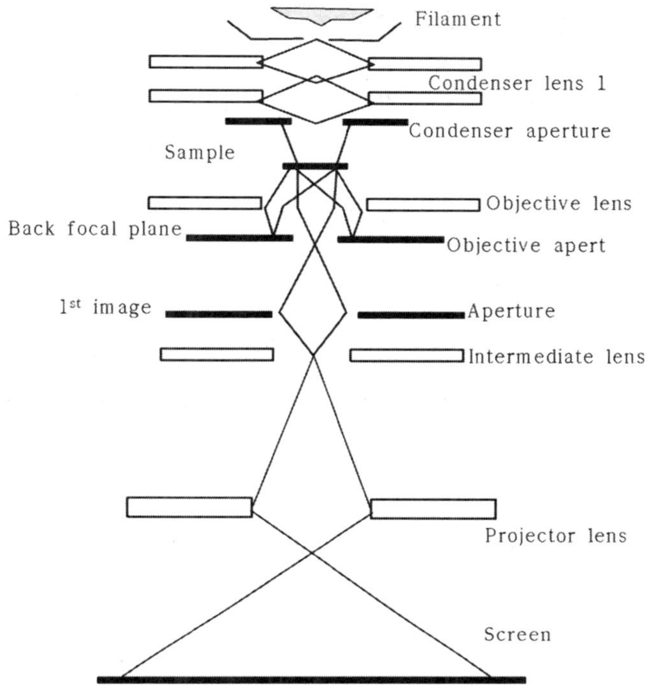

그림 5.30 TEM 개략도

TEM의 기본적인 구조가 [그림 5.30]에 도시하였다. 전자들이 음전극으로 둘러싸여 있는 열음극에서 방출되고 양극에 의해 가속된 후 콘덴서 렌즈(condenser lens)라는 제1단계 전자렌즈는 시편에 전자선속을 시편에 집속시켜 쬐여진다. 투과된 전자빔은 시편 아래 가까이 놓여있는 대물렌즈(objective lens) 의하여 일차 영상이 형상되며, 이후 투영렌즈(projector lens)에 의해 더 확대되어 형광판에 영상으로 맺어져서 육안으로 관찰할 수 있게 된다.

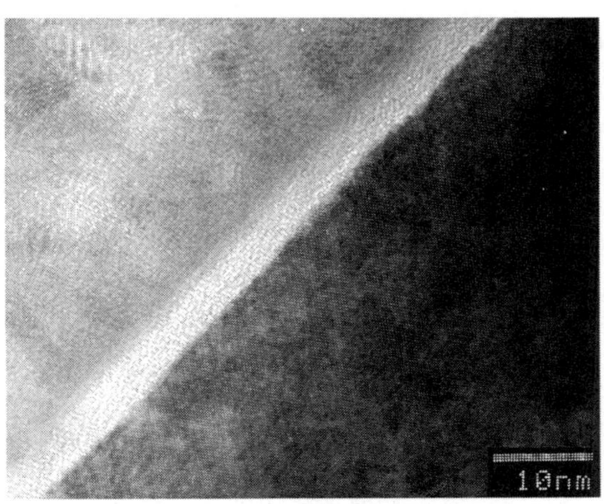

그림 5.31 TEM 측정결과(Y_2O_3/Si)

5.9.3 박막의 화학적 조성 분석

최근 새로운 기능을 가지는 신물질들이 많이 개발되면서 표면분석에 대한 관심이 높아져 가고 있다. 표면분석의 중요성은 물질의 표면이 항상 외부와 접하고 있으므로 화학적, 물리적인 반응이 내부보다 먼저 일어나는 곳이다. 표면분석이란 금속같이 단단한 물질인 경우 표면에서 2 nm, 유기물이나 고분자 물질의 경우 10 nm 정도의 깊이까지 표면과 계면의 구성 원소 및 화학적 결합상태, 에너지 준위 등을 알아내는 기술이다. 표면분석에 대표적인 방법으로는 XPS(X-Ray Photoelectron Spectroscopy)와 AES(Auger Electron Spectroscopy)가 있다. 이들 방법은 전자의 에너지를 분석하여 시편의 화학적 조성을 구하는 방법으로 Ar 이온으로 표면을 깎아가면서 측정하면 박막의 조성을 깊이에 따라 관측(depth profiling)하는 것이 가능하다.

(1) X-선 광전자 분광법(XPS)

XPS는 물리학이나 금속재료과학의 분야뿐만 아니라 최근에는 고체표면과 계면의 구성 원소나 화학결합 상태를 밝혀내는 전자 분광법의 하나로 금속, 촉매, 반도체소자재료, 세라믹스, 박막, 고분자피막 등의 연구에 널리 이용되고 있다.

[그림 5.32]에서 보는 바와 같이 고체 안에 특유의 결합에너지(binding energy)로 갇혀 있던 전자가 빛 입자(X-ray)에 의해 표면 밖으로 방출된다. XPS는 이러한 광전자를 검출하고 그 양을 측정하여 고체표면의 화학적 조성을 분석하는 장치이다. 그 과정을 살펴보면 다음과 같다.

일정한 에너지의 광자를 원자나 분자에 쬐면 들뜬 이온과 광전자가 발생한다.

$$A + h\nu \rightarrow A^{+*} + e^- \tag{5.37}$$

위 식에서 A는 원자나 분자이고, $h\nu$는 X-선 광자의 특성에너지이며 A^{+*}는 여기된 이온이고, e^-는 광전자이다. 이때 방출된 광전자의 운동에너지는 분석기와 검출기에서 정확히 측정된다. 방출된 광전자의 운동에너지 E_k는 X-선 광자의 특성에너지 $h\nu$에서 코아준위의 결합에너지 E_b와 분광계의 일함수 Φ를 뺀 값이 된다.

$$E_k = h\nu - E_b - \Phi \tag{5.38}$$

조사된 광전자의 에너지는 알 수 있으며, E_k는 측정할 수 있고, Φ도 측정가능하므로, 원자 내에서의 전자의 결합에너지가 계산된다. 이 결합에너지는 원자의 고유한 값을 갖기 때문에 표면에서 방출되는 광전자의 스펙트럼을 관측함으로써 표면의 조성, 화학적 결합상태 및 구성 원소를 정량 분석할 수 있다.

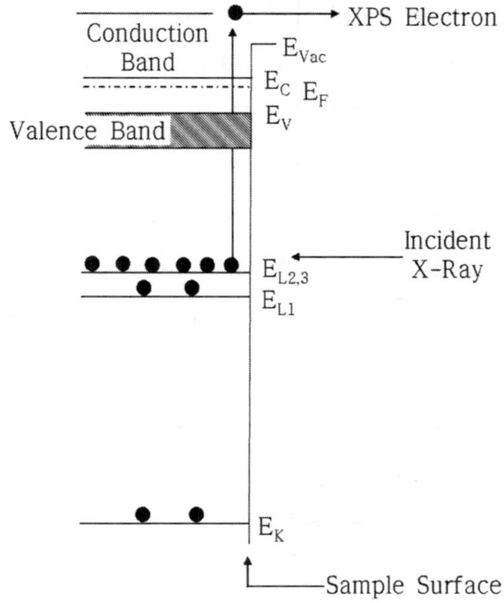

그림 5.32 XPS에서 광전자가 생기는 과정

XPS 장치는 시료 처리실과 측정실로 구성되어 있다. 시료 처리실에서는 피크 위치를 보정하기 위한 표준물질의 증착, 오염된 고체표면 처리, 깊이 방향의 조성변화를 조사하기 위한 이온 에칭, 온도변화에 대한 반응 메커니즘 규명을 위한 온도제어, 가스처리 등이 행해진다. 측정실에는 시료를 여기시키는 전원(X-ray source), 시료로부터 방출되는 광전자의 에너지를 분별하는 전자분석기(electron analyzer), 전자검출기(electron detector)등으로 구성되어 있다.

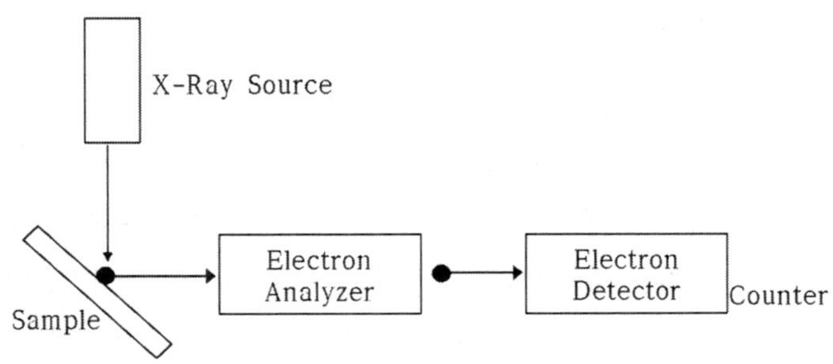

그림 5.33 XPS 시료측정실의 구성도

XPS를 통하여 분석 가능한 것은 시료의 원소분석, 상태분석, 정량분석,

depth profiling 분석 등이다. 원소의 확인을 위해서는 전 에너지 영역을 survey 혹은 광폭 scan한다. 이때 구성 원소들은 고유한 광전자선을 나타내므로 원자 번호 3번 이상의 원소분석이 가능하다. 시료에 따라서는 광전자의 방출에 의한 전자부족으로 하전 현상이 일어나 피크들이 조금씩 이동하는 수가 있다. 이러한 때는 공기 오염에 의한 Cls 피크 위치나, 기준 피크인 Au 4f7/2 피크 위치, 또는 Cu 2p3/2 피크 위치를 이용하여 보정한 후 원소 확인을 해야 한다. 원자의 내각전자의 결합에너지는 고유한 값을 가지므로 구성 원소를 분석할 수 있다. 보통 시료 중에 함유하는 원소에 대해서는 예측이 가능하므로 이것을 전제조건으로 하고 있다. 함유 원소를 전혀 알 수 없을 때는 결합에너지 값과 비슷한 값을 갖는 원소가 있기 때문에 원소분석이 복잡해진다. 이때에는 다른 분석기기와 상호 보완적으로 사용해야 한다.

결합에너지는 화학적 환경에 따라 다르다. 즉 원자의 화학결합 상태가 다르면 결합에너지의 값은 보통 수 eV가 변화하므로 이 변화된 값에서 화학결합 상태와 원자가 전자의 상태를 확인할 수 있다. 시편의 표면에서 나오는 광전자 피크의 면적이나 높이를 이용하여 구성 원소의 조성비나 원소를 정량할 수 있다. XPS의 정량분석에는 두 가지 방법이 있는데 하나는 상대 감도계수 또는 표준시료에 의한 검량선법이고 다른 하나는 세기 인자를 가정하여 원소농도를 구하는 방법이다. 그러나 다음과 같은 여러 조건이 있어 정량분석은 일반적으로 어렵다고 알려져 있다. ① 각 원소의 광전자 피크의 상대 세기가 다르다. ② 어떤 원소의 표면 농도는 같아도 시료의 형태에 따라 방출되는 광전자의 양이 다르다. ③ 장치를 사용함에 따라 X-선관이나 측정실이 오염되어 X-선의 세기가 시간에 따라 감소한다. 따라서 한 개 시료에 포함되는 몇 개 원소의 피크를 연속적으로 측정하는 경우나 한 개 원소에 대하여 원소 피크와 shift한 피크를 얻을 경우만이 이들 피크의 면적비, 또는 전체를 100%로 규격화하여 상호비교할 수 있는 자료를 얻을 수 있다.

Depth profiling 분석이란 시료표면에 에너지가 큰 불활성 기체로부터 발생시킨 양이온을 충돌시킴으로써 표면을 분당 수 Å씩 깎아내면서 수천 Å까지의 깊이에 따른 조성 변화와 화학적 상태 변화를 분석하는 방법이다. 이 방법은 XPS와 AES에서만 사용할 수 있는 유일한 분석기술이다. 이온 충돌은 이온 건에 의하여 식각과 스캔을 교차시키면서 결과를 얻는다. 결과는 보통 식각 시간대 원소의 세기로 표시된다.

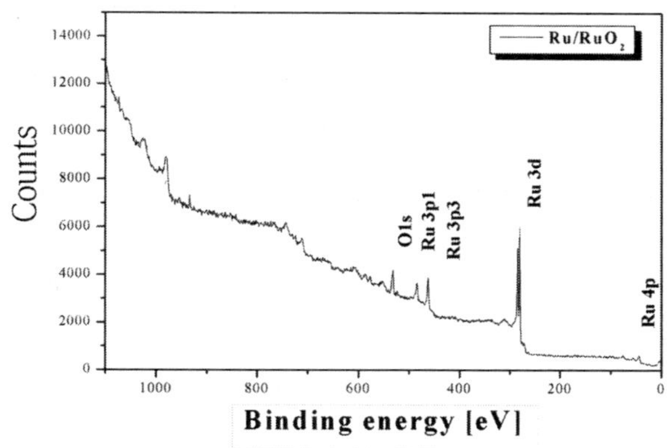

그림 5.34 XPS 분석결과(Ru/RuO_2/SiO_2/Si)

XPS를 절연물질이나 유기화합물의 분석에도 활용되는데, 분석 대상 시료가 절연체일 경우 광전자의 방출에 의한 전자부족으로 하전현상이 일어나서 광전자선이 높은 결합에너지 방향으로 이동하는 수가 있다. 이런 경우에는 시료 중에 잘 알려진 원소의 정확한 에너지를 이용해서 보정해 주어야 한다. 이러한 하전현상을 중화시키기 위하여서는 electron flood gun을 사용하여 전자를 시료 표면에 조사시켜 전하는 상쇄시키는 방법과 시료표면에서 1~2 mm 위에 전하제어용 금속 스크린(charge control metal screen)을 씌워주면 하전현상을 없애줄 수 있다. 하전현상이 생기면 보통 피크의 위치는 결합에너지가 높은 쪽으로 이동한다. 또한 좋은 분해능을 얻기 위해서는 금속 스크린을 씌운 후 flood gun을 함께 사용하면 flood gun에 걸어주는 에너지가 달라져도 피크 폭이 좋은 일정한 분해능을 가지는 스펙트럼을 얻을 수 있다. 유기화합물 경우도 XPS 스펙트럼을 IR, NMR과 같이 보완하면서 해석하면 많은 정보를 얻을 수 있다.

(2) 오제 전자 분광법(AES/SAM)

AES/SAM(Auger Electron Spectroscopy/Scanning Auger Microscopy)은 수십 nm 크기로 집속된 전자빔을 재료의 표면에 입사시켜 방출되는 오제 전자의 에너지를 측정하여 재료 표면을 구성하고 있는 원소의 종류 및 양을 분석해내는 표면 분석장비이다. 재료의 표면에 입사된 전자는 재료를 구성하고 있는 원자들을 이온화 및 여기시키면서 에너지를 잃고 멈추게 되는데 이 과정에서 형성되는 excitation volume은 직경 1~2 μm에 달하게 되며 그 안에서는 오제 전자를 포함한 2차 전자 및 X-ray가 발생하게 된다. 투과 거리가 긴 X-ray의 경우, 표면 이하 깊은 곳에서 발생해도 초기의 에너지를 잃지 않고 표면 밖으로 나올 수 있지만 3,000 eV 이하의 에너지를 갖는 대부분의 오제 전자를 비롯한 전자의 경우는 약 10 단 원자층 이하의 투과거리 때문에 표면 가까이서 발생하는 것만 초기의 에너지를 보유한 채 표면 밖으로 나올 수 있게 된다. 바로 이러한 특성이 AES/SAM의 표면 선택성(surface selectivity)이라 할 수 있다.

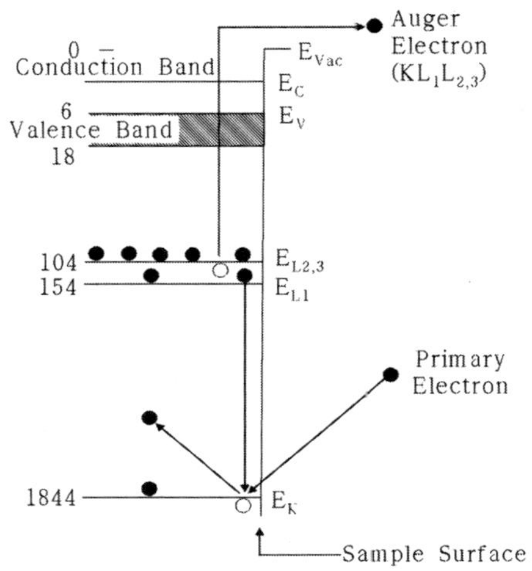

그림 5.35 AES/SAM에서 오제 전자가 생기는 과정

오제 전자의 생성 원리는 전자빔이나 X-ray를 이용, 원자의 하부각 전자를 쳐내면 정공(hole)이 생성되고 이 정공은 보다 높은 상태에 위치한 상부각 전자가 내려오면서 채워지게 된다. 이 과정에서 야기되는 결합에너지의 차이는 X-ray로 방출되거나 아니면 다른 전자를 방출함으로써 해소되게 되는데 2 KeV 이하의 결합에너지를 갖는 얕은 전자각에서 발생되는 정공은 오제 전자의 방출에 의한 전이가 지배적이다. 이러한 오제 전자의 운동에너지는 전이에 관계하는 전자각의 결합에너지들에 의해 구해진다. 이와 같이 결합에너지에 의해 결정되는 오제 전자의 에너지는 원소마다 고유하므로 이를 이용하여 재료의 구성 원소를 구분해 낼 수 있게 된다.

AES/SAM을 이용한 표면분석에는 SEM 표면관찰, 원소의 정성 및 정량분석, 이온빔을 이용한 depth profiling, 재료구성 원소의 화학적 상태분석 등을 들 수 있다.

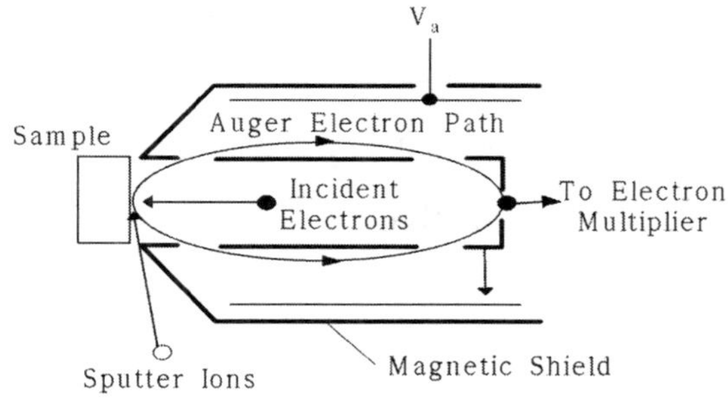

그림 5.36 AES 시스템 개략도

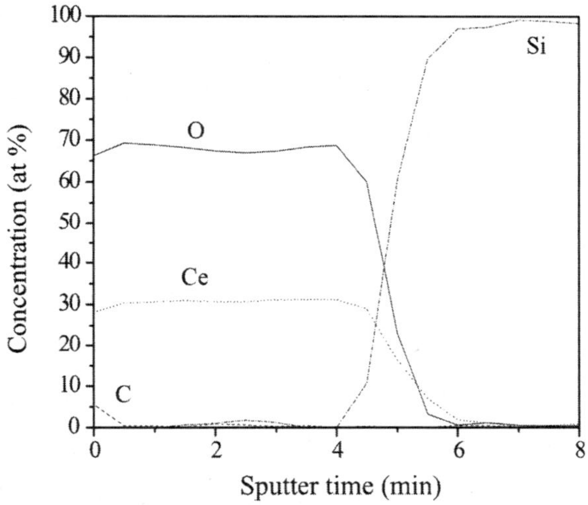

그림 5.37 AES를 이용한 depth profiling 분석 결과(CeO_2/Si)

5.10 적외선 분광법

5.10.1 적외선 분광계

적외선 흡수나 반사 측정에 이용되는 광학계는 광원, 창재, 분광기 등에 대해, 가시 광선영역에서 이용되는 것과 다른 몇 가지 주의가 필요하다. 적외선 광원은 100 μm 이하의 파장 영역에서는 SiC를 소결해서 봉상으로 한 방전등이, 100 μm 이상의 파장 영역에서는 고압 수은등이 이용된다. 고압 수은등은 관벽의 다중 반사에 의한 간섭을 방지하기 위해 관벽에 요철을 불규칙하게 붙인 것도 시판되고 있다. 또한 고압 수은등은 강한 적외광, 가시광을 내기 때문에, 측정할 때 적당한 단파장 커트 필터로 제거할 필요가 있다.

창재는 용융 석영에서도 4 μm 이상의 광은 통하지 않으므로 KCL, NaCl, NaF, KI 등의 할로겐화 알칼리를 이용한다. 20 μm 이상의 파장 영역에서는 블랙폴리 에틸렌이 잘 이용된다. 창재가 평행평판의 경우 종종 다중 반사를 일으키므로 주의를 요한다.

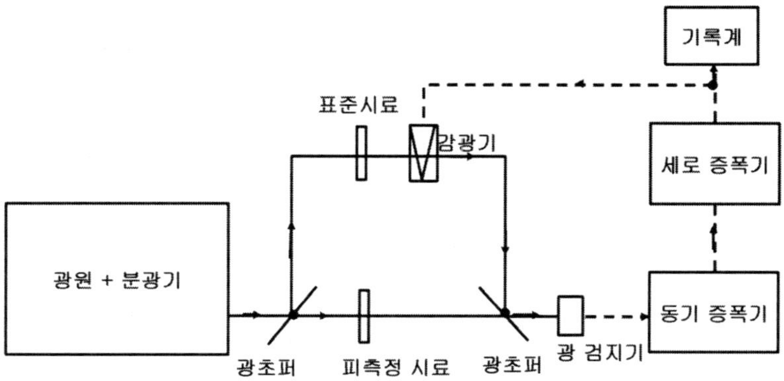

그림 5.38 복광속형 적외선 분광기의 블록 다이어그램

분광기는, 분산형의 것에는 [그림 5.38]에 나타낸 것과 같은 복광속형 분광기가 잘 이용된다. 이것은 적외 분광의 경우 넓은 파장 영역을 측정하는 경우가 많고 분광계의 파장 의존성 보정을 위해 시료를 통한 광강도를 시료를 통하지 않은 강도에서 규격화할 필요가 있기 때문이다. [그림 5.38]에서는 두 광의 강도가 어떤 비에서 균형이 있도록 참조 광원측에 들어 있는 감쇄기로 광량을 조정한다. 이 조정은 광 검지기로부터 피드백에 의해 행해진다. 이 감쇄비율을 기록계에 출력함으로써 스펙트럼이 얻어진다. 적외 분광기는 통상, 대기에 의한 광흡수의 영향을 피하기 위해, 계를 진공으로 할 필요가 있어 진공펌프를 포함해서 비교적 대형의 것이 많다.

적외 광원에서는 가시 광원에 비해 작은 강도의 빛밖에 얻어지지 않는다. 그 때문에 최근에는 광의 사용효율이 뛰어난 푸리에형 분광기를 이용하는 경우가 많아졌다. 분산형 분광기에서는 슬릿으로부터 빠져나오는 광밖에 사용하고 있지 않고 대부분의 광은 항상 버리고 있는 셈이 되지간, 푸리에형의 경우에는 원리상 항상 모든 파장의 광을 활용할 수 있다. [그림 5.39]에 원적외 영역에서 이용되고 있는 간섭 분광기를 나타낸다. 고압 수은등으로 부터의 광은 마이켈슨형 간섭계이고, 빔 스프리터에 의해 이동 밀러측 M_m과 고정 밀러측 M_s로 분리되어 재차 두 광이 빔 스프리터에 집중되어 간섭광으로서 출력된다. 이때의 출력 강도는 I_0는 파수 v를 갖는 광성분에 대해서

$$I_v(x) = \frac{I_i}{2}(1 + \cos 2\pi v x) \qquad (5.39)$$

로 된다. 여기서 I_i는 입사광 강도, x는 이동 밀러측과 정지 밀러측의 광로차이다. 실제의 광은 많은 파장의 빛을 갖고 있지만 검지기 출력을 x의 함수로서 관측해 그의 푸리에 성분을 취하면 각 파장 강도를 안다 실제로는 컴퓨터를 이용해서 푸리에변환에 의해 파장 스펙트럼을 얻는다.

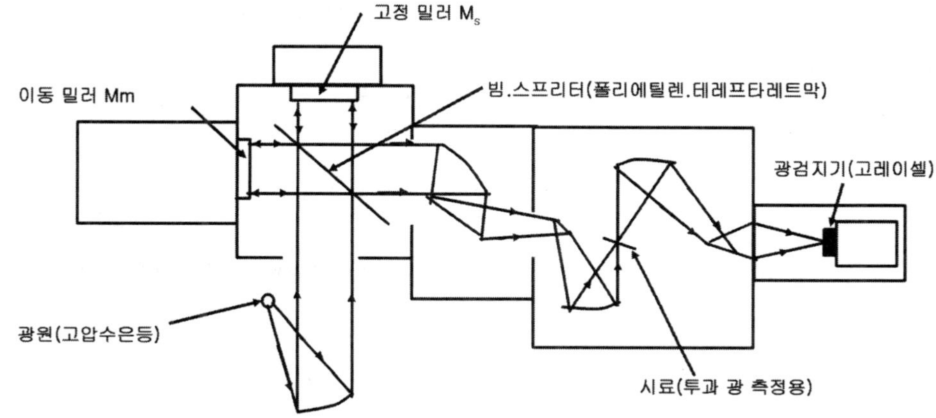

그림 5.39 푸리에 변환형 분광기(적외 분광용)

5.10.2 극성 반도체의 격자 진동에 의한 적외선 흡수

II-IV족 반도체, III-V족 반도체 등의 극성 반도체에서는 광학 격자 진동에 의해 분극이 발생하고 광(전자파)과 강한 상호작용을 한다. 이 격자 진동에 상당하는 광의 파장은 통상 적외선 영역으로 되고 강한 흡수와 반사를 발생한다.

이온성을 갖는 부격자로서 이루어진 결정을 쌍극자의 집합으로 생각해 광과 상호작용을 조사한다. 쌍극자를 조화 진동자 모델에 근사하면 각주파수 ω_0는 진동자의 고유 각주파수, m^*는 2개의 부격자 이온의 환원 질량, e^*는 유효 전하이다. 엄밀히 외부 전장 E 대신에 국재 전장 E_{ioc}를 이용할 필요가 있지만, 여기서는 이 효과를 무시한다. 한편 부격자의 변위는 결정 내에 유전 분극을 발생하며 그의 크기 P는

$$P = N(e^* x + \varepsilon_0 \alpha E)$$

이다. 여기서 N은 진동자 밀도, α는 분극률이다. 위의 두 식으로부터 각주파수

ω성분만을 생각하면 유전율은

$$\varepsilon = 1 + N\alpha + \frac{e^{*2}/m^{*}\varepsilon_0}{\omega_0^2 - \omega^2 - i\gamma\omega}$$

으로 된다. 정적 유전율 $\varepsilon_{st} = \varepsilon(\omega = 0)$과 광학적 유전율 $\varepsilon_{op} = \varepsilon(\omega = \infty)$를 도입하면, 위식은

$$\varepsilon(\omega) = \varepsilon_{op} + \frac{\omega_0^2(\varepsilon_{st} - \varepsilon_{op})}{\omega_0^2 - \omega^2 - i\gamma\omega} \tag{5.40}$$

로 나타낼 수 있다. 식 (5.40)을 실수부, 허수부로 나눠서 쓰면

$$\begin{aligned} \varepsilon_1(\omega) &= \varepsilon_{op} + \frac{(\varepsilon_{st} - \varepsilon_{op})(\omega_0^2 - \omega^2)\omega_0^2}{(\omega_0^2 - \omega^2)^2 + \gamma^2\omega^2} = n^2 - k^2 \\ \varepsilon_2(\omega) &= \frac{(\varepsilon_{st} - \varepsilon_{op})\omega_0^2\gamma\omega}{(\omega_0^2 - \omega^2)^2 + \gamma^2\omega^2} = 2nk \end{aligned} \tag{5.41}$$

로 된다. ε_1과 ε_2의 주파수 의존성을 [그림 5.40]에 나타낸다.

그러면 구체적으로 다음과 같이 해석을 진행한다. 거의 수직입사에 가까운 각도에서 반사율 R의 측정을 행하여 그의 파장 의존성을 구한다. 한편 반사율의 이론 스펙트럼 $R(\omega)$를 구하기 위하여 파라미터 ε_{st}, ε_{op}, ω_0 γ에 적당한 값을 대입하여 n과 k를 구하고, 그다음 $R(\omega)$의 계산을 행한다. 이 $R(\omega)$가 실험치와 잘 맞도록 파라미터를 개선해간다. 이때 ε_0, ε_∞에 대한 출발점의 값에는 저파수(장파장) 측의 반사율 $R(\omega = 0)$와 파수(저파장) 측의 반사율 $R(\omega = \infty)$를 사용하여 $\varepsilon_{st} = (\sqrt{R(\omega = 0)} + 1)/$, $(\sqrt{R(\omega = \infty)} + 1)/\ (\sqrt{R(\omega = \infty)} - 1)$을 구해서 이용한다. 또한 $\omega_0 d$의 출발점은 피크의 장파장 측의 변곡점 부근의 값, γ의 출발점은 $\gamma = R_{\max}$를 이용한다. 계산 스펙트럼과 실험 스펙트럼이 파라미터의 최적화에 의해서도 잘 맞지 않는 수가 있다. 이 경우에는 나중에 기술할 자유전자(정공)의 적외선 흡수의 영향을 받아들이든지 복수개의 진동자를 포함해서 실험 스펙트럼을 비교한다.

[그림 5.40]의 반사율 $R(\omega)$는,

$$\omega/\omega_0 = \sqrt{(\varepsilon_{st} - 1)(\varepsilon_{op} - 1)} \tag{5.42}$$

에서 최소치를 갖지만, 종광학포논 각주파수 ω_{LO}와 횡광학포논의 각주파수 ω_{TO}간에는 라이덴·색스·텔러(Leyden-Sacks-Teller) 관계식

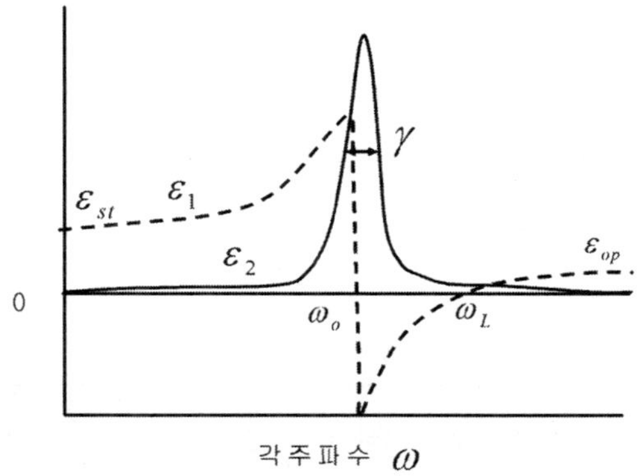

그림 5.40 유전율의 실수부 ε_1과 허수부 ε_2의 각주파수 의존성(조화 진동자 모델)

$$\frac{\omega_{LO}}{\omega_{TO}} = \sqrt{\frac{\varepsilon_{st}}{\varepsilon_{op}}} \tag{5.43}$$

가 성립한다. ε_{st}, $\varepsilon_{op} \gg 1$일 때, 식 (5.42)은 위식과 같게 된다. 그런데 가로 방향의 진동모드가 전자파(광)에 의해 여기되므로 사실은 $\omega_O = \omega_{TO}$로 된다. 따라서 반사율은 종광학포논에 상당하는 에너지에서 최소치를 취하게 된다. ω_{TO}에서 ω_{LO} 사이의 각 주파수 영역의 광은 상당히 큰 반사율을 나타낸다. 특히 박막에서 다중 반사가 있는 듯한 경우에 그 영역의 광은 최후까지 잔류한다. 이 광을 잔류선(residual rays)이라 부르고 있다.

자유 전자 밀도가 높은 경우, 자유전자에 의한 적외 흡수가 발생한다. 이 흡수는 고전론적으로 식(5.42)을 $\omega = 0$으로 하여

$$\begin{aligned} n^2 - k^2 &= \varepsilon_{op} - \omega_0^2/(\omega^2 + \gamma^3) \\ 2nk &= \omega_0^2/\omega(\omega^2 + \gamma^2) \end{aligned} \tag{5.44}$$

로 쓸 수 있다. 자유전자 밀도가 상당히 높은 경우 $n = \sqrt{\varepsilon_{op}}$는 이미 정수가 아니고 유전율의 실수부에

$$\triangle x_r = -\omega_0^2/(\omega^2 + \gamma^2) \simeq -\neq^2/(m\varepsilon_{st}\omega^2) \tag{5.45}$$

의 기여를 포함하지 않으면 안된다.

5.10.3 국재진동의 적외 흡수에 의한 측정

불순물이 결정 중에 갖는 광학적으로 활성화한 국재진동을 적외선 흡수에 의

해 측정할 수 있다. 예를 들면 Si 결정 중의 격자간형 산소를 갖는 국재진동모드의 몇 가지는 적외 활성이고, 특히 1,100 cm^{-1} 부근에서 피크를 갖는 흡수 스펙트럼은 유명하다. 실용상 중요하며 또한 잘 조사되어 있는 국재진동에 의한 적외흡수 데이터를 <표 5.6>에 나타낸다.

표 5.6 Si와 GaAs 중의 불순물에 의한 국재 포논 모드에 적외흡수(측정은 모두 실온)

	Si			GaAs
	O_i^{***}	C_s^{***}	N_s	C_s^{***}
피크 파수 (cm^{-1})	1104	607	963	580
환산계수* α	$2.5 \times 10^{17**}$ (cm^{-2})	1.0×10^{17} (cm^{-2})	1.4×10^{17} (cm^{-2})	8×10^{15} (cm^{-1})

* Si는 α의 피크치, GaAs는 면적치

** 3.0×10^{17} cm^{-2}라 하는 보고도 있다.

*** 첨자 I는 격자간형을, s는 격자치환형을 나타낸다.

표 중의 환산계수 α는 불순물농도 N_i와 흡수 스펙트럼으로부터 구했던 흡수계수 α와의 비례계수 $N_i = a\alpha$ 또는 $N_i = a\alpha\triangle$ ($\triangle$ =흡수 스펙트럼의 면적)을 나타낸다. GaAs의 탄소(C) 불순물의 경우, 모체 결정의 격자 진동에 의한 흡수 스펙트럼이 가까이 신장하고 있으므로 그의 영향을 받는다. 이 때문에 C를 포함하지 않는 참조 시료에 의해 보상하여 C만의 흡수 스펙트럼을 취한다. 흡수 스펙트럼으로부터 불순물농도를 구할 때에 베이스 라인의 끄집어내는 방법, 분해능, 측정온도 등에 주의함과 동시에 푸리에 분광의 경우, 아포다이제이션 방식에도 주의를 기울일 필요가 있다. 표준시료를 1매 준비하여 항상 참조하면서 측정하는 것이 좋다.

연습문제

1 에너지 밴드갭을 구하는 방법을 설명하시오.

2 도핑농도 및 접합깊이를 측정할 수 있는 방법에 대하여 설명하고, 각각의 방법에 대한 장단점을 논하시오.

3 반사도를 측정할 수 있는 방법을 조사하시오.

4 수소, 산소, 탄소 등의 농도를 규명하기 위한 방법을 조사하시오.

5 소수 반송자 수명 시간 측정이 가능한 방법을 열거하고 장단점을 논하시오.

6 태양전지 효율 측정을 위한 인공광원의 특성을 조사하시오.

7 태양전지 특성규명에서 온도가 미치는 영향을 논하시오.

8 펄스형 광원에서 2 ms, 4 ms, 10 ms에서 측정하는 태양전지의 효율 측정 정밀도에 대하여 조사하시오.

9 반사방지막의 굴절률과 두께를 결정하는 방법과 절차를 조사하시오.

10 태양전지 금속의 두께를 검사할 수 있는 방법을 논하시오.

11 태양전지의 암상태에서 전류–전압 특성곡선을 그리고 전압 영역별로 주도하는 전도 메커니즘을 설명하시오.

참고문헌

1) R.J. Handy : Solid State Electron 10(1967)765.
2) R. Sahai and A. G. Milnes Solid State Electron 13(1970)1289.
3) 日本工業規格 JIS C 8911.
4) 浜川圭弘, 桑野莘德 : 太陽電池-工學, 培風館, (1994)
5) 이준신, 신재생에너지 활용을 위한 고효율 실리콘 태양전지, 생능출판사, (2001).
6) 이재형, 임동건, 이준신, 태양전지원론, 홍릉과학출판사, (2005).

Chapter 6

태양전지 응용과 장래전망

6.1 | 태양광 발전 시스템

태양전지에서 생산된 전력을 이용하는 방법에는 태양전지와 부하를 직접 연결하여 사용할 수도 있지만, 대부분의 경우 전원 충전 또는 기타 백업 장비로 구성된 태양광발전 시스템으로 이용하고 있다. 태양전지는 모듈(module)화하여 구성이 가능하므로, 태양광발전 시스템 역시 사용하는 곳에 따라 수 mW에서 수 MW까지 상상할 수 있는 모든 구성이 가능하다. 일반적으로 대규모 발전용을 제외하고는 kW 규모의 것이 사용된다.

6.1.1 태양광발전 시스템의 구성

태양광발전 시스템은 일사량에 의존하여 직류 전력을 발전하는 태양전지와 발전된 전력을 부하에 공급하기 위한 부하 매칭(matching)의 기본 기능을 요구하고 있다.

① 일사량에 의존하여 직류 전력을 발전하는 태양전지 어레이(array)

② 발전한 전기를 저장하는 전력저장 축전 기능

③ 발전한 직류를 교류로 변환하는 인버팅(inverting) 기능과 전력품질 및 보호기능을 갖는 PCS(Power Conditioning System)기능

④ 전력계통이나 다른 전원에 의한 백업(back-up) 기능

⑤ 발전된 전력을 공급하기 위한 대상 부하

①~⑤의 기능을 실현하기 위한 전기적인 블록으로서 일반적인 태양광발전 시스템의 구성은 [그림 6.1]과 같이 구성된다.

태양광발전 시스템은 입사된 태양 빛을 직접 전기에너지로 변환하는 부분은 태양전지나 배선, 이것들을 지지하는 구조물을 총칭하여 태양전지 어레이라고 한다. 태양전지 어레이 구조물과 그 외의 구성기기는 일반적으로 주변장치라고 불리고 있으며, 영어로는 BOS (Balance of System)라고 한다. 태양전지 어레이와 축전지를 제외한 인버터 등의 전기적인 전력변환 기기류와 제어·보호 장치를 일체 구조의 유닛(unit)으로서 공급하는 경우에는 PCS라고 부르고 있다.

태양광발전 시스템은 여러 가지 요소로 구성되어 있으며, 일반적으로 다음과 같이 분류하고 있다.

① 태양전지 어레이(PV array)

② 직류전력 조절장치(DC power conditioner)

③ 축전지(battery storage)

④ 인버터(inverter)

⑤ 계통연계제어

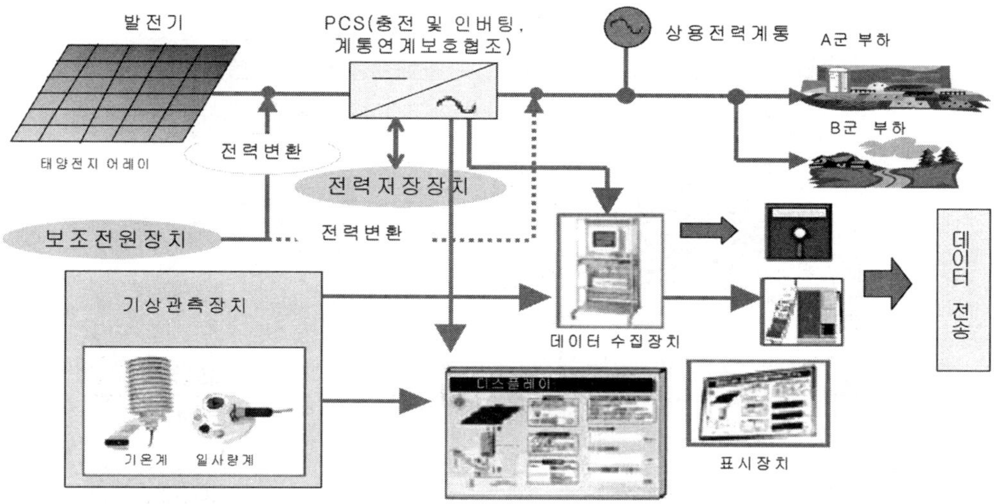

그림 6.1 태양광발전 시스템의 일반적인 구성 예

6.1.2 태양광발전 시스템의 분류

태양광발전 시스템은 [그림 6.2]와 같이 상용 전력계통 연계유무에 따라 독립형(stand-alone)과 계통 연계형(grid-connected)으로 분류할 수 있으며, 일부의 경우 풍력발전, 디젤발전 등 타 에너지원에 의한 발전방식과 결합된 하이브리드(hybrid)형을 별도로 구분하기도 한다. 독립형 시스템의 경우는 주로 등대, 중계소, 인공위성, 도서, 산간벽지 전원 등에 사용되고, 계통 연계형 시스템의 경우는 주택, 빌딩 등의 옥상, 대규모(수 MW 급) 발전시스템에 사용된다. [그림 6.3]과 [그림 6.4]에 독립형과 계통 연계형 발전시스템의 구성을 나타내었다.

독립형 시스템의 경우는 상용 전력계통과 독립하여 태양광발전 전력만으로 부하에 전력을 공급하며, 발전의 불안정성을 보완하기 위하여 부하 용도에 따라 축전지와 보조 발전기를 사용하는 것이 일반적이며, 보조 전원장치의 사용 유무에 따라 다양한 형태로 분류할 수가 있다. 연계형의 경우는 상용계통과 분리되었을 때의 자립 운전기능의 유무와 태양광발전 시스템에서 발전된 전력을 상용계통에 역조류 시킬 수 있는 역조류 기능의 유무에 따라 다양한 형태로 분류할 수가 있다. 또한, 태양광발전 시스템은 태양전지 어레이의 형태, 집광유무, 태양전지의 규모, 부하 형태와 이용 방법에 따라서 여러 가지로 구분하여 생각할 수 있다.

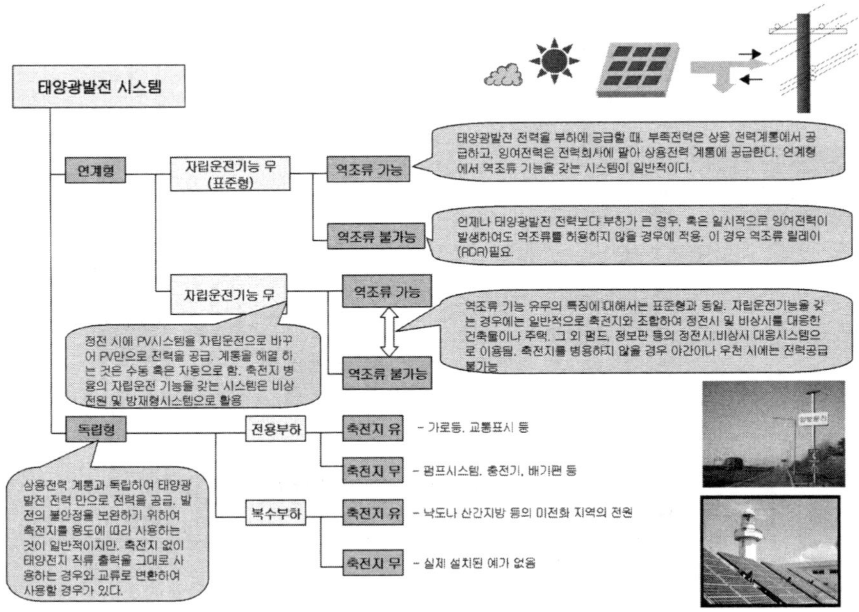

그림 6.2 태양광발전 시스템의 분류

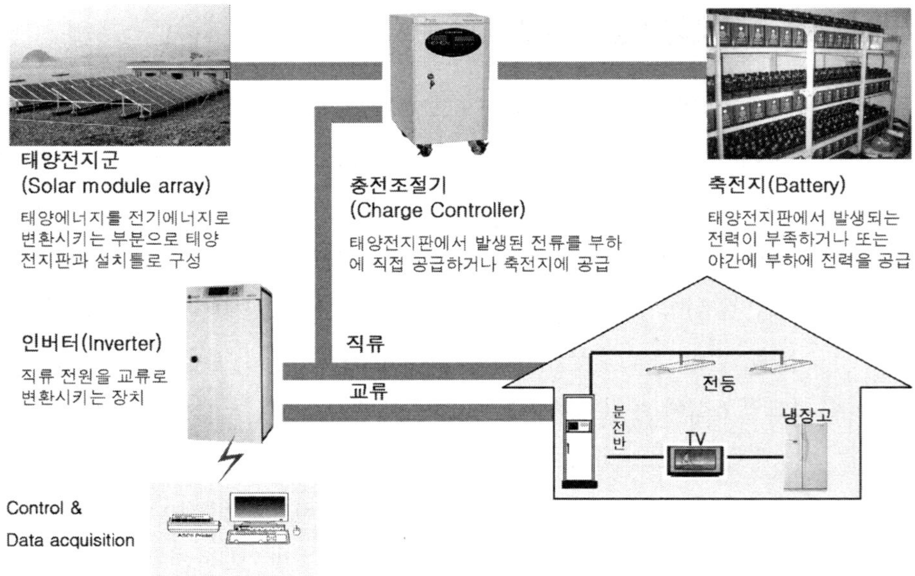

그림 6.3 독립형 태양광발전 시스템

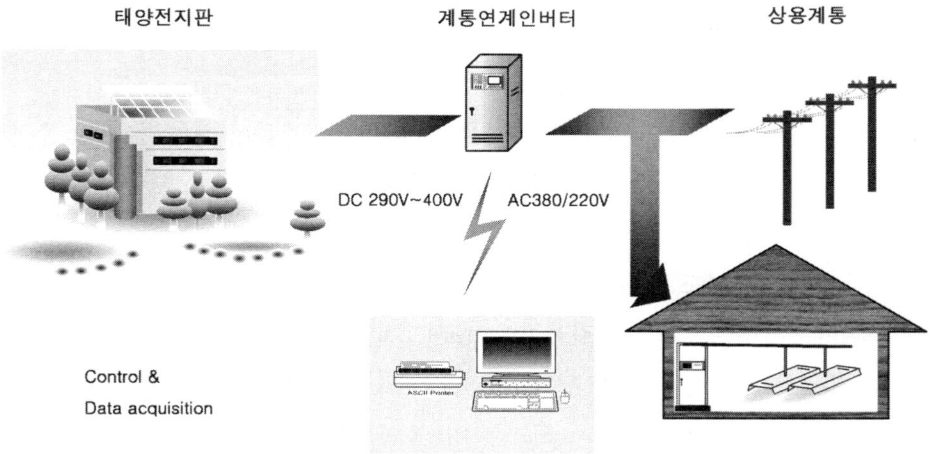

그림 6.4 계통 연계형 태양광발전 시스템

(1) 어레이 설치형태에 따른 분류

① 추적식 어레이 (tracking array)

태양광발전 시스템의 발전효율을 극대화하기 위한 방식으로 태양의 직사광선이 항상 태양전지 판의 전면에 수직으로 입사할 수 있도록 동력 또는 기기 조작을 통하여 태양의 위치를 추적해 가는 방식으로 추적 방향에 따라 단방향 추적식과 양방향 추적식으로 나누어 생각할 수 있다. 또한 태양을 추적하는 방법에 따라서 감지식, 프로그램 제어식, 혼합형 추적방식을 생각할 수 있다. 그 밖에 태양광선의 집광유무에 따라서 평판형과 집광형 어레이를 생각할 수 있다.

○ 추적 방향에 따른 분류

- 단방향 추적식 (single axis tracking)

  태양전지 어레이가 태양의 한 측만을 추적하도록 설계된 방식으로 상하 추적식(Y-axis tracking)과 좌우 추적식(X-axis tracking)으로 나누어진다. 고정형에 비하여 발전량이 증가하나 양방향 추적식에 비하여 발전량이 줄어든다.

- 양방향 추적식 (double axis tracking)

  태양전지판이 항상 태양의 직달일사량 (direct radiation)이 최대가 되도록 상·하, 좌·우를 동시에 추적하도록 설계된 추적 장치이다. 설치 단가가 높은 반면에 발전량이 고정형에 비하여 연평균 40%~60% 가량 증가한다.

주로 제약된 설치면적에서 최대 발전량을 얻는 데에 목적이 있다.

○ 추적방식에 따른 분류

– 감지식 추적법 (sensor tracking)

태양의 추적방식이 감지부(sensor)를 이용하여 최대 일사량을 추적해 가는 방식으로 감지부의 종류와 형태에 따라서 오차가 발생하기도 한다. 특히 태양이 구름에 가리거나 부분 음영이 발생하는 경우 감지부의 정확한 태양 궤도 추적은 기대할 수 없게 된다.

– 프로그램 추적법 (program tracking)

어레이 설치 위치에서의 태양의 년 중 이동궤도를 추적하는 프로그램을 내장한 컴퓨터 또는 마이크로프로세서를 이용하여 프로그램이 지시하는 년·월·일에 따라서 태양의 위치를 추적하는 방식이다. 비교적 안정되게 태양의 위치를 추적해 나아갈 수 있으나 설치지역 위치에 따라서 약간의 프로그램 수정이 필수적이다.

– 혼합식 추적법 (mixed tracking)

프로그램 추적법을 중심으로 운용하되 설치 위치에 따른 미세적인 편차를 감지부를 이용하여 주기적으로 수정해 주는 방식으로 일반적으로 가장 이상적인 추적방식으로 이용되고 있다.

② 반고정형 어레이 (semi-fixed array)

반고정형 어레이는 태양전지 어레이 경사각을 계절 또는 월별에 따라서 상하로 위치를 변화시켜주는 어레이 지지방식으로 일반적으로 사계절에 한번씩 어레이 경사각을 변화시킨다. 이때 어레이 경사각은 설치 지역의 위도에 따라서 최대 경사면 일사량을 갖도록 설치한다. 반고정형 어레이의 발전량은 고정형과 추적식의 중간 정도로써 고정형에 비교하여 보통 20% 가량의 발전량 증가를 가져온다.

③ 고정형 어레이 (fixed array)

어레이 지지형태가 가장 값싸고 안정된 구조로써 비교적 원격 지역에 설치 면적의 제약이 없는 곳에 많이 이용되고 있으며, 특히 도서지역 등 풍속이 강한 곳에 설치하는 것이 보통이다. 앞서 언급한 추적식, 반고정형에 비하여 발전효율은 낮은 반면에 초기 설치비가 적게 들고 보수 관리에 따른 위험이 없어서 상대적으로 많이 이용되는 어레이 지지방법이다. 국내의 도서용 태양광시스템에서는 이와 같은 고정형 시스템을 표준으로 한다.

(2) 태양전지판의 집광 유무에 따른 분류

태양전지변환효율은 일반적으로 어느 한계까지는 태양광선을 집광시켰을 때에 높아진다. 즉 집광렌즈 등을 사용하여 태양광선을 집광시켜 태양전지에 조사시켰을 때 보다 높은 발전효율은 기대할 수 있다.

① 평판형 태양전지 모듈 (flat form solar cell module)

태양전지 모듈이 어떠한 집광형태의 조작이 없이 곧 바로 태양광선에 노출된 형태를 의미한다. 즉 집광이 되지 않는 태양광선을 태양전지에 그대로 입사하는 가장 보편화된 태양전지판이다.

② 집광형 태양전지 모듈 (concentrated solar cell module)

프랜넬 렌즈(Plannel lens) 등을 사용하여 태양광선을 집광시킨 뒤에 태양전지에 집광된 빛을 조사시켜 발전하는 태양전지 모듈로써 반드시 집광된 광선이 태양전지 전면에 입사될 수 있도록 양방향 추적식 어레이로 구성되어야 한다. 일반적으로 고가의 태양전지 재료를 사용하여 제작된 고효율의 태양전지에 많이 이용한다. 집광형으로 설치 시에는 집광율에 따라서 태양전지에서 많은 열이 발생하여 변환효율이 온도상승에 따라 비례적으로 감소하므로 공냉식 또 수냉식 강제 냉각시스템을 부착시켜 온도 상승을 막는다. 그러나 아직까지 생산가가 높고 구조가 복잡하여 경제성이 미흡한 것으로 알려져 있다.

(3) 태양전지용량에 따른 분류

① 소형 태양광 이용 시스템

소형 태양광 이용 시스템은 적은 용량의 태양전지를 이용하여 필요한 기기나 설비 등에 부착시켜 전원을 공급하는 형태로써 이용분야가 매우 다양하다. 그리고 이용시스템의 종류로는 라디오, TV, 무전기 등의 휴대용 전원과 기로등 유·무인 측정기, 유·무인 중계소, 등대 부표 등의 소규모 발전시스템으로 나누어 생각할 수 있다.

② 소규모 태양광발전 시스템 (small-scale PV power system)

소규모 태양광 발전시스템은 100 kWp 미만의 태양전지 용량을 갖는 발전소 형태의 발전시스템을 일컫는다. 그리고 이용목적에 따라서 다양한 BOS를 갖추어 시스템을 구성할 수 있다. 일반적으로 유인 등대용 전원, 유인 도서용 전원,

주택용 시스템, 산간벽지 전원, 비상대피소 전원 등 계통선의 공급이 어려운 지역에 많이 이용되고 있다.

③ 중규모 태양광발전 시스템 (middle-scale PV system)

중규모 시스템은 태양전지 용량이 100 kWp ~ 500 kWp 가량으로 비교적 대단위 비상 전원공급을 위한 PV power plant형 발전소이다. 현재 많이 이용되는 분야로는 계통선과 연계하여 발전하는 설비로 비행장과 병원 등에 설치하여 운영하거나 또는 계통선 공급이 어려운 지역의 독립 전원용으로 설치한다.

④ 대규모 태양광발전 시스템 (large-scale PV power system)

대규모 시스템이라고 함은 500 kWp급 이상의 태양광 발전소로써 주로 국가 또는 전력공급회사에서 상용발전소 개념을 도입하여 계통선과 연계 운영하는 대용량 시스템이다. 현재까지 미국, 일본, 이탈리아 등에서 시범사업 형태로 수십 개 정도 설치되어 운영되고 있으나 경제성을 고려하여 설치하기 보다는 전시용 또는 실증실험을 목적으로 설치하고 있다.

태양광 펌핑 시스템

태양광 자동차

그림 6.5 소형 태양광 이용 시스템

주택용 태양광발전 시스템　　건축전용 PV시스템

그림 6.6 소규모 태양광발전 시스템

건물 옥상 적용 PV시스템　　사막지역 적용 PV시스템

그림 6.7 중규모 태양광발전 시스템

그림 6.8 대규모 태양광발전 시스템

(4) 부하의 종류와 계통선 연계 유무에 따른 분류

① 독립형 태양광시스템 (stand-alone PV system)

독립형 태양광발전 시스템은 계통선이 공급되지 않는 산간벽지, 도서지역 등에 전력을 공급하기 위한 시스템으로 주간에 발생시켜 사용하고 남은 전력을 축전지에 저장하였다가 야간에 사용하게 되어 있으며, 부하의 종류와 시스템의 구성에 따라서 [그림 6.9]와 [그림 6.10, 6.11]과 같이 여러 가지 직류 부하용, 교류 부하용과 보조발전기 보완형 시스템이 있다.

② 계통선 연계형 태양광시스템 (utility-connection PV system)

계통선 연계형 태양광시스템은 계통선이 공급되는 지역에서 태양전지를 이용하여 주간에 생성된 전력을 [그림 6.12]와 같이 인버터를 통하여 계통 선에 연계하여 전력을 공급하거나 또는 부하측에 직접 전력을 전달하게 된다. 이때 계통선의 안정을 유지하기 위하여 반드시 계통연계 보호 장치를 통하여 태양전지에서 발생된 전력이 계통선과 연계되어야 한다.

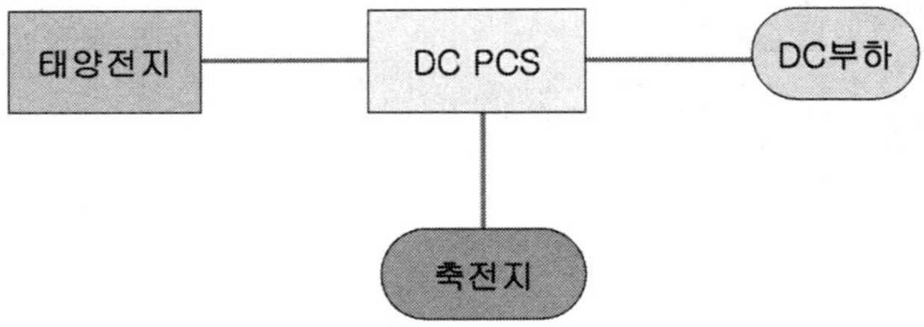

그림 6.9 직류부하용 독립형 태양광 시스템

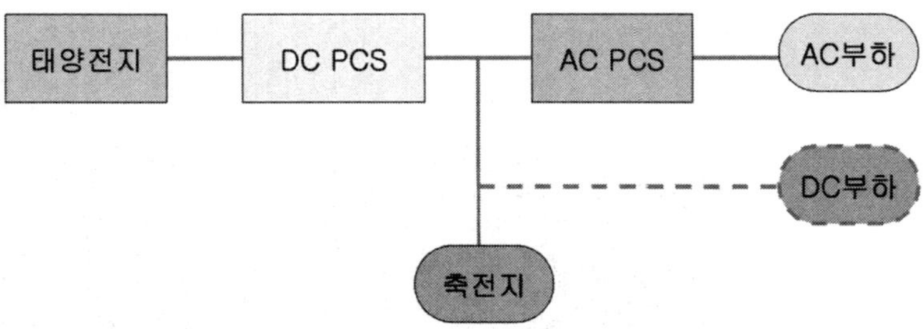

그림 6.10 교류부하용 독립형 태양광 시스템

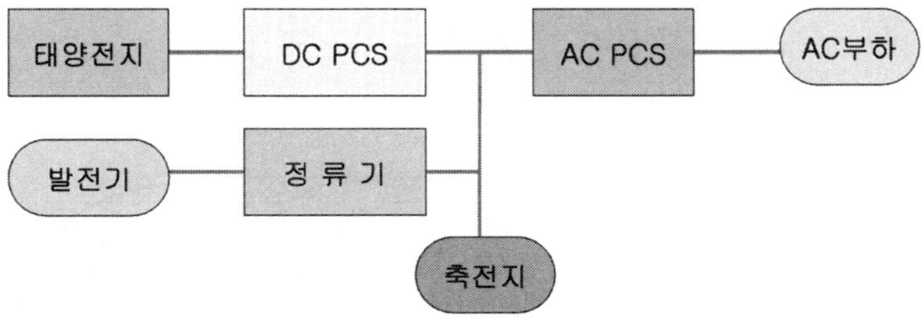

그림 6.11 보조 발전기 보완형 독립형 태양광 시스템

그림 6.12 계통선 연계형 태양광 시스템

6.1.3 태양전지 어레이 구성 방법

실리콘 태양전지의 경우 100 cm^2의 면적을 기준으로 면적에서 흡수된 태양광 전부를 전력으로 변환하면 0.5 V, 3 A의 전력을 생산할 수 있다. 우주용을 제외한 지상용의 태양광발전 시스템 대부분은 13~15 V로 발전된 전압을 축전지에 12 V로 충전하는 타입이며, 태양전지를 수십 개 연결하여 사용하고 있다. 이렇게 태양전지를 연결한 것을 태양전지 모듈(PV module)이라고 하며, 전형적인 태양전지 모듈의 경우 결정질 실리콘 태양전지를 30~36개를 직렬로 연결하여 최대 전력이 약 50 W가 되도록 구성하고 있다. 태양광발전 시스템의 용량이 커질 경우 태양전지 모듈을 여러 개 조합하여 구성하게 되는데, 이것을 태양전지 어레이라고 한다. 태양전지 어레이를 알아보기 전에 태양전지를 연결하기 위한 이론적 배경을 먼저 알아보고, 어레이 설계 방법을 알아보기로 한다.

(1) 태양전지 직·병렬이론

동일 특성인 두 개의 태양전지를 같은 일사조건에서 서로 직렬로 연결했을 경우에 태양전지의 V−I 특성곡선은 [그림 6.13]과 같이 된다.

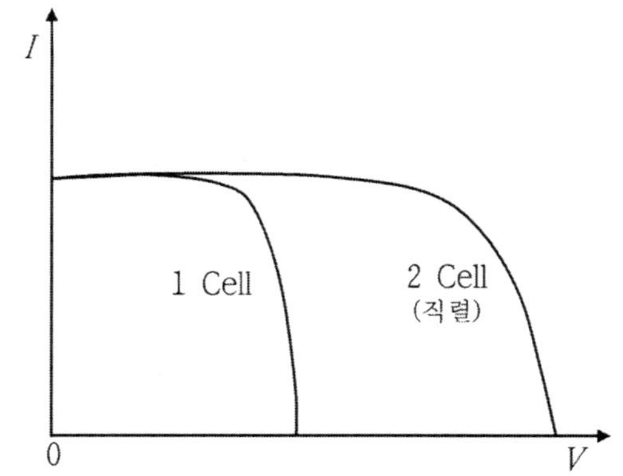

그림 6.13 직렬 연결된 태양전지의 전압-전류 특성

이 경우 양단 전압은 한 개의 전지 전압의 두 배가 되고, 전류는 한 개의 전지에서 발생된 전류의 크기와 같게 되어 $V = V_{c1} + V_{c2}$, $I = I_{c1} = I_{c2}$ 가 된다. 따라서 여러 개의 태양전지가 직렬로 연결된 경우에 태양전지의 출력전류는 한 개의 전지에서 발생된 전류의 크기와 같고 출력전압은 식 (6.1)과 같이 나타낼 수 있다.

$$V_a = N_s \times V_c \tag{6.1}$$

V_a : 태양전지 출력전압
N_s : 직렬 연결된 태양전지의 수
V_c : 태양전지 한 개의 출력전압

병렬 연결된 태양전지의 동작 특성은 태양전지가 서로 똑같은 일사 조건이나 재질의 특성이 물성적으로나 전기적으로 같은 특성을 갖고 있는 경우에는 분석하기가 간단하다. 그러나 태양전지에 그늘이 지는 정도에 따라 차이가 난다거나 혹은 태양전지에 파손이 생긴 경우에는 그 동작특성이 큰 차이가 난다. 여기서 우선 태양전지의 출력전류에 대한 수식을 인용하면 식 (6.2)와 같이 된다.

$$I(V) = I_{ph} - I_o(V_o) \quad V>0 \tag{6.2}$$

그리고 태양전지에 그늘이 지는 정도의 차이에 따라서 태양전지에 미치는 출력전류의 변화를 표시하면 식 (6.3)과 같이 나타낼 수 있다.

$$I(V) = KI_{ph} - I_o(V_o - \Delta V) \qquad V > 0$$
$$\Delta V = (1 - K)I_{ph}R_s \tag{6.3}$$

여기서 K는 일사상수(intensity modifier)이며, 음영정도에 따라 $0 < K < 1$의 범위를 갖는다. 그리고 ΔV는 태양전지에 그늘진 상태에 따른 직렬저항 R_s 양단에 인가되는 전압의 변화를 의미한다. 두 개의 태양전지가 똑같은 전기적인 특성을 갖고 똑같은 일사강도를 갖는 경우, 병렬로 연결된 태양전지의 출력특성은, 즉 K=1인 경우에는 V−I 특성곡선이 같게 되므로 식6.2에서 $I(V) = I_{ph} - I_o(V_o)$가 되어 총 출력전류 I_o는 각각의 태양전지의 전류 I_{c1} 과 I_{c2} 합과 같다. $I_a = I_{c1} + I_{c2}(2V_o)$, $V = V_{c1} = V_{c2}$가 되어 [그림 6.14]와 같이 된다.

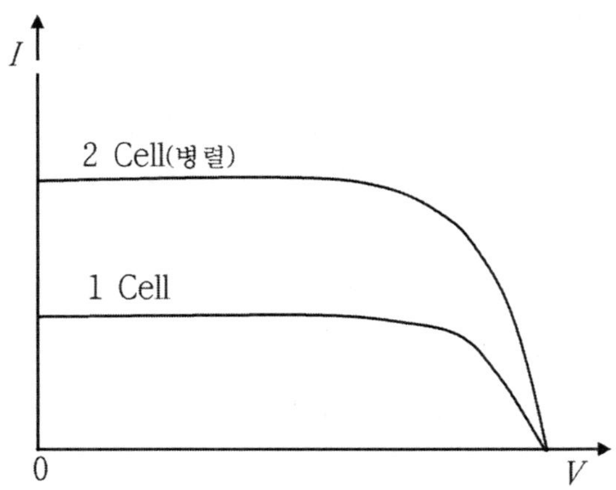

그림 6.14 병렬 연결된 태양전지의 전압-전류 특성 (K=1)

그러므로 여러 개의 태양전지가 병렬로 연결된 경우, 태양전지의 출력전류는 식 6.4와 같이 표현된다.

$$I_a(V) = N_p \times I(V) \tag{6.4}$$

$I(V)$: 태양전지의 출력전류
N_p : 병렬 연결된 태양전지의 수
$I(V)$: 태양전지 한 개의 출력전류

(2) 태양전지 어레이 용량 설계

일반적으로 태양광발전 시스템의 설계는 일사량 데이터를 근거로 해서 시스템의 규모를 결정하지만 일사량 데이터가 없는 경우에는 일사 조건을 근거로 하여 설계할 수 있다. 태양전지의 설비 용량은 부하의 수요 전력량을 계산하고, 태양전지 어레이에서 발생하는 전력량을 부하의 필요 전력량을 공급하고 추가로 여유 전력량을 더한 값을 태양전지 어레이의 설비용량으로 결정한다.

6.1.4 직류 전력조절 장치(DC Power Conditioner)

태양전지에서는 기본적으로 직류전압, 직류전류가 생산되며, 전기 팬(electric fan)이나 태양열 시스템에서의 순환펌프 등에 직접 사용되거나, 독립형 태양광발전 시스템에서 축전지에 저장되거나 혹은 직류를 교류로 변환시켜(인버터를 통해) 전력계통으로 보내어지며, 이는 전적으로 직류조절장치를 통해 이루어진다.

직류조절장치는 태양광 발전시스템이 최적화된 상태로 운전되고, 연결된 전기장치의 안전 및 최적운전이 가능하도록 구성되어야 한다. 태양광 발전시스템에서 요구되는 직류조절장치의 구성은 다음과 같다.

○ DC/AC 컨버터(인버터)
○ DC/DC 컨버터
○ Charge controller

태양광발전 시스템에서 사용되는 직·교류 변환장치는 다음과 같은 조건을 만족해야 한다.

i) 전력변환회로의 입력 전류의 리플이 매우 작아야 한다.
ii) 변환 효율이 어떤 부하에도 높아야 한다.

최대전력 추종의 필요성은 부하나 전력변환 장치가 불안정한 입력 전압을 가질 때, 즉 기후 변화가 큰 장소에서 동작하거나, 발전용량이 대용량일 경우 발전용량이 큰 차이를 가지므로 중요한 의미를 가진다. 최대전력 추종을 위한 승압형 컨버터의 기본 회로는 [그림 6.15]와 같다.

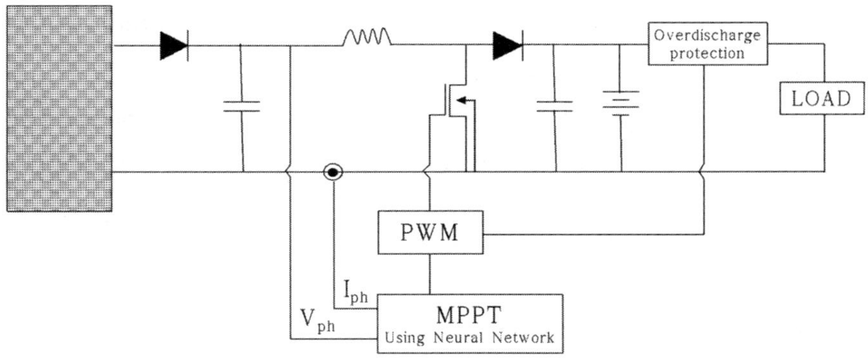

그림 6.15 최대전력 추종을 위한 승압형 컨버터(PWM : Pulse Width Modulation, MPPT : Maximum Power Point Tracking)

여기서 전력 MOSFET는 BJT에 비해서 제어하기가 쉽고, 높은 주파수에서 운전이 가능하기 때문에 스위칭 소자로서 사용되었다. 또한 축전지의 전압이 일정 수준 이상이나 혹은 이하가 되면 축전지에 악영향을 끼치게 되므로 이런 상황을 방지하기 위해 축전지 보호회로를 부가하였다.

태양전지의 출력 특성은 일사량, 부하 및 온도에 따라 변하고, 최적 동작점이 존재 한다. 여기서 일사량에 따른 태양전지의 최적 동작점인 출력 전력의 P_{max}점을 가지고 있는데, 이것을 출력 전력의 피크점(peak point)이라고도 한다. 이 P_{max}점은 각 일사량 값에서 태양전지 모듈의 에너지 효율이 가장 높은 점이라고 할 수 있다.

최적의 태양광발전 시스템의 전압은 태양전지 모듈의 최대전력 전압으로 축전장치나 부하의 동작이 용이한 범위일 것이다. 최대출력일 때의 최대전압은 일사량과 온도에 의해서 순시적으로 변동한다. 또한 부하상태도 순시적으로 변하기 때문에 태양전지 특성이 변화하지 않아도 동작점은 변해서 최대출력이 얻어지는 부하상태와는 같지 않게 된다. 따라서 태양광 발전의 출력을 최대로 하기 위한 방법에는 몇 가지의 기본적인 방법이 있는데 여기에는 정전압 제어법, 비선형 함수발생기에 의한 방법, 임피던스 비교법 그리고 최대전력 추종법 등이 있다.

실제 부하나 축전장치의 동작은 절대 과충전이 되지 않는 적절한 용량의 태양전지 모듈을 연결함으로써 충분하다. 반면에 좀 더 나은 동작 장치는 대략적인 최대전력 출력점에서의 태양전지 모듈의 전압을 전력변환 장치를 사용하여 일정하게 유지시키는 것이다. 그러나 가장 좋은 방법은 최대전력 추종회로를 태양전지 모듈과 부하 사이에 설치하여 사용하는 방법이다. 그 결과로서 각 일사량에서의 에너지변환 효율을 증가시킬 수 있다. 즉 태양전지로부터 가능한 한 많은 전력을 뽑아내어 축전지에 최대 에너지를 충전시켜 부하에 에너지 이용효율을 높이는 것을 최대전력 추종(maximum power tracking)이라고 한다. 이와 같이 최대전력 추종 방법에는 태양전지 출력 파라미터인 일사량, 동작온도, 동작전압, 동작전류 및 태양전지의 경화 정도를 모두 고려하여 추종하는 방법이 오차의 확률을 가장 줄일 수 있다. 그러나 대표적인 방법으로는 태양전지 모듈의 전압과 전류를 동시에 읽어 곱함으로써 출력점을 얻어 추종하는 방법이라 할 수 있다.

6.1.5 축전지 (Battery Storage)

축전지는 전기 에너지를 화학 에너지로 변환시켜 보존하였다가 필요에 따라 전기 에너지로 꺼내어 쓰는 전기 장치로서, 전기 에너지를 축전지에서 꺼내어 쓰는 일을 방전(discharge)이라 하고, 전기 에너지를 화학 에너지로 축전지에 넣어 주는 일을 충전(charge)이라 한다. 태양광발전 시스템에서는 대체로 일사조건과 부하 사용시간이 다르며, 일사량 또한 시간에 따라 다르므로, 발전된 에너지를 저장할 수 있는 축전장치를 포함한다.

태양광발전 시스템에서 축전지는 일조시간에 태양전지에 의해 충전된 전력을 일몰 후 태양전지로부터의 전력이 없을 때나, 흐린 날, 우천 시와 같이 태양전지의 출력이 부족할 때 방전하여 부하에 전력을 공급하게 된다. 이와 같이 축전지는 태양광발전 시스템에서 필수적이며 중요한 역할을 하는데, 이 경우 축전지는 태양광발전 시스템이라는 특별한 용도에 사용되기 대문에 일반적인 용도와는 달리 매우 가변적인 사용 조건하에서 동작된다.

태양광발전 시스템의 성능을 좌우하는 가장 큰 요소가 축전지의 충 · 방전 상태와 태양전지 모듈과 축전지 사이의 상호 출력 관계이므로 축전지 종류의 선택 및 용량 설계를 신중히 하여야 한다.

축전지의 전압이 어느 일정 수준 이상이 되거나, 일정 수준 이하의 전압이 되면 축전지에 악영향을 끼치게 되므로 이런 상황을 방지하기 위한 축전지의 보호회로는 필수적이다.

(1) 과충전 (Over charge)

축전지가 어느 일정 전압 이상의 전압으로 상승하게 되면, 축전지에서 부식이 일어나고 가스가 발생하여 축전지의 생명을 단축시킨다.

(2) **과방전** (Under charge)

축전지가 어느 일정 전압(23 V) 이하로 감소하면 축전지에서 침전물이 생기고, 또한 축전지의 성능이 점차적으로 저하하는 현상이 일어난다.

태양광발전 시스템에서 사용되는 축전지는 2차 전지로 주로 납축전지(Lead-Acid Battery) 또는 니켈-카드뮴 축전지(Nickel-Cadmium Battery)를 사용하는데, [그림 6.16]에서 보듯이 과방전시 전자 릴레이를 사용하여 축전지에서 부하로의 회로를 차단하며, 24 V(두개의 12 V 직렬연결) 무보수 납축전지를 사용하여 일정 전압 이하로 떨어지는 것을 방지한다.

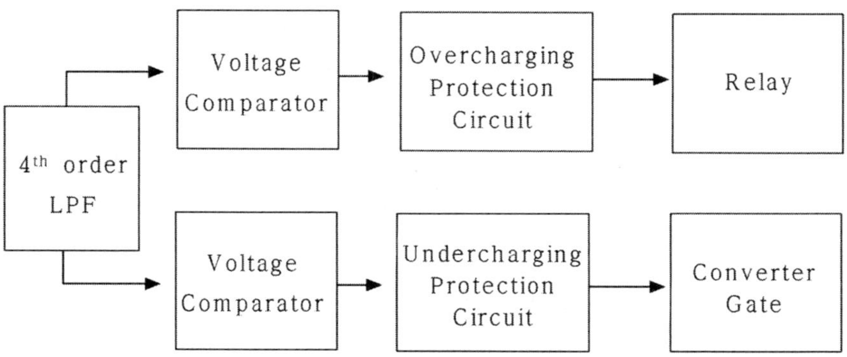

그림 6.16 축전지 보호회로의 블록도

6.1.6 인버터(Inverter)

태양광발전용 직·교류 전력변환 기술은 태양전지로부터 나오는 직류 전원을 교류 전원으로 변환시키기 위한 인버터 기술을 의미하며, 태양광 주변기기 중에서 가장 중요하게 취급하고 있다.

태양광발전 시스템용 인버터는 일반 전기기기를 사용할 수 있도록 하기 위해 태양전지의 직류 출력을 상용 주파수의 교류로 변환하는 것을 목적으로 하고 있다. 이 목적을 달성하기위해서는 파형 왜곡이 작은 정현파를 안정적으로 출력할 필요가 있는데, 고속 스위칭이 가능한 MOSFET나 IGBT 등의 자기보호소자의 대용량화와 제어기술의 발전에 의해 쉽게 가능하게 되었다.

한편 태양광발전 시스템의 가격 중 PV 인버터가 점하는 비율은 10~20% 정도 되며, 시스템 전체의 가격 절감을 위해서도 인버터의 효율 향상은 중요한 항목이다. 특히 맑은 날이 적은 기상조건에서는 정격 부하시의 효율보다 50~30%

정도의 부하시의 효율이 중요하다. 태양광 인버터에는 시스템과 마찬가지로 산간벽지나 낙도 등 배전선이 없는 장소에 사용하는 독립전원방식과 배전선에 전력을 주입하여 사용하는 계통연계방식이 있다. 계통연계방식은 좁은 국토를 고려할 때 개인주택의 옥상에 태양전지를 설치하여 110 V나 220 V의 교류전원에 연계하는 2~5 kW 정격의 소용량 PV 인버터 및 공공건물 옥상용 중규모 PV 인버터가 향후 중점 보급될 것으로 예상된다. 이와 같은 관점에서 계통 연계형 PV 인버터의 기술과제는 다음과 같이 요약될 수 있다.

(1) 계통 전력품질의 유지 (낮은 왜율(THD) 및 전압 안정화)
(2) 계통과 PV 인버터 시스템의 보호협조
(3) PV 인버터의 저가화 (주변장치 포함)
(4) 효율 향상과 소형·경량화

아래에서는 개인 주택용을 중심으로 연계형 태양광 인버터 기술을 검토하였다.

(1) 인버터의 제어와 보호

① 최대전력점 추종제어 (Maximum Power Point Tracking; MPPT)

태양전지의 출력특성은 일사강도의 변동에 따라 최대 전력을 출력하는 점이 변한다. 실제 사용 시는 온도의 변화에 대응하는 최적점의 전압치가 꽤 큰 폭으로 변화하므로 이 영향이 크다. 따라서 항상 최적 동작점을 추종하도록 제어하여 최대 전력을 얻어내는 것이 요구된다. 최대 전력점 추종제어는 태양전지 전압, 즉 인버터의 직류 측 전압이 일정하게 되도록 인버터 출력전류를 제어하고, 태양전지 전압을 조금 상하로 변화시켜 태양전지의 출력전력을 계측하여 이 값이 최대인 점을 찾는 방법을 채용한다.

② 단독운전 방지기능

태양광발전 시스템을 전력계통에 연계하여 운전하고 있는 상태에서, 배전선 사고 등에서 계통이 차단된 경우 신속히 태양광발전 시스템을 차단분리하지 않으면 안전상의 문제나 재송전시에 장애가 발생할 우려가 있다.

단독운전을 검출하는 기능으로서 주파수 릴레이나 전압 릴레이 등을 이용한 수동적 방식과 인버터의 제어를 이용한 능동적 방식의 2종류가 있다. 일반적으로 수동적인 방법에서는 감도를 높이면 오동작하게 되므로, 설정을 느슨하게 하고 능동적 방법으로 보완하는 것이 바람직하다.

③ 적용 스위칭 소자

태양광 인버터에 적용될 수 있는 자기소호소자로서는 IGBT 등이 주로 이용되고 있다. IGBT는 가격, 스위칭 속도, 전압·전류 정격 등이 PV 인버터에 매우 적합하므로 수 kW~수 100 kW의 범위에서 사용되고 있다. MOSFET는 특히 높은 주파수에서 사용하는 경우나 직류전압이 100V정도로 낮은 경우에는 손실이 작아 유리하다. GTO가 적용될 대용량 인버터는 태양광발전에서는 시스템 용량이 MW급 이상인 경우에 사용되고 있다.

6.2 | 소규모 태양전지 응용사례

태양전지 응용상품은 기본적으로 전기로 움직일 수 있는 것이라면 모든 제품에 태양전지 적용이 가능하다. 태양전지를 배터리나 인버터를 조합하면 언제든지 어디에서든지 손쉽게 햇빛에 충전하였다가 필요할 때 전기로 사용할 수 있기 때문에 향후 다양한 형태의 태양전지 응용상품 출현이 예상된다. 본 절에서는 기존에 제품화된 상품을 중심으로 소비전력 규모에 따라 소규모, 중간 규모, 대규모 태양전지 응용 예를 살펴 보고자한다. 소규모 응용제품을 사용 소모 전력이 50 Wp 미만으로 본다면 태양전지를 응용한 제품군은 그 종류를 다 열거하지 못할 정도로 많다. 간단히 열거하면 탁상용 전자계산기, 손목시계, 리모컨, 완구, 랜턴, 휴대폰 비상전원, 이동 통신 단말기 비상전원, 교육용 실험제품, 휴대용 충전기, 노트북 전원, 지붕 기왓장, 창문 등의 건재, 전화, 라디오, 텔레비전, 소형 경광등, 미등, 형광등, 철도 선로 기름 공급기, 시설 원예, 버스 정류장 미등, 제초기, 공중전화, 파라솔, 군용 무전기, 소형 선풍기, 어촌 부표등, 위험 경보기, 소형 광고판, 마이크로파 중계소 등의 통신용으로 사용 가능하다.

한편 [그림 6.18]은 태양전지로 축전지를 충전시키는 회로이며, [그림 6.19]는 태양전지와 축전지를 다이오드와 병렬로 연결하여 빛이 있을 경우 축전지에 충전하면서 EL소자를 구동하고, 빛이 없을 때는 충전된 전력으로 EL소자를 구동시키는 회로이다.

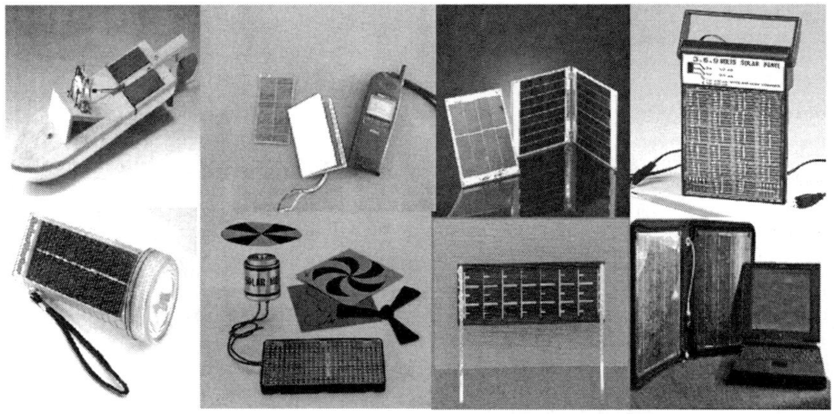

그림 6.17 소규모 (50 Wp 미만) 태양전지 응용제품

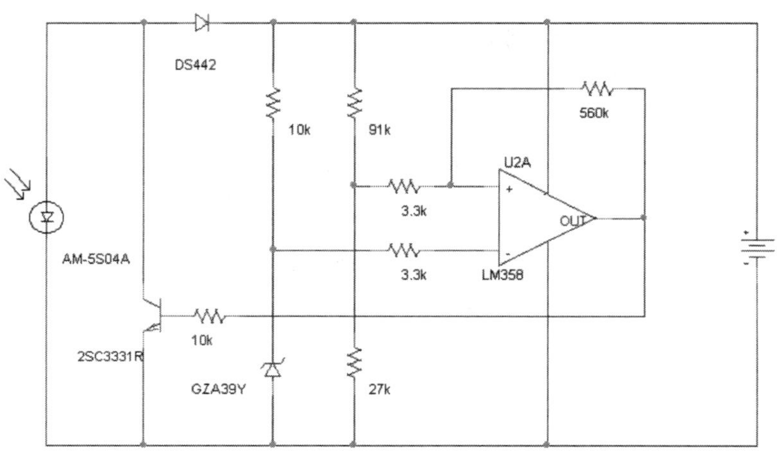

그림 6.18 소규모 태양전지 응용회로 예 (축전지 충전기)

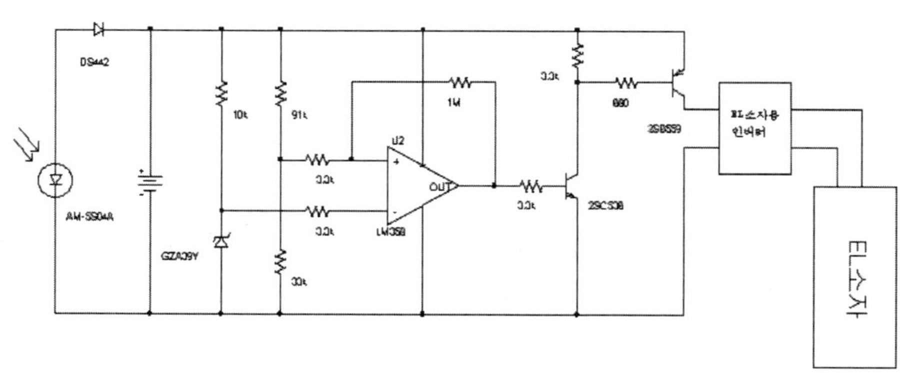

그림 6.19 소규모 태양전지 응용회로 예(EL 표시기)

6.3 중규모 태양전지 응용사례

그림 6.20 중규모 (10 kWp 이하) 태양전지 응용제품 사례

[그림 6.20]에 중규모 응용제품 사례를 보였다. 사용 소비전력을 10 kWp 이하로 간주하였으며, 응용한 제품군의 다양성은 소규모 제품보다 떨어진다. 현재로서는 태양전지를 개인주택에 설치하여 기존 전력선과 연계하여 사용하는 시장이 가장 활발하다. 태양전지를 주택에 응용하는 시스템은 인버터를 함께 사용하여 기존의 전력선과 항상 병렬로서 운전하는 방식이기 때문에 소비자의 필요에 따라서 태양전지에서 발생되는 전기를 다른 쪽으로 되파는 것이 가능하다. 이런 장점 때문에 여러 국가에서 태양전지를 설치할 때 설치비용을 국가나 지방정부에서 보조하고 있다. 다음으로 큰 시장은 가로등, 오지나 섬지역의 간단한 발전시설, 산장, 절 등의 중간 규모 독립전원 응용이다. 이외에도 에어컨, 자동차, 비행기, 보트 같은 운송기관에도 태양전지의 응용개발이 착실히 전개되고 있으며, 농장용 양수 시스템, 촌락의 전기 공급, 의료시설의 전원, 해수 담수화장치, 음극선 부식 방지 시스템, 깡통 압착기, 의료용 냉장고, 무인 자동판매기 등에 사용되고 있다. 법제도가 개혁되고 정부의 환경과 미래를 생각하는 프로그램을 가동하면 우리들 주변에서도 서서히 태양전지를 이용한 발전장치에 익숙해질 것이다.

6.4 대규모 태양전지 응용사례

태양전지는 직렬 또는 병렬로 연결하기만 하면 전력을 크게 할 수 있는 장점을 가지고 있어 10 kWp 이상 수 GWp까지 발전이 가능하다. 우주 공간에 위치하는 인공위성에서도 그 전원으로 태양전지가 활용되고 있으며 이 때문에 위성방송을 즐길 수 있는 시대가 되었다. 공공건물, 즉 학교, 시청, 구청, 동사무소와 일반 아파트 단지, 빌딩, 산업체 공장 건물 위에 대규모 태양광 발전시스템이 설치된 예를 볼 수 있다. 향후 국내에서도 인구와 주택 밀도가 높기 때문에 대규모 태양광 발전 사업은 외국과 유사한 보조 프로그램만 가동된다면 급성장이 가능하다. 사막에 대규모 원자력 발전소 수기에 해당하는 수 기가 와트급 태양광 발전소를 설립하여 인접 국가들이 전력을 공유할 수 있을 것으로 생각된다([그림 6.21] 참조). 예를 들면 "고비 프로젝트"나 "사하라 프로젝트"가 발족되어 경제적 타당성 조사가 상당한 진척을 보이고 있어 멀지 않은 장래에 MW급 이상의 대규모 태양광 발전소식을 접할 것이다.

그림 6.21 대규모 (10 kWp 이상) 태양전지 응용제품 사례

6.5 3 kW 계통연계 시스템 응용사례

6.5.1 계통연계 제어

향후 태양광발전 시스템의 이용형태를 살펴보면, 주택의 지붕이나 빌딩의 옥상에 태양전지 어레이를 설치하고, 출력을 배전선과 연계하여 계통연계형 시스템이 상당히 보급될 것으로 기대되고 있다. 그러나 불특정 다수의 소형 태양광발전 시스템을 계통 연계하는 경우 배전선의 전력품질 및 안정성에 영향을 줄 가능성이 있기 때문에 이들 발전 시스템의 본격적인 보급에 앞서서 미리 계통연계 운전에 의해 발생할 기술적인 문제점을 도출해내고, 그 대책기술에 관한 조건들을 갖추었을 때 시스템이 안정적으로 보급될 것이다.

불특정 다수의 소형 태양광발전 시스템이 배전계통과 연계하는 것은 전기적으로는 본래, 발전설비가 존재하지 않는 전력소비지역에 다수의 발전소가 출현할 상황, 또는 배전부분과 부하라는 명확히 역할이 구분되던 전력계통에서 혼재하는 전력계통으로서 변화라는 새로운 상황의 발생을 의미한다. 따라서 태양광발전 시스템의 계통연계기술을 확립하기 위해서는 시스템 자체 성능확인 외에 그 연계할 부분, 다시 말하면 배전선계통으로의 영향, 또는 그 주변부분에 존재하는 전기제품을 중심으로 한 부하로의 영향도 확인할 필요가 있다. 이들의 확인, 즉 이러한 기술적 평가는 전력품질과 안전성의 면에서 행하는 것이지만 구체적으로는 태양광발전 시스템에서 본 평가, 전기제품에서 본 평가, 전력계통에서 본 평가의 종합평가가 이루어져야 한다.

주요 실증시험 항목으로서 다음의 것이 고려되어야 한다.

그러나 현실적으로 발생이 예상되는 현상은 단순한 한 가지 항목에서부터 여러 가지가 일시에 발생하는 복합적인 현상도 고려되어야 한다. 예를 들면 태양광발전 시스템들이 존재하는 계통에서의 「지락고장과 단락고장이 동시 발생하는 경우」, 「역충전 현상 중에 다시 폐회로가 발생하는 경우」, 「지락고장중의 고조파 왜곡」 등 다양하게 조합된 현상들이 발생할 수 있다는 점을 고려하여 시스템을 구성하여야 한다.

① 발전특성, 전압변동	② 고조파 왜곡
③ 고주파 전자유도 장애	④ 순간전압저하
⑤ 순간전압차단	⑥ 지락고장
⑦ 단락고장	⑧ 역충전 현상

태양광발전 시스템은 기상조건에 따라 발전 출력이 다르며, 야간에는 발전이 불가능한 특성 등의 문제점을 가지고 있어 시스템을 이용하는데 큰 장애요인으로 작용하고 있다. 이를 해결하기 위하여 일반적으로는 축전지에 의한 태양광발전의 안정화를 생각할 수 있으나 현재 국내의 기술수준으로는 전력저장에도 저장효율, 보수의 용이성 등에 문제점이 많다. 이러한 시스템을 이용하고자 하는 수요자에게는 축전지를 이용한 전력저장 자체가 적합하지 않다. 따라서 이러한 문제점을 완화하여 태양광발전 전력을 효과적으로 이용하는 방안으로서 태양광발전 시스템을 전력계통 즉 실제 배전계통에 연계시켜 축전지 대신에 전력계통을 버퍼로 이용하는 방안이 소규모 태양광발전의 실용화에 근접할 수 있다. 계통연계형 태양광발전 시스템은 여러 가지로 분류되지만 크게 역조류가 가능한지 또는 가능하지 않은지로 구분된다. 역조류가 가능한 양방향성 계통연계형의 경우 시스템의 효율을 높게 운전할 수 있으나 기술적으로 해결해야 할 문제점이 많아 외국에서도 다양한 연구가 계속되고 있다.

계통 연계형 태양광발전의 실용화는 태양전지 가격 등을 고려하면 소규모 시스템을 주택의 지붕과 빌딩의 옥상을 이용하여 설치함으로서 가능할 것으로 생각되나, 태양광발전 시스템의 계통연계를 전기사업자의 입장에서 보면 소규모 태양광발전 시스템을 계통에 연계시키는 것은 그렇게 단순한 것만은 아니다. 태양광발전 시스템을 계통에 연계시킬 때 계통 측에 나타날 수 있는 문제들은 다음과 같다.

(1) 계통품질의 저하 문제 : 전압 변동의 증가, 불필요한 고조파 전류의 돌입에 의한 전력품질의 저하
(2) 계통보호 및 안정성 문제 : 배전선 보호 시스템에 의한 공급 신뢰도의 저하, 태양광발전 시스템에서의 역압 유입에 의한 선로 작업시 안정성의 저하
(3) 불특정 다수의 소형 분산 전원을 전력 계통 내에 도입할 때의 제반 문제점
(4) 각종의 소형 분산 전원장치 고유의 운전특성에서 파생되는 제반 문제점

이중 첫 번째 문제는 배전 계통이 태양광발전 출력의 변동성분을 흡수하는 것이라 생각할 수 있으며, 태양광발전 시스템에 직교류 변환 정지형 인버터를 사용

함으로써 발생하는 문제점이라고 할 수 있다. 두 번째 문제는 태양광발전 시스템이 배전계통에 연계됨으로 인하여 이질적인 부하가 추가됨에 기인하는 것으로서, 법적으로 질이 좋은 전력공급의 책임을 지고 있는 전기사업자의 입장에서는 그냥 지나칠 수 없는 문제점들이다.

표 6.1 태양광발전 시스템의 계통 연계상 문제점

NO	항 목	문 제 점	해 결 방 안(예)
1	발전특성	1)발전출력의 불안정성	○ 축전지에 의한 출력의 안정화나 수요시간대의 전력이동 ○ 다른 전원과의 Hybrid화
2	전력품질	1)전압변동	○ 자여식 시스템 설치 추진 ○ 타여식 시스템에서 진상콘덴서설치 ○ 역율 무효전력을 구제 ○ Soft start, Soft stop방식 채택
		2)고조파	○ 전자식 유도장애를 포함한 충분한 filter 설치 ○ 자여식 시스템으로 설치, 시스템의 다상화, PWM화 고조파함으로써 직렬투입, filter채용 ○ 시스템 개별적으로 고조파 전류의 유입규제
3	보호, 안정성	1)사고시 보호 a. 계통사고의 파급방지 b. 계통보호방식과 연계 보호	○ 차단기, 휴즈 등의 차단기능 부가 ○ 내부회로 이상을 검출하여 시스템을 자율적으로 계통으로부터 차단하는 기능을 부가 ○ 직류차단, 절연용의 수용가 트랜스 설치 ○ 연계차단기의 설치와 전기사업법에 따른 우선조작권의 확보 ○ 자여식 시스템을 타여식으로 함
4	운용관리	1)시스템의 신뢰성	○ 연계장치의 형식인증제도 ○ 정기점검의 의무화 ○ 입출력 검사권 확보
		2)전력 계량 문제	○ 역회전 방지 미터나 2개의 미터 사용 방식의 계량

세 번째는 연계하려고하는 전원이 반드시 계통 측에서 자유롭게 제어할 수 있는 것이 아니기 때문에 계통의 수급운용체계에 영향을 줌과 동시에 어떤 사고시 배전선의 보호, 안전성을 확보할 수 없다는 문제가 발생하기 때문에 소규모 계통 연계형의 분산형 전원을 계통 내에 수용하여 활용하고자 할 때 해결해야할 공통적인 문제점이다. 한편 네 번째에서 제기된 문제는 태양광발전용 소규모 계통 연계형 시스템이 갖는 특징에 의해 그 성질의 차이가 있으며, 태양광발전 시스템은 기상조건에 좌우되기 쉬운 불안정한 전원이기 때문에 계통의 부하 특성을 복잡하게 하여 전압 변동을 유발하기 쉬운 문제점, 또한 본질적으로 정지형 시스템이라는 것이 이점인 반면, 직교류 변환에 따른 고조파의 발생 등 계통의 전력품질

을 크게 저하시켜 부하 측의 손상을 주는 위험성 등의 문제점을 내포하고 있다. 이와 같은 여러 가지 문제점들을 <표 6.1>에 나타내었다. 따라서 이러한 문제점과 대책은 태양광발전뿐만 아니라 신에너지 발전의 소규모 계통 연계형 분산전원에 대해서도 공통적으로 나타나는 문제점들이다. 또한 <표 6.1>의 각각 대책을 효과적으로 해결하기 위해서는 각 대책에 대한 구체적인 실증실험을 추진하여 이에 대한 구체적인 기술 확립이 이루어져야 할 것이다.

6.5.2 3 kW 계통연계 시스템 응용사례

발전장치인 태양전지 어레이는 설치지역 위도를 고려하여 경사각을 30°로 설정하였다. 태양전지 출력전압과 인버터 입력전압과의 최적동작을 위해 50 Wp 단결정 태양전지 모듈(총60매)을 15매 1직렬 회로로 구성하여 총 4개의 병렬회로를 갖는 구조로 결선하여 태양전지 어레이를 구성하였다. 전력계통에 연계되어 운전되는 태양광 발전 시스템의 운전특성 파악을 위한 실증시험용 3 kWp급 시스템을 옥상에 설치하여 운전 중의 각종 데이터를 수집하였다. 전체 시스템의 주요 제원은 표 6.2에 보이는 것처럼 단결정 실리콘 태양전지모듈 60매로 구성된 태양전지 어레이, 교류로 변환하기 위한 계통연계 인버터, 각종 계전기로 이루어진 연계 보호 장치, 그리고 전체 시스템 모니터링과 운전 데이터 수집을 위한 데이터 획득 시스템(Data Aquisition System; DAS) 등으로 구성되어 있다.

그림 6.22 3 kWp 계통연계 태양광 발전시스템의 Array 전경

표 6.2 3 kWp급 계통 연계형 시스템 주요제원

항	목	규 격
태양전지모듈	종류	단결정 실리콘 태양전지
	용량	50Wp
	효율	14%
태양전지 어레이	결선방법	직렬 15 × 병렬 4
	경사각	30°
	용량	3 kWp (50 Wp 모듈 60개)
인버터	연계운전방식	전압형 전류제어방식(정현파 PWM)
	정격출력	3.5 kW
	직류입력전압	DC 120～350V
	전력제어방식	MPPT 제어
	정격출력	AC 220 V 60 Hz
	전력변환효율	92% 이상(정격 출력시)
	보호기능	입출력 과전압, 동기이상, 온도이상 등
계통연계 보호기능	단독운전검출	수동적 방식: 전압위상도약방식
		능동적 방식 : 무효전력변동방식
	보호계전기	UVR, OVR, UFR, OFR등

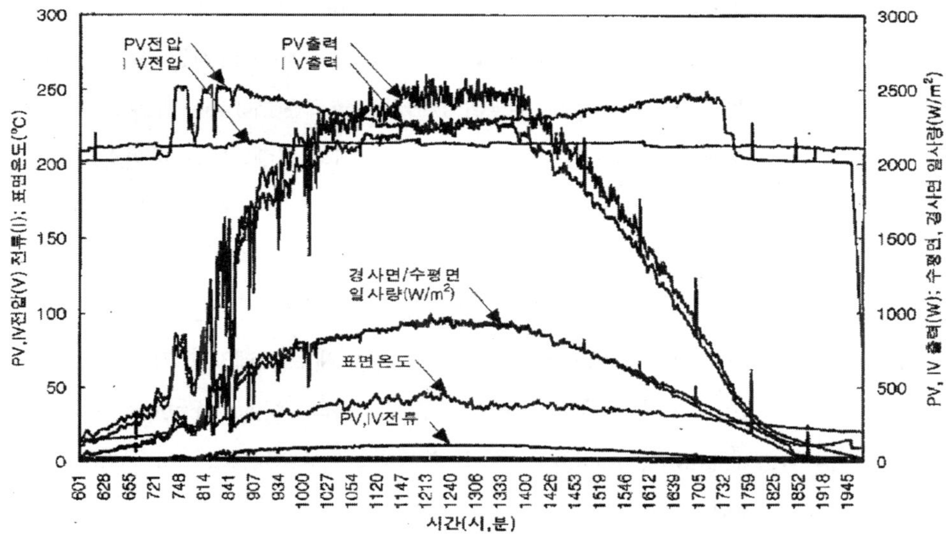

그림 6.23 3 kW급 계통 연계형 PV 시스템의 시간별 발전특성곡선

3 kW급 계통 연계형 태양광발전 시스템은 1997년 2월부터 운전을 시작하였으나 본격적으로 발전량에 대한 누계는 1997년 7월부터 1998년 10월까지 약 16개월 동안 발전된 총 전력량은 1,069 kWh이었고, 이는 월평균 317 kWh, 일평

균 11 kWh를 발전하였다. [그림 6.23]은 3 kW급 계통 연계형 태양광발전 시스템의 발전 특성곡선을 나타내고 있다. 이는 주간 부하 피크 특성으로 현재 하계 전력수요에 대한 부하곡선과 유사한 관계를 보이고 있다. 이는 최근 여름철 주간 냉방부하에 의한 영향으로 낮 시간대의 부하가 크게 증가하고 있다. 따라서 태양광발전에 의하여 여름철 계통의 피크 전력 삭감효과가 클 것으로 사료된다. 이러한 분석으로 미루어 볼 때 피크 저감용으로 태양광발전 시스템의 설치 보급시 설치용량의 40~50% 정도가 피크전력에 대한 대체효과가 있는 것으로 일본의 문헌에 보고 되고 있으므로 이와 유사한 우리나라에도 비슷한 효과가 있을 것으로 본다.

6.6 일본의 태양전지 개발현황

국가 에너지 공급원으로 신에너지(New Energy)를 도입키로 한 일본의 기본 목표는 1993년의 "New Sunshine Project"에 담겨있는데, 이는 1차 석유파동의 결과 1974년에 착수한 "Sunshine Project"의 후속 프로그램이다. "Basic Guidelines for New Energy Introduction"은 1994년 12월 "Council of Ministers for the Promotion of Comprehensive Energy Measures"에서 결정되었다. 2001년 3월에 종료된 1단계 New Sunshine Project에서 태양광은 핵심 신에너지의 하나로 분류되었다. 일본에서 신에너지는 바이오, 태양열, 태양광, 풍력 등의 재생에너지뿐 아니라 열병합발전, 연료전지 등 화석연료의 혁신적인 이용에 관한 것과 함께 폐기물 발전과 같은 재생연료 등을 포함하고 있다.

성공적으로 수행된 동 계획은 2000년 기본 검토를 거쳐 태양광의 경우 Advanced PV Generation(APVG)이라는 새로운 태양광 기술 프로그램으로 발전되었다. 일본 정부의 구조 조정에 따라 New Energy Development Organisation (NEDO) 는 독립 행정법인으로 Ministry of Economy, Trade and Industry (METI) 하에서 태양광 프로그램의 수행에 새로운 역할을 맡게 되었다. 2001년부터 Advanced PV Generation Programme으로 NEDO가 New Sunshine Project를 대체하게 되었다. APVG 프로그램에 반영된 우선 정책은 다음와 같다.

(1) 미래 대량보급을 위한 기술개발 (2) 첨단 제조기술
(3) 첨단 태양전지 기술 (4) 혁신적인 태양광 기술

이외에도 미래 기술에 대한 프로그램도 있는데, 일본 외의 전문가 참여가 가능한 프로그램은 “Future Development Projects”와 NEDO의 “Joint Research Programme”이 있는데 대부분 주제는 응용기술이 아닌 분야이다.

단·중기 연구는 미래 태양전지의 대량보급에 필요한 기술 인프라를 구축하는 데에 목표를 두고 있다. 이 밖에 태양전지의 가격(2010년까지 250엔/W)을 대폭 낮추기 위해 New Sunshine 계획 추진 결과를 대량생산 기술로 발전시키는 것도 그 목표의 하나이다. 현재 태양전지와 관련하여 추진 중에 있는 과제는 아래와 같다.

(1) 미래 대량보급을 대비한 기술 인프라 구축을 위한 태양전지와 모듈의 성능과 신뢰성에 대한 측정 기술 개발로 개발기관은 AIST (National Institute of Advanced Industrial Science and Technology), JET (Japan Electrical Safety & Environmental Technology Laboratories) 이다.

태양전지의 재생 관련한 기술 개발기관은 Sharp, Showa Shell, Asahi Glass, AIST, PVTEC이다.

(2) 대량생산 기술

지난 30년 다양한 NEDO 프로그램의 추진 결과 현재 9개 태양전지 업체가 시장에 참여하고 있다. 2002년 생산설비의 대폭 확충으로 전세계 설비의 2/3를 일본이 차지하고 있다. 그러나 2010년 태양전지 보급목표 4.8 GW를 달성하기 위해서는 설비의 확충이 더 필요하다.

일본의 주택업체 입장으로는 태양광 활성화가 매우 성공적인 것으로 보고 있는데 이는 세계적인 태양전지 제조회사가 일본에 있고, 또한 일본의 특성상 땅값이 비싸 roof-top이나 건물에 태양광을 적용하는 것이 가장 경제적이기 때문이다. 환경문제에 대한 인식 제고와 함께 건물의 건축부터 최종 폐기시가지 이산화탄소 배출을 포함한 Life Cycle Cost (LCC) 개념이 자리 잡아 가고 있는데, 이는 그만큼 태양광 활용에 유리하게 작용하게 된다. 또한 태양광 모듈이 건축자재의 역할을 겸할 수 있어 건설비용의 절감이 가능하다. 2002년 시스템 평균 규모인 3.6 kW의 경우 에너지 비용 절감이 82,000엔(연간 3,420 kWh 발전), 여기에 중앙정부 및 지방의 보조금을 감안하면 투자 회수기간이 13~17년이 된다. 태양광의 수명이 20~25년임을 감안하면 이는 큰 이득이다.

표 6.3 첨단 제조기술과 태양전지 및 모듈 개발

기술명	내 용
첨 단 제조기술 개 발	– 태양전지용 저가 실리콘 대량생산 공정 개발 개발기관 : Chisso Corporation 2005년 목표 : 제조가격 2,000엔/kg 이하 (연산 1,000톤 기준) 품질 : Solar Cell grade (저항 50 Ohm·cm) – 플라스틱 기판이용 비정질실리콘 태양전지 대량생산 제조 공정 개발 개발기관 : Fuji Electric Corpoate R&D, Ltd. 2005년 목표 : Active area : 93% a–Si 증착 속도 : > 30 nm/sec 연속 제조공정 : 1,000 cells/roll 수율 : 90%
첨 단 태양전지 및 모듈개발	– 고품질의 결정질실리콘 박막 태양전지 개발 개발기관 : Mitsubishi Heavy Industries, AIST 2005년 목표 : 제조가격 < 100엔/W 이하 (연산 100 MW 기준) 모듈 효율 > 12% (면적 3,600 cm^2) – a–Si/μ–Si 하이브리드 박막 태양전지 개발 개발기관 : Kaneka Corporation 2005년 목표 : 제조가격 < 100엔/W 이하 (연산 100 MW 기준) 모듈 효율 > 12% (면적 3,600 cm^2) – 고품질 CIS 박막 태양전지 모듈 개발 개발기관 : Matsushita Electric Industrial Co. 2005년 목표 : (roll to roll 방식) 제조가격 < 100엔/W 이하 (연산 100 MW 기준) 모듈 효율 > 13% (면적 3,600 cm^2) – CIS 박막 태양전지 모듈 고속 제조 기술개발 개발기관 : Showa Shell Sekiyuki K.K. 2005년 목표 : 제조가격 < 100엔/W 이하 (연산 100 MW 기준) 모듈 효율 > 13% (면적 3,600 cm^2)
첨 단 태양전지 및 모듈개발	– 고효율 태양전지 실용화 기술개발 개발기관 : Kawasaki Steel Corp., Sharp Corp. 2005년 목표 : 기판크기 : 15 × 15 cm^2, 기판두께 : 150 μm Kerf 손실 : 150 μm, 태양전지 효율 > 20% 모듈 제조가 < 147엔/W (연산 100 MW 기준) – III–V 화합물을 이용한 초고효율 태양전지 모듈 개발 개발기관 : Sharp Corp., Daido SteelCo. Ltd, Daido Metal Co. Ltd 2005년 목표 : 태양전지 효율 > 40% (집광형 태양전지) 제조가격 < 100엔/W (연산 100 MW 기준) 역할 분담 : Sharp (태양전지), Daido Steel (모듈, 집광기)

표 6.4 새로운 태양전지 관련 기술

기술명	내　　용
새 로 운 태양전지 소　재	– 다결정실리콘 기판위에 에피택시 Si을 Si/SiGe 이종접합 태양전지 연구기관 : Institute for Materials Research, Tohoku University 2003년 목표 : 다결정실리콘 태양전지 대비 효율 50% 향상 – β–$FeSi_2$ 태양전지 연구 연구기관 : System Engineers Co. Ltd, AIST 2003년 목표 : 태양전지 효율 8% – 유기 태양전지 연구 연구기관 : AIST, Kanazawa 대학, Nippon Shokubai Co. Ltd. 2004년 목표 : 태양전지 효율 5% – Carbon–based 박막 태양전지 연구 연구기관 : Chubu 대학, Nagoya Institute of Technology 2004년 목표 : 태양전지 효율 8% – 고효율 Chalcogenide 박막 태양전지 연구 연구기관 : AIST, Kagoshima 대학, Aoyama Gakuin 대학 2004년 목표 : 태양전지 효율 18%
새 로 운 태양전지 구　조	– CAT(Catalytic-CVD 공정을 이용한 저가, 고속 태양전지 제조기술 연구 연구기관 : Japan Advanced Institute of Science and Technology(JAIST), Osaka 대학, Gifu 대학 2003년 목표 : 효율 13% – 전기도금 $CuInS_2$ 박막 태양전지 연구 연구기관 : Shinko Electric Co. Ltd, 2003년 목표 : 효율 13% – Lateral 결정화에 의한 박막 실리콘 태양전지 연구 연구기관 : Hitache Cable Ltd., 2004년 목표 : 효율 11%
새 로 운 태양전지 구　조	– 나노구조 Si 박막 태양전지(a–Si, 다결정 Si) 연구기관 : AIST, Kyushu 대학, Toppan Printing Co., Stanley Electric Co., Nippon Sheet Co. 내용 : 광열화 현상 없는 나노구조 Si 개발 및 고효율 태양전지제조 2003년 목표 : 태양전지 효율 12% (안정화 후) – Spherical micro Silicon 태양전지 연구 2003년 목표 : 생산 속도 : 300 spheres/sec 품질–단결정실리콘에 대응 – Light–trapping 실리콘 박막 태양전지 연구 연구기관 : Asahi Glass Co., 2003년 목표 : 기존 TCO 보다 20% 향상 – 염료감응형 태양전지 연구 연구기관 : Tokyo 대학 2003년 목표 : 효율 7% (면적 : 100 cm^2, 500시간 연속 발전 후) – Wide bandgap SiC을 이용한 박막 태양전지 연구 연구기관 : Tokyo Institute of Technology 2004년 목표 : 효율 9% (단일접합) – 이온 겔을 이용한 고효율 염료감응형 태양전지 연구 연구기관 : Osaka대학, Yokohama 국립대학, Fujikura Ltd. 2004년 목표 : 효율 10%, 열 안정성 : 85℃ × 1,000시간

최근 전통 중공업 시장의 감퇴 및 태양광 시장의 활성화에 따라 Mitsubishi 중공업이 새로이 태양전지 시장에 진출하였는데, 이처럼 태양광 시장은 이미 일본에서 핵심사업으로 간주되고 있어 중국이나 여타 동남아시아로의 이전은 절대 불가하다는 견해가 지배적이다. 이는 1997년 이후 일본 산업계에서의 변화를 단적으로 나타내는 것이다.

New Sunshine Project의 평가를 토대로 NEDO, METI, PVTEC (Phtovoltaic Power Generation Technology Research Association), JPEA(Japan Photovoltaic Energy Association) 공동으로 향후 30년을 대상기간으로 연구개발과 시장 확대에 관한 로드맵을 작성하였는데, 그 개요는 [그림 6.24]와 같다.

2003년 일본 정부의 태양전지 연구개발 투자비는 약 51억엔이다. 참고로 2002년도는 73억엔이었다.

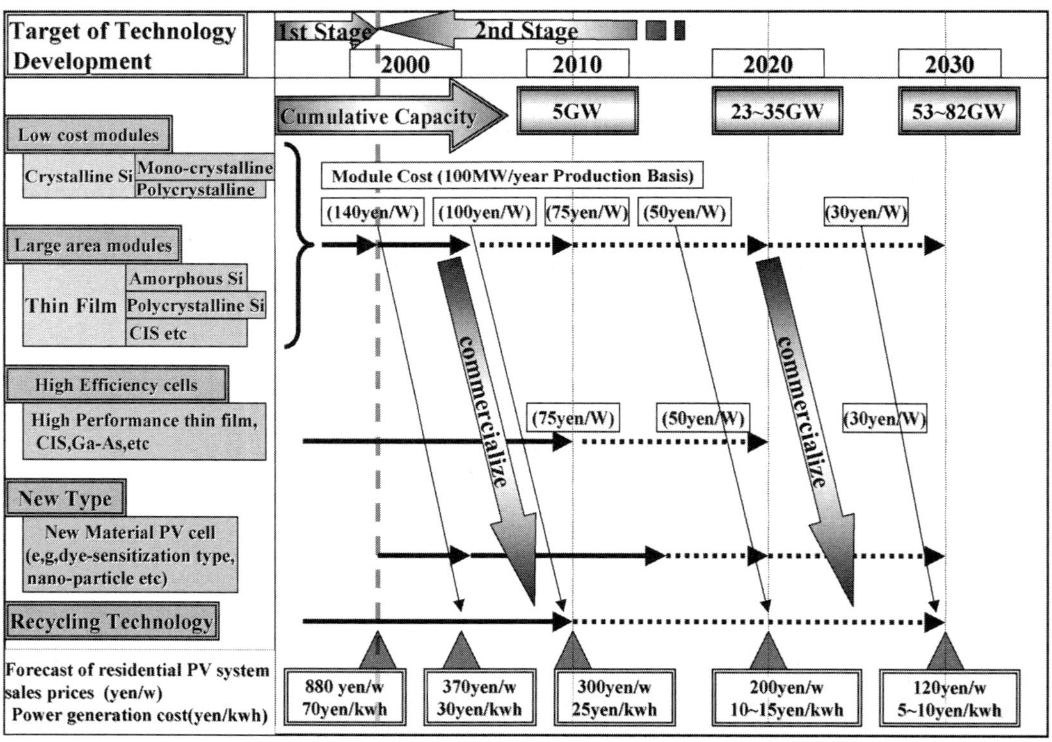

그림 6.24 일본정부의 태양전지 연구개발 계획

[그림 6.25]에서 알 수 있듯이 매년 설치되는 태양전지 전력량과 누적된 전력량을 살펴 볼 수 있다. 2004년에 설치된 전력량은 272.4 MWp 이며 누적된 전력량은 1.1 GWp 이다. 이와 같은 추세로 갈 때 2010년에는 4.8 GWp를 목표로

하고 있다. NEDO, METI, PVTEC와 JPEA에서는 2030년까지의 PV 로드맵을 새로운 전략으로 구상하였다. [그림 6.26]에서 이러한 로드맵을 보여 주고 있다.

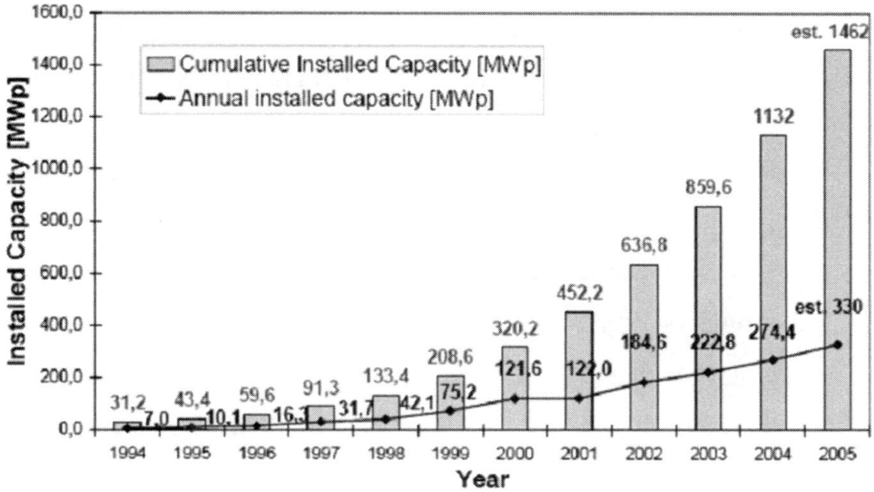

그림 6.25 일본의 매년 설치된 태양전지 전력량과 누적전력량

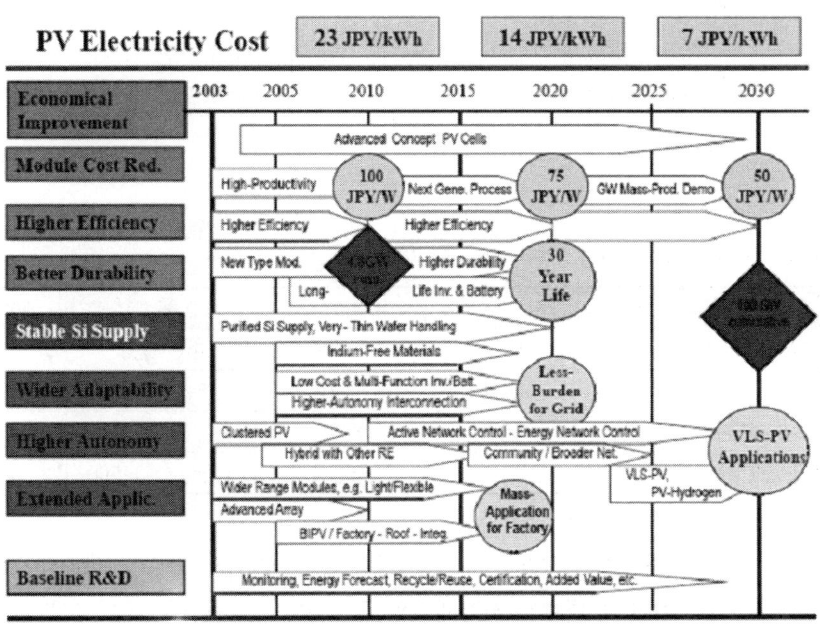

그림 6.26 일본의 PV R&D와 생산시장의 로드맵

6.7 | 미국의 태양전지 개발현황

에너지부(Department of Energy : DOE)의 주도로 산학연이 참여하는 5개년 프로그램인 National Photovoltaic Program을 지속적으로 추진해 오고 있다. 장기적인 목표는 일본이나 유럽과 유사한데, 중장기적으로 미국 DOE는 태양전지 재료에 무관하게 상업용 모듈의 효율을 2005년에 10%, 2020~2030년에 15%를 목표로 하고 있다. 이를 토대로 한 시스템의 비용은 2005년에 $4~8/W, 2020~2030년에 $1~1.5/W를 목표로 설정해 놓고 있다. 미국의 DOE가 설정한 박막 태양광모듈 제조비용의 최종목표는 $0.33/W로 모듈의 목표효율은 15%이고, 모듈 제조가격으로 환산하면 $50/m^{2}에 해당하는 것이다. 이는 1998년도 박막 모듈의 평균 제조비용 $3.3/W(제조가격 $200/m^2, 효율 6.25%)의 약 1/10에 해당한다.

미국 태양광산업의 목표는 2030년까지 첨두부하의 10%를 충당하는 것이다. 향후 25년간 미국 내에서 150,000명의 고용을 창출하고 2020년에 약 150억$의 산업을 형성하는 것이다. 이와 같은 목표 달성을 위해 아래와 같은 시나리오를 세워놓고 있다.

참고로 2002년 미국이 태양전지 연구개발에 투자한 금액은 약 30백만 $에 이르는데, 다양한 소재의 박막 태양전지와 차세대 신형 태양전지에 연구 및 기술개발의 중점을 두고 있다.

표 6.5 미국의 태양광 연구개발과 시장활성화 로드맵

구 분	1995 년	2000 년	2005 년	2020 ~ 2030
모 듈 효 율 (%)	7 ~ 17	8 ~ 18	10 ~ 20	15 ~ 25
설 치 단 가 ($/Wp)	7 ~ 15	5 ~ 12	4 ~ 8	1 ~ 1.5
수 명 (Years)	10 ~ 20	> 20	> 25	> 30
누적보급량(MWp)	175	500	1,000 ~ 1,500	> 50,000

미국의 단기 계획은 향후 3년간 적정한 가격에 양질의 제품과 서비스를 제공하고, 미국과 전세계 시장에서의 급증하는 수요에 대응하기 위해 제조설비를 지속적으로 확충하는 것이다. 연방정부 및 주정부는 태양광발전이 여타 발전기술과 경쟁할 수 있도록 공정한 시장여건을 조성하고, 개발과 보급에 대한 장벽을 최대한 없앨 계획이다. 정부는 전국적으로 net-metering 제도를 실시하고, 기타

관련 세제상의 혜택과 제조업자에 대한 인센티브를 최대한 제공한다. 이외에도 표준화, 법규, 인증 등 소비자보호와 신뢰도 향상에 필수적인 제도를 구축하는 단기계획을 수립 추진 중이다.

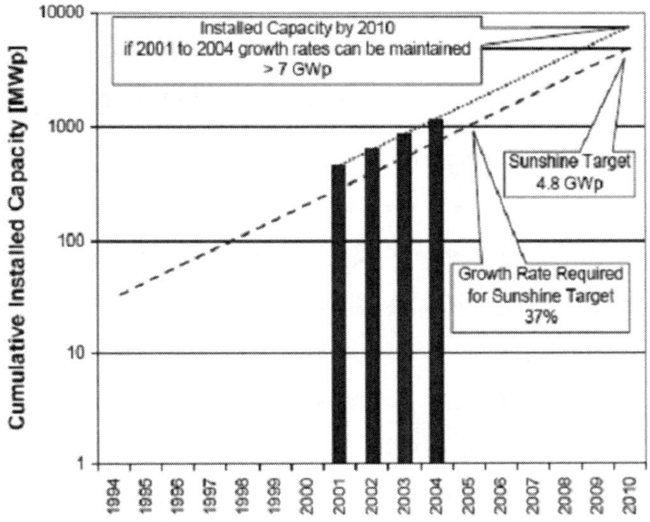

그림 6.27 2001년부터 2004년까지의 태양전지 설치를 기초로 한 백만호 목표를 위한 성장비율

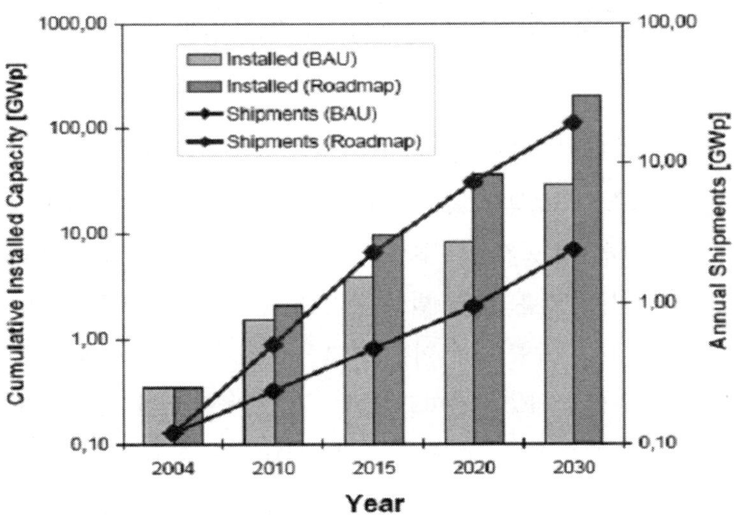

그림 6.28 미국의 PV 산업 로드맵

중기 계획은 향후 4~10년 사이 태양광산업은 주택, 상업건물용 제품을 개발하는 것이다. 투자 이익은 다시 기술개발과 설비 확충에 투자하고 또한 소비자의

다양한 욕구에 부응할 수 있는 새로운 제품의 개발에 투자하며, 미국 전력시장에서 태양광산업의 입지를 구축하는 것이다.

장기 계획은 향후 20년간 연구개발을 통해 제조기술을 보다 능률적으로, 생산수율을 향상시키는 등 세계 1위의 위치에 올려놓는 것을 장기목표로 하고 있다. 정부는 연구기관, 대학 기타 연구 조직의 능력을 향상시킬 수 있도록 합리적인 투자를 지속한다. 이 투자는 주로 기존 기술의 향상 및 새로운 기술의 개발에 집중한다. 차세대 태양전지 기술 및 제품의 개발이 미래 에너지 요구에 대응하고 미국의 리더십을 유지하는 핵심으로 보고 있다. 미국은 일본과 달리 태양전지의 상당부분은 수출을 겨냥하고 있는데, 이는 미국에는 아직 일본이 갖고 있는 확고한 국내시장이 없기 때문이다. 이것이 일본과 유럽에 이어 미국이 제 3위의 위치로 내려앉게 된 가장 큰 이유이다. 현재 미국에 있는 상위 5개회사 중 4개회사는 소유주가 유럽회사이다.

[그림 6.27]에서와 같이 "One Million Roofs"의 목표를 가지고 있다. 즉 2001년부터 2004년까지 증가 추세는 이전의 18%보다 10%더 늘어난 28%를 나타내고 있다. [그림 6.28]에서 보듯이 2030년까지의 태양전지 전력량의 로드맵에서 70%가 수출되고 있다.

6.8 유럽의 태양전지 개발 현황

회원국의 연구개발, 시장 활성화 대책 외에 유럽연합 차원에서도 1980년부터 JOULE 프로그램 및 Framework 프로그램의 일환으로 다양한 연구개발사업을 추진해 왔다. 기존의 결정질실리콘 태양전지와 함께 박막 태양전지의 상업화에 대해서도 많은 기술개발이 추진 중이다. 일본이 비정질실리콘 태양전지 분야에서 세계 선두를 점한 이후 그 갭을 줄이기 위해 유럽에서 새로운 기술을 개발하는 등의 노력을 기울이고 있다. 특히 주목할 만한 것은 결정질(단·다결정) 실리콘 태양전지로 고효율 및 대량생산관련 기술의 우위가 기대되고 있다.

European Photovoltaic Industry Association (EPIA)와 Greenpeace의 공동 조사에 의하면 2020년까지 유럽에서 290,000개의 새로운 일자리를 만들어 낼 수 있을 것으로 기대하고 있다. 이는 매우 야심적인 계획으로 볼 수 있다. 현재 보수적인 예측으로 백서에서와 같이 2010년 3 GW, 그 이후 연간 17% 성장시 2020년에 17 GW 보급이 가능할 것으로 예측되고 있다. 이것만으로도 2010년에

20,000개, 2020년에는 50,000개의 새로운 고용이 창출되는 것이다([그림 6.29]). [그림 6.30]과 같이 유럽의 태양전지 기업은 일본이나 미국에 비해 여러 기업에서 생산하고 있음을 알 수 있다.

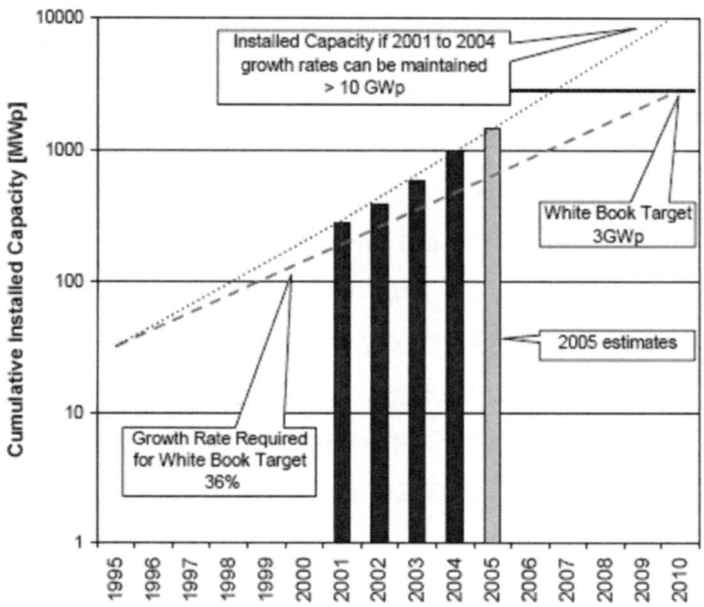

그림 6.29 2001년에서 2004년까지의 태양전지 생산을 기초로 한 성장 비율

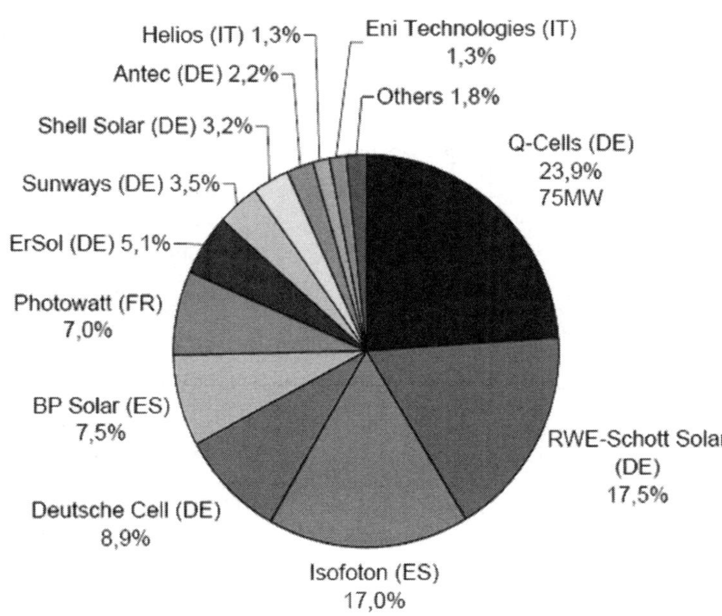

그림 6.30 유럽의 PV 기업의 생산량 비교

6.9 국내의 태양전지 개발현황

태양전지제조 측면에서는 국내시장이 협소함에 따라 대체에너지기술개발 사업의 결과로 추진되던 LG Siltron사의 단결정 실리콘 태양전지 제조사업도 연구개발의 성과품인 Pilot Plant로 1994년부터 사업을 시작하였으나 생산 규모가 작고, 생산원가가 높은 원인 때문에 IMF 경제위기와 김대중 정부시기의 반도체사업의 빅딜과정에서 사업이 정리된 상태이다. 현재 국내에서는 삼성 SDI 변환효율 20.1%, 면적 46.9 cm^2 단결정 실리콘 태양전지 개발(2000년12월)로 국내에서는 현재 삼성SDI가 태양전지 제조에 관한 기술력을 확보하고 있다. 향후 공정을 단순화할 수 있는 기술개발이 필요하다. 최근 (주)KPE에서 저가형인 스크린 인쇄기술을 활용하고 고효율을 달성하였다. 플라즈마 질화막을 이용한 표면처리를 활용하여 삼성 SDI가 개발한 태양전지 면적의 3배 이상인 125 mm × 125 mm 면적에서 17% 이상의 고효율을 달성하였고 연간 5MW 양산 시설을 가동중이다.

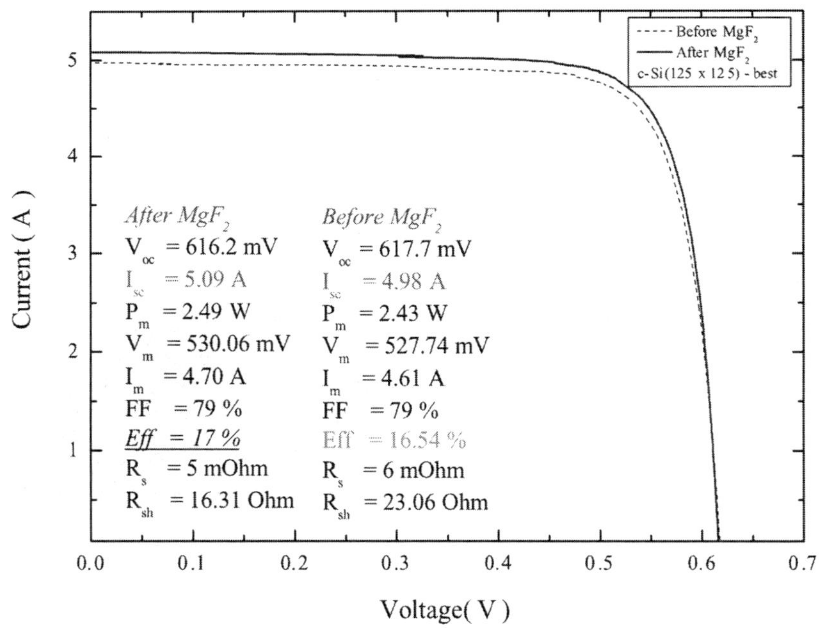

그림 6.31 국내 태양전지 기술개발에 따른 에너지 변환효율 성능

국내에서 태양전지 기술개발 투자는 1987년 12월에 제정된 「대체에너지 기술개발 촉진법」을 근거로 1988년부터 대체에너지 기술개발 기본계획이 수립됨으로써 체계적으로 추진되기 시작하였다. 지금까지 추진된 태양전지 분야의 연구개발 과제

는 광범위한 세부 기술부문에 걸쳐있다. 단결정실리콘(c−Si)과 다결정실리콘(mc−Si), 박막 태양전지로는 비정질실리콘(a−Si)과 a−Si 태양전지용 산화물 투명전도막(TCO), $CuInSe_2$와 CdTe 다결정 화합물반도체 태양전지, a−Si/다결정 박막실리콘(p−Si) 과제를 완료 또는 추진 중에 있고, 기타 GaAs, 염료(Dye) 태양전지를 추진한 바 있다. [그림 6.32]는 국내에서 얻은 최고효율을 비교한 것이다. 단결정 실리콘 태양전지의 효율은 PSE사와 삼성 SDI, a−Si 태양전지는 KAIST, (주) SK, CdTe는 KAIST, $CuInSe_2$ 는 한국에너지기술연구원에서, 그리고 Dye 태양전지 효율은 한국전자통신연구원과 한국화학연구원 등에서 최고 효율을 얻은 바 있다. 유기 태양전지에 관련된 연구는 세계적으로 최근에 시작되었으며 따라서 국내와 국외의 기술간 격차가 크지 않은데, KIST (한국과학기술연구원), ETRI (한국전자통신연구원), KRICT (한국화학연구원)에서 주도적인 연구를 수행 중이며, 유기분자형 태양전지는 인하대, 부산대 등에서 기초연구를 수행하고 있다.

현재 산업자원부 주도로 3 kW급 주택용 태양광발전시스템 개발('01~04)에 단기적인 역량을 집중하고 있는데, 결정질실리콘의 효율을 12% → 15% 향상시키는 것을 개발목표로 하고 있다. 그리고 박막 태양전지에 대한 연구는 2004년부터 추진을 목표로 검토단계에 있다.

2002년말 과학기술부에서는 나노 핵심기반기술개발사업의 일환으로 실리콘, 염료감응형, CIS, InP 등을 소재로 한 나노 태양전지 연구에 착수한 바 있다.

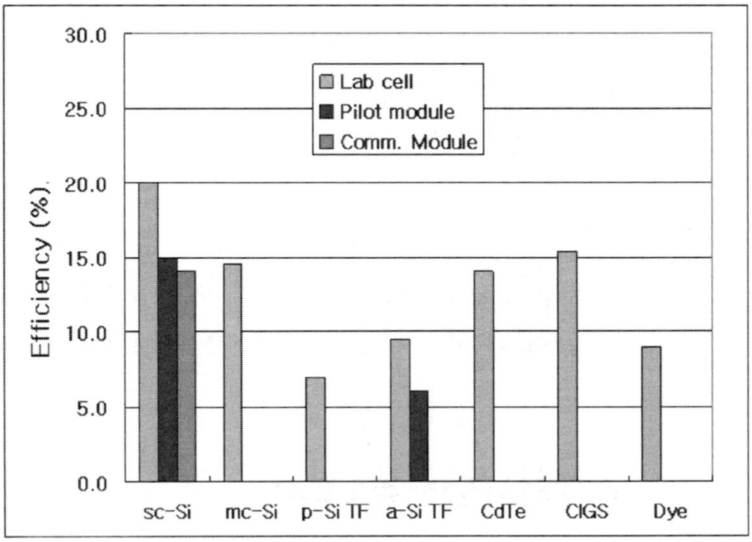

그림 6.32 태양전지 종류별 국내 최고 변환효율

6.10 | 태양전지 시장의 향후전망

21세기를 맞는 가장 큰 불안요인은 무엇보다 자연재해와 자원고갈에 있다. 자원고갈의 위기를 극복하고 지속가능한 에너지를 확보하기 위한 방안은 태양전지와 같은 무료, 무한, 무공해 에너지원을 개발하여 자원고갈과 환경재해를 방지하는 것이다. 태양전지는 반도체 공정을 사용하여 제조되므로 국내의 반도체 인프라 산업과 결부하여 기술이 개발되면 향후 에너지 수출산업으로 대외경쟁력이 가장 우수하다. 미국의 2010년까지 "100만호 Solar Roofs Initiative" 계획에 의한 300 MW 보급계획, 독일의 10만호 PV Roofs-Top 보급계획, 일본의 주택용 태양광발전 기반 정비 사업, 산업용 태양광발전 Field Test 사업 등과 같은 보급 계획은 향후 다가오는 막대한 세계시장을 선점하기 위한 국가적 차원의 대응뿐 아니라 기후 변화 협약을 대비한 온실 가스 방지 실천 계획의 일환으로도 추진되고 있다.

태양에너지는 우리 인류에게 적어도 앞으로 50억년 이상은 무료로 에너지를 사용할 수 있게 해 준다. 태양광 발전의 실용화는 선진국을 중심으로 현재 활발하게 전개되고 있다. 청정에너지 기술로서 기대되어 온 태양광 발전 시스템의 실용화에의 전망은 의외로 빠르게 현실적으로 되어가고 있다. [그림 6.33]에 2004년까지의 태양광 발전규모와 장래 추세를 도시하였다. 태양광 산업의 발전규모는 2004년 실리콘 태양전지를 중심으로 총 생산규모가 1,000 MW/년이다. 향후 출하량 기준으로 33% 성장(금액 기준으로는 20% 성장)이 예상되어 2010년 15조원 2015년에 40조원의 시장을 형성할 전망된다. 이는 2004년까지 실제시장에서의 거래량을 중심으로 예측한 것이다. 2010년도 생산 예상치는 10,000 MW로 미국, 일본, 유럽의 보급계획 수치와 일치하고 있어 예상값의 실현 가능성이 높다. 이 기술을 훌륭한 사업으로 육성하기 위해서는 치밀한 계획과 일관된 추진이 필요하다. 이를 통해 반도체 산업기반을 중심으로 한 차세대 에너지 수출국 도약을 통해 경제, 환경, 에너지를 조화롭게 해결하는 대안으로 태양전지 분야에 국가 차원의 대응이 요구된다.

6.11 | 태양전지관련 주요회사

태양전지 분야 세계시장 상위 top 10 이내의 기업의 주력 기술경쟁력은 실리콘계 태양전지에 집중되 있다. 특히 저가의 다결정 실리콘 원부자재를 이용한 고효율화 대면적화를 통한 저가화 기술 개발에 집중하고 있다. 아래 대표적인 태양전지 제조업체의 연도별 생산현황을 표 6.7에 나타내었다. 일본과 미국의 회사들이고 유럽계의 회사가 10위권 이내에 포진하고 있다. 태양전지 및 모듈 제조업체는 전세계에 30개사를 넘고 있으며, 25 MWp 이상의 태양전지를 생산하는 회사만이 10위권에 있다. 그 중에서 10개의 제조업체가 전세계 모듈 출하량의 65%(1990년대)~79%(2004년도)를 차지하고 있다. 현재 태양전지 분야 1위 기업인 Sharp사는 태양전지에 100억 엔을 투자해서 2005년에 1,000억엔의 매출액을 올렸다. Sharp사는 2002년말에 태양전지 부서를 그룹단위로 확대 편재하였다. 또한 반도체, TFT-LCD에 이은 제 3의 아이템으로 태양전지 사업을 추진하고 있다. 원래 석유에너지를 전문으로 하는 회사인 Royal Dutch Shell사는 기존에 Simens Solar를 인수 합병하여 회사의 Core Business로서 추진하여 태양전지를 미래의 중요 에너지원으로 간주하고 있다. Sanyo사의 투자계획은 21세기 사업개념을 Clean Energy to Ecology로 설정하여 2005년에 120 MW로 8배 확대를 추진하고 있다. 국내의 산업현황은 미비한 상황이나 한국의 반도체 산업인프라를 활용하면 세계시장에서 주도적인 역할을 할 수 있을 것으로 예상된다.

표 6.6 태양전지 기술이용 사례

분 야	태양전지 기술이용 사례
도로·교통	안전표시, 경고등, 유도등, 터널조명, 비상전화, 계측용, 주차티켓, 안내 등
철도	건널목, 차단기용 경고등, 신호용, 철도통신, 철도방음벽용시스템 등
산업용	무선중계소, satellite, 전기방식, 담수화, 수소제조, 태양광발전소, 수문개폐 등
농업	조류피해방지, 분무, 비닐하우스, 관개용수펌프, 목장용수, 밀크냉장 등
어업	양식용자동급이기, 해양목장시스템, 펌프, 보트의 전기에너지 등
해양	부표시스템, 항해안전표시등, 항만표시등, 등대시스템, 계측, 등대 등
방재·안전	방재표시, 피난유도등, 방재창고, 우량계, 수위관측, 모니터링, 안전등 등
공공시설	시계탑, 시설안내표식, 공원용, 분수시스템, 가로등, 공중전화, 공중화장실 등
의료	왕진냉장시스템, 의료용냉장고, 의료센터시스템 등
건물	주택(개인주택, 집합주택, 원격지주택), 빌딩(영업소, 오피스빌딩), 공장 등
각종시설	청사, 유원지, 학교, 박물관, 홀, 교회, 스포츠시설, 센터, 공항, 군사시설 등
환경개선	하수처리시스템, 수질정화분수시스템, 호수 순환용 시스템 등

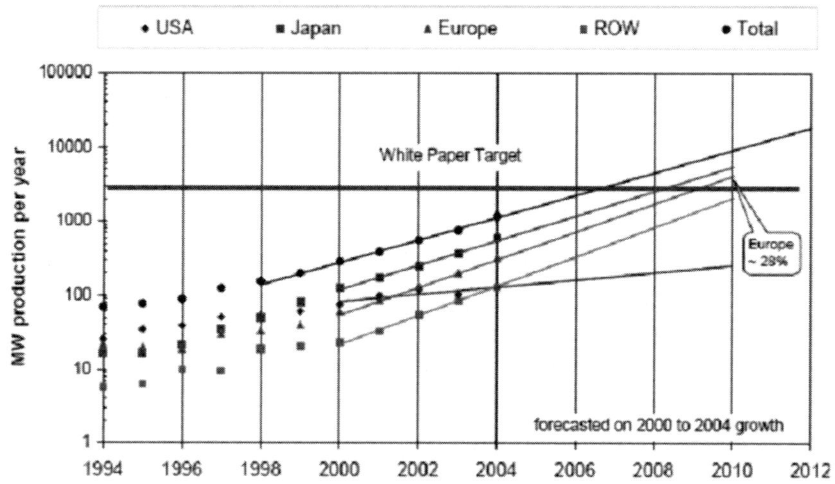

그림 6.33 태양전지 세계시장과 향후 시장전망

2004년도 전 세계 태양전지 제조업체의 현황은 10대 업체가 전체 생산량의 약 80%를 점유하고 있다. 일본이 세계 1위 업체인 Sharp를 비롯, Kyocera, Sanyo, Mitsubishi Heavy Industry 등 4개회사로 가장 많다. 다국적 기업인 BP Solar, Shell Solar 가 3위와 6위를 기록하였다. 2004년도에는 대만의 Motech사가 전 세계 태양전지 생산량의 2.9%를 점유하였다.

최근 수년간의 시장 확대에 따라 태양전지 메이커들의 설비 증대 계획도 잇따르고 있는데, Sharp는 2007년 초까지 800 MW로 확대할 계획으로 있고, 시장 상황에 따라 생산용량을 더 증대한다는 계획을 발표하였다. Mitsubishi Electric Corporation은 2007년까지 230 MW, Sanyo Electric Co. 가 2007년까지 400 MW, Kyocera Co.가 2007년까지 480 MW로 증설할 계획을 가지고 있다.

일본에 비해 유럽과 미국의 설비 확충계획은 차이가 많이 나는데, 우선 독일의 RWE- Schott Solar 와 BP Solar 가 2006/7년까지 200 MW 확충계획을 가지고 있다. 가장 의욕적인 회사는 현재 유럽 최대의 메이커인 Isofoton으로 2007년까지 200 MW로 증설할 계획이다. 한편 독일의 Q-Cells AG는 2006/7년 500 MW로 늘릴 계획이다.

Sharp사는 1959년에 태양전지 개발에 착수하였고, 1963년에 대량생산에 성공하였다. 일본의 첫 번째 상업용 위성에 제품을 처음 설치한 1974년 이후 Sharp사는 우주용 태양전지 생산하는 유일의 제조업체가 되었다. 1980년에는 전자제품에 단결정 실리콘 태양전지를 장착하였다. 2002년 7월 생산설비 200 MW 였다. 2002년 123 MW를 판매하였다. 2004년 초까지 설비를 248 MW로 증설하였고, 2002년 1월에는 태양전지 사업의 규모가 커짐에 따라 기존 Photovoltaic Deopartment를

Solar Systems Group으로 확대시켰다.

표 6.7 년도별 국가당 주요회사 전력 생산량

PV 공장		1999년 (MW)	1999년 순위	2000년 (MW)	2000년 순위	2001년 (MW)	2001년 순위	2004년 (MW)	2004년 순위
국 가	회 사								
일 본	Sharp	30.0	3	50.4	1	75.02	1	314	1
미국, 인도, 유럽, 아시아	BP Solar	32.5	1	41.9	3	54.2	2	90	3
일 본	Kyocera	30.3	2	42.0	2	54.0	3	100	2
유럽, 미국	Siemens (현재 Shell)	22.2	4	28.0	4	39.0	4	70	6
미국	Astropower	12.0	6	18.0	5	26.0	5		
독일, 미국	RWE (ASE)	10.0	7	14.0	7	23.0	6	62	8
일 본	Sanyo	13.0	5	17.0	6	19.0	7	62	7
스페인	Isofoton	6.1		9.5	10	18.02	8	52	9
일 본	Mitsubishi	N/A	N/A	12.0	9	14.0	9	73	5
프랑스	Photowatt	10.0	7	14.0	7	14.0	10		
Top 10 회사 생산량 합계		160.0		235.3		336.24		926	
세계 총생산량 합계 (MW)		201.3		287.65		390.5		1159	

지난 6년간 일본 주택용 태양광시스템의 시장 약 60%를 점유하였다. 주택 건설업체와 긴밀한 협력 체제를 구축하고 있고, 자체적으로 시스템에 필요한 모든 부품을 공급하고 있는 점이 특징이다. 현재로서는 주택용시스템이 설비 확장의 주요 원동력이지만 향후 산업용 시스템의 보급도 확충할 계획이다. 그 일환으로 수백 kW급의 대형 시스템의 설치 및 서비스 제공 계획을 갖고 있다. 집광형시스템 목적으로 초고효율 화합물 반도체 태양전지 개발에 참여하고 있다.

Kyocera사는 2002년 태양전지 모듈 60 MW를 판매하였고, 현재 태양열 사업도 함께 운영하고 있다. Chiba에 있는 Sakura 공장이 연구개발에서부터 시스템 건설, 서비스까지 맡고 있고, Shiga에 있는 Shiga 공장은 태양전지 제조와 연구개발 및 태양열 부문까지 담당하고 있다. 2004년 Shiga 공장의 설비는 100 MW인데, 2006/7년까지 이를 500 MW로 확충할 계획이다.

연구개발에서는 특히 대면적 다결정실리콘의 저가 태양전지 개발에 초점을 맞추고 있다. 1975년 태양전지 연구를 시작한 이래 1982년 대량생산을 시작하였다. 1993년 일본에서는 처음으로 주택용 태양광시스템을 판매한 회사가 되었고, 현재 전 세계 2위의 태양전지 메이커이다.

Sanyo 전기는 1975년 비정질실리콘(a–Si) 연구에 착수하여 1980년 소규모 전자

제품용 a-Si 태양전지의 대량생산을 시작하였다. 1990년 HIT(Heterojunction with Intrinsic Thin Layer) 구조 태양전지 연구개발을 시작하였다. 현재 사장인 Kuwano 박사는 1992년 자기 개인 집에 일본 최초의 주택용 시스템을 설치하였다. 전력용 a-Si 모듈은 1993년에 생산하였고, 1997년에는 HIT의 대량생산이 시작되었다. 2005년에는 120 MW를 생산하였다. 2002년 말 Sanyo 전기는 멕시코에서 10 MW 규모의 HIT 모듈 생산착수를 발표한 바 있다. HIT 구조 태양전지에서 현재 세계 최고인 효율 21%를 달성하였다(양산 17% 내외, 면적 103 mm×103 mm). 땅이 부족한 일본의 입장에서 동 기술은 매우 유리한 고지를 점령하고 있는 셈이다. 또한 동 기술은 생산에 소요되는 에너지 소모가 기존에 비해 훨씬 적고 또한 더 얇게 만들 수 있어 그 만큼 유리하다. 또한 양면을 전부 태양전지로 만들 수 있어 기존에 비해 30% 정도 성능 향상을 기할 수 있다. 2002년 10월 최신 구조의 HIT에서 태양전지 효율 18.5%, 모듈 16.1%를 발표하였다. 여타 태양전지 기업과 마찬가지로 자체적으로 태양전지 제조에서 시스템까지 관련 모든 사업을 추진하고 있다. 주택 건설업체인 Kubota House를 매입하여 그 이름을 Sanyo Homes Corp.로 바꾸고 전지기와를 설치한 주택을 판매하고 있다.

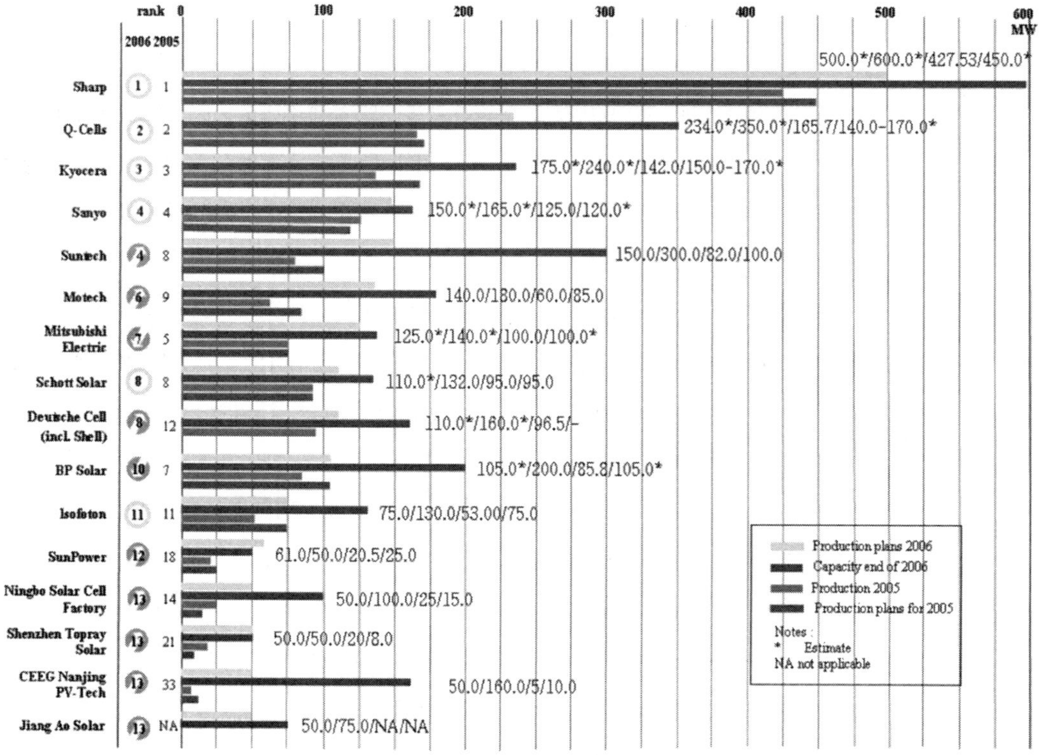

그림 6.34 2005년 2006년 세계 각 기업의 태양전지 생산계획 및 생산량

Solar Arc Project는 Gifu 공장에 건설한 630 kW 규모의 태양광 시스템으로 2001년 12월 완공되었다. 길이 315 미터, 높이 37.1 미터로 태양광시스템 구비 구조물로는 세계 최대이다. 2002년 4월 발전을 시작하였고, 그 아래에 있는 공간은 "Solar Lab"으로 2002년 4월 3일부터 태양에너지 박물관으로 운영하고 있다.

Mitsubishi 전기는 1974년 태양전지 모듈 연구개발 착수에 이어 1976년 우주용 태양전지 사업부를 설립하였고, 1986년 공공 및 산업용 태양전지 사업을 개시하였다. 1996년부터 일본의 주택용 사업에 참여하여 현재 35 MW의 설비를 갖추고 있는데, 2007년까지 이를 230MW로 늘릴 계획이다.

Kaneka Solartech사는 지난 24년간 a-Si 태양전지 개발을 추진하였다. 초창기는 소규모 전자제품의 전원용을 목표로 하였으나 1993년 연구개발 및 사업 전략을 바꾸어 주택 및 산업용 전력시장을 겨냥하여 1999년까지 roof-top용 a-Si 모듈 개발을 목표로 설정하였다. 이와 같은 결정을 내리게 된 배경에는 Kenji Yamamoto 박사가 저온(200 ℃)에서 마이크로 결정의 실리콘 박막 제조 가능성을 발견한 점이다. 여기에 a-Si 태양전지를 결합하여 새로운 특허를 획득하게 되었다. 기존의 특허(1976년 RCA, Carlson, 수소화된 a-Si 태양전지, 1978년 Osaka Univ. Hamakawa p-i-n a-Si 태양전지, 1979년 Sanyo Kuwano, 집적형 a-Si 태양전지, 1981년 Kaneka Tawada, a-SiC/a-Si Heterojunction 태양전지들은 대부분 2002년까지 효력을 다하게 되어 있다. 2002년 roof-top용 a-Si 모듈과 일본식 기와 일체형 모듈을 생산하였고, 일부 수출도 하고 있다. 후자의 경우 Quarter-House, Kubota와 협력하여 일본 주택을 겨냥한 것인데, shingle 형태의 모듈이나 대형 기와용 부품재의 형태로 제조하고 있다. 2002년 생산설비는 연산 25MW이고 2002년 생산량은 7.5MW 이다. 2003년에 Toyooka 공장의 설비를 40MW로 늘였다. 향후 잠재력이 큰 시장으로 독일 비롯한 유럽을 겨냥하고 있다. 독일에는 2001년 a-Si 모듈 2MW를 판매한 바 있다. 2002년 모듈의 안정화 효율 8%로 동 회사는 20년간 초기 효율의 80% 성능을 보증하고 있다. 2001년 효율 10%의 하이브리드 모듈 생산을 시작하였다. 생산 박막 태양전지 모듈의 개요는 효율 7.5% a-Si 모듈, 효율 10% 하이브리드모듈 채택 3 kW 시스템의 가격은 2002년 1.5백만엔/3 kW, 2005년 12% 효율의 하이브리드 모듈 시스템 1.2백만엔/3 kW, 2006년에 13% 효율의 하이브리드 모듈 시스템 1백만엔/3 kW를 이루었고, 2010년 16% 효율의 하이브리드 모듈 시스템 목표는 600,000엔/3 kW이다. 기술개발의 관건은 다결정 실리콘 박막 증착속도인데, 이는 요구되는 박막의 두께가 두껍기 때문이다. 2002년 생산수율은 이미 97.1%로 매우 높은 수준이다. 주요 손실 인자는 평균을 하회하는 저 성능의 모듈이다. 현재까지 하이브리드 모듈은 일본에서만 판매되었다. 따라서 동 회사는 다양한 지역과 조건에서의 실증시험에 큰 관심을 갖고 있는데, 스펙트럼에 따라 성능의 편차가 심하고 또한 직달 일사의 비율에 따라서도 성능이 차이가 나므로 하이브리드 다중접합 모듈의 시험 표준화 개발을 이루었다. 2002년 모듈 크기 3,738 cm^2에서 인공태양 이용 측정 결과 효율 11.57% 출력 43.24 W, 옥외(북위 31.8도) 측정에서는 효율 12.3%, 출력 46.0 W를 기록하였다.

Mitsubishi중공업은 태양전지 사업에 새로이 진출한 회사로, 2001년 2월 Nagasaki 조선소 내에 10 MW 태양전지 생산 설비를 갖추고 있다. PECVD 공정으로 a−Si 모듈을 유리 기판과 flexible기판을 이용한 roll-to-roll 기법이 기술의 핵심이다. 2002년 단일접합 효율 8%(초기 효율 10%)이다. JQA 의 시험에 따르면 초기 효율 저하는 3~4개월 정도 소요되고 이후에는 효율 변화가 없는 것으로 나타나 수명 20~충분한 것으로 인정받았다. a−Si/μ−Si 구조로 효율 12%를 목표로 연구개발 중이다. 전압이 높은 것이 동 회사 모듈의 특징으로 50~100 V에 출력 24~100 W이다. Mitsubishi중공업이 태양전지 사업에 진출한 이유의 하나는 태양광 시장의 전망이 매우 밝다는 점이다. 그런데 동 회사가 a−Si 기술을 채택한 것은 그 동안 자체적으로 박막 제조 및 관련 기기의 개발에 관한 기술이 충분히 축적된 것을 감안한 것이다. 현재 지붕용 타일 형태의 모듈 개발에 주택 업체와 협력을 추진 중에 있다.

Canon사는 a−Si/a−SiGe/a−SiGe 구조의 triple junction을 roll-to-roll 방식으로 생산할 수 있는 설비 10 MW 구비. 2003년 5월 제 3차 세계 태양전지 전문가 학술회의(WCPEC)에서 a−Si/μc−Si/μc−Si 구조로 면적 0.8 m^2에서 효율 13.4% 발표하였다.

Fuji전자는 1993년 a−Si에 관한 활동을 시작하여 현재 NEDO 사업의 일환으로 플라스틱 기판에 a−Si을 입힌 태양전지를 개발하고 이어 실증연구를 계획 중에 있다.

Hitachi사는 2003년 9월 새로운 구조의 bi-facial 결정질실리콘 생산에 착수하였다. 2005년에는 8 MW를 구비하였다.

National/Panasonic은 상업용으로 색깔 태양전지를 생산하고 있는데, 건물의 지붕, 창, 벽에 사용되는 것이다.

BP-Solar사는 Linthicum, MD에 본부를 두고 있는데, SOLAREX를 합병한 이후 대규모 태양광회사의 하나로 자리 잡았다. 2002년 73.8 MW를 판매하여 세계 2위의 업체로 자리잡았다. 2002년에 전 세계에 5개의 태양전지 양산공장을 가지고 있었다 : 스페인 마드리드 (46 MW, c−Si Saturn solar cells), 호주 Sydney-

Homebush Bay (25 MW mc−Si, c−Si Saturn solar cells), 인도 Bangalore (15 MW, mc−Si), 미국 Frederick, Maryland (35 MW mc−Si). 미국 Fairfield, California (2 MW CdTe-pilot Apollo line), 미국 Tonano, Virginia (8 MW, a−Si) 에 있던 박막 태양전지 공장은 2002년 말 결정질 실리콘 생산라인으로 전환하였다. 이 중에서 Frederick 공장이 연간 50 MW의 다결정실리콘 웨이퍼 설비를 갖춘 최대 공장으로, 태양전지 설비는 35 MW이다. 나머지 웨이퍼는 모듈제조용으로 호주와 인도에 들어갔다. 2002년 웨이퍼 설비를 60 MW로 증설하였고, 그에 따라 태양전지 설비도 확장하였다. 마드리드의 설비를 2004년 60 MW로, 그리고 호주의 설비를 35 MW로 증설하였다.

Shell Solar사는 태양에너지의 상업화 전략으로 설립되었다. 2001년 Shell은 2001~2006 기간 5~10억$를 태양광과 풍력에 투자할 계획었다. Siemens Solar를 매입하여 세계적인 메이커로 부상하였는데, 웨이퍼 생산부터 최종 소비자를 상대한 사업까지 전 영역을 취급하고 있다. 2002년 판매량은 57.5 MW (미국에서 46.5 MW, 유럽 11 MW)이었다. 2002년 세계 4곳에 설비를 갖고 있는데, 본부는 네덜란드 Amsterdam에 두고 있다. 2002년 설비는 85 MW로 공장은 3개국에 소재한다. 잉곳 성장, 웨이퍼는 Vancouver, WA, 단결정실리콘 전지와 모듈은 미국 Camarillo, CA에서, 다결정실리콘 태양전지는 독일 Gelsenkirchen에서, 연구개발은 독일 Munich에서, 모듈은 포르투갈 Evora에 위치한다.

General Electric사는 Delaware 대학에서 착수한 반도체 사업의 부산물로서 1983년에 창립한 Astrosystems Inc.의 사업부로 출발하였다. 1989년 Delaware에 본부를 두고 현재는 직원 700명의 순수 태양광회사로는 가장 큰 회사가 되었다. 2002년 29.7 MW를 판매하였다. 2003년 GE사에 인수합병되었다. 2002년 봄 건축일체형 태양광시스템용 새로운 공장 건설과 함께 동 회사의 SiliconFilm 기술을 채택한 APex 태양전지 라인을 가동하기 시작하였다. 동 설비가 완전 가동되면 현재 26 MW 설비 외에 신규로 60 MW 설비가 늘어나게 되었다. General Electric사는 모듈 외에 시스템 전체를 판매하는데, 미국내 1,300개의 점포를 가진 주택업체 "Home Depot"와 전략적 파트너 관계를 맺었다. 이밖에 주택 건설업체와 협력하여 BIPV(Building Integrated Photovoltaics) 시스템의 저가화도 도모하였다. Silicon Film용 실리콘 원료의 원활한 공급을 위해 2001년 12월 세계 최대의 금속실리콘 제조업체인 노르웨이의 Elkem과 기술협력협정을 맺었고, 또한 석영을 Silicon Film용 원료로 전환하는 저가 공정을 개발하여 2002년 6월 태양전지 시제품을 만든 바 있다.

RWE-Schott Solar사(구 Angewandte Solarenergie-ASE America)는 독일

RWE Solar GmbH의 자회사이다. RWE Solar는 지상발전용 웨이퍼, 태양전지, 모듈, 비정질실리콘 박막 모듈, 우주용 고효율 태양전지 등의 사업영역을 갖고 있다. 2001년 판매액은 96백만 Euro이고, 고용인은 총 550명이다. ASE의 역사는 1974년 Tyco Laboratories와 Mobil Corporation이 태양전지 개발을 위해 협력할 때로 거슬러 올라간다. Mobil Solar가 비록 1981년 전 세계를 상대로 태양전지 판매를 시작하였지만 1986년까지는 미국 전력회사 시장에만 전력한다는 협정을 맺은 바 있다. 1994년 Mobil이 태양광 사업 매각을 결정하였고, 그 해 6월 독일의 ASE GmbH가 Mobil의 자산을 100% 인수하였다. 동 회사의 기술은 "Edge-Defined Film-Fed Growth (EFG)"라는 특허를 토대로 한 것으로 이는 직경 38.5 cm, 길이 5 m인 8각 모양의 결정질실리콘을 용융 실리콘으로부터 잡아당기는 방식으로 웨이퍼를 성장시켜 제조한다.

United Solar Systems은 Energy Conversion Devices, Inc.(ECD)와 N.V. Bekaert S.A (BESS Europe)간의 공동 투자회사로 2000년 4월 UNI-SOLAR® 제품의 수요 증대에 대응하기 위해 전략적 제휴로 태어났다. 2002년 6월 신규로 30 MW 용량의 라인 건설에 착수하였다. 2002년 용량은 5 MW로 증설은 기존 Auburn Hills, MI 소재 공장에 설비를 추가하는 방식이다. 이 설비는 완전 자동으로 SUS 기판 6개(길이 1.5 마일)를 roll-to-roll 방식으로 동시에 처리할 수 있는 비정질실리콘 태양전지 제조용이다. 2002년 3중접합 비정질실리콘 판매량은 4 MW이었다.

Evergreen Solar는 1994년 설립된 회사로 String Ribbon 웨이퍼 생산 전문이다. 2001년 6월 폭 3.2 인치 태양전지(효율 12%) 모듈 라인인 Cedar Line(TM)에 대해 인증을 받았다. 2002년 판매량은 1.9 MW이었다. 2003년 Double ribbon용 furnace를 도입하여, 효율 13%를 얻었다. BIPV 시장의 중요성을 감안하여 Solar Works, Inc. (VT) 와 협력하여 Long Island Power Authority (LIPA) 주관 프로그램에 참여하고, 또한 일본의 Kawasaki Steel과는 시스템의 건축물 일체화 기술에 대해서도 협력하고 있다.

First Solar사는 CdTe 모듈을 생산하는 회사로 VTD(Vapor Transport Deposition) 라는 독특한 공정을 개발한 바 있다. 2005년까지 25 MW 생산 설비를 확충하였다.

Sunpower사는 1988년에 고효율 실리콘 태양전지의 상업화를 목표로 설립된 회사이다. 2002년 Pegasus라 부르는 효율 22%의 태양전지를 파이롯 수준에서 생산하였다. 평판형 태양전지에 집광기술을 적용한 것이다.

2004년에 필리핀에 규모 25 MW의 생산설비 건설했다. 이에 부응하여 일본의

Asahi Glass는 태양전지 모듈용 최첨단 유리 생산설비를 구축할 계획이다.

EPV(Energy Photovoltaics, Inc.)는 개인 소유회사로 미국 프린스턴에 있다. 주 생산품은 a−Si 모듈용 생산설비이다. 연구개발도 활발히 추진하고 있는데, 주요 내용은 현재 5%인 a−Si 탠덤 태양전지 모듈의 효율을 2006년까지 10%(안정화 효율)로 향상하였고 방안으로 a−Si/μc−Si 하이브리드 구조를 채택하였으며, μc−Si 와 같은 새로운 재료를 개발하였다.

BP Solar와 Shell Solar는 엄밀하게 유럽회사이지만 앞에서 설명한 바와 같이 생산시설이 대부분 미국에 있다.

Isofoton사는 개인소유 기업으로 스페인 Universidad Politecnica de Madrid의 D. Antonio Luque 교수가 태양전지 생산을 위해 설립한 회사이다. 1985년에는 태양열 집열기에도 진출하였다. 2002년 27.4 MW를 판매한 유럽 최대의 태양전지 제조업체이다. 생산의 80%는 독일을 주 시장으로 수출되었다. 2002년 설비 용량은 36 MW이고, 이를 2004년까지 70 MW로 확장하였다. 남아프리카 시장에 진출하기 위해 80% 지분을 보유한 자회사를 설립하였고, 2002년 12월 생산에 들어갔다. 결정질 실리콘 외에 대규모 발전용으로 GaAS 집광형 태양전지에도 관심을 갖고 있다.

RWE-Schott Solar사는 독일 Alzenau 소재의 RWE-Schott Solar GmbH는 RWE Solutions AG(본부 : Frankfurt am Main)의 자회사이다. 4개의 부서로 RWE headquarters in Alzenau, Space Solar Cells Division in Heilbronn, Phototronics Division in Putzbrunn, Billerica 운영된다. 2002년 29.5 MW의 태양전지를 판매하였는데, 여기에는 ASE Americas 생산량 5 MW가 포함되어 있다. 태양전지 개발은 1964년 우주용 태양전지 개발을 위해 시작되었고, 이후 지상용으로 개발되었다. 1994년 Daimler-Benz Aerospace를 거쳐 ASE 에 통합되었다. 이 합병으로 이전 회사인 Telefunken과 AEG에서 축적된 고전력 및 우주용 태양전지 기술이 포함케 되었다. 비정질실리콘 태양전지 개발은 1980년 MBB에서 시작하여, 1988년 Phototronics(PST)가 설립되었다. 1991년 세계 처음으로 대면적 제조 설비가 구축되었다. Alzenau에서의 태양전지 사업은 1979년 초기에 박막 태양전지 기술을 개발하던 NUKEM과 함께 시작하였다. 1986년 결정질실리콘 태양전지를 개발하고, 이어 파일럿 생산에 들어갔다. 2002년 연산 20 MW 규모의 완전 자동 라인을 완성하고 EFG 실리콘 생산에 들어갔다. 2004년 풀가동되면 연간 설비가 60 MW에 이르렀다.

Photowatt사는 1979년 프랑스에서 설립되었고, 1991년 Bourgoin-Jallieu으로 이전하였다. 실리콘 폐기물을 다시 원료로 사용할 수 있는 재생 설비를 갖고 있다.

1997년 캐나다 ATS (Automation Tooling Systems)의 자회사인 Matrix Solar Technologies 가 Photowatt International을 인수하고 설비 확충에 들어갔다. Matrix Solar Technologies는 기존의 마케팅과 경영 수완을 활용하여 세계 시장에서 존재를 부각시키고 있는데, 특히 남아프리카의 Cape에서는 공동 투자회사를 설립하여 조립라인을 가동하고 있다. 2002년 동 회사의 판매량은 17 MW 이었다.

Ersol Solar Energy AG는 1997년에 설립된 회사로 다결정 실리콘 태양전지를 제조한다. 독일 Erfurt에 있는 공장의 설비는 10 MW로 2002년 9 MW를 판매하였다. 2003년까지 설비를 25 MW로 확충할 계획이다. Eurosolare S.p.A는 Eni SpA의 자회사이다. 1980년대 초기부터 태양광사업에 진출하였고, 원료부터 시스템에 이르기까지 일관 생산라인을 갖춘 이탈리아 유일의 회사이다. 단결정 및 다결정 실리콘 태양전지와 모듈을 생산하는데 2002년 2.2 MW를 판매하였다.

Q-Cells AG사는 1999년에 설립된 회사로 독일 Thalheim에 소재하고 있다. 2001년 용량 12 MW로 가동을 시작하여 2002년 24 MW로 확장하였다. 2003년 48 MW로 확장하고 2004년에 추가로 24 MW를 늘려 총 72 MW를 추진하였다. 2005년 생산량은 165 MW 이었다.

Sunways AG사는 다결정실리콘 태양전지 업체로 2002년 5 MW를 판매하였다.

PV Silicon AG사는 태양전지용 실리콘 생산회사로 독일 Erfurt에 있다. 2000년부터 Crystalox와 협력하여 다결정실리콘을 생산하고 있는데, 주 제품은 태양전지용 실리콘, 단결정 잉곳, 기판, 다결정 기판이다. 2002년 약 90 MW에 달하는 실리콘 웨이퍼를 생산하였다.

Solarworld AG 사는 1998년에 설립 주로 태양광시스템과 부품을 전문으로 하다가 최근 기판, 태양전지 제조에 진출하였다. 2002년 67 MW(설비 100 MW)의 기판과 1 MW(설비 25 MW)의 태양전지를 생산하였다. 동 회사의 법인 그룹은 Solar World AG(마케팅, 개발, 플랜트 엔지니어링, 건설), Joint Solar Silicon GmbH & Co. KG, Degussa AG(실리콘 원료 개발), Deutsche Solar AG(실리콘 기판 생산, 실리콘 재생), Deutsche Cell GmbH(태양전지 생산), Gallivare PhotoVoltaic(모듈 생산, 스웨덴), Solar Factory GmbH(모듈 생산)을 담당한다.

Photovoltech사는 2002년 설립된 태양전지 제조 메이커이다. 벨기에에 회사를 두고 있는데, IMEC의 최첨단 기술을 이용하고 있다.

UNAXIS Solar사는 스위스 Neuchatel 대학의 IMT(Institute of Microtechnology)와 UNIAXIS가 합작하여 설립한 회사로 2003년 7월 문을 열었다. IMT가 개발한 micromorph 박막 태양전지 기술과 Unaxis 사의 KAI 생산시스템을 접목하여 대면적 상업화를 개발목표로 2004년 중반에는 면적 1.4 m^2의 a−Si을 개발하고, 2005년 중반에는 면적 1.4 m^2 의 μc−Si을, 2005년 후반에는 KAI 생산시스템을 대량생산에 적용하고 있다.

2003년 11월 국내에는 2개의 업체−네스코쏠라, KPE−가 단결정 및 다결정 실리콘 태양전지를 생산하고 있다. 네스코솔라는 연간 1 MW 규모의 단결정실리콘 태양전지 설비를 갖고 있고, KPE(주)는 연간 5 MW 규모의 단결정 및 다결정실리콘 태양전지 라인을 구축하였다. 현재 KPE는 30 MW의 설비를 구축하였다.

국내에서 생산되는 태양전지나 또는 외국으로부터 수입한 태양전지로부터 모듈을 제조하는 회사로 S-에너지, LG산전, 쏠라테크, 해성쏠라, 아틀란티스쏠라 등이 있다. 2002년 총 설비는 2 MW, 생산량은 0.78 MW이었다.

위와 같이 국내 태양전지 산업은 아직 초보 수준에 머루고 있는데, 선진국의 시장이 정부 주도로 형성되는 것에 비해 국내의 경우 아직 보급 확대를 위한 지원책 등이 미비하기 때문이다.

6.12 국내외 태양전지 시장현황

1988~2002 기간의 전 세계 태양전지 시장 추이를 나타낸 것으로 최근 연평균 30~35% 급성장을 거듭하고 있음을 볼 수 있다. 지금까지 설치된 태양전지 누계는 약 1,800 MW에 달한다. 2002년도 전 세계 태양전지 생산량 560 MW는 금액환산 약 35억$이다.

태양전지 종류별 추이로 생산량의 약 85%는 단결정과 다결정실리콘인데, 특히 다결정 실리콘의 점유율이 크게 증가하고 있다. 박막 태양전지로는 비정질실리콘이 2002년도 약 32.5 MW로 전체의 5.8%에 해당한다. 그리고 CdTe가 4.6 MW, CIS가 3.0 MW, 그리고 실리콘 결정질과 박막의 혼합형이 약 33.7 MW이다. 이 밖에 리본형 실리콘 16.9 MW가 기타의 범주에 포함되어 있다.

생산량의 대부분은 일본, 유럽, 미국 등이 정부 주도로 추진하고 있는 대규모 주택용 태양광발전시스템에 사용되고, 일부는 제 3세계의 오지나 낙도 등 계통선 전기의 혜택을 입지 못하고 있는 주민을 위한 특수 목적의 전원공급용으로 이용되고 있다.

여기서 용도는 아래의 분류를 따른 것으로, 단위규모 40W 미만인 시스템은 제외한 것이다.

○ 가정용 독립형(Off-grid domestic) : 오지, 도서지역 주택 전력공급용
○ 비가정용 독립형(Off-grid non-domestic) : 통신, 양수 펌프, 백신용의 약품 냉동보관, 안전표지, 제어 및 항해 보조도구 등 소규모 전력공급용
○ 분산배치 계통연계형(On-grid distributed) : 계통에 연결되어 있는 가정용 주택, 사무용 건물이나 산업용 건물에 전력공급용
○ 집중배치 계통연계형(On-grid centralised) : 기존 발전소 대치 또는 계통 전력의 배전망 보강용

2002년 말 현재 우리나라를 비롯한 IEA 회원국에 설치된 태양전지 용량은 약 1,330MW이다. 1994년도 누적보급량 증가율은 20%에 비해 2000년 이후의 증가율은 35~36%이다. 전년도와 마찬가지로 2002년도의 증가율 역시 일본(184 MW)과 독일(82.6 MW)의 보급량 증가에 기인한 것으로 일본, 독일 두나라가 차지하는 비중이 79%이다. 일본은 2002년에 1인당 보급량 5 W/capita으로 세계 1위 국가를 계속 유지하고 있고, 이는 독일(3.4 W/capita), 스위스(2.7 W/capita)를 크게 능가하는 것이다[IEA/PVPS, 2003].

용도별로는 1998년까지는 독립형이 주류이었으나 1999년부터는 계통연계형이 대부분을 차지하고 있다. 아직까지 독립형이 주류인 국가가 더 많은데, 오스트레일리아, 캐나다, 핀란드, 프랑스, 이스라엘, 한국, 멕시코, 노르웨이, 스웨덴에서는 아직 80% 이상이 독립형이다. 핀란드, 노르웨이, 스웨덴에서는 그 대부분이 휴가철 별장의 전력공급용이고, 반면에 오스트레일리아, 프랑스, 멕시코에서는 농촌전화사업으로 추진되었다. 그리고 캐나다, 이스라엘, 한국 등에서는 대부분이 통신용 전원, 원격 제어 등 특수용도가 주류를 이루고 있다.

전체적인 추세로 계통연계형의 보급이 빠르게 성장하고 있는데, 2002년 그 비중은 74%에 달하였고, 그 중 95%는 분산형 전원용이다. 한편 독립형은 38%가 전원공급용이고 나머지는 특수용으로 보급되었다.

일본(29%), 독일(30%), 네덜란드(22%), 미국(21%)의 성장률은 전년도와 큰 차이가 없지만 기존 시장규모에 비해 여전히 높다. 대부분의 국가에서 성장률 유지는 정부 및 전력회사 주도의 지원 프로그램에 의한 것이다.

국내 시장은 전세계 시장에 비해 미미한 수준에 그치고 있는데, 2002년의 경우 태양전지 모듈 기준 생산량 약 0.8 MW에 보급은 약 0.7 MW로 전세계 시장의 약 0.14%에 불과하다. 지금까지의 보급누계는 약 5.4 MW로 대부분이 통신 중계소, 유무인 등대, 낙도 주민 전원공급 등 특수용도에 국한되었고, 최근에서야 정부 및 지자체가 공동으로 추진하는 시범 사업의 일환으로 공공건물 등의 전원공급용으로 사용되기 시작하고 있다.

표 6.8 국가별 용도별 누적 보급량

국 가	독립형 (가정용)	독립형 (비가정용)	계통연계 (분산)	계통연계 (집중)	계	1인당 보급량	2002년 보급량	계통연계 보급량
	MW	MW	MW	MW	MW	W/Capita	MW	MW
호 주	12.14	22.74	3.40	0.85	39.13	1.99	5.55	0.80
스 위 스	2.57	0.23	15.14	1.56	19.50	2.67	1.90	1.80
독 일	6.20	10.50	240.00	20.60	277.30	3.37	82.60	82.60
프 랑 스	10.44	4.86	1.94		17.24	0.29	3.39	0.97
영 국	0.16	0.41	3.57		4.14	0.07	1.39	1.34
이탈리아	5.30	6.37	3.62	6.72	22.00	0.38	2.00	1.99
일 본	0.65	72.00	561.30	2.90	636.84	5.00	184.03	178.21
한 국	0.46	4.19	0.76		5.41	0.11	0.65	0.24
네델란드	2.32	2.32	19.21	2.48	26.33	1.64	5.82	5.52
미 국	58.90	78.20	63.10	12.00	212.20	0.74	44.40	22.50

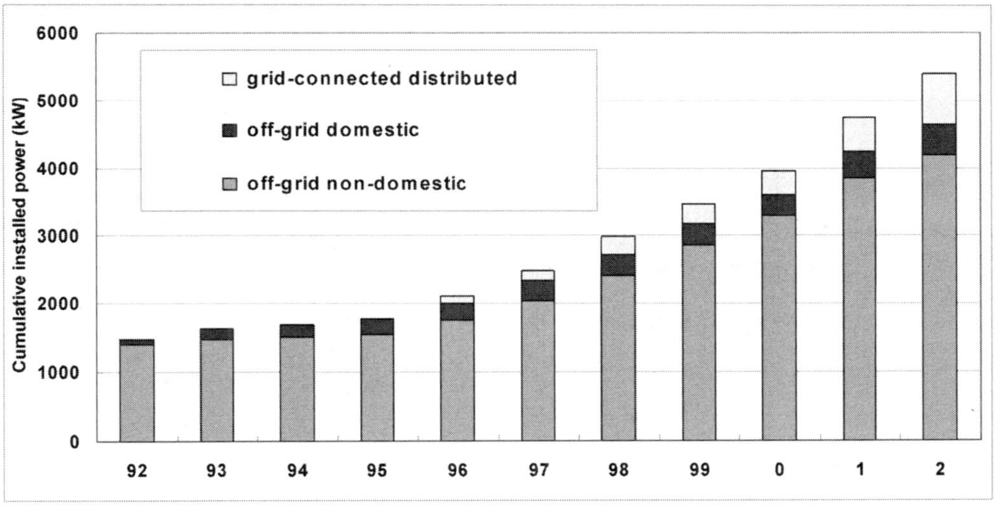

그림 6.35 한국의 용도별 시장 추이

6.13 향후 태양전지 시장전망

2001년 전세계 태양전지 시장이 전년도 대비 약 39% 성장하였는데, 2010년까지 전망은 연간 성장률(15~25%)에 따라 연간 1~2.3 GW로 전망하고 있다 [Bank Sarasin Report 2000, P. Maycock]. 한편 최근 5년간의 높은 성장률이 지속되면 2010년의 연간 생산량은 약 9 GW가 된다. 2001년 미국의 태양광산업 로드맵에서는 2020년 시장이 연간 17 GW가 될 것으로 예상하고 있다. 물론 현재 기술개발이 진척되고 있는 저가 고효율의 박막 태양전지 기술이 경제성을 확보할 경우 그 시장은 전체 전력시장으로 확대될 것임은 분명하다.

한편 지상용의 발전시장 외에 현재 인공위성용 태양전지 시장이 연간 약 4억$이나, 향후 성층권 통신용 위성 개발과 함께 2010년 경우 그 시장은 100억$ 이상으로 확대될 것으로 전망되고 있다.

미국, 일본, 유럽은 에너지 공급원의 다양화와 함께 환경규제에 대한 대응차원에서 2030년까지 장기적인 보급 목표를 수립해 놓고 있는데, 2030년까지 총 140 GW를 달성할 계획이다[Arnulf Jäger-Waldau, 2002].

국내의 경우 단기적으로는 기존 주택과 건물의 지붕과 벽체 및 유휴지에 설치하는 계통연계형 시장 잠재량이 약 19 GW 정도가 될 것으로 예상되는데, 물론 태양전지가 경제성을 갖게 되면 그 시장은 폭발적으로 증가할 것이다. 2002년 12월 현재 국내의 발전설비용량은 약 53.8 GW이고, 발전량은 306,474 GWh이다. 2003년 정부에서는 2012년까지 3 kW 용량의 주택용 태양광발전시스템 100,000호, 공공건물 40,000동, 산업용 30,000동에 합계 1,300 MW를 보급한다는 계획을 추진중에 있다[산업자원부, 2003].

IEA의 2000년 보고서 "Experience Curves for Energy Technology Policy"에 의하면 집중적인 연구개발 투자시 전 세계 에너지 수요의 상당부분을 태양전지와 연료전지(fuel cell)가 충당할 수 있을 것이라는 전망이다.

연습문제

1 우리 주변에서 태양전지를 이용하는 곳을 조사하시오.

2 우리나라의 태양전지 이용실태를 조사하시오.

3 태양전지를 이용할수 있는 분야와 제시한 분야에 적합한 태양전지 소재, 구조를 논하시오.

4 태양광발전시스템의 종류를 열거하고 장단점을 논의하시오.

5 계통연계형 태양광발전시스템의 구조를 설명하시오.

6 태양전지를 이용하는 것과 태양열을 이용하는 것의 차이점과 장단점을 설명하시오.

7 태양전지 산업의 현황을 조사하여 분석하시오.

참고문헌

1) 浜川圭弘, 桑野莘德 : 太陽電池-工學, 培風館, (1994)
2) 이준신, 신재생에너지 활용을 위한 고효율 실리콘 태양전지, 생능출판사, (2001).
3) 이재형, 임동건, 이준신, 태양전지원론, 홍릉과학출판사, (2005).

Chapter 7

태양전지 재료 특성

7.1 고체내의 원자배열

물질 내 원자의 공간적 배열은 물질의 정확한 성질을 결정한다. [그림 7.1]에서와 같이 고체 내 원자의 배열은 크게 비정질, 다결정질, 결정질의 3가지로 나눌 수 있다. 비정질 고체란 물질내 원자들의 위치가 개괄적으로는 식별할 수 없는 배열을 가지는 물질이다. 비정질 고체 내 원자배열은 개개의 원자가 서로 상관없이 놓여있어서 어느 부분을 보더라도 그 물질 내 다른 부분과는 다르게 놓여있다. 이와 같은 구조의 비정질형 태양전지는 낮은 온도에서 제작이 가능하므로 넓은 면적의 기판을 필요로 하는 태양전지에 적합하다. 반면에 결정질 고체의 내부에서 원자배열은 전체영역에 걸쳐서 규칙적인 배열을 하고 있다. 일반적으로 다루는 태양전지들은 결정질 반도체를 이용하여 만들어진다. 마지막으로 다결정질 고체는 전체영역에 있어서 단결정을 이루지는 않지만 여러 방향의 단결정체로서 전체가 구성되어있는 경우이다.

현재 존재하고 있는 많은 태양전지 들을 보면 위에 나타난 세 가지의 고체 내 원자 구조를 가진 것들로써 분류가 가능하다. 단결정 실리콘은 결정결함이 적어서 반송자 수명시간이 길과 확산거리도 길어서 태양전지 응용에서 빛 흡수로 전자와 홀을 생성하면 재결합 손실 없이 비교적 제일 먼 거리까지 이동 가능하다. 태양전지 기판두께는 450μm까지도 큰 손실 없이 사용가능하다. 그러나 비정질 실리콘 태양전지는 결정구조를 가질 수 없을 정도의 수많은 결함이 존재하므로 반송자 수명시간이 짧고, 확산거리 또한 짧아서 물질이 두꺼워지면 광생성된 전자와 홀이 재결합하여 소멸되므로 얇은 박형 태양전지 구조를 가져야한다. 태양전지 기판두께는 1μm 이상이면 큰 광생성된 전하에 손실이 발생한다.

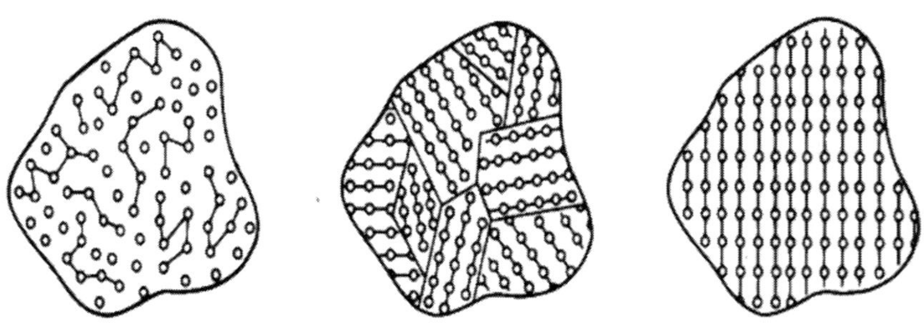

(a) 비정질 (b)다결정질 (c) 결정질

그림 7.1 고체 내 원자의 배열

단위 셀은 결정을 복원해 낼 수 있는 결정의 조그만 조각이다. 단위 셀 개념을 이해하기 위해서 [그림 7.2]의 단위 셀을 이용하자. 단위 셀을 복사하여 규칙적으로 쌓아 올리기만 하면 원래의 격자를 만들어 낼 수 있다. 단위 셀은 브라베이스가 분류한 유형에 따라서 총 7가지 경우로 나뉘게 된다. 단위셀들의 모양과 크기는 입자간의 거리와 입자간에 이루고 있는 각도에 의해서 정해지며 3차원에서 나타낸다면 이들을 각각에 대해서 세가지의 값을 가지게 된다. 이를 격자상수라고 하며 브라베이스가 다양한 물질을 구분하는 공간 격자 분류를 하였다. 이들 결정구조 분류표를 <표 7.1>에 요약하였다.

표 7.1 브라베이스 공간격자 분류

분 류	입자간의 거리	입자간의 이루고 있는 각도
Cubic (입방격자)	$a=b=c$	$\alpha=\beta=\gamma=90°$
Tetragonal (정방격자)	$a=b\neq c$	$\alpha=\beta=\gamma=90°$
Monoclinic (단사격자)	$a\neq b\neq c$	$\alpha=\beta=90°(\neq\gamma)$
Orthorhombic (사방격자)	$a\neq b\neq c$	$\alpha=\beta=\gamma=90°$
Rhombohedral (능면체격자)	$a=b=c$	$\alpha=\beta=\gamma\neq 90°$
Hexagonal (육방격자)	$a=b\neq c$	$\alpha=\beta=90°, \gamma=120°$
Triclinic (삼사격자)	$a\neq b\neq c$	$\alpha\neq\beta\neq\gamma\neq 90°$

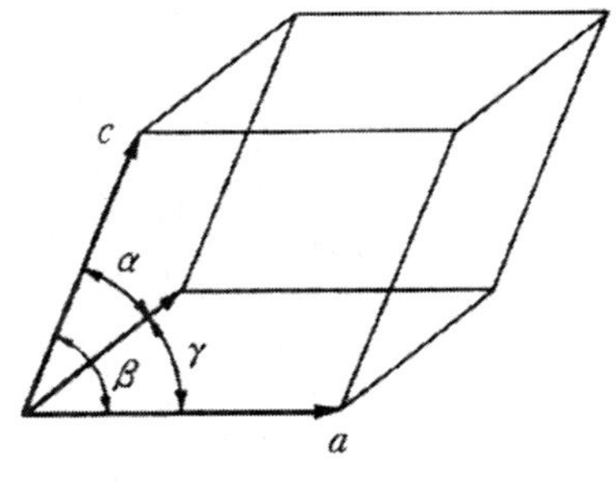

그림 7.2 고체결정의 단위셀

이중에서 태양전지 물질인 실리콘, 갈륨비소 등의 결정은 Cubic 구조로 이루어 져있다. Cubic 구조는 SC(Simple Cubic), FCC(Face Centered Cubic), BCC(Body Centered Cubic)로 나눌 수 있다. 단순입방체는 원자가 정육면체의 각 꼭지점에 위치한 등면체, 혹은 정육면체이다. 여기서 실제로 꼭지점의 원자는 1/8만이 셀 안에 존재하는 것임을 유의해야 한다. 체심 입방체는 단순입방체의 중심에 하나의 원자가 더 추가된 형태이다. 면심 입방체는 각 꼭지점의 원자들에 입방체의 각 면에 하나의 원자씩 덧붙여진 것이다. 여기서는 각 면들의 부가된 원자들의 반만이 면심 입방 단위셀 내에 놓여있게 된다. 단순입방체의 단위 셀이 하나의 원자만을 (1/8원자씩 8개의 꼭지점에) 포함하게 되지만, 체심 입방체와 면심 입방체의 단위 셀에서는 각각 2개와 4개의 원자들이 포함된다.

실리콘의 격자구조는 [그림 7.3]과 같이 3차원 격자로서 나타낼 수 있다. 이러한 격자구조는 Ⅳ족의 원소인 탄소의 형태인 다이아몬드를 대표하는 다이아몬드 격자구조의 단위 셀이다. 다이아몬드 격자구조는 같은 FCC 구조를 지니고 있는 동일한 두개의 원자가 결합한 구조이다. 하나의 FCC사이에 다른 FCC를 x축, y축, z축으로 각각 격자 상수의 1/4 만큼씩 대각선 방향으로 이동시킨 상태로 끼워 넣는 구조이다.

이와 비슷한 형태의 결합에는 Zinc-blende 격자구조가 있다. 이는 다이아몬드 격자구조와 동일하지만 결합하는 두 원자가 동일한 같은 원자로 이루어진 것이 아니라 서로 다른 원자로 결합되어 있는 것이다. 이러한 격자구조는 갈륨비소를 포함한 대부분의 Ⅲ-Ⅴ족의 화합물 태양전지 재료에서 볼 수 있다.

이러한 격자구조는 다이아몬드와 Zinc-blende 격자구조에서 원자들이 4개의 이웃한 원자들을 갖게 되며, 이로 인하여 이들 태양전지 재료들의 결합은 주어진 원자와 4개의 가장 인접한 원자들의 인력에 의하여 결정된다.

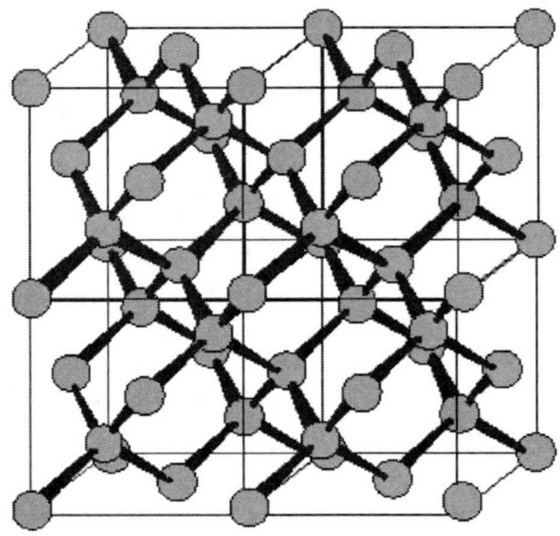

그림 7.3 실리콘과 다이아몬드 결정구조

이상적으로는 [그림 7.3]에 둥근 원이 모두 실리콘으로 3차원적으로 무한히 배열되는 구조이나, 현실 제작에서는 성장 시에 조건 불안정으로 자리가 비는 공공, 용융액체 도가니 속과 원료 및 대기분위기에 포함된 산소, 탄소, 철 금속 등이 혼입되어 들어간다. 이런 결함과 불순물은 태양전지에 효율에 형향을 주지 않을 정도이하로 제어하여야 한다. 즉 결정구조 및 원치 않는 불순물 혼입을 최소화해야 태양전지의 높은 변환효율 달성할 수 있다.

태양전지의 에너지 변환 특성은 결정의 방향성에 영향을 받는다. 밀러 지수는 이러한 특정 결정의 방향 및 평면을 표시하기 위하여 고안된 방법으로써 다음과 같은 세 단계를 거쳐서 나타낼 수 있다.

1. 단위 셀의 모서리를 따라 좌표계를 구성한다.
2. 표시하려는 평면과 앞에서 구성한 좌표축과 교차되는 점을 x y z 순으로 표시하되 정수로서 나타낸다.
3. 위의 정수의 역수를 취한 후 이를 최소정수의 형태로 나타내고 둥근 괄호에 넣는다.

예를 들어 [그림 7.4(a)]에서는 xyz축과 만나는 점이 각각 '1, ∞, ∞' 이고 그것의 역수는 '1, 0, 0' 이므로 이것은 (100)면이 된다. [그림 7.4(c)]는 xyz축과의 교점이 '1, 1, 1' 이고 그 역수도 '1 ,1, 1' 이므로 이것은 (111)면이 된다.

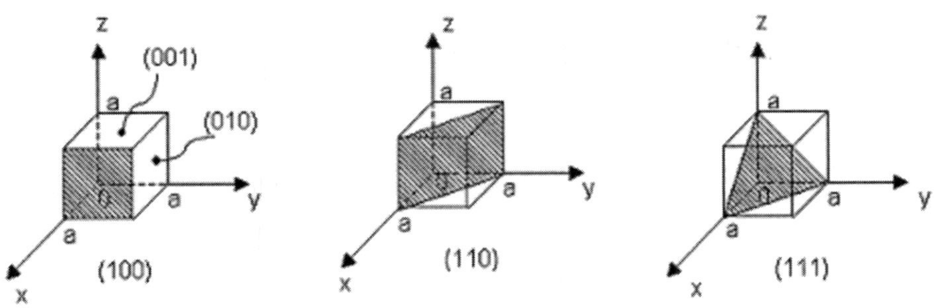

(a) (b) (c)

그림 7.4 밀러 지수 표기에 따른 결정 격자 면 표기법

또한 표시될 평면이 좌표축의 음의 방향과 교차하게되면 (2 2 1)와 같이 -표시는 상응하는 지수의 위에 놓이게 된다. 그리고 입방체의 6면을 통과하는 6평면이 동일한 원자 배열을 가지고 있기 때문에 결정의 대칭성이 나타나게 된다. 이로 인해 (100), (010), (001), $(\bar{1}00)$, $(0\bar{1}0)$, $(00\bar{1})$평면을 구분하는 것이 불가능하다. 이와같이 구분이 불가능한 동일한 평면의 집합은 { }를 사용하여 표시한다.

밀러지수에서 방향을 표시하는 방법은 다음과 같이 할 수 있다.

1. 표시하려는 방향의 적당한 길이를 갖는 벡터를 만들고, 그 벡터를 좌표계에 따라 벡터의 방향을 분리한다.
2. 적당한 수를 곱하여 가능한 최소정수의 형태로서 표시한다. 이것은 벡터의 길이를 변화시키지만 방향을 변화시키지는 않는다.
3. 마지막으로 그 정수의 집합을 사각형모양의 괄호로 둘러싼다.

이러한 나타낸 방향성은 웨이퍼상에서 “flat” 이나 “notch”로써 표시하게 된다. 방향을 나타낼때도 평면을 나타낼때와 동일하게 구분이 불가능한 동일한 방향을 갖는 집합은 < >로써 나타내게 된다.

여기서 밀러지수에서 나타내는 평면과 방향의 관계를 살펴보면 한 평면과 그 평면에 수직한 방향이 정확히 똑같은 지수를 가진다. 즉 (110)평면은 [110]방향과 수직으로 놓이게 된다. 태양전지에서는 (100) 면 기판이 표면에 노출되는 원자수가 가장 작기 때문에 표면 재결합 손실을 줄여 태양전지 변환효율 향상이 가능하므로 (100) 기판이 다른 면보다 선호된다.

7.2 결합모델과 에너지 밴드

다른 원자들에 의해 간섭을 받지 않는 고립된 실리콘원자는 4개의 가전자를 갖고 있다. 이것은 다이아몬드 격자구조를 형성하고 있는 실리콘원자의 경우 안정된 에너지 상태를 유지하기 위해서 이웃하고 있는 다른 실리콘원자들의 가전자중 하나씩과 공유하고 있게 된다. 이와 같은 결합은 [그림 7.5]의 좌측과 같은 이상적인 태양전지 재료의 결합을 나타내고 있게 된다. 여기서 각각의 원들은 태양전지 재료 원자들의 핵을 나타낸 것이며, 각 선들은 공유된 가전자들을 나타내고 있다(이러한 이상적인 결합은 $T \simeq 0\,K$일 때 태양전지 재료가 결함도 없고 불순물 원자도 존재하지 않을 경우에만 적용된다).

이러한 결합모델에서는 안정된 에너지 상태에서는 주위의 원자들에게 4개의 전자를 공유할 뿐 아니라 공유를 받아들이게 되어 각각의 원자들에는 8개의 선들(전자)이 연결되어 있게된다. 결합구조를 이용하여 [그림 7.5]에서와 같이 순수한 실리콘에 5개의 최외곽 전자를 가지는 불순물(n-형 실리콘)이 포함되거나 3개의 최외곽 전자를 가지는 불순물(p-형 실리콘)으로 만들 수 있다. 만약 격자구조에서 한 원자가 빠진 결합구조를 가지면 원자간 결합이 붕괴되며 이것에 따른 전자자리가 빈구멍인 홀(hole)을 가진다. 이 홀로는 다른 전자들이 쉽게 이동해서 마치 홀이 이동해가는 것으로 생각할 수 있다. 이런 전자나 홀이 움직이면 이는 다시 전류의 변화를 가지게 된다.

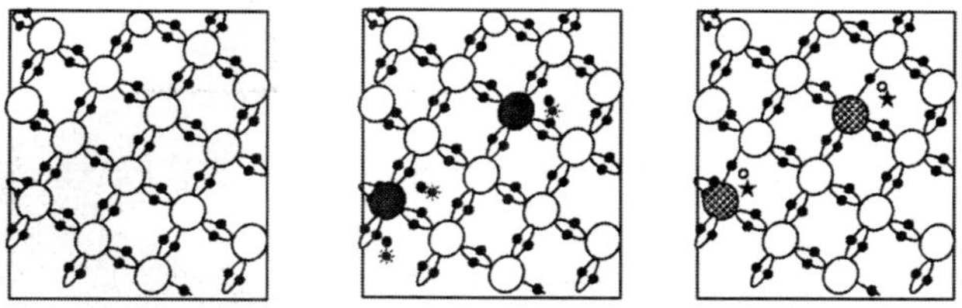

그림 7.5 실리콘 격자구조와 2가지 유형의 실리콘 구조.

태양전지 재료 내에서 일어나는 현상을 공간적으로 기술하게 된다면 결합모델만으로 적합하지만 실제로 태양전지 재료 내에서는 공간적인 현상들과 상호작용하여 에너지준위 배열에 변화가 생기며 이로 인하여 고체의 변화된 전기적 성질이 나타나므로 결합모델로는 만족스러운 결과를 얻을 수 없다. 따라서 태양전지 재료 내부의 현상을 기술하는데 있어서 에너지 밴드모델을 이용하게 된다.

고립된 전자의 에너지는 양자화되므로 임의의 에너지 값에 존재하는 것이 아니고 불연속적으로 떨어진 값만을 갖는 위치에 허용된다. 안정된 에너지 상태일 경우 단일전자를 가지는 원자가 핵으로부터 특정거리에서 전자를 발견할 확률(수소원자의 확률밀도함수)을 나타낸 것이다. 각각의 수소원자를 근접시켰을 경우 두 원자들의 전자들이 갖게 되는 파동함수들은 중첩하게 되어 상호작용한다. 이럴 경우 파울리의 배타원리에 의하여 두 개의 불연속 에너지 준위로 분리된다. 파울리의 배타원리란 두 개의 원자가 서로 완전히 떨어져 있어서 그들 사이에는 전자가 갖는 파동함수의 상호작용이 없다면 그들 원자는 똑같은 전자구조를 가질 수 있지만, 두 개의 원자간 거리가 가까워질수록 전자의 파동함수는 중첩하기 시작한다. 즉 배타원리는 상호작용 하게 된 시스템에서는 어떤 전자들도 같은 양자상태를 가질 수 없으므로 독립된 원자의 불연속적인 에너지 준위는 새로운 준위로 분할되어야 한다는 것을 보여준다. 태양전지 재료 내에서는 원자사이의 거리가 가까워질수록 원자들은 독립되어 있을 때와는 다르게 서로간에 에너지 준위가 겹치게 되므로 본래의 동일한 에너지 준위을 가졌던 전자가 배타원리에 의해서 새로운 에너지 준위로 나누어진다. 이렇게 나누어진 에너지 준위는 [그림

7.6] 같은 연속적인 에너지 밴드를 형성하게 된다.

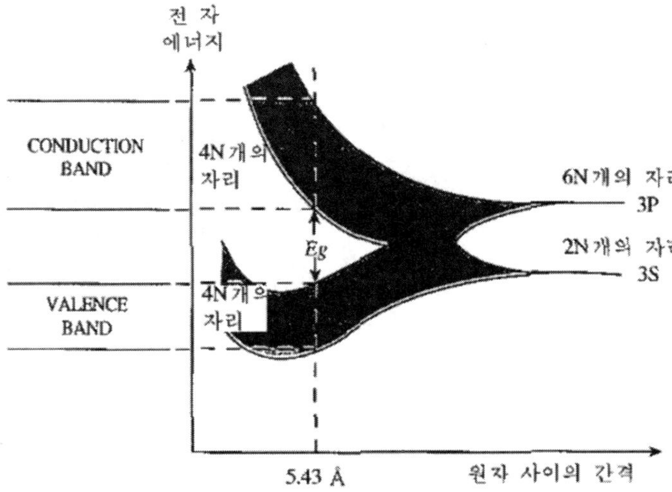

그림 7.6 실리콘의 에너지 밴드

실리콘 기체 형태로 존재하는 경우 원자거리가 무한히 멀리 있는 경우는 독립된 에너지 준위를 가진다. 그러나 상온에서 존재하는 고체형태의 실리콘은 원자간의 거리가 아주 가까워져서 에너지 준위가 중첩되고 여러 개의 준위로 갈라지면서 아래쪽 준위가 먼저채워지(가전자대)고 위쪽 준위들은 비어(전도대)있는 상태로 존재한다.

고립된 실리콘은 안정된 상태에서 $1s^2 2s^2 2p^6 3s^2 3p^2$인 전자구조를 가지고 있다. N개의 원자를 생각하게 되면 $3s^2$,$3p^2$에서 각각 2N,6N개의 상태가 존재할 것이다. 원자간의 거리가 감소됨에 따라서 이들 에너지 준위는 분할되어서 대역으로 되며, 이것은 외각에서부터 시작된다.

원자간의 거리가 감소하게 되면 3s와 3p에 해당하는 대역이 점차 그 폭이 넓어지게 되면서 그들은 합쳐져서 단일 대역이 되어 8N개의 전자가 점유할 수 있는 에너지 상태를 포함하게 된다. 이와 같은 상태보다 더욱 원자간의 거리가 감소하게 되면 이들 대역은 에너지 간극(energy gap) Eg만큼 떨어져 있는 두 개의 대역을 분할된다. 이때 위쪽 대역을 전도대역(conduction band)라고 하고 아래쪽 대역을 가전자대역(valence band)이라고 하며, 각각 4N개의 에너지 상태를 포함하고 있게 된다. 그리고 에너지 간극은 금지대역(forbidden gap) 혹은 대역간극이라고도 하며 이 영역의 간격에 따라서 물질의 전도특성이 구별된다.

온도가 0K일 경우 전자들은 점유할 수 있는 가장 낮은 에너지 상태를 취하게 되므로 실리콘결정에서 각각의 원자의 경우 가전자대역에는 4N개의 전자에 대하여 점유할 수 있는 4N개의 에너지상태가 있다. 따라서 가전자대역에 있는 모든 에너지상태는 모두 채워져 있으나 전도대역은 전자가 완전히 비어있게 된다. 하지만 외부로부터 에너지(열, 빛, 자계, 전계 등)가 주입되면 전도대역에도 전자가 튀어 오를 수 있다. 이러한 에너지 밴드의 형성은 결정의 전기적 특성에 직접적으로 관련된다. 실리콘 결정에서는 고립된 원자에서의 가전자들과는 달리 대역전자들은 구속되어 있거나, 어떤 특정한 원자에만 속해있지는 않다는 것이다. 공유된 전자들은 시간에 따라 결정내의 이곳에서 저곳으로 이동하기 때문에 항상 바뀌게 되고 허용된 전자의 에너지 준위는 더 이상 원자의 준위가 아니라 결정 전체에 관여되게 된다는 것이다. 즉 완전한 결정에서는 어느 점에서 시험하던지 동일하게 허용된 준위의 구조를 볼 수 있다는 것이다.

7.3 캐리어의 개념과 이동

태양전지 재료의 특이한 성질은 전도대역 내의 자유전자뿐만 아니라 가전자대역에 있는 전자 또한 전류의 흐름에 기여한다. 즉 전도대로 뛰어오른 전자만큼 가전자대역에는 전자의 빈 공간이 남게 되고 전자가 이 빈 공간을 통하여 위치 이동을 할 수 있게 된다. 이것을 다른 관점에서 보면 -q의 전하를 가지는 전자가 빈 공간을 이용하여 이동하는 대신 빈 공간 자체가 +q의 전하를 가지고 전자와는 반대방향으로 이동한다고 볼 수 있을 것이다. 이 빈 공간을 홀이라고 하며, 전자와 홀을 가리켜서 캐리어라고 한다.

태양전지 재료 내에서 전기적인 영향에 따라서 전류의 변화는 캐리어를 통하여 설명할 수 있다. 결합 모델이 어떤 붕괴된 결합도 포함하지 않고 있다면 [그림 7.7(a)]와 같이 캐리어 혹은 전류의 흐름이 존재하지 않을 것이다. 마찬가지로 에너지 대역 모델에서도 가전자대역이 전자들로 완전히 채워져 있고, 전도대역에는 전자가 거의 없다면 캐리어 혹은 전류의 흐름이 존재하지 않을 것이다. 그러나 에너지대역 모델을 정확하게 나타낸다면 실제로 가전자대역의 전자들은 결정 내에서 이동을 하고 있다. 그러나 이러한 전자들에서는 전류가 발생되지는 않는다.

전자들의 운동량은 전자의 에너지와 마찬가지로 양자화 되어있다. 더욱이 대역 내의 가능한 모든 개개의 운동량의 준위에 있어서, 방향이 반대이고 동일한 크기를 갖는 운동량이 존재한다. 이와 같이 대역이 전자로 완전히 채워져 있으면 대역 내에 존재하는 전자들의 전체 운동량 크기는 0과 같다. 그러므로 완전히 채워진 에너지 대역의 전자들로부터는 전류가 흐를 수 없다. 격자의 결합이 깨어져 전자가 격자 내에서 이동할 정도로 자유로워지면, 그 방출된 전자는 [그림 7.7(b)]와 같이 캐리어가 된다. 결합 모델에서 전자를 자유롭게 전도대역으로 여기하는데 필요한 에너지는 대역간극 에너지 Eg만큼 필요하게 된다.

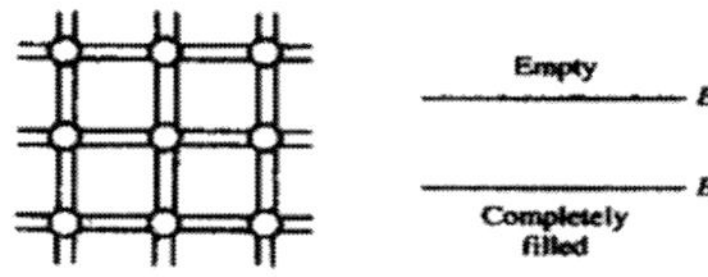

(a) 캐리어가 존재하지 않는 경우

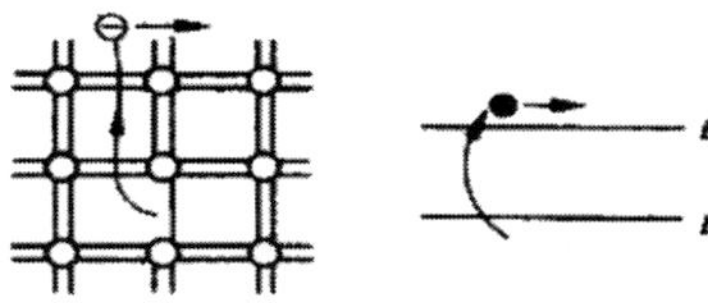

(b) 전자의 가시화

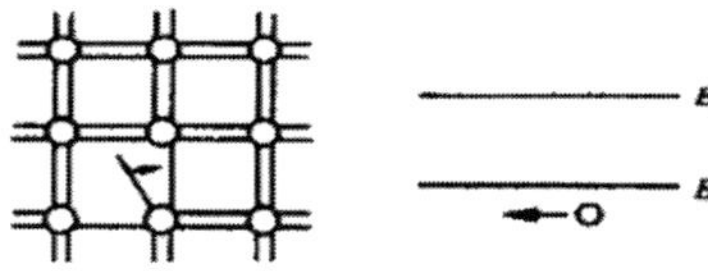

(c) 홀의 가시화

그림 7.7 결합 모델을 이용한 캐리어의 가시화(왼쪽)와 에너지 대역 모델(오른쪽)

격자 내에서 결합의 파괴는 전자를 내보내는 것과 더불어 결합구조 내에 결합이 없어지거나 빈 공간을 만들게 된다. 결합모델의 관점에서 생각해 볼 때, [그림 7.7(c)]와 같이 이웃한 전자들이 빈 공간으로 들어가서 결합이 없어진 공간이 이동하는 것을 볼 수 있다. 또한 에너지 대역 모델의 관점에서, 가전자대역으로부터 전자가 제거되면서 꽉 찬 준위에서 하나의 빈 준위를 만들어 낸다고 생각해 볼 수도 있다. 그 빈 준위는 가전자대역의 전자들의 이동으로 인해서 자유롭게 격자 내에서 돌아다닌다. 이때의 빈 준위가 홀이며 전자와 동일한 역할을 한다는 것을 확인할 수 있다. 태양전지에서 불순물 원자에 기인한 전자나 홀이 다수 반송자이고 태양의 에너지 스펙트럼에서 밴드갭보다 큰 에너지가 흡수되면 전자와 홀 쌍을 생성하고 이 생성된 전자와 홀의 재결합 소멸로 없어지기 전에 전위차를 이용해서 분리 수집한다.

7.4 상태밀도

태양전지 재료에서 흐르는 전류는 캐리어의 수와 관련이 있고 이런 캐리어의 수는 이용 가능한 에너지 상태 또는 양자상태의 분포함수로써 나타나게 된다. 이것은 파울리의 배타원리에 의해 전자는 단지 하나만의 양자상태를 차지할 수 있으며, 에너지밴드는 개별적인 에너지 준위로 구성되어 있으므로 캐리어의 수는 에너지 함수에 의해서 결정되는 에너지 상태가 된다. 즉 전도대역과 가전자대역 내에서 주어진 에너지 준위에서 얼마나 많은 준위들이 존재할 수 있는가를 결정할 수 있으며, 이러한 준위 분포는 캐리어 분포와 농도를 결정하는 중요한 요소가 된다. 상태밀도라고 잘 알려진 준위의 에너지 분포는 다음과 같이 나타낼 수 있다.

$$g(E) = \frac{4\pi(2m)^{3/2}}{h^3}\sqrt{E} \tag{7.1}$$

이것은 무한 포텐셜 우물(결정)에 갇혀있는 자유전자를 나타낼 때 이 결정의 단위부피당 상태밀도를 나타낸 것이다(전자와 홀은 태양전지 재료 결정에 갇혀있으므로 무한 포텐셜 우물의 모델을 사용하게 된다). 상태밀도는 에너지 E의 함수이며 자유전자의 에너지가 작아짐에 따라서 이용가능한 양자상태의 수는 감소하게 된다. 따라서 상태밀도는 일정한 부피에서 단위에너지당 상태수로써 주어진다. 자유전자의 에너지와 운동량의 관계는 $E=p^2/2m=\hbar^2k^2/2m$ 이므로 전도대역 하단에서 에너지 E는

$$E = E_c + \frac{\hbar^2 k^2}{2m_n^*} \quad , \quad E - E_c = \frac{\hbar^2 k^2}{2m_n^*} \tag{7.2}$$

와 같이 나타낼 수 있다(E_c는 전도대역의 바닥에너지이고 m_n^*는 전자의 유효질량이다). 이것은 질량이 유효질량으로 대체된 것을 제외하고는 자유전자의 경우와 같다. 따라서 식 7.1에서 자유전자의 결과를 일반화하여 전도대역의 에너지 상태밀도를 나타내면

$$g_c(E) = \frac{4\pi(2m_n^*)^{3/2}}{h^3}\sqrt{E-E_c} = \frac{m_n^*\sqrt{2m_n^*(E-E_c)}}{\pi^2\hbar^2} \tag{7.3}$$

와 같고 $E \geq E_c$일 경우에 성립하게 된다. 이것은 전도대역에서 전자의 에너지가 감소함에 따라서 양자상태의 수도 감소하는 것을 보여준다.

전자의 경우와 마찬가지로 가전자대역에서 홀에 대한 상태밀도를 무한 포텐셜 우물의 모델을 이용하여 구할 수 있다. 홀의 유효질량을 $m_p{}^*$라 하고 가전자대역의 가장 높은 에너지를 E_v라고 하면 가전자대역 상단에서 에너지 E는 다음과 같다.

$$E = E_v - \frac{\hbar^2 k^2}{2\,m_p{}^*} \quad , \qquad E_v - E = \frac{\hbar^2 k^2}{2\,m_p{}^*} \tag{7.4}$$

이것을 식 7.1에서 상태밀도함수를 일반화하여 가전자대역에 적용하면

$$g_v(E) = \frac{4\pi(2\,m_p{}^*)^{3/2}}{h^3}\sqrt{E_v - E} = \frac{m_p{}^*\sqrt{2\,m_p{}^*(E_v - E)}}{\pi^2\hbar^2} \tag{7.5}$$

와 같고 $E \leq E_v$일 경우에 대해서 성립한다.

어떤 에너지의 자리에 전자가 실제로 존재하는지의 여부는 우선 그 에너지 위치에 전자가 들어갈 수 있는 허용된 자리가 존재하는가와 그 에너지 자리에 전자가 존재할 확률이 얼마인가에 따라서 결정된다. 즉 주어진 에너지 E에 대한 전자의 농도 $n(E)$는 상태밀도 $g(E)$와 확률함수 $f(E)$의 두 함수로부터 다음과 같이 구할 수 있다.

$$n(E) = f(E)\,g(E) \tag{7.6}$$

전도대역에서 상태밀도는 식 7.7과 같고 전자가 주어진 에너지 자리에 존재할 확률은 페르미-디랙 분포함수로 다음과 같이 나타낼 수 있다.

$$f(E) = \frac{1}{1 + \exp\left(\dfrac{E - E_f}{kT}\right)} \tag{7.7}$$

식 7.7에서 알 수 있듯이 T=0 K일 경우 확률분포함수의 값은 E_f까지는 1이고, 그 이상의 경우에서는 0이므로 가전자대역의 모든 에너지 자리는 전자로 채워져 있고 전도대역에서는 전자가 존재하지 않게 된다. 즉 캐리어가 없으므로 부도체가 된다. 하지만 온도가 상승함에 따라서 확률함수 $f(E)$가 전도대역에 이르게 되고 이곳에서도 전자를 발견할 수 있게 된다. 전도대역에 존재하는 전자의 총 개수는 전자의 분포함수 $n(E)$값을 전도대역의 전체 영역에 에너지 값에 걸쳐서 적분하게 되면 구할 수 있다.

$$n = \int_{E_c}^{E_{top}} f(E)g(E)dE \tag{7.8}$$

이 값의 결과를 얻기 위해서는 다음과 같은 가정이 필요하다. 우선 전도대역에서 g(E)의 끝부분에서는 에너지 값이 높아질수록 전자가 존재할 확률이 급격

히 줄어들게 되므로 E_{top}로 되어있는 적분구간의 상한치를 +∞로 대치하여도 n 값은 차이가 없다. 또한 페르미-디렉 분포함수를 볼츠만 근사하게 되면 다음과 같다.

$$f(E) = \exp\left(\frac{E_f - E}{kT}\right) \tag{7.9}$$

따라서 전도대역에 존재하는 전자의 총 개수는 다음과 같이 나타낼 수 있다.

$$n = N_c \exp\left(-\frac{E_c - E_f}{kT}\right) \tag{7.10}$$

이고 여기서 N_c는 유효상태밀도라고 하며

$$N_c = 2\left(\frac{2\pi\, m_n^* kT}{h^2}\right)^{3/2} \tag{7.11}$$

와 같이 나타낼 수 있으며 이것은 전도대 내에 존재하는 에너지 상태밀도의 효과치를 나타낸다.

이와 마찬가지로 가전자대역에서 홀의 농도는

$$p = g_v(E)[1 - f(E_v)] \tag{7.12}$$

이 된다. E_v에서 빈 에너지상태를 발견할 확률은 $E_v \ll E_f$ 일 경우에 다음과 같이 나타낼 수 있다.

$$1 - f(E_v) = 1 - \frac{1}{1 + e^{(E_v - E_f)/kT}} \simeq e^{(E_f - E_v)/kT} \tag{7.13}$$

따라서 가전자대역의 홀의 농도를 구하면

$$p = N_v \exp\left(\frac{E_v - E_f}{kT}\right) \tag{7.14}$$

와 같이 되며 가전자대역에서 에너지자리밀도의 효과치인 N_v는 다음과 같이 나타낼 수 있다.

$$N_v = 2\left(\frac{2\pi\, m_p^* kT}{h^2}\right)^{3/2} \tag{7.15}$$

불순물이 주입되지 않은 상태의 순수한 태양전지 재료를 진성태양전지 재료라고 한다. 진성태양전지 재료에서는 하나의 전자가 생길 때마다 하나의 빈자리가 생기므로 전자와 홀의 개수는 항상 같으며 이와같은 태양전지 재료의 전자와 홀

농도를 n_i와 p_i로 나타내면 $n_i = p_i$ 이다. 따라서 진성태양전지 재료의 전자농도는 식 7.12과 식 7.14로부터 다음과 같이 나타낼 수 있다.

$$np = n_i^2 = N_c N_v \exp\left(\frac{E_v - E_c}{kT}\right) = N_c N_v \exp\left(-\frac{E_g}{kT}\right) \quad (7.16)$$

따라서 진성태양전지 재료에서 캐리어의 농도는 에너지대역간의 간격에 의해 결정된다. 진성태양전지 재료에서는 E_f는 에너지대역의 간격의 가운데 부근에 진성에너지준위 E_i가 존재하게 되며, 진성태양전지 재료에서 전자와 홀의 농도는

$$n_i = N_c e^{-\frac{(E_c - E_i)}{kT}}, \quad p_i = N_v e^{-\frac{(E_i - E_v)}{kT}} \quad (7.17)$$

와 같이 나타낼 수 있으며 이를 이용하여 식 7.10과 식 7.14를 다음과 같이 나타낼 수 있다.

$$n = n_i e^{-\frac{(E_f - E_i)}{kT}}, \quad p = n_i e^{-\frac{(E_i - E_f)}{kT}} \quad (7.18)$$

여기서는 E_f가 진성에너지준위 E_i에 있으면 전자의 농도는 n_i가 되며, 페르미 준위가 E_i로부터 멀어지면서 전도대역쪽으로 이동하면 n은 지수함수적으로 증가한다는 것을 나타내고 있다. 또한 임의의 온도에서 n_i의 값은 주어진 태양전지 재료에서는 일정한 값으로 나타나게 되지만 전자나 홀의 농도는 온도에 따라 비례하게 된다.

7.5 도핑의 개념과 농도

도핑이란 불순물을 태양전지 재료에 주입시키는 것으로 불순물인 원자가 태양전지 재료 내부에 존재하는 원자의 위치를 차지하게 되는 치환이 일어나서 전자나 홀을 제공하게 되는 것을 의미한다. 예를 들면 IV족의 원소인 실리콘이 규칙적으로 배열된 결정구조에서 하나의 실리콘 원자를 꺼내서 그 자리에 실리콘보다 하나 더 많은 외각전자를 가지는 V족 원소인 인(P)이나 비소(As)를 넣게되면 [그림 7.8]과 같이 주위의 실리콘과 결합을 하고 남게 되는 여분의 전자는 묶여 있는 정도가 매우 약하여 조금만 에너지를 얻더라도 모원자로부터 쉽게 분리가 된다. 따라서 이 전자는 모원자를 (+)로 대전된 이온의 형태로 남겨놓고 주변의 격자사이로 움직일 수 있는 자유전자가 된다. 이와 같이 자신은 (+)로 대전되

고 주변의 격자구조에 하나의 자유전자를 제공하는 불순물을 도너(donor)라고 한다.

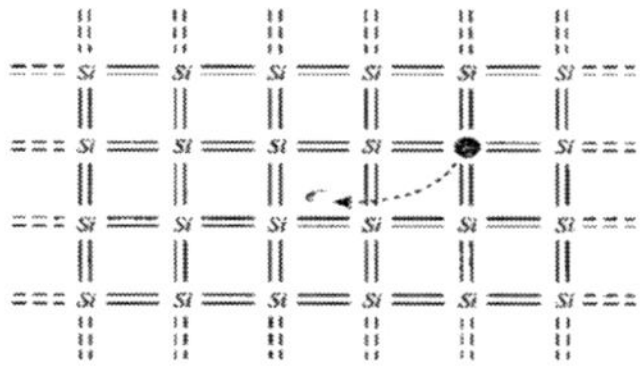

그림 7.8 도너로 도핑된 태양전지 재료

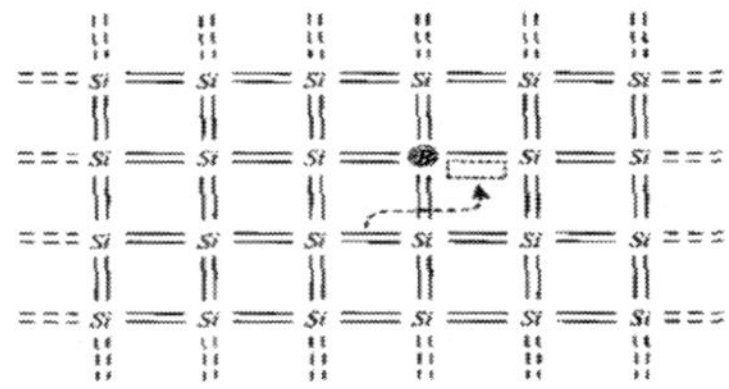

그림 7.9 억셉터로 도핑된 태양전지 재료

이것과는 반대로 주위의 태양전지 재료 원자에 비하여 하나의 외각전자를 덜 갖는 원자를 주입할 때, 예를 들면 실리콘 결정에 III족 원소인 붕소(B)를 넣게 되면, 이 붕소원자가 주위의 실리콘원자와 공유결합을 하는데 있어서 하나의 전자가 부족하게 된다. 이 빈자리(홀)는 주변의 실리콘 원자에 속해있던 전자에 의해서 점유되며, 이와 같은 과정을 반복하게 되면 전자는 이 빈자리를 이용하여 움직일 수 있다. 이와 같이 주변으로부터 한 개의 전자를 제공받아 자신은 (−)로 대전된 이온이 되고 그 주변에 빈자리를 제공하는 불순물을 억셉터(acceptor)라고 한다.

실리콘 태양전지 재료의 경우 p-형 태양전지 재료를 만들기 위해서는 III족 원소를, n-형 태양전지 재료를 만들기 위해서는 V족 원소를 도핑하게 된다. 이와 같은 불순물의 주입이 태양전지 재료에 미치는 영향은 우선 불순물이 주입된 만큼 캐리어의 농도가 늘어나게 된다. 여기서 g(E)와 f(E)의 곱이 전자의 농도라고 할 때 g(E)는 도핑과는 상관이 없다고 하면 농도의 변화는 f(E)의 변화 위치이동으로 [그림 7.10]에서 확인할 수 있다. 즉 E_f가 전도대역쪽으로 움직인 것은 n-형 태양전지 재료를, 가전자대쪽으로 움직인 것은 p-형 태양전지 재료를 의미하는 것이고 E_f가 본래의 위치 Ei로부터 위쪽으로 멀어질수록 n-형 도핑이, 밑쪽으로 멀어질수록 p-형 도핑이 강한 것이다.

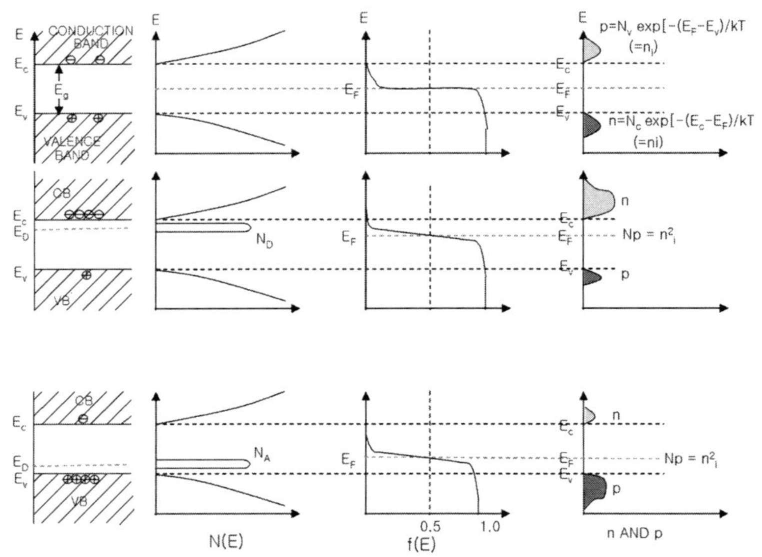

그림 7.10 열적 평형에서 진성태양전지 재료/n-형 태양전지 재료/p-형 태양전지 재료의 에너지대역도, 에너지준위농도, 페르미디렉분포, 캐리어농도

마지막으로 페르미 에너지의 위치가 도핑농도에 따라서 얼마나 변하는지 알아보자. 우선 n-형으로 도핑된 경우 전도대역 내에 있는 전자의 총 개수 n은 가전자대역에 남아있는 홀의 개수 p와 도너의 에너지자리로부터 이온화된 불순물의 농도 N_D^+의 합이므로 다음과 같이 나타낼 수 있다.

$$n = N_D^+ + p \tag{7.19}$$

도핑된 모든 불순물 원자가 이온화되어 있다면 $N_D^+ = N_D$이다. 실제로 p는 N_D에 비하면 매우 작은 크기이므로 결국 도핑의 경우 전자의 농도는

$$n \simeq N_D^+ \tag{7.20}$$

와 같고 이때의 페르미 에너지준위는

$$E_f = E_i + kT\ln\left(\frac{N_D}{n_i}\right) \tag{7.21}$$

의 위치에 있게 되며, 도핑이 많이 되면 E_f의 위치는 E_i에서 멀어져서 E_c쪽으로 향하게 된다.

이와 마찬가지로 p-형으로 도핑된 경우 가전자대역 내에 있는 홀의 농도는 불순물 원자에서 제공된 홀의 개수와 같아서 다음과 같이 된다.

$$p \simeq N_A \tag{7.22}$$

따라서 p-형으로 도핑된 태양전지 재료 내에서의 페르미 에너지준위는

$$E_f = E_i - kT\ln\left(\frac{N_A}{n_i}\right) \tag{7.23}$$

의 위치에 있게 되며 도핑이 많이 되면 E_f의 위치는 E_i로부터 떨어져서 E_v쪽으로 향하게 된다.

열평형상태에서는 태양전지 재료의 페르미 에너지값이 변해도 $np = n_i^2$의 관계식은 유효하며 이것을 mass action law라고 한다. 예를 들면 전도대역의 전자의 개수가 늘어나면 전자가 홀과 만나서(전도대역에 있던 전자가 가전자대역의 빈자리로 떨어져서) 전자와 홀이 한 쌍씩 소멸되기 때문이다. 이런 현상을 재결합(recombination)이라고 한다.

도너와 억셉터, 두 가지 원자가 동시에 불순물로 존재하는 경우에는 어느 타입의 불순물의 농도가 더 높은가에 따라서 캐리어의 형태가 결정된다. n-형 태양전지 재료의 경우 전자의 농도가 홀의 농도보다 클 경우를 의미하며, 이 경우 전자를 다수캐리어라 하고 홀을 소수캐리어라고 한다. 이와같은 경우에도 태양전지 재료는 전기적으로 중성으로 남아있어야 한다. 따라서 (−)부호의 전자 n과 (−)이온 형태의 억셉터의 합은 (+)부호의 홀 p와 (+)이온 형태의 도너의 합과 전하량의 크기가 같아야 한다.

$$p - n + N_D^{+} - N_A^{-} = 0 \tag{7.24}$$

n-형 태양전지 재료의 경우 다수캐리어인 전자의 농도를 n_n, 소수캐리어인 홀의 농도를 p_n이라고 하면 전자와 홀의 농도는 다음과 같이 나타낼 수 있다.

$$\begin{aligned} n_n &= \frac{1}{2}\left[\,(N_D - N_A) + \sqrt{(N_D - N_A)^2 + 4\,n_i^2}\,\right] \\ p_n &= \frac{n_i^2}{n_n} \end{aligned} \tag{7.25}$$

대개의 경우 $N_D - N_A$의 값은 n_i보다 매우 큰 값을 가지므로 식 7.25는 다음과 같이 쓸 수 있다.

$$\begin{aligned} n_n &= N_D - N_A \\ p_n &= \frac{n_i^2}{N_D - N_A} \end{aligned} \tag{7.26}$$

이제 어떻게 전기의 기본이 되는 전자 주도인 태양전지 재료와 홀 주도인 태양전지 재료가 구분되는지를 살펴보겠다. 만약 이런 n-형, p-형 태양전지 재료에

전압, 온도, 빛, 불순물의 농도차 등의 서로 다른 조건에 노출되면 어떤 현상이 발생할까? 외부환경이 변하여 태양전지 재료인 태양전지 재료에 어떤 형태로든 에너지가 인가되면 전기 기본 입자인 전자와 홀에 움직임을 유도한다. 이는 다시 전류의 흐름으로 나타나게 된다. 즉 외부에 전압이 인가되면 전자는 양극으로 홀은 음극으로 이동하여 전류를 생성하고(drift 전도), 온도가 상승되면 외부온도에 해당하는 에너지를 흡수한 만큼의 변동이 있게 된다(열 전도). 또한 태양광과 같은 빛 에너지가 태양전지 재료에 비추어지면 태양전지 재료의 에너지 벤드갭 이상의 에너지를 가지는 광에너지는 전자와 홀을 쌍으로 생성한다(광 전도). 또한 태양전지 재료내에서 불순물의 농도 차이가 나면 농도가 높은데서 낮은 곳으로 이동이 된다(확산전도). 이런 다양한 전자와 홀과 같은 반송자의 움직임은 에너지 흡수(absorption)에 의한 반송자 생성 (generation)에서 전자와 홀이 다시 재결합(recombination) 하여 소멸할 때까지의 시간인 반송자 수명 (lifetime)으로 구분한다. 따라서 생성된 반송자의 수명이 길면 길수록 태양전지에서는 광생성된 전류를 손실 없이 외부전원으로 활용 가능하다.

7.6 Drift (표동) 성분

태양전지 재료에서 전류를 흐르게 하거나 이와는 반대로 흐르지 않게 하는 것은 태양전지 재료 내의 캐리어의 움직임에 따라서 달라지게 된다. 일반적인 동작조건일 때 태양전지 재료 내에서의 캐리어의 주된 움직임은 표동, 확산, 그리고 재결합-생성이 있으며, 이러한 캐리어의 움직임은 주어진 태양전지 재료 내에서 각각 발생하는 것이 아니라 동시에 발생한다.

표동성분은 가해진 전기장에 따른 전하를 가진 입자들의 움직임에 기인한다. [그림 7.11(a)]와 같이 태양전지 재료에 걸쳐서 전계 E가 걸렸을 때 캐리어에 가해지는 힘은 정공(+q로 전하를 가짐)을 전기장 방향으로 가속하고, 전자(−q로 전하를 가짐)을 전기장의 반대방향으로 가속시킨다. 그러나 캐리어의 가속은 이온화된 불순물 원자들의 종류, 격자원자들의 충돌, 격자 원자들의 열적 교란에 의하여 방해 받는다. [그림 7.11(b)]는 단순히 전기장 방향에 따른 일반적인 캐리어 움직임을 나타낸 것이지만, 캐리어가 흩어지게 되면 가속의 주기적 모양과 부가적인 감속에 의한 충돌 등이 포함된다. 캐리어 하나의 단독적인 미세한 표동은 측정하기 어렵지만 전체적인 캐리어의 움직임은 측정이 가능하다.

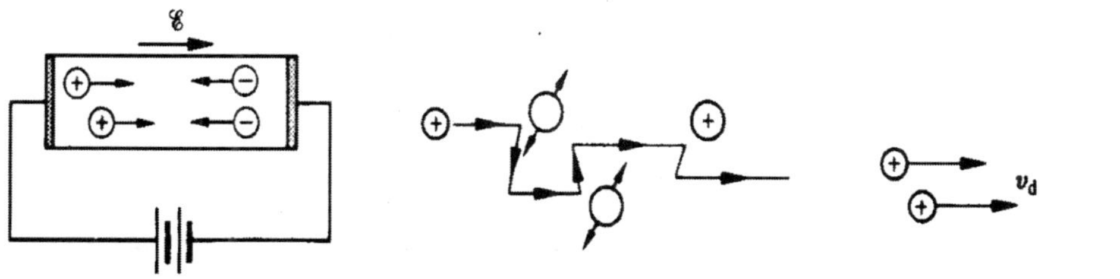

(a) 전계가 걸린 태양전지 재료 막대에서의 캐리어 움직임.

(b) 마이크로 단위 혹은 원자 단위의 정공의 표동.

(c) 거시적 단위의 캐리어 표동

그림 7.11 캐리어 표동의 시각화

주어진 시간에 모든 전자와 정공의 움직임의 평균을 내면, 각 캐리어 종류의 움직임은 상수인 표동속도 v_d로서 서술된다. 즉 거시적으로 볼 때 표동은 주어진 캐리어들이 일정한 속도로 전기장에 평행하게 혹은 반대방향으로 움직이게 되는 것이다.

전도대역의 전자들과 가전자대역의 정공들은 태양전지 재료 격자의 충돌을 통해 에너지를 얻거나 잃기 때문에 평형상태에서 고정되어 있지 않는다. 그리고 [그림 7.12]와 같이 캐리어의 움직임은 예측할 수 없지만, 거시적으로 볼 때 열적 움직임은 평균 0이 되며 전류흐름에 기여하지 않는다. 따라서 개념적으로 무시될 수 있다.

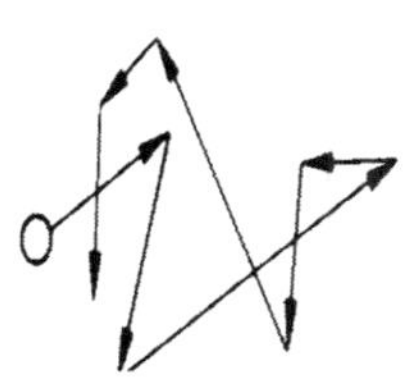

그림 7.12 캐리어의 열적 움직임

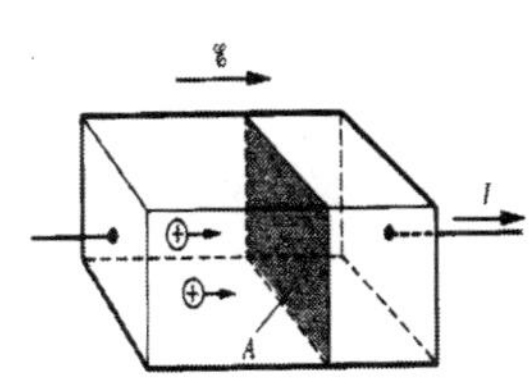

그림 7.13 p-형 태양전지 재료 막대의 전도

다음으로 캐리어 표동의 결과로 태양전지 재료 내에서 흐르는 전류에 대해서 알아보면, 전류(I)는 전류흐름 방향에 대하여 직각인 선택된 임의의 평면을 단위 시간에 지나가는 전하량이다. [그림 7.13]에 보이는 면적 A를 가지는 막대모양의 p-형 태양전지 재료를 생각하고, 특히 막대 안에 있는 평면에 수직으로 선택된 v_d에 유의하면 다음과 같이 말할 수 있다. 단위 시간당 평면을 지나가는 전하는 qpv_dA 이므로 표동전류는 식 7.27과 같다.

$$I_{P|drift} = qpv_dA \tag{7.27}$$

전류는 실제로는 벡터이나 일반적으로 스칼라 양으로 취급된다. 이러한 결함은 전류밀도 J라고 알려진 관계된 파라미터를 도입함으로써 극복될 수 있다. J는 전류의 방향과 똑같은 방향을 가지고, 단위 면적당 전류의 크기(또는 J = I/A)와 똑같다. 따라서 정공의 표동성분에의한 전류밀도는 다음과 같다.

$$J_{P|drift} = qpv_d \tag{7.28}$$

가해진 전기장에 의해서 표동전류는 발생되기 때문에 $J_{P|drift}$를 가해진 전기장에 대한 전류 관계식으로 보이는 것이 합당하다. 이것은 v_d가 높은 전기장에서는 포화되어 E에 독립적이지만 낮은 전기장에서 E에 비례하게 된다. 따라서 이를 수식적으로 나타내면

$$v_d = \frac{\mu_0 E}{[1+(\frac{\mu_0 E}{v_{sat}})^{\beta}]^{\frac{1}{\beta}}} = \begin{cases} \mu_0 E & ...E\rightarrow 0 \\ v_{sat} & ...E\rightarrow\infty \end{cases} \tag{7.29}$$

이고, 실리콘에서 정공에 대하여 $\beta \simeq 1$이고 전자에 대하여 $\beta \simeq 2$이며, μ_0는 낮은 전기장에서 v_d와 E 사이의 비례상수이고, v_{sat}은 높은 전기장에서의 제한 혹은 포화속도이다. 식 4.2에서 높은 전기장의 제한인 v_d는 v_{sat}로 바뀌어지고, $J_{p/drift}$는 E-필드(전기장)의 의존성을 보이지 않는다. 실제로 관심사가 되는 낮은 전기장의 제한일 때는 특별한 정의가 없다면 $v_d = \mu_p E$(정공이면 $\mu_0 \rightarrow \mu_p$)로 가정하고 이를 식 7.28에 대입하면 다음과 같다.

$$J_{p|drift} = q\mu_p pE \tag{7.30}$$

비슷하게 전자에 있어서는 다음과 같다.

$$J_{N|drift} = q\mu_0 nE \tag{7.31}$$

각각 전자 이동도와 정공의 이동도로 알려진 μ_n과 μ_p는 항상 양의 숫자로 표현된다. 비록 전자표동이 가해진 전기장($v_d = \mu_n E$)에 반대일지라도, 음으로 충전된 입자에 의해 흐르는 전류는 표동 방향의 반대($J_{p/drift} = -qnv_d$)로 나타나게 된다.

캐리어의 이동도는 표동에 의한 전자와 정공의 이동을 특징짓는 중요한 척도이다. 태양전지 재료에 있어서도 이동도라는 파라미터는 결정 내에서 캐리어가 움직이기 쉬운 정도를 나타내며 표준단위는 $cm^2/V\cdot s$ 이다. 태양전지 재료 내에

서 전자, 정공이 움직일 때 이동에 방해를 주는 요소는 원자, 불순물 이온, 포논, 전자, 정공 등 물질을 구성하고 있는 요소들이다. 캐리어의 이동도에 가장 큰 요소는 원자와 불순물 이온이다. 본 장에서 물질이 구성하는 원자가 어떻게 공간상에 배치되는지를 학습하였다. 이렇게 공간상에 특정한 점을 점유하고 있는 점을 결정격자라 하며 상온에서 공정된 것이 아니고 공간상에서 미세한 진동을 한다.

진동은 상하 좌우 모두로 발생하며 온도가 올라가면 진동의 진폭크기도 커진다. 따라서 결정과의 충돌하는 횟수가 증가하고 캐리어의 이동도를 떨어뜨린다. 다른 말로 하면, 캐리어 이동도는 태양전지 재료 내에서 입자간의 충돌(collision)에 의한 산란(scattering)의 양에 반비례한다. 즉 산란이 없을수록 우수한 결정이고 불순물 농도도 적어 이동도는 높다, 또한 산란이 적으면 충돌간의 수명시간은 길어진다. 따라서 태양전에서는 높은 이동도로 직렬저항을 최소화하는 정도의 기판 과 에미터의 불순물 농도가 바람직하다. 이동도는 $\mu = q <\tau>/m^*$으로 주어지며, 여기서 $<\tau>$는 충돌이 없는 시간들의 평균이며 m^*는 유효질량이다.

이동을 방해하는 충돌의 수가 늘어남에 따라 충돌사이의 충돌이 없는 시간의 평균이 줄어들게 되므로, 산란의 횟수가 μ와 반비례적으로 변함을 알 수 있다. 그러나 μ는 또한 캐리어의 유효질량에 반비례적으로 변한다. 즉 가벼운 캐리어일수록 움직이기가 쉽다. 예를 들면 GaAs 내의 m_n^*는 Si 내의 m_n^*보다 아주 작기 때문에 GaAs 전자의 이동도가 더 높다. 모든 태양전지 재료들은 일반적으로 유사한 불순물 농도와 이동도 특성을 보인다. Si에서 근사적으로 $10^{15}/cm^3$이하의 낮은 불순물 농도에서 캐리어 이동도는 불순물 농도에 무관하다. 그러나 농도가 $10^{16}/cm^3$ 이상 과도하게 도핑된 경우, N_A 또는 N_D가 증가함에 따라 이동도는 단조적으로 감소한다.

[그림 7.14]를 보면 관찰되는 도핑 의존성은 비교적 간단하게 설명될 수 있다. 전기 회로적으로 생각해보면, 각 산란 메카니즘과 저항을 연관시킬 수 있다. 충분히 낮은 도핑에서는 격자산란이 이온화된 불순물의 산란 보다 많아 캐리어 이동도는 격자산란이 주도하게 된다. 아주 높은 불순물 농도에서는 캐리어 이동도가 격자산란 보다는 이온화된 불순물에 기인한 산란에 의해서 이동도가 감소된다. 결국 어떤 산란요소가 지배적이냐에 따라서 이동도가 결정된다. 태양전지 재료에서 산란은 최소화 되도록 설계되어야 한다.

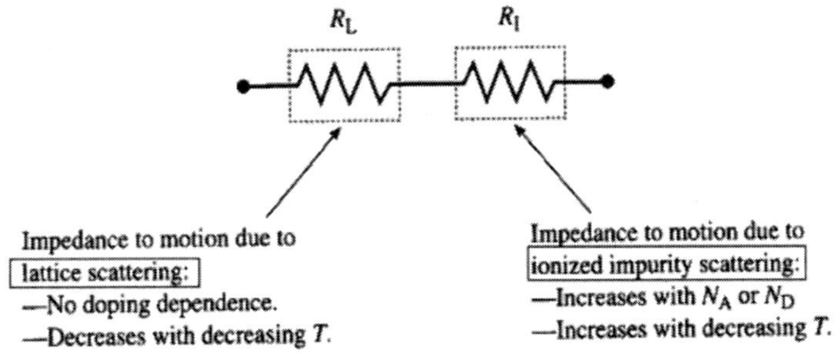

그림 7.14 RL과 RI는 각각 격자산란과 이온화된 불순물 산란으로 인한 캐리어 움직임의 저항을 나타냄

캐리어 이동도의 일반적인 온도의존성은 낮은 도핑이라는 제한이 있으면 비교적 설명하기가 쉽다. 도핑의존성에서 보았듯이 약간 도핑된 시료에서는 격자산란이 우세한 산란 메카니즘이다 ($R_{TOTAL} \simeq R_L$). 시스템 온도를 낮추는 것은 태양전지 재료 원자의 열적진동을 계속 낮추어 결과적으로 격자산란 요소를 제거할 수 있다. 온도가 낮아지면 전기적 분석에 있어서 R_I는 더 이상 무시될 수 없다. 더욱이 격자산란(R_L)이 온도 감소에 따라 감소하는 반면 이온화된 불순물의 확산(R_I)은 온도감소에 따라 증가한다. 이온화된 불순물들은 온도에 따라 충전된 캐리어를 편향시키는데 효과적이 되고, 이에 따라 캐리어의 속도는 감소하게 된다. 이와 같이 이온화된 불순물의 확산은 온도가 감소함에 따라($R_{TOTAL} \rightarrow R_I$) 전체 산란의 더욱 더 많은 비율을 차지하게 된다. [그림 7.15]에 이동도의 온도의존성에서 낮은 온도에서 불순물 이온산란이 주도하고 상승된 온도에서는 격자산란이 주도하는 결과를 볼 수 있다. 또한 우측에는 이온산란과 격자산란을 도시화하여 설명하였다.

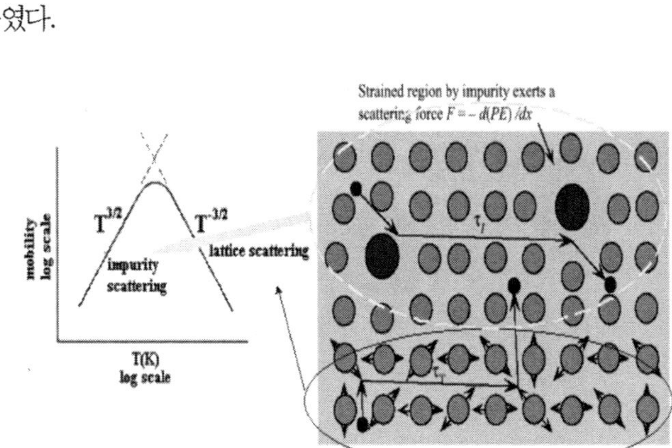

그림 7.15 이동도의 온도의존성(좌)과 이온산란과 격자산란의 설명도

위에서 설명한 두 산란과정 이외에도 수많은 산란의 원인(원자의 진동, 불순물 이온, 공공, 결정결함, 결정입계, 표면에 끊어진 결합)이 존재하며 이 때 이동도는 각각의 산란에 의한 이동도를 μ_1, μ_2, μ_3,……라 하였을 때

$$\frac{1}{\mu_T} = \frac{1}{\mu_1} + \frac{1}{\mu_2} + \frac{1}{\mu_3} + \cdots\cdots \tag{7.32}$$

와 같이 쓸 수 있다. 결과적으로 가장 낮은 이동도를 보이는 산란에 의하여 총이동도가 결정된다. [그림 7.16]에 불순물 농도에 따른 이동도의 변화를 도시하였다. 그림에서 알 수 있듯이 300 K에서 순수 실리콘의 전자이동도 μ_n 은 1,500 cm^2/V-sec이나 여기서 $10^{17}/cm^3$으로 불순물 주입된 실리콘의 경우 μ_n=700 cm^2/V-sec로 감소한다. 여기서 $10^{17}/cm^3$의 도너가 산란에 큰 영향을 미치므로 이동도가 감소함을 알 수 있다.

실리콘의 경우 고전계에서의 표동속도는 불순물의 농도와 온도에 따라 변화하며 전자의 경우 다음 식에서 구할 수 있다.

$$v_n = \mu_n E/[1 + (\mu_n E/v_s)^2]^{1/2} \tag{7.33}$$

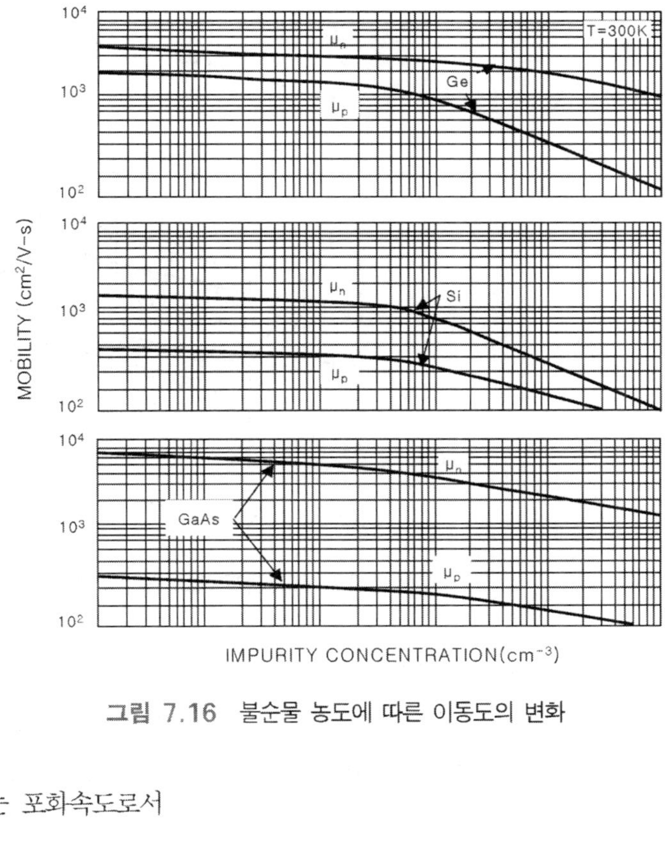

그림 7.16 불순물 농도에 따른 이동도의 변화

이며 v_s는 포화속도로서

$$v_s = 2.4 \times 10^5 / [1 + 0.8\exp(T/600)](m/s) \tag{7.34}$$

이다. 정공의 경우

$$v_p = \frac{\mu_p E}{1 + (\mu_p E / v_s)} \tag{7.35}$$

이다. 이 실험식은 전공과 전자가 각각 다수캐리어인 실리콘에 대하여 행한 실험에서 구한 결과이며 소수 캐리어의 경우 이동도는 복잡한 산란(특히 전자-정공간 산란)에 의하여 위의 식과 매우 상이하다. 이동도는 전하가 이동하면서 전자-전자, 전자-이온, 전자-원자 또는 전자 대신에 홀이 산란하는 메커니즘이 이동도 크기를 좌우하며 일반적으로 산란이 증가하면 이동도는 낮아 지고 전하의 수명은 짧아진다.

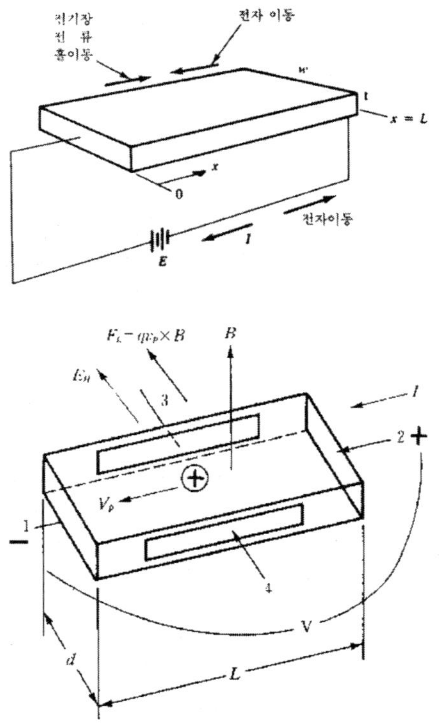

그림 7.17 태양전지 재료 전자와 전류의 흐름과 홀효과 측정

이동도를 측정하기 위하여 자기장내에서 캐리어의 이동을 고찰해 보자. [그림 7.17]에 장기장내에 놓여 잇는 p-형 태양전지 재료를 도시하였다. 전압 V가 1,2 단자사이에 인가되었다면 전공은 2에서 1로 이동하며 이때 드리프트속도 v_d는

$$v_d = \mu_p V/L \tag{7.36}$$

이다. 여기서 V는 전압이며 L은 시료의 길이, μ_p는 정공의 이동도이다. 전기장 E와 자기장 B에 의하여

$$F_L = q(v_p \times B + E) \tag{7.37}$$

의 로렌쯔 힘(Lorenz force)이 정공에 작용하여 단자 3으로 정공을 휘게한다. 결과적으로 정공은 단자3에 모여들어 이 단자는(+)로 대전된다. 상대적으로 단자4는 정공이 결핍되어 (−)로 대전된다. 이때 형성된 전하에 의하여 3, 4단자간에 전기장 E_H가 형성되며 이 전기장은 로렌쯔힘과 다음과 같은 관계로 평형을 이룬다.

$$E_H = v_p B \tag{7.38}$$

또한, 3, 4단자간에

$$V_H = v_p B d \tag{7.39}$$

의 전압이 유기된다. 이와같은 현상을 홀효과(Hall effect)라 하며 3, 4단자를 홀단자(Hall contact), E_H, V_H를 각각 홀전계(Hall electric field)와 홀전압(Hall voltage)이라 한다. 이 실험에서 전류밀도 J는

$$J = qp\mu_p E = qpv_p \tag{7.40}$$

이다. 식 7.38와 식 7.40에서

$$E_H = \frac{BJ}{qp}$$

이며

$$J = I/td$$

이므로

$$V_H = E_H d = \frac{IB}{qpt} = \frac{R_H BI}{t} \tag{7.41}$$

로 주어진다. 여기서 R_H는 홀상수라 하며

$$R_H = \frac{1}{qp} \tag{7.42}$$

이다. 정공의 이동도는 $\sigma_p = qp\mu_p = \mu_p / R_H$이므로

$$\mu_p = \sigma_p R_H \tag{7.43}$$

와 같이 구할 수 있다. 그러나 이상의 분석은 모든 정공이 V_d라는 평균 드리프트 속도로 이동하는 것은 아니기 때문에 정확하다고는 볼 수 없다. 즉 임의의 정공 중에는 평균속도보다 느리거나 빠른 정공들이 존재하며 이와 같은 모든 정공들의 속도 평균이 V_p인 것이다. n-형 태양전지 재료에서도 동일하게 적용시키면 다음과 같다.

$$\mu_n = \sigma_n R_H = \frac{\sigma_n}{qn} \tag{7.44}$$

이렇게 실리콘 태양전지 기판과 도핑된 층의 전하개수, 전도도, 이동도, 전도도 유형 규명이 홀효과를 이용해서 가능하다.

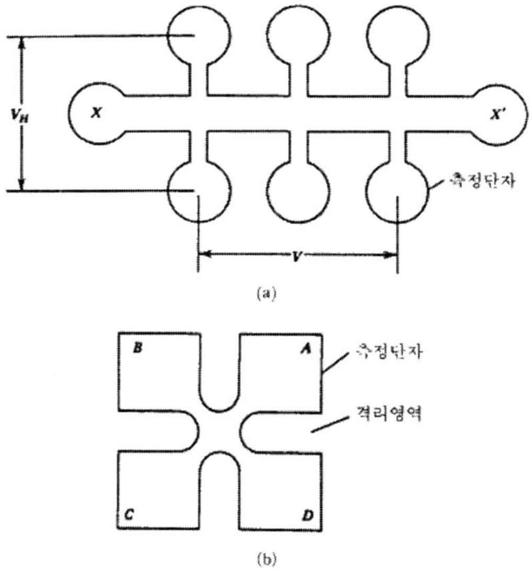

그림 7.18 (a) 홀 측정 패턴 (b) van der Pauw 패턴

일반적으로 홀측정은 [그림 7.18(a)]와 같은 패턴을 사용하여 측정한다. XX′단자를 통하여 전류 I가 측정되며 그림에 표시한 바와 같이 V와 V_H를 측정한다. [그림 7.18(b)]와 같은 형태의 패턴을 사용하는 경우도 있으며 이를 van der Pauw 방법이라 한다. AB단자에 일정한 전류를 인가하고 CD단자에서 측정된

전압을 A_{AB}, $_{CD}$라 하면 비저항 ρ는

$$\rho = \left(\frac{\pi t}{\ln 2}\right)\left(\frac{V_{AB,\,CD} + V_{BC,\,DA}}{2}\right)F \tag{7.45}$$

로 주어지며 여기서 t는 시료의 두께, F는

$$F = \frac{V_{AB,\,CD}}{V_{BC,\,DA}}$$

와 같은 보정값이다. 자기장을 걸어 주었을 때와 걸어주지 않았을 때 BD단에 전류를 인가하고 AC단에서 전압을 각각 측정한다. 이때의 전압차를 $\Delta V_{BD,\,AC}$라면

$$\mu_H = \frac{t}{B}\frac{\Delta V_{BD,\,AC}}{\rho} \tag{7.46}$$

에서 이동도를 구한다.

저항률은 태양전지의 직렬저항과 직접적으로 연관되며 달성 변환 효율과 직접 연관되는 중요한 물질 파라미터이다. 태양전지에서는 주로 p-형 실리콘 (100) 면 기판에 저항률 1~3 Ω·cm를 주로 사용한다. 저항률 측정은 기판의 균일도 검사와 도핑후의 도핑농도와 도핑 균일도 검사를 위해서 실행된다. 정성적으로 저항률은 전류를 흐르게 하는 물질 고유의 저항치 이다. 정량적으로 저항률(ρ)는 균일한 물질에 걸린 전기장과 그 물질의 단위 면적으로 흘러들어가는 전체 전류간의 비례상수로 정의된다. 즉

$$E = \rho J \tag{7.47}$$

또는

$$J = \sigma E = \frac{1}{\rho}E \tag{7.48}$$

단, $\sigma = 1/\rho$는 물질의 전도도이다. 균일한 물질에서

$$J_{drift} = J_{N|drift} + J_{P|drift} = q(\mu_n n + \mu_p p)E \tag{7.49}$$

과 같이 된다. 그러므로 다음과 같다.

$$\rho = \frac{1}{q(\mu_n n + \mu_p p)} \tag{7.50}$$

태양전지 재료가 $N_D \gg n_i$, $n \simeq N_D$이고, $p \simeq n_i^2/N_D \ll n$ 인 n-형 반도체일 때 $\mu_n n + \mu_p p \simeq \mu_n N_D$이다.

마찬가지로 p-형 반도체일 때 $\mu_n n+\mu_p p \simeq \mu_p N_A$이다. 따라서 다음과 같이 간략화 된다.

$$\rho = \frac{1}{q\mu_n N_D}, \quad \rho = \frac{1}{q\mu_p N_A} \tag{7.51}$$

불순물 농도를 결정하는데 필요로 하는 저항률의 측정은 다양한 방법으로 얻어질 수 있다. 실제로 널리 사용되는 측정방법은 4분 탐침법이다. 표준적인 4분 탐침법에서는 탐침 4개를 동일 선상에 위치시켜 태양전지 재료의 표면과 맞닿게 한다. 알려진 전류 I가 바깥쪽 두 탐침들을 통해 흐르게 되면 거기서 안쪽 두 탐침 사이에 발생하는 전압 V를 얻게 된다. 태양전지 재료의 저항률은 다음으로부터 얻어진다.

$$\rho = 2\pi s \frac{V}{I} \Gamma \tag{7.52}$$

여기서 s는 탐침에서 탐침간의 거리이고, Γ는 보정상수이다. 보정인자는 보통 시료의 두께와 태양전지 재료의 아래에 접촉해 있는 절연체나 금속에 의존한다. 실리콘 기판의 두께는 용이하게 측정이 가능하여 저항률을 사용하지만 도핑 후에는 n-형 층의 정확한 두께나 깊이를 알기 어렵다는 문제점이 있어 두께를 포함한 면저항 (sheet resistance) 값을 사용한다. 저항은 비저항 ρ에 비례하고 두께에 반비례한다. 면저항 R_s를

$$R_s = \frac{\rho}{t}$$

로 정의하면

$$R = \frac{\rho}{t}\frac{L}{W} = R_s \frac{L}{W}$$

이다. L/W의 단위는 □이며 스퀘어(square)라 읽는다. R_s의 단위는 Ω이나 박막의 경우 R_s는 Ω/□의 단위를 이용하면 편리하다. 즉 저항 R은 Ω/□ 단위의 R_s에 □의 수를 곱하면 쉽게 구할 수 있다. 면저항은 [그림 7.19]와 같은 4분측정법(four-point probe method)에 의하여 구할 수 있다. 외부 두 단자에 전압을 인가한 뒤 전류를 측정하고 내부 두 단자에서 전압을 측정한다. 이때 면저항 R_s는

$$R_s = K_p \frac{V}{I}$$

로 주어지며 K_p는 단자의 배치에 따른 변수이다. 단자는 일반적으로 일직선상에 배열하며 단자간 거리 L_p는 W, L보다 작고 t보다는 크게 정한다. 측정한 박막이 무한 평면이라면 K_p는

$$K_p = \frac{\pi}{\ln 2} = 4.5324$$

이다.

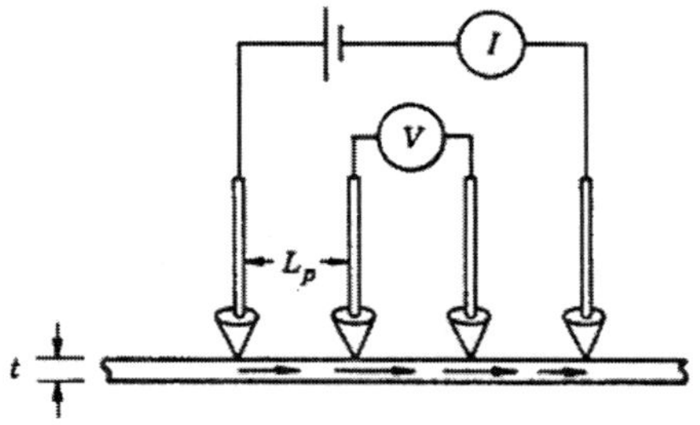

그림 7.19 4-분 비저항 측정 방법

다음 식으로 표현되는 순수 태양전지 재료의 전도도는 온도에 따라 변화한다.

$$\sigma = qn_i(\mu_n + \mu_p)$$

캐리어의 농도는 온도에 지수함수적으로 증가하므로

$$\sigma = f(T)\exp(-E_g/2kT) \qquad (7.53)$$

와 같다. 여기서 $f(T)$는 μ, m^*등에 대한 온도의 함수이나 온도에 따라 큰 변화를 갖지는 않는다. 그러므로 전도도 σ는 [그림 7.20]과 같이 온도에 따라 지수 함수적으로 변한다. 태양전지 재료의 에너지 밴드갭 E_g를 구하기 위하여 식 (7.53) 양변에 로그를 취하면

$$\log(\sigma) = \log(f(T)) - \frac{E_g}{2k}\frac{1}{T} \qquad (7.54)$$

이며 log(σ)대 1/T의 그래프는 기울기가 $-E_g/2k$ 인 직선으로 나타난다. 이때 기울기를 구하여 E_g를 구할 수 있다. 초기에 태양전지 재료의 에너지 밴드갭은 이 방법을 이용하여 구하였으나 최근에는 광학적인 방법을 이용하여 구하고 있다. 불순물 태양전지 재료의 경우 전도도는 n-형 태양전지 재료의 경우

$$\sigma_n = nq\mu_n$$

이다. 이때 n은 도핑농도 N_d와 동일하므로 결국 전도도 σ는 이동도 μ의 온도 변

화를 따른다. p-형 태양전지 재료의 경우도 동일하게 생각할 수 있다.

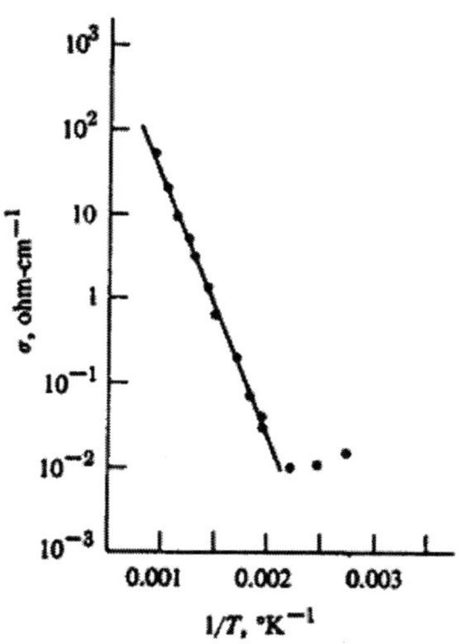

그림 7.20 전도도와 온도의 관계 (실리콘의 경우)

7.7 확산 (Diffusion)

가스 입자들은 무작위 운동에 의해서 높은 농도 영역에서 낮은 농도 영역으로 확산된다는 것을 잘 알고 있다. 언제든지 전자와 홀 또는 불순물 입자의 농도나 밀도에 기울기가 생기면, 항상 농도가 낮아지는 방향으로 입자들의 확산 운동이 존재한다. 확산의 근원은 입자들의 무작위 운동에 있다. 확산 메커니즘은 태양전지 제조시에 도핑과정의 고온에서 농도가 높은 곳에서 낮은 곳으로 불순물이 확산하는 경우와 p-n 접합 직후 n-형 층에서 농도가 높은 전자가 농도가 낮은 p-형 층으로 이동하고 홀은 반대 방향으로 확산하고 p-n 접합 후에는 태양광 입사로 생성된 전자와 홀이 농도가 높은 곳에서 낮은 쪽으로 확산과정으로 이동한다. 입자의 흐름을 정량화하기 위하여 전류와 비슷하게 단위 시간당 단위 면적을 지나는 입자(전하가 아님)의 수를 의미하는 입자 유속(flux) Γ을 정의한다. 그러므로 만약 시간 Δt 동안 ΔN개의 입자가 면적 A를 통과한다면, 정의에 의해 입자 유속은 다음과 같이 된다.

$$\Gamma = \frac{\Delta N}{A\Delta t} \tag{7.55}$$

만약 입자들이 전하 Q로(전자는 $-e$, 정공은 $+e$) 하전 된다면, 기본적으로 전속(charge flux)인 전기 전류 농도 J는 입자 유속 Γ와 다음과 같은 관계를 갖는다.

$$J = Q\Gamma \tag{7.56}$$

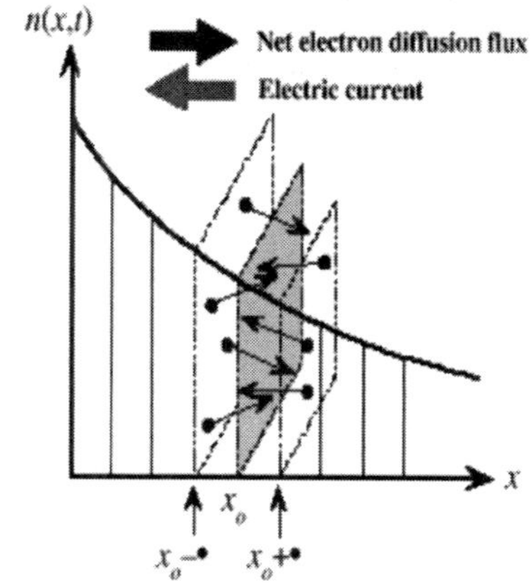

그림 7.21 태양전지 재료내 임의의 전자 농도 $n(x, t)$ 분포
높은 농도로부터 낮은 농도로 전자의 순 확산이 존재한다. 오른쪽 $(x_o + \ell)$에서 출발하여 x_o로 지나는 전자보다 왼쪽 $(x_o - \ell)$에서 x_o로 더 많은 전자가 지나간다.

어떤 시간 t 에서 태양전지 재료 내의 전자 농도가 x 방향으로 감소하고, [그림 7.21]과 같은 분포곡선 $n(x,t)$를 갖는다고 가정하자. 이것은 예를 들어 태양전지 재료의 한쪽 끝에서의 광생성에 의해 얻어질 수 있다. 단순화를 위하여 태양전지 재료가 단위 단면적(A = 1)을 갖는다고 가정하고, [그림 7.21]과 같이 일차원적으로만 고려하자. 전계가 인가되지 않으면 전자의 운동이 불규칙하고, 격자진동과 불순물에 의한 산란이 발생한다는 것은 이미 알고 있다. ℓ 을 x방향으로의 평균 자유행정(mean free path), τ 를 산란 사건간의 평균 자유시간(mean free time)이라 가정하자. 전자는 $+x$ 또는 $-x$방향으로 평균 거리 ℓ 만큼 움직이고, 그후 산란되어서 방향을 바꾼다. 전자의 x방향으로의 평균 속도는 $v_x = \ell / t$ 이다. 이제 x_o에 있는 평면을 통하여 $+x$와 $-x$방향으로의 전자 흐름을 평가해 보고, $+x$ 방향으로의 순 유속(net flux)을 알아보자.

x축을 각 구획이 평균 자유 행정과 일치하도록 길이 ℓ 인 가상적 구획들로 나눌 수 있다. 전자가 하나의 구획을 지나면 한 번의 산란 과정을 경험한다. 전자가 왼쪽으로 혹은 오른쪽으로 한 구획을 지나는데 걸리는 시간, 즉 한 번의 평균 자유 시간동안 어떤 일이 발생하는지 고려하자. $(x_o - \ell)$에 있는 전자들의 반이 x_o 방향으로 이동하고, 나머지 반은 x_o 반대 방향으로 이동해서 시간 τ가 지난 후에 그들의 반정도가 x_o에 도착하여서 넘어갈 것이다. 오른쪽으로 움직여서

x_o를 가로지르는 전자의 수는 $(1/2)n_1 \ell$ 이 되는데 여기서 n_1은 $(x_o-(1/2)\ell)$에서의 농도이고, ℓ 은 구획의 부피이다. 유사하게 $(x_o+\ell)$에 있는 전자들의 반은 왼쪽을 향하여 이동하게 되고 시간 τ가 지난 후에 x_o에 도달할 것이다. 그들의 수는 $(1/2)n_2\ell$ 이 되는데 여기서 n_2는 $(x_o+(1/2)\ell)$에서의 농도이다. $+x$ 방향으로 단위 시간당 x_o를 통과하는 순 전자수는 전자유속 Γ_e가 된다.

$$\Gamma_e = \frac{\frac{1}{2}n_1\ell - \frac{1}{2}n_2\ell}{\tau}$$

즉

$$\Gamma_e = -\frac{\ell}{2\tau}(n_2 - n_1) \tag{7.57}$$

이 된다.

변화량의 계산에 관한 한 평균 행정 거리 ℓ 이 작기 때문에 아래 식을 이용하여 농도 기울기로부터 $n_2 - n_1$을 계산할 수 있다.

$$n_2 - n_1 \approx \left(\frac{dn}{dx}\right)\Delta x = \left(\frac{dn}{dx}\right)\ell$$

이제 식 (7.57)에서의 유속(flux)을 농도 기울기의 합으로 표현할 수 있다.

$$\Gamma_e = -\frac{\ell^2}{2\tau}\left(\frac{dn}{dx}\right)$$

또는

$$\Gamma_e = -D_e\frac{dn}{dx} \tag{7.58}$$

여기서 $(\ell^2/2\tau)$는 전자의 확산 계수로서 정의되고, D_e로 표시된다. 그러므로, x 지점에서의 순 유속 Γ_e는 농도 기울기와 확산 계수에 비례한다. 이 기울기가 커질수록 유속 Γ_e가 커진다. 사실상 전계 $-(dV/dx)$가 전류를 흐르게 하는 구동력인 것처럼 농도 변화율 dn/dx를 확산을 위한 구동력이라 볼 수 있다. 전류는 $J=\sigma E = -\sigma(dV/dx)$로 표현된다. 확산으로 인해 생긴 이러한 전류밀도 $J_{D,e}$를 표현하기 위해 다음과 같이 쓸 수 있다.

$$J_{D,e} = -q\Gamma_e = qD_e\frac{dn}{dx} \tag{7.59}$$

정공 농도 기울기의 경우에는 정공 흐름(flux) $\Gamma_h(x)$가 다음 식으로 주어진다.

$$\Gamma_h = -D_h\frac{dp}{dx}$$

여기서 D_h는 정공의 확산 계수이다. 음의 부호는 감소를 의미하며 전류를 계산할 때는 정공은 양전하의 값 전자는 음전하이므로 둘의 확산전류 부호는 서로 다르다. 정공 확산으로 인한 전류밀도는 다음과 같이 된다.

$$J_{D,h} = q\Gamma_h = -qD_h\frac{dp}{dx} \tag{7.60}$$

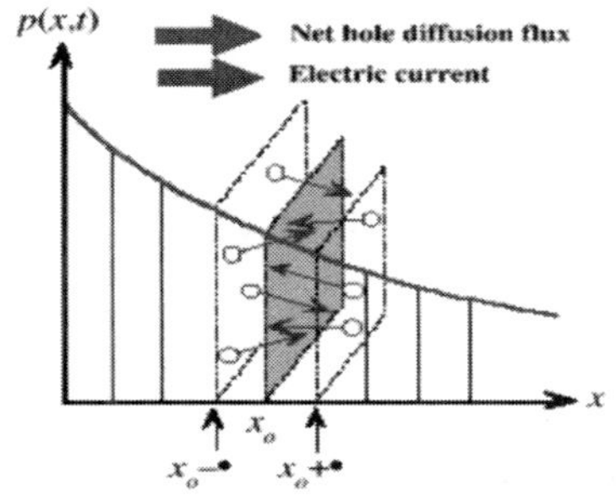

그림 7.22 높은 농도에서 낮은 농도로 확산

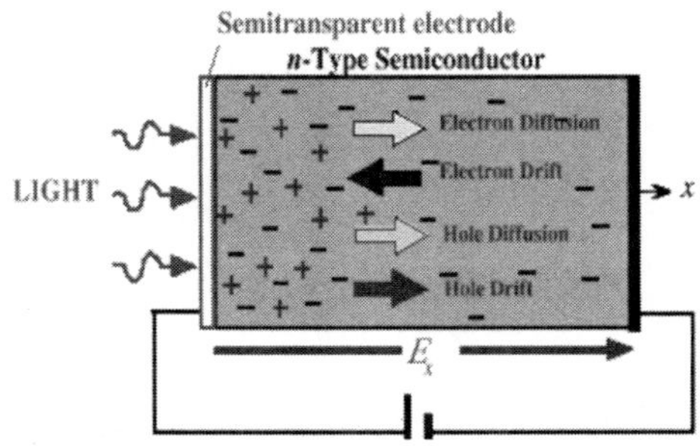

그림 7.23 확산과 표동 동시존재

[그림 7.23]과 같이 +x 방향으로 작용하는 양의 전계 E_x가 존재한다고 가정하자. 실제적인 예로서 왼쪽 전극은 반투명한 두 개의 전극을 사용하였다. 전극에 전지를 연결함으로써 인가된 전계 E_x가 양의 x 방향으로 형성된다. 왼쪽 전극에는 지속적으로 빛이 쪼여져서 과잉 EHP(전자-정공 쌍)가 이 표면에 생성되어 n과 p의 농도 기울기를 일으킨다. 인가된 전계는 전기적 힘을 전하에 가하는데, 이로 인해 표동(drift)이 생긴다. 정공은 오른쪽으로 표동하고, 전자는 왼쪽으로 표동한다. 그러면 전하 운동은 표동과 확산 모두를 포함한다. 인가된 E_x에 의해 생긴 전자 표동성분과 dn/dx에 의해 생긴 확산성분에 기인한 총 전류밀도는 전자 표동 전류밀도에 더하여서 다음과 같이 나타낸다. 즉 총전류는 확산과 표동성분의 합으로 주어진다.

$$J_e = qn\mu_e E_x + qD_e\frac{dn}{dx} \tag{7.61}$$

유사하게 정공 표동과 확산에 기인한 정공 전류는 다음과 같이 주어진다.

$$J_h = qp\mu_h E_x - qD_h \frac{dp}{dx} \tag{7.62}$$

이 경우에 표동전류와 확산전류는 같은 방향이 된다.

확산 계수란 확산하는 전하 캐리어가 매질 안에서 얼마나 용이하게 움직이는가를 나타내는 척도이라고 언급했다. 그러나 표동 이동도 또한 매질 안에서 전하 캐리어가 얼마나 잘 움직이는지를 나타내는 척도이다. 두 성분은 Einstein 관계식을 통하여 다음과 같은 관계를 갖는다.

$$\frac{D_e}{\mu_e} = \frac{kT}{q} \quad \text{그리고} \quad \frac{D_h}{\mu_h} = \frac{kT}{q} \tag{7.63}$$

다시 말하면, 확산 계수는 온도와 이동도에 비례한다. 이것은 온도가 증가함에 따라 평균 속도가 증가하고, 따라서 확산이 가속되기 때문에 합리적인 예상식이 된다. 특정한 한 방향으로의 확산을 방해하고 불규칙화하는 효과는 격자진동과 불순물 등에 의한 캐리어의 산란에 의해 발생된다. 그래서 산란간의 평균 자유 행정이 길어질수록 확산 계수가 더 커지게 된다.

7.8 광학적 흡수와 캐리어 생성

[그림 7.24]에 예시된 것처럼 E_g보다 큰 에너지 $h\nu$를 가진 광자가 태양전지 재료내에서 흡수될 수 있고, 그 결과로 가전자대에서 전도대로 전자가 여기됨을 이미 알고 있다. 전도대내 전자들의 평균 에너지는 E_c보다 (3/2)kT만큼 위에 있는데(평균 운동 에너지는 (3/2)kT이다), 이것은 전자가 E_c에 매우 근접해 있음을 의미한다. 만약 광자 에너지가 밴드갭 에너지 E_g보다 많이 크다면 여기된 전자는 E_c근처에 있지 않고, 따라서 열적 평형상태에 도달하기 위하여 잉여 에너지 $h\nu - E_g$를 잃어야만 한다. 잉여 에너지 $h\nu - E_g$는 전자가 한 원자 진동으로부터 다른 진동으로 산란될 때 열로서 격자진동에 잃는다. 이 과정을 열화(thermalization)라고 한다. 반면, 만약 광자 에너지 $h\nu$가 밴드갭 에너지보다 작다면, 광자는 흡수되지 않고, 따라서 밴드갭 내에 에너지 상태가 없다는 가정 하에서 태양전지 재료는 hc/E_g보다 더 긴 파장은 투과시킨다고 말할 수 있다. 물론, 공기와 태양전지 재료 경계 표면에서 굴절률의 변화에 의한 반사는 발생할 것이다. I_o가 태양전지 재료에 입사되는 광자 빔(beam)의 세기라고 가정하자.

그러므로 I_o는 단위 면적당 단위 시간당 입사되는 에너지이다. 만약 Γ_{ph}가 광자 유속(flux)이라면, 다음의 관계를 갖는다.

$$I_o = h\nu\Gamma_{ph}$$

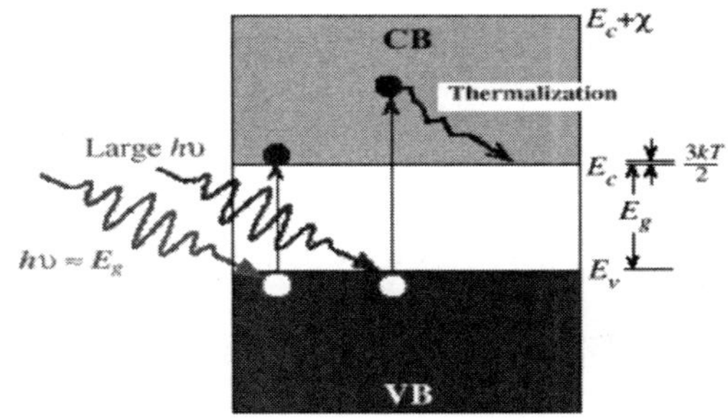

그림 7.24 전자-정공 쌍을 생성하는 광학적 흡수

높은 에너지를 가진 전자들은 전도대내에서의 평균에너지가 $(3/2)kT$가 될 때까지 그들의 과잉 에너지를 격자진동으로 잃어야 한다.

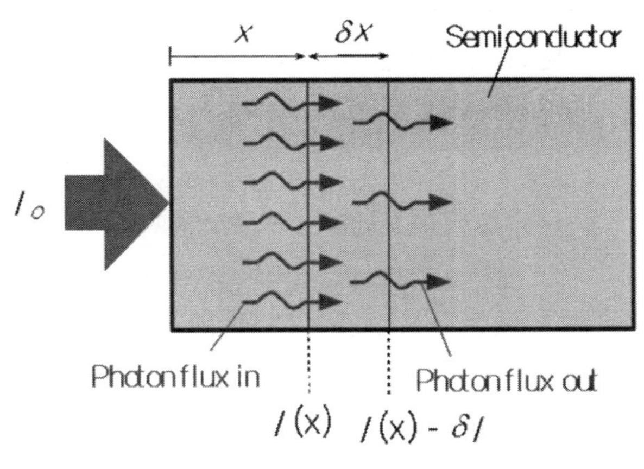

그림 7.25 폭 δx를 갖는 미세 요소 부피 내의 광자 흡수

광자 에너지가 E_g보다 클 때 입사광선으로부터의 광자는 태양전지 재료에 의해 흡수될 것이다. 광자의 흡수를 위해서는 가전자대내 전자의 여기가 요구되는데 단위 부피당 적당한 에너지를 갖는 전자들은 한정된 수만 존재한다. 결과적으로, 흡수는 태양전지 재료의 두께에 의존한다. $I(x)$는 x에서의 빛의 세기이고, δI는 [그림 7.25]에 예시된 것처럼 x에서의 두께 δx를 갖는 미세 요소 부피내에서 광자 흡수에 의해 생기는 빛 세기 변화라고 가정하자. 그러면 δI는 이 부피에 도달하는 광자의 수 $I(x)$와 두께 δx에 의존할 것이다. 그러므로

$$\delta I = -\alpha I \, \delta x$$

이 되는데, 여기서 α는 광자 에너지에 의존하는, 따라서 파장에 의존하여 $\alpha = \alpha(\lambda)$가 되는 비율 상수이다. 음의 부호는 δI가 감쇠양임을 확신시킨다. 다음 식에 의해 정의되는 상수 α를 태양전지 재료의 흡수 계수라 부른다. 그러므로 그것은 다음과 같이 정의되는데 단위는 length^{-1}[m^{-1}] 이다.

$$\alpha = -\frac{\delta I}{I \, \delta x} \tag{7.64}$$

일정한 파장을 갖는 빛이 조사되는 경우에 대하여 식 7.64를 적분하면 투과하는 빛의 세기가 두께에 따라 지수함수적으로 감소한다는 Beer-Lambert 법칙을 얻는다.

$$I(x) = I_o \exp(-\alpha x) \tag{7.65}$$

흡수 계수는 태양전지 재료내에서 일어나는 광자 흡수 과정에 의존한다. 밴드-밴드간(interband) 흡수의 경우에 α는 E_g 이상의 광자 에너지에 대해 급격히 증가한다. [그림 7.26]에 보여진 것과 같이 광자 에너지에 의존하는 흡수 계수의 일반적인 특징들은 같은 그림에 역시 예시된 상태 밀도로부터 이해할 수 있다.

상태 밀도 g(E)는 단위 에너지당 단위 부피당 상태수를 나타낸다. 전도대내 전자수가 이 밴드안의 상태 수보다 훨씬 적기 때문에($n \ll N_c$) 가전자대의 상태들은 차있고, 전도대의 상태들은 비어 있다고 가정한다. 광자 흡수 과정은 더 많은 가전자대의 상태가 존재할 때 더 많은 전자가 여기될 수 있으므로 증가한다. 또한 전자가 여기되어 갈 수 있는 상태가 전도대에 있어야 되는데 그렇지 않다면 전자가 채울 빈 상태를 찾을 수 없게 된다. 광자 흡수 확률은 가전자대의 상태 밀도와 전도대의 상태 밀도 모두에 의존한다. 에너지가 $h\nu_A = E_g$인 광자들의 경우 흡수는 오직 상태 밀도가 낮은 E_v로부터 E_c로만 일어날 수 있고, 따라서 [그림 7.26]의 A로 예시한 것처럼 흡수 계수가 작게 된다. 가전자대 중간영역에서 전도대 중간영역까지 전자를 여기시킬 수 있는 광자에너지 $h\nu_B$인 경우에는 [그림 7.26]의 B에 의해 제시된 것처럼 상태 밀도가 크고 α 역시 크다. 더욱이 에너지가 $h\nu_B$인 광자의 경우에는 그림에서 세 개의 화살표로 예시한 것처럼 다양한 여기가 선택 가능하다. 만약 광자 에너지 $h\nu_c$가 [그림 7.26]의 C로 묘사한 것처럼 오직 가전자대 하단 근처에서 전도대 상단 근처까지만 여기시킬 수 있다면, 상태 밀도가 작고, 따라서 α도 작다. 그러므로 흡수 계수는 전형적으로

$h\nu$에 따라 증가하고 최고 값에 이르고 나서 다시 감소한다.

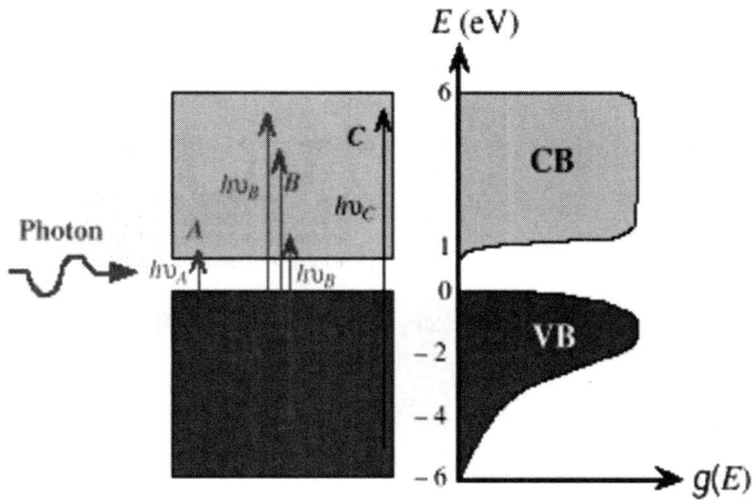

그림 7.26 흡수 계수는 가전자대와 전도대의 상태 밀도에 의존한다. 일반적으로 B에서와 같이 최대 $g(E)$ 전이를 수반하는 광자에너지가 큰 흡수 계수를 유도한다. 보여진 흡수과정은 수소화된 비정질 실리콘(수소원자들을 함유한 실리콘)과 같은 비정질 태양전지에서의 전형적인 형태인데 이러한 물질에서는 전도대의 $g(E)$가 뚜렷한 최고점과 골을 보이지 않는다.

실제로는 단결정 태양전지 물질의 상태 밀도 g(E)는 다양한 뾰족한 최고점과 골을 가지면서 훨씬 더 복잡하다. 특히 밴드 가장자리에서부터 멀어지면서 상태 밀도 함수는 더욱 그런 양상을 보인다. 이에 더하여, 흡수 과정은 운동량 보존을 만족시켜야만 하는데 이것은 전도대에서 가전자대로의 어떤 이동이 다른 것들보다 더 선호함을 의미한다. 결과로 나타나는 한 단결정 태양전지의 α 대 $h\nu$ 특성은 뚜렷한 최대점들과 첨예한 모양들을 갖는다. [그림 7.26]에 보인 간단한 예는 비정질 실리콘과 같은 비정질 태양전지에서 더 전형적일 수 있다. 이러한 태양전지 물질들은 [그림 7.26]에 표현된 것과 같이 일반적으로 부드럽게 변하는 상태 밀도 함수를 갖고 뚜렷하게 첨예한 모양이 없는 α 대 $h\nu$ 특성을 보인다.

불순물 농도 $5\times10^{13}\ cm^{-3}$개의 도우너로 도핑된 n-형 태양전지 재료에 전자-정공 쌍(EHP ; elecron-hall pairs)의 광생성을 위해 [그림 7.27]처럼 적당한 파장을 갖는 빛을 균일하게 비추었을 경우 무슨 일이 발생하는지 알아보자. 이제 불순물 태양전지 재료내에서 열평형일 때의 다수 캐리어와 소수 캐리어의 농도를 정의한다. 일반적으로 아래첨자 "n"과 "p"는 태양전지 재료의 종류를 표기하는데 사용되고, "o"는 빛이 없는 상태에서의 열평형상태에 적용된다. n-형 태양전지 재료에서는 전자가 다수 캐리어이고 정공이 소수 캐리어이다.

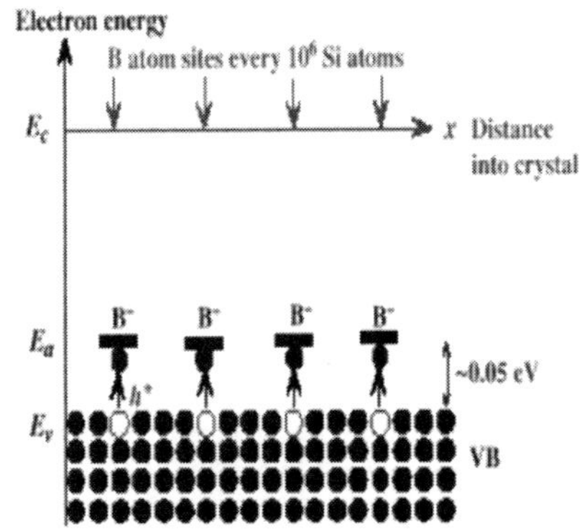

그림 7.27 $\Delta n_n < n_{no}$인 조건하에서 n-형 태양전지 재료내로의 저준위 광주입

n_{no}는 빛이 없는 상태에서 열평형에서의 다수 캐리어 농도(n-형 태양전지 재료에서의 전자 농도)로 정의된다. 다수 캐리어를 구성하는 이 전자는 도우너로부터 열적 이온화된다. p_{no}는 빛이 없는 상태에서 열평형에서의 소수 캐리어 농도(n-형 태양전지 재료에서의 정공 농도)로 정의된다. 소수 캐리어를 구성하는 이 정공은 밴드갭 맞은 편에 열적으로 생성된다.

두 경우 모두 아래첨자 " n_{no}"는 n-형 태양전지 재료와 열평형 조건을 각각 의미한다. 열평형이란 것은 질량 작용 법칙이 만족되고 $n_{no}p_{no} = n_i^2$이 됨을 의미한다.

태양전지 재료에 빛을 쪼이면 광생성에 의해서 과잉 EHP가 생성된다. 임의의 순간에서의 전자농도와 정공농도는 n_n과 p_n으로 표현되는데, 이들은 순간적인 다수 (전자)캐리어 농도와 소수 (정공)캐리어 농도로 정의된다. 임의의 순간에 태양전지 재료내의 임의의 위치에서 과잉 농도에 의해 평형 상태에서 벗어난 상황을 다음과 같이 정의한다.

> Δn_n는 과잉 전자(다수 캐리어) 농도이다. : $\Delta n_n = n_n - n_{no}$
> Δp_n는 과잉 정공(소수 캐리어) 농도이다. : $\Delta p_n = p_n - p_{no}$

그러므로 빛이 조사되고 있을 때 임의의 순간에 다음을 얻는다.

$$n_n = n_{no} + \Delta n_n \quad \text{그리고} \quad p_n = p_{no} + \Delta p_n$$

광여기(photoexcitation)는 [그림 7.27]에 보인 것처럼 EHP 또는 같은 수의 전자와 정공을 생성하는데, 이것은

$$\Delta p_n = \Delta n_n$$

를 의미하고, 명백히 질량 작용 법칙이 만족되지 않는다. : $n_n p_n \neq n_i^2$. n_{no}와 p_{no}는 단지 온도에만 의존하기 때문에 다음이 성립함을 기억해야 한다.

$$\frac{dp_n}{dt} = \frac{d\Delta p_n}{dt} \quad \text{그리고} \quad \frac{dn_n}{dt} = \frac{d\Delta p_n}{dt}$$

n_{no}에 10%의 변화만을 갖도록 약한 빛이 쪼여지고 있다고 가정하자. 즉

$$\Delta n_n = 0.1 n_{no} = 0.5 \times 10^{13}\,\text{cm}^{-3}$$

그러면 다음과 같이 된다.

$$\Delta p_n = \Delta n_n = 0.5 \times 10^{13}\,\text{cm}^{-3}$$

[그림 7.28]은 어두운 곳과 밝은 곳에서의 다수 캐리어(n_n)와 소수 캐리어(p_n) 농도를 하나의 축에 나타낸 그림이다. 큰 차수의 변화를 기록하기 위하여 그 눈금자를 log축으로 설정하였다. 빛이 쪼여질 때 소수 캐리어의 농도는

$$p_n = p_{no} + \Delta p_n = 4.5 \times 10^6 + 0.5 \times 10^{13} \approx 0.5 \times 10^{13} = \Delta p_n$$

즉 $p_n \approx \Delta p_n$이고, 여기서 n_n은 단지 10% 정도만 변화하지만, p_n은 $\sim 10^{13}$ 정도로 상당히 변화한다.

[그림 7.28]은 어떤 시점에서 빛이 켜지고 후에 다시 빛이 꺼질 때 n-형 태양 전지 재료내에서 일어나는 현상을 그림으로 보여준다. 만약 빛의 조사가 멈추면, 조건 $p_n = \Delta p_n$(b 상태)는 결국 $p_n = p_{no}$인 빛이 꺼진 (a)상태인 평형 상태로 되돌아가야만 한다. 다시 말하면, 과잉 소수 캐리어 Δp_n과 과잉 다수 캐리어 Δn_n은 제거되어져야만 한다. 이러한 제거는 재결합에 의해 발생한다. 과잉 정공은 결합이 가능한 전자와 재결합을 이루어 사라진다. 그러나 이것은 전자와 정공이 서로를 만나야 이루어지므로 시간이 걸린다. 재결합율을 설명하기 위하여, τ_h로 표현되고 소수 캐리어 수명이라(평균 재결합 시간) 불리는 시간적 양을 도입한다. : τ_h는 정공이 생성될 때부터 재결합이 이루어질 때까지 가전자대에 존재하는 평균시간으로 정의된다. 즉 정공이 전자와 재결합하기까지 자유정공으로 존재하는 평균시간이다. 대체되는 동등한 정의인 $1/\tau_h$은 단위시간당 정공이 전자와 재결합을 이룰 확률이다. 재결합 과정은 재결합 중심을 통하여 발생하기 때문에 재결합 시간 τ_h은 재결합 중심의 농도와 재결합 중심의 소수 캐리어 포획

효율성에 의존함을 기억해야 한다. 하나의 소수 캐리어가 재결합 중심에 잡히면 그것과 재결합할 수 있는 다수 캐리어가 많이 존재하므로 간접 재결합에서 τ_h는 다수 캐리어의 농도에는 독립적이다. 이것이 재결합 시간을 소수 캐리어 수명으로 정의하는 이유이다.

만약 소수 캐리어의 재결합 시간이 10초이고 1,000개 정도의 정공이 있다면 명백히 이 과잉정공은 1,000/10초 = 100/초의 비율로 사라질 것이다. 과잉 소수 캐리어의 재결합률은 단순히 $\Delta p_n/\tau_n$가 된다. 그러므로 임의의 시간에서 다음을 얻는다.

$$\text{과잉 정공농도의 증가율} = \text{광생성률} - \text{과잉 정공의 재결합}$$

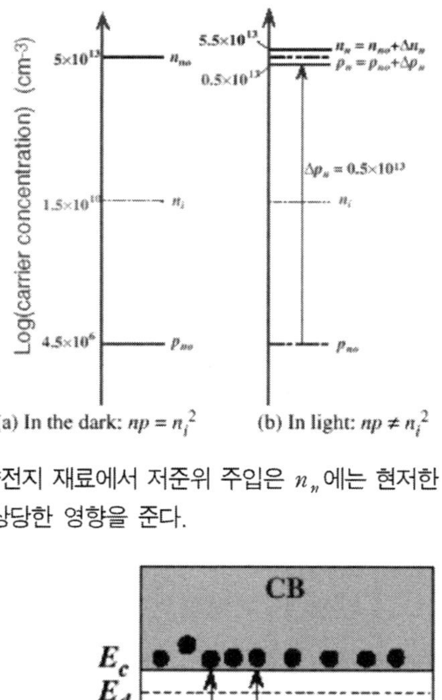

그림 7.28 n-형 태양전지 재료에서 저준위 주입은 n_n에는 현저한 영향을 주지 않으나 소수 캐리어의 농도에는 상당한 영향을 준다.

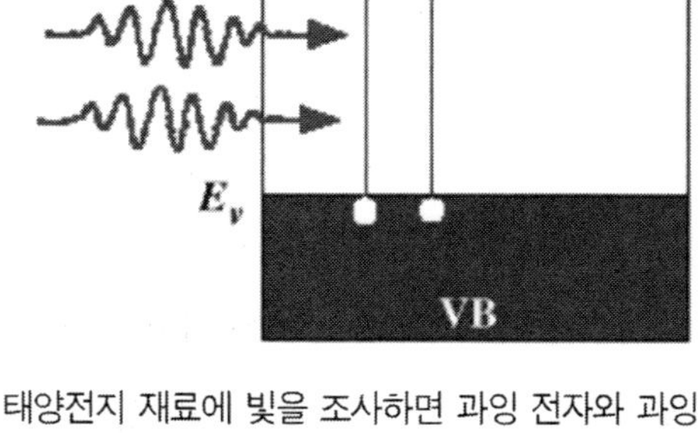

그림 7.29 n-형 태양전지 재료에 빛을 조사하면 과잉 전자와 과잉 정공이 발생한다. 빛이 조사된 후 재결합에 의해 평형상태를 회복한다; 과잉 전자와 정공은 단순히 재결합한다.

만약 G_{ph}가 광생성률이라면 Δp_n의 알짜(net) 변화율은 명백히 다음과 같다.

$$\frac{d\Delta p_n}{dt} = G_{ph} - \frac{\Delta p_n}{\tau_h} \tag{7.66}$$

이것은 광생성률이 G_{ph}로 주어지고, 소수 캐리어 수명이 τ_h이며, t=0에서 초기 조건을 갖는다고 할 때, 과잉 소수 캐리어 농도의 시간에 따른 변화를 표현하는 일반적인 표현식이다. 유일한 가정은 저준위 주입($\Delta p_n < n_{no}$)이라는 것이다.

재결합 시간 τ_h는 태양전지 물질, 불순물, 결정 결함, 온도 등에 의존하고, 인용할 만할 대표적인 값이 없다는 것에 주의해야 한다. 재결합 시간은 수 나노(nano)초에서부터 수 초까지 어느 값이든 될 수 있다. 나중에 지속적인 발광을 위해서는 긴 τ_h를 필요로 하는 반면, 빠른 스위칭 동작을 하는 p-n 접합과 같은 어떤 응용에서는 짧은 τ_h를 필요로 한다.

재결합은 태양전지 재료에 벌크 내 및 표면에서 생기고 벌크 내에서는 전자와 정공이 직접 재결합하는 경우와 재결합중심을 생각하여 간접 재결합하는 경우가 있다.

n-형 태양전지 재료를 예로 생각해 보자. 광조사에 의해 생성된 소수 캐리어의 정공이 직접 재결합하는 율 U는 과잉 소수 캐리어 수에 비례하여 식 7.67에서

$$U = R(P - P_{no})$$

$$R = r(P_{no} - n_{no}) \tag{7.67}$$

으로 주어진다. P, P_{no}는 광조사시 및 비조사시(열평형상태)의 정공밀도이고, R은 단위시간당 1개의 정공이 재결합하는 확률을 나타낸다. 1/R은 과잉 소수 캐리어의 공공이 소멸할 때까지의 수명 τ_p로, 재결합의 비율은 다수 캐리어 밀도에 거의 비례하며, 수명 τ_p는 태양전지 재료에의 첨가량에 의해 변화한다.

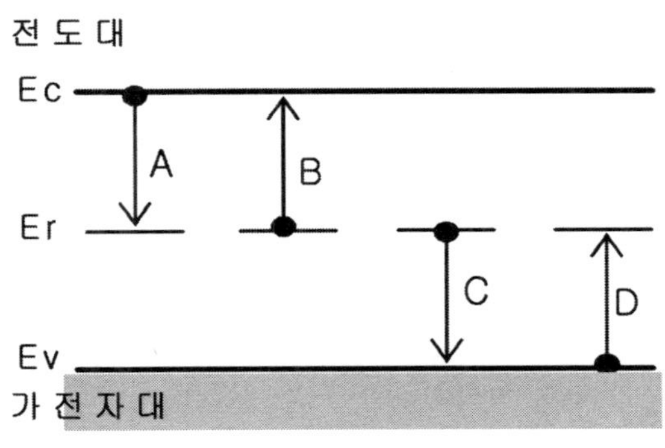

그림 7.30 태양전지 재료에 내에서의 재결합 과정
(재결합 중심이 하나의 에너지 준위를 만드는 경우)
A : 전자포획, B : 전자방출, C : 정공포획, D : 정공방출

재결합중심이 다만 하나의 에너지 준위 E_r을 갖는 경우의 간접 재결합은 [그림 7.30]에서 생성.소멸의 4 가지 과정을 생각하여 해석한다. 전자포획과정 A는 전도대의 전자밀도 n과 재결합중심 밀도 N_r 중 전자가 점유치 않고 있는 부분과 비례하는 것으로 그 비율은

$$U_A = C_n n(N_r(1-f) \tag{7.68}$$

로 주어진다. 전자방출과정 B의 율은 점유되고 있는 재결합 중심의 수에 비례하여

$$U_B = e_n N_r f \tag{7.69}$$

가 된다.

c_n, e_n은 전자의 포획, 방출 확률이고, f는 재결합 중심이 전자를 점유하고 있는 확률이다. 정공포획 C, 방출 D에 대해서도 가전자대이 정공밀도 p, 정공의 포획, 방출 확률을 각각 c_n, e_n라 할 때

$$U_C = c_p p N_r f \tag{7.70}$$

$$U_D = c_p N_r(1-f) \tag{7.71}$$

로 주어진다.

4개의 과정에 속한 재결합 중심에서의 전자밀도 n_r의 변화는

$$\frac{dn_r}{dt} = U_A - U_B - U_C + U_D \tag{7.72}$$

로 결정된다.

열평형 상태에서는 A와 B, C와 D가 같은 비율로 생기고, 점유확률로서 페르미-디락 함수가 사용되며, e_x과 c_n, e_p와 c_p의 관계가 쉽게 구해진다.

광조사에 대해 전자-정공대 생성이 생기면 오히려 페르미디락 분표 함수를 사용할 수 없게되나 정상상태에서는 $dn/dt = 0$ 인 조건($U_A - U_B = U_C - U_D$)를 이용하여 점유확률 f가 구해진다. 이 f를 이용하여 순 재결합의 비율은

$$U = U_A - U_B = U_C - U_D \tag{7.73}$$

가 되고, 상세한 결과

$$U = \frac{\sigma_p \sigma_n \upsilon_{th} N_r \left[pn - n_i^2\right]}{\sigma_n\left[n + N_e \exp\left(-\frac{E_e - E_r}{kT}\right)\right] + \sigma_p\left[p + N_v \exp\left(-\frac{E_r - E_v}{kT}\right)\right]} \tag{7.74}$$

이 된다. σ_n, σ_p는 전자, 정공의 포획단면적, v_{th}는 캐리어의 열운동 속도이다.

n-형 태양전지 재료에에서는 n_t, n_{no}, $n \gg p$를 이용하여 정공의 수명 τ_p는 식 7.74에서

$$\tau_p = \frac{1}{\sigma_p v_{th} N_r}\left[\left(1+\frac{N_e}{n_{no}}\right)\exp\left(-\frac{E_e - E_r}{kT}\right)+\frac{\sigma_p}{\sigma_n}\frac{N_v}{n_{no}}\exp\left(-\frac{E_r - E_v}{kT}\right)\right] \tag{7.75}$$

이 된다. 실제의 수명은 이와 같은 재결합 중심이 몇 개의 에너지 준위로 분포된 것으로 생각하여 구하나, 정성적으로는 식 7.75에서 알 수 있는 바와 같이 첨가량을 증가하면 감소하여

$$\tau_{po} = (\sigma_p v_{th} N_r)^{-1} \tag{7.76}$$

인 값에서 포화되고 만다. 이 식은 물리적으로는 포획단면적 σ_p를 갖는 재결합 중심 N_r이 있을 때 정공이 단위시간에 진행하는 거리 v_{th}내에서 포획되는 횟수는 단면적 σ_p, 길이 v_{th}인 도형 내의 재결합 중심의 총수 $\sigma_p v_{th} N$와 같다. 이들 재결합 중심은 태양전지 재료에 결정에서의 공격자점, 격자간원자, 전위등의 격자결함 또는 깊은 준위를 만드는 불순물 등에 기인한다.

태양전지 재료에 표면에는 댕그링 본드(Dangling bond) 및 흡착가스 및 수분, 그 외 부착물 등에 기인된 표면전위가 존재하고, 이들이 재결합 중심이 되어 소수 캐리어인 정공의 재결합이 생긴다. 표면재결합의 U_s는

$$U_s = \sigma_p v_{th} N_s (p - p_{no}) = S_p (p - p_{no}) \tag{7.77}$$

으로 주어지고 표면재결합속도 S_p로 결정된다. N_s는 표면에서의 단위면적당의 재결합 중심의 수이다. 실험적으로는 Si 단결정 내의 소수 캐리어의 수명은 첨가량을 증가시키면 [그림 7.31]과 같이 감소하고 먼저 설명한 이론으로 예측되는 바와 같이 포화된다. 그림의 횡축은 저항률을 나타내고, 첨가량과 저항률과는 거의 비례하는 것으로 횡축을 도핑량이라 봐도 된다. 그러나 엄밀히 말하면 도핑량만에 의해 결정되는 것은 아니고 결정의 성장법, 성장 후의 냉각속도, 열처리를 할 경우에는 그 조건 등에 의해 변화한다. Si 중의 전자의 수명은 성장된 그 상태에서는 프로팅죤법으로 만든 것이 인상법으로 만든 것보다 크다.

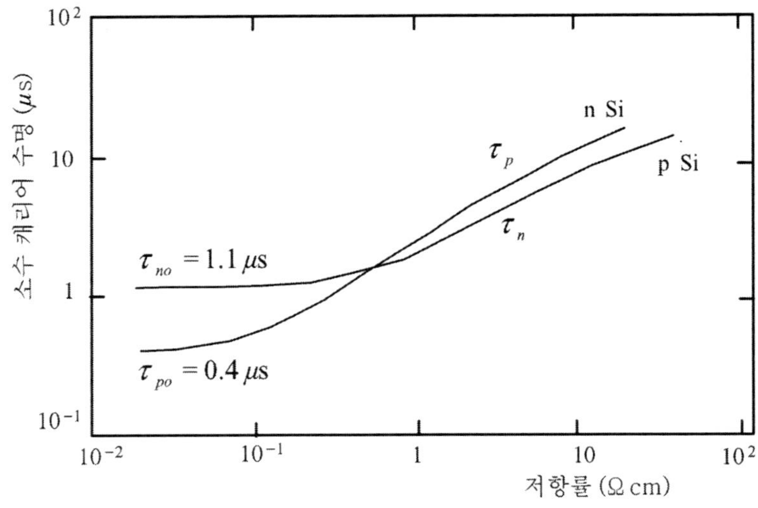

그림 7.31 단결정에서 소수 캐리어 수명과 저항률과의 관계

600℃ 정도까지의 온도에서 열처리하면 수명은 증가하나 그 이상에서는 감소한다. 이와 같은 수명의 변화는 Si 중의 산소O의 작용에 기인된다고 생각되고, 저온에서 열처리하면 도너의 복합 결함을 형성하여 결과적으로 재결합 중심을 감소하게 된다. 고온에서는 역으로 O가 응집되어 재결합을 증가시킨다고 생각한다.

GaAs와 같은 직접천이형 태양전지 재료에의 소수 캐리어의 수명은 간접천이형인 Si보다 대단히 짧다. 결정성장과 첨가 불순물의 종류에 의해 차이가 보인다. 즉 p-형인 경우의 전자의 수명은 액상 에피택셜 결정이, 용기를 사용한 방법과 기상 에피택셜 방법 등으로 제작한 결정체보다 크다. 또 Ge를 도핑한 결정체가 Zn 을 도핑한 결정체보다 전자의 수명이 길다. 그 이유는 액상 에피택셜법에서 사용한 Ga용액 내에 불순물을 집어 넣는 개터링 효과(Gettering effect)로 불순물이 제거되든가, Ge 원자가 Zn 원자보다 GaAs의 결정격자에 잘 정합되어 결정격자에 변형을 주지 않는 등을 생각할 수 있다.

보통 태양전지로서는 불순물 확산법에 의해 p-n 접합이 형성되나 소수 캐리어의 수명은 소자 측정시의 표면처리, 확산온도, 냉각속도 등에 의해 현저히 변한다. 불순물 확산 등의 고온처리 때문에 태양전지 내에서의 소수 캐리어의 수명은 소자 제작 전의 Bulk 내에 비하여 상당히 작게 된다. Si에서는 Bulk 내에서의 값의 $\frac{1}{2} \sim \frac{1}{5}$ 정도로 저하한다. 소자의 표면에서는 고농도의 불순물이 존재하기 때문에 격자의 손상과 기대치 않은 불순물의 혼입 등이 재결합 중심의 밀도를 높이게 된다. 표면에서 100 nm 내외인 곳에서의 소수 캐리어의 수명은 100p(10^{-12})sec 정도이고, 이보다 약간 깊은 곳에서도 수 n(10^{-9})초 정도이다.

광에 대해 생성되는 캐리어 수는 표면에서 가장 많고 내부로 들어갈수록 지수함수적으로 감소하므로 표면 재결합은 태양전지의 특성에 크게 영향을 미친다.

특히 GaAs와 같은 직접천이형 재료에서는 광의 흡수계수가 크므로 표면 가까이에서 대부분의 캐리어가 생기는 것으로, 표면 재결합 속도가 크면 거기서 재결합하여 접합 부근에서의 캐리어의 생성이 기대할 수 없어 광전류가 크게 감소한다. 따라서 위에서 설명한 것같이 표면 확산층 내의 소수 캐리어의 수명의 저하를 생각하면 접합의 깊이를 얕게함에 따라 적당한 표면처리를 할 필요가 있다.

Si, GaAs로 된 태양전지의 표면재결합 속도로 $10^5 \sim 10^6$ cms^{-1}이지만 Si에서 표면을 에칭하면 10^2 cms^{-1}정도까지 감소한다고 본다.

값이 싼 태양전지를 제작하기 위해 적당한 기판위에 태양전지 재료의 박막을 제작하는 경우가 많다. 어떤 조건하에서는 박막이라도 단결정이 되나 많은 경우 다결정으로 그의 입계가 소수 캐리어의 수명에 미치는 영향은 크다.

태양전지에서 입계의 영향을 해석하려면 3차원의 미분방정식을 풀어야 한다. 입계의 영향을 벌크 내 재결합과 입계에서의 표면재결합을 합쳐서 해석하는 것은 이미 시도한 바 있다.

여기서는 간단한 경우로서 [그림 7.32]과 같이 단결정립이 병렬로 배열된 것과 같은 박막을 생각하여 정성적인 설명을 한다.

각 결정입 내의 소수 캐리어는 정합을 가로지를 수 있어 결정립으로 이루어지는 태양전지가 병렬로 연결되었다고 보면 된다. 결정립과 결정립의 경계에서 소수 캐리어가 재결합하기 쉬우므로 광에 의해 생성된 캐리어가 수집되는 효율은 단결정과 비교하여 볼 때 떨어진다. 간단한 경우로 입경 크기가 박막 두께의 5배 이상일 때 어떤 입경 내에서 생성된 소수 캐리어의 대부분은 접합부에 도달하는 거리보다 적어도 2.5배가 되지 않으면 입계에 도달치 못한다. 표면 가까운 곳에서 많은 캐리어가 생성되는 것을 생각하면, 광생성된 캐리어는 고수율로 수집된다. 결정립 두께 정도 또는 그 이하가 되면 입계에서의 소수 캐리어의 재결합이 크게 영향을 받게 된다.

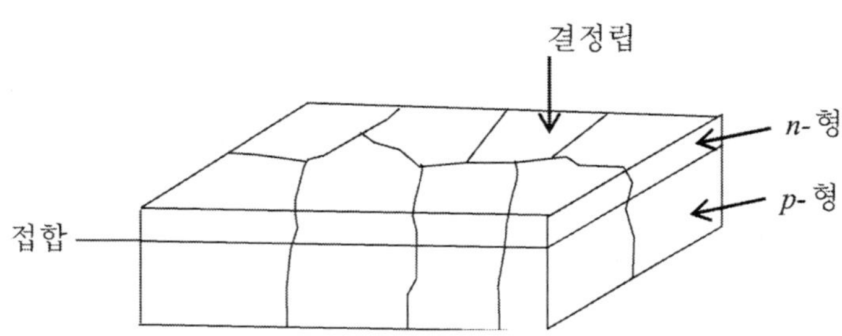

그림 7.32 다결정 박막의 모델

이에 대해 입이 직병렬로 연결된 박막에서는 접합면 부근의 1개 또는 2개의 입내에서 생성된 캐리어만이 출력에 기여하고, 그 외의 입은 그 상부에 있는 입계에서 접합부로부터 분리되고 만다. 결정립계는 소수 캐리어에 대한 재결합 중심, 다수 캐리에 대한 장벽으로서 작용하는 것이 실험적으로도 확인된 것으로 이 경우에는 박막 내의 소수 캐리어의 수명은 현저히 짧아져 태양전지의 효율이 떨어진다.

Si와 GaAs를 비교한 경우 Si는 간접 천이형으로 결정 내에서도 많은 캐리어를 생성하므로 입계의 크기가 중요하나, GaAs는 표면 부근에서 많은 캐리어가 생기고 확산 거리도 대단히 작아 Si일 경우 입경의 크기는 문제가 되지 않는다.

많은 태양전지 소자들은 소수 캐리어가 태양전지 재료내에 주입될 때, 인가된 전계가 없는 경우에도 단지 확산에 의해 시료를 통하여 움직일 수 있다는 원리로 동작한다. 예를 들면 n-형 태양전지 재료 막대 시료의 한쪽 끝에 [그림 7.33]과 같이 지속적으로 빛이 조사되고 그 빛이 표면 근처에서 흡수되는 경우를 고려해 보자. 과잉 전자와 정공 모두 광생성된다($\Delta p_n = \Delta n_n$). 그러나 $p_{no} \ll n_{no}$이므로 정공 농도의 증가비율이 훨씬 더 급격하다. 그러므로 광생성된 소수 캐리어, 즉 정공의 운명에 주의를 기울이도록 하겠다.

$x=0$에서의 정공 농도가 $p_n(0)$이 되도록 빛이 조사된다고 가정하자. 그러면 오른쪽으로 정공이 확산하면서 전자와 만나게 되고 재결합을 이룬다. 그 결과 정공 농도 $p_n(x)$는 태양전지 재료 내로 더 침투할수록 빠르게 감소하게 된다. 만약 막대가 매우 길다면, 주입이 이루어지는 끝에서 멀리 떨어진 위치에서의 농도 p_n은 열적 평형상태의 값 p_{no}와 같아짐을 예상할 수 있다. 과잉 정공 농도 $\Delta p_n(x)$은 다음의 식과 같이 지수함수적으로 감소함을 추론할 수 있다.

$$\Delta p_n(x) = \Delta p_n(0)\exp\left(-\frac{x}{L_h}\right) \qquad (7.78)$$

여기서

$$\Delta p_n = p_n(x) - p_{no}$$

이고, L_h는 어떤 길이를 나타내는 상수이다. L_h는 소수 캐리어의 확산 거리라 불리고, 재결합이 일어나기 전까지 소수 캐리어에 의해 확산되는 평균 확산 거리를 나타낸다. 그것은 다음 식으로 주어진다.

$$L_h = (D_h\tau_h)^{1/2}$$

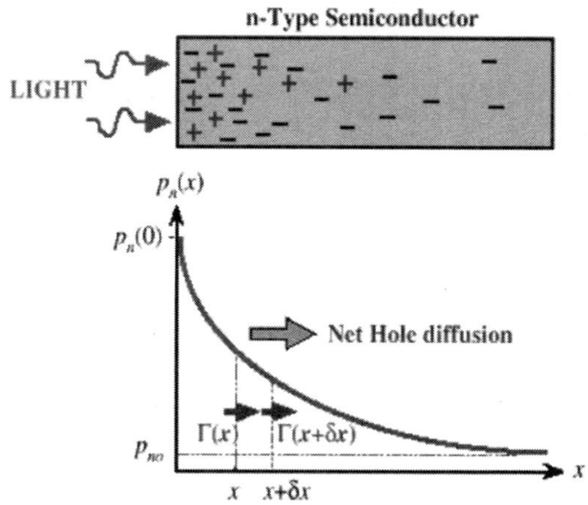

그림 7.33 한쪽 끝에 빛이 조사되는 n-형 태양전지 재료의 정상 상태일 때 소수 캐리어 농도 분포

여기서 τ_n은 평균 재결합 시간이고 D_n은 정공의 확산 계수이다. 이 식은 전하 캐리어에 대하여 확산 계수 D를 산란간의 평균 자유행정 ℓ 과 평균 자유시간 τ 에 연관시킨 $\ell^2 = D\tau$과 유사하다.

정상상태 주입 조건과 인가된 전계가 없는 상황 하에서 소수 캐리어 농도 분포를 예상하는데 사용해야 하는 정확한 방법론을 정해야만 한다. [그림 7.33]에 예시한 것과 같이 여기(예를 들어 열생성)에 대한 정상상태 응답으로서 이루어진 임의의 정공 농도 분포 $p_n(x)$를 고려해보자. [그림 7.33]에 보여진 것처럼 x에서 $x + \delta x$까지 (단위 면적을 갖는) 막대의 작은 구획을 고려하자. 이 구획 안으로의 정공 유속을 $\Gamma_h(x)$, 이 구획으로부터 나가는 유속을 $\Gamma_h(x+\delta x)$라 하자. 두 유속간의 차이가 정공이 재결합에 의해 이 구획내에서 분실되는 비율이다. 기초적인 계산법으로부터, 유속의 변화는 다음과 같이 쓸 수 있다.

$$\delta\Gamma_h(x) = \Gamma_h(x+\delta x) - \Gamma_h(x) \approx \left(\frac{d\Gamma_h}{dx}\right)\delta x$$

이 유속의 변화 $\delta\Gamma_h$는 x와 $x + \delta x$ 사이에서의 과잉정공 재결합율을 표현한다. 만약 $\delta\Gamma_h$를 단위 부피 $A\delta x$(또는 δx)로 나누면, 이 구획내에서의 재결합으로 인한 단위 부피당 정공 수(정공농도)의 변화율을 얻는다. 그러므로 다음과 같이 된다.

$$\frac{d\Gamma_h}{dx} = \frac{\Delta p_n}{\tau_n}$$

이제 Fick의 제 1법칙으로부터 유속 Γ_h에 대해 바꿔쓰면 다음을 얻는다.

$$\Gamma_h = -D_n \frac{dp_n}{dx} = -D_h \frac{d\Delta p_n}{dx}$$

따라서 다음 식을 얻을 수 있다.

$$D_n \frac{d^2 \Delta p_n}{dx^2} = \frac{\Delta p_n}{\tau_h}$$

확산 거리를 $D_h \tau_h = L_h^2$로 정의함으로써 위 식은 다음과 같이 표현할 수 있다.

$$\frac{d^2 \Delta p_n}{dx^2} = \frac{\Delta p_n}{L_h^2} \tag{7.79}$$

식 7.79는 정상상태 여기 하에서 태양전지 재료내의 정상상태의 소수 캐리어 농도의 변화를 묘사한다. 적절한 경계 조건들이 함께 포함될 때 그것의 해는 태양전지 재료내에서 소수 캐리어 농도의 공간 의존성을 나타낸다. 식 7.79는 미분 방정식이기 때문에 그것의 정확한 해는 문제에 대한 경계조건들을 필요로 하는데, 그 중 하나가 보통 $p_n(0)$이다. 식 7.79는 태양전지 재료 소자에 관한 더 높은 수준의 교과서에서 찾을 수 있는 **연속 방정식**이라 불리는 더 일반적인 방정식에 대한 하나의 특수한 경우임을 주목해야 한다.

$\Delta p_n(x)$ 에 관한 식 7.78은 경계 조건이 x = 0에서 $\Delta p_n = \Delta p_n(0)$이고, $x \rightarrow \infty$ 에서 $\Delta p_n = 0$일 때 식 7.79의 특수해(particular solution)임이 명백하다.

7.9 이상적인 p-n 접합

7.9.1 인가된 전압이 없을 경우: 개방회로

[그림 7.34]이 실리콘 시료의 한쪽은 n-형으로 그리고 다른 쪽은 p-형으로 도핑된 경우 어떤 일이 일어나는지 생각해보자. p-형과 n-형 영역사이에 p-n 접합이라고 부르는 급격한 불연속성이 있다고 가정하자. [그림 5.1a]에서 이 접합은 M으로 표시했는데, 이 그림에서 고정된 이온화된 도우너와 전도대(CB) 안의 자유전자가 있는 n-형 영역과 고정적으로 이온화된 억셉터와 가전자대(VB) 안의 정공들이 있는 p-형 영역을 볼 수 있다.

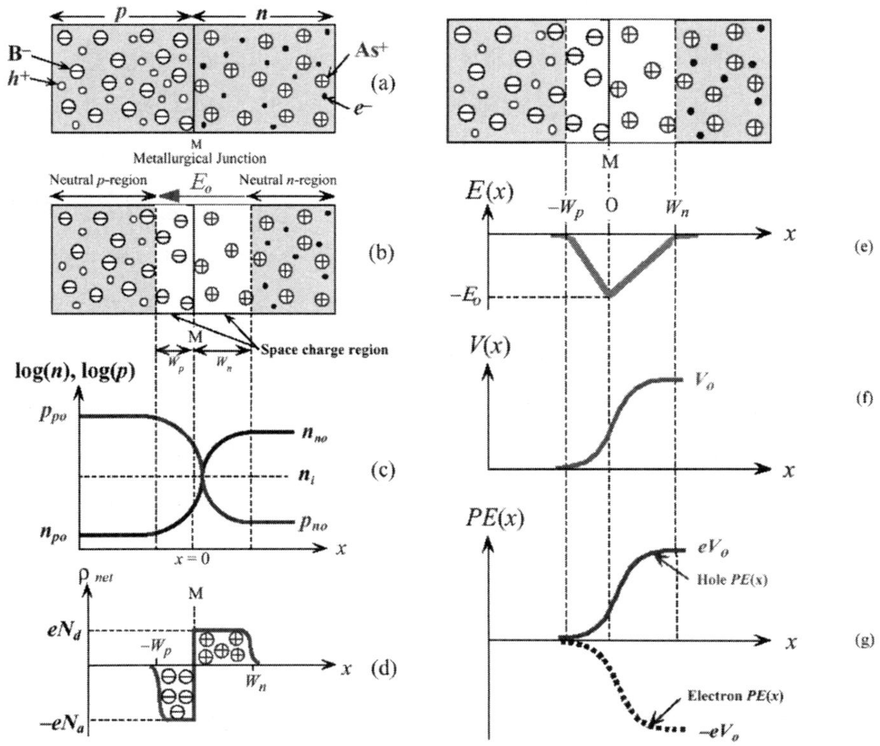

그림 7.34 접합의 성질들

정공 농도의 기울기로 인하여 정공들은 $p = p_{po}$인 p측으로부터 $p = p_{no}$인 n측을 향해서 우측으로 확산을 한다. 마찬가지로 전자 농도의 기울기로 인하여 전자들은 좌측으로 확산한다. 정공과 전자들은 서로를 향해서 확산하고 접합 영역근처에서 만나서 재결합한다. 결과적으로 접합 영역은 접합에서 멀리 떨어진 p나 n 벌크 영역에 비해 자유 캐리어가 공핍된다. 평형상태 하에서는 (인가된 전압이나 광 여기가 없는 경우) 어느 곳에서나 $pn = n_i^2$이 성립해야 한다는 점을 주목하라. 접합 M 주위의 n-형 영역에서 떠나는 전자들은 농도가 N_d인 양으로 하전된 도우너 이온들(예를 들어 As^+)을 노출시켜 남겨둔다. 마찬가지로 M 부근의 p-형 영역을 떠나는 정공들은 농도가 N_a인 음으로 하전된 억셉터 이온들(예를 들어 B^-)을 노출시킨다. 그러므로 접합 M 부근에는 **공간전하층(SCL)**이 존재한다. [그림 7.34(b)]는 M 부근의 공핍층 혹은 공간전하 영역을 보여주는 반면 [그림 7.34(c)]는 정공과 전자의 농도 분포를 보여주는데 이 때 수직 농도의 축은 로그값으로 나타냈다. 공핍영역은 또한 천이영역이라고도 부른다.

정공들을 p-형 영역으로 그리고 전자들을 n-형 영역으로 거꾸로 유동시키려는 양이온으로부터 음이온으로, 즉 $-x$ 방향으로의 내부 전계 E_o가 있음은 명백하다. 이 전계는 확산 정공들을 움직인다. [그림 7.34(b)]와 같이 E_o는 정공들에게는 $-x$

방향으로 유동력을 부과하는 반면 정공들의 확산에 의한 흐름은 $+x$ 방향이다. 마찬가지의 상황이 전자에도 역시 적용되므로 n에서 p영역으로의 확산과 반대로 전자를 유동시키려는 전계가 존재한다. 더 많은 정공들이 오른쪽으로 확산하고 더 많은 전자들이 왼쪽으로 확산해서 결국 평형에 도달할 때까지 M 근처의 내부전계가 증가할 것이다. 평형상태에서는 정공들이 오른쪽으로 확산하는 양과 전계 E_o에 의해 왼쪽으로 거꾸로 유동하는 양의 균형이 이루어진다. 평형상태의 전자의 확산도 역시 평형상태에서 유동량과 균형을 이룰 것이다.

[그림 7.34(d)]는 균일하게 도핑된 p-형과 n-형 영역에서 태양전지 재료를 가로지르는 순 공간전하 밀도 $\rho_{net}(x)$를 보여주고 있다. 공간전하 밀도(ρ_{net})는 $x = -W_p$부터 $x = 0$(M인 지점으로 설정함)까지의 SCL에서는 $-qN_a$와 동일한 음의 값을 갖고 $x = 0$에서부터 $x = W_n$까지는 $+qN_d$와 동일한 양의 값을 갖는다. 전체적으로 전하들이 중성을 이루기 위하여 왼쪽의 총 전하는 오른쪽의 총 전하와 같은 값이 되어야 한다. 그러므로 다음을 얻는다.

$$N_a W_p = N_d W_n \tag{7.80}$$

[그림 7.34]에서 임의로 도우너 농도가 억셉터 농도보다 낮다고($N_d < N_a$) 가정하였다. 식 7.80으로부터 이는 $W_n > W_p$가 됨을 의미하고 다시 말해서 공핍영역이 도핑된 p쪽보다 낮게 도핑된 n쪽으로 더 많이 침투함을 의미한다. 실제로 만약 N_a가 N_d보다 훨씬 크다면 ($N_a \gg N_d$) 공핍영역은 거의 모두 n-형 영역에서 존재한다. 일반적으로 높게 도핑된 영역을 +의 윗첨자를 붙여서 p^+ 와 같이 나타낸다.

어떤 한 지점에서의 전계 $E(x)$와 순 공간전하 밀도 $\rho_{net}(x)$는 관련지어 다음과 같이 연관되어 있다.

$$\frac{dE}{dx} = \frac{\rho_{net}(x)}{\varepsilon}$$

여기서 $\varepsilon = \varepsilon_o \varepsilon_r$은 매질에서의 유전율이고 ε_o와 ε_r은 각각 태양전지 물질의 절대유전율과 비유전율을 나타낸다. 그러므로 $\rho_{net}(x)$를 다이오드 전체 영역에 대하여 적분함으로써 다음과 같이 전계 $E(x)$를 결정할 수 있다.

$$E(x) = \frac{1}{\varepsilon}\int_{-W_p}^{x} \rho_{net}(x)\,dx \tag{7.81}$$

p-n 접합을 통하여 생기는 전계의 변화는 [그림 7.34(e)]에서 보는 바와 같다. 음의 전계는 전계가 $-x$ 방향임을 의미한다. $E(x)$가 야금적 접합 M에서 최대값

E_o가 되는 것을 주목하라.

어떤 한지점 x에서의 전위 $V(x)$는 정의에 의해서 $E = -dV/dx$이므로 전계를 적분함으로써 구할 수 있다. M으로부터 멀리 떨어진 p-형 영역에서의 전위를 0으로 취하여 (인가된 전압이 없다.) 임의의 기준준위로 삼으면 [그림 7.34(f)]에서 보는 바와 같이 공핍층 내에서 $V(x)$가 n측으로 갈수록 증가한다. 이 함수의 모양은 식 7.81를 적분함으로써 결정되며 물론 포물선이 된다.

n측에서의 전위가 V_o 에 도달하는데 이를 내부전위라고 부른다.

계단형 p-n 접합을 고려한다는 것은 [그림 7.34(d)]에서 보는 바와 같이 $\rho_{net}(x)$를 계단함수로 표현할 수 있음을 의미한다. 식 7.81의 적분에서 [그림 7.34(d)]에 표현된 $\rho_{net}(x)$의 계단 모양을 이용하면 M에서의 전계를 다음과 같이 구할 수 있다.

$$E_o = -\frac{qN_dW_n}{\varepsilon} = -\frac{qN_aW_p}{\varepsilon} \tag{7.82}$$

여기서 $\varepsilon = \varepsilon_0\varepsilon_r$ 이다. 전위 $V(x)$를 구하기 위해 [그림 7.34(e)]의 $E(x)$의 표현식을 적분할 수 있고, 따라서 $x = W_n$ 로 놓음으로서 V_o를 구할 수 있다. 이 적분이 그래프로 표현된 것이 [그림 7.34e]부터 f의 단계인데, 결과는 다음과 같다.

$$V_0 = -\frac{1}{2}E_0W_0 = -\frac{qN_aN_dW_0^2}{2\varepsilon(N_a+N_d)^2} \tag{7.83}$$

여기서 $W_o = W_n + W_p$ 는 인가된 전압이 없을 경우 공핍영역의 전체 폭이다. 만약 W_o를 안다면 식 7.80으로부터 쉽게 W_n와 W_p를 구할 수 있다. 식 7.83은 내부전위 V_o와 공핍층 영역 W_o 의 관계식이다. 마찬가지로 V_o를 안다면 W_o를 계산할 수 있다.

내부전위 V_o를 도핑 변수에 관련짓는 가장 간단한 방법은 n-형과 p-형 태양전지 재료가 접합되어 구성된 시스템에서 Boltzmann 통계에 의해 위치 에너지 E_1과 E_2에서의 캐리어 농도 n_1과 n_2가 다음과 같은 관계를 갖는다는 사실을 이용하는 것이다.

$$\frac{n_2}{n_1} = \exp\left[\frac{-(E_2-E_1)}{kT}\right]$$

여기서 $E = qV$이고 q는 캐리어의 전하량을 나타낸다. 전자($q = -e$)를 고려하면 [그림 7.34(g)]로부터 M으로부터 멀리 떨어진 $n = n_{po}$인 p영역에서 $E = 0$임을 알 수 있고 M으로부터 멀리 떨어진 $n = n_{no}$인 n영역에서는 $E = -qV_o$임을 알 수 있다. 그러므로 다음을 얻는다.

$$\frac{n_{po}}{n_{no}} = \exp\left(-\frac{qV_0}{kT}\right) \tag{7.84a}$$

이 식은 V_o가 n_{no} 와 n_{po}에 의존함을 보여주고 따라서 N_d 와 N_a에 의존함도 알 수 있다. 정공 농도에 대한 대응식은 다음과 같다.

$$\frac{p_{no}}{p_{po}} = \exp\left(-\frac{qV_0}{kT}\right) \tag{7.84b}$$

그러므로 식 7.84a와 b를 정리하면 다음을 얻을 수 있다.

$$V_0 = \frac{kT}{q}\ln\left(\frac{n_{no}}{n_{po}}\right) \qquad \text{그리고} \qquad V_0 = \frac{kT}{q}\ln\left(\frac{p_{po}}{p_{no}}\right)$$

$p_{po} = N_a$이므로 이제 p_{po} 와 p_{no}를 불순물 농도의 항으로 다음과 같이 표현할 수 있다.

$$p_{no} = \frac{n_i^2}{n_{no}} = \frac{n_i^2}{N_d}$$

따라서 V_o는 다음과 같이 된다.

$$V_0 = \frac{kT}{q}\ln\left(\frac{N_a N_d}{n_i^2}\right) \tag{7.85}$$

확실히 V_o는 N_a, N_d와 ni^2에 의하여 물질의 성질과 도핑 불순물에 편리하게 연관되어 있다. 내부전위 V_o는 개방회로에서 p-형에서 n-형 태양전지 재료로 가면서 p-n 접합에 걸리는 전위이다. 이것은 전극들에서 생기는 금속-태양전지 접합의 접촉 전위와 V_o로 구성되는 다이오드 양단에 걸리는 전압이 아니다. 만약 전극이 연결된 양단에서의 접촉 전위와 V_o를 더하면 0이 될 것이다.

식 7.85로부터 내부전위를 알게 되면 식 7.83으로부터 다음과 같이 공핍영역의 폭을 계산할 수 있다.

$$W_0 = \left[\frac{2\varepsilon(N_a + N_d)V_0}{qN_aN_d}\right]^{1/2} \tag{7.86}$$

공핍층 폭은 내부전위의 제곱근에 비례($W_o \propto V_o^{1/2}$)함을 주목하라. 이 결과로 아래에서 보는 바와 같이 공핍층의 정전용량은 전압에 의존하게 된다.

7.9.2 순방향 바이어스

전지의 양의 단자가 p쪽에 연결되고 음의 단자가 n쪽에 연결되도록 p-n 접합 양단에 전지를 연결해주면 어떠한 일이 일어나는지 생각해보자. 인가된 전압이 V라고 가정하면 [그림 7.35]에서 보는 바와 같이 분명히 전원의 음의 극성이 전위 장벽 V_o를 V만큼 감소시킬 것이다. 이것의 원인은 주로 움직일 수 없는 이온들이 존재하는 공핍층 영역과 비교하여 벌크 내에는 많은 양의 다수 캐리어가 존재하므로 공핍 영역 밖의 벌크영역이 높은 전도를 갖기 때문이다. 따라서 인가된 전압은 대부분 공핍 영역 W를 통과하면서 감소한다. 결과적으로 [그림 7.35b]에서 보는 바와 같이 V는 직접적으로 V_o와 반대 극성을 갖고 확산을 방해하는 전위 장벽은 (V_o-V)로 감소한다. 정공이 전위 장벽을 뛰어넘어 오른쪽으로 확산할 확률이 $\exp[-e(V_o - V)/kT]$에 비례하기 때문에 이것은 상당한 중요성을 가진다. 다시 말해서 인가된 전압은 효과적으로 내부전위를 감소시키고 따라서 확산에 반대로 작용하는 내부전계를 감소시킨다.

결과적으로 많은 정공들이 공핍 영역을 가로질러 확산하여서 n-형 영역으로 들어갈 수 있다. 이는 n-형 영역으로 과잉 소수 캐리어 혹은 정공의 주입을 초래한다. 마찬가지로 과잉 전자는 p-형 영역으로 확산해서 들어가고 그로 인해 주입된 소수 캐리어가 된다.

$x' = 0$(x'은 W_n으로부터 측정됨) 인 공핍영역 바로 밖에서의 정공의 농도는

$$p_n(0) = p_n(x'=0)$$

이 되는데 이는 내부전위 장벽의 감소에 의한 과잉 정공 확산 때문이다. 이 농도 $p_n(0)$는 새로운 위치 에너지 장벽인 $q(V_o-V)$를 뛰어넘을 확률에 의해서 결정된다.

$$p_n(0) = p_{po}\exp\left[\frac{-q(V_0-V)}{kT}\right] \tag{7.87}$$

이는 Boltzmann식을 직접 따르면서 [그림 7.35(b)]에서 보는 바와 같이 $x = -W_p$에서부터 $x = W_n$까지 $q(V_o-V)$만큼 정공의 위치 에너지가 올라가고, 동시에 정공의 농도가 p_{po} 에서 $p_n(0)$로 떨어짐에 의한 것이다. 식 7.84(b)로 식 7.87을 나누면 어떻게 인가된 전압 V가 n-형 영역으로 확산하여 도달하는 과잉 정공들의 양을 결정하는지 알 수 있고 이를 통해 인가되는 전압의 효과를 직접적으로 얻는다.

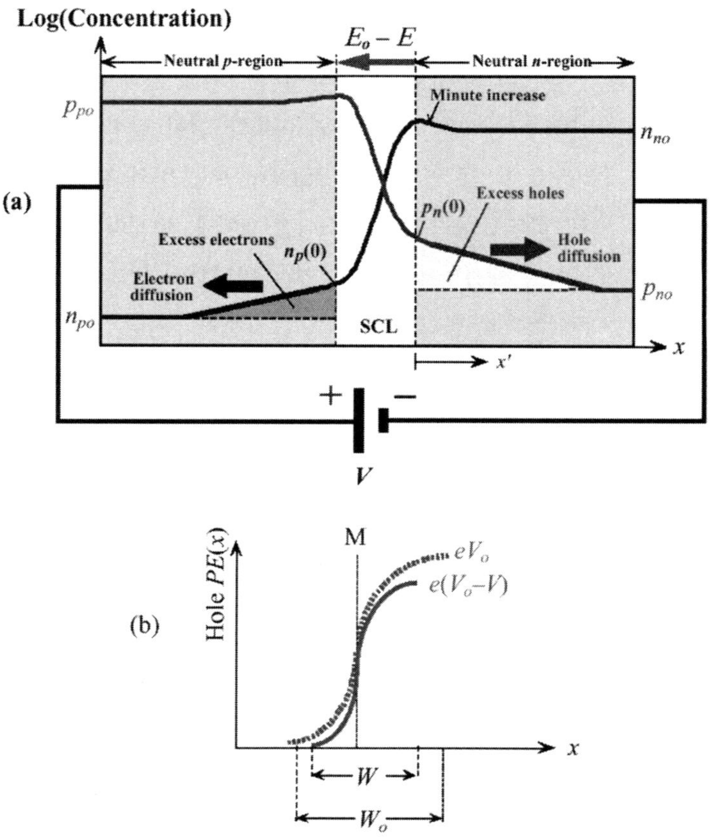

그림 7.35 순방향 바이어스된 p-n 접합과 소수 캐리어의 주입
(a) 순 방향 바이어스에서 소자를 가로질러 묘사된 캐리어 농도 분포.
(b) 인가된 전압이 있는 경우와 없는 경우의 정공의 위치 에너지. W는 순방향 바이어스에서의 공간전하층의 폭을 나타낸다.

$$p_n(0) = p_{no} \exp\left(\frac{qV}{kT}\right) \tag{7.88}$$

식 7.88은 p-n 접합 소자를 다룰 때 다시 사용할 중요한 식이다. 이 식은 공핍 영역 바로 밖에서 주입된 소수 캐리어 농도 $p_n(0)$에 미치는 인가된 전압 V의 효과를 보여준다. 명백하게 인가된 전압이 없을 경우에는 우리가 예상하는 바와 같이 V=0, $p_n(0) = p_{no}$가 된다.

주입된 정공들은 n-형 영역으로 확산해 나가서 결국 많은 전자를 가지고 있는 n-형 영역에서 전자들과 재결합한다. 재결합에 의하여 없어지는 이러한 전자들은 n-형 영역에 연결된 전지의 음극 단자에 의해 쉽게 보충된다. n-형 영역에서 정공의 확산에 의한 전류는 더 많은 정공들이 p-형 영역에 의해 공급될 수 있기 때문에 유지될 수 있고 이때 p-형 영역 자체는 전지의 양극단자에 의해 정공이 보충된다.

전자들도 마찬가지로 역시 n-형으로부터 p-형으로 주입된다. 공핍영역 바로 밖인 $x = -W_p$에서의 전자 농도 $n_p(0)$는 다음과 같이 구할 수 있다.

$$n_p(0) = n_{po} \exp\left(\frac{qV}{kT}\right) \tag{7.89}$$

p-형 영역에서, 주입된 전자들은 수집되기를 기대하면서 양의 단자로 확산해 간다. 전자들은 확산해 가면서 이 영역에 많이 있는 정공의 일부와 재결합한다. 재결합에 의해 없어진 이 정공들은 p-형 쪽에 연결된 전지의 양극 단자에 의해서 쉽게 보충된다. p 영역에서의 전자들의 확산에 의한 전류는 전지의 음극에 의해서 보충되는 n-형으로부터의 전자의 공급에 의해서 유지될 수 있다. 순방향 바이어스 하에서 p-n 접합을 통해 흐르는 전류가 유지될 수 있음이 확실하고, 놀랍게도 이 전류의 흐름은 소수 캐리어의 확산에 의한 것으로 보인다. 그러나 약간의 다수 캐리어의 유동도 역시 존재한다.

만약 p 혹은 n-형 영역의 길이가 소수 캐리어 확산거리보다 길다면 n-형 영역의 정공 농도 $p_n(x')$은 열평형상태의 값인 p_{no}로 다음과 같이 지수 함수적으로 감소함을 예상할 수 있을 것이다.

$$\Delta p_n(x') = \Delta p_n(0) \exp\left(-\frac{x'}{L_n}\right) \tag{7.90}$$

여기서

$$\Delta p_n(x') = p_n(x') - p_{no}$$

는 과잉캐리어 분포이며, L_h 는 $L_h = \sqrt{D_h \tau_h}$ 로 정의되는 정공 확산 거리이고 L_h식에 포함된 τ_h는 n-영역에서의 정공의 평균 재결합 수명(소수 캐리어 수명)이다. 식 7.90은 소수 캐리어 주입에 관한 경험에 기반을 둔다.

그러므로 정공 확산 전류 밀도 $J_{D,hole}$은 다음과 같다.

$$J_{D,hole} = -qD_h \frac{dp_n(x')}{dx'} = -qD_h \frac{d\Delta p_n(x')}{dx'}$$

이는 다음과 같이 표현할 수도 있다.

$$J_{D,hole} = \left(\frac{qD_h}{L_h}\right) \Delta p_n(0) \exp\left(-\frac{x'}{L_n}\right)$$

위의 식이 정공 확산 전류가 위치에 의존함을 보임에도 불구하고 어떠한 위치에서의 전체 전류는 [그림 7.36]에서 보는 바와 같이 정공의 기여와 전자의 기여의 합으로 나타내고 그것은 x에 독립적이다. x'이 증가함에 따라 소수 캐리어 확산 전류의 감소는 [그림 7.36]에서 도식적으로 보는 바와 같이 다수 캐리어의 유동에 의한 전류의 증가에 의해 보충된다. 중성영역에서의 전계는 완전히 0이 되는 것이 아니라 단지 그곳에 있는 많은 양의 다수 캐리어를 유동하기에만 충분한 작은 값을 갖는다.

공핍 영역 바로 밖의 $x' = 0$에서 정공 확산 전류는 다음과 같다.

$$J_{D,hole} = \left(\frac{qD_h}{L_h}\right)\Delta p_n(0)$$

이제 접합의 법칙을 이용하여 $\Delta p_n(0)$에 인가된 전압 V에 관한 식으로 대입할 수 있다. 이를 다시 쓰면 다음과 같다.

$$\Delta p_n(0) = p_n(0) - p_{no} = p_{no}\left[\exp\left(\frac{qV}{kT}\right) - 1\right]$$

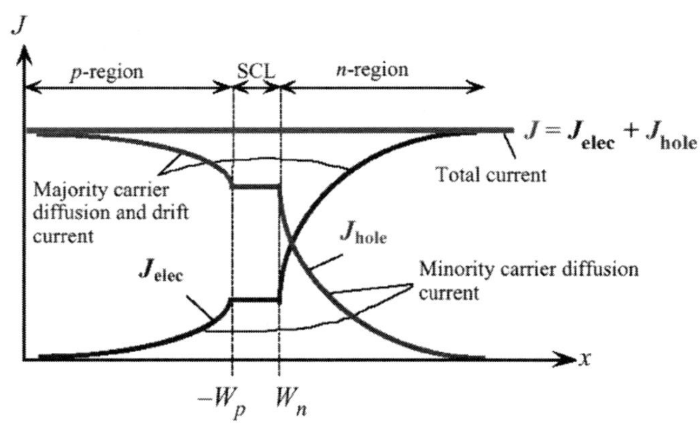

그림 7.36 소자 어느 곳에서나 전체 전류는 일정하다. 공핍 영역의 바로 밖에서는 전류가 소수 캐리어의 확산에 의한 것이다.

위 식을 $J_{D,hole}$ 식 안에 대입하면 다음을 얻는다.

$$J_{D,hole} = \left(\frac{qD_h p_{no}}{L_h}\right)\left[\exp\left(\frac{qV}{kT}\right) - 1\right]$$

열평형상태의 정공 농도 p_{no}는 도우너 농도와 다음과 같은 관계를 갖는다.

$$p_{no} = \frac{n_i^2}{n_{no}} = \frac{n_i^2}{N_d}$$

따라서 다음을 얻는다.

$$J_{D,hole} = \left(\frac{qD_h n_i^2}{L_h N_d}\right)\left[\exp\left(\frac{qV}{kT}\right) - 1\right]$$

p영역내에서 전자의 확산 전류 밀도 $J_{D,elec}$에 관해서도 비슷한 표현식이 존재한다. 일반적으로 공핍 영역의 폭이 매우 좁기 때문에 이 영역을 지나면서 전자와 정공전류는 변하지 않는다고(상당히 합리적으로) 가정할 것이다(실제로는 [그림 7.35]와 [그림 7.36]에서 보는 개념도와 일치하지는 않는다). $x = -W_p$에서의 전자 전류와 $x = W_n$에서의 전자 전류는 동일하다. 그러면 전체 전류밀도는 간단히 $J_{D,hole} + J_{D,elec}$로 표현할 수 있다. 즉 다음과 같이 된다.

$$J = \left(\frac{qD_h}{L_h N_d} + \frac{qD_e}{L_e N_a}\right) n_i^2 \left[\exp\left(\frac{qV}{kT}\right) - 1\right]$$

혹은

$$J = J_{so}\left[\exp\left(\frac{qV}{kT}\right) - 1\right] \tag{7.88}$$

이는 우리가 익숙한 다이오드 식이고 J_{so}은 다음과 같다.

$$J_{so} = \left[\left(\frac{qD_h}{L_h N_d}\right) + \left(\frac{qD_e}{L_e N_a}\right)\right] n_i^2$$

이 식은 종종 Shockley 식이라고 부른다. 상수 J_{so} 는 불순물 농도 N_d와 N_a에 의존할 뿐만 아니라 n_i, D_h, D_e, L_h, L_e를 통해 물질에도 의존한다. 이는 **역방향 포화 전류** 밀도로 알려져 있는데 아래에서 설명하는 바와 같다.

$$n_i^2 = (N_c N_v)\exp\left(-\frac{qV_g}{kT}\right)$$

에서 $V_g = E_g/q$ 이고 이는 볼트로 표현되는 밴드갭 에너지이며, 위 식을 이용하여 식 7.88을 다음과 같이 쓸 수 있다.

$$J = \left(\frac{qD_h}{L_h N_d} + \frac{qD_e}{L_e N_a}\right)\left[(N_c N_v)\exp\left(-\frac{qV_g}{kT}\right)\right]\left[\exp\left(\frac{qV}{kT}\right) - 1\right]$$

이는 다음과 같이 쓰거나

$$J = J_1 \exp\left(-\frac{qV_g}{kT}\right)\left[\exp\left(\frac{qV}{kT}\right) - 1\right]$$

혹은 다음과 같이 쓸 수 있다.

$$J = J_1 \exp\left[\frac{q(V - V_g)}{kT}\right] \qquad \frac{qV}{kT} \gg 1 \text{ 인 경우} \tag{7.89}$$

여기서 J_1는 다음과 같은 새로운 상수이다.

$$J_1 = \left(\frac{qD_h}{L_h N_d} + \frac{qD_e}{L_e N_a}\right)(N_c N_v)$$

식 7.89의 중요성은 [그림 7.37]에서 보는 바와 같이 세 개의 중요한 태양전지 물질 Ge, Si, GaAs에서의 *I-V* 특성의 밴드갭에 대한 의존성을 (V_g를 통해서) 나타낸다는 점이다. 약 0.1 mA 정도의 상당한 전류를 위해 p-n 접합에 걸리는 전압이 Ge에서는 약 0.2 V, Si에서는 0.6 V, 그리고 GaAs에서는 0.9 V가 된다는 점을 유의해야 한다.

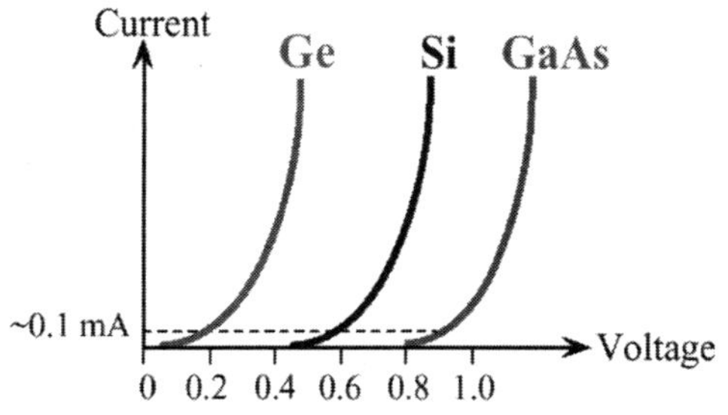

그림 7.37 Ge, Si, GaAs p-n 접합의 I-V 특성의 개략도

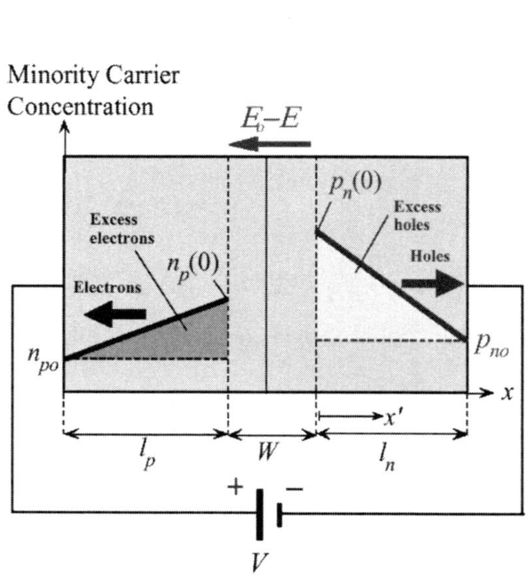

그림 7.38 소수 캐리어 주입과 짧은 다이오드에서의 확산

식 7.88의 다이오드 식은 공핍영역 밖에서의 p 영역과 n 영역의 길이가 확산길이 L_h와 L_e에 비하여 길다고 가정함으로써 유도되었다. l_p을 공핍영역 밖에서의 p 영역의 길이로 l_n을 공핍영역 밖의 n 영역의 길이로 가정하자. 만약 l_p와 l_n이 각각 확산길이 L_p와 L_n보다 짧다면 소위 짧은 다이오드를 갖게 되고, 결과적으로 소수 캐리어의 분포는 [그림 7.38]에 나온 바와 같이 공핍 영역에서부터 거리에 따라 거의 선형적으로 떨어진다. 이는 연속 방정식을 풀면 쉽게 증명될 수 있으나 직관적인 설명으로도 이는 명백하다. $x' = 0$에서의 소수 캐리어 농도는 접합의 법칙에 의해서 결정되는 반면 전지의 단자에서는 과잉 소수 캐리어를 간단히 수집할 것이기 때문에 과잉 캐리어가 없을 수가 없다. 중성영역의 길이가 확산길이보다 짧기 때문에 실질적으로 재결합에 의하여 잃어버리는 정공들은 없고 따라서 정공의 흐름은 l_n의 길이에서 균일하다고 예상된다. 이는 확산을 유도하는 힘인 농도의 기울기가 선형적일 경우에만 가능하다.

과잉 소수 캐리어의 기울기는 다음과 같다.

$$\frac{d\triangle p_n(x')}{dx'} = -\frac{[p_n(0)-p_{no}]}{\ell_n}$$

순방향 바이어스에 의해 n 영역에서의 정공의 주입과 확산에 의한 전류밀도 $J_{D,hole}$는 다음과 같다.

$$J_{D,\,hole} = -qD_h\frac{d\triangle p_n(x')}{dx'} = qD_h\frac{[p_n(0)-p_{no}]}{\ell_n}$$

이제 위 식에 있는 $p_n(0)$을 위해 다음과 같이 접합의 법칙을 이용할 수 있고

$$p_n(0) = p_{no}\exp\left(\frac{qV}{kT}\right)$$

또한 p 영역에서의 전자 확산에 관해서도 비슷한 식을 얻을 수 있고 그리고 나서 전체 전류 J를 구하기 위해 위의 두 식을 합하면 된다.

$$J=\left(\frac{qD_h}{\ell_n N_d}+\frac{qD_e}{\ell_p N_a}\right)n_i^2\left[\exp\left(\frac{qV}{kT}\right)-1\right] \tag{7.90}$$

만일 나중 식에서 공간전하층 밖에서의 n 영역과 p 영역의 길이 l_p와 l_n을 확산길이 L_h, L_e로 대체하면 이 표현식이 긴 다이오드에서의 전류식 즉 식 7.88과 같아진다는 것은 명백하다.

지금까지 순방향 바이어스 하에서 외부 전류가 중성영역에서 확산하고 재결합하는 소수 캐리어를 공급한다고 가정하였다. 그러나 소수 캐리어의 일부분은 공

핍층에서 재결합할 것이다. 그러므로 외부전류는 공간전하층에서 재결합 과정에 의해서 잃게 되는 캐리어 또한 공급하여야 한다. 재결합률은 [그림 7.35(a)]에서 분명하듯이 전자와 정공의 농도가 비슷한 공핍층 영역의 중간 부근에서 최대가 된다. [그림 7.35(b)]에서 보듯이 공간전하층의 중심 부근에서의 전위는 $(1/2)(V_o-V)$이므로 공간전하층 중심 부근에서의 캐리어 농도는 $\exp(qV/kT)$ 보다는 $\exp(qV/2kT)$ 혹은 $\exp[-q(V_o-V)/2kT]$ 에 의존한다. 이는 공핍층의 반에 인가전압의 반이 걸리는 것으로 이해될 수 있다. 그렇게 되면 전자들이 재결합하는 비율은 공간전하층 중간에서의 전자 농도, 즉 $\exp(qV/2kT)$에 직접적으로 비례하고, 평균 재결합시간에 반비례한다. 양적인 분석으로부터 재결합 전류에 관한 표현식은 일반적으로 다음과 같이 쓸 수 있다.

$$J_{recom} \approx J_{ro}\left[\exp\left(\frac{qV}{2kT}\right) - 1\right] \tag{7.91}$$

여기서 J_{ro}는 근사적으로 다음과 같이 쓸 수 있다.

$$J_{ro} = \frac{qn_iW}{2\tau_r}$$

여기서 W는 공핍 영역의 폭이고 τ_r은 W내에서의 소수 캐리어 평균 재결합 시간이다.

식 7.91은 공핍 영역에서 재결합하는 캐리어를 공급하는 전류를 나타낸다. 다이오드로 들어가는 전체 전류는 중성영역에서 확산하는 소수 캐리어와 공간전하층에서 재결합하는 캐리어를 공급하므로 그것은 식 7.90과 7.91의 합으로 표현된다.

$$J = J_{so}\exp\left(\frac{qV}{kT}\right) + J_{ro}\exp\left(\frac{qV}{2kT}\right); \left(V > \frac{kT}{q}\right) \tag{7.92}$$

위의 표현식은 종종 다음과 같이 단일 지수 함수적으로 묶인다.

$$J = J_0\exp\left(\frac{qV}{\eta kT}\right) \ ; \left(V > \frac{kT}{q}\right) \tag{7.93}$$

여기서 J_0는 새로운 상수이고 η는 이상 계수이다. 전류가 중성영역에서의 소수 캐리어 확산에 기인할 때에는 $\eta = 1$ 이 되고 전류가 공간전하층에서의 재결합에 기인할 때에는 $\eta = 2$ 이 된다.

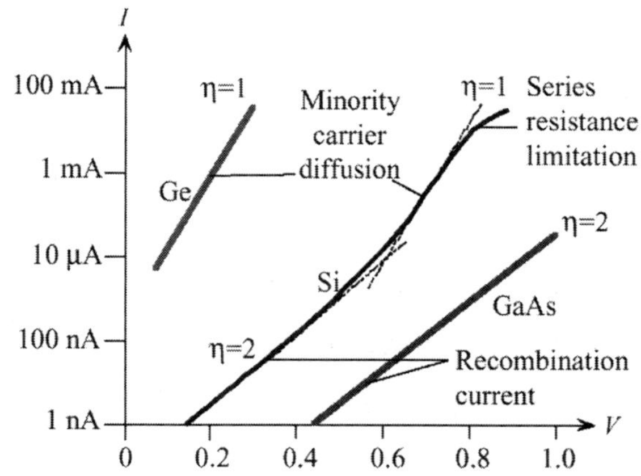

그림 7.39 log(I) vs. V로 그린 Ge, Si, GaAs p-n 접합의 전형적인 I-V 특성 계략도, 기울기는 $e/(\eta kT)$를 나타낸다.

[그림 7.39]는 Ge, Si, GaAs p-n 접합 다이오드의 일반적인 예상 *I-V* 특성을 보여준다. 가장 높은 전류에서는 늘 중성영역의 벌크 저항이 전류를 제한한다. Ge 다이오드에서는 일반적으로 $\eta = 1$ 이고 전체적인 *I-V* 특성은 소수 캐리어 확산에 기인한다. GaAs의 경우 $\eta \approx 2$ 이고 전류는 공간전하층에서의 재결합에 의해 제한된다. Si에서는 일반적으로 η이 전류가 증가함에 따라 2에서 1로 변하는데 이는 두 가지의 과정이 중요한 역할을 함을 제시한다. 높게 도핑된 Si 다이오드의 경우 높은 도핑에 의해 소수 캐리어 재결합 시간은 짧아지고 전류는 공간전하층에서의 재결합에 의해 지배되므로 벌크저항이 전류를 제한하기 시작할 때까지 $\eta = 2$인 영역이 계속된다.

7.9.3 역방향 바이어스

[그림 7.40(a)]에서 보는 바와 같이 p-n 접합이 역방향 바이어스될 때, 인가되는 전압은 전과 마찬가지로 주로 공핍 영역에서 감소하고 공핍 영역이 더 넓어진다. 음의 단자는 p 영역내의 정공을 당겨서 공핍 영역으로부터 떠나도록 이동시킨다. 이는 더 많은 음의 억셉터를 노출시키고 따라서 더 넓은 공간전하층을 만든다. 마찬가지로 양의 단자는 공핍층으로부터 전자를 끌어당겨서 양으로 이온화된 도우너를 더 많이 노출시킨다. n 영역내의 공핍층 폭도 역시 넓어진다.

n측에 공급되는 전자가 없기 때문에 n 영역에서 양의 전지 단자로 향한 전자의 이동은 유지될 수 없다. p측은 영역 내에 전자가 거의 존재하기 않기 때문에 n측으로 전자를 공급해주지 못한다. 더구나 전지로부터 나오는 전자들은 p측으

로 들어가서 n측으로 통과할 수 없다. 왜냐하면 전자들이 p 영역을 통과할 기회를 갖기 전에 정공들과 재결합할 것이기 때문이다. 따라서 역방향으로 바이어스된 p-n 접합에서 유지될 수 있는 전류가 없음은 명백하다.

인가된 전압은 [그림 7.40(b)]에서 보는 바와 같이 내부전위 장벽을 증가시키는데, 이는 n측으로의 정공의 확산과 p측으로의 전자의 확산을 방해한다. 공핍영역에서의 전계는 내부전계 E_o 보다 크다. 공핍 영역 근처의 n측에서 정공이 전계에 의해서 축출돼서 공핍층을 건너 p측으로 이동한다. 이제 같은 수의 정공들이 작은 전류를 생성하며 p 영역으로부터 전지로 나갈 수 있다. 비슷하게 공핍 영역 근처의 p 측에서 작은 농도의 전자가 작은 전류를 생성하면서 공핍층을 건너 n측으로 이동한다. [그림 7.40(a)]를 보면 작은 역방향 전류는 n측에서 벌크로부터 공핍층으로의 정공들의 확산과 비슷하게 p측에서 벌크로부터 공핍층으로의 전자의 확산에 의해 유지된다.

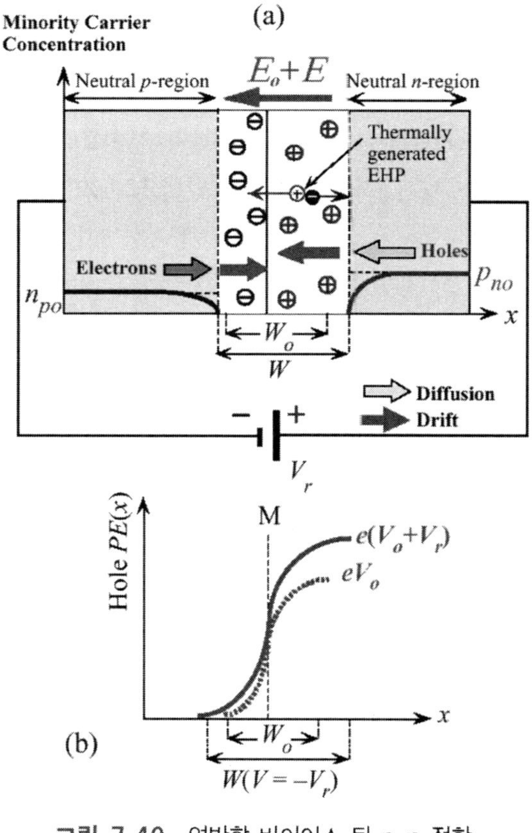

그림 7.40 역방향 바이어스 된 p-n 접합

(a) 소수 캐리어 분포와 역방향 전류의 근원, (b) 역방향 바이어스 하에서 접합을 가로질러 나타내는 정공의 위치에너지

순방향 바이어스의 경우에서처럼 확산전류밀도 $J_{D,hole}$와 $J_{D,elec}$를 평가함

으로써 역방향 전류밀도를 알아낼 수 있다. kT/q (20 ℃에서 25 mV) 이상의 상당히 큰 역방향 바이어스 전압을 취하면 공핍층 바로 밖에서의 소수 캐리어 농도는 거의 0이 될 것이다 ($p_n(0) = n_p(0) = 0$). 이는 역방향 바이어스에 대한 접합의 법칙으로부터 직접 구할 수 있다. 그러면 역방향 전류는 인가된 전압에 독립적이 되고 이를 **역방향 포화전류**라고 부른다. 음의 전압하의 식 7.88로부터 $-AJ_{so}$의 다이오드 전류가 구해지는데 이 전류가 역방향 포화 전류이기 때문에 J_{so}에 이름이 주어진다. J_{so}값은 n_i, μ_h, μ_e를 통해 물질에 의존하고 불순물 농도 등에 의존하나 전압에는 의존하지 않는다. 더구나 J_{so} 는 n_i^2 에 의존하기 때문에 온도에 크게 의존한다.

[그림 7.40(a)]에서 보는 바와 같이 이 공간전하층의 내부 전계가 전자와 정공을 분리하고 그것들을 중성영역으로 이동시키기 때문에 공간전하 영역에서의 전자 정공쌍(EHPs)의 열 생성도 또한 관찰된 역방향 전류에 기여할 수 있다. 이 유동은 소수 캐리어의 확산에 의한 역방향전류에 더하여 외부 전류를 유발할 것이다. 공간전하층의 생성전류에 관한 이론적인 평가를 하기 위해서는 더 수준 높은 교과서에서 다루는 재결합 중심을 통한 전하 캐리어 생성 과정에 관한 깊은 이해가 필요하다. τ_g를 격자의 열 진동에 의해 전자-정공쌍을 생성하기 위한 평균시간이라고 가정하자(τ_g는 또한 열생성 수명이라고도 부른다). τ_g가 주어질 때 단위 부피당 ni의 EHP를 생성하기 위하여 평균 τ_g의 시간이 걸리기 때문에 단위 부피 당 열 생성 비율이 ni/τ_g이 되어야 함을 주목하자. 더구나 WA(여기서 A=1)가 공핍영역의 부피이기 때문에 EHP 혹은 전하 캐리어의 생성율은 Wn_i/τ_g이다. 그러므로 공핍 영역 내에서의 전자 정공쌍의 열 생성에 의한 역방향 전류성분은 다음과 같이 주어져야 한다.

$$J_{\geq n} = \frac{qWn_i}{\tau_g} \tag{7.94}$$

역방향 바이어스는 공핍층의 폭을 넓히고 따라서 J_{gen}을 증가시킨다. 전체 역방향 전류밀도 J_{rev}는 확산과 생성 성분들의 합이고 이는 다음과 같다.

$$J_{rev} = \left(\frac{qD_h}{L_hN_d} + \frac{qD_e}{L_eN_a}\right)n_i^2 + \frac{qWn_i}{\tau_g} \tag{7.95}$$

어떤 소자에서는 중요할 수도 있는 한가지 전류 성분이 더 있는데 이는 공핍층을 우회하여 표면 위나 어떤 경계면을 따라서 흐르는 전하 캐리어에 의한 표면 누설 전류이다. 역방향 전류 가운데 이 성분은 일반적으로 역방향 바이어스와 함께 증가한다. [그림 7.41]은 이상적인 p-n 접합과 일반적인 실리콘 다이오드의 *I-V* 특성을 개괄적으로 보여준다. 역방향 누설전류는 가능한 모든 요소들을 포함한 전체 역방향 전류를 의미하는 용어이다.

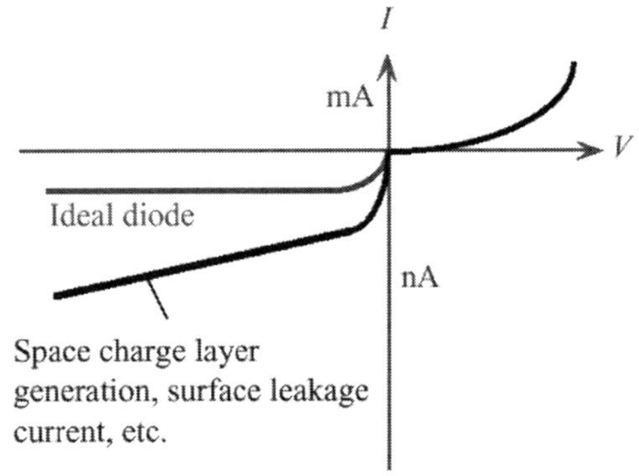

그림 7.41 **p-n 접합**의 역방향 I-V 특성(전류의 양의 축과 음의 축은 다른 눈금을 가지고 있다)

7.10 | p-n 접합 밴드 다이아그램

7.10.1 개방회로

[그림 7.42(a)]는 태양전지 재료들이 서로 분리되어 있을 경우 동일한 물질(동일한 E_g)로 구성된 p-형과 n-형 태양전지 재료의 에너지 밴드 다이아그램을 보여준다. p-형 물질에서의 Fermi 준위 E_{Fp}는 진공준위로부터 Φ_p 만큼 아래에 있고 E_v와 가깝다. n-형 물질에서의 Fermi 준위 E_{Fn}는 진공준위로부터 Φ_n 만큼 아래에 있고 E_c와 가깝다. 열평형상태에서의 $E_c - E_{Fn}$의 차이는 n-형에서의 전자의 농도 n_{no}를 결정하고 $E_{Fp} - E_v$의 차이는 p-형에서의 정공의 농도 p_{po}를 결정한다.

Fermi 에너지 E_F의 중요한 성질은 평형상태의 시스템에서 Fermi 준위가 공간적으로 연속이어야 한다는 점이다. Fermi 준위에서의 차이 ΔE_F는 전기적인 일 qV와 동등한 데 이는 시스템에 행해지는 일이나 시스템이 외부에 하는 일이다. 두 개의 태양전지 재료가 서로 맞닿을 때 [그림 7.42(b)]에서처럼 Fermi 준위는 두 개의 물질을 통하여 그리고 야금적 위치를 나타내는 M에서 균일해야 한다. M으로부터 멀리 떨어진 n-형 태양전지 재료의 벌크에서는 아직도 n-형 태양전지 재료이고 $E_c - E_{Fn}$는 이전과 같아야 한다. 마찬가지로 M으로부터 멀리 떨어진 p-형 물질에서의 $E_{fp} - E_v$도 이전과 같아야 한다. 이러한 특징들은 [그림 7.42(b)]에서 보듯이 전체 시스템에서 E_{Fp}와 E_{Fn}를 동일하게 유지하고, 또한 밴드갭 $E_c - E_v$도 동일하게 유지한다. 확실히 n측의 E_c는 E_{Fn}와 가까운 반면 p측의 E_v는 E_{Fp}로부터 멀기 때문에 에너지 밴드 다이아그램을 그리기 위해서 M에 있는 접합 주변에서 밴드 E_c와 E_v를 구부려야 한다. 어떻게 밴드가 구부러지고 이것이 의미하는 바가 무엇인가?

두 개의 태양전지 재료가 접합을 형성하기 위해서 서로 접하는 순간 전자는 n측에서 p측으로 확산하고 그렇게 함으로서 접합 부근의 n측에서 전자가 공핍된다. 따라서 E_c는 정확히 [그림 7.42(b)]에 그려진 바와 같이 M쪽으로 가면서 E_{Fn}으로부터 멀어져야 한다. 정공들은 p측으로부터 n측으로 확산하고 접합 부근의 p-형 물질에서의 정공의 손실은 E_v가 M으로 가면서 E_{Fp}로부터 멀어진다는 것을 의미하는데 이것도 역시 그림에 보였다.

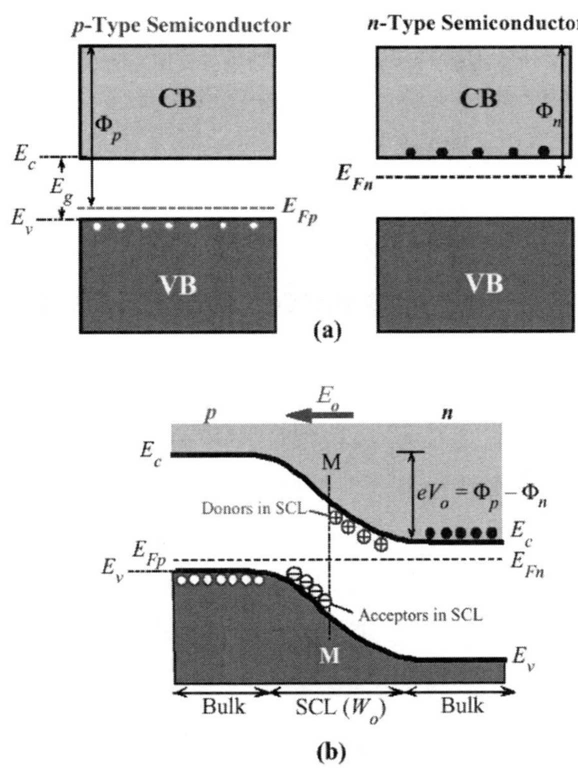

그림 7.42 (a) 두 개의 격리된 p-형과 n-형 태양전지 재료(동일한 물질)
(b) 두 개의 태양전지 재료가 접하였을 경우 p-n 접합의 밴드 다이아그램. Fermi 준위는 평형상태에서 균일해야 한다. 야금적 접합은 M에서 존재한다. M주위의 영역은 공간전하 영역을 가진다. M의 n측의 공간전하층은 노출된 양전하 도우너를 갖는 반면 p측에서는 노출된 음전하 억셉터를 노출시킨다.

더구나 전자와 정공들이 서로를 향해서 확산하면서 대부분의 전자와 정공은 [그림 7.34]에서 보듯이 M근처에서 재결합돼서 사라지고 공핍영역 혹은 공간전하영역을 형성하게 된다. 전자의 정전기적인 위치 에너지(*PE*)는 [그림 7.34(g)]에서 보는 바와 같이 *p*-영역내에서의 0으로부터 *n*-영역내에서의 $-qV_o$로 감소한다. 그러므로 전자의 총 에너지는 qV_o의 양만큼 p-형으로부터 n-형으로 가면서 감소해야 한다. 다시 말해서 *n*측의 E_c에 있는 전자가 *p*측의 E_c로 넘어가기 위해서 *PE* 장벽을 넘어서야만 한다. *PE* 장벽은 qV_o이고 V_o는 내부전위이다. 그러므로 M 주위에서의 밴드의 구부러짐은 이 영역에서의 전자와 정공의 농도 변화를 설명해줄뿐만 아니라 내부전위의 영향도 설명해준다.

[그림 7.42(b)]는 M주위에 노출된 전하가 있음을 강조하기 위해서 M주위의 공간전하층 내의 E_d에서의 양전하 도우너와 E_a에서의 음전하 억셉터를 도식적으로 보여준다. 물론 이러한 전하들은 움직일 수 없고 일반적으로 밴드 다이아그램에 나타내지 않는다. W_o로 표시된 공간전하영역 내에서 Fermi 준위가 벌크 태양전지 재료 영역과 비교하여 E_c나 E_v어느 것에도 가깝지 않다는 점을 주목하여야 한다. 이것은 이 영역에서 *n*과 *p*모두 벌크 값 n_{po}와 p_{no}보다 훨씬 작다는 것을 의미한다. 야금적 접합영역은 벌크와 비교하여 캐리어들이 공핍되어 있다. 그러므로 인가된 전압은 SCL을 가로질러 가면서 떨어져야 한다.

7.10.2 순방향 바이어스와 역방향 바이어스

개방회로 상태하의 p-n 접합의 에너지 밴드 다이어그램은 [그림 7.43(a)]에서 보는 바와 같다. 순 전류가 없으므로 *n*측에서 *p*측으로의 전자의 확산 전류가 내부전계 E_o에 의해 *p*측에서 *n*측으로 흐르는 전자 유동전류와 균형을 이룬다. 비슷한 논리가 정공에도 적용된다. 전자가 *n*측의 E_c로부터 *p*측의 E_v로 확산할 가능성이 확산 전류밀도(J_{diff})를 결정한다. PE 장벽을 넘어설 확률은 $\exp(-qV_o/kT)$에 비례한다. 그러므로 바이어스가 걸리지 않은 상태에서는 다음과 같다.

$$J_{diff}(0) = B\exp\left(-\frac{qV_0}{kT}\right) \tag{7.96}$$

$$J_{net}(0) = J_{diff}(0) + J_{drift}(0) = 0 \tag{7.97}$$

여기서 B는 비례상수이고 $J_{drift}(0)$ 은 E_o에 의한 전자의 유동 전류이다. 확실히 $J_{diff}(0) = -J_{drift}(0)$, 즉 유동은 확산의 반대 방향이다.

p-n 접합이 순방향 바이어스되는 경우 인가된 전압의 대부분이 공핍영역에

걸리게 되므로 인가된 전압은 내부전위 V_o에 반대가 된다. [그림 7.43(b)]는 *PE* 장벽을 qV로부터 $q(V_o-V)$로 감소시키는 순방향 바이어스의 영향을 보여준다. 이제 n측의 E_c에 있는 전자들은 쉽게 *PE*장벽을 넘어서 p측으로 확산할 수 있다. n측으로부터 확산된 전자들은 이 쪽에 연결된 전자의 음의 전극으로부터 보충될 수 있다. 마찬가지로 이제 정공은 p측으로부터 n측으로 확산해 나갈 수 있다. 전지의 양의 단자는 p측으로부터 확산되어 나간 정공을 보충할 수 있다. 그러므로 접합을 통하여 그리고 회로를 따라서 전류가 흐른다.

n측의 E_c에서 하나의 전자가 새로운 *PE* 장벽을 넘어서 p측의 E_c로 확산할 수 있는 확률은 $\exp[-q(V_o-V)/kT]$에 비례한다. 이 지수함수는 작은 순방향 전압에서도 크게 증가한다. n측으로부터 p측으로의 전자의 확산에 의한 새로운 확산 전류는 다음과 같다.

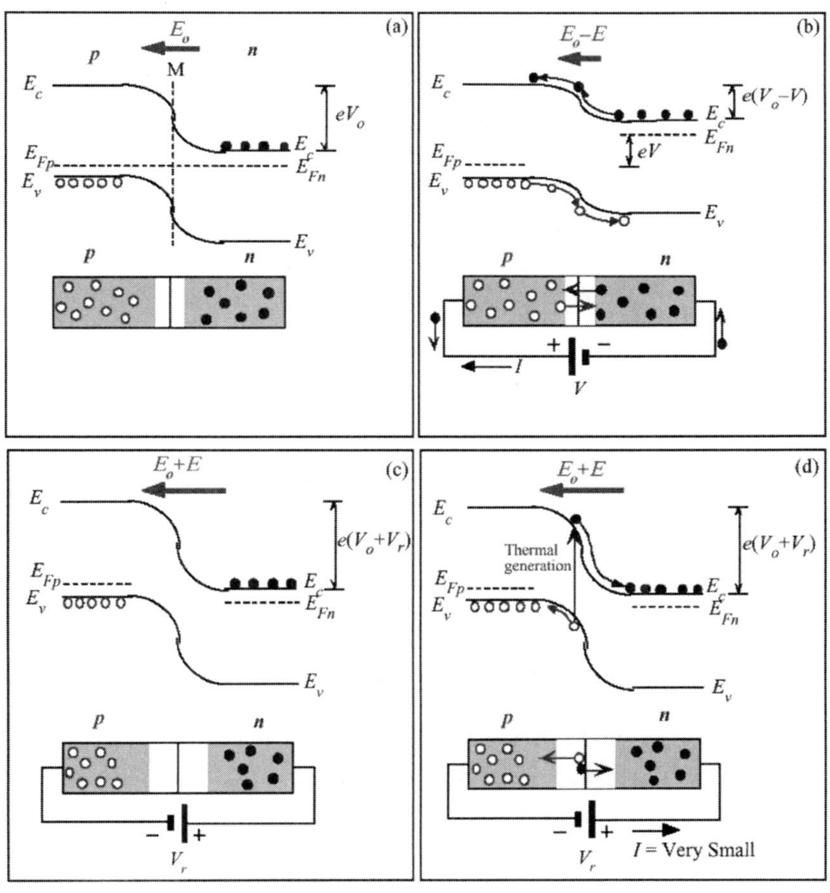

그림 7.43 p-n **접합**의 에너지 밴드 다이어그램

(a)개방회로 (b)순방향 바이어스 (c)역방향 바이어스 (d) 공핍영역 내의 전자 정공쌍의 열생성은 작은 역방향 전류를 만든다.

$$J_{diff}(V) = B\exp\left[-\frac{q(V_0 - V)}{kT}\right]$$

공간전하층에서의 새로운 전계 $E_o - E$(E는 인가된 전계)에 의해 유동하는 전자에 의한 유동전류가 여전히 존재한다. 이 유동전류는 $J_{drift}(V)$의 값을 가진다. 순 전류는 순방향 바이어스에서의 다이오드 전류이다.

$$J = J_{diff}(V) - J_{drift}(V)$$

J_{drift}는 알아내기가 어렵다. 그러나 첫번째 근사법으로서 E_o 가 $E_o - E$로 감소했을지라도 확산에 의해 공간전하층에서 전자 농도가 증가하여 J_{drift}를 $J_{drift}(0)$와 대충 같은 값으로 가정할 수 있다. 따라서

$$J \approx J_{diff}(V) - J_{drift}(0) = B\exp\left[-\frac{q(V_0 - V)}{kT}\right] - B\exp\left(-\frac{qV_0}{kT}\right)$$

공통 인수를 정리하면 다음 식이 유도된다.

$$J \approx B\exp\left(-\frac{qV_0}{kT}\right)\left[\exp\left(\frac{qV}{kT}\right) - 1\right]$$

여기에 정공의 기여를 또한 더해야 하는 데 그 식은 위의 식과 비슷하면서 다른 상수 B를 가지는 식이 된다. 그러면 다이오드의 전류 전압관계는 다음의 익숙한 다이오드 식이 된다.

$$J = J_0\left[\exp\left(\frac{qV}{kT}\right) - 1\right]$$

여기서 J_0는 온도 의존 상수이다.

역방향 바이어스($V = -V_r$)가 p-n 접합에 인가될 때, 전압은 다시 공간전하층을 통과하면서 떨어진다. 그러나 이러한 경우에 V_r은 내부전위에 더해지므로 [그림 7.43(c)]에서 보는 바와 같이 PE 장벽은 $q(V_o + V_r)$이 된다. 공간전하층내의 M에서의 전계는 $E_o + E$로 증가하게 된다. 여기서 E 는 인가된 전계이다.

여기서 n측의 E_c로부터 p측의 E_c까지의 전자확산에 의한 확산 전류는 작은 V_r의 변화에 따라 빨리 감소하는 $\exp[-q(V_o + V_r)/kT]$에 비례하기 때문에 거의 무시할만하다. 그러나 유동 성분인 작은 역방향 전류가 존재한다. 전자 정공쌍(EHP)이 [그림 7.43(d)]에서 보는 바와 같이 공간전하층에서 열적으로 생성될 때 여기서 전계는 이를 분리한다. 전자는 PE 언덕을 따라 n측의 E_c로 떨어지고 거기서 전지에 의해 수거된다. 마찬가지로 정공은 PE 언덕(정공에 대한 에너지는 아래로 가면서 증가한다.)을 따라 떨어져서 p측에 도달한다. PE 언덕 아래로

떨어지는 과정은 전계에 의해서(이 경우는 $E_o + E$ 에 의해) 이동하는 것과 같은 과정이다. 그러므로 역방향 바이어스 상태에서 바이어스에 독립적이나 공간전하층의 EHPs의 열 생성율에 의존적인 작은 역방향 전류가 존재한다.

7.11 광조사시 p-n 접합

앞장의 설명에서 광조사가 없는 경우의 전류-전압 특성은

$$I = I_o[\exp(qV/nkT) - 1] \tag{7.98}$$

로 나타낸다고 가정하였다.

본 절에서는 I_0, n 등의 값에 관해 생각해 보자.

p-n 접합에 흐르는 전류성분으로서는 [그림 7.44]와 같이 소수 캐리어 주입전류 I_{inj}, 공핍층 내에서 트랩을 통해 재결합하는 전류성분 I_{rg}, 공핍층 내의 트랩준위로 터널된 후에 재결합하는 전류성분 I_{int} 등이 있다.

그외 격자부정합이 큰 재료에 의한 계면준위를 통한 전류성분 I_{int} 등이 존재한다. 태양전지에서는 표면전하와 산화막 두께에 따라 전류 수송기구가 크게 달라진다. 더욱 집광하여 동작시킬 경우에는 소위 대주입의 문제로서 전류-전압 특성을 생각해야 한다.

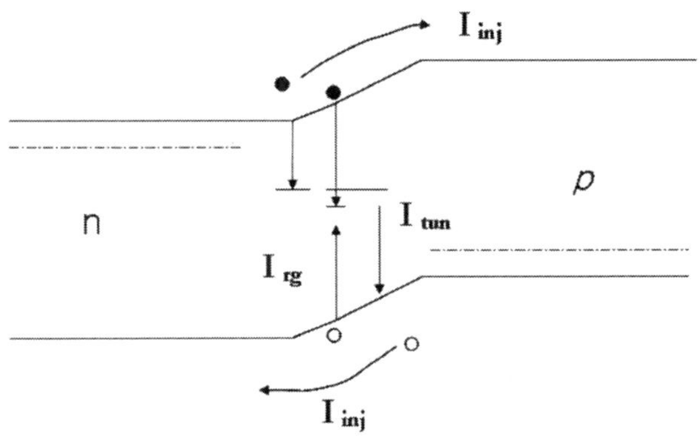

그림 7.44 순방향 Bias의 전류성분

I jnj : 주입전류

I rg : 공핍층 내에서의 재결합 전류

I tun : 턴넬전류

7.11.1 주입전류(+0.2 V < 인가전압 < +0.45 V 사이에서 주도)

접합에 순방향 바이어스 V를 인가했을 때의 전류는 역시 소수 캐리어 연속의 방정식을 풀어서 얻는다. 이 경우 광여기에 관여되는 항은 g=0이다. 또 경계 조건은 접합부에서 Boltzman 법칙에 의해

$$p_n = p_{n0}\exp(qV/kT)$$
$$n_p = n_{p0}\exp(qV/kT) \tag{7.99}$$

가 된다.

BSF 구조 즉 npp+로 만들어지는 BSF 구조에서 표면으로부터 p층으로 주입되는 전류도 역시

$$I_{inj,\,n} = I_0[\exp IqV/kT) - 1]$$

가 된다. 이 구조에서 I_o 는 계단접합구조의 값보다 약 1승 정도 작다.

이는 같은 단락광전류가 흐르더라도 전자의 개방전압이 높다는 것을 의미한다.

7.11.2 공핍층 내 재결합 전류(인가전압<+0.45V에서 문제 발생시 나타남)

접합에 순방향 바이어스를 인가하면 일부의 소수 캐리어는 공핍층 내부에서 트랩을 통해 재결합하게 된다. 이런 경우에는 병렬저항이 낮아지기 쉬우며, 발생 원인은 얕은 접합에 그리드 금속이 침투하는 경우, 측면 분리의 불완전, 접합부 내부로의 오염물질 혼입, 도핑의 불균일, 스크린 프린트와 건조시 잔류한 미소 금속 성분이 표면에 잔류하다 고온 소성 과정에서 누설전류 패스를 형성할 때 발생 한다. 이때의 전류에 관해서는 Sah-Noyce-Shockley에 의한 해석이 있고, 단일 트랩 준위인 경우 I_{rg}는

$$I_{rg} \sim \frac{qW}{2}\delta v_{th} N_t \eta_i \exp\left(\frac{qV}{2kT}\right) \tag{7.100}$$

로 나타내고, exp(qV/2kT)에 비례하는 값이다. 여기서

W : 공핍층폭

δ : 포획단면적

v_{th} : 캐리어의 열속도

N_t : 트랩농도

ηi : 진성 캐리어 농도

이다.

주입전류 I_{inj}와 재결합전류 I_{rg}를 비교해 보면 전자를 ni^{2}에 (즉 exp $-\frac{E_g}{kT}$ 에) 후자는 n_i에 (즉 exp $1-\frac{E_g}{2kT}$)에 비례하여 금지대 폭이 넓은 태양전지에서 I_{rg}rk 중요하다.

7.11.3 터넬 전류 (저저항 기판에서 발생)

전도대에 있는 전자 또는 가전자대의 정공이 금지대 중에 존재하는 에너지 준위로 턴넬 효과에 의해 천이할 때 그 후 재결합하는 과정에서 생기는 전류가 턴넬 전류이다. 이 경우 턴넬 확률에 의해 전류의 크기가 억제되어

$$I_{tun} = K_1 N_t \exp(BV) \tag{7.101}$$

이 된다. 여기서 N_ts는 금지대 중에 존재하는 에너지 준위밀도, K_1 : 비례정수이고 B는

$$B = (4/3)(m * \varepsilon / N_{d,a})^{1/2}$$

로 주어진다. 여기서 주의할 것은 B는 온도 T에 무관한 일정 일정치이다.

턴넬 전류는 특히 저항율이 낮은 경우 (Si에서는 0.01 Ω·cm)의 접합 및 쇼트키 장벽 등에서 현저히 나타난다.

7.11.4 대주입(大注入) 에서의 전류(+0.45 V 이상에서 주도)

주입되는 소수 캐리어 농도가 다수 캐리어 농도와 같은 정도가 되면 소수 캐리어의 흐름을 돕는 방향으로 전계가 발생한다. 즉 n층에서 내장전계의 크기 E는

$$E = -(kT/q) \cdot \nabla n / n \tag{7.102}$$

로 표시되고, 이때 p+n 접합을 예를 들면 정공전류 $I_{p,\,high}$는

$$I_{p,\,high} = \frac{2qD_p \cdot n_t}{L_p}\left[\exp(qV/2kT) - \frac{p_n}{n_t}\right] \tag{7.103}$$

이 된다.

저주입 레벨에서의 전류와 비교하면 대주입 시에는

$D_p \rightarrow 2D_p,\ p_n \rightarrow n_i,\ V \rightarrow \frac{V}{2}$ 이 됨이 확실하다.

[그림 7.45]은 주입레벨에 의해 전류성분이 어떻게 변하는가를 나타내고 저주입 레벨 층에서 log I−V의 기울기가 n=2(재결합 또는 턴넬전류) n=1(주입전류), n=2(대주입전류)로 변하는 모양이 분명히 되어 있다.

태양전지의 등가회로를 [그림 7.46]과 같이 나타낸다.

이상적으로는 I_{ph}의 크기를 갖는 정전류원 및 다이오우드로 구성되나 이 직렬저항 R_s 및 병렬저항 R_{sh}(누설 전류에 기인된 저항성분)를 생각한다. 또 저항성분이 없는 태양전지의 전류-전압 특성을

$$I_d = I_0 \cdot \exp[(qV_d/nkT)-1] \tag{7.104}$$

로 둔다. 이때 태양전지의 양단자에서 관측되는 전류 I와 전압 V의 관계는

$$I = I_{ph} - I_0\left[\exp\frac{q(V_a - R_sI)}{nkT} - 1\right] - \frac{(V_a - R_sI)}{R_{sh}}$$

또는

$$I = I_{ph} - I_0\left[\exp\frac{q(V - R_sI)}{nkT} - 1\right] - \frac{(V - R_sI)}{R_{sh}} \tag{7.105}$$

와 같이 된다.

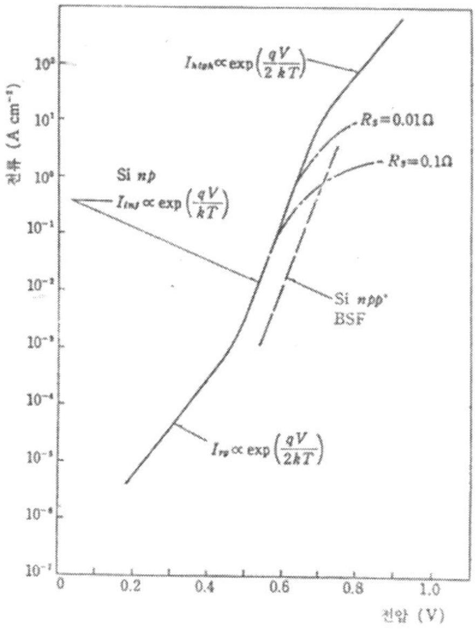

그림 7.45 Si *n-p* 태양전지의 전류-전압 특성

I_{inj} : 주입전류, I_{rg} : 재결합전류, I_{high} : 대주입전류, n층: x_j=0.5μm, $N_d=5\times10^{19}cm^{-3}$, $\tau_p=0.4\times10^{-6}s$, L_p :7.2μm *p*층 N_a :$1.0\times10^{16}cm^{-3}$, $\tau_n=15\times10^{-6}s$, L_n=164μm, 두께 200μm BSF 에서는 *p*층 : 10μm, p^+층은 200μm, $10^{18}cm^{-3}$, $\tau_n=10\times10^{-6}s$, L_n=52μm

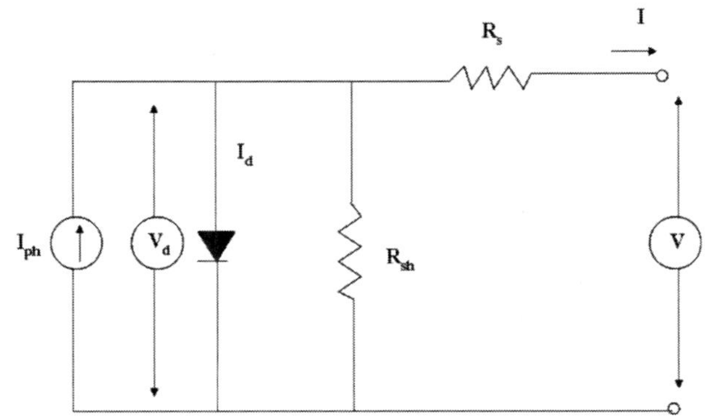

그림 7.46 태양전지의 등가회로

[그림 7.46]에서 분명한 바와 같이 동일한 태양전지에서도 조사강도가 약하고 I_{ph}가 작은 범위에서는 다이오우드 전류 I_d와 누설전류 V_d/R_{sh}가 같은 정도의 크기가 되기 때문에 R_s보다 R_{sh}의 영향을 받기 쉽기 때문에

$$I = I_{ph} - I_0[\exp(qV/nkT) - 1] - V/R_{sh} \tag{7.106}$$

으로 나타낸다.

한편 조사강도가 강하고 $I_d > \frac{V}{R_{sh}}$가 되면 R_{sh} 의 영향은 나타나지 않고, 역으로 R_S가 문제가 되어

$$I = I_{ph} - I_o[\exp\{q(V + R_sI)/nkT\} - 1] \tag{7.107}$$

로 표시한다.

R_s는 개방전압 V_{oc}에는 영향을 주지 않으나 단락광전류 I_{sc}를 현저히 저하시킬 가능성이 있다. 한편 R_{sh}는 I_{sc}에는 영향을 주지 않고, V_{oc}를 저하시킨다.

연 습 문 제

1 300K에서 순수 실리콘의 전도도 σ와 1015P/cm^3로 도핑된 n-형 실리콘 태양전지 재료의 전도도 σ를 구하여 비교하시오.

2 Ge 시료에 자기장의 세기는 B=5kG 이며 정류 I=3 mA가 측정되었다. 시료의 크기는 L=2.5 mm, t=50μm, d=0.25 mm이다. 홀측정을 하였을 때 $V_{34} = -1.25\,\mathrm{mV}$, $V_{12} = 85\,\mathrm{mV}$ 가 관측되었다. 다수 캐리어의 농도와 이동도를 구하시오.

3 저항률에 관한 문제이다.

a) 실내온도로 유지되는 실리콘샘플은 일정하게 $N = 10^{16}/\mathrm{cm}^3$ 정공들로 도핑되어 있다.

$\rho = \dfrac{1}{q\mu_n N_D}$ 이 식을 사용하여 샘플의 저항률을 계산하라

b) (a)부분의 샘플들은 $N_A = 10^{16}/\mathrm{cm}^3$억셉터들을 추가함으로써 보상된다 보상된 샘플의 저항률을 계산하여라.

c) 실내온도에서 진성 실리콘 ($N_A = 0$, $N_D = 0$) 의 저항률을 계산하여라.

d) 500-ohm 저항은 막대모양의 n-형 Si 로 만들어진다 막대는 $10^{-2}\,\mathrm{cm}^2$의 단면적을 갖고 1 cm의 전류 도통길이를 갖는다 요구되는 도핑을 결정하여라.

4 태양전지 재료 내부에서 온도에너지만으로 비교적 높은 캐리어속도에 영향을 미치는 것으로 알려져있다. 실내온도로 유지되는 축퇴되지 않은 태양전지 재료를 고려해보고 전도대에서 최대전자분포에 따른 운동에너지를 갖는 전자의 열속도를 계산하여라. (계산시 $m' = m_0$ 로 놓아라.)

5 도핑농도 $N_a = 0$ 이고 $N_d = 10^{16}\,\mathrm{cm}^{-3}$ 이고 T=300K 일 때 갈륨비고 태양전지 재료를 생각한다. 완전이온화와 전자 및 정공의 이동도는 $\mu_n = 8500\,\mathrm{cm}^2/\mathrm{V-sec}$, $\mu_p = 400\,\mathrm{cm}^2/\mathrm{V-sec}$ 이다. 만약 인가전계가 $E = 10\,\mathrm{V/cm}$ 이면 표동전류밀도를 계산하라

6 t=0 및 x=0에서 전자-정공쌍의 유한한 개수가 갑자기 생성되었다고 가정하자. 그러나 t〉0 일 때 g′=0으로 가정한다 +x 방향으로 E_0인 전계가 일정하게 인가되고 있는 n-형 태양전지 재료를 생각하자 x 와 t 의 함수로서 과잉 캐리어 농도를 계산하라.

7 T=300 K에서 $n_0 = 10^{15}\,\mathrm{cm}^{-3}$, $n_i = 10^{10}\,\mathrm{cm}^{-3}$, $p_0 = 10^5\,\mathrm{cm}^{-3}$ 의 캐리어 농도를 갖고 있는 n-형 태양전지 재료를 고려한다. 비평형에서 과잉 캐리어의 농도는 $\delta n = \delta p = 10^{13}\,\mathrm{cm}^{-3}$ 일 때 의사-Fermi 에너지 준위를 산출하여라.

참고문헌

1) 이준신, "신재생 에너지 활용을 위한 고효율 실리콘 태양전지" 성균관대학교 공과대학 전기, 전자, 컴퓨터공학부 2001

2) Robert F. Pierret Semiconductor Device Fundamnetals

Chapter 8

태양전지 종류와 제조공정 실무

8.1 태양전지의 종류

태양전지는 크게 [그림 8.1]과 같이 소재에 따른 분류와 이용분야 또는 태양전지 구조에 따른 분류로 나누어 생각할 수 있다.

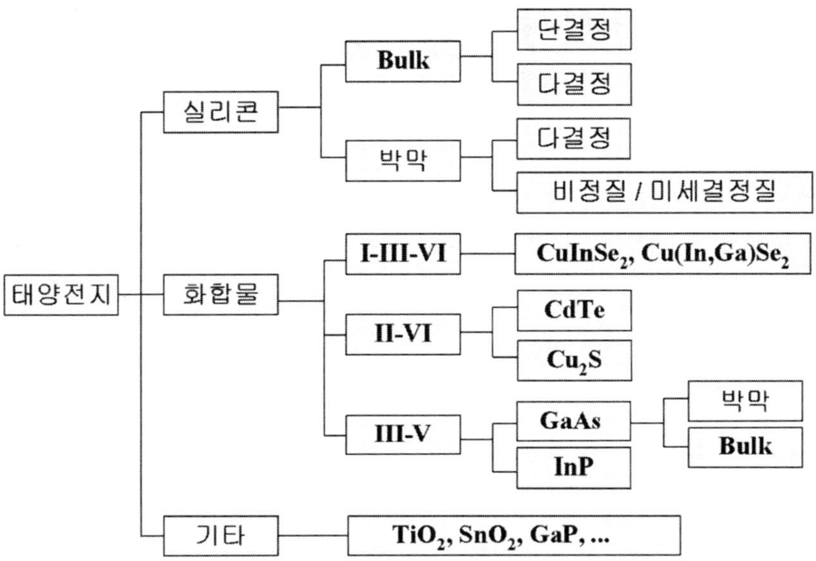

그림 8.1 반도체 소재에 따른 태양전지의 분류

- 재료에 따른 분류
  - ◇ 실리콘 태양전지 (silicon solar cell)
    - – 단결정 실리콘 태양전지 (single crystalline silicon solar cell)
    - – 다결정 실리콘 태양전지 (poly crystalline silicon solar cell)
    - –비정질 실리콘 태양전지 (amorphous silicon solar cell)
  - ◇ 화합물 반도체 태양전지 (compound semiconductor solar cell)
    - – III-V족 화합물계 : GaAs, InP, GaAlAs, GaInAs 등
    - – II-VI족 화합물계 : CuInSe2, CdS, CdTe, ZnS등
  - ◇ 적층형 (tandem) 태양전지
    - – 화합물/VI 족 계열 : GaAs/Ge, GaAlAs/Si, InP/Si 등

- 이용목적 및 구조에 따른 분류
  - ◇ 지상용 태양전지

- 결정형 : 단결정, 다결정 실리콘 태양전지, GaAs/Si 등
- 박막형 : 비정질 실리콘, CdS, CdTe, CuInSe2 등
- 집광형 : GaAs 계열, 적층형 등

◇ 위성용 태양전지

- IV 족 : 단결정 실리콘, Ge (저온용)
- GaAs 계열 : GaAs, InP 등
- 적층형(Tandem) : GaAs/Ge, GaInP/GaAs, GaAlAs/GaAs,

8.2 단결정 실리콘 태양전지

실리콘 태양전지는 크게 단결정(single crystal) 형태와 다결정(polycrystalline) 형태의 재료로 나뉘며, 기본적으로 p-n 동종접합(homojunction)으로서 태양전지에 사용된다. 단결정은 순도가 높고 결정결함밀도가 낮은 고품위의 재료로서 당연히 높은 효율을 달성할 수 있으나 고가이고, 다결정 재료는 상대적으로 저급한 재료를 저렴한 공정으로 처리하여 최대의 효율을 달성할 수 있는 태양전지를 최저의 비용으로 생산하는 기술이 핵심이 된다. 단결정 실리콘을 사용한 전지는 집광장치를 사용하지 않은 경우 최고 변환효율은 호주의 UNSW (University of New South Wales) 대학이 발표한 24%(4 cm^2)이며, 집광장치를 사용한 전지는 28%이상의 효율이 발표되었다. 다결정 실리콘 전지는 약 19.8%효율이 발표되었는데, 실리콘계 효율의 도달 한계치는 단결정이 35%, 다결정이 19%정도인 것으로 예측된 바 있다. 지상용으로 가장 널리 사용되고 있는 결정질 실리콘 태양전지는 스크린 인쇄법에 의한 전극을 갖는 구조로써 광변환 효율이 12%~17% 정도이다. 현재 태양전지 공정에 대한 연구는 태양전지 제조 시에 소요되는 공정을 16시간에서 1시간대 이내로 단축하는 공정 단순화, 대량 생산용 연속 제조공정, 저온 급속 열처리 공정 개발과 고효율을 달성하기 위한 표면처리 기술에 집중되어 있다.

그 이외에 우주용이나 집광용등 특수한 용도로 사용되고 있는 고효율의 결정질 실리콘 태양전지는 진공증착이나 전기도금 등에 의한 전극을 갖는 PERL(passivated emitter, rear locally-diffused) 태양전지, 함몰전극 태양전지(buried contact solar cell: BCSC), 모든 전극을 후면에 가지는 IBC (integrated backside contact) 태양전지 등으로써 18~24%의 높은 광변환 효

율을 갖는다. 고효율 태양전지의 주요 특성은 표면에서의 재결합을 방지하기 위하여 passivation을 하고, 광전효과를 발생하는 캐리어의 재결합(특히 후면 전극 부근에서 재결합을 억제하는 후면 표면전계 구조)이나 가시광의 기판 표면에서의 반사율 감소를 위한 기판 표면에 피라미드 모양의 기공을 형성하고, 빛 흡수를 최대화하기 위하여 이중 반사 방지막을 형성하고, 전면 전극의 면적을 최소화하였으며, 전극과 실리콘 기판과의 접촉 저항을 최소화하였다.

PERL (passivated emitter, rear locally-diffused) 태양전지는 호주의 New South Wales 대학에 의하여 개발된 것으로서 24%이상의 광변환 효율을 달성하였다. 특징은 광 흡수면이 역피라미드 표면구조를 가지며, 후면이 부분적으로 P^{+}층을 갖고, 태양전지 기판의 전후면에 200 Å의 산화층을 입혀 표면에서의 재결합을 줄이도록 하고 있다. 또한 전면전극 아래의 실리콘 층을 n^{+} 층으로 처리하여 전극과 실리콘 층과의 접촉 저항을 줄이고자 하였으며, 빛 흡수를 극대화하기 위하여 역피라미드 표면 위에 이중 반사 방지막을 채택하고 있다. [그림 8.2]는 PERL 태양전지 구조를 나타낸 것이다. [그림 8.3] PERL 태양전지 표면의 전자현미경 사진을 나타낸 것으로, 역피라미드 표면구조와 전기도금을 형성된 finger의 모습을 보여주고 있다. 볼 수 있다. 전체 finger 폭은 20 μm 이하이고, 접촉 폭은 3 μm이다. 현재 PERL 전지를 완성하기 위해서는 숙련된 전문가가 제작할 경우 3일 이상의 제조과정이 소요되므로 상용화에는 적합하지 않다.

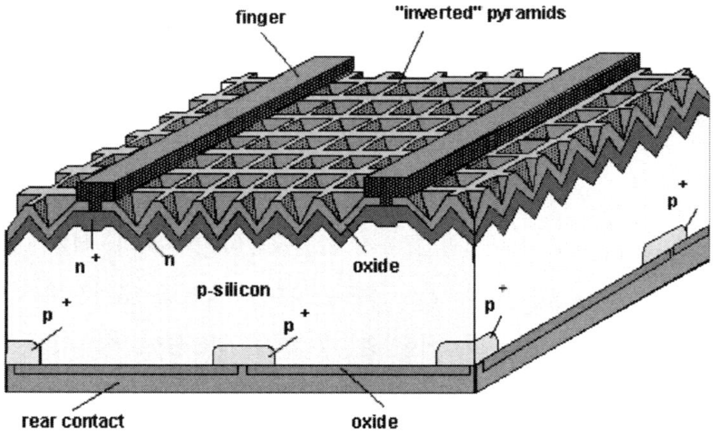

그림 8.2 호주의 UNSW에서 개발된 PERL(passivated emitter, rear locally-diffused) 태양전지

그림 8.3 PERL 태양전지의 표면 전자현미경 사진

이러한 장시간의 제조과정을 해결할 수 있으면서도 고효율 달성이 가능한 것이 [그림 8.5]에 나타낸 함몰형 태양전지 (buried contact solar cell; BCSC) 이다. 함몰형 태양전지는 스크린 인쇄법에 의해 전극을 형성시키는 기존 태양전지의 문제점을 극복하면서도 값싸게 만들 수 있는 태양전지로 각광을 받고 있다. 즉 스크린 인쇄법에 의한 태양전지는 전면전극 면적이 태양전지 면적의 8~10%로서 증착 등의 방법에 비하여 광 흡수면이 훨씬 적고, 접촉저항이 커서 효율을 향상시키는데 한계가 있다. 그러나 buried contact 태양전지의 경우 레이저에 의해 형성된 홈 내에 전극이 함몰되어 있어 금속의 접촉면을 늘일 수 있다. 그 결과 전극 면적을 5% 이하로 줄이면서도 접촉저항을 작게 할 수 있다. 2000년에 국내의 삼성 SDI에서도 20.5% 이상의 광변환 효율을 갖는 태양전지를 개발하였다. 이 태양전지는 New South Wales 대학에서는 개발단계에서 23%의 광변환 효율을 얻었으며, 영국의 BP Solar, 미국의 Uniserch Ltd. 등은 17~18%의 광변환 효율을 갖는 태양전지를 생산하고 있다. 태양전지 제조는 기존의 스크린 인쇄법에 의한 방법과 마찬가지로 웨이퍼 표면 결함 제거 및 피라미드 형태의 표면을 형성하기 위해 텍스쳐링(texturing)을 실시한다. 그 후 표면저항이 다소 높게(100 Ω/ □) 인을 확산시키고, 산화막과 반사 방지막을 형성시킨다. 웨이퍼 표면의 깊고 긴 홈을 laser 또는 기계적으로 가공한 후 식각하고, 전면전극 아래 부분의 n^+층이 더 높은 농도(20 Ω/ □)를 갖도록 2번째 인 확산을 실시한다. 알루미늄을 후면에 스크린 인쇄, 또는 증착이나 합금시키고, 무전해 니켈도금에 이어 구리와 은의 무전해 도금으로 전, 후면 전극을 형성시킴으로써 태양전지가 제조된다. 함몰전극을 형성하기 위해서 기존

에 감광층을 이용한 사진패턴 형성기술이나 레이저를 사용한 직접적인 홈 형성 방법을 사용하였으나 현재는 기계적으로 홈 형성이 가능한 다이아몬드 날을 이용한 연구개발이 완성된 상태이다. 한편 Kyocera는 100 cm^2의 면적을 갖는 FZ(floating zone)실리콘 기판을 사용하여 19.44%의 광변환 효율을 갖는 태양전지를 개발하였다. 태양전지 제조방법의 특징은 전면전극과 실리콘 층과의 오믹 접촉을 좋게 하기 위하여 전극 접촉면 아래에 고농도 인 확산층을 형성하였고, 표면 passivation용 산화층과 이중 반사 방지막을 채택하였다. 또 기존의 스크린 인쇄법에 의한 태양전지와 유사한 텍스처링된 표면과 Al paste 인쇄 및 열처리에 의한 후면전계 형성, 표면 passivation용 산화층 형성 등의 공정을 사용하였다.

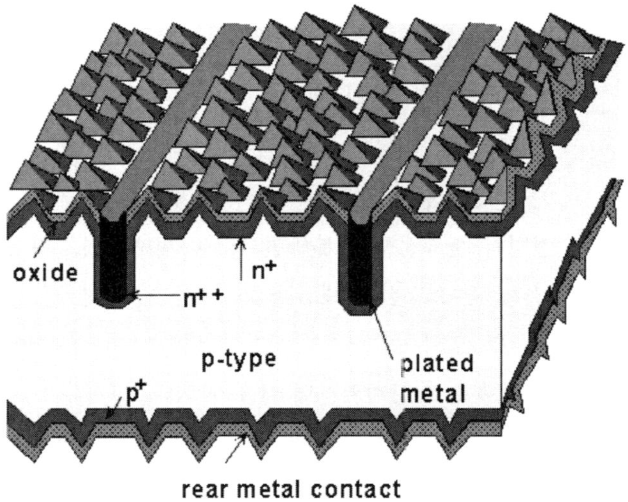

그림 8.4 함몰형 전극(BCSC)구조 태양전지

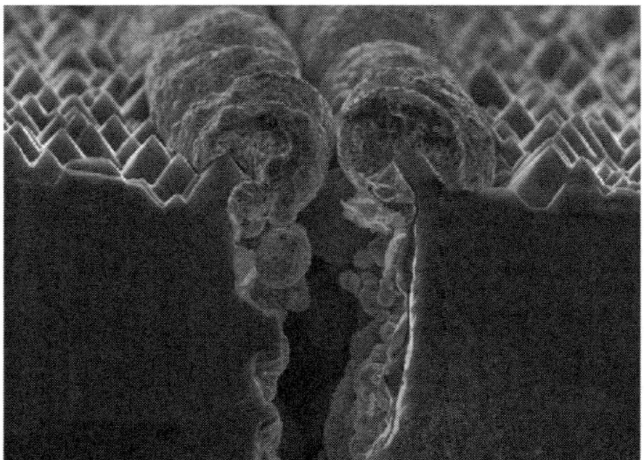

그림 8.5 레이저에 의해 형성된 홈의 단면 사진

IBC 태양전지는 Stanford 대학에서 집광용으로 개발하였으나 비집광용으로도 매우 높은 효율을 갖는다. 이 태양전지의 가장 큰 특징은 [그림 8.6]에 나타낸 것처럼 종래의 태양전지와는 달리 음극 및 양극 전극이 태양전지의 후면에 존재한다는 것이다. 이렇게 함으로써 전극이 없는 다른 면에서 태양광이 최대한 흡수되도록 하고, 직렬저항을 최소화 되도록 하였다. 전면에 산화막을 입혀 표면 재결합을 방지하고, 이중 반사방지막을 채택하여 빛 흡수율을 향상시키도록 하였으며, Al/Ni/Au 금속전극을 채택하였다. 지상의 태양광 조건으로 개발 수준에서 22.7%를 갖는 태양전지는 현재 미국의 Sunpower 사의 파일롯 생산 규모에서도 20~21%의 광변환 효율을 나타내고 있다.

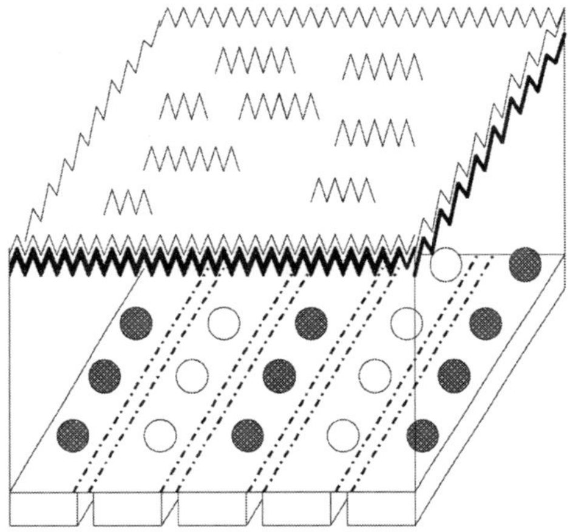

그림 8.6 Stanford University에 의하여 개발된 IBC (integrated backside contact)

8.3 다결정 실리콘 태양전지

상용화에 적용이 가능한 다결정 실리콘 (multicrystalline; mc-Si) 웨이퍼로 제작된 태양전지는 현재 13% 내외의 변환효율을 보이고 있다. [그림 8.7]에는 현재 상용화된 단결정과 다결정 실리콘 태양전지를 나타내었다. 연구개발이 완료된 단계로 보면 15 cm × 15 cm의 면적에서 17% 이상 달성이 가능함을 보이고 있다. 태양광 시스템의 지상 전력 응용에서 가장 큰 과제는 태양전지의 가격하락에 있다. 세계의 현재 추세는 실용화에 가장 타당한 대안으로 다결정 규소를 사용한 태양전지를 제작하여 기존의 단결정 규소 웨이퍼 보다 가격이 30~40% 저렴하고 변환효율도 기존 단결정 태양전지에 근접하는 기술력을 확보하였기 때문에 최근에는 이미 단결정 실리콘 태양전지 생산량을 앞질렀으며, 그 격차가 점점 커지고 있다. 산업계는 보다 저가로 다결정 기판을 제조하고, 불순물 제거, 표면처리, 플라즈마를 이용한 건식 표면 texturing 등을 통한 고효율 기술 확보에 주력하고 있다.

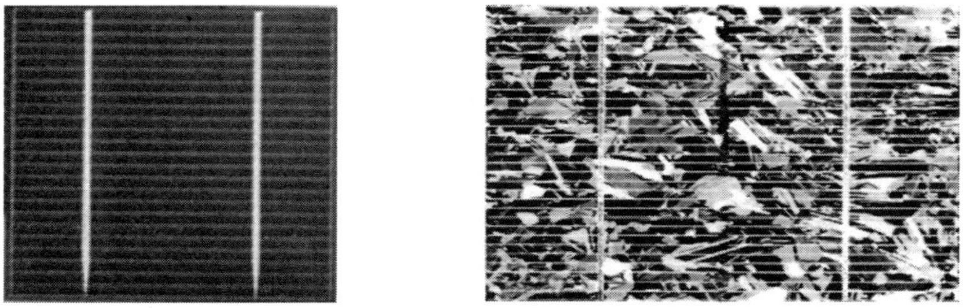

그림 8.7 상용 결정질 실리콘 태양전지 좌: 단결정, 우: 다결정

다결정 실리콘 분야에서도 단결정 실리콘과 유사하게 고가, 고난도의 공정을 사용하여 16%이상의 고효율을 달성하기 위한 노력이 진행되고 있다. [그림 8.10]에는 개발된 고효율 다결정 실리콘 태양전지 사례를 도시하였다. Kyocera사에서는 다결정 실리콘 태양전지를 n^+-p-p^+ 형태로 실리콘 질화막 표면처리와, RIE(reactive ion etching)법으로 면을 텍스처링시켜 고효율을 달성하였다. New South Wales 대학에서는 단결정 고효율 태양전지 제조기술인 BCSC를 다결정 기판에 적용하는 방법과 불순물 제거기술, 그리고 접합부의 누설 전류를 억제하기 위해서 사진 석판기술(photo lithography)을 이용하여 17.1%의 효율을 달성하였다. 이때 다결정 기판 내에 존재하는 철, 니켈, 코발트 등의 불순물은 n^+-p 접합 형성을 위한 불순물 확산 후에 전기로의 온도를 천천히 식히는 방법으로 석출하고, 이 불순물을 포함한 표면층을 다시 식각(etch back)하였다. 또한 표면 재결합을 줄이기 위해서 열 산화막을 성장하였다. Multi-blade wheel grinding 방법으로 표면에 V형 홈을 형성하여 1 cm^2의 면적에서 18.6%, 10cm×10cm의 면적에서 17.2%의 변환효율을 얻었다. 현재는 기계적으로 V-형 홈을 형성하고 원형 고무 막대에 Ag 금속선을 자동으로 인쇄하는 기술을 이용해 상용화하기 위한 노력을 하고 있다. 미국 조지아 공대에서는 HEM(heat exchanger method) 방법으로 제작된 mc−Si 이용하여 n^+-p-p^+ 형태의 다결정 실리콘 태양전지를 제작하였고, 1 cm^2의 면적에서 변환효율은 18.6%를 보였다.

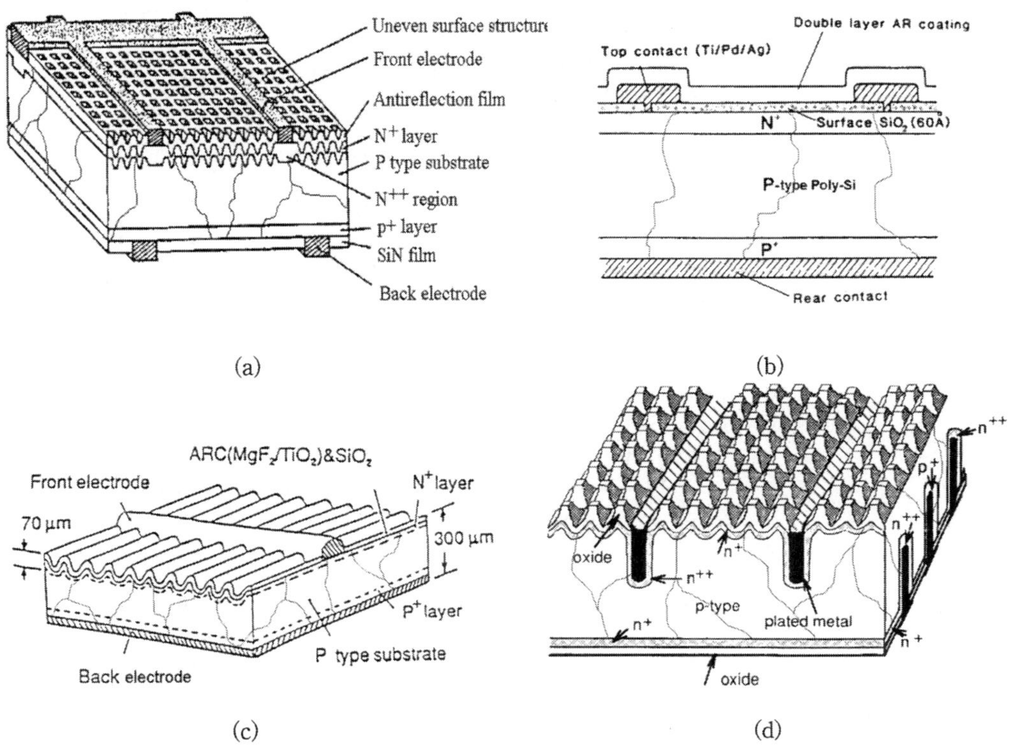

그림 8.8 다양한 고효율 다결정 실리콘 태양전지 구조
(a) Kyocera 17.2%, (b) UNSW 17.8%, (c) Sharp 17.2%, (d) UNSW 16.7%

RIE 기술의 향후 연구는 기존에 독성이 있는 Cl을 기반으로 한 건식식각에서 환경친화적인 SF_6 계열의 반응가스를 이용한 표면 texturing을 구현하기 위해 노력할 것이다. 아래 [그림 8.9]에는 연도별 다결정 실리콘 태양전지의 변환효율 추이를 나타내었다. 단결정 실리콘 태양전지보다 기술개발 경쟁이 치열하며 이에 따라서 변환효율 개선도 급격하게 개선되고 있음을 알 수 있다. UNSW에서는 벌집 모양(honey comb)의 표면구조를 이용하여 변환효율 20%에 근접한 태양전지를 제조하였다. [그림 8.10]에는 태양전지 구조와 벌집모양 제작공정을 개략적으로 나타내었다.

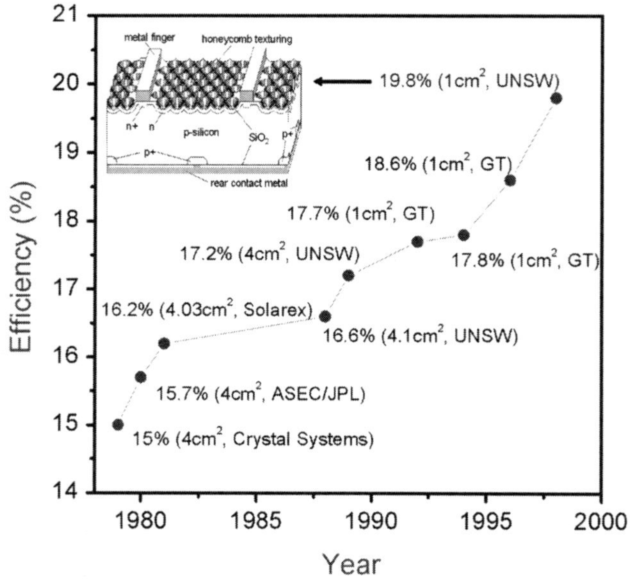

그림 8.9 연도별 상용 다결정 실리콘 태양전지의 변환효율 추이

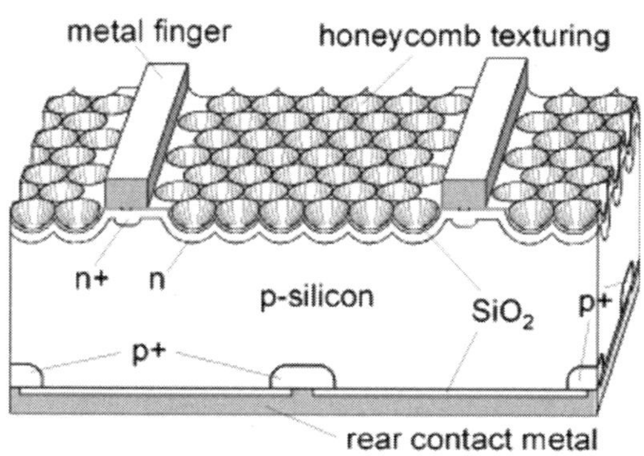

Masking Oxide – Photolithography – Oxide etching – p^+ Diffusion – Oxide etching – Masking Oxide – Photolithography – Oxide etching – Resist removal – Texture etching – Oxide etching – Masking Oxide – Photolithography – Oxide etching – Resist removal – n^+ Diffusion – Oxide etching – Masking Oxide – Photolithography – Oxide etching – Resist removal – n^+ Diffusion – Oxide etching – Metallization – Resist removal – Photolithography – Oxide etching – Metallization – Lift off – Electroplating

그림 8.10 UNSW가 개발한 구조와 간략화한 태양전지 핵심제조 공정

한편 20% 이상의 초고효율 태양전지를 개발하려는 연구가 활발히 이루어지고 있다. 현재 세계적으로 3개의 회사만이 제 1세대 초고효율 태양전지를 양산하고 있다. 그중에서 Sanyo사는 단결정 실리콘 기판에 비정질 실리콘 박막(amorphous silicon thin film)을 성장시킨 이종접합 구조인 HIT(Heterojunction with Intrinsic Thin-layer) 태양전지로 양산기준 19.5%의 에너지 변환효율을 달성하여 200 W 모듈 시장에 선보이고 있다. 실험실 수준에서는 21.4% 내외의 에너지 변환효율을 달성하여 초고효율 태양전지 제조분야 기술력을 확보하였다. Sanyo HIT 태양전지는 두께 0.2 mm, n-type 단결정 실리콘 기판에 수소화된 진성 비정질 실리콘 층과 투명 전도막(TCO: Transparent Conducting Oxide)을 이용한다. 두 번째 상용으로 초고효율 태양전지를 양산하고 있는 회사는 BP Solar사로 125 mm × 125 mm 크기에서 레이저 스크라이빙(laser scribing)법과 무전해 도금(electroless plating)을 이용한 함몰형 금속 태양전지이다. 기존의 스크린 인쇄 전극형성보다 3% 높은 18.3%의 에너지 변환효율을 달성, 판매하고 있다. 레이저 스크라이빙을 이용한 홈이 절연막을 성장시킨 후에 형성되기 때문에 홈을 따라서 무전해 도금으로 Ni, Cu 그리고 Ag를 차례로 입힌다. 호주의 UNSW에서 개발되어 2003년 현재 BP Solar사에서 연간 30 MW 용량의 초고효율 태양전지를 양산하고 있다. 미국의 Sunpower사는 후면에 모든 전극이 집적화된 태양전지인 BIC(Back Integrated Cell)로 제 3의 초고효율 태양전지 양산 대열에 뛰어들고 있다. 이 회사는 2004년에 비교적 기판 재료가 고품질로 고가인 FZ(Floating Zone) 실리콘 기판을 이용하여 양산을 계획하고 있다. 국내에서는 삼성 SDI에서 BCSC 형태의 태양전지로 70 mm × 70 mm 면적에서 21% 내외의 초고효율 태양전지 개발에 성공하여 대한민국 10대 신기술 상을 수상한 바 있다.

8.4 결정질 실리콘 태양전지 양산공정과 실무

8.4.1 실리콘(벌크) 태양전지 관련공정 기술

태양전지에 있어서 고효율화는 중요한 목표이지만 양산을 위해서는 무엇보다도 태양전지의 가격을 낮추는 것이 또한 큰 과제이다. 상대적으로 고효율을 유지하면서도 가격을 낮추기 위하여 제조과정, 제조기술, 재료의 개발이 이루어져 왔다. 태양광 모듈 가격의 40～50%는 단결정이나 다결정의 기판 재료가 차지하고 있다. 이러한 이유로 값싸고 고품질의 태양전지용 다결정 실리콘 재료를 개발하는 것은 가격 저하의 핵심이 된다. 또한 기판의 면적을 늘리고 두께를 200 μm 이하로 줄이는 것이 필요하다. 태양전지 제작비용과 모듈제작 비용은 전체 비용의 25~30% 정도를 차지하고 있다. 일반적으로 상업용 결정질 실리콘의 태양전지의 효율은 13~16%를 차지한다. 태양전지의 효율은 제품의 가격에 있어서 직접적으로 영향 미치기 때문에 효율 개선을 위한 노력은 아주 중요하다. 미래의 산업용 태양전지의 변환 효율의 목표는 단결정의 경우 18~20%이고 다결정의 경우 16~18%이다. 또한 표 8.1은 그 동안의 고효율을 위한 기술과 앞으로의 기술전망에 대하여 요약하고 있다.

표 8.1 실리콘(벌크) 태양전지 관련공정 기술의 요약과 추후의 기술개발 전망

기술	기술내용	세부기술	기술전망
소재	박판 태양전지용 기판개발	– EFG, Ribbon type 기판소재 – Thin wafer slicing	기판 절단과정에 손실이 없는 다결정 실리콘 기판제조 기술 Low Kerf loss wafering
소재	태양전지 및 모듈 소재	– 스크린 인쇄용 Al금속 배선재 – 스크린 인쇄용 Ag금속 배선재 – 모듈 제조용 유리, EVA	자동 도핑이 될 수 있는 소재 저접촉 저항 금속배선 소재 저철분 유리, 빠른 경화, 장수명, EVA
소자 설계	태양전지 구조	– 입사된 태양광 반사 저감 – 유효 표면면적 확대	전극에 의한 빛의 반사를 최소화 시킬 수 있는 구조의 전극형태
소자 설계	표면설계	– 후면전계, 반사방지막, 후면 반사판, 반전층 이용기술	파장 흡수 또는 표면으로의 반사구조
공정 기술	게터링	– 불순물 저감 – 양자효율 증대 – Blue 파장 분광 특성개선	산소, 탄소, 금속 불순물을 줄일 수 있는 열처리 기술개발
공정 기술	텍스쳐링 (texturing)	– 습식 비등방성 식각 – 건식 플라즈마 식각 – 빛 포획(light trapping) 구조 개발	결정의 방향성이 없는 다결정 실리콘 표면을 건식과 환경친화 공법 개발
공정 기술	금속 배선 (metallization)	– 무전해 도금 – 스퍼터링 진공 증착 – 스크린 인쇄	스크린 인쇄, 무전해 도금, 표면에서의 결함 저감 실현, 선폭 미세화 및 저저항화
공정 기술	표면처리 (surface passivation)	– 열산화막 – 수소화 – 플라즈마 질화막 – 상압 티타니움 산화막	텍스쳐링 된 피라미드 표면에서의 결함저감
공정 기술	확산 (diffusion)	– $POCl_3$ 확산 – SOD – 스크린 인쇄	최적의 접합 깊이, 도핑 프로파일, 표면 농도, 면저항
특성 평가	특성규명 (characterization)	– 전기적 특성, – 물리적 특성 – 화학적 특성, – 기계적 특성	Voc, Jsc, FF, n factor Series Resistance 변수 개선을 위한 측정
특성 평가	공정 monitoring	– Carrier lifetime 측정 – 접합특성 분석	비파괴 공정 모니터링 기술

최근에 태양전지 제작을 위하여 급속 열처리 공정(Rapid Thermal Processing : RTP)을 이용한 기술이 증가하고 있다. 급속 열처리 공정은 세밀한 접합 깊이를 제어하는데 유리하고 열손실이 적기 때문에 일반적으로 IC 제조에 많이 쓰인다. 급속 열처리 공정은 복사 빛이기 때문에 아주 빠르게 온도를 높이고 내릴 수 있다. 일반적으로 20~150 ℃/s 의 온도상승 속도를 갖는다. 급속 열처리 공정 처리 시간은 보통 1분 이내이다. 급속 열처리 공정 응용은 이온 주입 후 불순물의 활성화와 이온주입으로 인한 손상의 열처리, 전극 형성을 위한 열처리 또한 산화를 위한 열처리에 쓰인다.

태양전지의 개발을 위해서 최근에는 더욱 급속 열처리 공정의 응용이 많아졌다. 태양전지의 응용을 위해서는 접합 형성과 고품질의 얇은 패시베이션 산화막 형성과 실리콘과 유전체의 경계면을 위한 열처리, 실리콘과 금속 접촉을 위한 열처리에 쓰인다. 급속 열처리 공정은 일반적인 퍼니스와 비교할 때 간섭을 일으키지 않는 텅스텐-할로겐 또는 UV 램프를 사용한다. 이와 같이 강한 단파장의 광자는 확산과 산화와 게더링을 효과적으로 처리할 수 있다.

태양전지 응용에 있어서 급속 열처리 공정은 공정시간의 단축과 또한 전 후면 접합을 위한 확산을 동시에 처리 할 수 있다. 또한 세척에 있어서도 UV를 이용하여 세척할 수 있는 장점이 있다. spin-on doping이나 spray on doping의 확산 공정 시에도 사용되며 스크린 인쇄나 이베퍼레이트를 사용하여 Al을 증착한 후의 열처리시도 사용된다. 대부분의 경우 에미터와 BSF를 동시에 형성하기 위하여 사용되는 경우가 많다. 근래에는 에미터 접합의 깊이가 0.15~0.25 μm를 가진다. 이러한 낮은 접합은 고효율에는 유리하지만 스크린 인쇄를 사용한 저가 금속전극 형성의 적용에는 어려움이 있다. 그러나 급속 열처리 공정을 이용하여 스크린 인쇄를 전면전극에 응용한 성공적인 보고가 최근에 많다. 또한 표면 패시베이션을 위하여 고품질 얇은 산화막 성장과 PECVD를 이용한 SiO_2/SiN 또는 SiN층의 열처리 공정에 효과적으로 응용되고 있다. 일반적인 퍼니스 공정을 거치지 않고 제작된 1 cm^2 크기의 FZ−Si 태양전지는 17% 효율을 내었으며 100 cm^2 크기의 CZ−Si 태양전지는 15.4%의 효율을 내었다. 급속 열처리 공정을 통한 고품질의 초박막 산화막과 산화질화막을 가진 MIS 태양전지가 제작 되었다. 급속 열처리 공정 기술은 점점 퍼니스를 대신하여 공정에서 쓰이고 있다. 급속 열처리 공정은 많은 웨이퍼를 처리 할 수 있는 batch process 시스템이나 연속적인 램프 시스템을 통해서 생산 수율을 증가 시킬 수 있다. 급속 열처리 공정 시스템은 이와 같이 태양광 사업에 널리 이용되고 있다.

[그림 8.11]은 GIT에서 제작한 태양전지 공정을 보여 주고 있다. [그림

8.11(a)]에서는 일반적인 퍼니스와 포토리소그래피를 사용한 태양전지의 제작 공정을 나타내고 있다. 인 확산과 알루미늄 후면 전계와 전면 산화막 패시베이션의 공정은 일반적인 퍼니스를 사용하였다. 열처리 공정은 5시간 30분이 소모되었다. 금속 이베퍼레이션과 포토그래프 공정은 7시간 30분이 소모되었다. 결국 18% 효율의 태양전지를 제작하는데 16시간이 소모되었다. [그림 8.11(b)]의 공정에서는 인 확산을 위하여 spin-on 도핑 후 3분 동안 텅스텐 할로겐 램프에서 열처리하였다. 후면 전계 형성을 위하여 알루미늄은 스크린 인쇄와 산소 분위기에서 급속 열처리 공정을 사용하였다. 이 공정은 동시에 태양전지의 전면에 고품질의 열산화막을 형성한다. 이와 같이 급속 열처리 공정은 일반적인 퍼니스를 사용할 때의 고온 열처리 공정을 5시간 30분에서 10분 미만으로 줄였다. 전체적으로는 16시간에서 8시간 30분으로 줄일 수 있었다. 급속 열처리 공정을 통해 19.1%의 효율의 태양전지를 제작하였다. [그림 8.11(b)]의 공정 시간의 8시간 30분과 비교하여 [그림 8.11(c)]는 급속 열처리 공정과 스크린 인쇄법을 통해 공정 시간을 2시간 미만으로 줄였다. 이와 같이 급속 열처리 공정과 스크린 인쇄법을 이용할 때 공정시간을 단축하여 양산공정에서 큰 효과를 얻을 수 있음을 알 수 있다.

이와 같이 양산화의 저가화를 위해서는 다결정 태양전지의 개발이 필수적이며 공정 시간의 단축과 고효율을 위해서는 급속 열처리 공정과 스크린 인쇄법을 이용한 공정의 개발이 필수적임을 알 수 있다.

[그림 8.12]와 같이 먼저 Si 기판(p-type 10 Ω·cm)를 HNO_3, HF, CH_3COOH 용액으로 표면 처리를 한 후에 $POCl_3$ 용액으로 도핑을 하였다. 도핑 후 BHF를 이용하여 PSG를 제거하였다. 다시 850℃에서 산화막을 형성한 후 산화막을 제거하였다. HNO_3, HF, CH_3COOH 용액을 이용하여 p-n 접합의 누설을 방지하기 위하여 가장자리 분리를 하였다. PECVD를 이용하여 SiNx:H를 증착하였으며 스크린 프린트를 사용해 Al를 증착하고 furnace에서 300℃에서 건조한 후 전면에 Ag를 인쇄한다. 후면과 마찬가지로 150℃에서 건조한 후 급속 열처리 공정을 통해 전후면 동시 열처리를 하여 태양전지를 제작하였다.

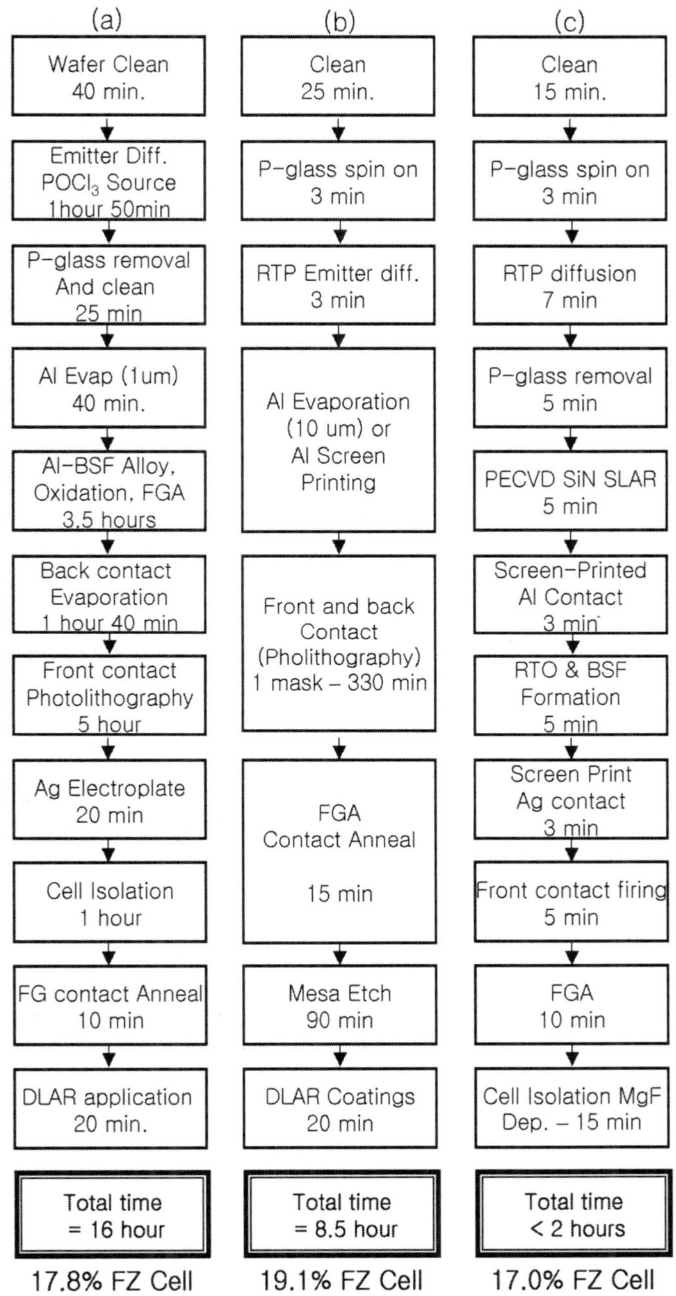

그림 8.11 급속 열처리 공정을 이용한 공정과 일반적인 퍼니스를 이용한 공정의 시간 비교

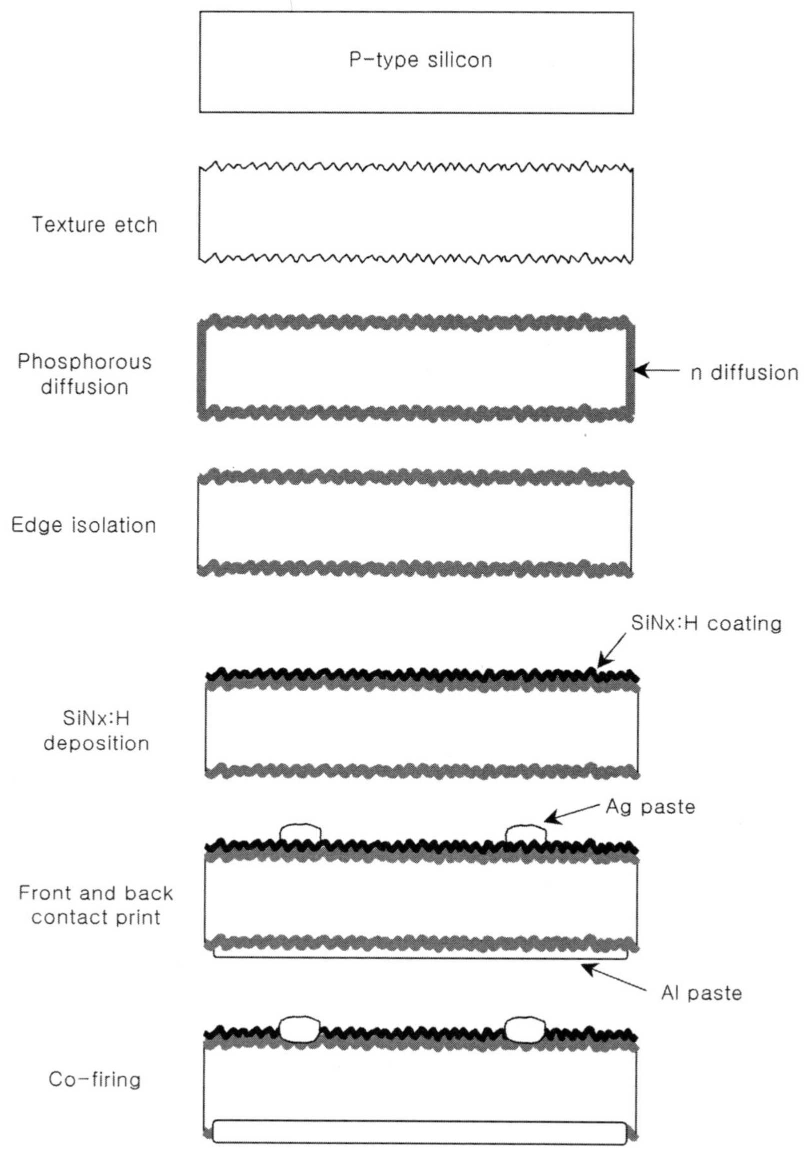

그림 8.12 태양전지 제작 순서

8.4.2 실리콘 태양전지 베이스층 제조 및 표면처리 공정

2006년 현재 출발 물질의 두께 240μm, 비저항 1 $\Omega \cdot$cm의 p-형 Si을 이용하여 태양전지가 양산되고 있다. [그림 8.13]은 베이스 층 두께에 따른 태양전지 효율 변화를 나타낸 것이다. 그림에서 보는 바와 같이 일반적으로 두께가 얇을수록 더 좋은 효율을 나타냄을 볼 수 있다. 그 이유는 베이스(base) 두께가 두꺼울수록 $R=\rho\frac{L}{A}$의 식에서 L이 커지게 되므로 직렬저항이 증가하여 효율이 떨어지게 된다. 그러나 [그림 8.13]에서 볼 수 있듯이 두께가 너무 작아지면 오히려 효율이 감소한다. 그 이유는 두께가 너무 얇은 경우 장파장 영역에서의 투과에 의해 빛의 양적 손실이 많아지기 때문이다. 또한 너무 얇다보면 충격에 쉽게 부서질 수도 있는 단점을 내포하게 된다. 베이스 비저항이 클 때, 즉 비저항이 10 Ω-cm일 때에는 베이스의 두께가 두꺼워짐에 따라 효율이 감소하는데 직렬저항을 크게 가지기 때문이다. 베이스 비저항이 0.1 Ω-cm일 때는 베이스층의 두께가 두꺼워져도 효율의 변화는 거의 없다. 이는 비저항이 작기 때문에 두께가 두꺼워져도 직렬저항의 변화에 큰 영향을 미치지 못하기 때문이다. [그림 8.14]에서는 두께의 변화에 따른 개방전압, 단락전류, 충실도, 및 변화효율을 나타내고 있다. 두께가 두꺼워짐에 따라 직렬저항이 커지므로 전압 강하가 일어나고, 재결합의 영향으로 단락전류가 줄어듬을 알 수 있다. [그림 8.15]에서는 두께에 따른 내부 양자효율(Internal Quantum Efficiency)을 나타내고 있다. 100 μm 이상의 두께에서는 두께가 두꺼워질수록 장파장에서 적은 양자효율을 나타내고 있다. 이는 재결합의 영향으로 전류가 작아지기 때문이다. 모의실험에서 사용된 확산거리(diffusion length)는 111.4 μm이다. 두께가 100 μm일 때 가장 높은 전류의 값을 나타내고 있다.

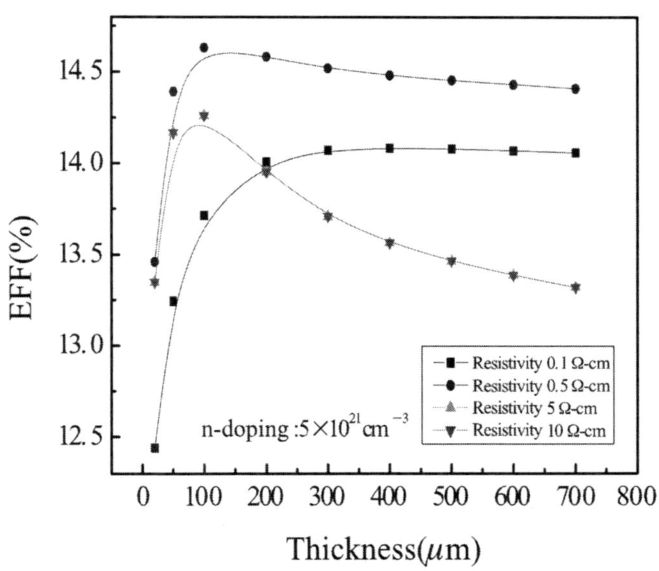

그림 8.13 베이스층 두께에 따른 태양전지 효율 변화

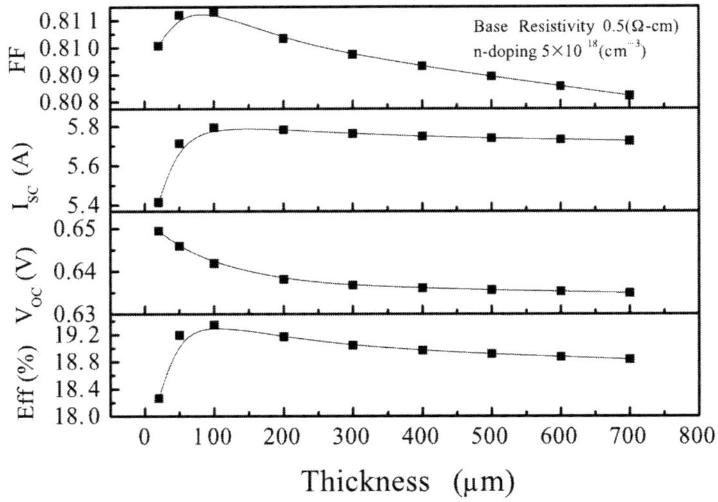

그림 8.14 베이스층 두께에 따른 태양 전지 특성 변화

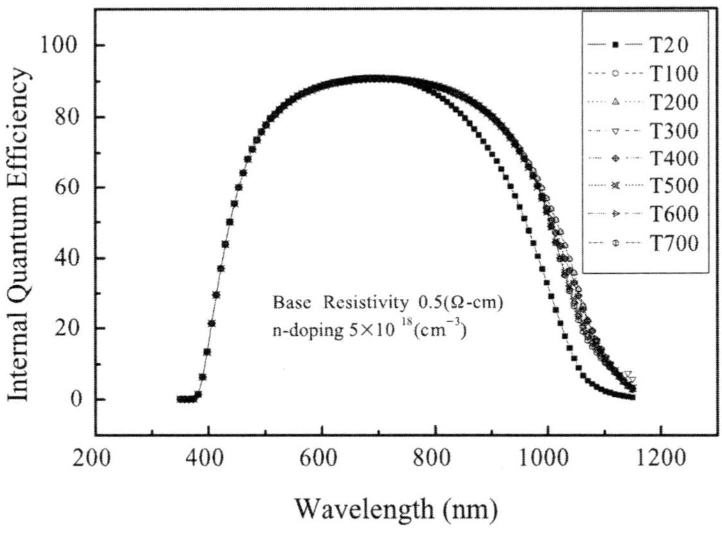

그림 8.15 두께 변화에 따른 내부 양자효율

[그림 8.16]은 베이스 비저항에 따른 태양전지의 효율 변화를 나타낸 것이다. 일반적으로 베이스 비저항이 작아지면 효율이 증가하는 형태를 보이고 있다. 비저항은 도핑농도와 관계되며 비저항이 크다는 것은 도핑농도가 작아지는 것을 의미한다. 따라서 비저항이 클수록 도핑농도가 작아져 개방전압이 감소한다. 그러나 너무 작은 비저항, 즉 지나치게 도핑한 경우 오히려 효율이 감소하는데, 도핑농도가 높아지면 불순물이 많아지고 결국 이것은 생성된 전자-정공쌍이 재결합하기 쉬워짐을 의미한다. 그래서 어느 정도까지는 효율이 증가하지만 그 이상이 되면 재결합 확률이 더 높아져 효율이 감소한다. 실험 결과 베이스 비저항

0.5 Ω·cm, 두께 100 μm일 때 최대 효율을 갖는 것으로 조사되었다. 이는 모의 실험시 확산 거리를 111.4 μm로 설정했기 때문에 이와 가장 가까운 두께에서 최대 효율을 나타낸다. [그림 8.17]에서 베이스 비저항이 커질수록 개방전압이 떨어짐을 볼 수 있다. 이는 직렬저항이 커지기 때문이다. 그러나 단락전류는 베이스 비저항이 커질수록 커지는데 이는 재결합이 점점 작아지므로 단락전류가 증가됨을 알 수 있다. [그림 8.18]의 베이스 비저항에 따른 내부양자효율(Internal Quantum Efficiency)은 낮은 비저항에서 작은 값을 보이고 있다. 이는 낮은 비저항에서는 재결합이 증가함으로 낮은 전류의 값을 나타내게 된다.

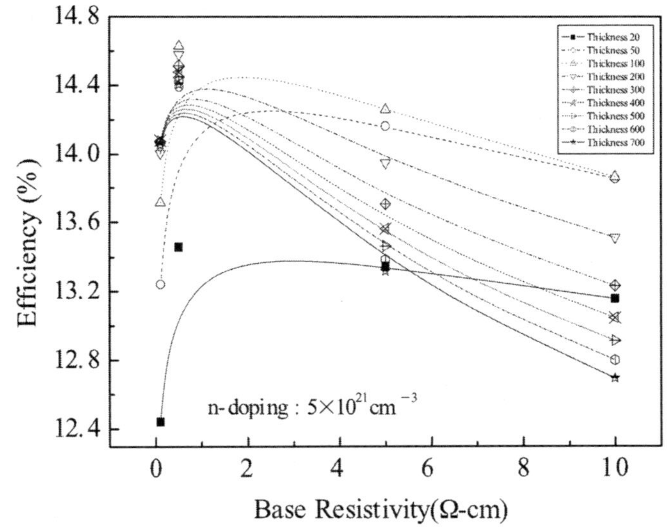

그림 8.16 베이스 비저항에 따른 태양 전지 효율 변화

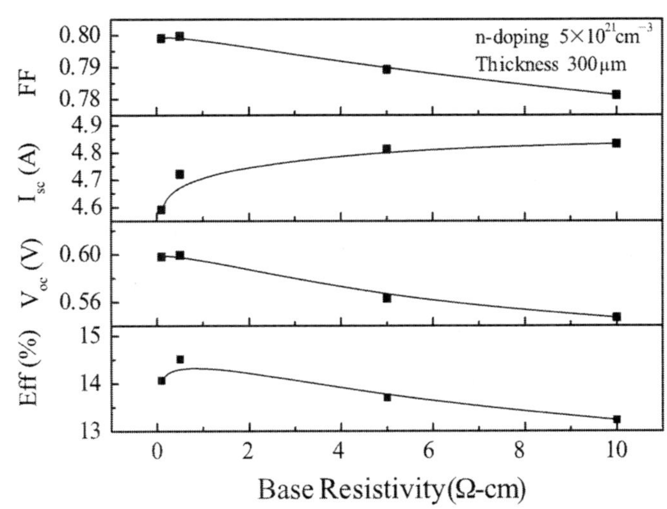

그림 8.17 베이스 비저항에 따른 태양 전지 특성 변화

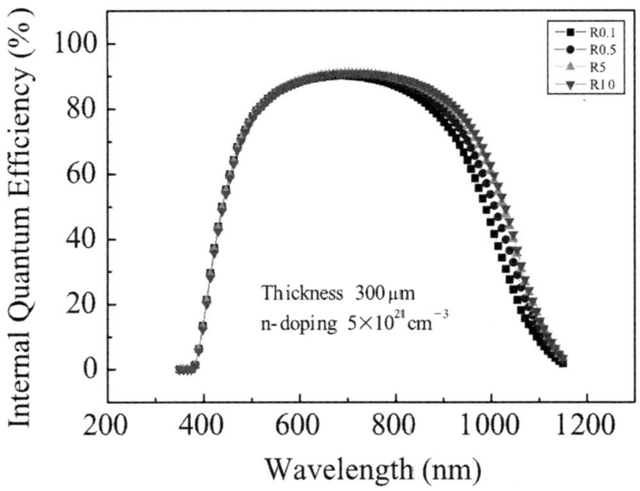

그림 8.18 베이스 비저항에 따른 내부 양자 효율

실리콘의 식각을 위해서 주로 HNO_3와 HF를 물이나 아세트산에 희석하여 식각 용액을 만든다.

$$Si + 2h^+ \rightarrow Si^{2+} \tag{8.1}$$

이러한 정공은 NO_2에 의해서 생성된다. 이러한 반응은 자가 촉매 반응으로서 부산물이 스스로 반응을 일으킨다.

$$HNO_2 + HNO_3 \rightarrow N_2O_4 + H_2O \tag{8.2a}$$

$$N_2O_4 \rightleftharpoons 2NO_2 \tag{8.2b}$$

$$2NO_2 \rightleftharpoons 2NO_2^- \tag{8.2c}$$

$$2NO_2 + 2H+ \rightleftharpoons 2HNO_2 \tag{8.2d}$$

식 8.2d에서 생성된 HNO_2는 식 8.2a의 HNO_3와 다시 반응하여 자가 촉매 반응을 일으킨다. 어떤 경우에는 $2NO_2^-$를 NH_4NO_2 형태로 첨가하여 반응율을 증가시킨다. 이러한 반응에서 HNO_2가 재생성 되고 해리 되지 않은 HNO_3의 양에 비례하여 산화층이 형성된다.

물은 식각 용액의 희석용으로 쓰인다. 그러나 물의 유전상수는 81인데 비해 아세트산의 유전 상수는 6.15이다. 그러므로 아세트산은 물에 비교하여 낮은 유전상수를 갖기 때문에 희석재로 더 적합하다. 아세트산을 사용할 경우 HNO_3의 해리가 적게 일어나기 때문에 높은 농도의 아세트산을 이용한다. 즉 물을 사용할 때 보다 더 넓은 영역의 희석재 농도를 사용할 수 있다. 양산용 식각을 위해서 중요한 것은 식각 용액의 반응 시간 동안 용액의 성분이 일정한 비율을 유지하는 것이다.

식 8.2c의 반응은 H^+를 필요로 한다. H^+는 물의 분해에 의해 생성된다. 그러므로 $(OH)^-$는 이러한 반응에 의해 생성되며 Si^{2+}와 결합하여 식 8.3의 반응식과 같이 된다.

$$Si^{2+} + 2(OH) \rightarrow Si(OH)_2 \qquad (8.3)$$

결국 수소가 자유롭게 분리되면서 식 8.4와 같이 SiO_2를 형성한다.

$$Si(OH)_2 \rightarrow SiO_2 + H_2 \qquad (8.4)$$

결국 HF는 이와 같이 형성 된 SiO_2 해리하여 식 8.5와 같은 반응을 일으킨다.

$$SiO_2 + 6HF \rightarrow H_2SiF_6 + 2H_2O \qquad (8.5)$$

H_2SiF_6를 Si으로부터 제거하기 위하여 용액을 교반시킨다. 식 8.6과 같이 HNO_3는 SiO_2를 형성하고 HF에 의해서 SiO_2는 분해 되면서 H_2SiF_6 의 부산물을 남긴다. 이와 같은 반응으로 실리콘의 식각이 이루어진다.

$$Si + HNO_3 + 6HF = H_2SiF_6 + HNO_2 + H_2O + H_2 \qquad (8.6)$$

HF-HNO_3의 희석용액으로 물과 아세트 산을 이용한 연구가 이미 되었다. 용액의 빠른 교반은 부분적으로 생기는 점들을 방지하고 실리콘 표면이 항상 새로운 식각 용액을 접하도록 한다. 또한 $2NO_2^-$의 공급을 위하여 NH_4NO_2용액을 공급한다. [그림 8.19]에서는 식각용액의 구성요소 무게 비율에 따른 등방식각 곡선을 보여 주고 있다. 이 곡선은 49.2 wt. % HF와 69.5 wt. % HNO_3의 용액과 희석용액의 비율에 따른 식각곡선을 나타내고 있다. 이 곡선에서 나타나는 식각 비율은 웨이퍼의 양면에서 식각되는 실리콘의 두께를 보여주기 때문에 각각의 표면에서 식각되는 두께는 식각곡선의 두께의 1/2이 된다. 물이나 아세트산을 희석용액으로 사용할 때 정성적으로 비슷하다.

[그림 8.19]에서 낮은 HNO_3의 농도와 높은 HF의 농도의 지역인 삼각형의 윗점 영역에서는 식각 곡선이 일정한 HNO_3의 농도선을 따라 평행하게 그려진다. 즉 이 지역에서는 HNO_3 농도에 의해 식각 비율이 결정된다. 그 이유는 반응이 일어나는 동안 SiO_2를 분해 하는데 충분한 HF가 있기 때문이다. 일정시간 동안 SiO_2의 성장이 느리게 이루어지기 때문에 실리콘 표면이 상대적으로 불안정하다. 결국 식각은 산화막을 식각하는 반응 비율에 의해 결정된다. [그림 8.19]에서 오른쪽 하단부는 HF의 농도는 낮고 HNO_3의 농도는 높다. 이러한 경우 식

각 비율은 일정한 HF의 농도선을 따라 평행하게 그려진다. 이 지역에서는 과다한 HNO_3 용액이 있으므로 SiO_2를 분해하는 HF의 농도에 따라 식각 비율이 결정된다. 또한 이 지역의 식각은 새롭게 식각된 표면은 30-50 Å 두께의 SiO_2층으로 보호되어 있다. [그림 8.19]의 HF : HNO_3 = 1 : 1인 영역에서 희석용액의 양에 따라서 식각이 되는 영역을 찾기가 쉽지 않다. [그림 8.19]에서와 같이 실리콘 식각을 위하여 여러 가지 용액비율을 선택할 수 있다.

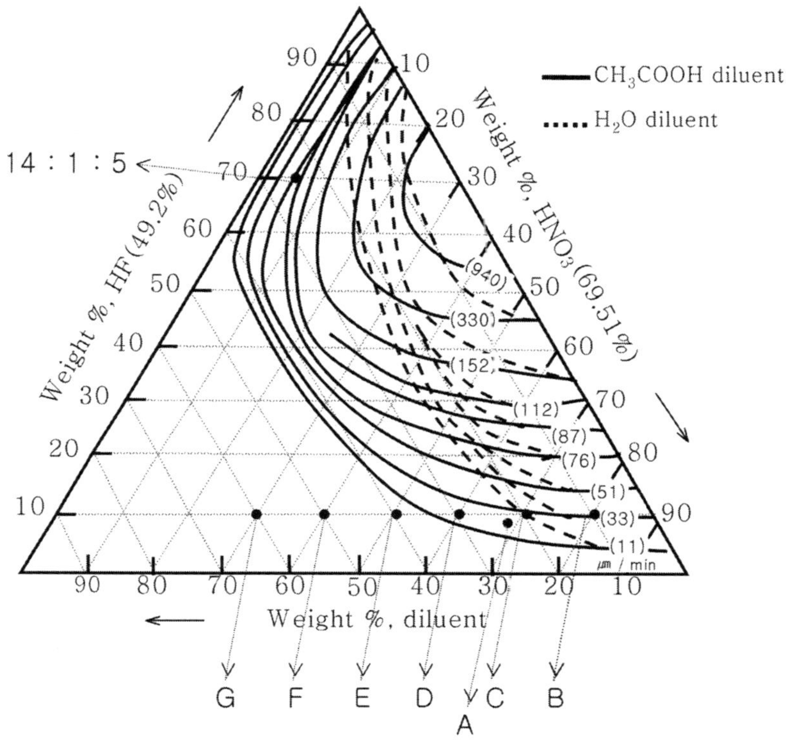

그림 8.19 HF : HNO_3 : diluent에 따른 등방 식각 곡선

표 8.2에서는 실리콘 식각을 위하여 HF : HNO_3 : CH_3COOH 비율과 식각 시간에 따른 실험 조건을 보여주고 있다. HF을 일정한 양으로 고정하고 HNO_3 용액의 양을 변화시키면서 실험하였다. [그림 8.20]은 HF : HNO_3 : CH_3COOH = 2 : 15 : 5 비율의 용액을 이용하여 식각 시간의 변화에 따른 반사도를 보여주고 있다. 1분 동안 식각을 하였을 때 20.23%의 가장 낮은 반사도를 나타내고 있다. 이것은 1분 동안 식각을 하였을 때 완전히 표면이 연마되지 않았기 때문에 낮은 반사도 값을 나타내고 있다. 2분 이상 식각 했을 때의 반사도는 21~23%를 보여 주고 있다. 식각 시간이 길어진다 해도 2분 이상 부터는 식각 시간에 영향

을 거의 받지 않고 일정한 반사도 값을 나타내고 있다. 그러므로 다결정 실리콘 태양전지 제작을 위한 표면 연마를 위해서 HF : HNO_3 : CH_3COOH = 2 : 15 : 5 비율의 용액을 사용하여 식각 시간을 최적화 할 수 있다. 1분이나 2분 동안 식각 하였을 때에는 표면에 남아 있는 오염 물질들이 완전히 제거되지 않을 수도 있고 3분 이상 식각 하였을 때는 일정한 반사도를 가지기 때문에 3분으로 최적화 할 수 있었다.

표 8.2 HF : HNO_3 : CH_3COOH 비율과 식각 시간에 따른 실리콘 식각 실험 조건

Sample ID	용액 비율	식각 시간 (분)
A	HF : HNO_3 : CH_3COOH = 2 : 15 : 5	1, 2, 3, 4, 5, 7, 10
B	HF : HNO_3 : CH_3COOH = 1 : 8 : 1	1, 2, 3,
C	HF : HNO_3 : CH_3COOH = 1 : 7 : 2	1, 2, 3
D	HF : HNO_3 : CH_3COOH = 1 : 6 : 3	1, 2, 3
E	HF : HNO_3 : CH_3COOH = 1 : 5 : 4	1, 2, 3, 4, 5, 6
F	HF : HNO_3 : CH_3COOH = 1 : 4 : 5	1, 2, 3, 4, 5, 6, 7
G	HF : HNO_3 : CH_3COOH = 1 : 3 : 6	1, 2, 3, 4, 5, 6, 7, 8

[그림 8.21(a)]는 HF : HNO_3 : CH_3COOH = 2 : 15 : 5 비율의 3분 동안의 식각한 샘플이고 (b)는 HF : HNO_3 : H_2O = 14 : 1 : 5 비율의 2분 동안 식각 한 샘플의 다결정 실리콘 표면 구조를 나타내고 있다. [그림 8.21(a)]는 표면이 잘 연마되었고 [그림 8.21(b)]에 비하여 높은 반사도를 예상할 수 있다. [그림 8.22]에서 반사도의 비교에서 알 수 있듯이 잘 연마된 샘플의 평균 반사도는

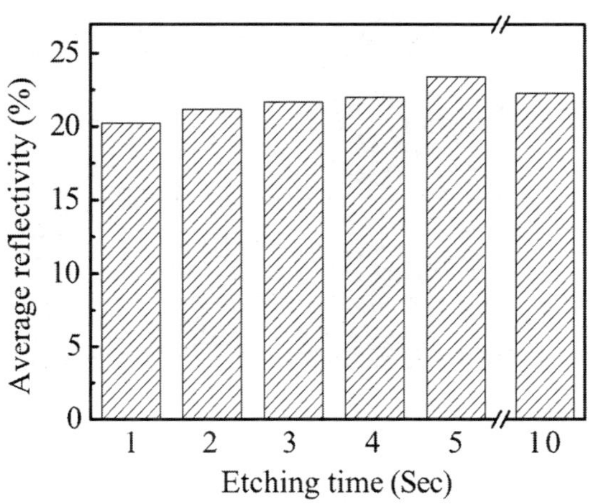

그림 8.20 HF : HNO_3 : CH_3COOH = 2 : 15 : 5 비율의 식각 용액의 식각 시간 변화에 따른 실리콘 표면 평균 반사도

22.6%이고 [그림 8.21(b)]의 샘플의 반사도는 13.9%의 낮은 반사도를 보이고 있다. 이것은 [그림 8.21(b)]의 샘플은 충분한 HF 용액으로 HNO_3에 의해 SiO_2가 형성이 되자 마자 식각이 되어서 균일하지 못한 표면 구조를 나타내고 있다. 즉 [그림 8.21(a)]는 [그림 8.21(b)]에 비해서 잘 연마 된 특성이 나타나므로 산 용액에 의한 폴리쉬 샘플 (polish sample: 연마 샘플)이라고 부르고 8.21(b)는 텍스쳐 특성이 강하게 나타나므로 산 용액에 의한 텍스쳐 샘플이라고 부를 수 있다.

(a)

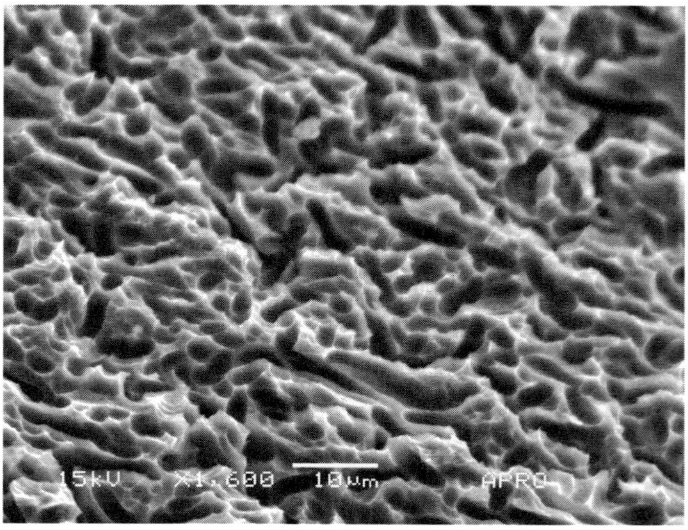

(b)

그림 8.21 (a) HF : HNO_3 : CH_3COOH = 2 : 15 : 5 (b) HF : HNO_3 : H_2O = 14 : 1 : 5 비율의 용액을 사용하여 식각한 실리콘 표면의 SEM 사진

[그림 8.23]은 폴리쉬 샘플과 텍스쳐 샘플의 태양전지 전기적 특성을 보여 주고 있다. 텍스쳐 된 샘플은 핀 홀과 같은 구멍들을 볼 수 있다. 이러한 구멍들은 균일하지 못한 도핑을 가져오고 접합 누설의 원인이 된다. 또한 스크린 인쇄 시 구멍 속으로 전면 전극 paste가 잘 접촉 되지 못 한다. 결국 이러한 요인들은 개방전압과 단락전류와 충실도의 저하를 가져온다. 비록 텍스쳐 된 샘플이 낮은 반사도를 가진다 하더라도 폴리쉬 된 샘플보다 낮은 효율을 가져온다. [그림 8.23]에서 보듯이 폴리쉬 된 샘플의 개방전압과 단락전류와 충실도는 607.2 V, 4.65 A, 0.78이고 텍스쳐 된 샘플은 602.6 V, 4.59 A, 0.74의 낮은 개방전압과 단락전류와 충실도를 갖는다. 변환효율 또한 폴리쉬 된 샘플은 14.09%로 텍스쳐 된 샘플의 변환 효율인 13.12%보다 0.97%의 높은 효율을 보이고 있다. 그러나 텍스쳐 된 샘플의 표면 구조를 좀 더 균일하게 한다면 다결정 실리콘 태양전지의 효율을 더 높일 수 있는 가능성을 가지고 있다. 대량생산을 위하여 HF와 HNO_3 용액을 이용하여 많은 양의 다결정 실리콘 표면 처리 시 급격한 온도 상승으로 반응 속도가 빨라지고 위험 할 수 있다. 대량 생산을 위해서는 이러한 점들의 개선이 필요하다. 그러나 NaOH 용액을 이용하여 표면 처리를 할 때에는 온도 상승의 문제를 일으키지 않는다.

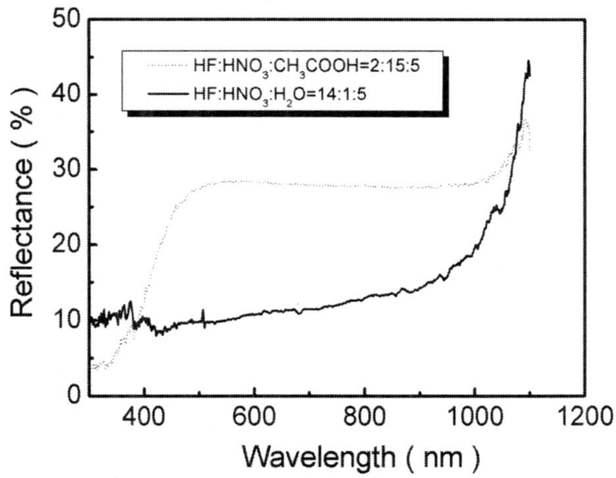

그림 8.22 HF : HNO_3 : CH_3COOH = 2 : 15 : 5 와 HF : HNO_3 : H_2O = 14 : 1 : 5 비율의 용액을 사용하여 표면 처리 한 다결정 실리콘의 반사도

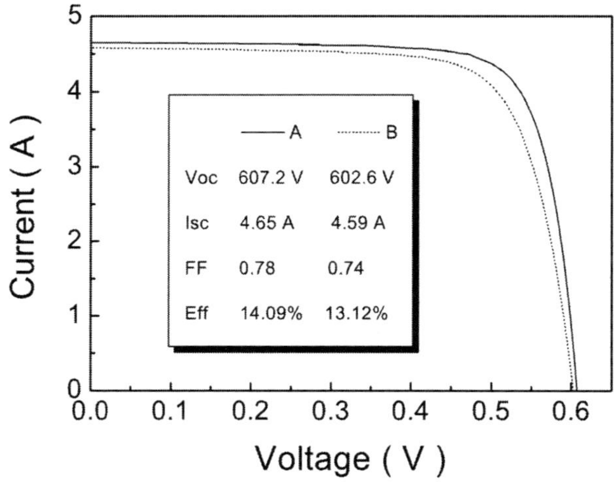

그림 8.23 HF : HNO_3 : CH_3COOH = 2 : 15 : 5 와 HF : HNO_3 : H_2O= 14 : 1 : 5 비율의 용액을 사용하여 표면 처리한 다결정 실리콘 태양전지의 빛 조사 시 전압-전류 특성

8.4.3 실리콘 태양전지 에미터층 제조

[그림 8.24]는 에미터 도핑농도에 따른 효율의 변화를 나타낸 것이다. 에미터의 도핑농도가 5×10^{19} cm^{-3} 까지는 효율에 거의 변화가 없음을 볼 수 있다. 따라서 일정 도핑 농도까지는 재결합에 거의 영향을 주지 않음을 알 수 있다. 또한 [그림 8.25]에서 단락전류도 도핑농도가 커짐에 따라 재결합으로 인하여 줄어듦을 알 수 있다. [그림 8.26]은 도핑농도에 따른 내부양자효율(Internal Quantum Efficiency)를 보여주고 있다. 도핑농도가 높을수록 재결합이 증가하여 효율이 감소함을 알 수 있다.

에미터의 표면저항은 전면 전극을 설계할 때 매우 중요한 요소이므로 이를 이용하여 도핑농도를 변화 시켰으며 이들이 변환 효율에 주는 영향을 [그림 8.26]에 나타내었다. 도핑 농도가 높아짐에 따라 에미터층의 캐리어 이동도가 현저히 떨어지고 좋은 IQE를 얻기 위해서는 낮은 표면재결합속도가 필요하며, 이를 달성하지 못할 경우 낮은 도핑농도와 접합깊이가 필요함을 알 수 있었다.

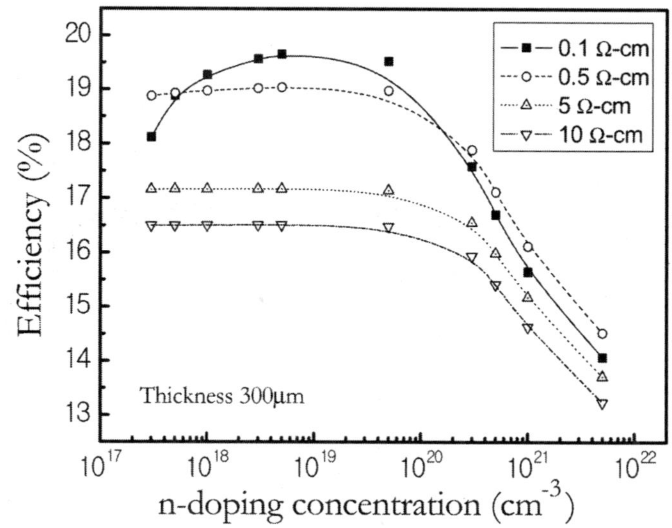

그림 8.24 에미터 도핑 농도에 따른 효율 변화

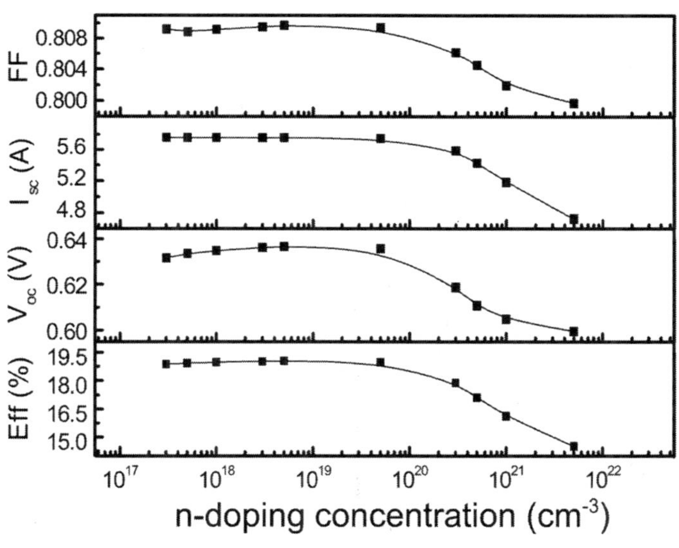

그림 8.25 에미터 농도에 따른 변환효율, 단락전류, 개방전압 및 충실도

[그림 8.27]은 PC1D를 이용한 에미터 도핑 프로파일 (profile)을 타나내고 있다. 모의실험에서 도핑의 형태는 Gaussian타입을 사용하였으며, 이때의 Depth Factor는 0.1566 μm이다. 도핑농도가 5×10^{19}일 때에는 p-n 접합깊이가 0.41 μm이고, 이때의 면저항은 95.95 Ω/□이고 도핑 농도가 3×10^{20}일 때에는 p-n 접합 깊이가 0.46 μm이다. 이 때의 면저항은 [그림 8.28]에서와 같이 21.19 Ω/

□이다. 도핑농도가 5×10^19~3×10^20 일 때 40 Ω/□ 부근의 면저항을 얻을 수 있었다.

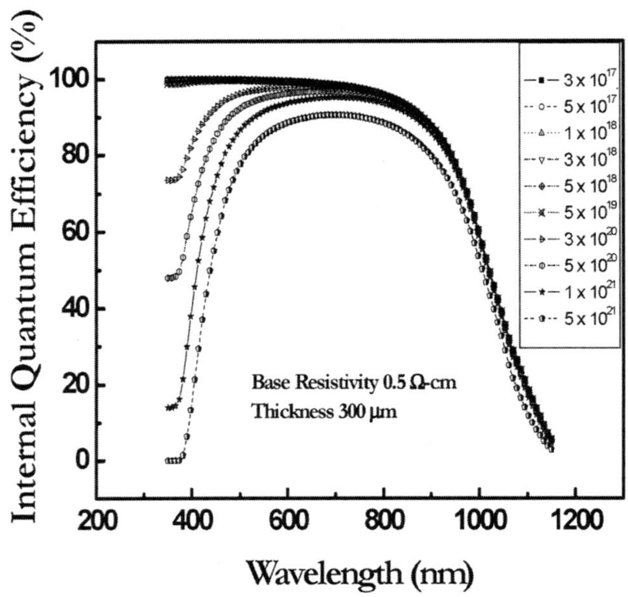

그림 8.26 에미터 도핑농도에 따른 내부 양자 효율

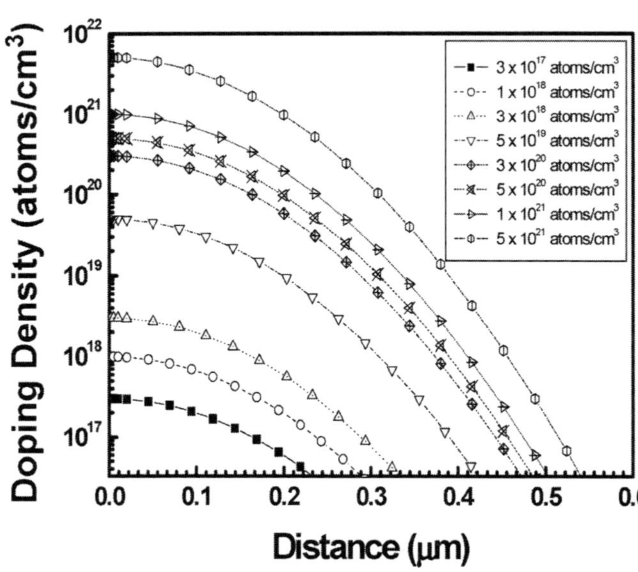

그림 8.27 PC1D를 이용한 거리에 따른 불순물 분포

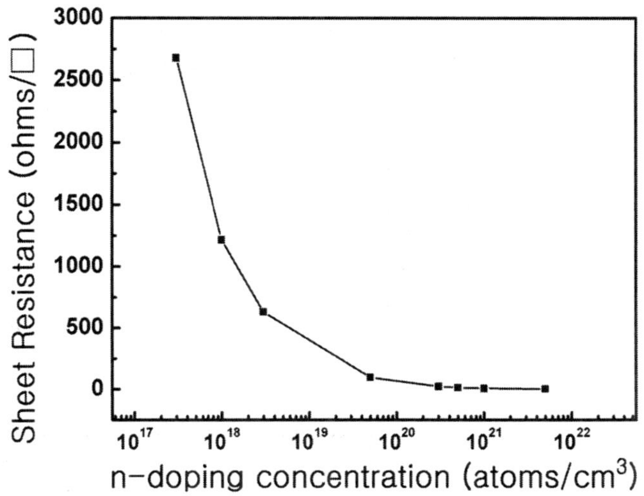

그림 8.28 인 도핑 농도에 따른 면저항

에미터 층의 특성 중 전지의 효율에 큰 영향을 주는 요소 중 하나는 전면 재결합 속도이다. [그림 8.29]에 전면 재결합이 변환효율에 미치는 영향을 보였다. 내부양자효율(Internal Quantum Efficiency)은 태양전지가 입사된 포톤의 에너지를 얼마만큼 효과적으로 이용하는가를 판가름할 수 있는 매우 중요한 특성이다. 베이스 층은 비교적 낮은 에너지를 가지고 있는 장파장 영역의 IQE 특성에 많은 영향을 주고 있으며 이를 높이는 것은 효율 향상을 위해 필수적이다.

태양전지의 에미터층은 도핑농도와 표면 재결합 속도가 역포화전류(reverse saturation current)에 직접적인 영향을 주므로 개방전압에 상당히 밀접한 관계가 있으며, 단파장 영역에서의 수집효율을 향상시키기 위하여 일반적으로 접합깊이를 짧게 한다. 적절한 에미터의 접합깊이, 도핑농도, 표면 재결합 속도를 결정하기 위해 이들이 변환 효율에 미치는 영향을 조사하였다.

베이스층의 모의실험과 마찬가지로 베이스층의 두께와 비저항은 고정하였으며, 일반적인 단결정 실리콘의 소수 캐리어 수명이 약 5~10 μs임을 고려하여 확산거리를 111.4 μm로 고정하였다. 후면의 재결합이 에미터층의 모의실험에 주는 영향을 최소화하기 위하여 재결합 속도는 1000 cm/s로 고정하고 에미터층의 모의실험을 수행하였다. [그림 8.29]에서 전면 표면 재결합 속도가 10,000 cm/s 이상인 경우 단파장 영역에서 현저하게 IQE값이 떨어짐을 알 수 있다.

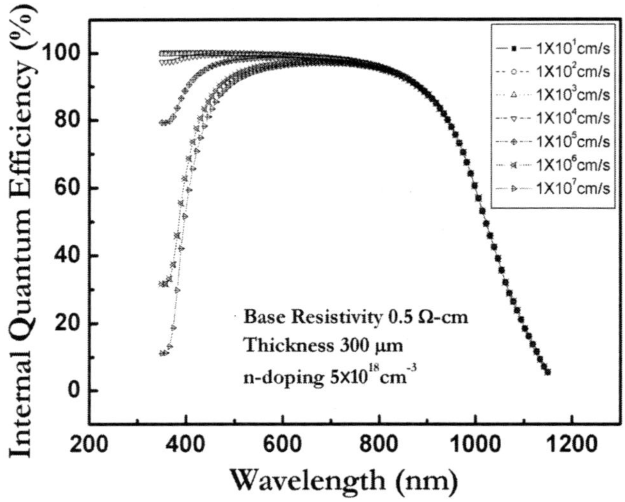

그림 8.29 전면 재결합 속도에 따른 내부 양자 효율의 변화

8.4.4 실리콘 태양전지 반사방지막과 패시베이션을 위한 SiNx:H 증착 기술

수소를 포함한 실리콘 질화막(SiNx:H)은 결정질 실리콘 태양전지 공정에 널리 쓰이고 있으며 표면과 벌크 패시베이션의 중요한 역할을 한다. SiNx:H 박막의 화학적, 기계적, 광학적, 전기적 특성은 SiNx:H 박막의 증착기술에 따라 달라진다. 태양전지의 반사방지막과 패시베이션 적용을 위하여 CVD를 이용한 SiNx:H 증착에서 가장 중요한 부분은 NH_3와 SiH_4의 비율이다. APCVD를 이용하여 SiNx를 증착할 때에는 700~900℃에서 NH_3와 SiH_4를 사용하여 증착하며 LPCVD를 이용할 때에는 750℃에서 0.1 Torr의 압력에서 증착한다. PECVD를 이용할 때에는 500℃ 이하에서 1 Torr 압력에서 증착할 수 있다. 태양전지 적용을 위해서는 PECVD를 사용하여 증착하는 것이 유리하다. PECVD를 사용하여 증착할 때에는 APCVD나 LPCVD를 사용하여 증착할 때보다 낮은 온도에서 증착 가능하며 높은 증착률과 넓은 범위의 굴절률의 변화와 SiNx 층이 더 많은 수소를 함유할 수 있다. 굴절률은 NH_3와 SiH_4의 비율에 따라 1.8에서 2.3까지 변화된다. PECVD를 이용한 SiNx:H 층은 반사도의 특성뿐 아니라 매우 우수한 표면과 벌크 패시베이션을 갖는다.

direct PECVD 와 remote PECVD의 SiNx:H 박막 증착법이 있다. direct PECVD는 모든 종류의 가스(NH_3와 SiH_4, N_2)가 전극 사이에 주입된다. 실리콘 기판은 플라즈마 사이에 놓여 지게 된다. 주파수에 따라 10~500 kHz의 저주파와 13.56 MHz의 고주파와 30~100 MHz의 초고주파 플라즈마로 나눌 수 있다. 주파수 차이는 표면과 벌크 패시베이션에 영향을 미친다. 저주파에서의 direct 플라즈마는 무거운 이온들의 충돌로 표면에 손상을 가져온다.

remote 플라즈마 CVD 기술에서는 플라즈마가 증착 챔버 밖에서 일어난다. 대부분의 경우 암모니아와 질소 또는 수소가 혼합되어 실리콘 기판 위에 주입된다.

실리콘 질화막 증착 이후 후열처리 공정은 수소는 실리콘 속으로 확산 한다. 수소는 다결정의 불포화된 결합 속으로 들어가 우수한 패시베이션을 이룬다. 실리콘 질화막의 열처리 공정은 "firing-through-SiNx:H" 공정이라고 부른다. 그 이유는 높은 열처리 온도에서 전면 전극(Ag)는 질화막 층을 뚫고 에미터와 좋은 접촉을 이루기 때문이다. 열처리 시간과 온도 profile은 에미터와 전극 사이의 좋은 접촉을 위하여 즉 높은 충실도를 얻기 위하여 최적화 되어야 한다. 실리콘 질화막의 열처리는 또한 벌크 패시베이션 효과를 가져온다. 만일 질화막 층이 적절히 열처리 되지 않으면 벌크 패시베이션이 전혀 이루어지지 않는다. 이러한 firing-through-SiNx:H을 통한 벌크 패시베이션 효과는 재료의 질에 밀접하게 관련되어 있다. 일반적으로 많은 결함을 가지고 있는 기판은 firing-through-SiNx:H 공정을 통하여 더 많은 벌크 패시베이션 향상을 가져 올 수 있다.

실리콘 질화막이 열처리 되지 않으면 플라즈마 증착 동안에 이온들에 의해 손상 된 표면이 치료 되지 않는다. 전극 열처리를 하는 동안 실리콘 질화막은 확산 방지막으로 작용한다. 즉 우리가 원하지 않는 불순물에 대하여 확산 방지막과 같이 작용한다. 결론적으로 불순물이 도핑 된 지역으로 뚫고 들어가 접합 누설을 생기지 않도록 방지한다.

SiNx:H는 태양전지의 반사방지막으로서의 역할과 수소에 의한 패시베이션 역할을 한다. 이러한 수소 플라즈마에 의한 벌크 패시베이션은 SiNx:H의 큰 장점이다. 반사방지막의 목적은 입사 된 빛의 반사를 줄이는 것이다. 이러한 빛의 반사를 줄이는데 주요 요소는 SiNx:H 박막의 두께와 굴절률이다. 이상적인 경우 Air/SiNx/Si 구조에서는 1.9의 굴절률이 최적이며 모듈로 된 경우에는 2.3에서 최적이다. 결국 만들어진 모든 태양전지는 모듈에 싸여지기 때문에 2.3의 굴절률 값이 실제적으로 중요하다. SiN 층의 소광계수의 증가는 SiNx:H 층의 빛의 흡수와 비례한다. 이와 같이 SiN 층에 흡수된 빛은 태양전지의 전류에 기여하지 못 한다. 즉 SiNx:H를 증착하는 동안 NH_3와 SiH_4의 비율에 따라 굴절률과 소광계수가 달라진다. NH_3/SiH_4 비율이 낮은 수록 소광계수와 굴절률이 높아진다. SiNx 박막의 굴절률을 변화시키기 위하여 NH_3와 SiH_4의 비율을 조절하였다. 이 때 RF power는 200 W이며 기판의 온도는 300℃를 유지하였다. 먼저 NH_3 플라즈마 처리를 5분 동안 한 후에 SiNx를 증착하였다. 박막의 두께와 굴절률은 엘립소미트리를 이용하여 측정하였다. 이와 같이 NH_3/SiH_4 비율을 조절하여 1.8에서 2.3까지의 굴절률을 얻을 수 있었다. [그림 8.30]에서는 NH_3/SiH_4에 따른 굴절률을 보여 주고 있다. [그림 8.30]에서 볼 수 있듯이 NH_3/SiH_4가 증가함에 따라 굴절률이 작아짐을 관찰할 수 있다. NH_3와 SiH_4의 비율이 1 : 1일 때 굴절률은 2.0이다. NH_3와 SiH_4의 비율이 2 : 1일 때는 1.9의 굴절률을 나타낸다. 굴절률이 2.3일 때는 NH_3와 SiH_4의 비율이 0.8 : 1이다. [그림 8.31]에는 NH_3/SiH_4에 따른 증착률을 보여 주고 있다. 마찬가지로 NH_3/SiH_4가 증가함에 따라 증착률이 줄어들고 있다. 낮은 굴절률과 낮은 증착률은 질소가 많은 샘플에서 관찰되고 반대로 Silane(SiH_4)가 증가 할수록 높은 굴절률과 높은 증착률을 나타낸다.

[그림 8.32]는 PECVD SiNx:H 박막의 투과도를 보여 주고 있다. 3360~3460 cm^{-1}과 1200 cm^{-1}에서 N－H 결합이 나타나 있다. Si－N 결합이 850 cm^{-1}에서 강하게 나타난다. 650 cm^{-1}과 2100~2150 cm^{1}에서 Si－H 결합이 있다. Lanford와 Rand의 논문과 Beer의 법칙에 따라 NH_3/SiN_4에 따른 Si－H 결합과 N－H 결합의 상대적인 농도를 계산 할 수 있다. [그림 8.33]과 같이 NH_3/SiN_4가 감소 할 수록 Si－H 결합 농도는 증가하고 N－H 결합 농도는 감소한다. [그림 8.30]에서 굴절률이 1.8 일 때 NH_3/SiN_4 = 3이고 이 때 [그림 8.33]에서 Si－H 결합의 수소 농도는 0.09×10^{23} cm^{-3}이고 N－H 결합의 수소 농도는 2.3×10^{23} cm^{-3} 이다. 즉 N－H 결합의 수소 농도는 Si－H 결합의 수소 농도의 23배나 된다. 결국 1.8의 굴절률에서는 N－H 결합에 의한 수소가 주도하고 있다. 굴절률이 2.1 일 때에는 [그림 8.30]과 [그림 8.33]에서 Si－H 결합의 수소 농도는 1.11×10^{23} cm^{-3} 이고 N－H 결합의 수소 농도는 0.98×10^{23} cm^{-3}이다. 즉 N－H 결합의 수소 농도와 Si－H 결합의 수소 농도가 거의 같다. 굴절률이 2.3일 때 Si－H 결합의 수소 농도는 2.11×10^{23} cm^{-3}이고 N－H 결합의 수소 농도는 0.06×10^{23} cm^{-3}이다. 즉 Si－H 결합의 수소 농도는 N－H 결합의 수소 농도의 35배나 된다. 결국 2.3의 굴절률에서는 Si－H 결합에 의한 수소가 주도하고 있다.

SiNx:H 증착 후 열처리 공정은 SiNx:H 안에 있는 Si－H와 N－H 결합을 깨고 수소가 에미터와 베이스로 확산되어 표면과 벌크 페시베이션을 하게 된다.

태양전지 공정 시 전극 형성을 위한 열처리를 할 때 이와 같은 페시베이션 효과가 일어난다. 급속 열처리 공정을 이용하여 600℃ 이상의 온도에서 수 초간 열처리를 할 때 첫 번째로 전면 금속(Ag)는 SiNx 박막을 뚫고 에미터와 접촉을 이룬다. 두 번째로 수소는 실리콘 질화막에서 결합을 깨고 Si 속으로 확산되어 벌크 페시베이션을 이룬다. 세 번째로 PECVD를 사용하여 실리콘 질화막을 증착할 때 표면 손상되었던 것들이 열처리 과정에서 표면 페시베이션을 이루어 급속 열처리 공정으로 동시에 3가지 효과를 이룬다.

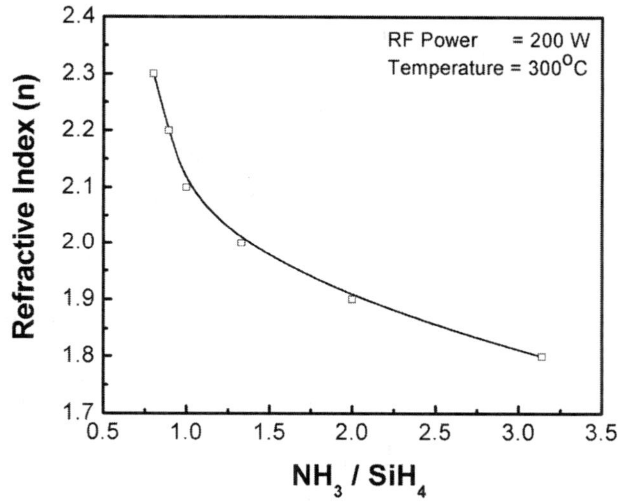

그림 8.30 NH_3 / SiH_4에 따른 SiN_x:H 박막의 굴절률 변화

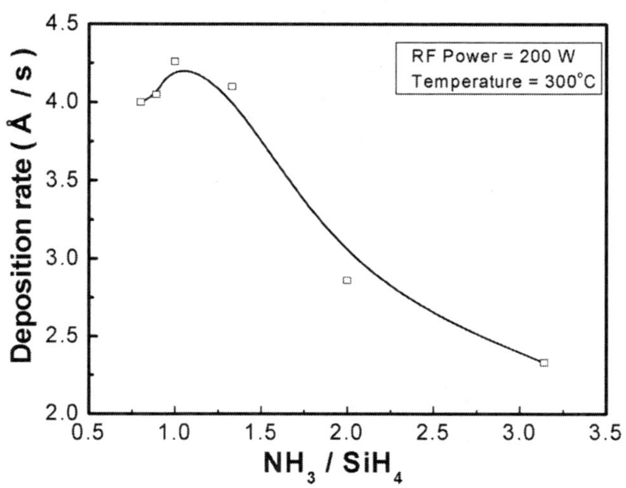

그림 8.31 NH_3 / SiH_4 에 따른 SiN_x:H 박막의 증착률 변화

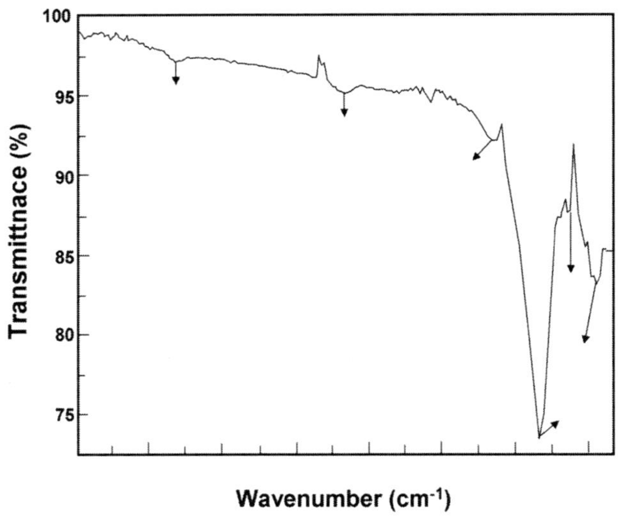

그림 8.32 FTIR를 이용해 분석한 SiN_x:H 박막의 투과도

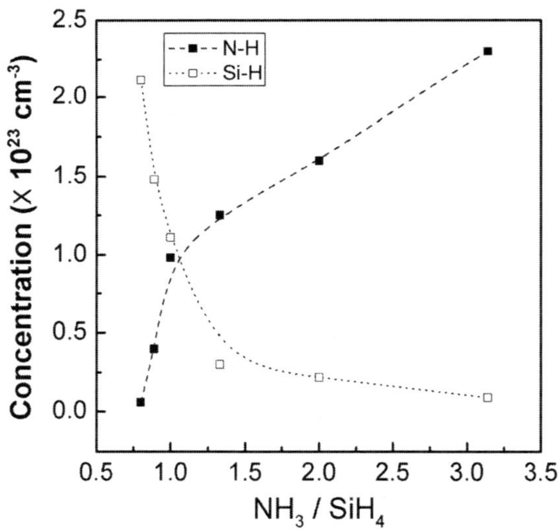

그림 8.33 NH_3 / SiH_4의 비율에 따른 N−H 결합의 농도와 Si−H 결합의 농도

SiNx:H 박막으로부터 Si 웨이퍼의 벌크 및 표면 수소 패시베이션을 위해서 급속 열처리 공정을 이용하였다. 제작된 SiNx:H 박막을 600, 700, 800 및 900℃에서 급속 열처리 공정을 하였다. 그 후 굴절률을 측정하였다. [그림 8.34]에서와 같이 열처리 공정에 따라서 굴절률의 변화를 나타내고 있다. 즉 굴절률이 2.1, 2.2, 2.3인 SiNx : H 박막은 열처리 온도에 따라 굴절률이 감소하였다. 그러

나 굴절률이 2.0, 1.9인 SiNx:H 박막은 열처리 온도에 따라 굴절률이 증가하였다. Si-rich의 Si−H 결합이 주도를 이루고 있는 굴절률이 2.1, 2.2, 2.3인 샘플은 열처리 공정 시 Si−H의 결합이 깨지고 Si−O−Si 결합을 형성하면서 굴절률의 감소를 가져온다. [그림 8.34]에서 굴절률이 2.31인 샘플은 600℃ 열처리 공정 후 2.28로 낮아졌고 900℃열처리 후에는 2.26으로 더 낮아졌다. 또한 N-rich의 N−H 결합이 주도를 이루고 있는 굴절률이 1.9와 2.0인 샘플은 열처리 공정 시 N−H 결합이 깨지면서 Si−H로 치환되거나 NH_3가 분자 형태로 에미터로 확산 되면서 SiNx:H 박막의 굴절률이 높아졌다. [그림 8.34]에서 굴절률이 1.91인 샘플은 열처리 후 굴절률이 증가하였다. 즉 600℃ 열처리 공정 후 1.88의 굴절률에서 900℃ 열처리 공정 후에는 1.93으로 높아졌다. [그림 8.35]는 급속 열처리 온도 변화와 굴절률에 따른 반송자의 수명을 나타낸다. 600℃의 열처리를 후 높은 반송자 수명을 나타내고 있다. 즉 굴절률이 2.3 일 때 600℃ 열처리 후에 반송자 수명이 21 μs으로서 가장 높다. 700℃ 열처리 후에는 반송자의 수명이 9 μs이며 800℃ 열처리 후에는 2 μs이며 900℃ 열처리 후에는 1 μs로서 반송자 수명이 점점 낮아졌다. 또한 600℃에서 700℃로 열처리 온도가 높아짐에 따라 반송자 수명이 급격하게 감소하였다. 이는 SiNx:H 박막 안에 있는 수소가 실리콘 벌크 안으로 확산되어 효과적인 벌크 패시베이션을 이루었다. 그러나 700℃ 이상의 온도에서는 실리콘 벌크 안에서 패시베이션을 이루고 있는 수소가 다시 분리되어 재결합의 원인을 제공한다. 즉 600℃가 최적의 열처리 온도임을 알 수 있다.

SiNx:H 박막 증착 시 HN_3/SiH_4가 낮을수록 소광계수와 굴절률이 증가한다. [그림 8.36]은 굴절률이 증가할수록 소광계수가 증가함을 나타내고 있다. [그림 8.37]은 Al/SiNx:H/p-type Si 구조의 C-V 특성을 보여 주고 있다. C-V 곡선을 통해 박막의 유전율을 계산하였다. C-V 곡선이 반시계 방향의 이력곡선을 나타내고 있다. 이를 통해 불포화 결합(Si-N_3)을 가지는 실리콘 질화막에 양의 전하가 있음을 알 수 있다. 계면 결함 밀도는 C-V 측정으로부터 Terman 분석을 이용하여 계산하였다. 표 8.3에서는 열처리 온도가 높아질수록 계면 결함 밀도가 낮아졌다. 이것은 [그림 8.35]에서 열처리 온도가 높을수록 벌크 패시베이션 효과가 떨어진 것과 관련이 있다. 700℃ 이상의 열처리 시 실리콘의 벌크 패시베이션을 이루고 있던 수소가 결합을 끊고 실리콘과 질화막 사이의 계면 패시베이션을 이루면서 D_{it}가 감소되었다. 또한 계면 결함 밀도는 절연층과 실리콘 표면에서의 결합에 비례한다. 특히 질소보다 실리콘이 많은 실리콘 질화막에서 계면 결함 밀도가 더 높다. 그러므로 실리콘 질화막에서 질소가 많을수록 계면 전하 밀도가 더 낮다. 표 8.4에서는 굴절률의 변화에 따른 계면 전하 밀도를 비교하고 있다. 굴절률이 높아짐에 따라 계면 전하 밀도도 높아짐을 알 수 있다. [그림 8.30]에서 Si-rich인 샘플의 굴절률이 높음을 알 수 있다. 이것은 표8.4의 높은 굴절률에서 계면 전하 밀도의 증가와 일치함을 알 수 있다.

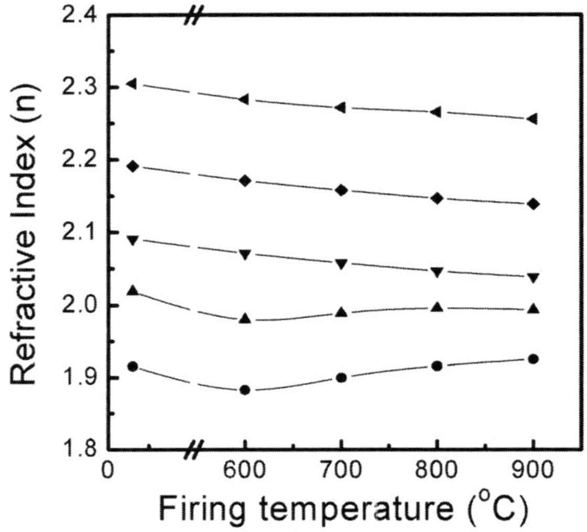

그림 8.34 SiN_x:H 박막의 열처리 온도에 따른 굴절률의 변화

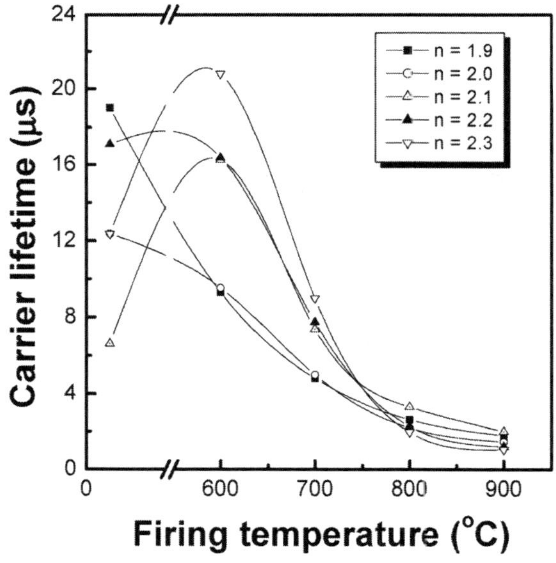

그림 8.35 SiN_x:H 박막의 열처리 온도와 굴절률에 따른 실리콘 벌크 반송자 수명

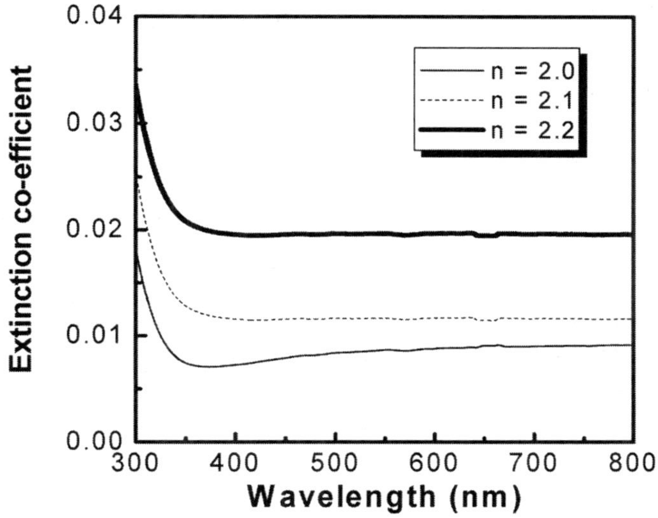

그림 8.36 SiN_x:H 박막의 굴절률에 따른 소광계수

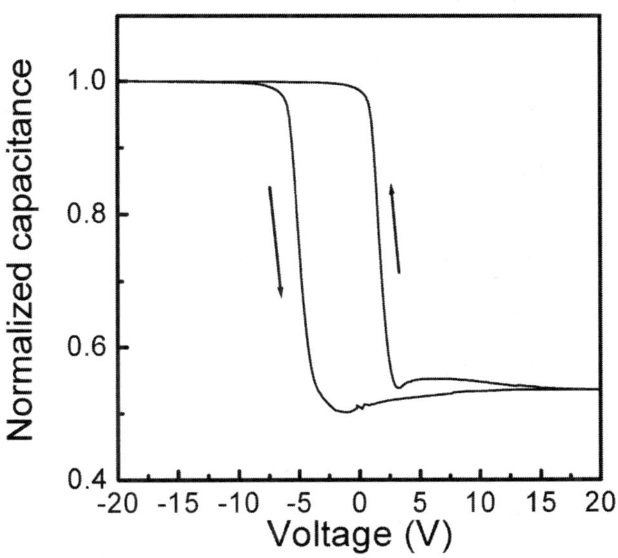

그림 8.37 Al/SiN_x:H/p-type Si 구조의 샘플에서 C-V 곡선

표 8.3 Al/SiN$_x$:H/p-type Si 샘플의 열처리 온도에 따른 계면 전하 밀도

Firing temperature (℃) (t = 70 nm)	Refractive Index	Dit (cm^2eV^{-1})
As-deposited	2.0	8.0×10^{11}
600		1.4×10^{11}
700		5.0×10^{10}
800		1.1×10^{10}

표 8.4 Al/SiN$_x$:H/p-type Si 샘플의 굴절률에 따른 계면 전하 밀도

Silicon nitride Refractive index	Temperature(℃)	Dit (cm2eV^{-1})
1.9	600	8.16×10^{10}
2.0		1.40×10^{11}
2.1		3.36×10^{11}
2.2		5.00×10^{11}
2.3		8.60×10^{11}

8.4.5 실리콘 태양전지 그리드 패턴 제작

태양전지의 변환 효율의 손실은 크게 두 가지로 볼 수 있다. 첫째, 전면 전극에 의한 빛의 입사 면적의 손실인 광손실이다. 둘째는 전면 전극과 에미터에 흐르는 캐리어에 의한 저항 손실이다. 그러나 전면 전극의 핑거 간격이 증가하면 광손실이 줄지만 저항 손실은 증가한다. 최소의 전력 손실을 얻기 위해서는 이러한 핑거 간격이 최적화 되어야 한다. [그림 8.38]은 태양전지 전면 전극 그리드를 보여 주고 있다. 이러한 전극 패턴에서 최대전력은 최대 전류밀도(Jmp)와 최대 전압(Vmp)과 면적(A: 가로길이, B: 세로길이)으로 나타낼 수 있다. 이러한 태양전지의 전력손실에서 저항으로 인한 손실과 광 손실을 계산할 수 있다. 먼저, 전면 전극 손실과 에미터에 흐르는 캐리어에 의한 저항 손실을 계산할 수 있다. 첫째로 에미터에 흐르는 캐리어에 의한 저항 손실은 식 8.7과 같다.

(8.7)

여기에서 ρ_s 는 에미터 층의 면저항을 말한다. 즉

$$\rho_s = \frac{\rho_{silicon}}{t} \tag{8.8}$$

가 된다.

여기에서 $\rho_{silicon}$는 에미터 층의 비저항이고 t 는 에미터 층의 두께이며 s 는 핑거와 핑거 사이의 거리이다.

핑거에 의한 저항의 손실은 식 8.9와 같다.

$$\begin{aligned} P_{rf} &= \frac{1}{3}\rho_{smf}\left(\frac{S}{W_f}\right)b_1^2\left(\frac{J_{mp}}{V_{mp}}\right) \\ &= \frac{1}{3}\rho_{smf}\left(\frac{S}{W_f}\right)\left(\frac{B/2 - W_b}{2}\right)^2\left(\frac{J_{mp}}{V_{mp}}\right) \end{aligned} \tag{8.9}$$

여기에서 b1은 버스바와 핑거가 만나는 점에서 가장자리까지의 핑거의 거리이다. 이 거리는 태양전지 가로 길이의 1/4 정도가 된다. Wb는 버스바의 폭이다. 또한 버스바에서 저항의 전력 손실은 식 8.10과 같다.

$$P_{rb} = \frac{2}{3}A^2 b_1\left(\frac{\rho_{smb}}{W_b}\right)\left(\frac{J_{mp}}{V_{mp}}\right) \tag{8.10}$$

여기에서 ρ_{smb}는 버스바의 면저항이다.

광손실에서는 핑거에 의한 광손실과 버스바에 의한 광손실로 나누어 볼 수 있다. 핑거에 의한 광손실은 식 8.11과 같다.

$$P_{st} = \frac{W_f}{S} \tag{8.11}$$

여기에서 W_f 는 핑거폭이다.

버스바에 의한 광손실은 식 8.12과 같다.

$$P_{sb} = \frac{W_b}{(B/2)} \approx \frac{W_b}{2b_1} \tag{8.12}$$

즉 전체 전력 손실은 식 8.13과 같이 나타낼 수 있다.

$$p = p_{res} + p_{opt} = (p_{t1} + p_{rf} + p_{rb}) + (p_{sf} + p_{sb}) \tag{8.13}$$

[그림 8.38]에서 핑거의 폭은 130 mm이며, 핑거의 면저항은 3.57×10^{-3} Ω/ □ 이다. 버스바의 면저항은 1.88×10^{-3} Ω/ □이다. Jmp는 30 mA/cm^2 이고 Vmp 는 0.48 V이다. 에미터의 면저항은 40 Ω/ □이다.

[그림 8.39]는 핑거 간격에 따른 저항의 전력 손실을 나타내고 있다. 저항에

따른 전력 손실은 버스바의 저항에 의한 전력 손실과 핑거의 저항에 의한 전력 손실과 에미터 저항에 의한 전력 손실의 3가지로 볼 수 있다. 여기에서 버스바에 의한 저항의 전력 손실이 주도를 이루고 있을 알 수 있다. 즉 2.0 mm의 핑거간격에서 저항에 의한 전력 손실이 27%일 때 버스바에 의한 전력 손실은 25%가 넘는다. 본 연구에서는 1.5 mm의 버스바 폭을 사용하였다. 또한 핑거 간격이 늘어남에 따라 핑거에 의한 저항 전력 손실과 에미터에 흐르는 캐리어에 의한 저항 전력손실이 늘어남을 알 수 있다. 결국 핑거 간격이 늘어남에 따라 저항에 의한 전력 손실이 늘어남을 알 수 있다.

[그림 8.40]은 핑거 간격에 따른 버스바와 핑거에 의한 광 손실을 보여주고 있다. 핑거 간격이 넓어짐에 따라 핑거에 의한 광 손실이 줄어듦으로 전체 광 손실 또한 줄어들고 있다.

[그림 8.41]은 광 손실과 저항에 의한 전력손실을 보여주고 있다. 핑거 간격이 늘어남에 따라 광 손실은 줄어들지만 저항에 의한 전력 손실을 증가하고 있다. 핑거 간격이 2.8 mm일 때 전체 전력 손실이 최소이었다. 그러나 면저항에 따라 전력 손실의 최소가 되는 핑거 간격은 다르다. 이와 같은 모의실험을 바탕으로 실제 태양전지의 핑거 간격에 따른 효율을 분석하였다. 또한 면저항에 따라 저항 손실이 달라지기 때문에 각각의 면저항에 따른 핑거거리를 최적화 하여야 한다. [그림 8.42]에서는 이러한 핑거거리와 에미터 면저항에 따른 전력손실의 모의실험을 나타내고 있다. 이와 같은 면저항의 변화에 따라 최소의 전력 손실을 얻기 위해서는 전면 전극의 핑거의 간격를 최적화 하여야 한다. 핑거의 간격을 2.0 mm에서 3.0 mm 까지 변화시키면서 전력 손실 값을 구하였다. 면저항이 30 Ω/□에서는 핑거 간격이 3.0 mm 일 때 가장 전력 손실이 작다. 그러나 면저항이 증가하면서 핑거간격이 작아질 때 최소의 효율을 보이고 있다. 즉 면저항이 60 Ω/□ 일 때에는 핑거간격이 2.5 mm에서 면저항이 100 Ω/□ 일 때에는 핑거 간격이 2.1 mm에서 최소의 전력 손실을 보이고 있다. 즉 면저항이 커짐에 따라 저항 손실이 커지기 때문에 저항 손실을 줄이기 위하여 핑거 간격이 줄어 들어야 한다. 이 때 핑거 간격이 줄어들면서 광손실 또한 커지기 때문에 이를 고려하여 핑거 간격이 결정된다.

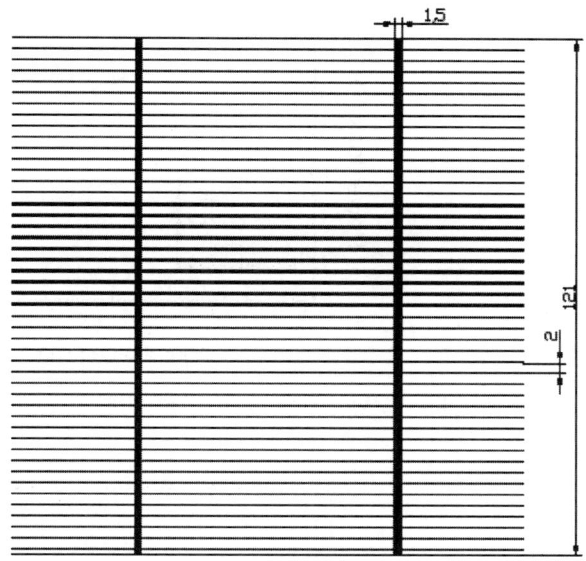

그림 8.38 125 mm × 125 mm 다결정 태양전지의 전면전극 그리드

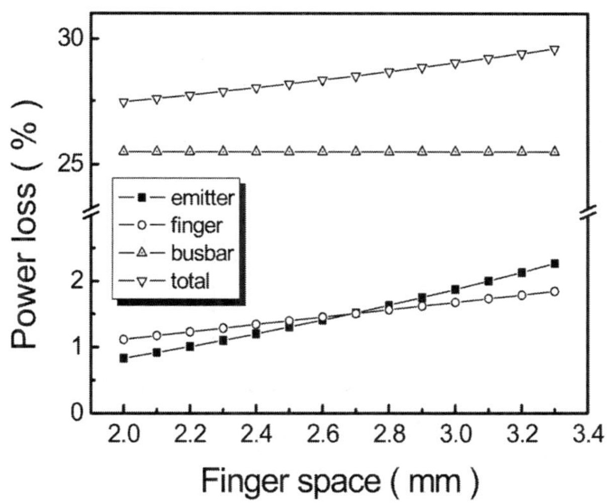

그림 8.39 핑거 간격에 따른 에미터 저항에 의한 전력 손실과 핑거와 버스바에 의한 전력 손실의 모의 실험

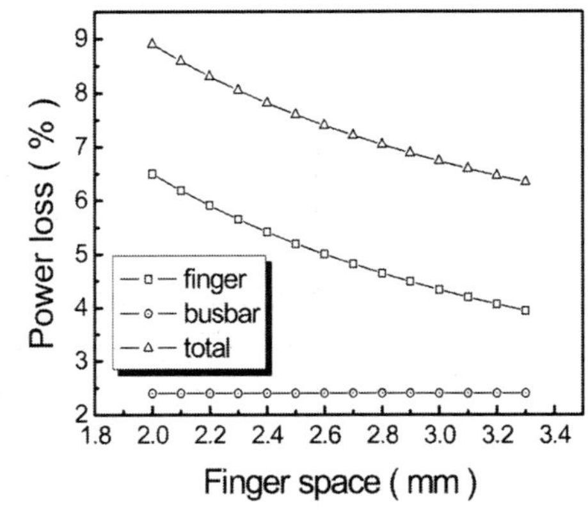

그림 8.40 핑거 간격에 따른 광 손실의 모의실험

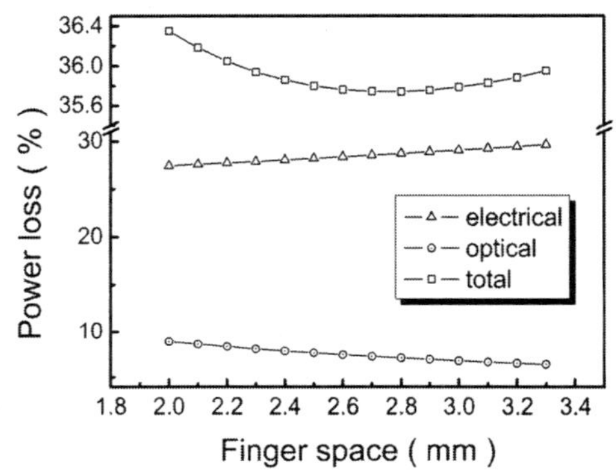

그림 8.41 핑거 간격에 의한 광 손실과 저항에 의한 전력 손실 모의실험

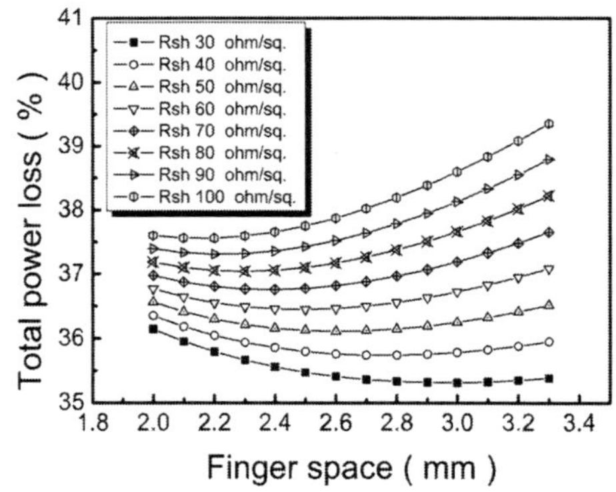

그림 8.42 태양전지의 에미터 면저항과 핑거 간격에 따른 전력 손실

스크린 인쇄법과 급속 열처리 공정을 사용하여 낮은 접촉 저항을 갖는 태양전지의 제작은 태양전지 양산에 있어서 중요한 과제 중의 하나이다. 이베퍼레이션(evaporation)과 포토리소그래피(photolithography), 도금을 사용했을 때는 많은 시간과 여러 공정과정이 필요하다. 스크린 프린트 기술은 이미 태양전지의 양

산 과정에서 널리 쓰이고 있는 방법이다. 태양전지의 효과적인 전후면의 전극 형성을 위하여 급속 열처리 공정을 최적화하는 중요한 요소이다.

8.5 박막형 다결정 실리콘 태양전지

태양광 발전이 기존의 발전기술과 비교하여 경제성을 갖추기 위해서는 모듈 생산 단가를 US $1/Watt까지 낮추어야 한다. 현재까지 개발된 태양전지 기술 중 이러한 목표에 가장 근접한 형태가 바로 박막 실리콘 태양전지(thin film silicon solar cell)이다. 단결정과 다결정 형태의 웨이퍼를 사용하는 결정질 실리콘 태양전지는 높은 변환효율과 실리콘이 가지는 비유독성, 자원의 풍부함 등으로 인해 현재 태양전지 시장의 80% 이상을 차지하고 있으나, [그림 8.43]에서 보는 바와 같이 태양전지 제조가격의 50% 이상을 차지하고 있는 실리콘 기판으로 인한 높은 제조 단가와 대면적화가 불가능하다는 단점이 있다. 박막 실리콘 태양전지 기술의 경우 아직까지 성능의 재현성 문제 및 벌크형 실리콘 태양전지에 비해 낮은 효율 등의 문제를 가지고 있지만, 모듈 제작에 사용되는 재료의 비용이 낮기 때문에 제작 단가를 크게 낮출 수 있고 대면적화가 용이하기 때문에 태양전지 시장을 주도하는 기술이 결국에는 결정질 실리콘 태양전지에서 박막 실리콘 태양전지로 바뀌어 갈 것으로 예상된다. 현재 박막 실리콘 태양전지 기술은 오랜 연구개발 단계를 끝내고 예비생산(pilot production) 단계에서 대량생산(industrial production) 단계로 넘어가고 있다. [그림 8.44]는 주목할 만한 박막형 실리콘 태양전지의 변환효율과 제조 회사를 나타낸 것이다.

다결정 실리콘을 얻는 방법으로 비정질 실리콘 박막을 먼저 제조한 후에 Zone melting recrystallization(ZMR), laser annealing, RTA(rapid thermal annealing), furnace annealing을 이용하는 SPC(solid phase crystallization)와 같은 재결정화 방법으로 고품질의 다결정 박막을 제작하고 있다. 레이저 열처리나, RTA를 이용한 방법은 다결정 실리콘의 대면적 성장, 균일성 및 생산성에 문제가 있고, SPC방법은 이들에 비하여 공정 시간이 길다는 단점이 있다. 고품질의 미세결정 실리콘 박막을 직접 증착하는 것은 이동도가 떨어지기는 하지만, 대면적 성장, 균일성, 생산성에 있어서 우수한 성질을 보여주고 있어 많은 연구가 진행되어지고 있다. 그러나 아직 결정질 태양전지 변환효율에 근접한 결과는 달성하지 못하고 있다. 그중에서도 가능성이 있는 기술은

New South Wales 대학의 LPE(liquid phase epitaxy) 기술, Mitsubishi사와 Astropower사의 ZMR, Kaneka사의 비정질과 다결정 실리콘 박막을 이용한 태양지로 평가된다.

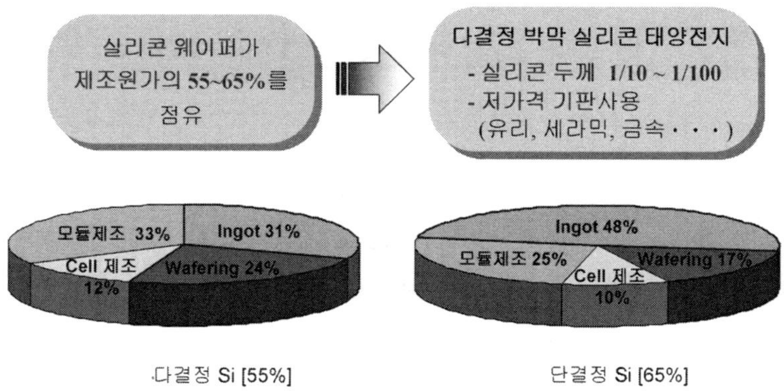

그림 8.43 결정질 실리콘의 제조원가 분석

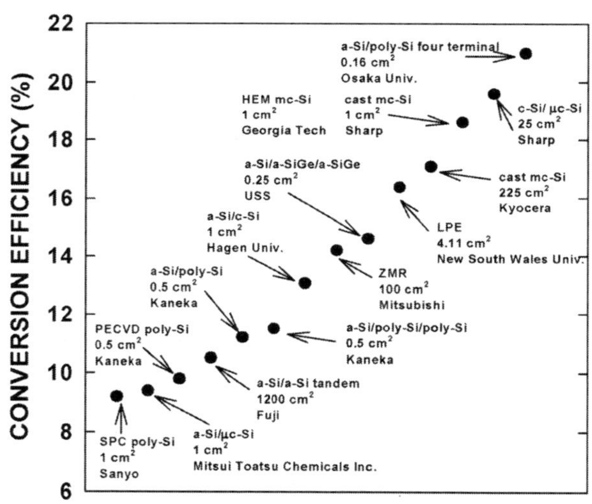

그림 8.44 박막형 실리콘 태양전지 변환효율과 태양전지 구조

다양한 기술 중에서도 LPE(liquid phase epitaxy) 다결정 실리콘을 이용한 태양전지가 가장 높은 효율을 보이고 있다. LPE 성장온도는 600~900°C, LPE 층의 두께는 20 μm, 성장된 실리콘에 인(phosphorous)을 확산하거나 n-형 박막을 증착하여 전지를 제작 변환효율 14%(면적 1 cm^2)를 달성하였다. UNSW의 Zheng 등에 의해 제작된 n^+-p-p^+ 형태의 LPE 태양전지는 4.11 cm^2 의 면적에서 16.4 %의 변환효율을 보였으며, LPE 다결정 실리콘의 두께는 32 μm 이였다. [그림 8.45]는 UNSW에서 개발한 전지 구조와 Astropower사에서 산

업화 하고 있는 박막형 실리콘 태양전지 구조를 나타낸 것으로 다결정 실리콘은 두께 30 μm 내외이다.

Matsuyama 등은 SPC(solid phase crystallization) poly−Si을 이용하여 (p)a−Si/(n) poly−Si/(n^+) poly Si 구조의 전지를 제작하였다. 비정질 실리콘을 PECVD로 제작한 다음 550∼650℃에서 SPC방법으로 재결정화하여 1 cm^2의 면적으로 제작된 전지에서 9.2%의 변환효율을 보였다. 한편 Arimoto 등은 carbon strip heater를 사용한 ZMR 방법에 의한 다결정 실리콘을 이용하여 태양전지를 제작하였다. SOI(silicon on insulator) 구조로서 CVD 방법으로 다결정 실리콘을 증착한 다음 ZMR(zone melting recrystallization) 방법으로 재결정화하고, 그 위에 활성층의 다결정 실리콘을 CVD로 증착하였다. 이 전지는 10 cm × 10 cm의 면적에서 변환효율 14.2%를 보였다.

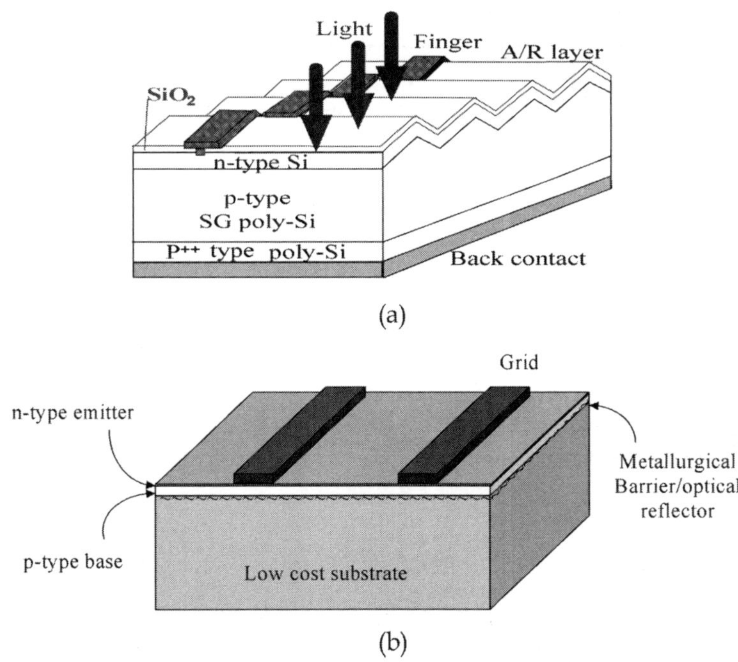

그림 8.45 LPE 방법으로 제조된 박막형 다결정 실리콘 태양전지 구조
(a) UNSW 16.4%, (b) Astropower 14%(기판은 세라믹)

Yamamoto 등은 KrF 엑시머 레이저 어닐링(laser annealing) 방법을 이용하여 다결정 실리콘 태양전지를 제작하였다. 70∼300 nm의 강하게 보론 도핑된 비정질 실리콘을 480 ℃에서 PECVD법으로 제작한 후 레이저 에너지 밀도 200∼350 mJ/cm^2로 결정화한다. 그 다음 550°C 이하의 온도에서 PECVD로 약하게 p-형으로 도핑된 다결정 실리콘을 증착하였고, n-형 미세 결정질(microcrystalline) 실리콘(μc−Si:H) 박막을 PECVD 법으로 200°C의 온도로 증착한

다. 이 전지는 0.25 cm^2의 면적에서 2.46%의 변환효율을 나타냈다.

Rath 등은 다결정 실리콘 태양전지 제작에 HWCVD(hot wire chemical vapor deposition)를 사용하였으며, 이때 구조는 n^+ c−Si/i poly−Si (1.5 μm) /buffer layer(3 nm)/p μc−Si:H(30 nm)/ITO의 형태였다. 진성(intrinsic)인 i 층은 HWCVD법으로 기판온도 480°C에서 제작되었고, p층 μc−Si:H은 PECVD를 사용하여 제작되었다. 변환효율 3.15%를 보였다. 또한 Rohatgi 등은 HEM(heat exchange method) 방법으로 제작된 다결정 실리콘을 이용하여 n^+-p-p^+ 형태의 다결정 실리콘 태양전지를 제작하였고, 1 cm^2의 면적에서 변환효율은 18.6%를 보였다. 표 8.5는 태양전지용 다결정 실리콘 박막의 형성 방법을 비교한 것이다.

표 8.5 다결정 실리콘 박막의 형성 방법에 따른 특성 비교

	결정립 크기(μm)	성장속도 (μm/hr)	연구기관	비 고
용액성장 (LPE)	> 100	0.6～180	− 미국 AstroPower, NREL, Delaware大 − 독일 Max Planck연구소, Fraunhofer ISE − 일본 Canon, Daido Hoxan − 호주 UNSW, ANU	− 열평형: 양질의 결정질 박막을 얻을 수 있슴 − 다결정 Si 박막 태양전지에 최적 − AstroPower 상업화
Hot−Wire CVD	< 1	3.6～10	− 미국 NREL − 일본 JAIST − 스페인 LFCF	− 대면적 어려움 − Filament에 의한 오염 − Filament의 Silicide화 − 용액성장용 Seed layer로 활용가능
Plasma CVD	< 1	3.6～6	− 일본 Kaneka − 스위스 Neuchatel大	− 결정화 어려움 − 낮은 성장속도 − 용액성장용 Seed layer로 활용가능
Sputtering	< 1	0.3～1	− 미국 Illinois大	− 용액성장용 Seed layer로 활용가능

8.6 수소화된 비정질 실리콘 태양전지

8.6.1 수소화된 비정질 실리콘

결정질 실리콘의 물리적 특성에 대하여 이미 살펴보았으나 비정질 실리콘 박막에 대한 기초를 다루지 못해서 이번 장에서 간략히 다루고 태양전지 응용을 살펴보고자 한다. 결정질 실리콘에서 각각의 실리콘 원자는 4개의 실리콘 원자들과 공유결합을 하고 있다. 실리콘의 격자상수는 8.431 Å이고, 3차원적인 규칙성을 가지고 있다. 이에 비해 비정질(amorphous) 실리콘에서는 배위수, 결합각, 결합길이는 결정질 실리콘과 비슷하나 규칙적인 주기성이 존재하지 않는다.

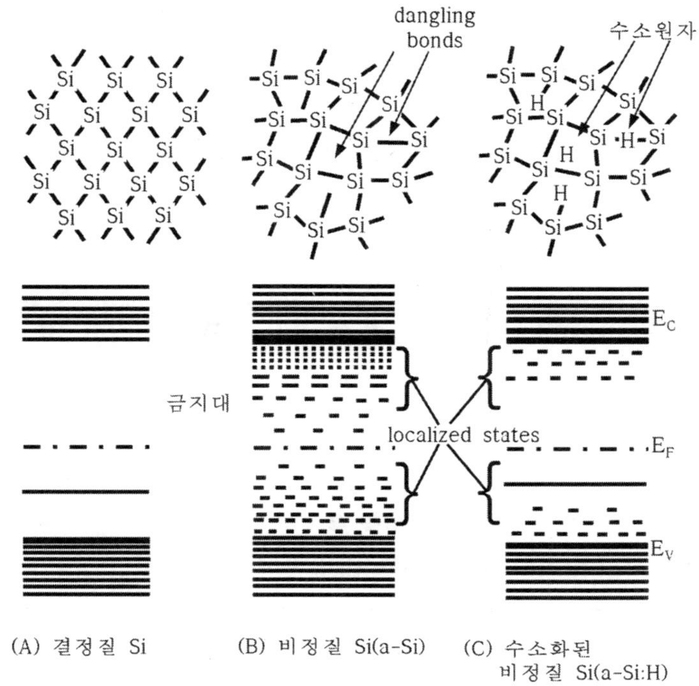

그림 8.46 결정질 실리콘과 비정질 실리콘의 원자결합 및 에너지 밴드 구조

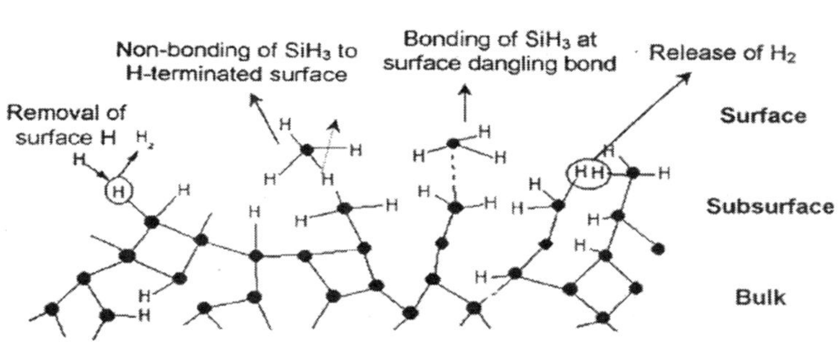

그림 8.47 수소화된 비정질 실리콘 (a−Si:H)박막의 성장 기구

비정질 실리콘 내에서 대부분의 실리콘 원자들은 4개의 결합을 모두 채우지 못하고 끊어진 미결합 상태(dangling bond)로 존재하게 된다. 수소화된 비정질 실리콘(hydrogenated amorphous silicon; a−Si:H)에서는 이러한 미결합에 수소 원자가 연결되어 [그림 8.46]에서와 같이 에너지 밴드 갭 내에서 국재화된 상태밀도(density of localized states)를 감소시켜 준다. a−Si:H 박막의 성장 기구를 [그림 8.47]에 나타내었다.

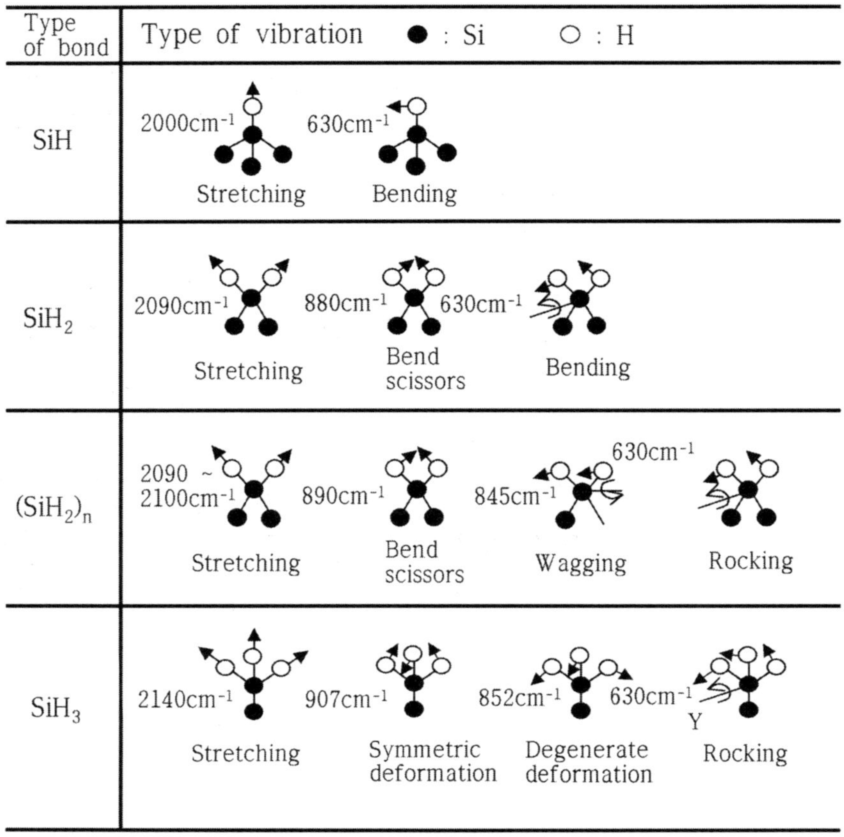

그림 8.48 a−Si:H의 Si−H_n 결합 유형에 관련된 진동 모드 및 흡수 진동수

수소화된 비정질 실리콘의 경우 Si−H 결합의 형태가 a−Si:H 박막의 성장에 중요한 역할을 한다. [그림 8.48]는 Si−H_n 결합 유형에 관련된 진동 모드 및 흡수 진동수를 나타낸 것이다. 다양한 Si−H 결합 모드 중에서 Si−H 결합이 상대적으로 큰 결합에너지 (~3.2 eV)를 가지기 때문에 Si−H_2 결합과 같은 다른 결합들보다 훨씬 안정적이다. 실리콘 박막 증착온도 200~300 ℃ 정도에서는 열에너지에 의한 Si−H_2 분해의 감소로 비정질 실리콘 내에서 Si−H_2 결합의 양이 증가하게 된다. 300℃ 이상의 기판온도에서 화학적 결합의 형태는 온도보다는 증착 기법에 강하게 영향을 받는다. a−Si:H 박막 내에서 Si−H_2 결합은 일반적인 반도체 특성을 감소시킨다고 알려져 있다. 수소화를 행하지 않은 비정질 실리콘에서 결함밀도는 10^{20} $cm^{-3}eV^{-1}$ 정도로 매우 높다. RF sputtering이나 e-beam에 의해 성장한 비정질 실리콘 박막의 결함밀도가 10^{20} $cm^{-3}eV^{-1}$ 이상으로 높아 doping 효과를 보기 어려워 실질적인 전기전자 소자에 응용되지 못하였다. 그러나 Dundee 대학교의 Spear와 LeComber가 글로우 방전을 통하여 미결합 상태에 수소나 불소를 결합시킨 비정질 실리

콘을 형성시킴으로써 밴드 갭 내부의 상태밀도를 크게 줄일 수 있었으며, 이로 인하여 비정질 실리콘에 도핑이 가능하게 되었다. 수소화된 비정질 실리콘 박막에서는 결함밀도가 $10^{15}\,cm^{-3}eV^{-1}$ 정도이다. 이는 수소가 실리콘의 끊어진 결합들을 없애고, 국재 상태를 감소시키는 역할을 하기 때문이다. 이때부터 수소화된 비정질 실리콘 박막은 p-n 접합, p-i-n 접합 태양전지를 제작할 수 있게 되었다.

표 8.6 a−Si:H의 일반적인 특성

Deep Localized State Density at $E=E_{Fo}$	10^{15}~10^{16} (cm^{-3}/eV)
Deep State Characteristic Energy	86 (meV)
Tail Localized States Density at $E=E_C$	~2×10^{21} (cm^{-3}/eV)
Tail States Characteristics Energy	23 (meV)
Width of Tail States Band	~150 (meV)
Dielectric Constant	~11
Diffusion Constant at 300 K	(cm^2/s)
− electrons in conduction band	0.26 ~ 0.52
− holes in valence band	0.13 ~ 0.26
Effective Density of States in Conduction Band	~10^{19} (cm^{-3})
Effective Density of States in Valence Band	~10^{19} (cm^{-3})
Energy Gap at 300 K	1.72 (eV)
Index of Refraction	3.32
Mobility at 300 K	(cm^2/V·s)
− electrons in conduction band	10 ~ 20
− holes in valence band	5 ~ 10

표 8.6은 a−Si:H의 일반적인 특성을 나타낸 것이다. a−Si:H는 1.7~2.0 eV의 에너지 밴드 갭을 가지는 직접 천이형(direct transition) 반도체이며, 결정질 실리콘보다 큰 광 흡수계수를 가진다. 따라서 μm 두께만으로도 태양광의 대부분을 흡수할 수 있어 박막 형태의 태양전지 제작이 가능하다. [그림 8.49]에는 실리콘 박막의 광 흡수도 변화를 나타내었다. 수소는 약한 결합에 의한 국재 상태에 trap 및 release를 반복하며 Si−Si 결합 사이를 움직이며 확산을 하게 된다. 안정된 구조에서 strained(weak) Si−Si 결합 바로 옆에 Si−H 결합이 있다면, 빛 조사시 nonradiative electron-hole 결합 에너지에 의하여 strained Si−Si 결합을 깰 수 있다. 깨어진 Si−Si 결합 중에 한 Si 원자는 수소화 결합하고 다른

Si 원자는 미결합으로 남게 된다. 따라서 a−Si:H 박막은 빛에 민감하게 반응하며, 물성 특성도 초기 제작 후와 나중에 UV 광이 조사된 후에 특성이 변할 수 있다(Staebler-Wronski effect). 이러한 a−Si:H의 근본적인 문제로 인하여 a−Si:H 태양전지는 광 안정도가 문제시된다. 이를 극복하기 위해서 실리콘 박막의 결정화, 박막 성장 시 미세결정화, 사용되는 원천 화학 소스가변, 증착시스템 가변 등 다양한 측면에서 노력이 진행되고 있다.

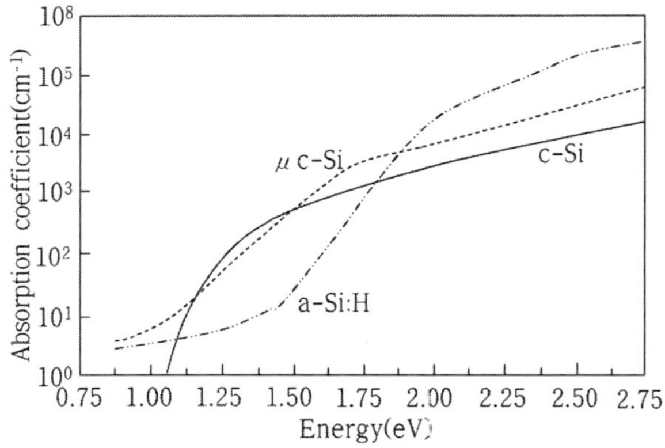

그림 8.49 Photon 에너지에 따른 광 흡수도

a−Si:H 박막의 전도대 및 가전자대에서 캐리어는 수십 $cm^2/V{\cdot}s$ 크기의 밴드 이동도를 갖는다. 비정질 실리콘에서 전자수송 특성은 전하 캐리어와 국재 상태와의 상호작용에 의해 결정된다. 국재 상태에서 포획된 전하가 전도대로 열적 여기(excitation)에 의해 전도대에서 수송이 일어나면 trapping이라고 하고, 국재 상태 사이에서 직접 터널링(tunneling)에 의해 전하 운반자가 이동되면 hopping이라고 부른다. 따라서 비정질 실리콘 박막은 외부 광원에 불안정한 요인과 열적 스트레스에도 특성변화가 일어날 수 있기 때문에 현재는 실리콘 박막 자체를 다결정으로 대치하고자 하는 노력이 진행 중이다. 다결정 실리콘은 각각 결정방향이 다른 결정립들과 그 사이의 결정입계로 이루어져 있다. 이동도는 물리적으로 다결정 재료에서 캐리어가 한 결정립에서 다른 결정립으로 이동하기 쉬운 정도를 나타내는 변수로 다결정 실리콘에서는 결정입계 산란(grain boundary scattering)이 추가되어 단결정에서의 값보다 훨씬 작은 값을 갖는다. [그림 8.50]에는 다양한 실리콘 종류에 따른 에너지 밴드 다이어그램과 캐리어가 이동하는 과정을 나타내었다. 반송자 이동시 비정질이 가장 큰 방해를 받으며 다결정은 결정립계에서 저항이 있고 단결정은 반송자 이동에 가장 적은 방해를 받는다. 다결정에서는 결정립계간의 방해가 중요하므로 태양전지에서는 반송자의 수직움

직임이 중요하다. 수직으로 한 개 결정립 구조를 가지는 주상 구조형(columnar structure) 다결정 박막이 태양전지 응용에 선호하는 구조이다.

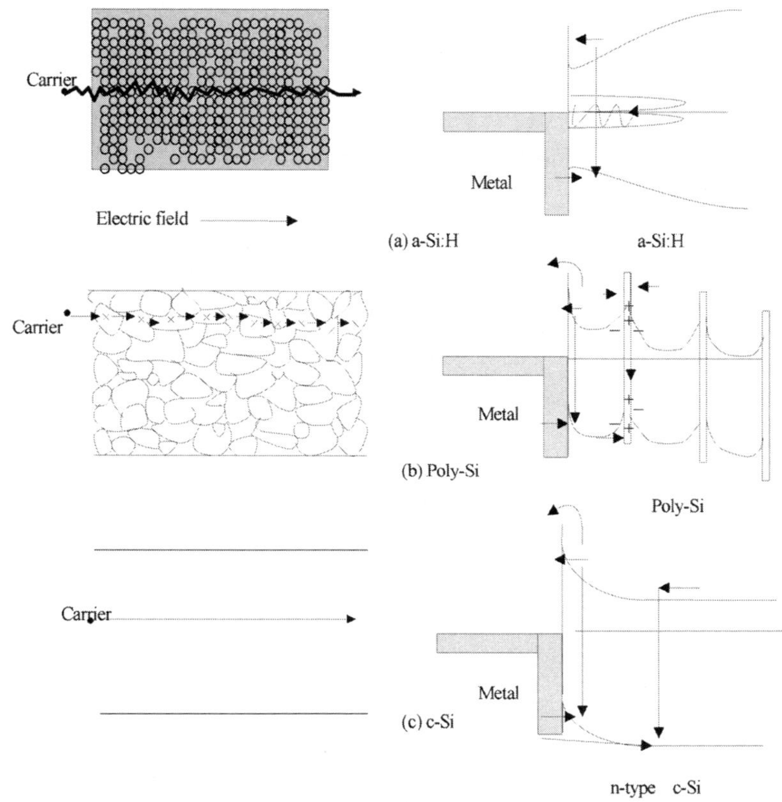

그림 8.50 다양한 실리콘 재료에 따른 에너지 밴드 다이어그램과 캐리어 이동

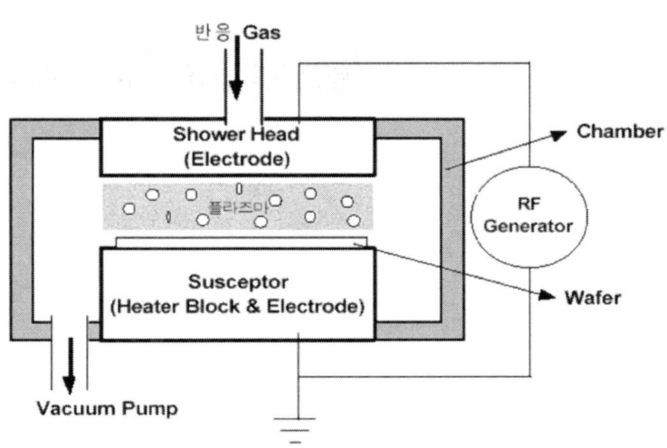

그림 8.51 전형적인 PECVD 시스템 개략도

실리콘 박막은 [그림 8.51]에서와 같은 플라즈마 화학기상 증착법(plasma enhanced chemical vapor deposition; PECVD)에 의해 주로 100~400℃에서 형성된다. [그림 8.52]은 플라즈마 가스분해로 a−Si:H 박막이 형성되는 과정을 나타낸 것이다. 실리콘 원천 소스를 포함하고 있는 가스가 플라즈마로 인해 분해되어 기판 표면에 실리콘 박막이 성장되는 주요 반응 과정은 크게 3가지로 분리해서 나타낼 수 있다.

(i) Electron-molecule reactions

$$SiX_4 + e \rightarrow SiX_n + (4 - n)X + e,$$
$$SiX_4 + e \rightarrow SiX_n^+ + (4 - n)X + 2e,$$
$$SiX_4 + e \rightarrow SiX_n^+ + (4 - n)X$$

(ii) Neutral-neutral reactions

$$H + SiX_4 \rightarrow SiX_n + HX$$
$$SiX_4 + SiX_n \rightarrow Si_2X_4 + n + Si_nX_m$$

(iii) Ion-molecule reactions

$$SiX_n + SiX_4 \rightarrow Si_2X_m^+ + (4 + n - m)X,$$

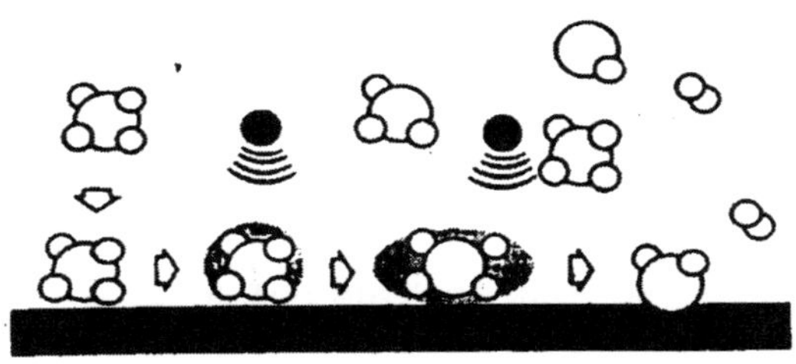

그림 8.52 실리콘 박막 성장 개략도

기존의 a−Si:H의 이동도는 1 $cm^2/V{\cdot}s$ 이하로서 매우 작고, 결정질보다 높은 결합 밀도로 인해 캐리어 수명시간과 확산거리가 짧다. 또한 높은 전압과 빛, 열에 대한 안정성이 떨어지는 등의 문제점이 있다. 이러한 문제를 해결하는 방안으로 직접적인 미세결정 실리콘 박막 성장을 통한 노력이 진행되고 있다. 미세결정 실리콘 박막의 직접 성장에서 가장 일반적인 방법은 PECVD를 이용하는 것이다. 실리콘 함유 기체인 silane(SiH_4) 가스를 수소(H_2) 가스에 수 %의 농도로 희석하는데, 수소의 양이 증가할수록 결정도가 증가한다. 그 원인은 활성화된 수소 원자가 불안정한 상태로 있는 실리콘 원자를 식각하여 증착과 식각의 준평형 상태에서 증착되거나, 수소기(hydrogen radical)에 의한 흡착 종의 표면 이동이 촉진되기 때문에 결정화된 박막이 얻어진다. 또한 수소에 의한 비정질상의 선택적 식각에 의해 결정질 실리콘만이 남게 되고 이를 이용하여 silane만으로 수십 Å의 실리콘 박막을 증착한 후 수소 플라즈마로 처리하는 과정을 연속적으로 반복하는 Layer-by-Layer 증착법에 의해서도 미세결정 실리콘을 얻고 있다. 또한 고온으로 가열된 필라멘트로 silane을 분해하는 열선 화학기상증착법(HWCVD)에 의해서도 미세결정 실리콘 박막을 형성할 수 있는데, 이는 고온의 필라멘트에 의해 silane과 수소가 분해되어 수소기가 발생하고, 이에 의한 선택적 식각으로 미세결정 실리콘이 얻어졌다고 추정하고 있다. 이런 방법 이외에 고밀도 플라즈마를 이용해 실리콘 박막을 얻기 위해서 hollow cathode, ICP, ECR, VHF 플라즈마 시스템 등이 연구되고 있다.

8.6.2 비정질 실리콘 태양전지

박막 태양전지란 전기를 발생시키기 위한 활성층으로 실리콘 웨이퍼 대신에 유리 등의 기판 위에 박막을 증착한 것으로, 태양전지 제작에 필요한 반도체 재료의 양을 줄일 수 있어서 싼 가격으로 대면적의 태양전지 모듈을 제작할 수 있다. 또한 박막 태양전지는 얇기 때문에 단위 radiation flux에 의한 실제 손상이 덜하여 단결정 전지에 비해 우주용 전원으로 적합하다. 현재 산업화를 위해 연구되고 있는 박막 태양전지 기술로는 비정질 실리콘(a−Si:H)계 태양전지, CdTe 태양전지, $CuInSe_2$(CIS)계 태양전지 등이 있다. 비정질 실리콘 태양전지의 경우 주로 일본 회사들에 의해 연구, 생산되고 있으며, 여러 박막 태양전지 기술 중 가장 산업화에 성공한 것으로 평가되고 있다. 비정질 실리콘 태양전지의 장점은 다음과 같다.

(1) 결정질 실리콘에 비해 가시광 영역에서 $10^5\ cm^{-1}$ 이상의 매우 높은 광흡수 계수를 갖기 때문에 매우 얇은 박막(100~500 nm)형 소자가 가능하다.
(2) 250 ℃ 정도의 낮은 온도에서 균일한 대면적 공정이 가능하여 저가의 유리 기판, 금속 기판 또는 유연성 플라스틱 기판 사용이 가능하다.
(3) 비정질 실리콘은 광학적 밴드 갭이 1.7 eV 정도로 태양광 스펙트럼 세기의 정점 근처에 있기 때문에 높은 에너지 변환효율이 예상된다.
(4) 모듈 제작 시 각각 셀들의 단일 집적화(monolithic integration)가 간단하고, 쉽게 할 수 있기 때문에 벌크형과 같이 자르고 붙이는 소모적인 방

법이 불필요하다.

(5) 붕소(B) 또는 인(P)을 이용하여 p-형이나 n-형으로 도핑이 용이하다.

(6) 탄소(C) 또는 게르마늄(Ge)을 이용하여 비정질 실리콘 카바이드(a−SiC:H)나 비정질 실리콘 게르마늄(a−SiGe:H) 등의 합금을 만들기 때문에 쉽게 광학적 밴드 갭 조절이 가능하다.

(7) 대기 중에 풍부한 수소(H_2)를 이용하여 저온에서 수소희석(dilution)법으로 프로터결정 실리콘(protocrystalline(pc) Si), 미세결정 실리콘(microcrystalline, μc−Si)으로 상전이(phase transition)가 용이하다.

비정질 실리콘계 태양전지는 과거에는 주로 간이 계산기 및 전자시계와 같은 소형, 휴대형 전자제품의 전력원으로 사용되어왔으나, 최근에는 Solarex(현 BP Solar), United Solar, Kaneka 등의 회사에 의해 옥외 사용을 위한 대면적 모듈이 생산, 판매되기 시작하였다.

결정질 실리콘 태양전지에서는 전하의 확산거리가 매우 길어 bulk 영역에서 생성된 전하들이 공핍영역(depletion region)으로 확산되어 수집되지만, 박막형 실리콘에서는 재결합(recombination)이나 포획(trapping) 때문에 전하 반송자의 확산거리가 짧기 때문에 비정질 실리콘 태양전지에서는 광흡수 목적용 진성층(intrinsic layer)과 광 생성된 전하분리를 위한 내부전계 형성 목적용 층을 구분하여 태양전지를 제조한다. 그러므로 비정질 실리콘 태양전지는 p-i-n 형 구조가 가장 일반적이다. 비정질 실리콘 박막 태양전지에서 대부분의 광전류는 진성층에서 생긴 표동전류(drift current)에 기인한다. p-i-n 형 비정질 실리콘 태양전지에서 p층은 창물질(window material)로서 전기 전도도가 크고, 빛 흡수가 적어야 한다. p층의 두께가 얇으면 p층 전체가 공핍층(depletion layer)이 되고, 충분한 확산전위(diffusion potential)를 얻을 수 없어 개방전압(open-circuit voltage)이 작아진다. 반대로 p층 두께가 두꺼워지면 빛 흡수가 증가하고, 표면 재결합이 문제가 되어 변환효율이 감소한다. 밴드 갭이 큰 물질로 창층(window layer)을 만들면 보다 짧은 파장의 입사광이 직접 i층을 비추므로 단락전류(short-circuit current)와 곡선인자(fill factor)를 증가시킬 수 있다. 태양전지의 변환효율은 주로 진성층의 국재 상태밀도에 의해 결정된다, 즉 진성층의 두께, 결함밀도, 계면상태가 태양전지 변환효율을 주도한다. 두꺼우면 효율적으로 빛을 흡수할 수 있지만 전하를 분리, 수집할 수 있는 내부 전기장이 약해지며, 직렬저항의 증가로 곡선인자가 감소한다. 만약 얇으면 내부 전기장은 증가하지만, 빛 흡수가 적어져서 단락전류가 감소한다. n층은 광 운반자(photo carrier)의 반대 방향으로의 흐름을 막고, 후면전극에 의해 반사된 장파장 빛의 재흡수를 증가시키기 위해 미세결정질 실리콘을 사용하는 것이 좋다.

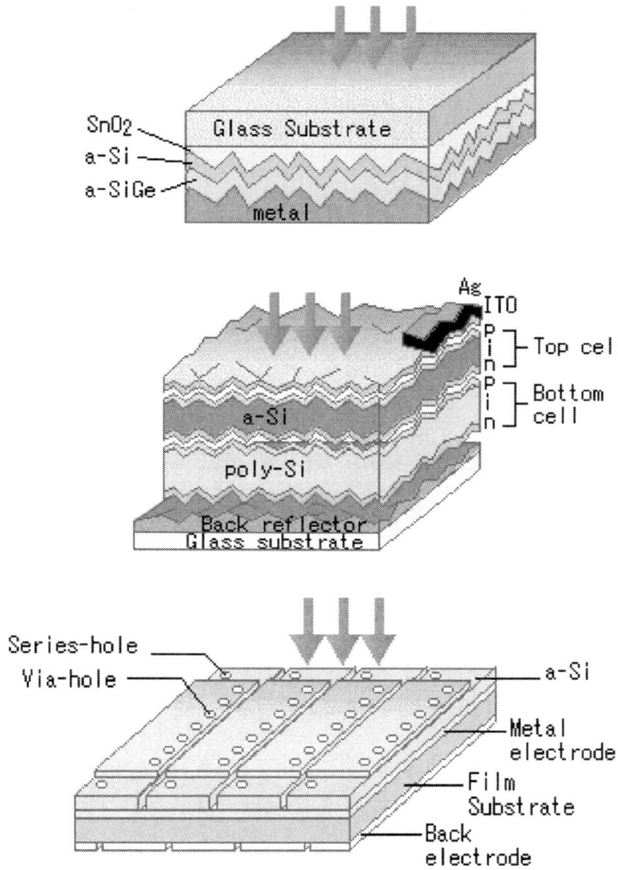

그림 8.53 다양한 실리콘 박막 태양전지 구조

비정질 실리콘 태양전지는 1976년 Carlson 등에 의해 변환효율이 2.4 %인 최초의 비정질 실리콘 p-i-n 태양전지가 제작된 이후, 태양전지의 변환효율을 높이기 위한 연구가 계속되어 재료의 특성과 디바이스의 구조를 개선하여 왔다. 태양전지의 효율을 향상시키는 방법으로는 i 층에 소량(수 ppm)의 붕소(boron)를 균일하게 도핑하는 방법, 경계면 부근의 결합상태를 줄이기 위해 경계면에 완충층을 형성하여 광학적 손실을 줄이는 방법, 창물질을 초격자(superlattice) 구조로 제작하는 방법, 델타 도핑된 p층을 사용하는 방법, 기판 전극의 반사를 줄이는 방법, 다중전지를 만들어 분광 반응도를 높이는 방법 등이 이용되고 있다. Fujukake 등은 p-형 a−SiO:H를 사용함으로서 12.5%의 변환효율을 얻었으며, Ma 등은 투명전극을 사용함으로써 100 cm^2의 면적에서 10.2%의 변환효율을 얻

었다. 태양전지 표면에서 반사 때문에 표면으로 침투되는 광자의 수는 입사되는 광자의 수보다 작다. 반사를 줄이기 위해 실리콘 산화막 등으로 반사 방지 코팅(antireflective coating)을 한다. 다른 방법으로는 표면을 텍스처링하면 표면에서의 광 반사를 감소시킬 수 있다. 또한 Ashida 등은 $(a-SiC_x/a-SiC_y)_n$ 다층막을 p층으로 사용하고, p-i, n-i 완충층(buffer layer)을 사용하여 변환효율 13.2%의 태양전지를 제작하였다. 완충층은 광생성 캐리어들의 역 확산을 막고, n층이나 p층의 불순물(dopant)이 i층으로 침투하는 것을 막기 위해 사용될 수 있다. 이론적인 계산에 의하면 비정질 실리콘 태양전지의 최대 변환효율이 15% 정도이다. [그림 8.53]에 다양한 실리콘 박막 태양전지 구조를 도시하였다.

실리콘 박막을 이용한 태양전지는 저가로 대면적 제조가 용이하고 가격측면의 장점을 가지고 있으며, 현재 초기 변환효율 약 12% (안정화 효율 9%) 내외에서 달성 가능하다. 최근의 비정질 실리콘 태양전지의 연구는 다음과 같은 문제의 해결에 초점을 맞추어 진행되고 있다.

(1) Staebler-Wronski 효과에 의한 안정성 문제
(2) 사일렌(silane) 가스의 수소 가스 희석에 따른 낮은 증착률 문제
(3) 비정질 실리콘과 결정 실리콘 경계 사이의 프로토결정(protocrystal) 실리콘 박막의 구조적 특성의 이해
(4) 효율 향상을 위한 완충층 삽입을 통한 최적화 공정
(5) 높은 안정화 효율을 위한 다중접합 태양전지의 최적화 공정

표 8.7과 8.8는 소면적 비정질 실리콘계 태양전지와 태양전지 모듈의 변환효율을 각각 나타낸 것이다.

표 8.7 소면적 비정질 실리콘계 태양전지의 변환효율

Structure	Initial Efficiency (%)	Stable Efficiency (%)	Description
a−Si/a−SiGe/a−SiGe	15.6	13.0	United Solar
a−Si/a−SiGe/a−SiGe	11.7	11.0	Fuji
a−Si/a−SiGe/a−SiGe	12.5	10.7	Univ. Toledo
a−Si/a−SiGe/a−SiGe	−	10.2	Sharp
a−Si/a−SiGe	11.6	10.6	BP Solar
a−Si/a−SiGe	−	10.6	Sanyo
a−Si/a−SiGe	−	12.4	United Solar
a−SiGe	12.5	10.4	Unvi. Toledo
a−Si	−	9.47	Neuchatel

표 8.8 비정질 실리콘계 태양전지 모듈의 변환효율

Structure	Stable Efficiency (%)	Size (m^2)	Description
R&D Modules			
a–Si/a–SiGe/a–SiGe	10.7	0.09	United Solar
a–Si/a–SiGe	9.1	0.08	BP Solar
a–Si/a–SiGe	9.5	0.12	Sanyo
Large–area Modules			
a–Si/a–SiGe/a–SiGe	9.0	0.32	Fuji
a–Si/a–SiGe/a–SiGe	7.9	0.45	United Solar
a–Si/a–SiGe/a–SiGe	7.8	0.39	ECD
a–Si/a–SiGe	9.3	0.52	Sanyo
a–Si/a–SiGe	8.1	0.36	BP Solar

8.6.3 실리콘 다중접합 태양전지

비정질 실리콘 이종접합(heterojunction)은 저가격으로 대면적 태양전지를 제작하는데 적합한 기술이지만 효율이 결정질 실리콘에 비해 떨어지고, 수명이 비교적 짧으며, 사용함에 따라 효율이 감소하는 열화현상이 나타난다. 광학적 밴드갭이 다른 얇은 전지를 2~3개 이용하는 다중접합 전지(stacked cell)를 제작함으로서 빛에 대한 안정성을 개선시킬 수 있는데, 그 이유는 다음과 같다.

(1) 비정질 실리콘 다중전지는 단일전지에 비해 내부 전기장이 약 2배 정도 강하기 때문에 photocarrier의 재결합이 단일 전지에 비해 적게 일어난다.

(2) 비정질 실리콘 다중전지의 열화현상은 bottom i층에 의해 영향을 많이 받는데, 이러한 bottom i층이 받는 빛의 세기는 top cell의 p층으로 입사되는 최초의 빛 세기의 약 1/2 정도이다.

(3) 비정질 실리콘에서 일반적으로 백색광의 단파장 영역의 빛이 장파장 영역의 빛에 비해 열화현상이 심한데, 다중전지의 bottom i층이 받는 빛은 장파장 영역의 빛이다.

(4) 비정질 실리콘 단일 전지의 경우 i층의 두께가 2000 Å 이하인 경우 빛에 대한 안정성이 높은데, 비정질 실리콘 다중전지의 top i층은 강한 빛이 입사되지만 단일전지에 비해 두께가 얇고 내부전기장이 강하다.

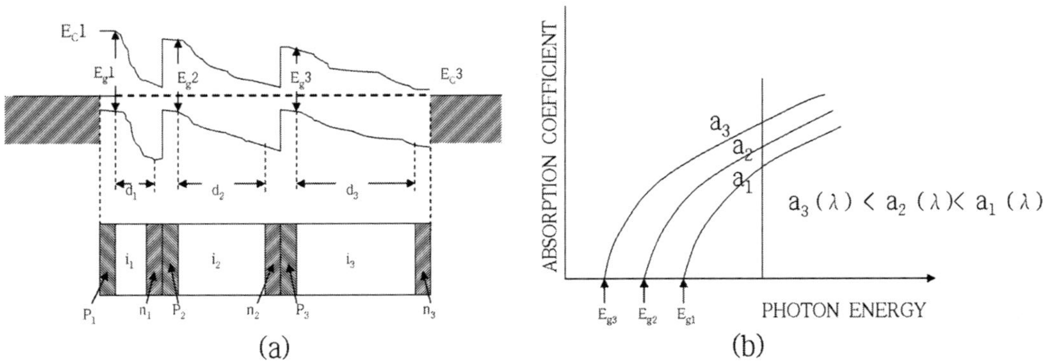

그림 8.54 3중 접합 태양전지의 에너지 밴드(a)와 흡수계수 및 에너지 밴드 갭(b)

다중접합 태양전지에서 i층의 물질 선택에 대해서는 [그림 8.54]에 나타난 것처럼 에너지 갭 배열 ($E_{g1} > E_{g2} > E_{g3}$)과 흡수계수 배열 ($\alpha_1 < \alpha_2 < \alpha_3$)의 선택 규칙(selection rule)이 필요하다. 또한 각층에서 생성된 전자-정공 쌍들이 재결합에 의한 손실 없이 광전류에 기여하도록 두께를 결정해야 한다. 한편 다중접합 태양전지의 구조와 제작 방법에 따른 특성은 다음과 같다.

(1) 비정질 실리콘/비정질 실리콘 다중접합 구조

Ichikawa는 a−Si/ a−Si 탠덤(tandem)형 전지를 제작하였다. Top cell과 bottom cell의 i층 두께가 각각 70 nm, 300 nm 일 때, 1 cm^2 면적에서 12 %, 30×40 cm^2 의 submodule인 경우 10.5 %의 변환효율을 얻었다. 한편 Yang 등은 PECVD를 이용하여 p-i-n 형의 a−Si/ a−SiGe/ a−SiGe 삼중 접합 태양전지를 제작하였고, 0.25 cm^2의 면적에서 안정화 효율은 13%였다.

(2) 비정질 실리콘/다결정 실리콘 (또는 미세결정질 실리콘) 다중접합 구조

Saitoh 등은 PECVD를 사용하여 p-i-n 형 a−Si/ μc−Si 탠덤형 전지를 제작하였고, 구조는 [그림 8.55]에 나타나 있다. 1 cm^2의 면적에서 초기화 변화효율은 9.4 %, 안정화된 변환효율은 8.5 %였다. Yamamoto 등은 PECVD를 사용하여 STAR 구조의 poly−Si 전지를 만들었고, 이것을 2중, 3중 태양전지 제작에 이용하였다. 면적 0.5 cm^2로 제작된 a−Si:H/ poly−Si형 2중 전지와 a−Si:H/ poly−Si/ poly−Si형 3중 전지에 대해서 변환효율은 각각 11.2 %와 11.5 %였다. Nakajima 등은 PECVD로 a−Si/ poly−Si 탠덤형 전지를 제작하여 12.1 %의 변환효율을 얻었다.

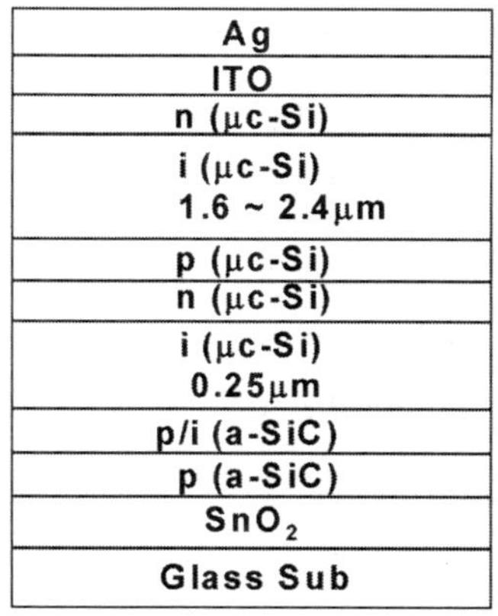

그림 8.55 a−Si/μc−Si tandem 태양전지

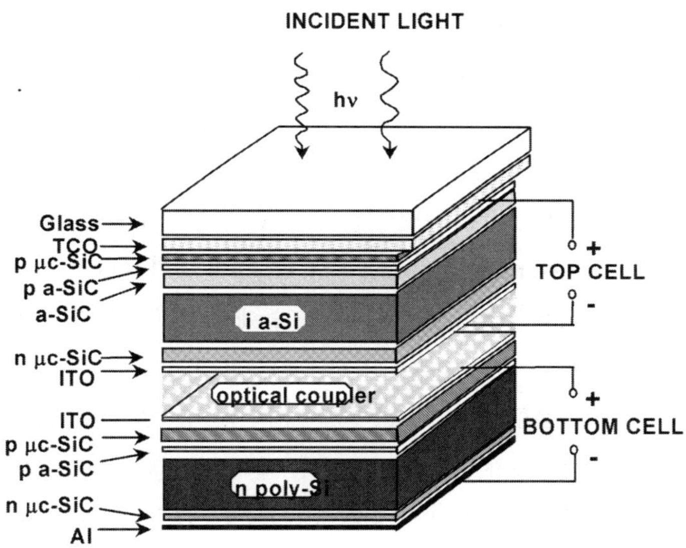

그림 8.56 a−Si/poly−Si tandem 태양전지

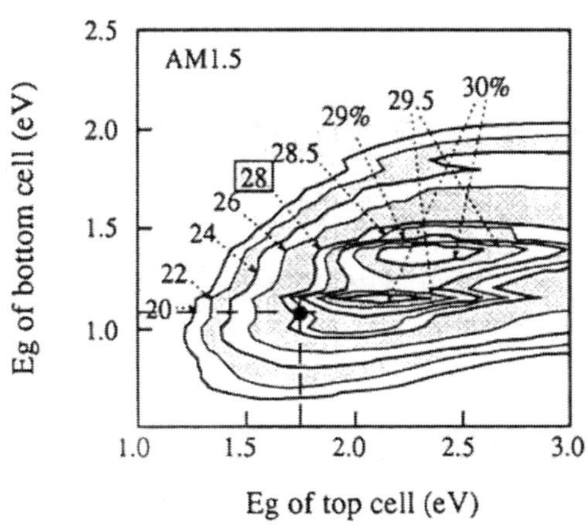

그림 8.57 Top cell과 bottom cell의 광학적 갭에 따른 변환효율

Ma 등은 Plasma CVD와 ECR(electron cyclotron resonance) PECVD를 사용하여 [그림 8.56]에서와 같은 구조의 a−Si/ poly−Si 4단자 탠덤형 태양전지를 제작하여 변환효율 21 %를 얻었다. 탠덤형 태양전지에서 변환효율은 top cell과 bottom cell의 광학적 밴드 갭과 i층의 두께에 의존함을 보였고, 또한 top cell과 bottom cell의 광학적 밴드 갭과 i층의 두께를 적당히 조절함으로서 28% 이상의 변환효율을 나타낼 수 있음을 보였다. 2중 접합 태양전지에서 top cell과 bottom cell의 광학적 밴드 갭에 따른 이론적인 변환효율의 변화는 [그림 8.57]에 나타나 있다.

Kaneka에서는 기존의 하이브리드(hybrid) 적층 태양전지 구조에 중간 반사막을 삽입하는 새로운 기술로 비정질 실리콘/중간 반사막/미세결정질(다결정) 실리콘의 새로운 구조의 태양전지에서 14.1%의 초기 효율을 얻었다. 이때 단락전류는 13.6 mA/cm^2, 개방전압은 1.392 V, 곡선인자 74.3%, 소자 면적은 1 cm^{2}이다. 또한 비정질 실리콘/다결정 실리콘/다결정 실리콘 구조의 태양전지에서 550 시간 열화 후, 12.0%의 안정화 효율을 얻었다. 이때 단락전류는 8.54 mA/cm^2, 개방전압은 1.84 V, 곡선인자 76.2%, 소자 면적은 1 cm^{2}이다. 또한 100 cm^2 면적의 모듈에서 12.3%의 초기 효율과 11.1%의 안정화 효율을 얻었다. 4140.5 cm^2 면적의 서브 모듈에서 11.7%의 초기 효율을 얻었으며, 266개의 서브 모듈을 연결한 시제품에서 11.2%의 평균 효율을 얻었다.

IMT Neuchatel에서는 LPCVD로 제작된 ZnO 기판 위에 하이브리드 적층 태양전지를 제작하고 있다. 제작된 태양전지의 1000 시간의 열화 후 안정화 효율은 10.8%이다. 이때 단락전류는 11.55 mA/cm^2, 개방전압은 1.40 V, 곡선인자 66.6%이다. 미세결정질 실리콘 bottom cell의 두께는 약 2 μm이며, 증착률은 약 0.5 nm/s이다.

8.7 I−III−VI족 화합물 태양전지

8.7.1 I-III-V족 화합물 태양전지의 특징

$CuInSe_2$로 대표되는 I-III-VI족 chalcopyrite계 화합물 반도체는 직접 천이형(direct transition) 에너지 밴드 구조를 가지고 있고, 광흡수계수가 1x10^5 cm^{-1}로 반도체 중에서 가장 높아([그림 8.58] 참조), 두께 1~2 μm의 박막으로도 고효율의 태양전지 제조가 가능하며, 또한 장기적으로 전기·광학적 안정성이 매우

우수한 특성을 가지고 있어 태양전지의 광흡수 층으로 매우 이상적이다. 따라서 현재 사용되고 있는 고가의 결정질 실리 태양전지를 대체하여 태양광발전의 경제성을 향상시킬 수 있는 저가고효율의 태양전지 재료로 부각되고 있다. $CuInSe_2$는 밴드 갭이 1.04 eV로 이상적인 밴드 갭인 1.4 eV를 맞추기 위해 In의 일부를 Ga로, Se의 일부를 S로 치환하기도 하는데, 참고로 $CuGaSe_2$의 밴드 갭은 1.6 eV, $CuGaS_2$는 2.5 eV이다. In의 일부를 Ga로, Se의 일부를 S로 대체한 오원화합물은 CIGSS($Cu(In_xGa_{1-x})(Se_yS_{1-y})_2$)로 표기되는데, 대표적으로 이들은 CIS, CIGS로 표기하기도 한다. CIS계 태양전지의 장점 중의 하나인 장시간 신뢰성의 경우 1988년 11월에 시작한 미국 NREL(National Renewable Energy Laboratory)의 장기 옥외 시험 결과 10년 이후에도 효율의 변화가 없는 것으로 조사되었다.

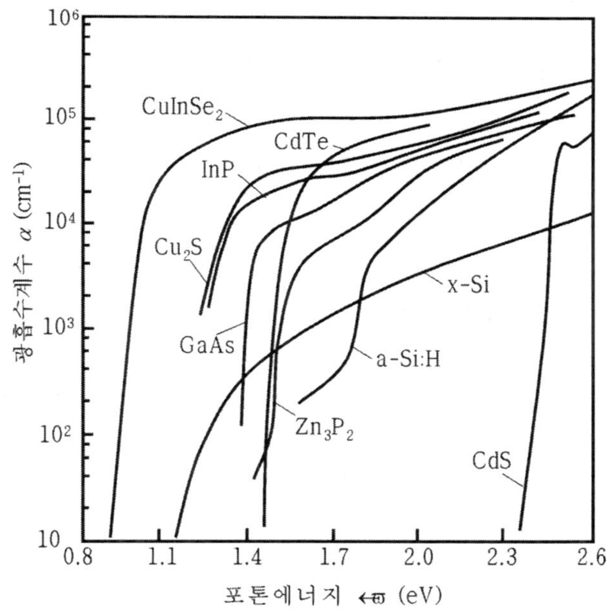

그림 8.58 주요 태양전지용 반도체의 광흡수계수 스펙트럼

현재의 단일 접합(single junction) 구조에서는 밴드 갭보다 장파장의 태양 복사에너지의 경우 태양전지에 흡수되지 않고 통과하며, 밴드 갭보다 짧은 파장의 복사에너지만 흡수되어 발전에 기여하는데, 이때 밴드 갭보다 큰 여분의 에너지는 열로서 바뀌어 소실된다. 따라서 태양전지의 광전변환효율을 극대화하기 위해서는 [그림 8.59]에서와 같이 파장 영역별로 태양광 에너지를 흡수변환할 수 있도록 밴드 갭 크기에 따라 태양전지를 다층 구조로 설계, 제조하여야 한다.

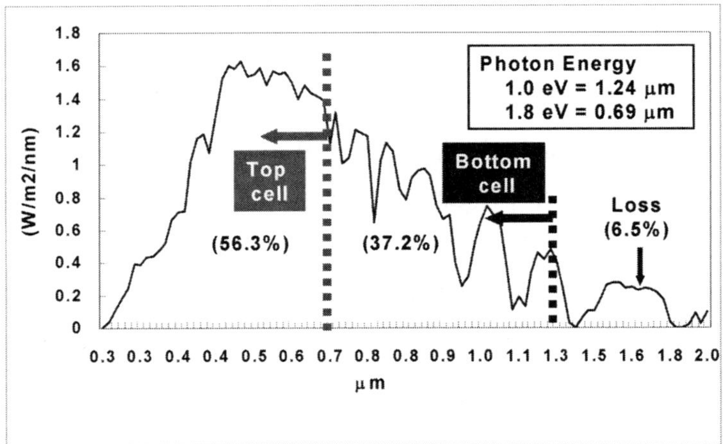

그림 8.59 적층(tandem) 구조 태양전지의 광자(photon) 이용률

앞서 언급한 바와 같이 $CuInSe_2$에서 In의 일부를 Ga로, Se의 일부를 S로 치환하여 밴드 갭을 조절할 수 있으므로 다층구조 박막 태양전지 제조시 종류가 서로 다른 재료를 사용하는 데에 따른 격자 부정합(lattice mismatch) 등의 단점을 피할 수 있고([그림 8.60] 참조), 또한 조성 제어만으로 밴드 갭이 조절되므로 동일한 공정과 설비를 사용할 수 있는 장점이 있다. 이론적으로 다층구조 태양전지로부터 얻을 수 있는 변환효율의 최고치는 집광을 거치지 않은 평판형의 경우 67%, 그리고 이중접합인 경우는 28%이다.

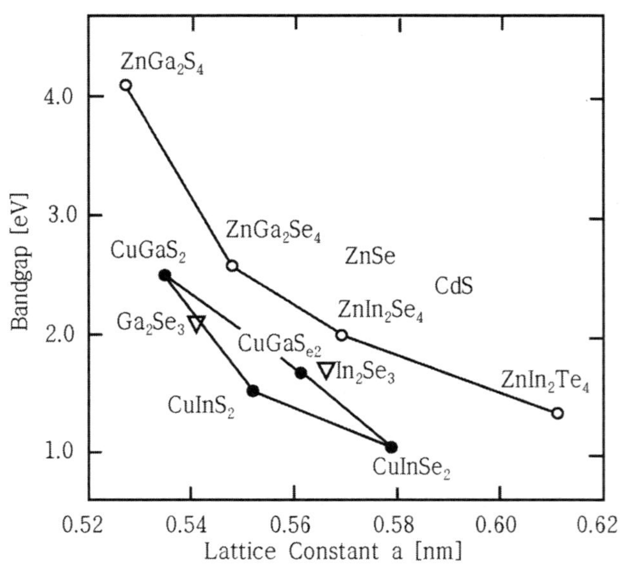

그림 8.60 화합물 반도체의 격자상수와 밴드 갭

8.7.2 $CuInSe_2$계 태양전지의 구조 및 제조방법

$CuInSe_2$(CIS)를 광흡수 층으로 하는 태양전지의 구조는 [그림 8.61]와 같다. 일반적으로 유리를 기판으로 5개의 단위 박막-배면전극, 광흡수층, 버퍼(buffer)층, 앞면 투명전극, 반사 방지막을 순차적으로 형성시켜 만든다. 단위 박막별로 다양한 종류의 재료와 조성 그리고 제조방법에서는 갖가지 물리적, 화학적 박막 제조방법이 사용될 수 있다. 태양전지의 면적이 커지면 면저항(sheet resistance)의 증가로 인하여 효율이 감소하게 된다. 따라서 대면적 모듈의 경우는 [그림 8.62]과 같이 일정한 간격으로 직렬연결이 되도록 패터닝(pattering)한다. 패터닝은 3회에 걸쳐 이루어지는데, 첫 번째 Mo 층은 레이저로, 두 번째 CIS+CdS 층과 세 번째 ZnO 층은 기계적인 방법으로 스크라이빙 한다. [그림 8.63]는 CIS 태양전지 모듈의 구조를 나타낸 것이다. 기판 준비로부터 시작하여 모듈까지의 제작 공정은 [그림 8.64]와 같으며, 각 공정에 사용되는 장치를 [그림 8.65]에 나타내었다.

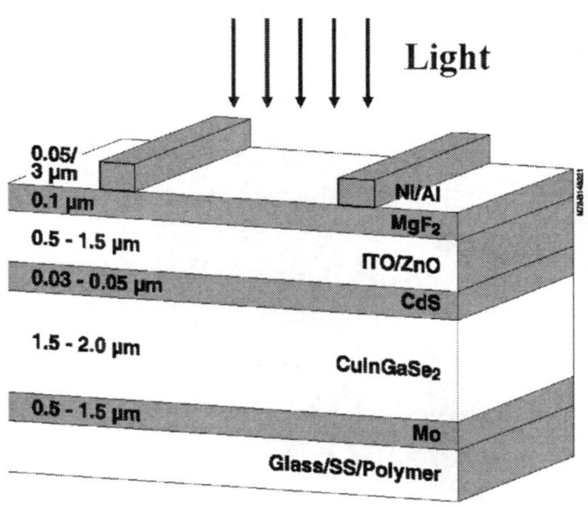

그림 8.61 CIS 박막 태양전지 기본구조

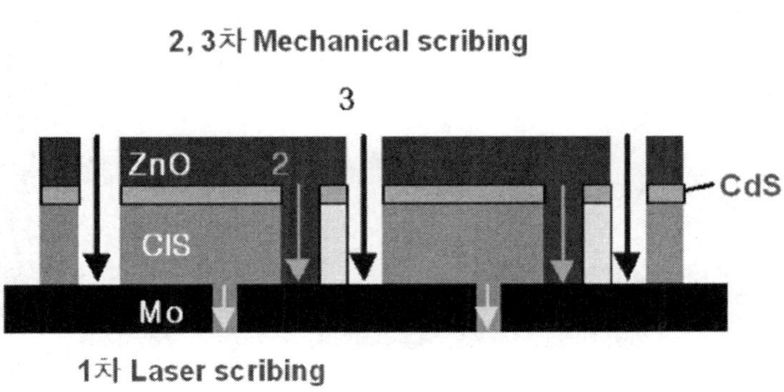

그림 8.62 대면적 CIS 박막 태양전지의 패터닝 공정

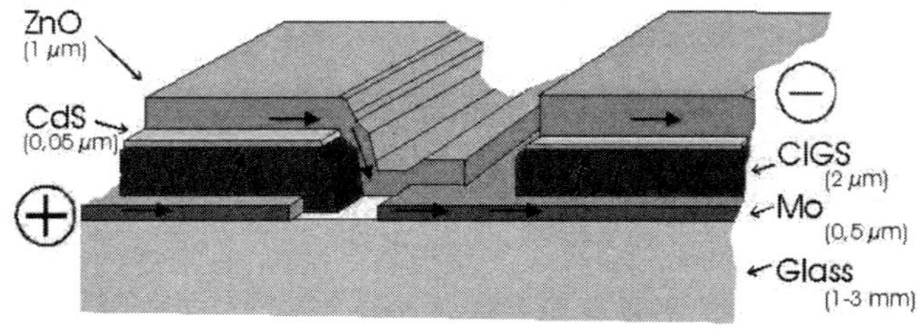

그림 8.63 CIS 태양전지의 모듈 구조

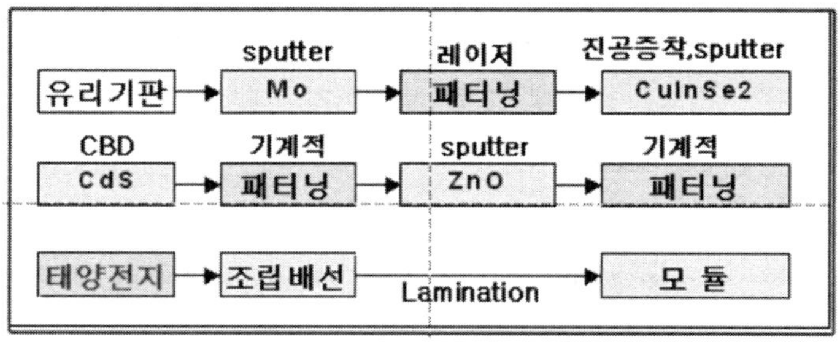

그림 8.64 CIS 태양전지의 제조 공정

(a) CIS층

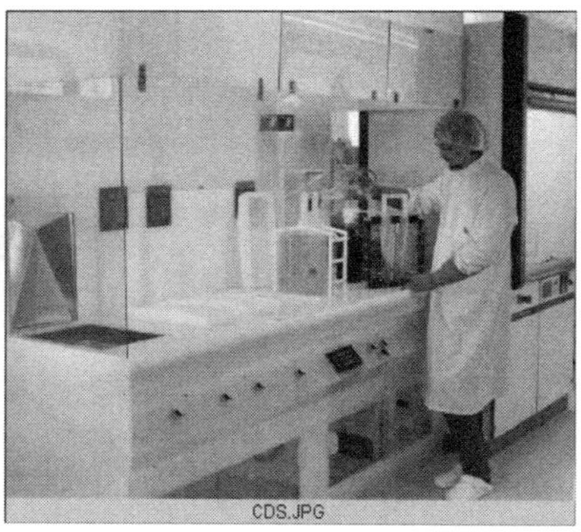

(b) CdS층

(c) ZnO층

(d) Laser scribing

그림 8.65 CIS 태양전지의 연속 제조 장치 예

(1) 기판(substrate)

기판의 재질로는 일반적으로 유리가 사용되고 있다. 그 밖에 알루미나와 같은 세라믹 기판, 스테인리스 스틸과 같은 금속 기판 등도 사용이 가능하다. 유리 기판으로는 Corning 7059 또는 파이렉스(pyrex) 유리나 값싼 소다회 유리(sodalime glass)가 있는데, 우선 단가 측면에서 소다회 유리가 가장 유리하다. 그 밖에 polyimide와 같은 유연성 있는 고분자 재질이나 스테인리스 스틸 호일 등도 기판으로 사용될 수 있다. 미국 NREL이 기록한 개구 면적 기준 17.7%의 변환효율도 소다회 유리를 기판으로 사용한 것이다.

소다회 유리를 기판으로 사용하는 경우에는 유리로부터 Na^+ 이온이 Mo 배면 접촉의 입계면을 거쳐 그 위의 CIS 광흡수층으로 확산되는 현상이 일어난다. Na^+ 이온이 확산됨으로써 결정립의 성장과 표면형상이 개선되고 정공의 밀도가 높아져 곡선인자와 개방 전압이 높아지는 효과가 나타나 결과적으로 태양전지의 특성이 향상된다고 알려지고 있다. 따라서 Na_2S나 Na_2Se 같은 화합물을 이용하여 Na^+ 이온을 의도적으로 도핑하는 방법도 연구되고 있다. Na^+ 이온이 광흡수층에 존재함으로써 CIS 박막의 화학양론적 조성의 유연성이 커지는 효과도 생긴다고 인정되고 있다.

(2) 배면전극(back contact)

Ni과 Cu를 배면 전극으로 시도된 바가 있으나 일반적으로 후면전극으로는 Mo가 가장 널리 사용된다. 이는 Mo가 가진 높은 전기전도도, CIGS에의 저항성 접촉(ohmic contact, Se 분위기에서의 고온 안정성 때문이다. Mo 박막의 제조에는 직류 스퍼터링이 가장 널리 이용되고 있다.

Mo 박막은 전극으로서 비저항이 낮아야 하고, 또한 열팽창계수(thermal expansion coefficient)의 차이로 인한 박리 현상이 일어나지 않도록 유리 기판에의 부착성이 뛰어나야 한다. 여기서 가장 중요한 변수가 박막 제조 중 Ar 가스의 분압(partial pressure)이며, Ar 분압이 낮을수록 저항은 낮아지나 박리 현상이 발생하게 된다. 그 해결 방안으로 우선 Ar 분압을 높여 부착력이 우수한 막을 얇게 형성시키고, 그 위에 저항이 낮은 박막을 형성하는 2층 구조인데, 10 mTorr의 Ar 분압에서 약 100 nm의 박막을 증착한 후, 3 mTorr에서 900 nm의 막을 증착한 1 μm 정도 두께의 경우 비저항은 약 10^{-5} $\Omega\cdot$cm이다.

(3) 버퍼층(buffer layer)

CIS 태양전지는 p-형 반도체인 $CuInSe_2$ 박각과 n-형 반도체로 창층(window layer)으로 사용되는 ZnO 박막이 p-n 접합을 형성한다. 그러나 두 물질은 격자 상수와 에너지 밴드 갭의 차이가 크기 때문에 양호한 접합을 형성하기 위해서는 밴드 갭이 두 물질의 중간에 위치하는 버퍼층이 필요하다. 현재 가장 높은 효율의 태양전지에 사용되고 있는 것은 CdS이다.

CdS는 직접 천이형 반도체로서 상온에서의 밴드 갭이 2.42 eV이고, 태양광 하에서 투명하며 노란 색을 띤다. 보통은 wurtzite(hexagonal) 구조를 가지지만 상온 부근에서 제조한 경우는 zinc blende 구조도 발견된다. 또한 CdS는 In, Al, B 등과 같은 물질에 의해 쉽게 n-type으로 도핑될 수 있는데, 제조과정에서 Cd가 과잉인 경우는 sulfur vacancy에 의해서 도핑하지 않아도 비저항을 0.1 Ω·cm 이하까지 낮출 수 있다.

태양전지에 사용되는 CdS 박막은 CBD(Chemical Bath Deposition) 방법을 사용하여 두께 약 50 nm 정도로 제조된다. CBD 방법에 있어 증착되는 CdS 박막의 특성을 결정하는 가장 중요한 변수로는 사용되는 용액의 농도, 반응온도, 용액의 pH, 막의 두께 등이다. CBD법이란 알칼리 수용액(alkaline solution) 내에 적정량의 Cd^{++}와 S^{-}이온을 만들고 용액의 온도를 조절하여 각 이온 농도의 곱이 용액의 용해도곱(solubility product)보다 큰 경우에 CdS의 형태로 석출되는 성질을 이용한 것이다. 그러므로 Cd^{++}와 S^{-}이온을 만들기 위하여 S와 Cd를 포함하는 화합물이 용액 속에 들어가야 하고, 암모니아가 complexing agent로서 용액의 pH를 조절하기 위하여 첨가된다. 용액 내의 pH 조절을 용이하게 하기 위하여 완충 용액(buffer solution)을 첨가하기도 한다. S 이온의 소스로는 thiourea($(NH_2)_2CS$)가 이용되며, Cd 이온의 소스로는 $Cd(CH_3COO)$, $CdCl_2$, CdI_2 등이 주로 이용된다. 완충 용액으로는 이용되는 Cd 이온의 종류에 따라 $NH(CH_3COO)$, $NHCl_2$, NH_3 등이 이용된다.

CBD법은 값싼 공정으로 우수한 특성의 박막을 얻을 수 있지만, 단점으로는 우선 Cd의 부존 량이 풍부하지 않고, 물질 자체가 독성이며, 습식공정을 이용한다는 점이다. 따라서 대안으로 습식 공정이 아닌 물리적 건식 공정으로 제조 가능한 In_xSe_y을 CdS 대신 사용하기도 한다. 약 2 eV의 에너지 밴드 갭을 가진 In_xSe_y는 광 특성이 양호하고, CIS와 비슷한 defect chalcopyrite 결정 구조로 접합 특성이 개선될 수 있는 장점이 있다. 또한 In_xSe_y을 CIS와 동일한 장치로 제조가 가능하기 때문에 경제적으로도 훨씬 유리하다. 하지만 효율 면에서 아직 CdS의 특성에는 미치지 못하고 있다. In_xSe_y 외에도 버퍼층의 대체 재료로 활용되고 있는 물질로는 $Zn(O,S,OH)_x$, $ZnIn_xSe_y$, $In(OH)_3ZnSe$ 등이 있다.

(4) 광흡수층

초기의 CIS 태양전지는 광흡수층으로 삼원화합물인 $CuInSe_2$를 사용하였다. CIS박막은 에너지 밴드 갭이 1.04eV로 단락전류는 높으나, 개방전압이 낮아 높은 효율을 얻을 수 없었다. 현재 개방전압을 높이기 위해 $CuInSe_2$의 In 일부를 Ga로 대체하거나 Se를 S로 대체하는 방법을 사용하고 있다. $CuGaSe_2$의 경우 밴드 갭이 약 1.5eV로 Ga이 첨가된 $Cu(In_xGa_{1-x})Se_2$ 화합물 반도체의 밴드 갭은 Ga 첨가량에 따라 조절이 가능하다. 하지만 광흡수층의 에너지 밴드 갭이 클 경우 개방전압은 증가하지만, 단락전류는 감소하므로 Ga의 적정한 함량조절이 필요하다. Ga 첨가 외에 Se의 일부를 S로 대치하여 개방전압을 높이는 방법도 있다. 현재까지의 최고 변환효율은 19.2%로서 $Cu(In, Ga)Se_2$로부터 얻은 것이다.

앞에서 언급한 바와 같이 기판으로 소다회 유리를 사용하는 경우 유리 기판 내 Na^+ 이온이 광흡수층으로 확산되어 광흡수층은 당초의 삼원화합물이 아니라 Ga, S, Na을 포함하여 최대 6원 화합물이 될 수도 있다. 이와 같은 경우 표기상에 문제가 될 수도 있으나 현재는 이를 모두 CIS 박막 또는 CIS 태양전지로 표기하고 있다.

한편 이와 같이 CIS 박막은 다원화합물이기 때문에 제조 공정이 매우 까다롭다. 물리적인 박막 제조방법으로는 진공 증착법(vacuum evaporation), 스퍼터링(sputtering) 증착과 셀렌화(selenization) 등이 있고, 화학적인 방법으로는 전착법(electrodeposition) 등이 있다. 각 방법에 있어서도 출발 물질(금속, 이원화합물 등)의 종류에 따라 다양한 제조 방법이 동원될 수 있다. 현재까지 가장 좋은 효율을 얻을 수 있었던 것은 증발방법으로 출발 물질로 4개의 금속원소 Cu, In, Ga, Se를 사용한 것이다([그림 8.66] 참조). CIS 박막의 특성은 박막의 조성뿐만 아니라 기판 온도, 증착 시간 등에 의해서도 크게 변하기 때문에 엄밀한 공정 제어가 필수적이다.

기존의 물리적 및 화학적 제조법과는 달리 Mo 기판 위에 나노 크기의 입자(분말, 콜로이드 등)를 합성하고, 이를 용매와 혼합하여 스크린 프린팅(screen printing)법을 제조하는 공정도 가능하다.

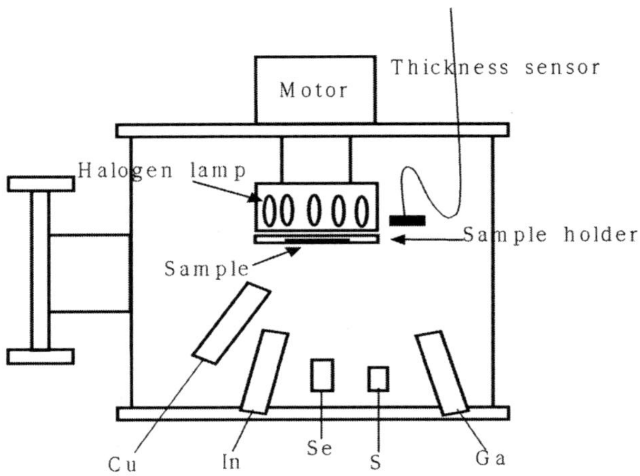

그림 8.66 CIGSS 제조용 동시증착(co-evaporation) 시스템 개략도

(5) 창층(window layer)

n-형 반도체로서 CIS와 p-n 접합을 형성하는 창층은 태양전지 전면의 투명전극으로서의 기능도 하기 때문에 광투과율이 높아야 하고 전기 전도성이 좋아야 한다. 현재 가장 보편적으로 사용되고 있는 ZnO는 에너지 밴드 갭이 약 3.3 eV이고, 약 80% 이상의 높은 광투과도를 가진다. 또한 Al이나 B 등으로 도핑하여 $10^{-4}\,\Omega\cdot$cm 이하의 낮은 저항 값을 얻을 수 있다.

ZnO 박막은 고주파(Radio Frequency, RF) 스퍼터링 방법으로 ZnO 타깃을 사용하여 증착하는 방법과, Zn 금속을 이용한 반응성 스퍼터법, 그리고 MOCVD(Metal Organic Chemical Vapor Deposition)방법을 이용하여 증착하는 방법 등이 현재 사용되고 있다.

최근에는 전기적·광학적 특성이 뛰어난 ITO(Indium Tin Oxide) 박막을 ZnO 박막 위에 증착한 2중 구조로 더욱 낮은 저항 값과 높은 광투과도를 얻고 있다. 또한 CdS 박막 위에 우선 도핑하지 않은 ZnO 박막을 증착한 다음 그 위에 낮은 저항을 가진 n-형 ZnO 박막을 증착하는 법도 보고되고 있다.

(6) 반사 방지막과 전극

태양전지에 입사되는 태양광의 반사 손실을 줄이면 약 1% 정도의 태양전지 효율 향상이 가능하다. 반사 방지막의 재료로는 보통 MgF_2가 보편적으로 사용되는데, 물리적인 박막 제조법으로 전자빔 증착법(e-beam evaporation)이 가장 대표적이다. 그리고 전극은 태양전지 표면에서의 전류를 수집하기 위한 것으로 Al 또는 Ni/Al 재질을 사용하는 것이 일반적이다. 그리드 부분은 태양광이 흡수되지 않기 때문에 그 면적만큼 효율의 손실 요인이 되므로 정밀한 설계가 필요하다.

8.7.3 $CuInSe_2$계 태양전지의 기술개발 현황

[그림 8.67]에 나타낸 바와 같이 $CuInSe_2$를 이용한 태양전지는 미국의 Maine 대학과 Bell Labs에서 고효율 태양전지의 가능성이 처음으로 확인된 이후 1980년대 초 Boeing, ARCO(현재의 Siemens Solar Industries) 등의 연구진에 의해 본격적으로 개발이 추진되었다. 특히 미국 에너지부(DOE)의 자금지원을 받아 Boeing은 1980년에 이미 효율 10% 이상의 태양전지를 개발하였고, 여기서 얻은 기술을 토대로 유럽의 EUROCIS팀과 미국의 NREL 연구팀은 변환효율의 향상에 큰 진전을 보게 되었다. EUROCIS팀은 1993년에 효율 15%를 달성하였고, 이후 NREL은 1994년 15%를 돌파하고 1999년에는 18.8%를, 그리고 2003년에 최고 기록인 19.2%를 달성하였다. 이는 비정질 실리콘, CdTe 등 일부 실용화되어 있는 여타 박막 태양전지에 비해서도 높을 뿐만 아니라 기존의 다결정 실리콘 태양전지의 효율에 근접하는 것이다. 제조 방법에 있어 약간의 차이는 있으나 최고의 효율은 앞서 설명한 금속 원소의 동시증착법(co-evaporation)으로 얻은 것이다. 한편 버퍼를 사용하지 않고 ZnO를 직접 접합에 사용하기 위한 연구도 활발히 추진 중에 있는데, 미국 NREL은 13.5%의 효율을 기록한 바 있다. 또한 나노기술을 이용한 저가, 고효율 CIS 태양전지 개발도 활발히 추진 중에 있는데, 미국 Unisun사에서는 나노분말의 합성, 스크린 프린팅, 반응 소결시켜 변환효율 11.7%를 달성하였다.

한편 1998년에 미국의 Siemens Solar Industries에서 소규모이긴 하지만 모듈을 소개한 바 있고, 최근에는 최고 40 W 용량의 모듈 시제품을 시장에 내놓았다. 독일의 Wurth Solar에서는 120 cm × 60 cm 크기의 모듈 시제품을 생산 중에 있다. GSE(Global Solar Energy)에서는 polyimide와 같은 유연성 있는 고분자 기판을 이용한 휴대용 모듈을 개발한 바 있다. 그리고 NREL에서는 CIS 나노 콜로이드 용액의 합성을 통해 효율 4%를 달성하였다. 그러나 아직까지 모듈의 효율이 실험실 제작 소면적 태양전지에 비해 낮아 대규모 상업화까지에는 앞으로도 많은 기술개발이 필요한 실정이다. 표 8.5는 소면적 및 대면적 모듈 개발에 선두를 달리고 있는 연구기관과 태양전지의 성능을 요약한 것이다.

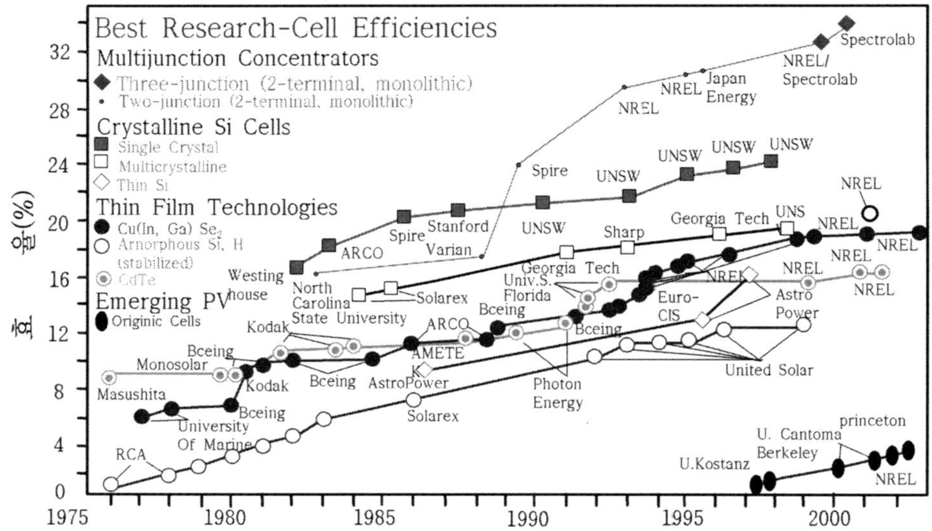

그림 8.67 연도별 CIS계 태양전지 변환효율 추이

표 8.9 CIS계 박막 태양전지 및 모듈의 효율

구분	재료	제조법	효율 (%)	면적(cm^2)	개발기관
전지	$Cu(In,Ga)Se_2$	Co-evaporation	19.2	0.432	NREL(미)
	$Cu(In,Ga)Se_2$	Co-evaporation	17.6	0.38	EUROCIS(유럽)
	$Cu(In,Ga)Se_2$	Co-evaporation	18.5	0.96	Matsushita
	$Cu(In,Ga)Se_2$	Electrodeposition	18.4	0.418	NREL(미)
모듈	$Cu(In,Ga)(S,Se)_2$	Selenization	12.1	3,651	Shell Solar
	$Cu(In,Ga)Se_2$	Selenization	7.7	3,100	EPV(미)
	$Cu(In,Ga)(S,Se)_2$	Selenization	14.1	50.2	Showa Shell
	$Cu(In,Ga)Se_2$	Co-evaporation	13.9	90.6	IPE, ZSW(독)
	$CuInSe_2$	Electrodeposition	8.2	24.7	ISET(미)

여타 박막 태양전지에 비해 높은 효율, 장기적인 신뢰성 등 CIS 태양전지는 기존의 결정질 실리콘 태양전지를 대체하고 나아가서는 기존의 발전방식과 경쟁이 가능한 태양광발전의 핵심소자가 될 것이다. 하지만 CIS 박막 태양전지가 상업화단계에 도달하기 위해서는 연구 및 기술개발 측면에서 앞으로도 많은 노력이 뒤따라야 할 것이다. 우선 고효율의 모듈을 만들 수 있는 제조장치의 개발 및 공정의 단순화가 가장 급선무이다. 그리고 CdS 대체물질의 개발, Mo을 대체할 수 있는 저가 전극재료의 개발, 또한 실험실적인 측면에서 태양전지의 효율을 지금보다 향상시킬 수 있는 구조나 나노재료의 개발도 여기에 포함된다.

그림 8.68 미국 Global Solar사의 휴대용 flexible CIS 모듈

8.8 II-VI족 화합물 반도체 태양전지

8.8.1 II-VI족 화합물 태양전지의 특징

주기율표상의 II족의 원소(Zn, Cd 등)와 VI족 원소(S, Se, Te 등)로 구성되는 II-VI족 화합물 반도체는 모두 직접 천이형 에너지대 구조를 가지고 있으며, 흡수단(absorption edge) 이하의 파장영역에서 광 흡수 계수가 매우 크다. 태양전지의 구성 요소로서 캐리어를 발생시키기 위해서 광을 충분히 흡수하는 흡수층(absorption layer)이 필요한데, II-VI족 화합물 반도체를 광흡수층 재료로 사용하면 반도체의 두께가 작아져 재료비가 절감되고, 과잉 소수 캐리어(excess minority carrier)의 확산길이(diffusion length)도 짧아지게 되고, 따라서 반도체의 품질에 대한 요구가 완화되어 제조가 쉬워지는 이점이 있다. 또한 여러 가지 방법으로 비교적 쉽게 박막이 제조되는 것도 II-VI족 화합물 반도체의 특징이다.

변환효율이 높은 태양전지를 제작하기 위해서는 [그림 8.69]에서 알 수 있듯이 태양광 스펙트럼과의 정합관계에서 광흡수층 재료의 에너지 밴드 갭(금지대 폭)은 1.4 eV 전후가 적당하며, 전자의 확산길이가 정공의 확산길이에 비해 길기 때문에 p-형 반도체가 유리하다. 에너지 밴드 갭이 1.4 eV에 가까운 물질로는 CdTe와 CdSe가 있지만 p, n 양측의 전도를 나타내는 것은 CdTe 뿐이므로, II-VI족 화합물 반도체 중 광흡수층 재료로는 CdTe가 가장 적합하다. CdTe는 에너지 밴드 갭이 1.45 eV로서 태양광 에너지를 효과적으로 이용할 수 있는 최적 이론값에 해당하는 금지대 폭을 가지고 있으며, 밴드 갭 이상의 파장영역에서의 광흡수계수가 10^4 cm^{-1} 이상으로 매우 크기 때문에 1 μm 정도의 두께로도 90%의 태양광을 흡수할 수 있어 박막 형태의 태양전지 제작이 가능하다.

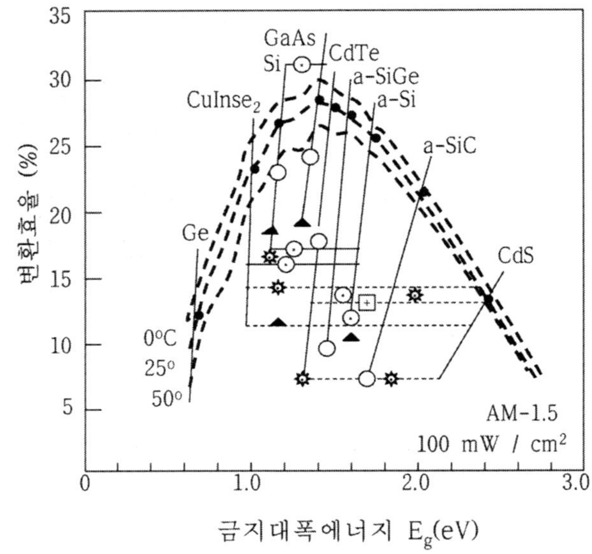

그림 8.69 각종 태양전지의 실온 효율: *이론한계효율(●), 실험실단계 최고기록(○), 대량생산규모 최고기록효율(△)

CdTe는 여러 종류의 결정결함(Cd와 Te의 vacancy와 interstitial 및 이들의 complex)에 의해 전기적 성질이 결정되는 경향을 보인다. 순수한 상태에서 CdTe는 일반적으로 Cd가 결핍된 상태로 존재하여 p-형 반도체 성질을 나타내지만 전기 전도도는 매우 낮다 ($\rho > 10^5$ Ω·cm). 불순물 첨가(도핑)에 의한 전기 전도도 제어가 쉽지 않으며, 이 경우 p-형보다는 In 등의 첨가 및 열처리에 의하여 n-형 쪽으로 제어하는 것이 보다 쉬운 것으로 알려져 있다. 특히 다결정으로 제조 시 결정립이 매우 작게 되며(수 μm), 결정립계(grain boundary)의 에너지 장벽이 높아서 다결정 박막의 p-형 도핑이 안정적으로 성취된 예는 보고된 바가 없다. 위에서 언급된 CdTe의 특성 때문에 태양전지는 p-n 동종접합(homojunction)보다는 이종접합(heterojunction) 형태로 제조된다.

이종접합 형태의 태양전지에 요구되는 조건은 접합을 형성하는 2개 반도체의 격자상수(lattice constant) 및 열팽창계수(thermal expansion coefficient)의 정합이 좋고, 광흡수층과 창층의 밴드 갭 차이(ΔE_g)가 될수록 크고, 큰 밴드 갭을 쪽에 광의 조사가 가능한 것 등이다. 표 8.10은 II-VI족 화합물 반도체들의 가능한 이종접합의 종류와 에너지 관계를 나타낸 것이고, 표 8.11은 대표적인 II-VI족 이종접합의 접합 특성을 나타낸 것이다. 표에서 알 수 있듯이 위의 조건을 만족하는 II-VI족 화합물 반도체의 이종접합 중에서 (n)CdS/(p)CdTe의 경우 ΔE_g도 크고, 접합 근방에 에너지 스파이크도 없다는 점에서 태양전지로 기대되는 접합이다.

표 8.10 II-VI족 이종접합 계면에서의 에너지 관계

Larger Bandgap Material (Bandgap, eV)	Smaller Bandgap Material (Bandgap, eV)	Bandgap Difference, (eV)	Diffusion Potential, (V)	Lattice Mismatch, (%)
n-CdSe (1.70)	p-CdTe (1.44)	0.26	0.57	6.3
n-CdSe (1.70)	p-ZnTe (2.26)	0.56	0.61	0.5
n-CdS (2.42)	p-CdTe (1.44)	0.98	1.02	9.7
n-CdS (2.42)	p-ZnTe (2.26)	0.16	1.06	3.9
p-ZnTe (2.26)	n-CdTe (1.44)	0.82	1.28	5.8
n-ZnSe (2.69)	p-CdTe (1.44)	1.25	1.43	12.5
n-ZnSe (2.69)	p-ZnTe (2.26)	0.43	1.47	7.1
n-ZnS (3.70)	p-CdTe (1.44)	2.26	1.62	15.3
n-ZnS (3.70)	p-ZnTe (2.26)	1.44	1.66	10.5

표 8.11 대표적인 II-VI족 이종접합의 특성

System	p-ZnTe/ n-CdSe	p-ZnTe/ n-CdTe	p-CdTe/ n-CdS	p-CdTe/ n-ZnSe	p-CdTe/ n-Zn0.35Cd0.65S
Smaller E_G (eV)	1.7	1.44	1.44	1.44	1.44
ΔE_g (eV)	0.56	0.82	0.98	1.23	1.39
Carriers Injected	Holes	Holes	Electrons	Electrons	Electrons
Energy spike (eV)	None	0.04	None	0.19	None
Diffusion voltage (V)	0.61	1.28	1.02	1.43	1.22
Lattice mismatch (%)	0.5	5.8	9.7	12.5	11.5
Expansion mismatch (%)	(33)	(30)	9	21	2
Maximum theoretical efficiency (%)	6	14	17	21	23

8.8.2 CdTe 태양전지의 구조 및 제조방법

CdTe 태양전지는 일반적으로 두 가지 다른 화합물 반도체층(CdS, CdTe)과 한 개의 투명전극(ITO 또는 SnO_2:F) 및 두 가지 금속전극(In 전면, Ni/Al 후면)으로 구성되어 있고, 각 구성 요소들의 전기적, 광학적 특성 및 각 층간의 계

면 상태에 따라 태양전지의 효율 및 안정성이 결정된다. CdTe 태양전지를 구성할 때는 [그림 8.61]의 CIS계 태양전지("substrate" 구조)에서와는 달리 빛이 입사되는 층을 먼저 코팅하는 소위 "Superstrate" 구조를 일반적으로 채택한다([그림 8.70]).

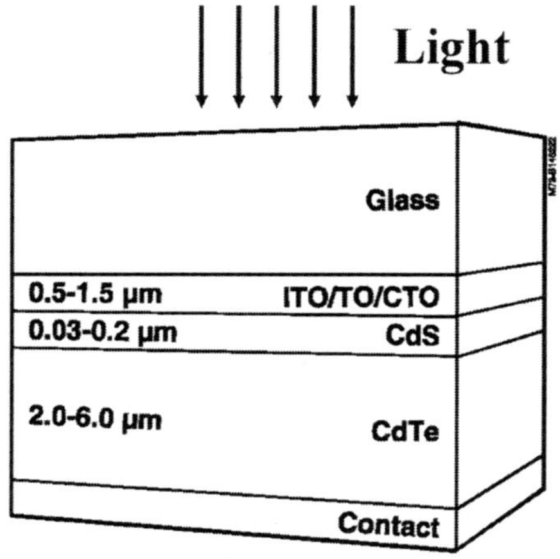

그림 8.70 CdTe 이종접합 태양전지의 구조

CdS가 2.4 eV의 에너지 밴드 갭을 가지고 있기 때문에 가시광 영역의 빛은 CdS를 통과하여 CdTe에 의해 흡수되며, 전하를 생성하게 된다. CdTe에 비해 CdS의 도핑 농도는 매우 높고, 두께 또한 얇아서 공핍층(depletion region)은 거의 CdTe 영역에 형성된다. 빛에 의해 생성된 전하는 공핍층에 형성된 전기장에 의해 움직이게 된다. 이때 전자는 CdS쪽으로, 정공은 CdTe쪽으로 움직이고, 이로 인해 에너지 준위의 차가 발생하는데, 이 에너지 준위 차이가 광기전력에 해당한다.

이러한 태양전지로서의 성능을 결정짓는 요인으로 여러 가지가 있지만 가장 중요한 것은 CdTe/CdS 접합 특성과 후면 전극 특성이다. 앞서 언급했듯이 CdTe는 광흡수계수가 매우 커 CdS를 투과한 빛은 CdTe 표면, 즉 접합 근처에서 모두 흡수되어 전하가 생성되며, 이러한 전하들은 전기장의 영향으로 이동하게 된다. 따라서 접합 특성이 우수하지 못하면 전하를 잘 생성하기 어렵고, 잘 이동시키지도 못한다. 한편 CdTe은 높은 일함수로 인해 좋은 저항성 접촉(ohmic contact)을 형성하기 어렵다. 접합 특성이 좋더라도 후면 전극에서의 저항이 커지게 되면 전체적으로 전지 특성이 저하된다.

(1) 광흡수층

CdTe는 상온에서 밴드 갭이 1.44eV이고, 단결정인 경우 대기압 상태에서 안정한 zinc blende형 결정구조를 가진다. [그림 8.71]은 zinc blende 구조를 가지는 CdTe lattice를 나타낸 것이다. 이 구조는 입방정계에 속하며, 체대각선으로 서로 1/4만큼 이동한 2개의 면심입방격자(face center cubic)로 구성되어 있다. 단위세포(unit cell) 당 4개의 분자를 가지고 있으며, Te 원자는 축상에 000, $0\frac{1}{2}\frac{1}{2}$, $\frac{1}{2}0\frac{1}{2}$과 $\frac{1}{2}\frac{1}{2}0$ 위치에 존재하고 Cd 원자의 경우 $\frac{1}{4}\frac{1}{4}\frac{1}{4}$, $\frac{1}{4}\frac{3}{4}\frac{3}{4}$, $\frac{3}{4}\frac{1}{4}\frac{3}{4}$, $\frac{3}{4}\frac{3}{4}\frac{1}{4}$에 위치한다. 그 결과 모든 원자는 $\sqrt{3}/4a$만큼 4개의 원자에 의해 4면으로 둘러싸여진다. 실온에서 입방격자 파라미터의 최적 값은 6.481Å이다. 그러나 진공상태에서 박막 형태로 제작된 경우 hexagonal(wurtzite) phase를 나타내기도 한다고 보고되고 있다. 이 경우 a_0 = 4.56Å, c_0 = 7.46Å인 이상적인 hcp 구조를 가진다. 표 8.8에는 이러한 CdTe 단결정의 주요 성질을 나타내었다.

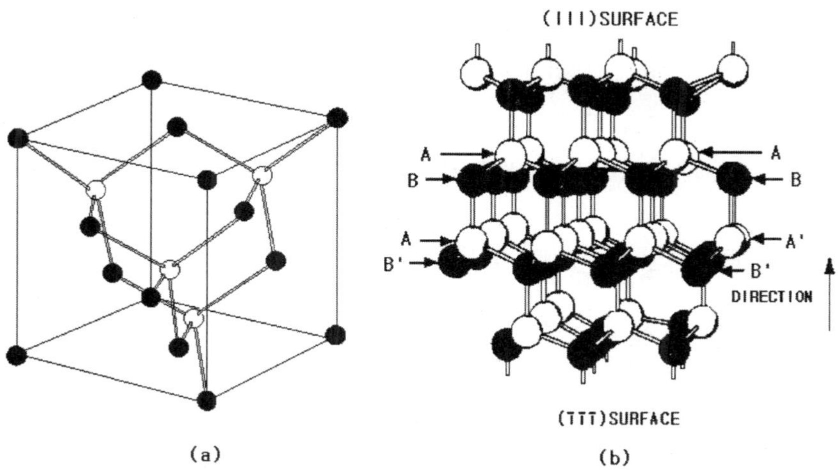

그림 8.71 CdTe 결정의 구조

(a) zinc blende 구조에서의 두 개의 면심입방격자, ○: Cd, ●: Te.

(b) [1̄1̄1̄]방향에서 거의 수직하게 본 zinc blende 구조

표 8.12 CdTe 결정의 물리적 성질

Parameters	CdTe (zinc blende)
Relative density	6.20
Molecular weight	240.01 g
Lattice parameter	6.481
Direct band gap	1.45 eV (at 300°K)
Effective mass of electrons (hole) $(m_n^*(m_p^*)/m_e)$	0.3 (0.3)
Thermal conductivity	$0.2WK^{-1}cm^{-1}$ (llc axis)
Dielectric constant	10.4
Electron (hole) mobility	600 (60) $[cm^2V^{-1}sec^{-1}]$ (at 300°K)

현재까지 CdTe 박막 제조를 위해 전착법(Electrodeposition), 진공증착법(Vacuum evaporation), 근접승화법(CSS; Close-Spaced Sublimation), 스크린 프린팅(screen printing), 스퍼터법(sputter), MOCVD(Metal Organic Chemical Vapor Deposition)법 등의 다양한 방법들이 사용되어 소면적에서 16%, 대면적에서는 10% 이상의 효율이 입증되었다. 이 가운데 CSS법은 일반적으로 장치가 간단하고, 유지가 간편하며, 특히 기판과 소스(source)와의 간격이 수 mm 정도밖에 되지 않아 빠른 증착 속도로 대면적 태양전지를 제조하기에 적합한 방식이다. 진공증착법의 경우 저가격이면서 대면적의 박막을 용이하게 제작할 수 있는 장점이 있다. 그러나 CSS 시스템은 재현성과 밀접한 관계가 있는 소스 제조 방법에 문제점을 가지고 있다. 또한 소스와 기판의 간격이 너무 작아 각각의 온도제어에 어려움이 있다. CSS 장치는 [그림 8.72]에서 보는바와 같이 반응챔버(reaction chamber), 할로겐램프, 온도센서, 가스 주입구, 진공 펌프 및 기타 제어판으로 구성된다. 반응챔버의 상부와 하부에는 소스와 기판의 온도조절을 위하여 각각 할로겐램프가 부착된다. [그림 8.73]는 CSS 방법을 이용한 CdTe 태양전지 모듈 생산 라인을 나타낸 것이다.

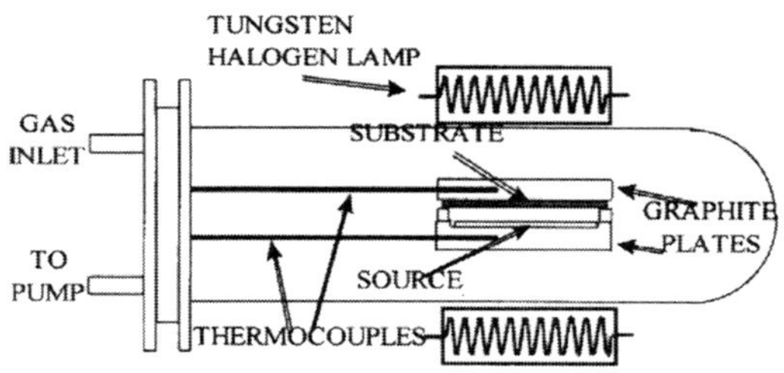

그림 8.72 CSS 장치 개략도

그림 8.73 CdTe 태양전지 모듈 생산 라인(ANTEC Solar GmbH)

CSS 시스템 내에서 CdTe의 증착은 다음과 같은 가역적 해리(reversible dissociation) 반응에 의해서 일어난다.

$$CdTe(s) = Cd(g) + \frac{1}{2} Te_2(g)$$

$$K_{CdTe} = P_{Cd} \times P_{Te}^{1/2}$$

$$\Delta G_{CdTe} = 68.64 - 44.94 \times 10^{-3} T \text{ Kcal/mol}$$

CdTe 소스에서 분해된 Cd와 Te_2 기체 분자는 소스와 기판 사이의 증기압(vapor pressure) 차이에 의해 상대적으로 낮은 증기압을 갖는 기판으로 확산되어 CdTe 막을 형성한다. 이러한 박막 형성과정은 소스로부터의 증발, 기상 내부로의 확산, 기판 표면에서 응축의 세 단계로 요약할 수 있다. 기판에서의 CdTe 박막의 증착조건은 기판의 온도에서 P_{Cd}와 P_{Te}의 곱이 해리 상수(dissociation constant) K_{CdTe} 보다 큰 조건이다. CdTe 박막 제조에 있어 성장 속도나 미세 조직 등에 큰 영향을 미치는 공정변수로는 증착시간, 증착압력, 기판과 소스 간격, 기판과 소스 온도, 소스의 형태, 기판의 종류 등이다.

(2) 창층

CdS는 직접천이형 반도체로서 상온에서의 밴드 갭이 2.42 eV이고, 태양광 하에서 투명하며 노란 색을 띈다. 보통은 wurtzite(hexagonal) 구조를 가지지만 상온 부근에서 제조한 경우는 zinc blende 구조도 발견된다. zinc blende 구조는 격자상수가 a=5.845Å으로 두개의 close packed lattice가 체대각선으로 1/4만큼 교차하는 형태이고, wurtzite 구조는 hexagonal c축을 따라서 (3/8)c

만큼 교차하는 형태로 격자상수는 a=4.613Å이고 c=6.717Å이다. [그림 8.74]는 이 두 동소체의 구조를 나타낸 것이다.

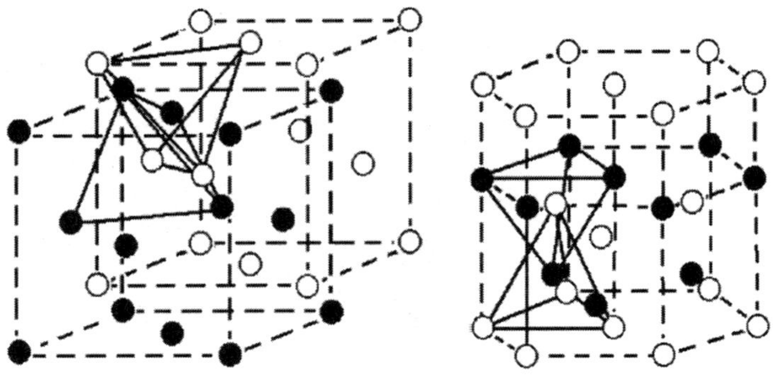

그림 8.74 CdS의 결정구조: (a) zinc blende, (b) wurtzite

CdS 화합물은 용융점이 높은데 반하여 원자 간의 결합 에너지가 크지 않아 결정결함이 형성되기 쉽다. CdS 화합물 반도체의 진성결함은 다음 4가지를 생각할 수 있다. 음이온의 빈자리와 양이온의 격자간 원자는 도우너(donor)가 되고 양이온의 빈자리와 음이온의 격자간 원자는 억셉터(acceptor)가 된다. 외인성 불순물의 경우 III족 원소(B, Al, Ga, In, Ti)가 Cd와 치환되거나 VII족 원소(F, Cl, Br, I)가 S와 바꾸어 들어가면 도우너 준위를 형성하고, I족 원소(Li, Na, Cu, Ag, Au)와 Cd가 치환되거나 V족 원소(N, P, As, Sb, Bi)가 S와 치환하면 억셉터 준위를 형성한다. 한편 CdS는 In, Sn, Al, Cl, Br와 같은 등의 물질에 의해 쉽게 n-형으로 도핑될 수 있는데, CdS에 In 등을 첨가하여 도핑을 하게 되면 In이 CdTe 층까지 확산하여 예기치 않은 문제가 생길 수도 있다. 따라서 CdTe/CdS 태양전지에는 도핑을 하는 공정이 사용되지 않는 것이 일반적이다. 또한 CdS는 제조과정에서 Cd가 과잉인 경우는 S 공공(vacancy)에 의해서 도핑하지 않아도 비저항을 0.1 Ω·cm 이하까지 낮출 수 있다. Deep acceptor states는 Cu, Ag, Au와 같은 불순물에 의해 형성되지만 불순물의 용해도 한계가 낮아 결정을 성장시키는 과정에서 자연히 형성된 native donor를 보상할 수 있는 양보다 적기 때문에 p-형 CdS를 얻기는 힘들다. 단결정 CdS의 mobility는 300K에서 100~400 $cm^2V^{-1}sec^{-1}$ 값을 가지며, 박막의 경우는 전하농도에 따라 다르지만 보통 1~100 $cm^2V^{-1}sec^{-1}$ 값을 가지며 비저항은 0.001~10^8 Ω·cm 정도이다.

CdS 박막을 제조하는 방법으로 진공 증착법, 스퍼터링, 화학기상증착(CVD;

chemical vapor deposition)법, 열분해법(spray pyrolysis), CBD법 등이 있다. CBD법은 앞서 언급했듯이 CdS 박막이 성장하는 기판을 비롯하여 여러 종류의 화학 약품을 포함한 수용액에서 화학 반응을 이용하여 증착 속도를 조절하는 것이 특징이다. 저온(20~95℃)에서 성장이 가능하므로, 300~450℃의 고온이 필요한 열분해법보다 다양한 기판의 사용이 가능하다. 열분해법과 스퍼터링은 증착 과정 중 CdS가 기판에 전부 증착되지 않아 소모성이 큰 것에 비해, CBD법은 용액 상에 석출된 석출물이 반응 용기의 바닥에 그대로 남게 되며, 이것을 필터링 해서 다시 스크린 프린팅에 재사용이 가능하므로 경제적으로 효율적이다. 또한 CBD법은 다른 방법들에 비해 상대적으로 화학양론적 조성을 갖는 박막 제조가 가능하다.

CBD법에 의한 CdS 박막 제조는 일반적으로 cadmium salt를 포함한 알칼리 수용액에서 thiourea ($(NH_2)_2CS$)의 분해로 이루어진다. 암모니아는 착화물(complexing agent)이며, ammonium acetate($NH_4(CH_3COO)$)는 완충제(buffer)로 작용한다. 전형적인 반응 메커니즘 단계는 다음과 같다.

1. Cadmium salt는 ammonia와 착화물을 형성한다.

$$Cd(CH_3COO)_2 + 4(NH_3) \rightarrow Cd(NH_3)_4(CH_3COOH)_2$$

이 화합물은 $Cd(NH_3)_4^{2+}$와 CH_3COO^- 이온을 용액 상에 제공한다.

2. 이러한 complex 이온은 OH^-와 $(NH_2)_2CS$를 CdS의 촉매 표면으로 확산한다.
3. 알칼리 수용액 내에서 CdS 촉매 표면에 thiourea가 분해된다.

$$(NH_2)_2CS + OH^- \rightarrow H_2CN_2 + H_2O + HS^-$$

4. 2가의 sulphide 이온이 형성된다.

$$HS^- + OH^- \rightarrow S^{2-} + H_2O$$

5. 최종적으로 CdS가 형성된다.

$$Cd(NH_3)_4^{2+} + S^{2-} \rightarrow CdS + 4NH_3$$

일반적으로, CdS의 증착 속도는 $Cd(NH_3)_4^{2+}$가 제공하는 Cd^{2+}와 $(NH_2)_2CS$의 가수분해에 의한 S^{2-}의 농도에 의해 결정된다. $(NH_2)_2CS$의 가수분해는 용액의 pH와 온도에 좌우된다. 용액의 온도가 80 ℃에서, pH가 13과 13.7일 때 가수분해 비 상수는 각각 3.8×10^{-3}과 8.2×10^{-3}이 된다. 이때 용액의 온도가 100°C

로 상승하면 가수분해비 상수는 1.1×10^{-2}와 2.5×10^{-2}가 된다. 또한 암모니아와 ammonium acetate의 농도에 의해 다양하게 증착 속도가 조절된다.

(3) 후면 전극

CdTe 태양전지에서 가장 중요하게 해결해야 할 과제는 저항이 작고, 안정성 있는 후면 전극을 형성하는 것이다. CdTe는 높은 일함수(work function) 값을 가지고 있기 때문에 p-형 CdTe에 오믹 접촉(ohmic contact)으로 작용할 수 있는 금속이 존재하지 않는다. 따라서 보통의 금속 전극을 사용했을 경우 p-형 CdTe와 금속 간에는 쇼트키 장벽(Schottky barrier)이 형성된다. 이때 접촉 장벽의 높이는 CdTe의 페르미 준위와 금속 표면의 페르미 준위의 차이로 결정된다. 이러한 경우에 후면 전극은 완전한 오믹 특성을 보이지 않기 때문에 순방향으로 전압을 걸어 주었을 때 후면 전극에서 전압강하가 일어나게 된다. 에너지 밴드 구조 측면에서 살펴보면 CdTe와 CdS의 접합 다이오드와 반대 방향으로 후면 전극으로 인한 또 다른 에너지 장벽이 발생하게 되며, 이 장벽은 순방향 전압이 걸렸을 때 정류작용을 일으켜 전체적으로 전류를 일정하게 만드는 "roll over" 현상을 발생시킨다. 현재까지 접촉 저항이 낮은 후면전극을 제작하는 것이 집중적으로 연구되었으나 분명한 해결책이 제시되지 못한 상태에 있다.

후면 전극을 형성하는 방법은 비교적 일함수가 큰 금속을 증착하거나, Cu를 도핑하는 방법, 그리고 P^+ 층을 형성하는 것이다. 현재 Au, Cu/Au, Te, Ni/Al, ZnTe:Cu, Cu 도핑된 graphite 등의 물질들을 후면 전극으로 사용하고 있다. 이 가운데서 높은 변환효율을 보인 것으로는 Cu를 도핑하거나 Cu 도핑된 carbon을 사용하는 것이다. 소량의 Cu 첨가로 p-CdTe에 P^{++} doping layer를 형성하여 오믹 접촉을 만들 수 있는데, 이러한 방법으로 몇몇 연구팀들은 초기 태양전지의 상당한 효율 향상을 보고하고 있다. Cu는 CdTe 내에서 상당히 빠른 확산 물질로 알려져 있으며, Cu 확산 메커니즘은 결정입계를 통한 확산으로 보고하고 있다. Cu^+와 Cd^{2+} 이온의 크기는 비슷하여 CdTe 내에서 Cu^+는 Cd^{2+} 자리에 쉽게 치환된다. 따라서 Cu의 확산은 CdTe의 거의 전 영역에 걸쳐 일어난다고 보고되고 있으며, 때로는 CdS/CdTe 접합 영역까지 Cu가 확산되었다는 결과도 보고하고 있다. 이러한 접합 부근에서와 CdTe 박막 내의 Cu는 재결합 중심(recombination center)과 병렬 경로(shunt pathway)로 작용해 태양전지의 특성 저하의 원이이라 보고되고 있다.

Meyers는 후면전극의 접촉저항을 낮추는 방안으로서 CdTe에 Cu로 도핑된 ZnTe층을 입히는 n-i-p 구조를 제안한 바 있다. 이 구조의 특징은 CdTe/ZnTe

접합부의 가전자대(valence band)에 에너지 장벽이 존재하지 않고 ZnTe가 p-형으로 용이하게 도핑되는 특성 때문에 ZnTe/금속 접합부의 전기저항이 낮으므로 전체 직렬저항은 CdTe에 직접금속을 접합했을 때보다 낮아질 것이라는 점이다. ZnTe를 사용하면 전자의 back diffusion loss를 줄여주는 등의 부수적인 효과도 기대할 수 있다.

근래에서는 Cu가 포함되지 않은 후면 전극 물질이 제안되고 있으며, 일례로 Ni:P, Sb_2Te_3, HgTe 등이 있다. 위의 전극 물질을 사용한 태양전지의 경우 상당한 안정성을 보여주고 있지만, 초기 효율은 그다지 높지 않은 것으로 보고되고 있다. Stress 가속 실험을 통해서 Cu 함유 후면 전극 물질의 경우 250 시간 정도의 수명을 보이지만, 앞서 언급한 물질들을 사용한 경우 1000 시간 이상의 수명을 갖는 것으로 보고하고 있다.

(4) 전면 전극

CdTe 전지에는 일반적으로 ITO(indium tin oxide)또는 TO(tin oxide)가 투명전극으로 사용되는데, 열적인 안정성과 낮은 가격 때문에 TO가 주로 사용되고 있다. ITO나 TO는 스퍼터 방법으로 제작된 것이 상용화되어 있어서 이를 사용하는 것이 일반적이나 연구자에 따라서는 스퍼터 방법 또는 MOCVD 방법을 사용하여 직접 제작하여 사용하는 경우도 있다. 한때 투명전극의 표면을 의도적으로 거칠게 만들어 "photon trapping" 효과를 기대한 연구 결과가 보고되기도 하였으나 최근에는 매끄러운 표면현상이 주로 사용되고 있다.

8.8.3 CdTe 태양전지의 기술개발 현황

CdTe를 사용한 태양전지 다결정 박막 형태로 제작되며, 비정질 Si 전지와 CIS계 전지와 함께 가장 실용화 가능성이 있는 박막형 전지로 평가받고 있는데, 비정질 Si 전지에 비해서는 에너지 전환효율이 높고 성능의 안전성이 우수하며, CIS계 전지에 비해서는 대량 생산에 용이하다는 장점을 갖추고 있다. 현재 CdTe 태양전지의 변환효율은 미국 NREL의 16.4%가 최고 기록으로서 투명 전극으로 전도도와 투과도가 좋은 cadmium stannate(Cd_2SnO_4)를 사용하였고, Cd_2SnO_4와 CdS 층 사이에 zinc stannate(Zn_2SnO_4, or ZTO) 버퍼층을 사용하였다. 앞으로 후면 전극(back contacts)의 전기저항을 낮추는 등의 기술적인 문제가 해결되면 18%까지 향상될 전망이다.

현재 연구되고 있는 분야로는 전기 저항이 낮은 후면 전극(또는 배면전극, back contact)개발, CdTe층의 전기 전도도 향상, CdTe/CdS계면의 최적화, 밴드 갭이 크고 격자상수가 CdTe와 비슷한 창층 재료의 개발, 투명전극의 개발 등이 있다. 표 8.13과 8.14는 국제적으로 이 분야를 선도하고 있는 연구 그룹을 정리하여 나타내었다. 표에 보듯이 여러 그룹이 다양한 방법을 사용하여 CdTe 층을 합성하였는데, 이는 CdTe가 합성하기 쉽고 따라서 대량 생산에 적합하다는 사실을 뒷받침한다.

표 8.13 소면적 CdTe 태양전지의 개발현황

Method (CdS/CdTe)	Area (cm^2)	Eff. (%)	Organization	Year
CBD/CSS	1.131	16.4	NREL	2001
MOCVD/CSS	1.0	16.0	Matsushita Battery	1997
CBD/CSS	1.08	15.8	Univ. of South Florida	1993
MOCVD/CSS	1.0	15.3	Tokyo Inst. Tech.	1999
CSS/CSS	0.8	15.0	Univ. of South Florida	1997
CBD/Evap	0.02	14.2	BP Solar	1991
ALE/ALE	0.12	14.0	Micro-chemistry	1999

표 8.14 대면적 CdTe 태양전지의 개발현황

Method (CdS/CdTe)	Area (cm^2)	Eff. (%)	Organization	Year
CBD/E.Depo[1)]	8670	10.6	BP Solar	2000
MOCVD/CSS	5413	11.0	Matsushita Battery	2000
E.Depo/E.Depo	706	10.1	BP Solar	1991
V.Trans[2)]/V.Trans	6278	9.1	First Solar	1996
CSS	86	10.5	ANTEC	2000
Screen Printing	1200	8.7	Matsushita Batteryr	1995
Chemical Sprying	3528	9.2	Golden Photon	1999

1) : Electrodeposition, 2) : Vapor Transport Sublimation

CdTe 태양전지 기술은 First Solar Inc.(미국), BP Solar(영국), Matsushita Batteries(일본), ANTEC(독일) 등의 산업체에서 상용화가 추진되고 있으며, 일부 파일럿 플랜트 규모(수백 kW)의 시스템이 가동되고 있다. 특히 미국의 경우 전력계통의 인프라가 갖춰져 있지 않은 제3세계 국가들(인도, 남미, 아프리카 등)을 대상으로 대규모의 발전소 설립을 적극적으로 추진하고 있다.

국내에서는 KAIST에서 screen printing법으로 CdTe를 합성하는 연구를 통해 12%를 상회하는 효율을 발표하기도 하였으나, 저항 값이 낮고 성능이 안정된 후면 전극을 개발하는 등의 문제에 봉착해 있는 것으로 보인다. 국립품질원에서는 1994년부터 성균관대학교와 공동하여 근접승화법, 진공증착법, 스퍼터 등 다양한 방법을 구사하여 CdTe를 제조하고 태양전지를 구성하는 연구를 진행 중에 있다. 그러나 기존의 국내연구는 재료의 물성 탐구 및 효율 향상을 위한 공정연구에 치우쳐 있으며, 실제 상용화에 필요한 대면적화 방안에 대해서는 연구개발이 수행되지 않고 있다. 미국을 비롯한 선진국에서의 CdTe 전지에 대한 투자는 기초 연구보다는 대량 사용화를 위한 공정개발 연구 쪽으로 중심이 이동되고 있다. 이러한 움직임은 CdTe 전지의 기술이 그만큼 성숙되어 있다는 판단에 바탕을 두고 있다.

최근에는 누가 먼저 수백 내지 수천 MW 규모의 태양광 플랜트에 대한 시장에 진입하느냐에 초점을 맞추어 업체마다 경쟁적으로 개발에 임하고 있으며, 이러한 가운데서 CdTe 전지기술은 여타의 태양전지 기술과 함께 경쟁을 벌일 것으로 예상된다.

8.9 III-V족 화합물 반도체 태양전지

8.9.1 III-V족 화합물 반도체 태양전지 특징

GaAs, InP로 대표되는 III-V족 화합물 반도체는 40% 이상의 고효율 태양전지를 만들 수 있는 물질로 각광받고 있다. GaAs는 에너지 밴드 갭이 1.4 eV 정도로 단일 전지로 최대 효율을 낼 수 있는 최적의 밴드 갭을 가지고 있으며, 현재 최고의 변환효율을 내고 있다. InP 또한 밴드 갭이 1.35 eV로 최적의 밴드 갭과 거의 일치하며, 이론적 한계 효율도 GaAs에 버금간다.

한편 GaAs 태양전지의 개발에는 고효율화와 박막화라는 두 개의 큰 흐름이 있다. 고효율화는 주로 GaAs 또는 AlGaAs와 다른 물질간의 이종접합으로 이루어지고 있다. 또한 전지의 고효율화를 위해 적층(tandem) 구조의 태양전지가 활발히 연구되고 있다. 적층 구조는 여러 밴드 갭을 갖는 물질을 성장시켜 단락 전류와 개방전압의 손실을 줄일 수 있는 구조이다. 박막화는 AlGaAs/GaAs를 액상 성장법에 의해 형성되나, 양산성을 고려한 방법으로서는 할로겐화합물 수송법, 열분해법 등의 기상성장법이 있다.

III-V족 화합물 반도체 태양전지가 지상용 발전 소자로 경쟁력을 갖추기 위해서는 고효율뿐만 아니라 집광 시스템(concentration system)을 통해 생산 단가를 낮추어야 한다. [그림 8.75]는 집광 시스템의 한 예를 나타낸 것이다. 집광 시스템은 태양빛을 광학적 장치로 모아서 태양전지에 보내주는 것이다. 집광 시스템의 중요한 이점은 특정 전력을 출력해 내기 위해 요구되는 전지의 수를 줄일 수 있다는데 있다. 따라서 가격이 비싼 태양전지 대신 비교적 싼 가격의 광학적 장치를 대신할 수 있기 때문에 에너지 생산단가를 낮출 수 있다. 표 8.15에 III-V족 태양전지 개발현황을 bulk, 박막, 다층, 집광형 태양전지로 구분하여 요약하였다.

그림 8.75 Solar Systems사의 CS500 Solar Concentrator System

표 8.15 III-V족 태양전지 개발현황 요약표

GaAs 태양전지의 연구 자체는 오래전부터 행하였으나 그 특성이 주목되게 된 것은 1972년 Hovel, Woodall 등이 (p)AlGaAs/(p)GaAs/(n)GaAs 태양전지를 발표한 이후이다. 그 전 해에 Alferov들도 (p)AlGaAs/(p)GaAs/(n)GaAs 구조인 태양전지를 제작하여 효율 11%를 얻어 태양전지 고효율화의 전망을 밝게 하였다. 지금까지 GaAs 태양전지에서 고효율화가 되지 못한 이유는 GaAs의 표면 재결합 속도가 크고($s=10^6 \sim 10^7 cms^{-1}$), 표면 부근에서 여기된 캐리어가 거의 표면에서 재결합하여 손실되기 때문이다. GaAs p-n 접합 표면에 AlGaAs층을 두면 AlGaAs의 창 효과에 의해 표면 재결합의 영향이 감소하여 변환효율이 향

상된다. 이러한 이유 때문에 AlGaAs/GaAs 구조는 아직도 GaAs 태양전지에 이용되고 있다. Andreev는 같은 구조로 태양전지에 대한 이론분석을 통해 직렬 저항의 영향을 고려한 (p)AlGaAs / (p)GaAs/(n)GaAs 구조의 최적화를 검토하였다. 지금까지 p-p-n 구조에 의해 19~21%의 효율을 얻고 있다. 단층 구조의 bulk나 박막 III-V 태양전지는 실리콘 계열보다 효율 측면이나 가격측면에서 비교 우위성을 보기 어렵다. 그러나 다층형 III-V 태양전지는 30% 이상의 에너지 변환 달성이 가능하다. [그림 8.76]에 복잡하기는 하지만 고효율 달성이 가능한 다층형 태양전지 구조를 나타내었다. 효율 향상의 핵심기술은 ; i) 태양광 스펙트럼을 최대한으로 활용하기 위하여 단파장을 흡수하는 InGaP 상부전지와 ii) 장파장 영역을 흡수하는 GaAs 하부전지로 구성하고, iii) 이를 광학적 전기적으로 연결해 주는 p^+n^+ InGaP 터널접합이다. 최근에는 변환효율을 더욱 높이기 위해 이중 접합(double junction)대신 삼중 접합(triple junction) 태양전지가 미국의 NREL과 Spectrolab에서 개발되었다. 이 다중 접합 태양전지의 구조를 [그림 8.77]에 나타내었다. 이 태양전지는 밴드 갭이 0.65 eV인 Ge를 하층 전지(bottom cell)로 사용하고, 그 위에 대략 1.4 eV 근처의 InGaAs 중간층 전지(middle cell)와 1.9 eV의 InGaP 상층 전지(top cell)가 있는 구조이다. 각 전지의 전기적 연결은 터널 접합을 통해 연결하였다. 태양광 스펙트럼을 흡수하는 측면에서 보면 InGaP 상층 전지에서 650 nm 파장 대역까지 흡수하고, InGaAs 중간층 전지에서 대략 900 nm까지 흡수를 하며, Ge 하층 전지에서 1900 nm까지의 파장까지 전 영역에 걸쳐 골고루 흡수할 수 있게 하였다. 즉 단락 전류의 손실을 최대한 줄일 수 있는 것이다. 또한 이러한 파장영역에서 단일전지로 동작을 하기 때문에 개방전압의 손실을 줄여 고효율의 태양전지를 만들 수 있는 것이다. 특히 GaAs에 비해 값이 싼 Ge 위에 전지를 성장시킬 수 있어 고효율의 장점과 더불어 제작 단가를 낮출 수 있는 장점이 있다. 이러한 연구 결과를 바탕으로 Spectrolab에서는 더 많은 전지를 쌓아 올려 40% 이상의 고효율을 얻을 수 있는 태양전지를 만들기 위해 많은 연구를 진행하고 있다.

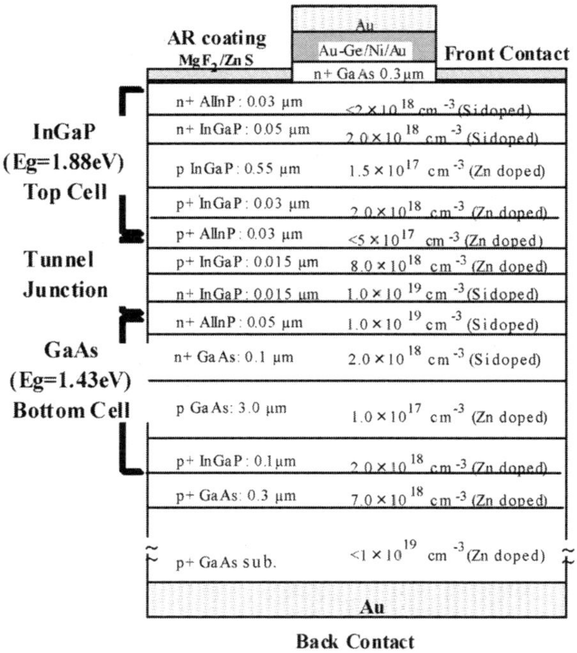

그림 8.76 고효율 달성이 가능한 III-V 다층형 태양전지 구조

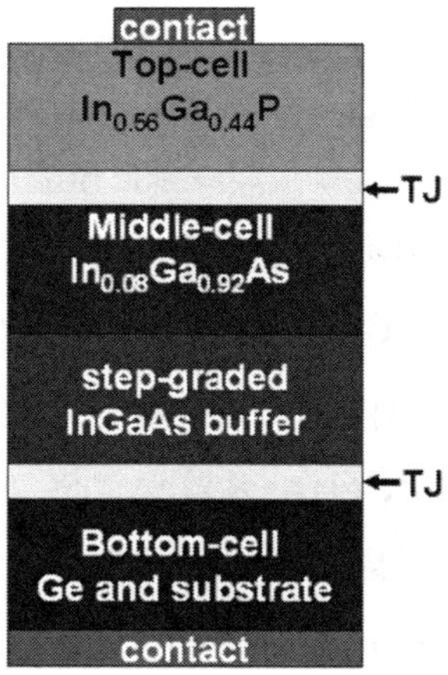

그림 8.77 Spectrolab의 “metamorphic” 삼중접합 태양전지 구조

GaAs/GaAs 태양전지는 이론적으로 AM0, 25℃에서 30%가량의 효율을 얻을 수 있으며, 또한 다른 물질과의 이종접합을 통하여 손쉽게 두 단자를 갖는 고효율의 다층형 태양전지를 얻을 수 있다. 즉 GaAs/Ge, GaAlAs/GaAs, GaInAs /GaAs, GaAlAs/GaAs/Ge 등을 생각할 수 있다. GaAs 태양전지를 실리콘 태양전지와 비교하면 다음과 같은 장점이 있다.

1) GaAs의 밴드 갭은 1.43 eV로 태양광 방사 스펙트럼을 효율 좋게 흡수하는데 적당한 값이다. 따라서 변환효율이 AM 1에서 20% 이상으로 극히 높다.
2) 밴드 갭이 실리콘에 비해 상대적으로 넓기 때문에 실리콘 태양전지와 비교하여 본질적으로 고온동작이 가능하다. GaAs 태양전지의 온도상승에 의한 변환효율의 감소율은 실리콘 태양전지의 50%정도이다.
3) GaAs가 직접 천이형 반도체이기 때문에 소수 캐리어의 수명이 짧고, 방사선에 의한 열화가 실리콘보다 작다. 실리콘에서는 캐리어의 수명이 길기 때문에 전자선과 같은 자외선 영역의 태양광에 의하여 캐리어 수명의 저하가 심하고 단락광전류와 개방전압 저하의 요인이 된다.
4) 개방전압(V_{oc})과 단락광전류(J_{sc})를 GaAs와 Si의 경우를 비교하여 보면 동일한 변환효율에도 개방전압은 GaAs가 크고, 단락 광전류는 실리콘 쪽이 크다. 따라서 본질적으로 GaAs쪽이 전류가 작고, 직렬저항의 영향을 받기 어렵다. 이러한 특징은 특히 태양광을 집광해서 대전류를 흘리는 경우에 현저하게 나타난다.
5) GaAs는 직접 천이형의 특성을 나타내기 때문에 흡수계수가 크고, 태양광의 90% 이상을 흡수하기 때문에 5 μm의 두께로 충분하다.
6) GaAs 다결정 박막 태양전지는 결정의 크기가 수 μm정도이면 단결정과 비슷한 변환효율이 얻어진다.

반대로 GaAs 태양전지의 결점은 다음과 같다.

1) GaAs 단결정 기판의 가격이 실리콘에 비해 매우 비싸다.
2) 기계적인 충격에 약하고, 실리콘에 비해 무겁기 때문에 인공위성의 전원으로 사용하기에는 많은 제약이 따른다.
3) 표면 재결합 속도가 크다. 따라서 GaAs는 흡수계수가 크고 광 여기에 의해서 표면에서 1 μm 정도의 영역에서 전자-정공쌍이 형성하기 때문에 표면재결합의 영향을 크게 받는다.

따라서 GaAs자체의 물성적인 약점을 보완하여 방사선과 기계적인 충격에 강하고 가벼우며, 또한 실리콘 태양전지보다 상대적으로 높은 변환효율을 얻을 수 있는 새로운 형태의 태양전지가 필요하게 되었다. 그리고 이와 같은 흐름은 대체로 고효율의 GaAs 태양전지에 기판을 GaAs 웨이퍼가 아닌 Ⅳ족의 Ge, Si 등을 사용하는 이종접합 구조의 태양전지를 고안하게 되었다. 특히 Ge는 기계적인 충격에도 강하여 얇고 넓은 면적의 웨이퍼를 선택할 수 있어서 새로운 태양전지 개념의 이상적인 위성용 태양전지로 각광을 받고 있다.

실리콘을 기판으로 사용하는 GaAs/Si 태양전지는 값이 싸고 가벼우며 견고성이 뛰어나서 넓은 면적의 태양전지를 만들 수 있다. Si의 밀도가 GaAs나 Ge과 비교할 때 반 이하이고(GaAs: 5.32 g/cm^3, Ge: 5.32 g/cm^3, Si: 2.33 g/cm^3), 기계적인 강도에서도 다른 재료에 비하여 상대적으로 강하다. 따라서 대기권 밖에서 사용할 때 단위 무게당 출력이 가장 크다. 그러나 실리콘 기판 위에 GaAs 박막을 형성시키는 데는 여러 가지 문제점이 따른다. 특히 GaAs의 격자 상수가 5.65325 Å인데 비하여 Si은 5.4305 Å로서 4% 가량 작기 때문에 기판과 박막 사이에 균열이 생기고 많은 결정 결함이 수반된다. 특히 열주기 시험에서 나타나는 효율의 급격한 감소 현상은 GaAs 박막과 실리콘 기판 사이의 균열이 가속화되면서 발생하는 문제점으로 아직까지 뚜렷한 해결 방안이 제시되지 않고 있는 실정이다. 따라서 GaAs/Si 태양전지는 고온/저온 주기가 되풀이 되는 대기권 밖보다는 비교적 안정된 온도에서 사용되는 지상용 태양전지로 연구하는 것이 바람직하다고 여겨지고 있다.

한편 InP의 경우 방사선에 대한 저항이 GaAs에 비해 우수하고 효율 또한 GaAs에 버금가기 때문에 우주용 태양전지 물질로 주목 받고 있다.

8.9.2 III-V족 화합물 태양전지 개발개발 현황

GaAs 관련 태양전지는 미국의 ASEC, Spire, NASA 등의 관련 기관에서 많은 연구를 진행하고 있다. 특히 GaAs/Ge 태양전지의 경우는 미국의 Motorola에서 '95년도에 이동통신 사업인 이리듐 프로젝트의 주 전원용 태양전지로 개발하여 사용 중에 있다. 그리고 현재는 상용 변환효율이 19%선인 GaAs/Ge 태양전지를 20% 이상으로 향상시키는데 주안점을 두고 있다. 또한 유럽의 경우 아리안 프로젝트와 관련하여 영국의 EEV에서 GaAs/Ge 태양전지를 생산하고 있을 뿐만 아니라 일본의 경우도 미쯔비시에서 Si 또는 GaAs를 생산하고 있다.

미국의 항공우주국(NASA: National Aeronautics & space Administration)이나 국방부(DOD : Department of Defence)에서 제시하고 있는 미래의 태양전지 개발 방향은 10년 안에 단위 무게당 초기(BOL ; beginning of life) 출력을 130W/kg, 말기(EOL ; end of life) 출력을 110W/kg까지 올리는 것을

목표로 하고 있다. 미국의 Varian사에서는 GaAs 기판을 이용하여 상층부에는 Ga(Al)As 태양전지를, 하층부에는 Ga(Al)As 또는 Ge 태양전지를 가진 3중 밴드 갭 태양전지의 개발을 추진하고 있다.

프랑스의 국립중앙연구소 CNRS(Centre National de la Recher che Scientifique) 산하의 LPSES(Laboratoire de Physique du Solide et Energic Solaire)에서는 두개의 다층 태양전지를 적층시켜서 4개의 밴드 갭을 가진 태양전지를 제안하였다. 이 태양전지는 단일 적층(monolithic tandem) 구조의 태양전지인 Ga(Al)As/GaAs 태양전지를 만들고 그 밑에 Ga(In)As(P) + Ga(In)As/InP 구조로 하층 태양전지를 구성한다. 이와 같은 태양전지의 장점은 각각의 태양전지가 적정한 두께와 최대 변환효율을 갖도록 만들고, 이를 다시 적층시킴으로써 40% 이상의 높은 변환효율을 실현할 수 있다는 점이다. 그러나 그 제조 공정이 까다롭고 고가의 소재를 사용해야 하므로 태양전지 가격이 대단히 비싸게 된다는 것이 단점으로 지적된다.

국내의 경우 GaAs 관련 반도체 소자 연구가 ETRI, KIST, KAIST 등에서 MOCVD, MBE등을 이용하여 연구되고 있으나 넓은 면적의 균일한 박막을 요구하는 GaAs/GaAs 태양전지 연구는 지금까지 미미한 실정이다. GaAs, AlGaAs, InGaAs 등의 Ⅲ-Ⅴ 화합물을 이용한 고효율 태양전지는 다가오는 우주화 시대에 발맞추어 인공위성에 탑재할 태양전지의 국산화를 위해서 필수적으로 연구되어야 한다.

8.10 | 나노 태양전지

미국은 2000년 7월에 발표된 나노기술 지원 계획인 NNI(National Nanotechnology Initiative)의 원대한 도전(Grand Challenges) 9개 과제 중에 효과적인 에너지 변환과 저장과제를 선정하고 에너지부(Department of Energy) 주관 하에 고효율 저가격 태양전지 개발에 노력하고 있다. 일본의 경우 나노테크놀로지를 이용하여 IT, 바이오, 에너지, 환경, 재료 분야에서 획기적인 발전을 이룰 수 있을 것으로 예상하고 그에 대한 투자 방법으로 일본이 경쟁우위인 분야, 산업에 파급 효과가 큰 분야에 집중 투자할 계획이다. 5~10년 내 실용화, 산업화가 가능한 과제와 10~20년 후를 전망하는 도전적 연구 과제를 선정하였고, 환경 분야에서는 5~10년 내 실용화, 산업화가 가능한 과제로 저가격

고효율 나노 태양전지 개발과제를 선정하였다.

8.10.1 나노입자를 이용한 염료 감응형 태양전지

염료 감응형 태양전지는 1991년 스위스의 Grätzel 연구진이 비교적 값이 싼 TiO_2 반도체와 Ru(II) 계열의 염료를 이용해서 10%의 효율로 태양빛을 전기 에너지로 바꿀 수 있다는 연구 결과를 발표한 이후 비정질 실리콘 태양전지에 버금가는 높은 에너지 변환효율과 함께 매우 저렴한 제조 단가로 인하여 학계 및 산업계에 비상한 관심을 모으고 있다. 2000년 현재 염료태양전지의 최고변환효율은 Florida 대학에서 발표한 15%가 최고이다.

염료 감응형 태양전지는 TiO_2를 주성분으로 하는 반도체 나노입자, 태양광 흡수용 염료 고분자, 전해질, 투명전극 등으로 구성되어 있으며, 식물의 광합성원리를 응용한 전지이다. 이 전지가 기존의 태양전지와 다른 근본적인 차이점은 기존의 태양전지에서 태양에너지의 흡수과정과 전자-정공 쌍이 분리되어 전기의 흐름을 만드는 과정이 반도체 내에서 동시에 일어나는 것에 비해, 태양 에너지의 흡수과정과 전하이동 과정이 분리되어 태양에너지 흡수는 염료가 담당하고, 전하의 이동은 전자의 형태로 반도체에서 담당한다는 것이다.

(가) 기본 원리

염료 감응형 태양전지의 기본 구조는 [그림 8.78]에서 보는 것과 같이 투명 유리 위에 코팅된 투명전극과 그 위에 접착되어 있는 나노 입자로 구성된 다공질 TiO_2, TiO_2 입자 위에 단분자층으로 코팅된 염료 고분자, 그리고 두 전극 사이에 있는 50~100 μm 두께의 공간을 채우고 있는 산화환원용 전해질 용액이 들어있는 형태이다. 전극은 양쪽을 모두 투명전극을 사용하기도 하지만, 일반적으로 에너지효율을 높이기 위하여 태양광이 입사하는 반대쪽 전극은 반사도가 좋은 백금을 사용하고 있다.

태양광이 전지에 입사되면 광자(photon)는 먼저 염료 고분자에 의해 흡수된다. 염료는 태양광 흡수에 의해 여기상태로 되고, 전자를 TiO_2의 전도대로 보낸다.

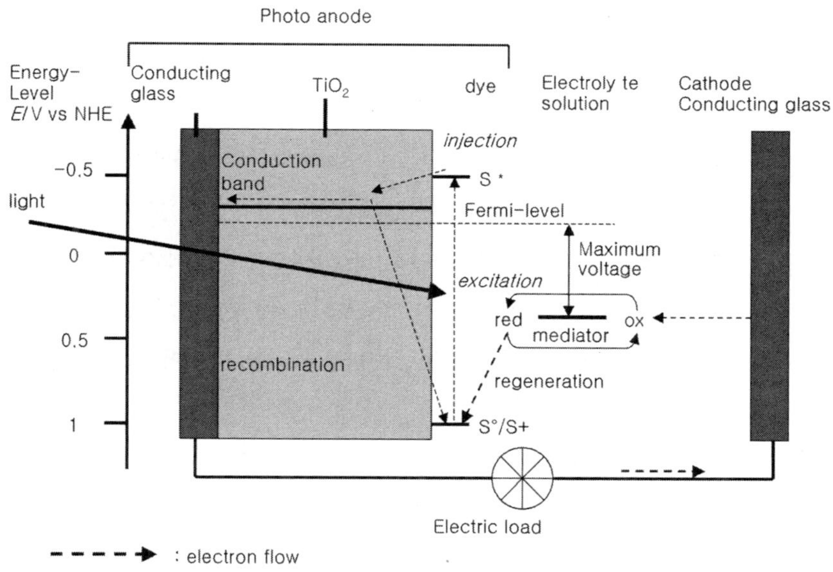

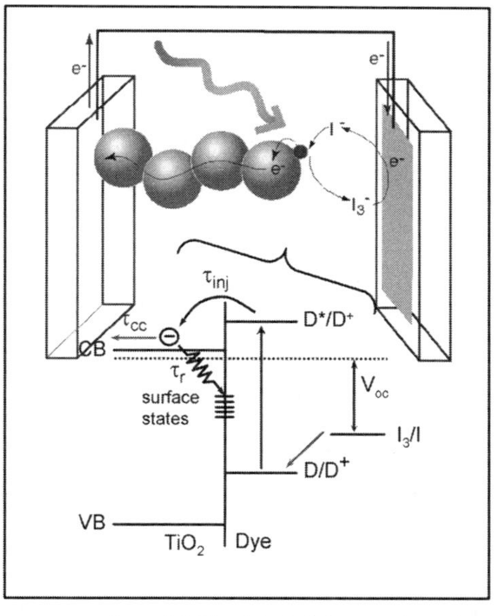

그림 8.78 염료 감응형 태양전지의 구조와 동작 개념도

전자는 전극으로 이동하여 외부 회로로 흘러가서 전기 에너지를 전달하고, 에너지를 전달한 만큼의 낮은 에너지 상태가 되어 상대 전극으로 이동한다. 염료는 TiO_2에 전달한 전자 수만큼 전해질 용액으로부터 공급받아 원래의 상태로 돌아가게 되는데, 이때 사용되는 전해질은 iodide/triodide 쌍으로써 산화환원에 의해 상대 전극으로부터 전자를 받아 염료에 전달하는 역할을 담당한다. 전지의 개방회로 전압은 TiO_2 반도체의 페르미 에너지 준위와 전해질의 산화환원 준위의 차이에 의해 결정된다.

이러한 과정에서 전지의 성능을 좌우하는 중요한 작용들은 다음과 같다.

i) 염료에 의한 여기 전자의 생성 및 TiO_2로의 전자의 투입이 소멸보다 빨리 이루어져야 한다.

ii) 염료로부터 TiO_2로 전자가 투입되는 시간이 전자가 TiO_2에서 생성된 정공과 결합하는 시간보다 짧아야 한다. 일반적으로 염료에서 TiO_2로 전자가 투입되는 시간은 나노초이고, 정공이 여기 전자와 결합하기 위해 이동하는 시간은 마이크로초이므로 높은 비율로 전자-정공의 결합에 의한 손실이 일어나지는 않지만, 이러한 반응이 일어나면 전지의 효율이 나빠지게 된다.

iii) TiO_2의 전도대에 있는 전자가 산화-환원 전해질과 결합하지 않아야 한다.

iv) 전자를 전달하여 산화된 염료가 전해질로부터 전자를 받아 다시 환원될 동안에 분해되지 않아야 한다. 이 반응은 전지의 수명과 큰 연관을 지니고 있다.

이러한 원리 하에서 작동되는 전지의 세부 반응을 보다 깊이 이해하기 위해서는 전지의 특성을 좌우하는 전지 내의 여러 계면에서의 반응을 이해하여야 한다.

① 반도체 입자 – 전해질 계면 반응

TiO_2 입자는 단분자의 염료고 분자로 코팅되어 있으므로, 이상적으로는 전해질과 접촉하지 않는다. 그러나 실질적으로 염료 고분자가 TiO_2의 표면을 모두 덮고 있지 못하고 많은 표면들이 전해질과 직접 접촉한다.

[그림 8.79]의 좌측에 접촉이 이루어지지 않은 상태의 반도체와 전해질의 에너지 밴드 구조가 나타나 있다. 이들이 접촉하게 되면 그림 우측과 같이 전하의 이동이 일어나서 페르미 에너지 준위가 동일하도록 에너지 준위가 재배열을 하게 되고, 반도체 표면의 에너지 레벨이 위로 굽혀져서 표면 전하층(space charge region)을 형성하게 된다. 이 때 반도체는 양전하를 지니게 되고, 전해질은 음전하를 지니게 되어, 태양광에 의해 전자-정공쌍이 생성하게 되면, 전자는 반도체 내로 이동하게 되고, 정공은 반도체에서 전해질로 이동하게 된다. 이러한 반도체-전해질의 직접 접촉시 태양광 발전이 일어나기 위해서는 반도체의 가전자대에 있는 전자가 전도대로 여기 되어야 하는데, 3.2 eV 정도의 밴드 갭을 지닌 TiO_2의 경우 이러한 반응은 자외선 영역에서 일어난다. 또한 이 반응은 생성된 전자-정공쌍이 재결합하거나, 정공이 전해질의 전자를 빼앗는 등의 문제로 효

율이 매우 낮다. 이 때문에 염료 감응형 전지에서 태양 에너지의 대부분을 차지하는 가시광 영역의 에너지를 이용하고 광전효율을 높이기 위해서는 반도체-전해질의 직접 접촉부를 가급적 줄일 필요가 있다.

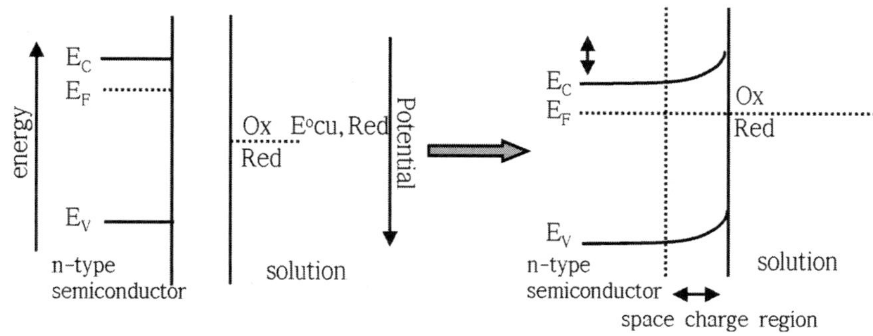

그림 8.79 n-형 반도체-전해질 계면에서의 에너지준위의 모식도

② 반도체 - 염료의 계면 반응

염료 감응제는 반도체-전해질 계면을 지닌 전지의 낮은 효율성을 향상시키고, 가시광 영역의 태양광 변화를 위해서, TiO_2에 코팅되어 사용된다. [그림 8.80]의 좌측에서 보듯이, TiO_2 반도체는 염료 고분자에 비해 가전자대의 전자가 가시광에 의해 여기 되기에는 충분히 큰 밴드 갭을 지니고 있어 입사된 태양광은 주로 염료 고분자에 의해 흡수된다. 또한 염료 고분자가 태양광을 흡수함으로써 생겨난 전자가 TiO_2 반도체로 전달되기 위해서 염료 고분자의 여기 상태는 반도체의 전도대 위에 놓여있음을 알 수 있다. 이런 에너지 레벨 구조에 의해 전자-정공 쌍은 신속하게 분리되어진다. 이러한 구조 하에서 염료 분자 코팅 층의 두께는 단분자가 좋고, 2층 이상의 분자가 쌓이면 전자의 전달에 방해를 받아 광전효율이 나빠진다고 알려져 있다.

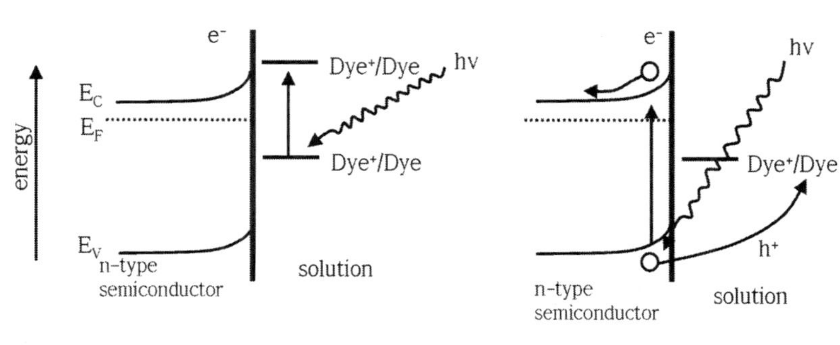

그림 8.80 반도체-염료 계면에서의 에너지 준위 및 전자전달

염료 고분자-반도체 계면에서 태양 에너지가 흡수되는 순서는 다음과 같다. [그림 8.80]에서 광자가 염료에 흡수되면 염료는 여기 상태로 변하게 되는데 이것은 천이금속을 포함한 염료 고분자 속에서 금속-리간드 전하이동(metal-to-ligand charge transfer)이 일어나기 때문이다. 여기된 상태에서 염료 고분자의 가전자대 전자는 전도대로 투입되고, 이에 따라 염료는 산화된다. 전도대로 투입된 전자는 공간 전하층의 전자기장에 의해 반도체의 전도대로 이동된다. 이렇게 전자들이 염료에서 반도체로 이동할 때, 만약 전해질과의 산화환원 중재 작용이 없다면 모든 염료 고분자가 산화될 때 광전 작용은 멈추게 될 것이다. 이 경우 광전 효과는 [그림 8.80]의 우측에서 보는 것처럼 단지 높은 에너지를 지닌 자외선의 흡수에 의해서만 일어나게 될 것이다. 이때 생성된 전자-정공 쌍은 분리되어 전자는 반도체의 벌크 내로 이동해 가고, 정공은 반도체의 표면으로 이동하여 산화된 염료고분자를 환원시킨다. 이것은 염료 고분자의 분해 작용을 일으키게 되므로 이러한 반응은 전지의 수명에 나쁜 영향을 미친다. 이에 따라 이러한 반응을 억제하고 신속하게 염료고분자에 전자를 전달하는 적절한 산화환원 전해질의 선택은 전지의 특성에 중요한 영향을 미친다.

③ 나노입자와 투명전극 계면

TiO_2 반도체가 접착되어 있는 투명전극은 효율적인 전자 전달을 위해 오믹 접촉의 특성을 지니고 있어야 한다. 이렇게 되기 위해서는 TiO_2와 투명전극의 페르미 준위 및 전도대에서의 전도 특성이 유사하여야 할 필요가 있다. 실질적으로 TiO_2를 대체하는 신소재의 개발 시, 반도체-전극의 적절한 조합이 되도록 전극을 선택하여야 높은 효율을 얻을 수 있다.

(나) 핵심 기술

① 나노 입자로 만든 다공질 TiO_2

염료 감응형 태양전지의 효율을 급속히 올릴 수 있게 된 주요 원인 중의 하나는 반도체 표면적의 증가이다. 앞에서 언급한 바와 같이 염료 고분자는 단분자층일 때 효율이 높으므로, 태양광의 흡수양은 염료 고분자가 코팅된 반도체의 표면적이 넓을수록 크게 된다. 이 때문에 TiO_2의 입자가 작고, 기공도가 높을수록 전지의 효율은 향상되는데, 보통 15~30 nm의 입자 크기를 가진 것이 주로 이용된다. TiO_2에는 anatase형과 rutile형의 두 종류가 있는데, 이중 anatase는 밴드갭이 3.2 eV로 높아서 고체상태 태양전지로는 부적합하나 염료 감응형에는 이러한 점이 장점으로 작용하여 rutile형보다 널리 사용되고 있다. 염료 감응형 전지에 TiO_2가 이용될 때는 2~10 μm의 두께로 충진 되어 사용된다. 원리적으로는 두께가 작을수록 유리하나, 태양광의 흡수량을 많게 하기 위해서는 두께가 높은 것이 좋은 상반된 효과가 있으므로, 염료의 종류에 따라 최적 두께가 결정되어 진다.

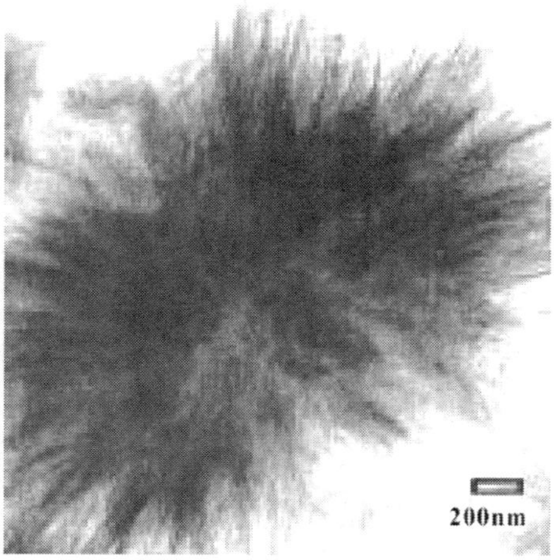

그림 8.81 나노 TiO_2 입자 형상

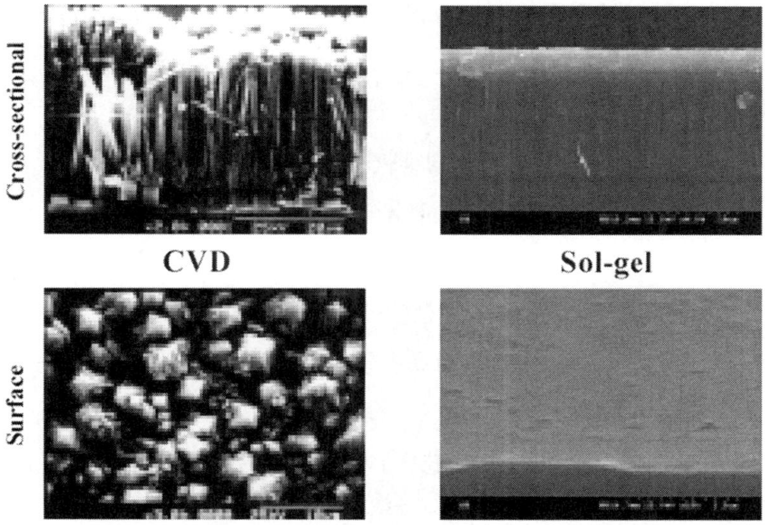

그림 8.82 CVD와 Sol-Gel법으로 제조된 TiO_2 박막

나노 크기의 TiO_2를 만드는 방법은 보통 티타늄 알콕 사이드를 산성 분위기 하에서 수화시켜 전도성 유리 위에 박막 형태로 코팅하고, 수분 동안 450℃에서 소결하는 과정이 많이 이용된다. 최근 표면적이 큰 rutile TiO_2의 제조도 가능하게 되어 anatase 못지않은 높은 효율을 지닌 전지도 만들어지고 있다. 이렇게 만

든 100 nm 이하의 반도체 입자들은 큰 크기의 분말과는 다른 특성을 지니고 있다. 이러한 특성으로 염료 감응 태양전지에서 관심이 있는 것으로는 양자 크기 효과(quantum sized effect), 표면부근에서의 매우 작은 전자기장 구배 등이 있다. [그림 8.81]에는 나노 TiO_2 입자의 형상과 [그림 8.82]에는 CVD와 Sol-Gel 법으로 제조된 TiO_2 박막의 전자 현미경 사진을 나타내었다.

② 염료의 종류 및 기능

현재 가장 널리 사용되는 염료는 루테늄 폴리피리딜 복합체이다. Ru은 백금족에 속하는 원소로써 많은 유기금속 복합화합물을 만들 수 있는 원소이다. 광감응 염료의 개발은 약 20년간에 걸쳐 이루어졌는데, 이 동안 900개 이상의 염료들을 태양전지용으로 시험하였으나 불과 수 개만이 만족할만한 특성을 나타내었다. 그러나 지금까지 왜 유사한 구조를 가진 수많은 화합물 중에서 불과 소수만이 적합하고 나머지는 부적합한지를 규명하지 못하고 있다. 이러한 구조-물성의 상관관계 규명은 향후 우수한 태양전지의 개발의 핵심적인 열쇠 중의 하나이다. 현재 주로 사용되고 있는 태양광 감응염료에는 $[Ru(bpy)_3]^{2+}$: $8[Ru(bpy)_3]^{2+}$, $[Ru(H_2-dcbpy)_3]^{2+}$, $Ru(H_2-dcbpy)_2(OH)_2$, $[NC-Ru(bpy)_2-CN-Ru(H_2-dcbpy)_2-NC-Ru(bpy)_2-CN]^{2+}$, $Ru(H_2-dcbpy)_2(CN)_2$, $Ru(H_2-dcbpy)_2(NCS)_2$, $[Ru(H_3-tctpy)(NCS)_3]^{-}$ 등이 있다.

③ 염료 감응형 태양전지와 기존 전지와의 비교

이상에서 염료 감응형 태양전지와 기존전지의 원리 및 특성에 대해 간략히 알아보았는데, 이들을 종합적으로 비교하면 염료 감응형 전지는 기존의 태양전지에 비해 다음과 같은 장점을 지니고 있다.

- 높은 발전효율 : 현재 효율은 10% 정도이나 실용 효율 20% 이상의 고효율 달성 가능
- 낮은 발전단가 : \$0.6/W(효율 10%시)
- 20년 이상의 장수명
- 원료의 가격이 기존의 태양전지에 비해 저가여서 향후의 큰 시장 형성 가능
- Si 태양전지에서와 같은 고가 대형 장비가 필요 없이 대량 생산 가능
- 다양한 형태로 제조 가능
- 다양한 형태와 환경 하에서 사용이 가능

8.10.2 복합 나노 구조형 플라스틱 태양전지

플라스틱 태양전지는 실리콘 계통의 무기 태양전지에 비해서 많은 장점을 가지고 있다. [그림 8.83]은 복합 나노 구조형 플라스틱 태양전지의 구조와 동작원리를 나타낸 것이다. 그림에서 보듯이 구조적으로 간단하여 제조 공정이 단순하고, 상온에서 폴리머와 nano-molecule spin cast 등의 방법을 이용하여 활성층(active layer)을 형성하므로 고온이나 진공작업 등의 고가의 공정이 필요하지 않다. 또한 제조 공정이 대형화에 유리할 뿐만 아니라 플라스틱 기판을 사용하는 경우에 제품을 경량화 할 수 있으며, 유연성 있는 제품 제작이 가능하다.

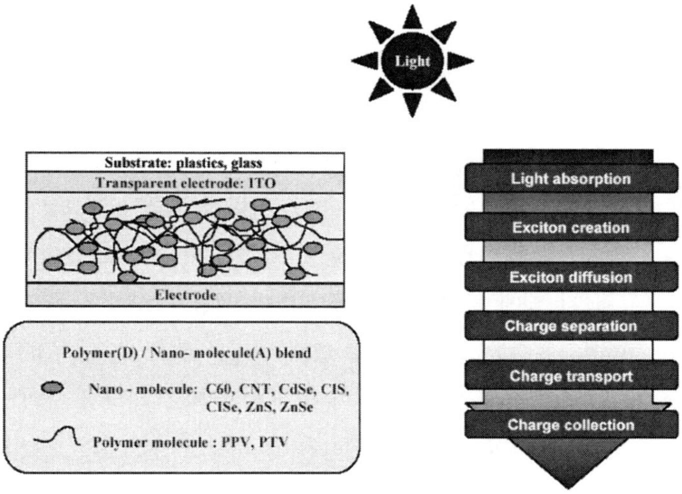

그림 8.83 플라스틱 태양전지의 구조와 동작원리

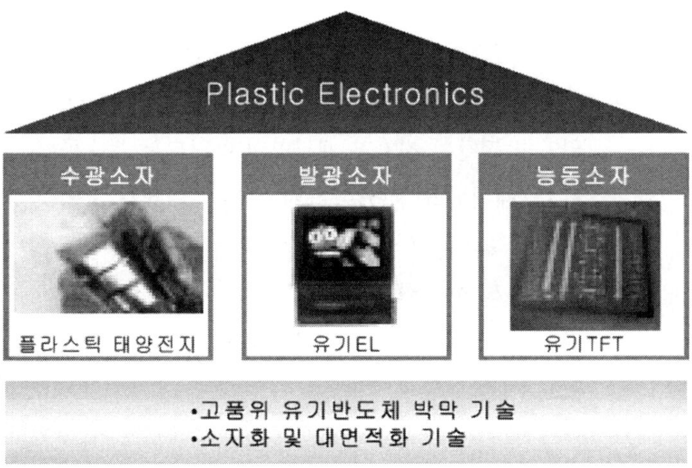

그림 8.84 복합 나노 구조형 플라스틱 태양전지 기술의 응용분야

복합 나노 구조형 플라스틱 태양전지 기술의 응용분야를 [그림 8.84]에 나타냈다. 그러나 위에서 언급한 바와 같이 플라스틱 태양전지는 변환효율이 극히 낮아서 상용 제품에 응용되지 못하고 있다. 플라스틱 태양전지가 상용화되기 위해서는 변환효율을 획기적으로 개선해야 하고, 양산적용이 가능한 기술 개발이 이루어져야 한다.

(가) 플라스틱 태양전지의 핵심 기술

다음은 플라스틱 태양전지의 효율개선을 위한 핵심기술들로, 최근의 유기 반도체소자 부품들을 제조하기 위한 연구 분야이기도 한다.

① 전도성 고분자 재료 개발

플라스틱 태양전지에 사용될 고분자 재료는 빛을 흡수하여 전자-정공 쌍(exciton)을 형성하고 acceptor에 전자를 전달해주어야 하며, 정공을 전극으로 이동하는 역할을 하게 된다. 따라서 고분자 재료는 생성된 엑시톤(exciton)이 재결합되지 않도록 불순물이나 결함이 없는 고순도이어야 하며, 캐리어의 전달이 잘 되게 하기 위해서 규칙적인 배열을 하여야 하고, 공정적용이 용이해야 하며, 광흡수를 최대화할 수 있게 적절한 밴드 갭을 가져야 한다. 엑시톤이 전자와 정공으로 분리가 잘 되기 위해서 이온화 에너지 크기가 적절히 선택되어야 하고, 캐리어의 이동도가 커야한다. 이상의 조건들을 충족시켜주는 고분자 물질의 개발은 플라스틱 태양전지 개발에 핵심기술이다.

② 나노입자 개발

플라스틱 태양전지에서 acceptor(A)로 작용하는 나노 입자는 donor(D)인 고분자 물질로부터 전자가 이동되어 전극으로 전달하는 역할을 한다. 따라서 나노 입자는 전달된 전자가 재결합되지 않도록 불순물이나 결함이 없는 고순도이어야 하고, 캐리어의 전달이 잘되게 하기 위해서 규칙적인 배열을 하여야 하며, 공정적용이 용이해야 한다. 엑시톤이 전자와 정공으로 분리가 잘되기 위해서 이온화 에너지 크기가 적절히 선택되어야 하고, 캐리어의 이동도가 커야 한다. 나노 분자로 쓰이는 재료는 C_{60}, 카본나노튜브(CNT), CdSe, $CuInS_2$, CuInSe, ZnS, ZnSe 등이 있다.

③ 복합나노 구조 형성

플라스틱 태양전지의 활성층은 폴리머와 나노 입자를 혼합한 플라스틱 형태가 되는데, 이들 플라스틱 층에서 형성된 전하가 전극으로 전달되기 위해서는 고분자 물질들 사이를 전하가 hopping하여야 한다. Hopping 중에 재결합 손실을 최소화하기 위해서는 폴리머와 나노 입자들이 규칙적으로 고밀도로 배열을 하여야 한다.

④ 나노입자 분산기술

폴리머에서 형성된 엑시톤은 A인 나노 입자와의 계면에서 전자와 정공으로 분리되어, 전자는 A로 전달하고 정공은 D를 통해 전극으로 전달되게 된다. 따라서 생성된 엑시톤이 모두 전달되기 위해서는 D에 A 분자들이 근접하여야하는데, 나노 입자를 폴리머에 골고루 분산시키는 기술개발이 필요하다.

⑤ 전극형성기술

태양광을 받는 부위의 전극은 광 손실을 최소화하기 위해서 투명 전극물질인 ITO를 사용하는데, 저항 손실을 줄이기 위해서는 비저항이 작아야한다. ITO가 증착된 유리 기판은 LCD, 유기 EL 소자 등에서 널리 사용되고 있고, 유연한(flexible) 디스플레이 개발을 위해 플라스틱에 투명전극을 형성하는 방법에 대한 연구가 진행되고 있다. 유연한 플라스틱 태양전지 제조를 위해서도 투명한 플라스틱에 투명전극을 증착하는 방법은 핵심기술 중의 하나이다.

플라스틱 태양전지는 전후면 전극의 일함수 차이에 의한 전계 형성에 의해 전하가 이동하게 되므로, 적절한 전극 재료의 선택과 활성층과의 접합에 의한 손실을 최소화하는 기술을 개발하여야 한다.

⑥ 반사 방지막 형성기술

일반적으로 전도성 고분자 물질들은 밴드 갭이 2.0 eV 이상으로 600 nm 이하의 파장만이 광변환에 사용될 수 있는데, 이는 전체 입사광의 30% 정도가 된다. 600 nm 이하의 단파장은 계면에서의 반사손실이 크다. 따라서 반사손실을 줄여주기 위해서 반사 방지막을 형성하여야 하는데, 반사 방지막에 사용되는 물질로는 SiO_2, CeO_2, Al_2O_3, Si_3N_4, SnO_2, TiO_2, Ta_2O_5 등이 있다.

(나) 복합 나노 구조형 태양전지 기술개발 현황

제조가 용이하고 저가격화가 가능한 유기재료를 응용한 전자 및 광전자 소자에 대한 연구가 활발히 진행되고 있다. 그러나 유기 재료를 이용한 태양전지 제조에 관한 연구는 미미한 실정이다.

전도성 고분자와 풀러렌의 복합재에서 광유기된 전하 전송(photoinduced charge transfer) 현상에 대한 연구가 1992년 미국 UCSB(Univ. California Santa Barbara)의 A. J. Heeger 교수에 의해 발표된 후로, 미국과 유럽 등의 선진 연구기관에서 활발한 연구가 진행되고 있다. 미국에서는 NREL(National Renewables Energy Lab.)등의 연구소와 UCSB 등의 학교, 유럽에서는 벨기에의 IMEC, 독일의 Fraunhofer 태양 에너지 연구소, Max Planck 등의 연구소와 오스트리아의 Johannes Kepler, 영국의 Cambridge 등의 대학, 일본의 東工大, 大阪大 등에서 효율 향상과 이론적인 연구가 진행되고 있다. 현재까지는 상업화할 수 있을 만큼의 효율 향상이 되지 않아 상용화 연구는 활발치 않다.

앞에서 언급한 바와 같이 전 세계적으로 나노기술에 대한 연구개발이 집중되고 있어서, 복합 나노 구조형 플라스틱 태양전지의 핵심기술들이 빠르게 개발될 것이라 판단된다. 저가격 고효율의 복합 나노 구조형 플라스틱 태양전지 제조 공정들이 개발되고 나아가 양산적용 가능해진다면, 기존의 실리콘 계통의 태양전지가 많이 보급되지 못했던 가장 큰 이유였던 가격 경쟁력을 확보할 수 있을 것으로 기대된다. 이에 따라 기존의 발전원들과 경쟁이 가능한 가격과 무공해 발전원으로서의 장점을 바탕으로 태양전지 시장의 급격한 확대에 크게 기여할 것이라 기대된다.

8.10.3 나노결정 박막 태양전지

최근에는 단결정 박막보다는 얇게 만들 수 있으면서도 생산 단가가 싸고 대면적화가 용이한 결정 기판을 이용하는 나노결정 박막 태양전지가 상용화에 적합한 대안으로 제시되고 있다. 이러한 나노결정 박막 태양전지는 상용화도 이루어지고 있다. 박막의 결정 입자 크기를 나노 크기로 제한하면 본래의 결정과는 전혀 다른 새로운 성질을 얻을 수 있고, 이러한 나노결정 입자들을 초격자(superlattice) 구조로 적층하면 양자효과에 의해서 Intermediate Band 구조를 구현할 수 있다. 이러한 Intermediate Band 구조는 입사된 빛을 아주 효율적으로 흡수할 수 있기 때문에 차세대 태양전지로 각광받고 있다.

최근 Intermediate Band 구조를 구현하기 위하여 두 가지 방안을 모색하였다. 첫째는 InP 다중 양자 우물(MQW: Multiple Quantum Well) 구조이다. GaAs, InP는 30% 이상의 고효율 태양전지를 만들 수 있는 가능성을 가지고 있는 재료로서 해외에서 활발히 연구되고 있는 재료이다. 현재 최고의 효율을 내고 있는 소자는 GaAs를 바탕으로 한 소자에서 나오고 있으나, InP를 이용한 소자 역시 이에 버금가는 성능을 보이고 있다. GaAs를 바탕으로 한 소자의 문제점은 GaAs 위에 적층할 때, 다양한 파장의 밴드 갭을 갖는 물질을 올리는 것이 GaAs-AlGaAs-AlAs로 이어지는 약 0.5 eV 정도의 스펙트럼 폭을 갖는 반도체 물질에 한하며(이 경우에도 약간의 스트레인이 발생한다), 그 외의 물질에 대해서는 모두 스트레인을 박막이 받으며 성장해야 하기 때문에 두꺼운 박막의 성장이 어렵다. 이에 반해 InP를 바탕으로 한 화합물 반도체는 InGaAs-InGaAsP-nP로 약 0.8 eV의 스펙트럼을 갖는 격자 정합이 가능한 물질들이 준비되어 있어 MQW 구현 시 박막의 스트레스 문제가 없는 장점을 갖고 있다. InP는 또한 우주선용 태양전지로 사용할 경우 요구되는 방사선에 대한 저항이 GaAs, Si에 비해 월등히 우수하기 때문에 내구성 측면에서도 장점을 나타내고 있으며, 전기적인 효율의 측면에서도 GaAs보다 InP가 표면에 전자의 포획이 적기 때문에 표면 재결합이 적어서 보다 높은 효율을 나타낸다. 반면에 InP를 바탕으로 한 소자는 GaAs를 이용한 소자에 비해 광학적 밴드 갭이 적어 자외선 영역에서의 수집효율이 떨어져서 적외선보다는 자외선이 많은 지상용 소자에 있어서는 GaAs계 태양전지에 비해 저조한 특성을 보이는 것으로 나타난다. 따라서 앞으로는 이러한 InP, GaAs의 장점을 혼합한 형태의 태양전지가 선보일 것으로 기대되며, 여기에는 InP 수직공동레이저(VCSEL: Vertical Cavity Surface Emitting Laser)에서 사용하고 있는 InP와 GaAs를 최종 소자 단계에서 붙이는 기술이 크게 작용할 것으로 보인다. 경제적인 측면에서 보면, 현재 저가 태양전지의 양산화에 있어서 Si 계열의 태양전지가 주가 되고 있으나, 차츰 InP, GaAs의 생산단가가 낮아짐에 따라 이러한 가격의 문제가 크게 작용하지 않을 것으로 예상된다. 이러한 경향으로 미뤄보면, 우주용 태양전지 등의 특정 분야에 있어서는 가격의 문제보다 소자의 특성이 태양전지 시장에서 주된 가치 기준으로 작용할 것으로 보이며, 이러한 경우 화합물 태양전지 기술이 열악한 국내의 경우, 시장점유에 있어 밀려날 것으로 보인다.

한편 MOCVD를 이용하면, MBE와는 다르게 두꺼운 박막을 빠르게 성장할 수 있으며, 산업적인 측면에서 MBE에 비해 MOCVD를 이용한 박막 성장 기술 개발이 양산을 해야 하는 산업화에 더욱 가까운 장점을 가지고 있다. 30% 이상의 고효율 달성을 위하여 궁극적으로는 [그림 8.85]와 같은 다중접합 화합물 태양전지 구조를 구상할 수 있다.

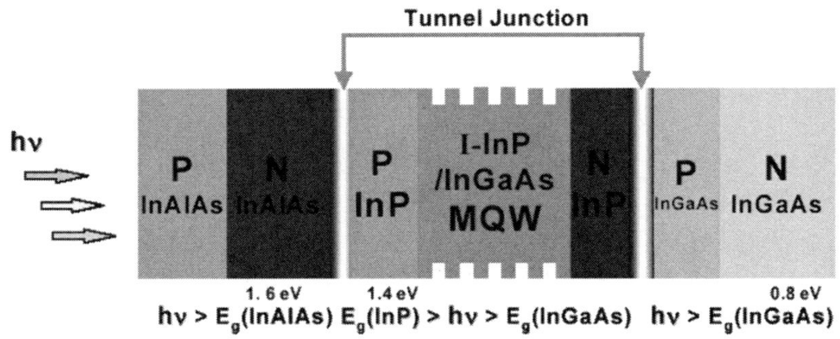

그림 8.85 InP 양자우물구조를 이용한 다중접합 태양전지의 구조

둘째는 비정질 실리콘을 바탕으로 한 다층막 양자점(QD: Quantum Dot) 구조이다. 단결정이나 다결정 실리콘 태양전지에 비해 비정질 실리콘(a−Si), CuInSe2, CuSe, InP, CdTe 등의 박막형 태양전지는 대면적 소자 제작이 용이하고 저가 생산이 가능하기 때문에 고효율과 고신뢰도 문제가 해결된다면 태양광 발전의 실용화에 보다 유리하다. 미국이나 일본의 경우는 비정질 실리콘 계열의 태양전지가 대규모의 태양광 발전소 건설에 실제로 이용되고 있을 정도로 각광을 받고 있다.

박막형 태양 전지 중에서, 매장량이 적고 유독한 Cd, Se이나 고가의 In을 원료로 사용하는 태양전지보다는 비정질 실리콘 및 그 합금을 이용하는 태양전지는 아래에서 언급할 한두 가지 문제점만 해결된다면 가장 환경오염이 적고 경제성이 있는 태양전지라고 할 수가 있다. 비정질 실리콘은 결정 반도체 재료에 비해 신재료, 신기술로 인식된 지 불과 20년의 짧은 역사 때문에 아직 밝혀지지 않은 재료 물성을 가지고 있기는 하지만, 저온 공정, 대면적 박막 제작의 용이성, 광학적 밴드 갭과 같은 재료 특성의 연속적인 제어 가능성, 이종 접합 형성의 용이성, 내방사선 특성의 우수성 등으로 재료 기능의 비약적인 향상과 소자 제작 기술의 새로운 전개로 비정질 실리콘 태양전지의 성능은 크게 향상될 것으로 기대되고 있다. 1993년에는 1 cm^2크기에 13.2%의 에너지 변환효율에 도달하였다. 그러나 그 이후 많은 연구자들의 노력에도 불구하고 단일접합 구조의 비정질 실리콘 태양전지의 고효율화 기술은 기술적인 한계에 부딪쳐 답보상태를 이루고 있다. 더욱이, 빛을 흡수함에 따라 i-층(intrinsic layer)의 전기적 특성이 열화되어 태양전지의 특성이 나빠지는 Staebler-Wronski 효과가 발견되어 아직 명확한 원인 규명이 되지 않은 상태이다. 지금까지의 기술로는 9.3%의 안정화 효율이 세계 최고이다. 따라서 단일접합 구조의 비정질 실리콘 태양전지의 실용화는 그 자체가 가지고 있는 커다란 잠재력에 비해 고효율화 및 저열화 기술 개발이라는 어려운 문제에 봉착해 있는 실정이다.

KAIST에서는 이러한 문제점을 해결하기 위해서 비정질 실리콘/나노결정 실리콘(a−Si:H/nc−Si:H) 초격자 구조의 실용적인 형태인 비정질 실리콘을 바탕으로 한 다층막을 제안하였다. 초격자 구조의 경우 각 단위 층을 증착하기 위해서 원료가스를 펄스 형으로 주입하거나 반응실의 진공을 매번 뽑아야 하기 때문에 시간이 너무 오래 걸려서 실용화에 부적합하다. 최근 연구결과에서 [그림 8.86]과 같이 i-층 제작시 반응실의 전체 유량 및 압력을 유지한 채 수소 희석비만을 토글링(toggling)하여 다층막을 제작하였다. 따라서 [그림 8.87]과 같이 각 단위 층의 계면들은 연속적으로 수소 경사(grading)가 이루어져 있으면서 강하게 수소 희석된 단위 층 안에는 수 나노 크기의 양자점이 함유되어 있다. 이러한 주기적으로 수소 희석된 다층막의 경우 비정질 실리콘에 근접하는 광흡수 능력과 미결정 실리콘(microcrystalline silicon) 견줄만한 빛 조사에 대한 우수한 준안정화 특성을 지닌다. 또한 다층막 태양전지는 지금까지 세계에서 보고된 단일접합(single junction) 비정질 실리콘을 바탕으로 한 태양 전지 중 가장 우수한 저열화 특성을 갖는다. 또한 p/i 계면에 완충역할이 우수한 붕소 첨가된 수소화된 나노결정 실리콘 카바이드(p−nc−SiC:H) 박막을 개발하여 후면 반사기가 없는 구조에서도 안정화 효율 9.0%를 얻었다. 적합한 ZnO 또는 ZnO/Ag 후면 반사기 설계를 통하여 9.5% 정도의 단일접합 비정질 실리콘을 바탕으로 한 태양 전지 세계 최고 안정화 효율 달성이 기대된다.

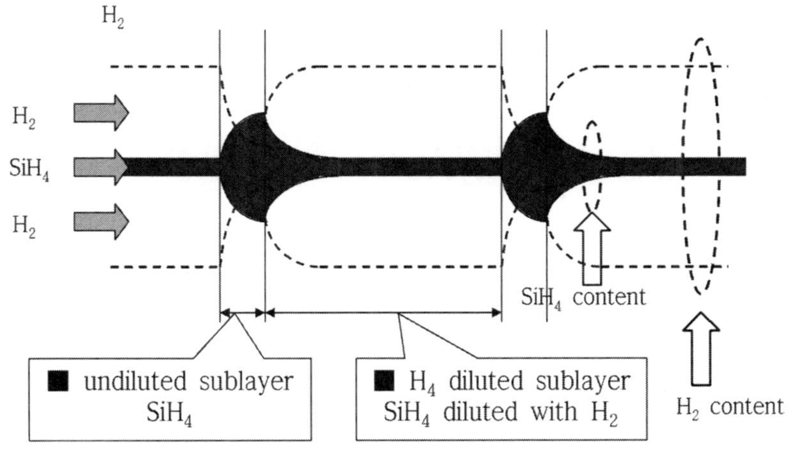

그림 8.86 비정질 실리콘 다층막 제작시 유량변화

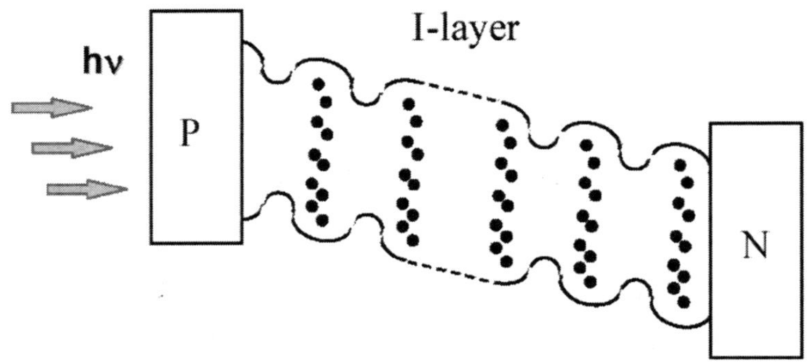

그림 8.87 비정질 실리콘 다층막 양자점 태양전지의 밴드 구조

연 습 문 제

1 단결정 실리콘 태양전지에서 PERL(passivated emitter, rear locally-diffused) 태양전지 구조의 특징과 효율을 높이기 위한 방법을 설명하시오.

2 태양전지 상용화에 있어서 다결정 실리콘 다결정 실리콘 태양전지의 장점을 설명하시오.

3 III-V족 화합물 반도체 태양전지의 특징을 설명하시오.

참고문헌

1) 김경해 "급속 열처리 장치를 이용한 산업용 저가 고효율 다결정 실리콘 태양전지 제작" 성균관대학교 공과대학 전기, 전자 컴퓨터공학과 박사 논문, 2005
2) Jeffrey A. Mazer, Solar Cells: An Introduction to Crytstalline Photovoltaic Technology, Kluwer Academic Publishers, 1997

태양광 발전 구성요소 성능시험 평가법

9.1 | 태양전지 특성 평가

태양전지의 각각의 파라미터의 측정과 측정한 파라미터들의 관계를 분석하는 것은 태양전지의 특성평가분석의 핵심적인 요소이다. 이러한 각각의 파라미터의 측정과 파라미터 사이의 관계가 좀 더 자세하게 측정될수록 태양전지의 특성을 더 잘 분석하고 효율을 높일 수 있게 된다. 태양전지의 특성을 분석하여 높은 효율을 올리는 것뿐만 아니라 가격절감을 위한 기술개발을 위해서도 철저한 특성 분석이 필요하다. 가격절감을 위한 기술과 고효율을 위한 기술의 개발을 위해서는 이 장에서는 태양전지의 분석 방법 및 특성 평가에 대하여 서술하고 있다.

태양전지의 효율은 AM1.5에서 측정된다. 태양전지 시뮬레이터를 사용하여 접합한 AM1.5를 만든다. 이러한 도식도를 [그림 9.1]에서 보여 주고 있다. 빛의 소스는 백색과 스펙트럼을 가지는 제논램프를 사용한다. 빛의 세기(intensity)를 조절하기 위하여 표준 태양전지를 사용하고 또한 AM1.5를 만들기 위해 특별한 필터를 사용한다. 표준 태양전지의 단락전류는 확산 길이나 표면 재결합의 영향으로 인가된 전압에 따라 달라져서는 안 된다. 단지 빛의 세기에 따라 단락전류가 비례하여 한다.

측정의 정밀도를 높이기 위해서는 공급전원이 안정적으로 공급되어서 빛의 세기의 변화를 줄여야 한다. 또한 테스트를 위한 표준전지로부터 데이터와 빛의 세기가 동시에 측정이 될 때 더 높은 측정 정밀도를 가질 수 있다.

전류 전압의 측정은 전기저항을 이용하여 0에서부터 단락전류까지 전류를 측정한다. 측정된 전류와 전압을 이용하여 다음의 파라미터를 계산할 수 있다.

- 개방전압 V_{oc}
- 단락전류 I_{sc}
- 최대 전력에서의 전류 I_m와 전압 V_m
- 충실도 FF
- 효율 η

태양전지의 파라미터는 사용자의 요구에 따라서 제작되어야 한다. 실제적인 분석은 에미터와 베이스 안에서의 전류와 캐리어의 확산 길이, 태양전지 전 후면에서의 재결합 속도와 직렬저항 병렬저항 등의 요소들이 서로 관련되어 있으며 이러한 분석과 함께 병행된다.

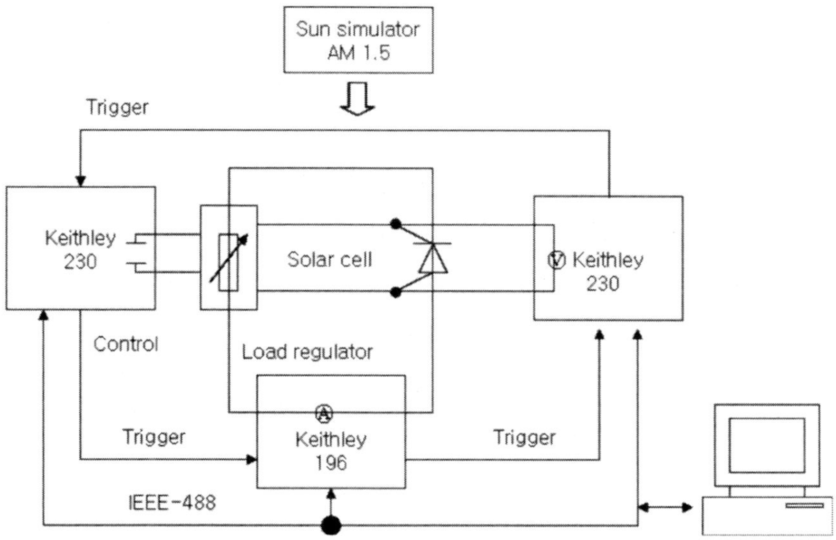

그림 9.1 태양 시뮬레이터의 도식도

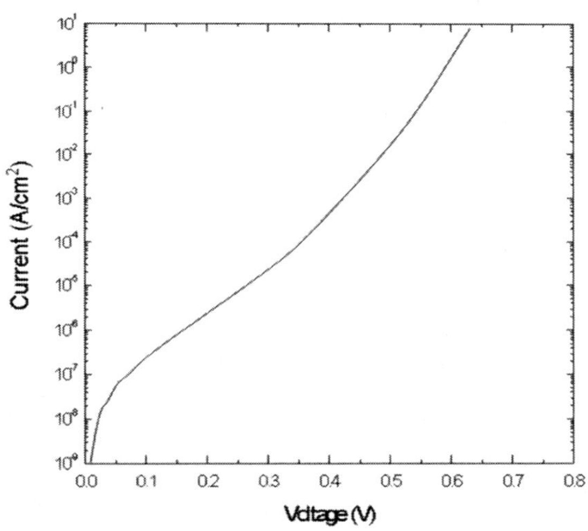

그림 9.2 암 전류-전압에서의 전형적인 곡선

일반적으로 다이오드의 특성을 가지는 태양전지의 전압-전류 특성은 [그림 9.1]의 시스템을 이용하여 측정할 수 있다. 전형적인 전압-전류 특성은 [그림 9.2]와 같다. 전압-전류 특성은 2개의 다이오드의 모델로 표현 할 수 있다. 식 (9.1)은 이와 같은 특성을 보여 주고 있다.

$$I(V) = I_{01}\left(\exp\frac{V-IR_s}{n_1 V_T} - 1\right) + I_{02}\left(\exp\frac{V-IR_s}{n_2 V_T} - 1\right) + \frac{V-IR_s}{R_P} \quad (9.1)$$

0 V에서 0.15 V까지의 전류특성을 분석하면 주로 병렬저항에 의한 성분이 지배적이고 식 (9.1)의 첫 번째와 두 번째 항은 거의 무시할 수 있다. 0.2 V에서

0.4 V에서는 다이오드 모델의 두 번째 항이 지배적이며 0.4 V에서 0.6 V까지의 전류특성을 분석하면 다이오드 모델의 첫 번째 항이 지배적이다. 0.6 V 이상에서는 직렬저항이 지배적임을 알 수 있다.

직렬저항은 빛 조사시 전압-전류 특성과 암 전압-전류 특성을 이용하여 구할 수 있다. 암 전압-전류 측정시 직렬저항에 의한 부가적인 전압 강하가 일어나기 때문에 단락전류 값과 같은 전류 값을 얻기 위하여 개방전압 보다 더 높은 전압이 필요하다. 식 (9.3)는 이러한 직렬저항 값을 나타내고 있다.

$$V_a - V_{oc} = R_s I_{sc} \tag{9.2}$$

$$R_s = \frac{V_a - V_{oc}}{I_{sc}} \tag{9.3}$$

빛 조사세기 및 온도가 다른 기후에서 알맞은 태양전지 특성을 갖추기 위해 암 전류-전압 특성 분석하여 태양전지의 파라미터를 계산한다. 빛 조사 시 전류-전압 특성과 암 전류-전압 특성을 비교 하여 환경에 적합한 태양전지 제작을 위하여 파라미터를 추출할 수 있다.

태양전지의 효율이 온도와 빛의 복사에 어떻게 관련되는지 아는 것은 매우 중요하기 때문에 다음 절에서는 온도와 빛의 세기에 따른 효율의 변화를 계산할 것이다.

단락전류는 빛의 세기에 비례한다. 식 (9.4)는 V_{oc}에 대한 식을 보여 주고 있다.

$$V_{oc} \simeq \frac{kT}{q} \ln\left(\frac{I_{sc}}{I_o}\right) \tag{9.4}$$

효율에 관한하여는 식 (9.5)에서 보여 주고 있다.

$$\eta = I_{sc} \frac{kT}{q} \ln\left(\frac{I_{sc}}{I_o}\right) FF / P_{light} \tag{9.5}$$

P_{light}는 입력 빛을 의미한다.

$$\frac{\Delta\eta}{\eta} = \frac{\ln n}{\ln\left(I_{sc}/I_o\right)} \tag{9.6}$$

식 (9.6)에서 n은 빛의 세기에 대한 공기상수항이다. 하나의 태양에 대하여 n = 1이면 1/2의 태양에 대하여는 n = 0.5가 된다.

$$\frac{\Delta\eta}{\eta} = \frac{kT}{q} \frac{\ln n}{V_{oc}} \tag{9.7}$$

$$\frac{\frac{kT}{q}}{V_{oc}} \approx 0.04 \tag{9.8}$$

$$\frac{\Delta\eta}{\eta}[\%] \approx 4 \times \ln n \tag{9.9}$$

개방전압에 관하여 효율의 변화는 식 (9.7)에 나타나 있다. 또한 실리콘 태양전지의 효율은 빛의 세기가 반으로 줄어 들면 대략 3%의 효율의 감소를 보이고 있다.

단락전류와 충실도가 일정하다고 가정할 때 개방전압의 변화는 효율의 변화와 비례한다.

$$V_{oc} \simeq \frac{kT}{q}\ln(I_{sc}/I_o) \tag{9.10}$$

여기에서

$$I_0 = A\left(\frac{qD_n n_i^2}{L_n N_A} + \frac{qD_p n_i^2}{L_p N_D}\right) \tag{9.11}$$

확산계수와 확산거리의 온도에 대한 변화는 무시 할 수 있다. I_0는 n_i의 변화에 비례함을 알 수 있다.

$$n_i^2 = const.\exp(-E_g/kT) \tag{9.12}$$

$$I_0 = B\exp(-E_g/kT) \tag{9.13}$$

여기에서 B는 여러 상수들을 하나로 나타낸 것이다.
여기에서 $V_{oc} \approx (kT/q) \times ln(I_{sc}/I_o)$이므로 V_{oc}는 다음과 같이 나타낼 수 있다.

$$V_{oc} = \frac{kT}{q}\left(\ln\frac{I_{sc}}{B}\right) + \frac{E_g}{q} \tag{9.14}$$

온도 변화에 따른 밴드갭의 변화를 무시한다면 개방전압에 대하여 다음과 같이 나타낼 수 있다.

$$\frac{d(V_{oc})}{dT} = \frac{1}{T}\left(V_{oc} - \frac{E_g}{q}\right) \tag{9.15}$$

실리콘의 밴드갭을 대입하면

$$\frac{d(V_{oc})}{dT} = \frac{1}{T}(V_{oc} - 1.1) \tag{9.16}$$

여기에서 V_{oc}를 상온에서 0.6 V로 가정할 수 있다.

$$\frac{d(V_{oc})}{dT} \approx -1.7 mV/grd \tag{9.17}$$

즉 개방전압의 상대적 변화에 따른 효율의 변화는 1°C씩 온도가 변화됨에 따라 0.3%의 효율의 변화를 가져온다.

분광반응은 각각의 다른 파장의 빛에 따라서 수집된 전하들에 의해 결정된다. [그림 9.3]은 태양전지의 분광반응을 측정하기 위한 측정 시스템을 보여 주고 있다. 즉 각각의 다른 파장의 빛이 태양전지에 조사된다. 이 시스템은 크세논 고압력 램프를 사용하며 빛은 여러 가지의 컬러 필터를 통과하게 된다. 일반적으로 19개의 필터가 사용되며 350 nm에서 1019 nm까지의 파장을 분리할 수 있다. Ga-As 의 밴드 범위가 실리콘 보다 낮기 때문에 Ga-As 태양전지도 측정할 수 있다. 각 필터의 밴드 범위는 8~10 nm 정도이다.

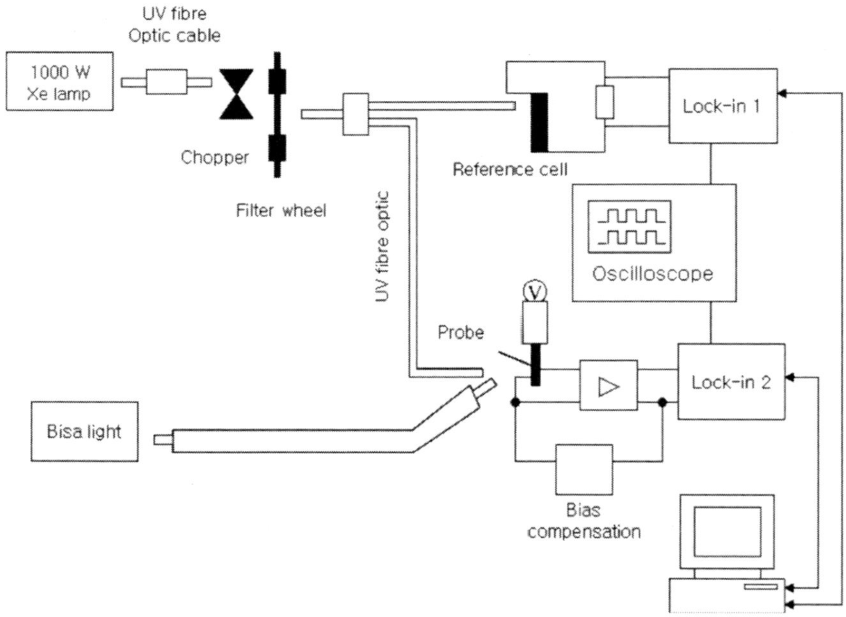

그림 9.3 태양전지의 분광반응을 측정하기 위한 측정 시스템

내부 분광반응을 측정하기 위하여 파장에 따른 표면에서의 정밀한 반사 조건을 알아야 한다. [그림 9.4]는 고효율 태양전지의 내부분광반응을 보여 주고 있다. 에미터 영역 공핍영역과 베이스 영역으로 갈수록 분광반응은 빛의 파장에 비

례한다. 장파장의 영역에서 분광반응은 베이스에서의 확산길이와 표면 재결합과 깊이 관련되어 있다. 확산길이가 작을수록 장파장에서 재결합이 더 쉽게 일어난다. 또한 단광장 영역에서의 분광반응은 에미터에서 표면 재결합 속도와 관련되어 있으며 일반적으로 10^3 cm/s 이상의 표면재결합 속도를 가진다.

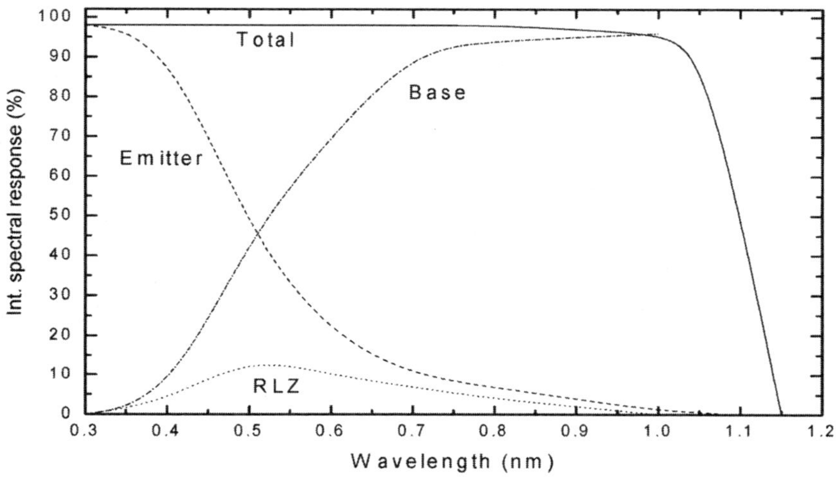

그림 9.4 고효율 태양전지의 내부 분광반응도

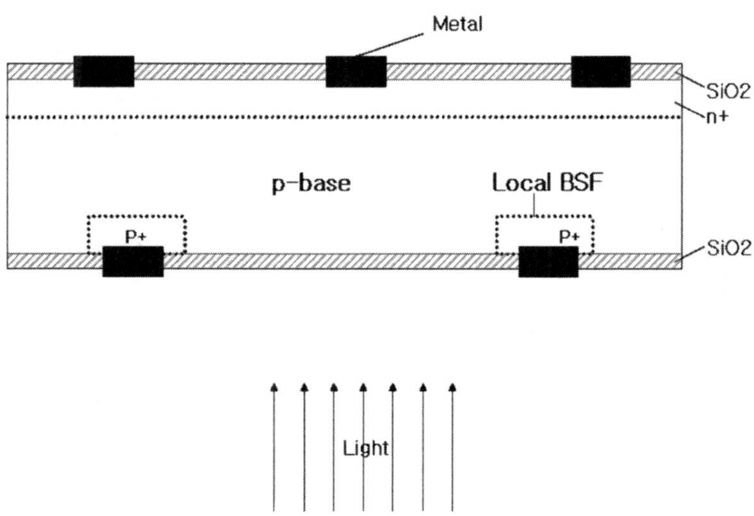

그림 9.5 태양전지의 후면에 조사 시 단면 구조

[그림 9.5]에서와 같이 태양전지의 후면에 빛을 조사하였다. 또한 태양전지의 전 후면으로 빛을 조사하여 효율을 내기도 한다. 이러한 태양전지의 후면 핑거 사이의 거리는 베이스의 반소자의 확산 길이보다 10배 이상 커야 한다. [그림 9.6]에서는 내부 분광 반응을 계산한 것을 타나내고 있다. 단파장의 빛이 조사되

어 실리콘 표면과 p-n 접합의 근처에서 생성된 반송자들은 표면 재결합 속도 Sn을 결정한다. 빛 조사시 표면 재결합 속도 Sn은 10^2 cm/s보다 작다. 또한 베이스 안에서 소수 캐리어의 확산 길이는 결정질 두께의 거의 두배정도 된다.

고효율 태양전지 제작을 위하여 태양전지의 두께 보다 더 큰 확산 길이를 갖는 것은 쉽지 않다. [그림 9.7]은 PCVD를 위한 개략도를 보여 주고 있다. 먼저 빛을 조사 한 후 단락전류와 개방전압의 감쇄를 측정할 수 있다. 이러한 방법의 장점은 빛의 세기의 절대적 측정이 필요하지 않다. 또한 표면 반사와 흡수 계수에 대한 정보가 필요하지 않다. [그림 9.7]에서와 같이 1064 nm의 파장을 가진 Nd-YAg 레이저를 사용한다. 이 때 베이스에서 전반적으로 반송자가 생성되며 904 nm의 파장을 가진 다이오드 레이저도 빛을 방출한다. 이와 같이 개방전압의 감쇄와 단락전류의 감쇄를 측정을 통하여 에미터의 효과적인 표면 재결합속도와 에미터 포화전류, 베이스에서와 확산길이와 후면의 효과적인 표면 재결합 속도를 측정할 수 있다.

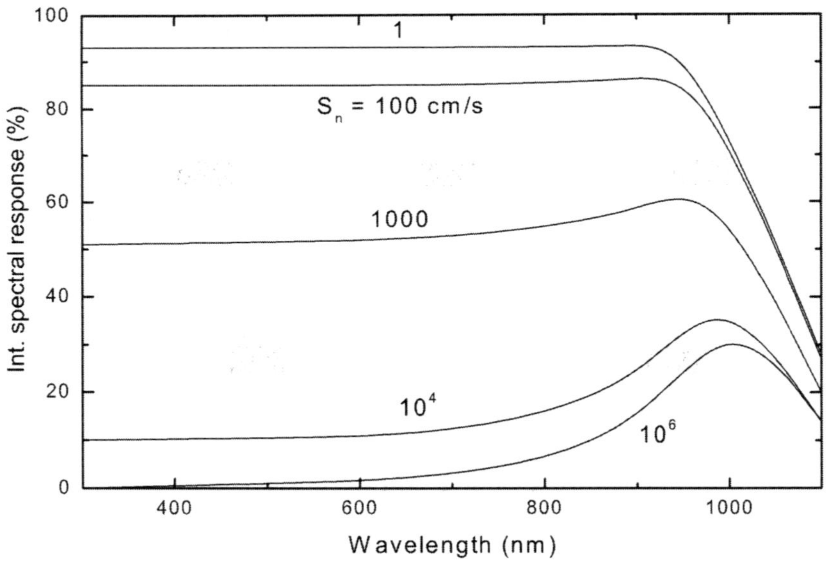

그림 9.6 태양전지의 후면 빛 조사시 내부 분광반응 계산

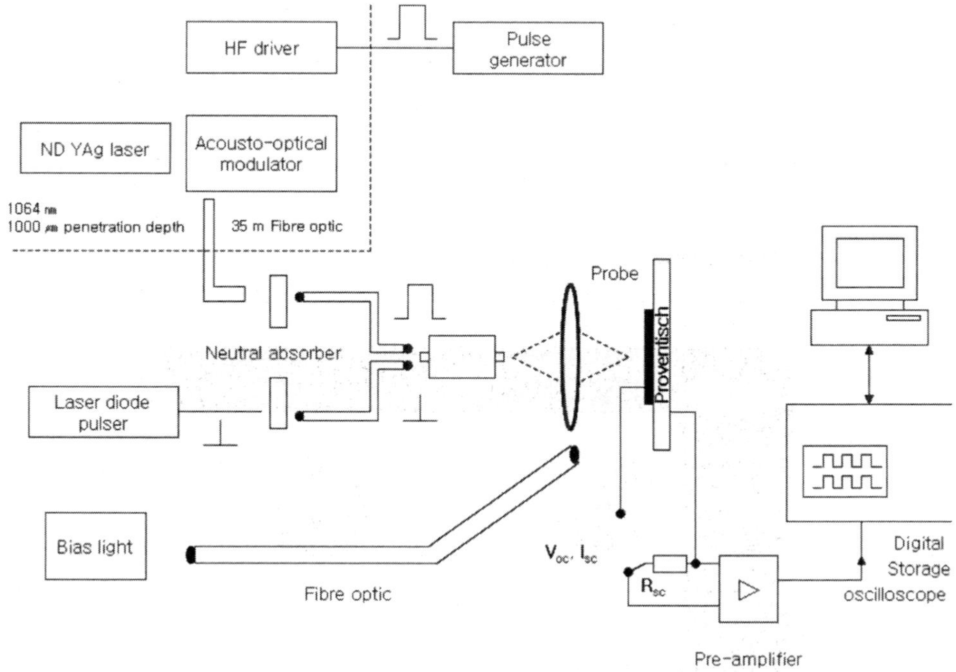

그림 9.7 PCDV의 개략도

9.2 태양에너지 성능평가

국외의 경우 태양전지 성능평가 미국의 National Renewable Energy Laboratory (NREL), 일본의 품질보정기구(品質保証機構, Japan Quality Assurance; JQA), 독일의 Fraunhofer Institut Solare Energiesysteme (ISE) 등의 일부 선진국에서만 이루어지고 있으며, 공인 단계에 이르고 있는 국가는 중국, 러시아, 호주, 이탈리아, 네널란드 등 다수의 국가에서 기술 수준의 향상을 보이고 있다. 이들 국가는 기술적인 측면보다는 행정적인 측면만 해결된다면 현재라도 태양전지 성능평가 사업과 태양전지 모듈 및 시스템부분의 인증기관 역할을 수행할 수 있다. 태양전지 산업이 반도체산업을 기반으로 한다는 점을 감안하면, 한국보다는 산업적 인프라가 열악한 국가들에서 현재 태양전지 시장을 주도하고 있는 상황이다. 이는 한국정부가 국내의 태양전지 분야 초기산업을 열어주면 국제적인 경쟁우위를 가진 태양전지 산업을 국내 수출효자 종목의 기반산업 육성이 가능하다고 판단된다.

태양광 시스템에서 핵심 부품인 태양전지는 인증사업 보다는 성능평가를 통한 단위 부품 고품질화 기반사업 형태로 진행하고 있다. 태양전지는 원천기술 규명을 요구하고 있어 미국, 독일, 일본에서도 표면 분석, 화학, 물리적, 전기적, 소자특성 특성분석을 함께 수행하고 있다. [그림 9.8]에 미국 NREL에서 성능평가 센터운영을 보여 주고 있다. 한국에서도 태양전지 관련하여 표면 분석, 화학, 물리적, 전기적, 소자특성 특성분석을 함께 수행할 수 있는 기관육성이 바람직하다.

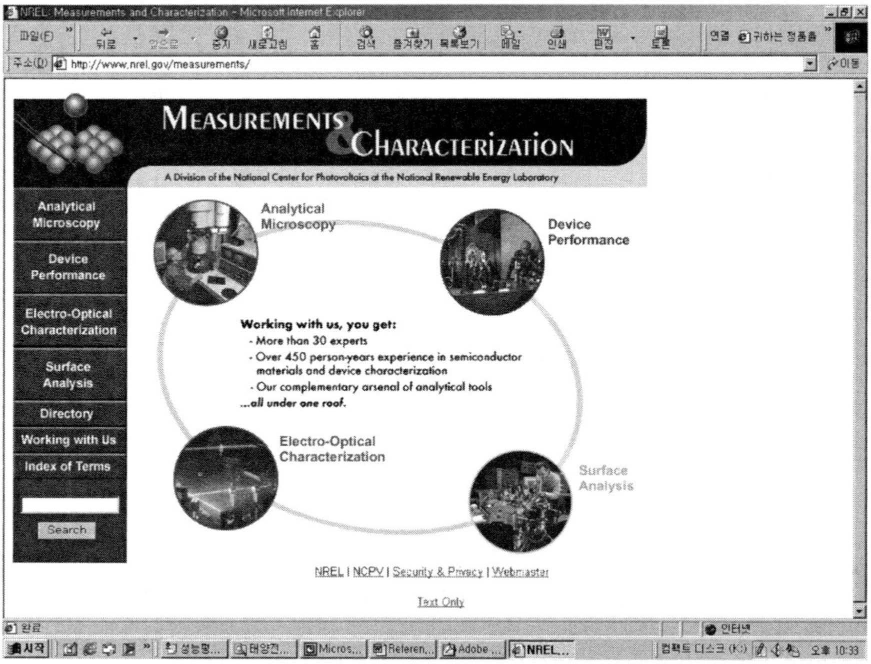

그림 9.8 미국 NREL에서 성능평가 센터운영 구성도

- 태양전지
  - Si계
    - 결정질 Si
      - 기판형
        - 단결정(Single Crystalline Si)
        - 다결정(Poly-Crystalline Si)
      - 박막형(Poly-Crystalline Si Thin Film)
    - 비정질 Si 박막(a－Si Thin Film)
  - 화합물 반도체
    - Ⅱ－Ⅵ족 ; CdTe, CIS 등
    - Ⅲ－Ⅴ족 ; GaAs, InP, InGaAs 등
    - 기타 ; Quantum Dot Cell, Dye Cell 등

그림 9.9 태양전지 종류의 분류

태양전지는 일반적으로 소재와 제조 기술에 따라 [그림 9.9]와 같이 Si계 태양전지와 화합물 반도체 태양전지로 분류되고, 소재의 형태에 따라 기판형과 박막

형으로 나뉜다. 다양한 태양전지 중에서 현재 태양광발전용으로 널리 쓰이고 있는 것은 기판형 결정질 Si 태양전지이며, 나머지 대부분은 인공위성 전원 같은 특수한 용도에 한정되어 있으며 개발 단계를 벗어나지 못하고 있다. 현재 상용화되어 시판되고 있는 태양전지는 단결정 및 다결정 실리콘 태양전지, 비정질 실리콘 태양전지 등이다.

인증 관련해서는 단결정 실리콘 태양전지와 다결정 실리콘 태양전지 모듈에 대해서만 규격을 설정하고 있다. 태양전지의 에너지변환효율은 단결정 실리콘 태양전지가 18%, 다결정 실리콘 태양전지 15%, 비정질 실리콘 태양전지 10% 정도이다. 비정질 실리콘은 빛에 노출됨에 따라서 성능이 떨어지는 광열화 특성 때문에 규격화 및 인증사업이 진행되고 있지 않으며 제조사 자체의 성능과 인증기관의 성능평가서 바탕으로 유통되고 있다 (비정질 실리콘 박막 태양전지 인증서, 인증 마크 발행은 하지 않음).

국내의 태양전지 규명기술은 아직은 초보단계에 있다. 그러나 관련 반도체 산업이 국제적인 경쟁력을 가지고 있어 향후 잠재역량은 풍부한 상태이다. 이런 잠재역량을 활용하기 위해서는 태양전지 분야에 기술적, 경제적 투자를 통해서 보다 큰 이윤을 창출할 수 있다. 태양전지 성능평가 센터는 표준 근간이되는 기준태양전지(reference cell)를 제작하여 산업체에 공급하는 사업을 수행한다. 국제공인 기준태양전지 제조방법은 NREL, ISE, JQA 등이 공동으로 제시한 기준전지 결선도와 외관사양을 아래에 [그림 9.10]에 도시하였다. 본 센터의 사업계획이 절차에 따라서 수행하여 3년 이내에 IEC 6094-2조 9항3절에 근간한 국제공인급 기준태양전지를 제조할 수 있는 달성하고자 한다.

For calibration of reference solar cell, the specification of the solar simulator is as follows :

1. Uniform illumination field : at least 150×150 cm^2
2. Light flux intensity : 1,000 W/m^2
3. Intensity adjustment range : 600~1,200 W/m^2
4. Light spectrum : AM1.5 (IEC-904-9)
5. Current range : 0.1~5.0 (±1%)Amp.
6. Voltage range : 0.1~2.5 (±0.5%)Volt
7. Light pulse width : 7 micron.
8. Measurement duration : at least 8sec.
9. Power consumption : as low as possible.

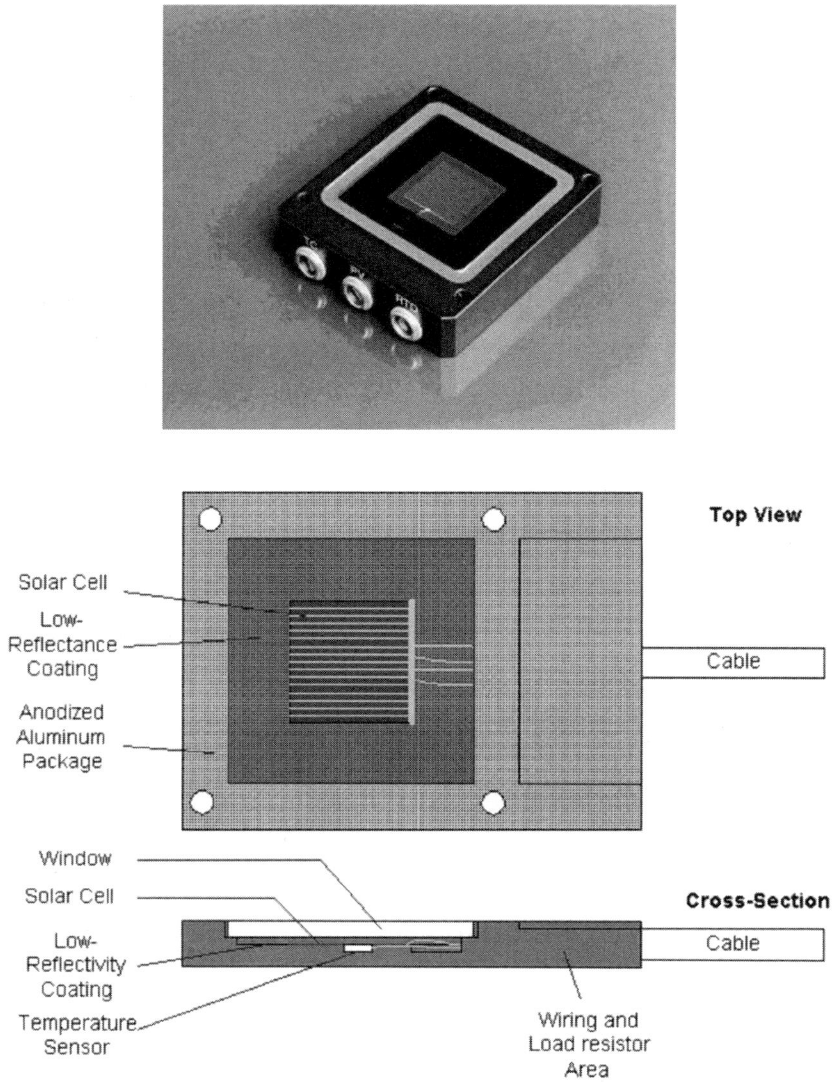

그림 9.10 기준태양전지 구성도와 외관사진 (근원: http://www.ise.fhg.de)

9.3 | PV 모듈 인증

9.3.1 태양전지 모듈 구성방법

다양한 태양전지는 요구전력의 필요에 따라 직·병렬로 연결하여 내후성과 신뢰성을 가진 재료와 구조의 용기 내에 밀봉함으로써 단위 용량의 태양전지 모듈

(solar cell module)로 제품화한다.

태양전지 모듈은 응용제품의 소비전력에 따라서 수 백가지 형태로 제작이 가능하며 이를 기초 자료화하여 인증사업에 적용하고 있다. 이는 태양전지가 필요한 전류, 전압 용량에 따라서 쉽게 변형 가능하기 때문에 발생하며 또한 태양전지 종류도 다양하고 많기 때문에 외국에서도 산업이 가장 활발한 단결정, 다결정 실리콘 태양전지로 구성된 태양전지 모듈에 국한하여 인증사업을 개시하고 있다. 태양전지 모듈은 적게는 1W 미만에서부터 200W 모듈까지 다양하게 구성가능하므로 모듈인증사업에 기준을 설정하는데 애로사항이 예상된다. 그러나 통상 50W 이상급을 전력용로 간주하고 50W 이상급을 인증사업에 적용하고 50W 이하를 성능평가만을 통해서 성적서를 발행함이 바람직 할 것으로 판단된다.

9.3.2 태양전지 모듈 규모에 따른 응용사례

태양전지 응용상품은 기본적으로 전기로 움직일 수 있는 것이라면 모든 제품에 태양전지 적용이 가능하다. 태양전지를 배터리나 인버터를 조합하면 언제든지 어디에서든지 손쉽게 햇빛에 충전하였다가 필요할 때 전기로 사용할 수 있다. 때문에 향후 다양한 형태의 태양전지 응용상품 출현이 예상되며, 기존에 제품화된 상품을 중심으로 소비전력 규모에 따라 소규모, 중간 규모, 대규모 태양전지 응용 예를 살펴본다. 소규모 응용제품은 사용 소모전력이 50 Wp 미만으로 본다면 태양전지를 응용한 제품군은 그 종류를 본 지면에 다 열거하지 못할 정도로 많다. 탁상용 전자계산기, 손목시계, 리모콘, 완구, 랜턴, 휴대폰 비상전원, 이동통신 단말기 비상전원, 교육용, 휴대용 충전기, 노트북 전원, 지붕 기왓장, 창문 등의 건재, 전화, 라디오, 텔레비전, 소형 경광등, 미등, 형광등, 철도, 시설원예, 미등, 제초기, 공중전화, 파라솔, 군용 무전기, 소형 선풍기, 어촌 부표등, 위험경보기, 소형 광고판, 마이크로파 중계소 등의 통신용으로 사용 가능하다.

현재로서는 태양전지를 개인주택에 설치하여 기존 전력선과 연계하여 사용하는 시장이 가장 활발하다. 건축자재로 이용되면서도 또한 동시에 태양전지로 전기를 만들어 사용하고 있다. 태양전지를 주택에 응용하는 시스템은 인버터를 함께 사용하여 기존의 전력선과 항상 병렬로서 운전하는 방식이기 때문에 소비자의 필요에 따라서 태양전지에서 발생되는 전기를 다른 쪽으로 다시 팔 수 있도록 하였다. 이런 장점 때문에 여러 국가에서 태양전지를 설치할 때 설치비용을 국가나 지방정부에서 보조하고 있다. 다음으로 큰 시장은 가로등, 오지나 섬지역의 간단한 발전시설, 산장, 절 등의 중간 규모 독립전원 응용이다. 이외에도 에어

컨, 자동차, 비행기, 보트 같은 운송기관에도 태양전지의 응용개발이 착실히 전개되고 있으며, 농장용 양수 시스템, 촌락의 전기공급, 의료시설의 전원, 해수 담수화장치, 음극선 부식 방지 시스템, 깡통 압착기, 의료용 냉장고, 무인 자동판매기 등에 사용되고 있다. 태양전지는 직렬 또는 병렬로 연결하기만 하면 전력을 크게 할 수 있는 장점을 가지고 있어 10 kWp 이상 수 GWp까지 발전이 가능하다. 우주공간에 위치하는 인공위성에서도 그 전원으로 활용되고 있다. 공공건물 즉 학교, 시청, 구청, 동사무소와 일반 아파트 단지, 빌딩, 산업체 공장 건물 위에 대규모 태양광 발전시스템이 설치할 수 있다. 향후 국내에서도 인구와 주택 밀도가 높기 때문에 대규모 태양광 발전사업은 외국과 유사한 보조프로그램만 가동된다면 급성장이 가능하다. 사막에 대규모 원자력 발전소 수기에 해당하는 수 Giga watt급 태양광 발전소를 설립하여 인접 국가들이 전력을 공유할 수 있을 것으로 생각된다.

9.3.3 전력용 태양전지 모듈구성

태양전지 제조와 검사가 끝나면 응용제품의 전력 용량에 따라서 모듈화 하는 과정을 거친다. 먼저 필요한 전력에 맞추어 태양전지를 절단하고 이들 태양전지를 각각 전기적으로 연결하도록 배선재료인 탭을 달아서 이를 모두 연결하는 회로를 구성한다. 회로가 구성되면 외부의 빛은 잘 투과하면서도 전기적으로는 절연 특성을 가지는 재료를 사용하여 봉인해야 한다. 이를 위해서 유리, 절연막이 코팅된 알루미늄 호일, 혹은 플라스틱으로 봉인한다. 고분자 화합물인 수지(에폭시)에 각종 배합제를 가하여 쉽게 만든 열경화성 수지는 투명도가 높으며 회로로 구성된 태양전지를 밀봉해 사용한다. 이제 마지막으로 최종 검열 과정이 남아있다. 이전까지의 과정을 마친 접착 공정이나 모듈화 공정시에 생기는 손상 등을 검사하는 최종 검사가 끝나면 모든 제조 과정이 끝난다. 국내에는 아직 태양전지 모듈을 자동으로 생산할 수 있는 라미네이터 (laminator) 국산화가 50W 미만급에서 이루어 지고 있는 현황이다. 또한 모듈을 구성하는 강화유리, 금속배선용 탭, 밀용수지인 EVA, 후면 절연용 back plate 호일, 라미네이터 모든 부분에서 국산화가 전무하다. 즉 국산화 0%인 상황이다. 이는 태양전지 및 이를 이용한 태양광 발전산업이 사업규모가 작은데서 기인하고 있으며, 국내시장 규모가 3MW 이상만 매년 유지된다면 강화유리는 한국유리, 금강유리, 삼성코닝 등의 대규모 유리회사가 양산가능하며, 금속배선용 탭은 중소기업에서도 다수 양산

가능하다. EVA는 LG화학 등의 회사가 그리고 back plate와 국산라미네이터 제조사들도 다수 시장진입이 가능한 국내여건을 가지고 있다. 따라서 태양전지 모듈인증 사업을 통해서 태양광 시스템의 신뢰도를 향상시키고 시장 활성화가 무엇 보다 중요하다. 본정의 마지막 부분에 요약표로 라미네이터, 후면 절연 back-plate, 그리고 밀봉용 EVA에 대한 사양을 도표로 요약하였으므로 추후에 동일 분야 사업진행에 기초자료로 사용 가능할 것이다.

태양전지 모듈시험에서 가장 많은 결함이 발생하는 요소가 밀봉잘못에 기인한 라민네이션 결함이다. 실제로 전량 독일에서 수입한 모듈이 10년이 되지 못해 색이 노랗게 변색되고 모듈파손으로 인한 태양광 시스템 철거가 S사에서 발생하였으며, 동일장소에 동일 시점에 국내에서 동일한 태양전지로 모듈화한 제품은 현재까지 이상 없이 잘 운영되고 있는 점을 감안하면 가장 시급하게 태양전지 모듈 인증사업을 개시할 필요가 있으며 이는 국외에서 수입되는 제품에도 동일하게 적용을 해야함을 알 수 있다(즉 선진국 브랜드 제품이라는 제품만으로 설치를 용인하기 보다는 국내기준안을 마련하여 국산과 수입제품에 최저로 요구되는 성능평가와 인증사업을 수행해야 한다). [그림 9.11]에 다양한 태양전지 모듈검사에 따른 결함 발생빈도를 모듈구성 요소별로 정리하였다. 향후 국내 태양전지 모듈 인증에 기초자료로 활용하면 한다.

LEGEND	%	TYPE of DISCREPANCY	QTY	COST	
A	40	LAMINATION DEFECTS	200	4400	22
B	24	JUNCTION-BOX DEFECTS	120	168	1.4
C	24	CELL ALIGNMENT	120	2400	20
D	8	MATRIX ALIGNMENT	40	2880	72
E	4	GLASS DEFECT	20	1440	72

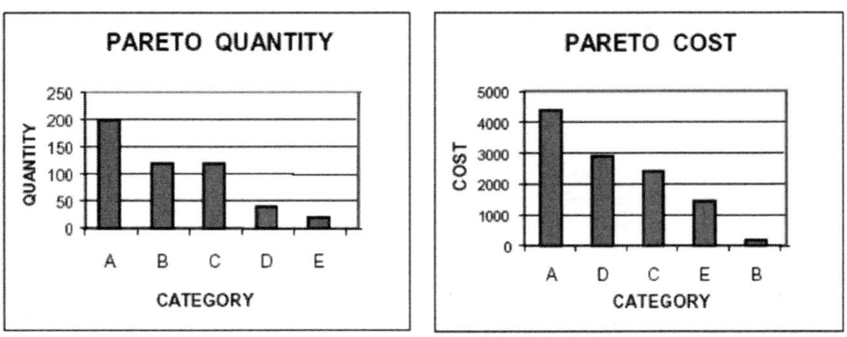

그림 9.11 모듈검사에 따른 결함 발생빈도 (결함발생 우선순위는 라미네이션 결함, 접합-박스 결함, 태양전지 정열 결함, 유리결함 순서이다)

9.3.4 태양전지 모듈 성능평가 방법과 인증에 필요한 세부절차

본절에서는 태양전지 모듈 성능 평가를 통한 인증의 구체적인 절차에 대하여 살펴본다. 검사항목으로는 육안검사, 표준조건하에서 전기적 성능 평가 (조건:온도 25°C , AM 1.5 스펙트럼, 1,000 W/m^2), DC 500 V 하에서 전기적 절연시험, 실외광 노출 시험 (60kwh/㎡에 노출), UV 피폭시험 (선택사양), 열적 안정도 시험 (−40 ± 2°C 에서 85 ± 2°C 까지 50 싸이클 반복시험) 등의 항목을 기본적으로 수행한다. 성능인증을 위한 기계적, 전기적, 화학적 성능 안정도 시험항목을 표 9.1에 도표로 요약하였다. [그림 9.12]에서는 성능인증을 위한 6개의 태양전지 모듈검사 절차를 도시하였다. 따라서 국내산업 활성화 이후 인증을 위해서는 적어도 6개의 태양전지 모듈에 대하여 성능을 평가하고 그 결과에 따라서 성능인증 여부를 판정해야 할 것이다.

표 9.1 성능인증을 위한 기계적, 전기적, 화학적 성능 안정도 검사항목

검사항목
육안검사
표준조건하에서 전기적 성능 평가 (조건:온도 25˚C, AM 1.5 스펙트럼, 1,000 W/m^2)
DC 500 V 하에서 전기적 절연시험
실외광 노출 시험 (60 kwh/m^{2}에 노출)
UV 피폭시험 (선택사양)
열적 안정도 시험: −40±2°C에서 85±2°C까지 50 싸이클 반복시험

검사항목
습도냉각사이클 시험 : 상대습도 85±5%에서 온도 −40±2°C 에서 85±2°C 까지 10 싸이클 반복시험
고습 고온 시험 : 온도 85±2°C, 상대습도 80%에서 90%사이에서 1,000시간 노출 시험
단자 강인성 시험
뒤틀림 시험 : 변형각도가 1.2° 이하
기계적 부하시험 : 모듈전면과 후면에 1시간동안 2,400 파스칼 하중인가
우박 충격시험 : 25 mm 얼음 조각으로 초당 23 mm/s 속도로 모듈에 충격을 가함

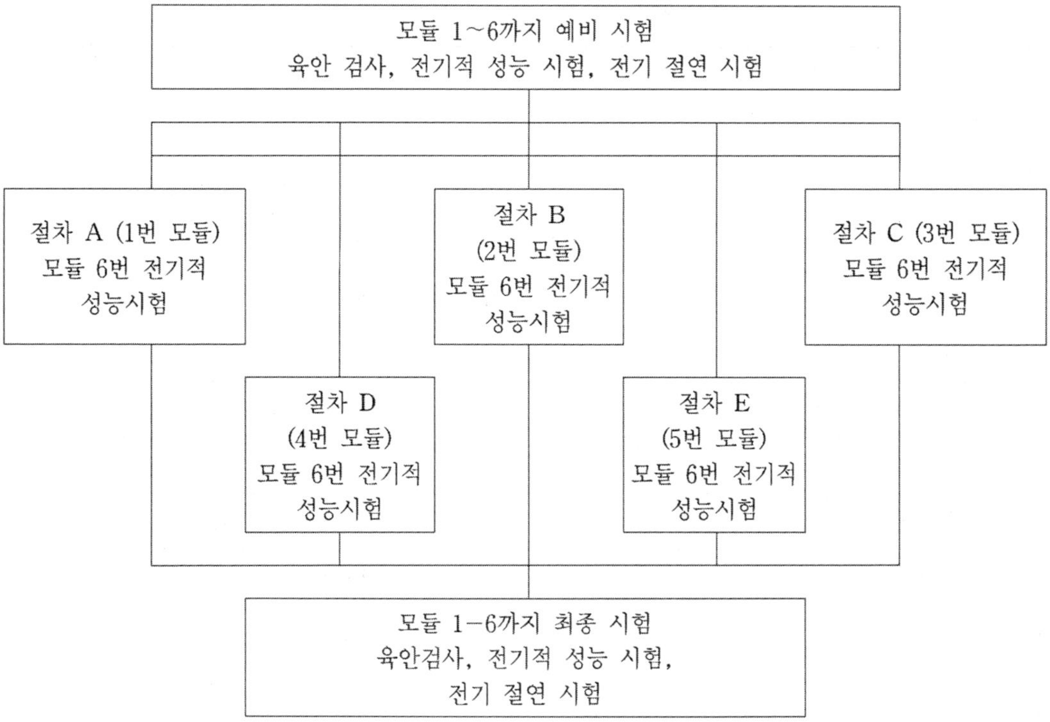

그림 9.12 성능인증을 위한 태양전지 모듈검사 절차

태양전지 성능인증을 위한 모듈 시험절차는 [그림 9.12]에서처럼 초기 시험과, 절차 A, B, C, D, E를 중심으로 수행한다. 이들 각 시험 항목에 대한 세부 평가 기준은 국제표준 시험 기준인 IEC 기준에 따라서 수행한다. 각 항목별 IEC 기준의 세부 규칙은 건당 돈을 내고 구매를 해야한다. 따라서 본절에서는 정확한 시험 세부 표준 사항을 열거하기보다는 개략적인 검사항목별 내용을 요약한다. 초기시험 항목으로는 육안검사, 전기적 성능시험, 절연시험 3개 항목을 근간으로하여 절차 A에서 온도시험, 절차 B에서 습도 안정도 시험, 절차 C에서 외부광 노출 시험, 절차 D에서 자외선 피폭 시험, 절차 E는 고온·고습 시험을 수행한다. 이들 시험 절차를 거친 모듈을 초기 시험 모듈과 다시 성능을 비교하여 인증여부를 판정한다. 표 9.2에 성능인증을 위한 시험 항목별 세부 절차를 요약하였으며 또한 시험을 위한 IEC 기준시험 번호도 함께 요약하였다.

표 9.2 태양전지 모듈의 성능인증을 위한 시험 항목별 세부 절차와 시험을 위한 IEC 기준시험

시험	모듈번호	표준 그리고 시험 번호
초기시험		
1.육안검사	6	IEC 61215, Test 10.1
2.전기적 성능시험	6	IEC 61215, Test 10.2
3.전기 절연	6	IEC 61215, Test 10.3
절차 A		
4.온도 사이클 시험	1	IEC 61215, Test 10.11
5.육안검사	1	IEC 61215, Test 10.1
6.전기적 절연시험	1	IEC 61215, Test 10.2
7.전기 절연	2	IEC 61215, Test 10.3
8.뒤틀림 시험	1	IEC 61215, Test 10.15
절차 B		
9.습도 냉각 사이클 시험	1	IEC 61215, Test 10.12
절차 C		
10. 실외광 노출 시험	1	IEC 61215, Test 10.8
11. 육안 검사	1	IEC 61215, Test 10.1
12. 전기적 성능 시험	1	IEC 61215, Test 10.2
13. 전기 절연	2	IEC 61215, Test 10.3
14. 기계적 부하	1	IEC 61215, Test 10.16
절차 D		
15. UV 피폭시험	1	IEC 61215, Test 10.10
16. 육안 검사	1	IEC 61215, Test 10.1
17. 육안 검사	1	IEC 61215, Test 10.2
18. 육안 검사	2	IEC 61215, Test 10.3
19. 우박 충격 시험	1	IEC 61215, Test 10.17

시험	모듈번호	표준 그리고 시험 번호
절차 E		
20. 고습 고온 시험	1	IEC 61215, Test 10.13
21. 육안 검사	1	IEC 61215, Test 10.1
22. 전기적 성능 시험	1	IEC 61215, Test 10.2
23. 전기 절연	2	IEC 61215, Test 10.3
24. 단자 강인성 시험	1	IEC 61215, Test 10.14
절차 F		
25. 원래 것과 비교 시험	1	N/A
최종 시험		
26. 육안 검사	1	IEC 61215, Test 10.1
27. 전기적 성능 시험	2	IEC 61215, Test 10.2
28. 전기 절연	1	IEC 61215, Test 10.3

9.3.5 태양전지 모듈 성능평가 인증통과 판정방법

1) 인증 통과를 위한 세부성능 기준

임의의 시험 모듈 6개중 다음 사항을 모두 만족할 때에 성능 평가 인증을 통과한 것으로 간주한다.

- 각 육안 검사 시에 치명적인 결함이 없어야 한다.
- 각 전기적 성능평가 시험에서 원래의 전력값에 90%이상을 보여야 한다.
- 어떠한 모듈도 시험중에 단락 또는 개방회로 고장이 없어야 한다.
- 전기 절연시험에 아크발생이 없어야 하며, 누설 전류밀도는 모듈 면적당 100 $\mu A/m^2$나 모듈전체 누설전류로 10 μA 중에서 큰 값 이하이어야 한다.

2) 인증 실패 판정

두 개 이상의 모듈이 상기 요구 조건을 만족하지 못 한면 시험을 통과한 것으로 간주할 수 없다.

3) 인증 통과 판정

다섯 개 시험 모듈 중에서 1개가 시험을 통과하지 못하면 나머지 2개의 동일 유형 모델 모듈은 모든 관련 시험절차를 거쳐야 한다. 만약 둘 중 한 개의 모듈이라도 실패하면 시험 모듈은 성능 평가를 통과한 것으로 판정할 수 없다. 그러나 나머지 두 개 동일 유형 모델 모듈이 시험을 통과하면 시험 모듈은 평가를 성공적으로 통과한 것으로 판정한다.

9.3.6 국내 태양전지 모듈 인증 방안

태양전지 모듈의 초기시험 항목으로는 육안검사, 전기적 성능시험, 절연시험 3개 항목을 근간으로하여 절차 A에서 온도시험, 절차 B에서 습도 안정도 시험, 절차 C에서 외부광 노출 시험, 절차 D에서 자외선 피폭 시험, 절차 E는 고온고습 시험을 수행한다. 이들 시험 절차를 거친 모듈을 초기 시험 모듈과 다시 성능을 비교하여 인증여부를 판정한다. 따라서 국내산업 활성화 이후 인증을 위해서는 적어도 6개의 태양전지 모듈에 대하여 성능을 평가하고 그 결과에 따라서 성능인증 여부를 판정해야 할 것이다.

9.4 | 태양광 시스템 요소기기

태양광발전 시스템은 전력계통 연계유무에 따라 독립형(Stand-alone)과 계통연계형(Grid-connected)으로 분류할 수 있으며, 일부의 경우 풍력발전, 디젤발전 등 타 에너지원에 의한 발전방식과 결합된 하이브리드(Hybrid)형을 별도로 구분하기도 한다. 태양광발전시스템 종류에 따라서 독립형 시스템의 경우는 주로 등대, 중계소, 인공위성, 도서, 산간 벽지 전원 등에 사용되고, 계통연계형 시스템의 경우는 주택, 빌딩 등의 옥상, 대규모(수 MW 급) 발전시스템에 사용된다. 계통연계형 시스템은 전력 저장용 축전지 대신에 상용전원과 연결하여 소비자의 제품 사용전력 변화(부하변동)에 따라 계통선과 전력을 상호 교류할 수 있도록 구성된다. 초창기의 태양전지는 소전력 전자제품과 고립지역의 전원 또는 휴대용, 군사용 전원 등 특수한 용도의 시장이 형성되었다. 최근 환경문제가 범세계적으로 심각하게 대두됨에 따라 삶의 질을 향상시킬 수 있는 환경친화적 에너지기술로써 새로운 각광을 받게 되었다. 현재 우리나라는 태양광 발전 자체만을 활용하는 독립형 태양광발전 시스템이 주류를 이루고 있다. 현재의 시장은 태양광 독립형 시스템인 시계, 경광등, 통신중계기, 등대, 가로등과 같은 다양한 소규모 응용제품 뿐만 아니라 섬, 산간오지의 외진 지역에 전기를 공급하는 독립형 이용기술 등이 주류이다. 그러나 현재 적용 가능한 대규모 태양광발전소가 기존 전력발전소와 연계(계통 연계형)하여 활용이 가능함을 보였다. 태양전지는 시스템 규모의 크기의 변경이 자유로와 일반 주택, 학교, 아파트단지, 공공건물의 지붕에 요구전력량 만큼 설치하여 태양광발전 시스템의 전력이 남을 때는 기존전력에 재전송하여 다시 팔고 모자라는 경우에는 기존의 전력선에서 전기를 공급받아 활용 가능하므로 계통 연계형으로 구분된다.

태양전지에서 생산된 전력을 이용하는 방법에는 태양전지와 부하를 직접 연결하여 사용할 수도 있지만, 대부분의 경우 전원 충전 또는 기타 백업 장비로 구성된 태양광발전 시스템으로 이용하고 있다.

태양전지는 모듈화하여 구성이 가능하므로, 태양광발전 시스템 역시 사용하는 곳에 따라 수밀리와트에서 수 메가와트까지 상상할 수 있는 모든 구성이 가능하다. 일반적으로 대규모 발전용을 제외하고는 킬로와트 규모의 것이 사용된다.

태양광발전 시스템은 여러 가지 요소로 구성되어 있으며, 일반적으로 다음과 같이 분류한하고 있다.

(1) 태양전지 어레이(PV Array)
(2) 직류전력 조절장치(DC Power Conditioner)
(3) 축전지(Battery Storage)
(4) 인버터(Inverter)
(5) 계통연계제어

태양전지가 실제로 전자제품에 연결해서 사용하기 위해서는 주변장치가 사용된다. 태양전지는 비·눈 또는 구름에 의해 태양광이 비치지 않는 날과 밤에는 전기를 발생하지 않을 뿐만 아니라 일사량의 강도에 따라 불균일한 직류전기가 발생되므로, 독립형 태양광발전시스템은 모듈을 직·병렬로 연결한 태양전지 어레이(solar cell array)와 안정된 전기공급을 위한 전력조정기(power controller)와 여분의 전력을 저장하는 축전지(storage battery)가 필요하다. 또한 직류가 아닌 교류를 필요로 하는 응용제품에는 직·교류변환장치(inverter)의 주변장치(balance of system)를 필요로 한다.

9.4.1 축전지(Battery Storage)

축전지는 전기에너지를 화학에너지로 변환시켜 보존하였다가 필요에 따라 전기에너지로 꺼내어 쓰는 전기 장치로서, 전기에너지를 축전지에서 꺼내어 쓰는 일을 방전(放電)이라 하고, 전기에너지를 화학에너지로 축전지에 넣어주는 일을 충전(充電)이라 한다.

태양광발전 시스템에서는 대체로 일사조건과 부하 사용시간이 다르며 일사량 또한 시간에 따라 다르므로, 발전된 에너지를 저장할 수 있는 축전장치를 포함한다.

태양광발전 시스템에서 축전지는 일조시간에 태양전지에 의해 충전된 전력을 일몰 후 태양전지로부터의 전력이 없을 때나, 흐린날, 우천시와 같이 태양전지의 출력이 부족할 때 방전하여 부하에 전력을 공급하게 된다. 이와 같이 축전지는 태양광발전 시스템에서 필수적이며 중요한 역할을 하는데 이 경우 축전지는 태양광발전 시스템이라는 특별한 용도에 사용되기 때문에 일반적인 용도와는 달리 매우 가변적인 사용 조건하에서 동작된다.

$$\text{방전량}(AH) = \text{축전지용량}(AH) \times \frac{\text{만충전시 비중} - \text{측정비중}}{\text{만충전시 비중} - \text{방전 종지 비중}}$$

축전지가 방전될 때 방전량에 비례하여 비중이 낮아진다. 따라서 전해액의 비중을 측정하면 충전상태를 알 수 있게 된다.

태양광발전 시스템의 성능을 좌우하는 가장 큰 요소가 축전지의 충방전 상태와 태양전지 모듈과 축전지사이의 상호 출력관계이므로 축전지 종류의 선택 및 용량설계를 신중히 하여야 한다.

축전지의 전압이 어느 일정 수준이상이 되거나, 일정 수준 이하의 전압이 되면 축전지에 악영향을 끼치게 되므로 이런 상황을 방지하기 위한 축전지의 보호회로는 필수적이다.

i) 과충전(Over-charge)

축전지가 어느 일정 전압이상의 전압으로 상승하게 되면, 축전지에서 부식이 일어나고 가스가 발생하여 축전지의 생명을 단축시킨다.

과충전시 승압형 컨버어터의 시비율을 '1'로 고정시켜서 컨버어터가 승압을 하지 않아 더 이상 충전하지 않도록 하였다.

ii) 과방전(Under-charge)

축전지가 어느 일정전압(23[V]) 이하의 전압으로 하강하게 되면, 축전지에서 침전물이 생기고, 또한 축전지의 성능이 점차적으로 저하하는 현상이 일어난다.

태양광발전 시스템에서 사용되는 축전지는 2차 전지로 주로 납축전지(Lead-Acid Battery) 또는 니켈-카드뮴 축전지(Nickel-Cadmium Battery)를 사용되는데 [그림 9.13]의 블록도에서 보여지듯이 과방전시 전자릴레이를 사용하여 축전지에서 부하로의 회로를 차단하여 더 이상의 전압이 떨어지는 것을 방지하고, 24[V] (12[V] 직렬 연결) 무보수 납축전지를 사용하였다.

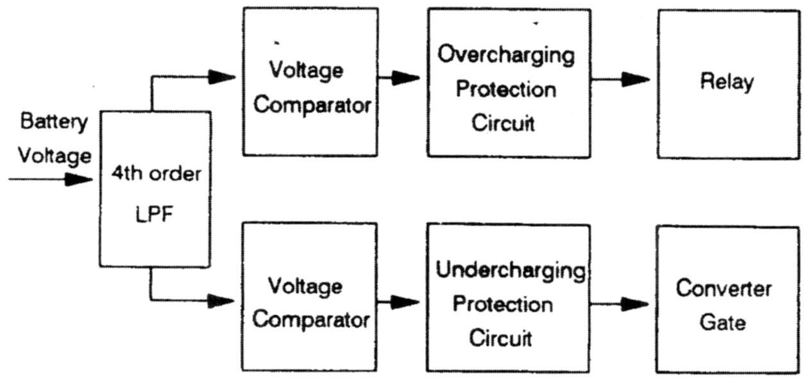

그림 9.13 축전지 보호회로의 블록도

초기 사이클 시험과 다른 측정법이 모든 밧데리에 사용된다.

- 용량의 정량화
- 실행에 관계된 파라미터(parameter) 측정
- 물리적 특성 시험
- 밧데리의 사이클 수명 결정

7단계의 밧데리 시험 순서

- 1단계 : 각 밧데리에 명칭을 붙이고 라벨링한다.
- 2단계 : 각 밧데리의 무게를 측정/기록한다.
- 3단계 : (필요하다면) 모든 전지(cells)의 비중과 온도를 측정/기록한다.
- 4단계 : 각 밧데리의 전기전도도(conductance)와 온도를 측정/기록한다.
- 5단계 : 각 밧데리에 high-rate short duration 부하 시험을 시행한다.
- 6단계 : 용량 주기시험 (base line capacity cycle test)을 시행한다.
- 7단계 : 동일한 방전과 충전 상태에서 반복한다.

밧데리 시험조건:

- 밧데리를 사용하는 전형적인 PV system의 동작 파라미터(parameter)의 예를 든다.
- 여러 조건에서 작동하는 실제 PV system의 극단과 표준 수준을 나타낸다.
- 밧데리 제조업자의 추천과 PV system designer, charge controller 제조업자에 의한 전형적인 값들을 기반으로 선택한다.

표 9.3 PV Charge Controller의 시험 항목

시험항목
1a. 외관
1b. 라벨
1c. 서류분서
2. 설정 점 조정 (Adjustment of Set Points)
3. Array High-Voltage Disconnect(HVD) and Reconnect: On/Off and PWM Controllers
4. Load Low-Voltage Disconnect(LVD) and Reconnect
5. 온도 보정 (선택사항)
6. No-load Consumption (영전류)
7. 전압 강하
8. 진동 (vibration) 내구성
9. 보호 능력 (Protect Capability) (a) PV array, 부하, and 내부 단회회로에 대한 보호 (b) 밧데리에서 PV array까지 역방전 방지 (c) 밧데리의 역극(reverse polarity) 보호
10. 과전압 보호
11. 과전류 보호

표 9.4 PV Charge Controller Test 방법
1. 외관, 라벨, 서류분서 2. 설정점의 조정

기술적인 요건	시험 방법
1a. 외관: 물리적인 손상, 외함 손상, 습기 침투, 누수 성분(loose components) 여부	눈으로 직접 controller 관찰
1b. 라벨: 아래항목이 명시된 깔끔한 라벨 1) 생산자 이름/모델명 2) 시리얼 넘버 3) 전압비/전류비 4) PV array, 밧데리, 부하 연결점(connect points), 전극	눈으로 controller 라벨 점검
1c. 서류분서: 1) 기술적인 명세사항/정격(定格) 2) 안전성 주의 3) 장치 설명(installation instructions) 4) 작동 방법 5) 고장수리 방법 6) 서비스가 가능한 부품에 대한 정보 7) 보증서	모든 서류 확인
2. 설정점의 보정: a) 고전압 단락, 재연결 전압, 저전압 단락과 재연결 전압은 밧데리의 특성에 따라 공장에서 미리 조정되어야 한다. b) charge controller는 다른 충전 상태에 다른 충전 모드가 필요할 수도 있다. c) 밧데리 설치 위치의 일반적인 상온은 설정점을 선택할 때에 고려되어야 한다.	a) 정확한 값으로 미리 조정되어 있다면, 전압계를 가지고 전압 설정점을 측정하시오. b) charge controller가 다른 충전 mode인지 체크하시오. c) charge controller가 온도보상과 적절한 설정점을 조절할 수 있는지 체크하시오.

표 9.5 PV Charge Controller의 시험 방법
3a. Array High-Voltage Disconnect(HVD) 와 전원 제어장치의 재연결

기술적인 요건	시험 방법
3. Array High−Voltage Disconnect(HVD) and Reconnect: b) PWM 제어기 펄스폭 변조 방식의 charge controller이기 때문에, 특정한 재연결 전압이 없다. PWM charge controller에 대한 권장되는 HVD 전압은 다음과 같다. 납−안티몬 밧데리: 14.4 ~ 14.8 V 납−칼슘 밧데리: 14.0 ~ 14.4 V 봉인한 밸브 조절 납−산성 겔 밧데리: 14.0 ~ 14.2 V 봉인한 밸브 조절 납−산성 AGM 밧데리: 14.1 ~ 14.4 V note. 상기 설정 점 값은 12 V 밧데리에 적합하다. 다른 전압의 밧데리는 같은 비율로 설정점 값을 가질 것이다.	이 시험은 [그림 9.14]에서 보는 바와 같이 실제 밧데리를 사용함으로써 행해진다. 전류원 모드로 작동시키는 동안, 정격에 맞춰진 값에 직류 전원 공급의 출력 전류를 조절하라. 밧데리 전압은 전류 전원에 의해 충전되어 증가하고, HVD point에 이르게 되면 충전 전류는 감소하기 시작한다. HVD 값은, 전류계에 지시된 충전 전류가 0 가 될 때, 얻어진다. 전원 공급의 출력 전류를 바꾸고, 10%~125%까지 범위에서의 충전 전류로 이 시험을 반복하라. 모든 충전전류에서, 기술적인 요건 내에 명시된 범위에 HVD 값이 존재해야 한다.

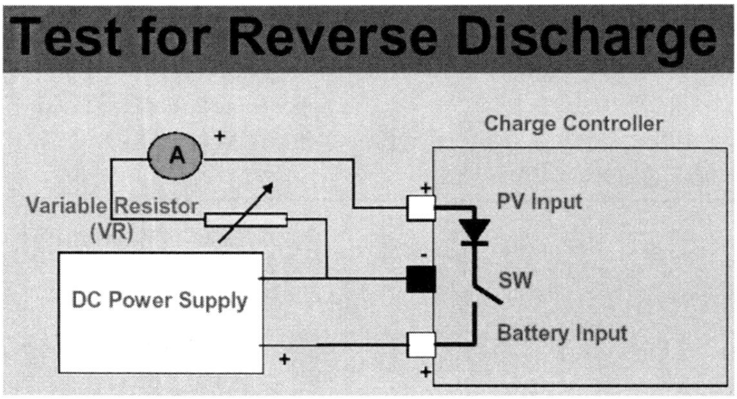

그림 9.14 밧데리 역방향 방전 시험회로 구성도

표 9.6 PV Charge Controller의 시험 방법
4. 부하 Low-Voltage Disconnect(LVD) 와 Reconnect 5. 온도 보정과 6. 영전류

기술적인 요건	시험 방법
4. 부하 Low-Voltage Disconnect(LVD)와 Reconnect: LVD point (1.8~1.9V/cell for lead acid 밧데리)에서 방전되는 동안 밧데리 전압이 떨어지면, 그 부하는 밧데리로부터 단절된다. 밧데리 전압이 load reconnect 값에서 충전 되는 동안 증가할 때, 부하는 자동적으로 단절된다.	[그림 9.15]에서 보는 바와 같이 설치된 시험을 하면, 처음에는 밧데리 V2의 공칭 전압에서 직류 전원 공급 출력 전압을 조절하라. 그리고 나서, 공칭 값을 갖는 가변저항(VR)으로 charge controller의 출력 전류를 조정하라. 또, controller가 자동적으로 부하연결의 스위치를 끊을 때 까지 전류 전원의 전압을 단계적으로 감소시키고, LVD 값을 구하라. 밧데리가 부하에 다시 연결될 때까지, 직류전원의 전압을 증가시키면, 부하 재연결 전압이 결정된다. 부하 저항 VR을 바꾸고, 비율에 맞춰진 부하 전류 10%~125% 범위의 다른 부하전류에서 이 시험을 반복하라. 모든 부하전류에서, LVD 값은 기술적인 요건 내에서 명시된 범위에 존재해야 한다.
5. 온도 보상 (선택적인 시험) 밧데리의 온도 보상 조건이 charge controller에 명시가 되어 있다면, 설정 점에서 그 효과가 입증되어야 한다.	이 시험에서는, 온도센서가 조절 가능한 챔버 안에 온도 센서가 위치할 수 있고, item3과 item4 하에서 묘사된 순서로 반복된다.
6. 영전류 : charge controller의 자기 소모 전류는 비율에 공칭 충전전류의 1%를 초과해서는 안 된다.	[그림 9.16]에서와 같이 설정된 시험을 사용할 때에는, PV 입력과 부하 출력 모두 단절시킨 동안 charge controller에 의해 끌여 당겨진 전류를 측정하라.

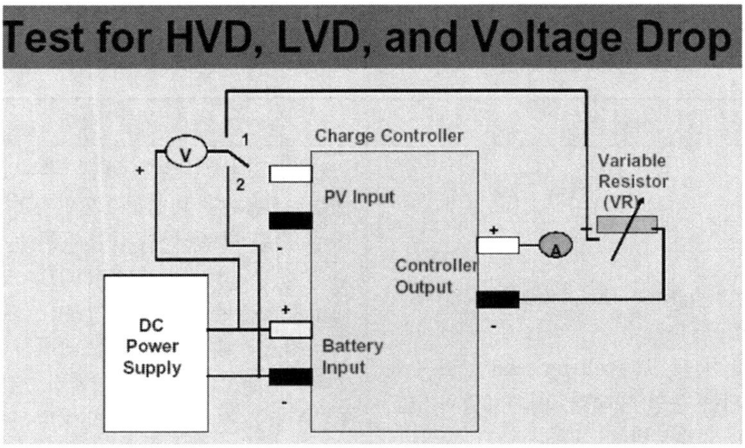

그림 9.15 과전압 개방(HVD), 저전압 개방(LVD), 전압강하 시험 결선도

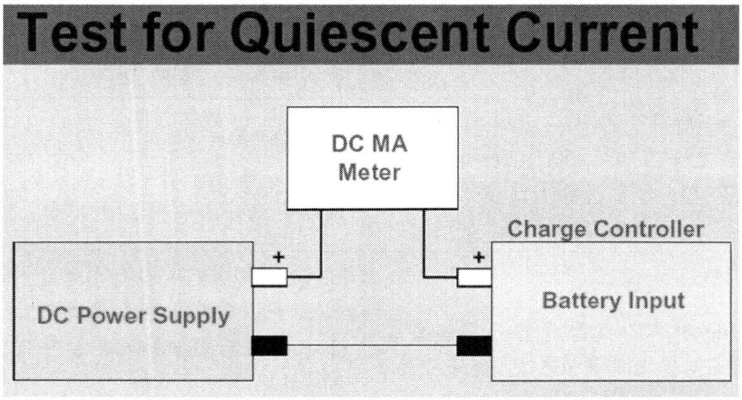

그림 9.16 영전류 (자체소비전력) 시험 결선도

표 9.7 PV Charge Controller의 시험 방법

7. 전압 강하와 8. 진동 내구성(Vibration Durability)

기술적인 요건	시험 방법
7. 전압 강하 : 충전시 PV array와 밧데리 사이의 전압 강하, 방전시 밧데리와 부하 사이의 전압 강하는 각각 charge controller의 공칭 전압의 5% 이내여야 한다.	a) [그림 9.17]에서와 같이 설치된 시험을 사용할 때에는, 최대 정격 값에 충전 전류를 조절하고, 직류전원과 밧데리 단자사이에 전압 강하 V를 측정하라. b) [그림 9.15]에서 보는 바와 같이 설치된 시험을 사용 할 때에는, 최대 정격 값에서 방전 전류를 조절하고, 밧데리 입력과 controller 출력단자 사이의 전압강하V1을 측정하라. (만약, switching component 가 nagative circuit안에 있다면, 전압강하 또한 negative terminals 사이에서 측정되어야 한다.)
8. 진동 내구성(Vibration Durability) 30분 동안 3개의 축 방향, 0.35mm, 10～55 Hz 범위에서는 진동에 의한 소모는 없다.	charge controller를 30분 동안 3개의 축방향에서 10～55 Hz, 0.35 mm의 진동상태에 두라. 그리고 나서, 기계적인 손상이나 전기적인 기능 장애가 없음을 보장하는지 조사하라.

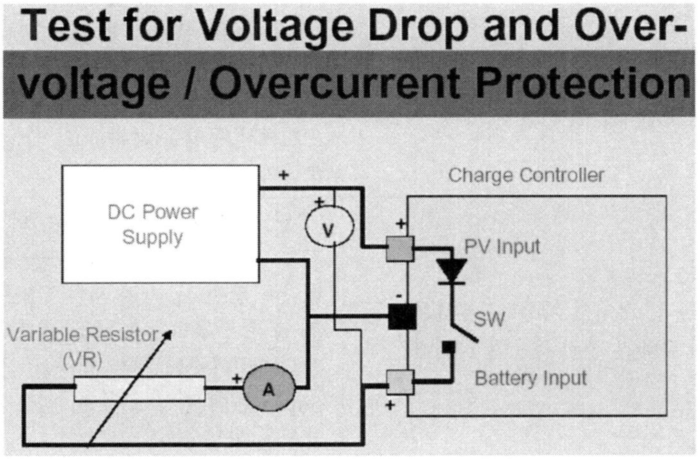

그림 9.17 충전시 과전압, 과전류 보호 시험용 회로 결선도

표 9.8 PV Charge Controller의 시험 방법
9. 보호기능 10. 과전압 보호와 11. 과전류 보호

기술적인 요건	시험 방법
9. 보호기능 a) charge controller는 그것 자체와 부하단자 나 내부 단락회로에 우발적인 단락 (short circuit)이 발생할 경우에 연결된 장치에 손상이 없어야 한다. b) charge controller 는 야간에 밧데리에서 PV array 로의 역방전을 피해야 한다. c) charge controller 는 밧데리 역전극 연결에 보호기능이 있어야 한다. d) charge controller 는 과도한 낙뢰가 있는 지역에서 그 피해를 피할 수 있는 보호기능이 있어야 한다.	a) [그림 9.15]에 설치된 시험의 사용에 있어서, 가변저항 VR을 0 으로 감소시켜서, the charge controller 출력 단자을 단락시키고, charge controller 이나 power supply(전원)에 손상이 없음을 확인하라. b) [그림 9.18]에 설치한 시험의 사용에 있어서, 가변저항의 최대값과, 공칭 밧데리 입력 전압에 맞춘 직류 전원으로 시작하라. 그리고 나서, 단계적으로 저항변수를 0 으로 감소시키고, 전류계로 역전류 흐름이 없음을 확인하라. c) charge controller 밧데리 입력 단자를 직류전원에 1시간 동안 역전극으로 연결하고, controller 나 전원에 손상이 없음을 확인하라. d) 낙뢰로 야기되는 예상되는 서지 에너지(surge energy)를 흡수할 수 있는 서지 피뢰침의 정격과 형(type)을 눈으로 check 하라.
10. 과전압 보호: charge controller 는 적어도 지속적으로 1시간 동안, PV array의 공칭 개방 회로 전압(nominal open circuit voltage)의 1.25배 전압을 버텨야 한다.	[그림 9.17]에서 설치된 시험의 사용에 있어서, PV array의 공칭 개방 회로 전압의 1.25 배에 직류 전원 전압을 맞추고, 비율에 맞춘 충전 전류를 얻은 가변저항 VR을 조절하라. 1시간 동안 이 모드에서 동작을 계속하고, charge controller 에 손상이 없음을 확인하라.
11. 과전류 보호: charge controller 는 적어도 지속적으로 1시간 동안, 최대 비율에 맞춰진 충전 전류의 1.25배 전류를 버텨야 한다.	[그림 9.17]에서 설치된 시험의 사용에 있어서, 직류 전원의 전압을 PV array의 공칭 개방 회로 전압에 맞추고, 가변 저항 VR을 최대 정격에 맞춘 충전 전류의 1.25배를 얻도록 조절하라. 1시간 동안 이 모드에서 작동을 계속하고, charge controller에 손상이 없고, 과도한 열이 발생하지 않음을 확인하라.

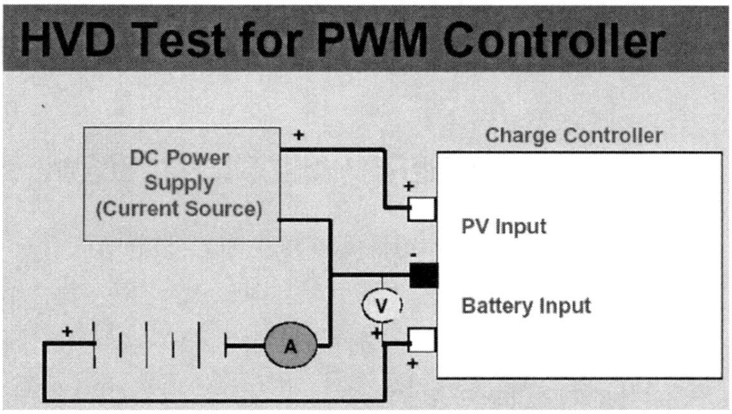

그림 9.18 펄스 폭 제어기(PWM)에 대한 과전압 개방 시험 결선도

9.4.2 직류전력 조절장치(DC Power Conditioner)

태양전지에서는 기본적으로 직류전압, 직류전류가 생산되며, 전기 팬(electric fan)이나 태양열 시스템에서의 순환펌프 등 직접 사용되거나, 독립형 태양광발전 시스템에서 축전지에 저장되거나 혹은 직류를 교류로 변환시켜(인버터를 통해) 전력계통으로 보내어지며, 이는 전적으로 직류조절장치를 통해 이루어진다.

직류조절장치는 태양광 발전시스템이 최적화된 상태로 운전되고, 연결된 전기 장치의 안전 및 최적운전이 가능하도록 구성되어야 한다. 태양광 발전시스템에서 요구되는 직류조절장치의 구성장치는 다음과 같다.

- DC/AC converters(Inverters)
- DC/DC converters
- Carge controller

태양광 발전 시스템에서 사용되는 직교류변환장치는 다음과 같은 조건을 만족해야 한다.

i) 전력변환회로의 입력 전류의 리플이 매우 작아야 한다.
ii) 변환효율(Conversion efficiency)이 어떤 부하에도 높아야 한다.

최대전력 추종의 필요성은 부하나 전력 변환 장치가 불안정한 입력 전압을 가질 때 즉 기후 변화가 큰 장소에서 동작하거나, 발전용량이 대용량일 경우 발전

용량이 큰 차이를 가지므로 중요한 의미를 가진다.

9.4.3 국내 태양광 시스템 요소기기 인증방안

축전지 종류와 용량에 따른 구체적 시험방법과 축전지의 전압이 어느 일정수준 이상이 되거나, 일정수준 이하의 전압이 되면 축전지에 악영향을 끼치게 되므로 이런 상황을 방지하기 위한 축전지의 보호기능의 기준안을 국내에서도 유사하게 설정하여 인증할 수 있을 것으로 판단된다. 태양광 시스템의 인버터 성능평가 관련항목은 외관, 라벨, 서류문서, 효율과 전력급, 부하(출력) 용량, 입력전압 범위, 주파수 확인, 고조파 전압, 노이즈, 영전류, 보호 기능 (저전압보호, 출력과전류 보호, 단락회로 방지, 역전극 보호, 낙뢰 보호) 등에 대한 세부항목별 규정치를 설정할 수 있을 것이다.

9.5 태양광 시스템

태양광발전용 직·교류 전력변환기술은 태양전지로부터 나오는 직류전원을 교류전원으로 변환시키기 위한 인버터기술을 의미하며, 태양광 주변기기 중에서 가장 중요시 취급하고 있다.

태양광발전용 인버터는 일반 전기기기를 사용할 수 있도록 하기 위해 태양전지의 직류출력을 상용주파수의 교류로 변환하는 것을 목적으로 개발 제품화되고 있다. 이 목적을 달성하기 위해서는 파형왜곡이 작은 정현파를 안정적으로 출력할 필요가 있는데 고속 스위칭이 가능한 MOSFET나 IGBT 등의 자기보호소자의 대용량화와 제어기술의 발전에 의해 쉽게 가능하게 되었다.

한편 태양광발전시스템의 가격중 PV인버터가 점하는 비율은 10~20%정도되며 시스템 전체의 가격절감을 위해서도 인버터의 효율향상은 중요한 항목이다. 특히 맑은 날이 적은 기상조건에서는 정격부하시의 효율보다 30~50%정도의 부하시의 효율이 중요하다. 태양광인버터에는 시스템과 마찬가지로 산간벽지나 낙도 등 배전선이 없는 장소에 사용하는 독립전원방식과 배전선에 전력을 주입하여 사용하는 계통연계방식이 있다.

9.5.1 독립형 태양광 PV인버터

계통연계형에 선행하여 독립형 태양광 시스템에 사용되는 PV 인버터의 인증 시험항목을 아래와 같이 규정하고 있다.

표 9.10 독립형 PV 인버터 시험항목

시험 항목
1a. 외관
1b. 라벨
1c. 서류문서
2. 효율 vs. 전력급
3. 부하(출력) 용량
4. 입력전압 범위
5. 주파수 확인
6. 고조파 전압 (Voltage Harmonies)
7. 노이즈
8. 영전류
9. 보호 기능 a) 저전압보호 b) 출력 과전류 보호 c) 단락 (short circuit) 보호 d) 역전극 보호 e) 낙뢰 보호

표 9.11 독립형 인버터의 시험 방법

기술적인 요건	시험 방법
1a. 외관: 물리적인 손상, 외함 손상, 습기 침투, 누수 여부	눈으로 인버터 관찰
1b. 라벨: 아래항목이 명시된 깔끔한 라벨 1) 생산자 이름/모델명 2) 시리얼 넘버 3) 입출력 전압/전류 정격 4) 밧데리, 부하 연결점(connect points), 전극	눈으로 인버터 라벨 점검
1c. 서류문서: 1) 기술적인 명세사항/정격(定格) 2) 안전성 주의 3) 장치 설명(installation instructions) 4) 작동 방법 5) 고장수리 방법 6) 서비스 가능한 부품에 대한 정보 7) 보증서	모든 서류 확인

표 9.12 독립형 Inverter의 시험 방법
2. 효율 vs. 전력급 3. 부하 (출력) 용량

기술적인 요건	시험 방법
2. 효율 vs. 전력급 정격 출력 전력급 75% 이상일 때는 효율이 80% 보다 높아야 한다.	[그림 9.19]에서와 같이, 저항 부하 변수와 함께 설치된 시험을 사용하는데 있어서, 인버터 효율은 다음과 같이 측정할 수 있다. $\eta = \frac{\text{AC Power Out}}{\text{DC Power Input}} = \frac{\text{Wac}}{\text{Vdc.ldc}}$ 인버터 효율과 출력 전력의 그래프를 얻도록 정격 전력을 10%~100%까지 교류 출력을 증가시켜라. 인버터 효율은 공칭전력의 75%이상에서 출력 level을 위해 80% 보다 높도록 한다.
3. 부하(출력)용량 : 인버터는 최소한 다음 조건의 25℃ 상온에서 안전하게 작동하여야 한다. a) 최대 정격 출력으로 4시간 동안 b) 정격 출력 전압의 125%에서 1분간 c) 정격 출력 전압의 150%에서 2초간 (모터 가동으로 인한 급격한 전류 변화를 가정하여)	25℃ 상온에서, 4시간 동안 이 전력급을 유지하고, 최대 정격 출력을 공급하는 부하를 조절하라. 인버터는 안전하게 작동해야 하고 화재를 유발하거나 재료를 손상, 보호장치의 작동을 유발시키는 높은 온도에 이르지 않도록 하라. 정격 출력의 125%로 1분 동안150%로 2초 동안, 이 시험을 반복한다. 전에 행해진 대로 (4시간 동안 정격 전력으로 시행), 이 두 조건 하에서, 인버터의 안전 조작을 확인하라.

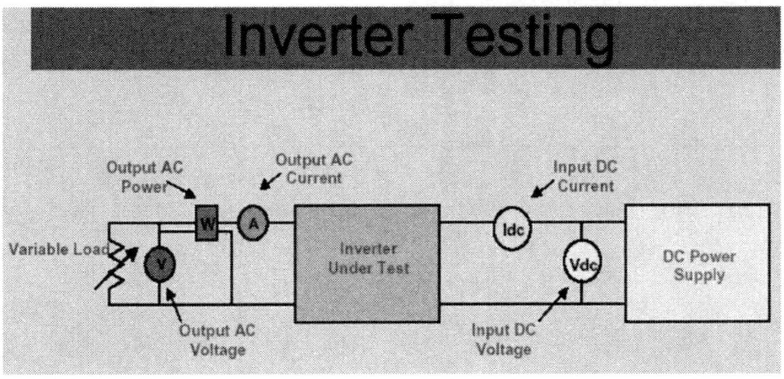

그림 9.19 인버터 테스트 회로도 (교류 전압계, 전류계, 전력계는 주파수가 수 kHz까지 응답하는 실효미터기이다)

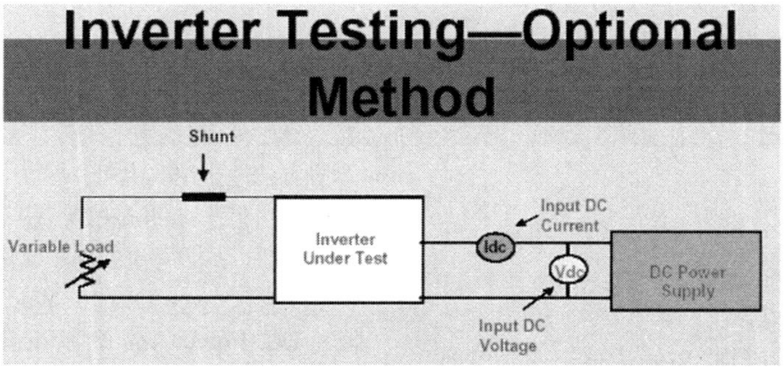

그림 9.20 디지털 오실로스코프를 이용한 구형파 인버터 테스트 회로도

표 9.13 독립 Inverter의 시험 방법

4. 입력 전압 범위와 5. 주파수 확인 6. 고조파 전압과 7. Audio 잡음 8. 영전류

기술적인 요건	시험 방법
4. 입력 전압 범위 : 입력 직류 전압이 90~120%의 공칭 입력 전압일 때, 인버터는 표준적으로 작동해야 한다. 인버터가 일반적인 동작을 할 때, 교류 출력 전압은 220volts±10%의 범위에 있어야 한다.	출력의 반 정도에서 출력 상수를 유지하고, 입력 직류 전압을 공칭 입력 전압의 90~120%까지 변화를 주어라. 또한 오실로스코프(oscillosscope)나 계기를 가지고 인버터 출력 주파수를 측정하라. 10%~100%까지의 각기 다른 출력 level에서 이 실험을 반복하라. 모든 power level에서 i인버터는 item4와 item5에서 묘사된 바와 같은 기술적인 요건을 만족시켜야 한다.
5. 주파수 확인 : 인버터 출력 동작 주파수는 50 Hz.±5%의 범위에 있어야 한다(국내의 경우 동작 주파수는 60 Hz.±5%의 범위로 설정요).	
6. 고조파 전압 : 사인파 인버터(sine-wave inverter)에서, 출력 전압에서의 최대 전고조파 왜률은 인버터의 최대 전격 출력에서 기본파 성분의 5%를 초과해서는 안 된다.	이 시험은 사인파 인버터(sine-wave inverter)에서만 사용된다. harmonic analyzer을 사용할 때에는, 다른 power level에서 총 harmonic distortion을 측정하라.
7. 오디오 잡음 : 인버터가 동작할 때, 인버터에 의해서 발생되는 잡음은 3m 거리에서 65dB보다 작아야 한다.	중간 또는 최대 전원으로 인버터에서 3m 떨어진 위치에서 인버터 잡음을 측정하고, 65dB이하 인지를 확인하라.
8. 영전류: 인버터의 자기소비(self-consumption) 전류는 정격 입력 전류의 3%를 초과해서는 안 된다.	부하가 끊겨 있는 경우 공칭 입력 전압의 90~120%인 직류 입력 전압에서 인버터에 의해 발생한 직류 입력 전류를 측정하고, 부하가 없을 시 발생한 전류가 모든 조건에서 정격 입력 전류의 3%이내 임을 확인하라.

표 9.14 독립 inverter의 시험 방법

9. 보호기능

기술적인 요건	시험 방법
9. 보호기능: 입력 전압이 정격 값(각 밧데리 당 1.8V)의 90% 보다 작을 때, 인버터는 밧데리를 보호하기 위해 자동적으로 정지되어야 한다.	인버터의 공칭 입력 전압에서 직류 전원 전압으로 시작하고, 단계적으로 전원 전압을 감소시켜라. 입력 전압이 정격값의 90% 이하로 떨어졌을 때, 인버터가 자동적으로 정지(shut down)되는 지 확인하라.
9. 보호기능: 출력이 정격의 150%를 초과하면, 인버터는 정지하여야 한다.	최대 정격 교류 전원이 공급되는 부하를 조절하라. 단계적으로 부하를 증가시키고, 정격의 150% 이상의 부하를 증가시킬 때에 인버터가 작동을 멈추는지 확인하라.
인버터 출력이 단력이 되면, 인버터 출력회로 안에 회로 차단기(circuit breaker)가 트립(trip)되어야 하거나 fuse가 손상으로부터 인버터를 보호하기 위해 끊어져야 한다.	0으로 부하 변수가 감소함에 따라 인버터의 교류 출력을 단락시켜라. (또는 인버터의 출력 단자를 단락시키거나, 부하를 제거하라) circuit breaker를 트립(trip)시키거나 fuse를 끊어야 한다. 그러나 인버터의 손상 또는 다른 위험이 있어서는 안 된다.
9. 보호기능 : 인버터의 직렬 입력 연결 전극이 반대로 되었을 때에 인버터가 손상되어서는 안 된다.	직류 전원 전압 출력이 최소로 조절되어 있다면, 인버터 직류 입력에 역전극으로 전원의 출력 단자을 연결하라. 인버터의 공칭 입력 전압에 단계적으로 전원 전압을 증가시켜고, 최소한 1시간 동안 이 전압을 유지시켜라.
인버터는 극심한 낙뢰 지역에 낙뢰로 인한 손상을 피할 수 있는 보호기능을 가져야 한다.	인버터의 위치에서 낙뢰로 야기되는 서지 에너지(surge energy)를 흡수할 수 있음을 보증하는 서지 피뢰기(surge arrestor)의 형(type)와 정격을 눈으로 확인하라.

note

실제 RMS meter를 사용할 수 없을 경우를 대비하여, square-wave inverter를 위한 시험은 출력 전압과 전류의 효과적인 값을 측정(전압-across the shunt를 측정함으로써) 하고, 효과적인 전압과 전류의 성과로써 효과적인 출력을 얻을 수 있는 디지털 오실로스코프(oscilloscope)를 사용할 수 있다.

9.5.2 독립형 태양광 램프 시스템

다음은 독립형 태양광 시스템에 가장 대표적인 활용 사례인 태양광 램프시스템에 대한 시험 검사항목별 요약이다.

표 9.15 직류 형광등의 시험 항목

시험 항목
1a. 외관
1b. 라벨
2. 램프소켓과 홀더
3. 발광 효율 (luminous efficiency)
4. 램프 작동 전압
5. 최소 작동 주파수
6. 전기 waveform 과 crest factor
7. 진동 지속성 (vibration Durability)
8. 보호기능과 영전류
9. 램프 수명
10. 절연 저항
11. 점등/ 압력 저항

표 9.16 직류 형광등의 시험 방법

1. 외관, 라벨 2. 램프 소켓과 홀더 3. 발광 효율 (luminous efficiency)

기술적인 요건	시험 방법
1a. 외관 : 물리적 손상(선적/취급으로 인한 손상 포함), 외관손상, 습기침투, 누수(loosecomponents)여부	눈으로 형광등 관찰
1b. 라벨: 아래항목이 명시된 깔끔한 라벨 1) 생산자 이름/모델명 2) 시리얼 넘버 3) 전압/전류 4) 전극 5) 제조일, 일련 넘버	모든 라벨 확인
2. 램프 소켓과 홀더 : 형광등 고정장치의 소켓은 국제 기준의 요건에 부합해야 한다. 램프소켓은 일반적인 작동시 손이나 손가락의 접촉부분이 전기적인 부분에 노출되어서는 안 된다. 소켓과 홀더의 크기는 IEC 61 기준 요건에 부합해야 한다.	소켓의 크기를 측정하고, IEC 61 기준 요건에 부합하는 지 확인하라.
3. 발광 효율 a) 100시간 검사 후에 램프커버와 반사기 없이, 25℃ 상온, 형광등의 공칭 입력 전압에서 형광등의 발광효율이 35 L/W 보다 작아서는 안된다. b) 형광등의 발광 효율은 공칭 전압의 90～120% 범위에서 정격의 80%보다 작아서는 안된다.	a) 일반적인 사용 검사를 위해 100시간 동안 형광들을 작동시켜라. 그리고 나서, 램프 커버와 반사기를 제거하고, 25℃ 상온, 공칭 전압에서 요구되는 입력 전원과 휘도(luminance)를 측정하라. 다음을 이용하여 발광 효율을 구하라. Efficiency = Luminance/Vdc.ldc. 효율은 35L/W이거나 그 이상이어야 한다. b) 공칭 전압의 80～130%로 행광등의 입력 전압을 변경하고, 공칭 전압의 90～120% 범위에서 정격 전압 값이 80%이상임을 확인하라.

표 9.17 직류 형광등의 시험 방법

4. 램프 작동 전압 5. 최소 동작 주파수 6. 전기 파형

기술적인 요건	시험 방법
4. 램프 작동 전압 : 램프를 켜기 시작할 때 작동 전압은 적어도 공칭 전압의 90% 이어야 하고, 램프는 공칭 전압의 90 ~120% 사이에서 계속 작동할 수 있어야 한다.	상기 발광 효율 시험에서 램프가 켜질때에 최소 striking 전압이 공칭 전압의 90%이거나 그 이하인지 검사하고, 램프와 고정장치의 손상 없이, 최소 4시간 동안 계속 작동시의 최대 전압이 적어도 nominal 전압의 120%인지를 확인하라.
5. 최소 동작 주파수 : 형광등의 최소 동작 주파수는 20 kHz이어야 한다.	공칭 전압의 90~120% 범위에서 고정물에 입력 전압용 오실로스코프(oscilloscope)를 가지고 램프 단자에서 작동하는 주파수를 측정하라
6. 전기 파형 : 램프 단자에서 전기 파형은 10%이내에서 대칭이어야 한다.	상기 주파수 가동 시험에서 오실로스코프(oscilloscope)를 가지고, 램프 단자에서의 전기 파형도 기록하라. waveform이 10% 내에서 대칭이고, 파고율이 공칭 전압 90~120% 범위의 조명기구(lighting fixture) 입력 전압에 관해서 2.0 이하 임을 확인하라.

표 9.18 직류 형광등의 시험 방법
8. 보호기능과 영전류 9. 램프 수명 10. 절연 저항

기술적인 요건	시험 방법
8. 보호기능과 영전하 a) 램프 개방회로 보호: 형광등 고정장치는 개방 회로 상태 하에서 손상으로부터 보호되어야 한다. (예를 들면 램프가 제거되거나 끊어졌을 때) b) 영전류: 끊어지거나 제거된 램프와 작동할 때에 형광등에 의한 전류는 형광등의 공칭 전류 소비의 20%보다 적게 제한되어야 한다. c) 반전극 보호 : 고정장치와 램프는 반전극으로부터 보호되어야 하거나 또는 전체 형광등은 반전극이 공급될 시 손상으로부터 보호되어야 한다.	a) 고정장치에서 공칭 전압을 공급하고 소켓으로부터 램프를 제거하라. 고정장치에 손상이 없음을 보장하기 위해 적어도 4시간 동안 작동을 체크하고, 극심한 열의 발생이 없는 지도 체크하라. b) 램프를 제거한 형광등에 의한 전류를 측정하고, 공칭 전류 소비의 20%보다 작음을 확인하라. 가능하다면, 소켓에 끊어진 램프를 가지고, 이 시험을 반복하고, 전류가 공칭 전류 소비의 20%에 국한되었는지를 체크하라. 이 시험 후에 형광등을 작동하고 고정장치가 일반적으로 작동하는지 확인하라. c) 조절된 전원을 형광등의 공칭 전압에 맞춰야 한다. 1시간 동안 반전극에서 전원에 고정장치 단자을 연결하고, 램프, 고정장치, 전원에 손상이 없는지 확인하라.
9. 램프 수명: 형광등은 1000시간의 최소 램프 수명을 공급해야 한다. 램프의 수명(on/off cycles)는 적어도 1000 사이클이어야 한다.	전원 전압이 자동적으로 공칭 전압의 90~120%에서 변화하는 동안 1000시간 동안 직류 전원으로 형광등을 작동하라. 각 시간 동안 램프는 on/off cycling을 모의 시험하기 위해 짧은 시간 동안(1분이하) 꺼져야 한다. 1000시간 작동 중 램프의 고장이 있어서는 안 된다.
10. 절연 저항 : 금속 커버의 형광등에 있어서, 커버와 램프 단자 사이의 절연 저항은 IEC 598-1의 요건을 만족해야 한다.	금속 덮개를 한 형광등에서, high-pot tester 로 약 1000V에서 금속덮개와 램프 단자 사이의 절연 저항을 측정하라. 절연 저항 값은 IEC 598-1의 조건을 따라야 한다.

표 9.19 직류 형광등의 시험 방법

11. 점등 과 압력 저항

기술적인 요건	시험 방법
11. 점등 과 압력 저항 점등 저항 : 절연체는 열과 점등 저항 요건을 따라야 한다. 절연체의 self-burning time은 30초를 넘어서는 안된다. 점등 전원(fire source)이 제거된 후에 30초내 불꽃은 타없어져야 한다. 절연체 아래 얇은 종이는 절연체로부터 타고 있는 잔해가 그것에 붙어있다면 타서는 안된다. 압력저항: ball pressing test 후에 pressing 자국이 2mm보다 작아야 한다.	불꽃실험 : 작동하는 동안 절연체 안에 가장 뜨거운 곳에 10초 동안 불을 놓는다. 점등 전원 (fire source)을 제거한 후, 30초 이내에 절연체 위에 불꽃이 다 타버리는 지 확인하라. 절연체 아래 얇은 종이가 절연체의 잔해가 그것에서 떨어졌을 경우 타지 않음을 check하라. Ball Pressing Test : 20N의 압력으로 강철 ball (지름 5mm)로 절연체에 압력을 가하라. 시험 후, 1시간 자국을 냄을 check하고, 자국이 2mm보다 작음을 확인하라.

9.5.3 계통연계 태양광 시스템

계통연계형 시스템에 대한 표준안은 아직 없으나 계통연계방식은 좁은 국토를 고려할 때 개인주택의 옥상에 태양전지를 설치하여 110 V나 220 V의 교류전원에 연계하는 2~5 kW 정격의 소용량 PV인버터 및 공공건물 옥상용 중규모 PV 인버터가 향후 중점 보급될 것으로 예상된다. 이와 같은 관점에서 계통연계형 PV인버터의 기술과제는 다음과 같이 종합되어진다.

(1) 계통 전력품질의 유지(낮은 왜율(THD) 및 전압안정화)
(2) 계통과 PV인버터시스템의 보호협조
(3) PV인버터의 저가화(주변장치 포함)
(4) 효율향상과 소형경량화

이하에서는 개인주택용을 중심으로 연계형 태양광 인버터기술을 검토하였다.

(1) 인버터의 제어와 보호

① 최대전력점 추종제어(Maximum Power Point Tracking ; MPPT)

태양전지의 출력특성은 일사강도의 변동에 따라 최대전력을 출력하는 점이 변한다. 실제 사용시는 온도의 변화에 대응하는 최적점의 전압치가 꽤 큰 폭으로 변화하므로 이 영향이 크다. 따라서 항상 최적동작점을 추종하도록 제어하여 최대전력을 얻어내는 것이 요구된다. 최대전력점 추종제어는 태양전지전압, 즉 인버터 직류측 전압이 일정하게 되도록 인버터 출력전류를 제어하고, 태양전지전압을 조금 상하로 변화시켜 태양전지의 출력전력을 계측하여 이 값이 최대인 점을 찾는 방법을 채용한다.

② 단독운전 방지기능

태양광발전시스템을 전력계통에 연계하여 운전하고 있는 상태에서, 배전선 사고 등에서 계통이 차단된 경우 신속히 태양광발전시스템을 차단분리하지 않으면 안전상의 문제나 재송전시에 장애가 발생할 우려가 있다.

단독운전을 검출하는 기능으로서 주파수 릴레이나 전압릴레이 등을 이용한 수동적 방식과 인버터의 제어를 이용한 능동적 방식의 2종류가 있다.

일반적으로 수동적인 방법에서는 감도를 높이면 오동작하게 되므로, 설정을 느슨하게 하고 능동적 방법으로 보완하는 것이 바람직하다.

③ 적용 스위칭 소자

태양광인버터에 적용될 수 있는 자기소호소자로서는 IGBT 등이 주로 이용되고 있다. IGBT는 가격, 스위칭속도, 전압전류정격 등이 PV인버터에 매우 적합하므로 수 kW～수 100 kW의 범위에서 사용되고 있다. MOSFET는 특히 높은 주파수에서 사용하는 경우나 직류전압이 100V정도로 낮은 경우에는 손실이 작아 유리하다. GTO가 적용될 대용량인버터는 태양광발전에서는 시스템 용량이 MW급 이상인 경우에 사용되고 있다.

향후 태양광발전시스템의 이용형태를 살펴보면, 주택의 지붕이나 빌딩의 옥상에 태양전지어레이를 설치하고 출력을 배전선과 연계하여 상용전원과 조합해서 유효하게 이용하는 계통연계형시스템이 상당히 보급될 것으로 기대되고 있다.

그러나 불특정 다수의 소형 태양광발전시스템을 계통연계하는 경우는 배전선의 전력품질 및 안정성에 영향을 줄 가능성이 있기 때문에 이들 발전시스템의 본격적인 보급에 앞서서 미리 계통연계운전에 의해 발생할 기술적인 문제점을 도출해내고 그 대책기술에 관한 조건들을 갖추었을 때 시스템이 안정적으로 보급될 것이다.

불특정 다수의 소형 태양광발전시스템이 배전계통과 연계하는 것은 전기적으로는 본래, 발전설비가 존재하지 않는 전력소비지역에 다수의 발전소가 출현할 사태, 또는 발전소, 변전소, 배전선이라 할 배전부분과 부하라는 명확히 역할이 구분되던 전력계통에서 혼재하는 전력계통으로서 변화라는 새로운 경우의 발생을 의미한다. 따라서 태양광발전시스템의 계통연계기술을 확립하기 위해서는 시스템 자체성능확인이외에 그 연계할 부분, 다시 말하면 배전선계통으로의 영향, 또는 그 주변부분에 존재하는 전기제품을 중심으로 한 부하에로의 영향확인도 필요하다. 이들의 확인, 즉 이러한 기술적평가는 전력품질과 안전성의 면에서 행하는 것이지만 구체적으로는 태양광발전시스템에서 본 평가, 전기제품에서 본 평가, 전력계통에서 본 평가의 종합평가가 이루어져야 한다.

주요 실증시험항목으로서는 다음의 것이 고려되어야 한다.

① 발전특성, 전압변동　② 고조파 왜곡
③ 고주파 전자유도 장애　④ 순간전압저하
⑤ 순간전압차단　⑥ 지락고장
⑦ 단락고장　⑧ 역충전 현상

그러나 현실적으로 발생이 예상되는 현상으로서는 단순한 한 가지 항목에서부터 여러 가지가 일시에 발생하는 복합현상도 당연히 고려될 수 있다. 예를 들면 태양광발전시스템들이 존재하는 계통에서의「지락고장과 단락고장이 동시 발생하는 경우」,「역충전 현상중에 다시 폐회로가 발생하는 경우」,「지락고장중의 고조파 왜곡」등 다양하게 조합된 현상들이 발생할 수 있다는 점을 고려하여 시스템을 구성하여야 한다.

태양광발전 시스템은 기상조건에 따라 발전 출력이 다르며, 야간에는 발전이 불가능한 등의 문제점을 가지고 있어 시스템을 이용하는데 큰 장애요인으로 작용하고 있다. 이를 해결하기 위하여 일반적으로는 축전지에 의한 태양광발전의 안정화를 생각할 수 있으나 현재 국내의 기술수준으로는 전력저장에도 저장효율, 보수의 용이성 등에 문제점이 많으며 이러한 시스템을 이용하고자하는 수요자에게는 축전지를 이용한 전력저장 자체가 적합치 않다.

따라서 이러한 문제점을 완화하여 태양광발전 전력을 효과적으로 이용하는 방안으로서 태양광발전 시스템을 전력계통 즉 실제 배전계통에 연계시켜 축전지 대신에 전력계통을 버퍼로 이용하는 방안이 소규모 태양광발전의 실용화에 근접할 수 있다. 계통연계형 태양광발전 시스템은 여러 가지로 분류되지만 본 연구에서는 역조류를 인정하는 전력의 흐름이 양방향성인 시스템을 연구개발 대상으로 하였다. 양방향성 계통연계형 시스템의 효율을 높게 운전할 수 있으나 기술적으로 해결해야 할 문제점이 많아 외국에서도 다양한 연구가 계속되고 있다.

계통연계형 태양광발전의 실용화는 태양전지 가격 등을 고려하면 소규모 시스템을 주택의 지붕과 빌딩의 옥상을 이용하여 설치함으로서 가능할 것으로 사료

되나, 태양광발전 시스템의 계통연계를 전기사업자의 입장에서 보면 소규모 태양광발전 시스템을 계통에 연계시키는 것은 그렇게 단순한 것만은 아니다. 태양광발전 시스템을 계통에 연계시킬 때 계통측에 나타나는 문제는 다음과 같은 문제점 등을 들 수 있다.

(1) 계통품질의 저하 문제 : 전압변동의 증가, 불필요한 고조파 전류의 돌입에 의한 전력품질의 저하
(2) 계통보호 및 안정성 문제 : 배전선 보호 시스템에 의한 공급 신뢰도의 저하, 태양광발전 시스템에서의 역압 유입에 의한 선로작업시 안정성의 저하
(3) 불특정 다수의 소형 분산 전원을 전력 계통 내에 도입할 때의 제반 문제점
(4) 각종의 소형 분산 전원장치 고유의 운전특성에서 파생되는 제반 문제점

이중 첫 번째 문제는 배전 계통이 태양광발전 출력의 변동성분을 흡수하는 것이라 생각할 수 있으며 태양광발전 시스템에 직교류 변환 정지형 인버터를 사용함으로써 발생하는 문제점이라고 할 수 있다. 두 번째 문제는 태양광발전 시스템이 배전계통에 연계됨으로 인하여 이질적인 부하가 추가됨에 기인하는 것으로서, 법적으로 질이 좋은 전력공급의 책임을 지고 있는 전기사업자의 입장에서는 그냥 지나칠 수 없는 문제점들이다. 세 번째는 연계하려고 하는 전원이 반드시 계통측에서 자유롭게 제어할수 있는 것이 아니기 때문에 계통의 수급운용체계에 영향을 줌과 동시에 어떤 사고 시 배전선의 보호, 안전성을 확보할 수 없다는 문제가 발생하기 때문에 소규모 계통연계형의 분산형 전원을 계통내에 수용하여 활용하고자 할 때 해결해야할 공통적인 문제점이다. 한편 네번째에서 제기된 문제는 태양광발전용 소규모 계통연계형 시스템이 갖는 특징에 의해 그 성질의 차이가 있으며 태양광발전 시스템은 기상조건에 좌우되기 쉬운 불안정한 전원이기 때문에 계통의 부하 특성을 복잡하게 하여 전압변동을 유발하기 쉬운 문제점, 또 본질적으로 정지형 시스템이라는 것이 이점인 반면, 직교류변환에 따른 고조파의 발생등 계통의 전력품질을 크게 저하시켜 부하측의 손상을 주는 위험성 등의 문제점을 내포하고 있다. 이와 같은 여러 가지 문제점등에 관하여 표 9.20에 지적하고 있다. 따라서 이러한 문제점과 대책은 태양광발전 뿐만 아니라 신에너지 발전의 소규모 계통연계형 분산전원에 대해서도 공통적으로 나타나는 문제점들이다. 또한 표 9.20의 각각 대책을 효과적으로 해결하기 위해서는 각 대책에 대한 구체적인 실증실험을 추진하여 이에 대한 구체적인 기술확립이 이루어져야 할 것이다.

표 9.20 태양광발전 시스템의 계통 연계상 문제점

NO	항 목	문 제 점	해 결 방 안(예)
1	발전특성	1)발전출력의 불안정성	ㅇ 축전지에 의한 출력의 안정화나 수요시간대의 전력이동 ㅇ 다른전원과의 Hybrid화
2	전력품질	1)전압변동	ㅇ 자여식 시스템 설치 추진 ㅇ 타여식시스템에서 진상콘덴서 설치 ㅇ 역율 무효전력을 구제한다. ㅇ Soft start, Soft stop방식 채택
		2)고조파	ㅇ 전자식 유도장애를 포함한 충분한 Filter 설치 ㅇ 자여식 시스템으로 설치, 시스템의 다상화, PWM화 고조파함으로써 직렬투입, Filter채용 ㅇ 시스템 개별적으로 고조파 전류의 유입규제
3	보호 안정성	1)사고시 보호 a. 계통사고의 파급방지 b. 계통보호방식과 연계 보호	ㅇ 차단기, Fuse 등의 차단기능 부가 ㅇ 내부회로 이상을 검출하여 시스템을 자율적으로 계통으로부터 차단하는 기능을 부가 ㅇ 직류차단, 절연용의 수용가 트랜스 설치 ㅇ 연계차단기의 설치와 전기사업법에 따른 우선조작권의 확보 ㅇ 자여식 시스템을 타여식으로한다.
4	운용관리	1)시스템의 신뢰성	ㅇ 연계장치의 형식인증제도 ㅇ 정기점검의 의무화 ㅇ 입출력 검사권 확보
		2)전력 계량 문제	ㅇ 역회전 방지 meter 나 2개의 meter 사용 방식의 계량

9.5.4 신에너지원의 저압배전선 연계시 보호협조 기본사항

저압 배전선과 연계하는 경우의 보호협조 요약은 다음과 같다.

① 다음의 보호 계전기 또는 이와 동등 이상의 기능을 갖는 장치에 의하여, 원칙적으로 수전점에서 자동적으로 연계를 차단하는 장치를 설치하여야 한다.

과전압계전기(OVR: 59)

저전압계전기(UVR : 27)

주파수상승계전기 (OFR : 81O) (역조류를 허용하는 경우에 한함)

주파수저하계전기 (UFR : 81U)

역전력계전기 (RPR : 32P) (역조류를 허용하지 않는 경우에 한함)

② ①의 차단장치는 계통이 정지 중에는 투입할 수 없도록 시설하여야 한다. 또 복구후에도 일정시간은 투입할 수 없도록 시설하여야 한다.

③ 역조류를 허용하는 경우에는 단독운전검출기능에 의해 자동적으로 연계를 차단하는 장치를 설치하여야 하며, 동시에 옥외에서 조작 가능한 안전 개폐기를 거래용 계량기의 소규모 발전설비 측에 설치하여야 한다.

④ 역조류를 허용하지 않는 경우에는 역충전 검출기능에 의해 자동적으로 연계를 차단하는 장치를 설치하여야 한다.

1) 연계선로 보호장치의 설치

소규모 발전설비 또는 전력계통고장 및 이상상태의 제거, 사고범위의 억제 등을 행하기 위하여 다음사항을 고려한 적절한 연계보호장치를 설치한다.

가. 발전기 고장시 분리

소규모 발전설비의 고장에 대해서는 그 영향을 연계계통으로 파급시키지 않도록 발전설비를 즉시 전력계통과 분리할 것

나. 단독운전 또는 역 충전 방지

연계된 전력계통의 고장에 대해서는 신속히 그리고 확실히 계통으로 부터 발전설비를 분리하여, 일반 수용가를 포함한 어떠한 부분 계통에 있어서도 단독운전이 발생되지 않아야 하며, 또한 역충전 상태로 되었을 때에도 그것을 신속, 정확하게 검출하여 계통으로부터 분리할 것(용량규모의 대소에 관계없이 적용되어야 함).

다. 비동기 투입 방지

연계된 계통의 사고복구를 위한 자동 재폐로를 시행하는 경우에는 발전설비가 확실히 전력계통으로 부터 분리되어 있는 상태 일 것. 다만, 소규모 발전기의 용량이 100 kW이하인 경우 또는 자동재폐로시 발전기에 전기, 기계적인 충격이 경미하다고 인정되는 경우에는 예외로 한다. : 자동재폐로의 가장 빠른 무전압시간(0.5초)이내에 자동분리 될 수 있는 장치가 있어야 함.

라. 외부계통의 영향에 의한 자동분리 방지

연계계통 이외에서의 사고시 또는 계통의 루프 절체 등에 의한 전력계통측의

순시 전압강하 등에 대하여, 소규모 발전설비를 분리시키지 않고 계속운전 또는 자동 복귀할 수 있는 시스템일 것.

이상의 고려사항에 기초하여 각종의 보호계전기 또는 그것과 동등 이상의 기능을 갖는 보호장치를 설치한다. 또한 가이드라인 상에서 규정되는 보호장치는 소규모 발전설비를 전력계통과 연계함에 따라 필요하게 되는 것에 한정되어 있고, 수용가구내의 단락, 지락사고 시 계통으로 유출되는 사고전류는 소규모 발전설비의 유무에 관계없이 발생되는 것이므로, 그것을 검출, 제거하는 보호장치에 관하여는 규정에서 제외하였다. 따라서, 이들의 수용가 구내 사고에 대해서는 구내에서 확실하게 검출, 제거하여 계통으로 파급되지 않는 것이 필요하며, 수전점에는 과전류 보호기능를 구비한 누전차단기(OC 부 ELB) 등의 보호장치를 설치할 필요가 있다.

2) 연계계통 사고대책

가. 단락사고 대책

연계된 계통에 있어서 단락사고시의 보호를 위하여 다음의 보호계전기를 설치한다.

(1) 저전압계전기(UVR : 27)

역변환장치의 과전류 보호기능 또는 과전류 제어기능의 순시 동작에 의해 유출하는 단락전류는 제한되지만, 단락사고이므로 분리하는 것이 원칙이며 분리개소의 전압이 저하하므로 그것을 저전압계전기로 검출하여 차단한다.

(2) 방향 과전류계전기(DOCR : 67) 또는 과전류계전기(OCR : 51)

소규모 발전설비가 동기발전기이며 용량이 비교적 큰 경우에는 연계선 단락사고 시 이 발전기로부터 과전류가 흐르게 되므로 방향 과전류계전기로 검출 차단 할 수 있다. 이때 소내 단락사고 시 동작하는 과전류계전기로서 이 사고도 검출할 수 있고 보호협조가 가능하면 그 과전류계전기를 공용으로 하여 검출 차단할 수 있다.

나. 상위계통 사고 등에 의한 단독운전 방지 대책

상위계통 사고 시 등에 의해 단독운전이 발생한 경우의 대책은 다음의 “3. 단독운전 방지대책" 에서 기술한다.

다. 순시전압 저하 대책

연계계통 이외의 단락사고나 루프 절체시의 순시 위상차 등에 의한 계통측의 순시전압 저하에 대해서는 다음과 같이 대응되어야 한다.

(1) 이러한 조건에 의한 순시전압 저하시간은 일반적으로 특고압배전선에서 0.04~0.7초(일본의 경우 0.3초) 범위이므로 불필요한 분리를 방지하기 위해서는 UVR : 27의 동작시간을 순시전압저하시간보다 크게 하여 소규모발전설비를 분리시키지 않고, 운전계속 또는 자동복귀 할 수 있는 시스템으로 되도록 하여야 한다. 이 경우 역변환장치를 게이트 블록하는 것(대기 모드)으로 대응해도 좋으며, 이 경우 UVR: 27의 정정시한 이내를 대기 지속시간의 기준으로 한다.

(2) 계통전압저하 지속시간이 UVR: 27의 정정시간을 초과하는 경우는 분리한다.

라. 보호계전기의 동작치와 동작 시한

보호계전기 검출레벨 및 검출 시한 등에 대해서는 표 9.21에 나타난 표준 정정치에 따르는 것으로 한다. 단 이 표를 따르기 어려운 경우에는 쌍방간의 협의에 의해 결정한다. 따라서 보호 계전기의 정정범위는 표준 정정치의 전후 일정 범위에서 연속적 또는 단계적으로 정정 변경 가능한 것으로 구입 설치하는 것이 바람직하다.

3) 단독운전 방지대책

전력계통 정지 시(소규모 발전설비가 연계되는 계통 또는 그의 상위계통에서의 사고시)에 소규모 발전설비가 계통으로부터 분리된 상태로 단독운전을 계속하고 있으면 본래 계통이 정지될 경우 무전압인 것으로 인식되어 있으나 소규모 발전기로부터 일반사업자계통이 충전되어 있어 이 경우 안전이나 공급신뢰도 확보면에서 다음과 같은 문제점을 초래할 염려가 있기 때문에 이를 제거할 필요가 있다.

가. 안전문제

전력계통에 사고가 발생되어 있는 경우에는 사고점에 전력이 계속 공급되는 것이 된다. 정전구간 이어야 할 선로가 충전상태로 되기 때문에 작업자가 감전될 염려가 있으며 사람의 감전 외에도 사고점의 피해확대 및 수용가 기기손상의 염려가 있다.

나. 공급신뢰도 문제

단독 운전시는 계통과 단독계통전압의 위상이 맞지 않거나 전압차이가 있게 되면 동기를 맞출 수 없어 재폐로 또는 타 회선으로부터의 역송전이 어렵게 된다. 이런 경우에는 단독운전되는 소규모 발전계통을 정지 또는 발전기만을 분리시키고 계통으로부터 송전한 후에 소규모발전기측에서 재 연계하는 절차가 필요하다.

표 9.21 보호계전기의 검출레벨과 검출 시한

<table>
<tr><th colspan="2" rowspan="2">보호계전기 종별</th><th colspan="2">표준 정정치 (정정 범위 예)</th></tr>
<tr><th>검출 레벨</th><th>검출 시한</th></tr>
<tr><td colspan="2">1. 과전압 OVR:59</td><td>115 V / 230 V
[110～120 V
225～240 V]</td><td>1초[0.5～2초]</td></tr>
<tr><td colspan="2">2. 부족전압 UVR: 27</td><td>80 V / 160 V
[80 − 93 V
160 − 180 V]</td><td>1초[0.5～2초]</td></tr>
<tr><td colspan="2">3. 주파수상승 OFR : 81O</td><td>51.0 Hz / 61.2 Hz
[50.5～51.5Hz
60.6～61.8Hz]</td><td>1초[0.5～2초]</td></tr>
<tr><td colspan="2">4. 주파수강하 UFR : 81U</td><td>48.5 Hz / 58.2 Hz
[48.5～49.5Hz
58.2～59.4Hz]</td><td>1초[0.5～2초]</td></tr>
<tr><td colspan="2">5. 역전력 RPR : 32P</td><td>인버터 정격출력의 5%정도</td><td>1초[0.5～2초]</td></tr>
<tr><td rowspan="2">6. 역충전 검출기능</td><td>부족전력UPR</td><td>최대 수전 전력의 3%정도</td><td>−게이트블럭용 0.2초
−차단출력용 0.6～0.8초</td></tr>
<tr><td>부족전압UVR: 27</td><td>2.와 동일</td><td>0.6～0.7초</td></tr>
<tr><td colspan="2">7. 단독 운전 검출기능</td><td colspan="2">당면 개별 검토</td></tr>
</table>

다. 그 밖의 문제

충전된 계통에서는 전압·주파수가 변동할 염려가 있으며 수용가 기기에 손상을 초래할 수 있다.

(1) 역조류를 허용하는 경우의 단독운전 방지대책

(가) 전력계통 정지시 단독운전의 억제

전력계통이 정지되면 단독운전 상태로 되므로 소규모 발전설비가 신속하고 정확하게 분리되도록 하기 위하여 소규모 발전설비의 사고대책용 보호계전기인 UVR: 27, OVR:59에 추가하여 저주파수계전기(UFR : 81U), 과주파수계전기(OFR : 81O)을 설치하여 단독운전을 방지한다.

① UVR : 27, UFR : 81U

단독운전 계통내의 소규모발전설비 발전출력과 부하의 관계에 있어서, 무효전력이 평형되고 부하의 유효전력이 발전출력보다 큰 경우에는 분리개소의 전압 및 주파수가 저하하며, 유효전력이 평형되고, 부하역률이 발전출력의 역률보다 앞서 있는 경우는 분리개소의 주파수가 저하하게 되므로 이것을 검출하여 차단하기 위해서 UVR : 27 및 UFR : 81U을 설치한다.

② OVR : 59, OFR : 81O

단독운전 계통내의 소규모발전설비 발전출력과 부하의 관계에 있어서, 무효전력이 평형되고 부하의 유효전력이 발생출력보다 작은 경우에는 분리개소의 전압 및 주파수가 상승하며, 유효전력이 평형되어 있고 부하역률이 발전출력의 역률보다 뒤져있는 경우는 분리개소의 주파수가 상승하게 되므로 이를 검출하여 차단하기 위해 OVR : 59 및 OFR : 81O을 설치한다.

(나) 단독운전 검출기능의 추가 구비

발전출력과 부하의 크기가 대체로 평형을 이루는 경우에는 전압과 주파수의 변동이 작아 UVR : 27, UFR : 81, OVR : 59, OFR : 81O 만으로는 단독운전을 방지 할 수 없다. 따라서 이들 계전기로 검출이 곤란한 조건하에서도 유효하게 검출이 가능한 새로운 단독운전검출기능을 채용하여야 한다. 단독운전검출기능으로서는 밑의 표 9.22에서 살펴볼 몇 가지 방식이 유효하다고 판단되지만, 그 어떤 방식도 보호 신뢰성과 검출 속도면에서 각기 장단점이 있으므로 각 방식 서로의 단점(불감영역)을 보충하여 단독운전 검출의 유효성을 높이기 위해, 수동적 방식과 능동적 방식에서 각기 1 방식이상 조합시켜 채용하여야 한다. 또한 저압 배전계통에서는 사고시 및 작업시의 연계분리 가능 개소가 다양함과 동시에 계통변경의 빈도가 높기 때문에 고압이상의 계통연계에서 사용될 수 있는 전송 계전방식은 현실적으로 적합하지 않아 채용할 수 없다. 또한 현재의 기술수준에서는 위의 (가)에 나타낸 단독운전 검출기능이 유효하다고 판단되지만, 단독운전 검출 기술은 아직 연구도상의 기술로서 금후 더욱 연구하여 현재방식의 개선을 도모하는 동시에 단순하면서 신뢰도가 높은 신기술에 대해서는 적극적으로 도입할 필요가 있다.

① 검출을 위한 정정기준(예)

단독운전 검출기능은 현 시점에서는 운전실적이 적으므로 표준적인 검출기준과 검출시한 등을 규정하기 어려움으로 당분간 표 9.23 및 9.24에 나타낸 값을 참고하여 적용하고 추후에 연구·검토를 거쳐 표준적 기준을 수립 적용한다.

표 9.22 단독운전 검출기능의 각 방식별 개요

수동적 방식

수동적 방식은 단독운전시의 전압이상 및 주파수 등의 급변을 검출하는 방식이다. 일반적으로 신속성은 우수하지만 불감대 영역이 있는 점과 급격한 부하변동 등에 의하여 오동작을 일으킬 수 있는 단점에 유의할 필요가 있다.

-전압위상 급변 검출방식:

본 검출방식은 단독운전 이행시에 발전 출력과 부하의 불평형에 의한 전압위상의 급변을 검출하는 방식이며, 단독운전 억제를 위한 계전기(UVR: 27, UFR : 81U, OVR : 59, OFR : 81O)보다 검출감도를 높일 수 있다. 그러나 발전출력과 부하의 유효전력과 무효전력이 완전하게 평형되어 있으면 단독운전을 검출할 수 없는 단점이 있다.

-3차 고조파 전압 급증검출 방식 :

본 검출방식은 역변환장치에 전류제어형을 이용하는 경우 단독운전 이행시에 변압기에 의하여 발생되는 3차 고조파전압의 급증을 검출하는 방식이다. 본 방식은 발전출력과 부하의 평형도에 좌우되지 않지만 불평형이 없는 3상회로와 전압제어형 역변환 장치에서는 적용할 수 없다.

-주파수 변화율 검출방식

본 검출방식은 단독운전 이행시에 발전 출력과 부하의 불평형에 의한 주파수의 급변을 검출하는 방식이며, 단독운전 억제를 위한 계전기(UVR : 27, UFR : 81U, OVR : 59, OFR : 81O)보다 검출 감도를 높일 수 있다. 그러나 대용량의 회전기를 이용한 발전 등의 안정한 전원이 연계되어 있으면 단독운전현상을 검출할 수 없는 염려가 있다.

 # 능동적 방식

능동적 방식은 역변환장치의 제어계 또는 외부회로에 부가한 저항 등에 의해, 평상시의 전압과 주파수에 변동을 주고, 단독운전 이행시에 두드러지게 나타나는 이들의 변동을 검출하는 방식이다. 이 방식은 원리적으로는 불감대 영역이 없는 점에서 우수하지만, 일반적으로 검출에 시간이 소요되며, 능동적 방식을 채용하는 타 소규모발전설비가 동일계통에 다수 연계되어 있으면 유효하게 동작하지 않을 염려가 있다.

–주파수 Shift 방식 : 역변환 장치의 내부 발신기등에 주파수 바이어스(Bias)를 주어 단독운전 이행시에 나타나는 주파수 변화를 검출하는 방식이다. 동일방식을 채용하는 다수의 소규모발전설비가 동일계통에 연계된 경우에는 단독운전시의 각 발전기의 주파수 Shift 방향을 일치시키는 것이 필요하다. 그리고 주파수 바이어스가 너무 크면 동기가 불완전함과 동시에 평상시의 운전 역률을 악화시킬 염려가 있으므로, 평상시는 미소한 주파수 변동을 주고 변동분을 정귀환에 의해 주파수 Shift를 증대하는 방법이 효과적이다.

–유효전력 변동방식 : 발전출력에 주기적인 유효전력변동을 주어 단독운전 이행시에 나타나는 주기적인 전압, 전류변동 또는 주파수 변동을 검출하는 방식이다. 동일방식을 채용하는 소규모 발전설비가 동일 계통에 연계된 경우에는 단독 운전시에 각 발전기의 유효전력 변동주기 및 위상을 일치시키는 것이 필요하다. 그리고 평상시의 유효전력변동을 가능한 한 작게 하여 변동분을 정귀환에 의해 증대시키는 동시에 변동위상을 일치시키는 방법이 효과적이다.

–무효전력 변동방식 : 발전출력에 주기적인 무효전력변동을 주어 단독운전 이행시에 나타나는 주기적인 주파수 또는 전류변동을 검출하는 방식이다. 또한 동일방식을 채용하는 소규모 발전설비가 동일 계통에 연계된 경우에는 단독 운전시에 각 발전기의 무효전력 변동주기, 위상을 일치시키는 것이 필요하다. 그리고 평상시의 무효전력변동을 가능한 한 작게 하여 변동분을 정귀환에 의해 증대시키는 동시에 변동위상을 일치시키는 방법이 효과적이다.

–부하 변동 방식 : 소규모 발전설비에 병렬임피던스를 순간적 또는 주기적으로 투입하여, 전압 또는 전류의 급변동을 검출하는 방식이다. 본 방식은 역변환장치의 제어기능에 의존하지 않기 때문에 외부에 독립하여 설치할 수 있다. 또한 투입 임피던스는 가능한 한 용량을 작게 하고, 투입시간도 짧게 하는 것이 바람직하며, 동일 방식을 채용하는 소규모발전설비에 대해서는 동기를 취해 임피던스를 투입하는 것이 바람직하다.

표 9.23 수동적 방식의 정정치 (예)

수동적 방식	검출기준 [1]	검출시한 [3]	유지 시간 [4]
전압위상 급변 검출	위상 변화 *2 ±3～±10 도	0.5초이내	5～10초
3차고조파 전압 급증검출	3차 고조파 변화 ±1～±3%	0.5초이내	5～10초
주파수 변화율 검출	고조파 변화 *2 ±0.1～±0.3%	0.5초이내	5～10초

(주) *1. 급격한 부하변동 등에 의한 오동작을 피하기 위해 어느 정도 변화가 지속 되는 것에 한하여 판정하거나 또는 필터를 넣는 등의 연구로서 불필요한 변동신호를 제거할 필요가 있다.
*2. UFR : 81U, OFR : 81O의 검출레벨의 1/10을 목표로 했다.
*3. 단독운전 발생시에 게이트 블록 등으로 소규모발전설비를 정지시킬 때까지의 시한
*4. 유지시한 동안에는 게이트 블록 등을 지속하여 발전설비가 재기동 되지 않게 함

표 9.24 능동적 방식의 정정치 (예)

능동적 방식	변동폭 [1]	검출 요소 [2]	분리 시한 [3]
주파수 shift 방식	주파수 bias 정격주파수의 수 %	주파수이상	0.5초이상 1초이내
유효 전력변조방식	유효전력 운전출력의 수 %	전압, 전류, 주파수 등의 주기 변동분	0.5초이상 1초이내
무효전력 변조 방식	무효전력 정격출력의 수 %	전류, 주파수 등의 주기 변동분	0.5초이상 1초이내
부하변동방식	삽입저항 정격출력 20 % 상당 삽입시간 매 0.3초마다 0.001초 이하	전압변화 : 8%이상 (수회연속검출) 전류변화 : 70%이하 (수회연속검출)	0.5초이상 1초이내

(주) *1. 정궤환을 하지 않는 방식은 평상시의 변동폭이며, 정궤환을 하는 방식은 평상시의 변동폭을 작게 해두고 변동주기 성분을 검출하여 정궤환을 걸어 변동폭을 증대시킨다.
*2. 표 중의 검출요소를 검출하여 분리점을 차단한다. 또한 검출레벨은 개별 협의한다. 부하변동 방식에서는 전류제어형 전류원은 전압변화로, 전압제어형 전압원에서는 전류변화로 검출한다. 또한 분리점의 차단은 단독운전 억제를 위한 계전기(UVR : 27, UFR : 81U, OVR : 59, OFR : 81O)로 확실하게 검출 차단할 수 있는 경우는 그것으로 대체할 수 있다.
*3. 단독운전 발생 후에 분리하기까지의 시간이다. 표 중의 값은 1대의 분리시한이며 다수 연계시는 적어도 5초 이내에 소규모 발전설비가 모두 분리·정지하는 것이 바람직하다.

(다) 단독운전 검출기능의 동작시퀀스

단독운전 검출기능은 원칙적으로 수동적방식과 능동적방식 중 각각 1 방식 이상을 상호 보완적으로 선택하여 다음의 시퀀스로 조합하여 단독운전을 방지한다([그림 9.21] 참조).

① 역변환장치의 평소 운전시 능동적 방식에 의해 출력 등에 미소한 변동을 준다(부하변동방식은 역변환장치 대신에 외부부하에 능동제어를 가한다.). 전력계통과의 연계운전 시에는 이러한 미소한 출력변화가 일반사업자계통에서 흡수되어 전압·주파수 등에 별다른 영향이 나타나지 않는다.

② 단독운전으로 이행된 경우는 능동적 방식에 의한 출력 등의 변화에 의해 단독운전 계통내의 전압·주파수 등에 변화가 일어난다. 정궤환을 갖는 능동적 방식을 채용한 경우에는 변동분을 일시적으로 증대시키므로 전압 · 주파수 등의 변화를 크게하여 검출을 용이하게 한다.

㉮ 수동적 방식에서 단독운전을 방지하는 경우 :

수동적 방식에 의하여 단독운전이 검출되면 신호를 보내어 역변환장치의 게이트 블록이 걸리도록 하여 역변환장치의 출력을 단시간(5초~10초) 정지하여 대기하며, 이 대기시간동안 다른 계전기가 동작하지 않으면 자동적으로 재동작하게 된다. 전력계통의 이상(분리, 정전)과 역변환장치의 정지에 의해 단독운전계통의 전압·주파수에 이상이 발생하므로 단독운전 억제를 위한 계전기에서 이를 검출하여 분리점의 차단장치를 차단한다.

㉯ 능동적 방식에서 단독운전을 방지하는 경우 :

수동적 방식에서 단독운전을 검출할 수 없는 경우 능동적 방식의 검출부에서 전력, 주파수 등의 주기적 변동을 검출하여 분리점의 차단장치를 차단함과 동시에 역변환 장치의 게이트블록 등으로 역변환장치를 정지한다. 또한 능동적 방식에 의한 주파수 등의 변동을 단독운전 억제를 위한 계전기에서 검출가능한 경우는 이것으로 분리점의 차단장치를 차단해도 된다.

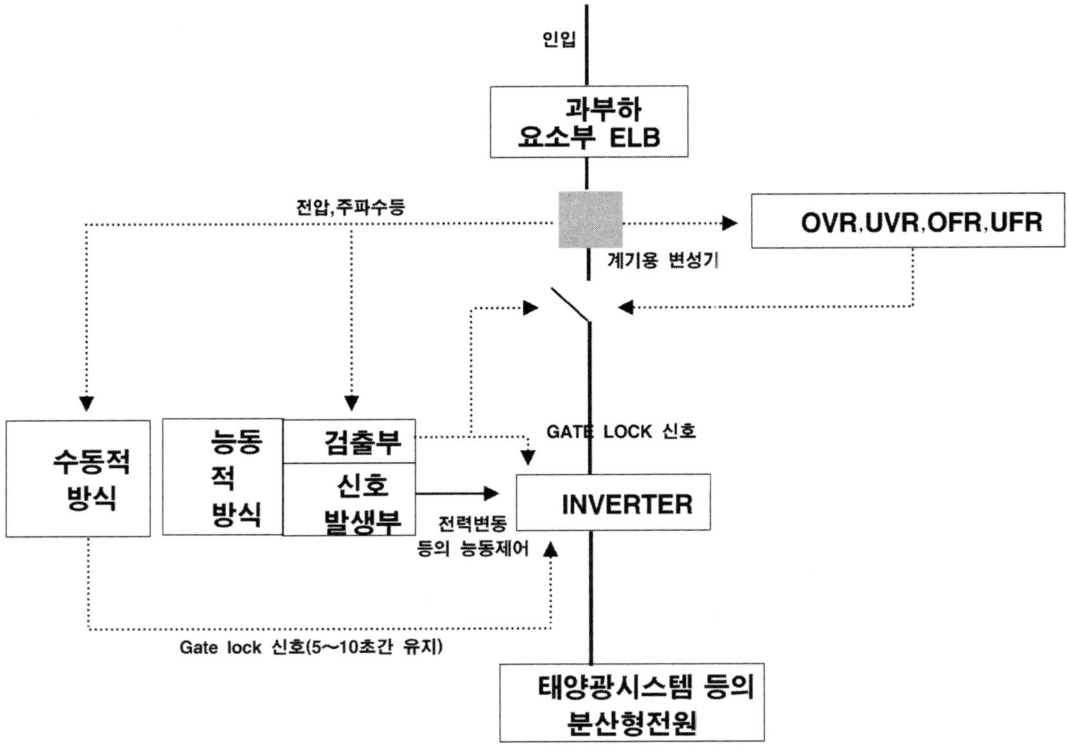

(주)

1. 단독운전 검출기능(출력등의 발생부는 제외) 및 단독운전 억제를 위한 계전기는 인버터 외부에 설치하는 것이 원칙이나, 기능 · 성능 · 정기점검 등의 조건이 충족되면 인버터에 내장해도 무방함.
2. 능동적 방식에서 단독운전 억제를 위한 계전기로서 확실하게 검출 가능하면 검출부는 생략이 가능함.

그림 9.21 단독운전 방지대책 기본 시퀀스(예)

(2) 역조류를 허용하지 않는 경우의 단독운전 방지대책

(가) 전력계통 정지시의 단독운전 방지 대책

전력계통이 정지되면 단독운전 상태로 되므로 소규모 발전설비가 신속하고 정확하게 분리되도록 다음의 보호계전기를 설치한다.

① 역전력 계전기(RPR : 32P)

단독운전 상태에서는 소규모 발전설비 측으로부터 전력계통으로 전력이 유출하므로 이것을 검출하여 차단한다. 한편 역충전 검출기능에 의해 검출·보호할 수 있는 경우는 생략할 수 있다.

② 저 주파수 계전기(UFR : 81U)

역조류가 없는 시스템에서는 대개 단독운전 계통내에서 (발전출력) < (부하)로 되므로 분리개소의 주파수가 저하하게 되므로 이것을 검출하여 차단하기 위해 UFR : 81U 을 설치한다. 한편 역조류가 있는 시스템이 혼재되어 있으면 RPR : 32P로서 고속으로 검출보호할 수 없으므로 RPR : 32P로는 UFR : 81U를 대체할 수 없다.

(나) 역충전 검출기능의 설치

역조류가 없는 시스템에서는 단독운전상태로 되면 대부분의 경우 소규모 발전설비측으로부터 전력계통으로 전력이 유출하므로, RPR : 32P 등에서 검출가능하다. 그러나 구내부하와 소규모 발전설비의 발전출력이 평형되어 있으면, 역조류가 없는 상태에서도 전력계통을 역충전 할 염려가 있으므로, 역충전 검출기능을 설치하여 이것을 방지하여야 한다. 역충전 검출기능에 대해서는 현재의 기술수준에서는 아직 확실한 검출성능이 보장되는 보호계전기가 없어 당분간 다음과 같이 적용한다. 또한 역충전 검출기능의 대신으로 단독운전 검출기능을 설치해도 좋다.

① 역충전 검출기능의 동작 시퀀스

㉮ 소규모 발전설비의 평소 운전 시

수용가의 수전전력이 일정치를 하회하는 경우 [그림 9.22]의 ①의 저전력계전기(UPR : 37) 또는 역변환 장치의 출력제어 기능에 의해 부족전력을 검출하여 소규모발전설비의 출력을 정지시켜(역변환 장치의 게이트블록 등에 의한) 역조류 방지를 도모하는 운전방식이다.

㉯ 전력계통이 정지한 경우

전력계통이 정지하면 수용가의 수전전력이 일정치를 하회하므로 소규모 발전설비의 출력을 정지시킨다. 소규모 발전설비가 정지하므로 [그림 9.22]의 ②의 저전압계전기(UVR : 27)에 의해 부족전압을 검출하여 분리개소의 차단장치를 차단한다. 또한 UVR : 27은 역충전 검출용으로 설치하는 것으로서 발전설비 사고 대책용 저전압계전기(UVR : 27)로 겸용 할 수 없다.

㉰ 전력계통이 정지해도 소규모발전설비의 출력이 정지하지 않는 경우

전력계통이 정지하여 수용가의 수전전력이 일정치를 하회하여도

역변환장치 게이트블록 등이 정상적으로 동작하지 않아 소규모발전설비의 출력이 정지하지 않는 경우에는 [그림 2]의 ③의 UPR : 37에 의해 수전전력 저하를 검출하여 ④의 역변환장치의 「게이트 블록 등이 작동하지 않음」의 조건으로 분리개소를 차단한다. 이것은 제어기능 이상을 고려한 후비 보호이다. 그리고 소규모발전설비 출력정지시에 불필요한 UPR : 37동작에 의한 분리개소의 차단을 피하기 위해 ④의 「역변환 장치의 게이트 블록 등이 작동하지 않음」의 조건을 넣어 오동작을 억제한다.

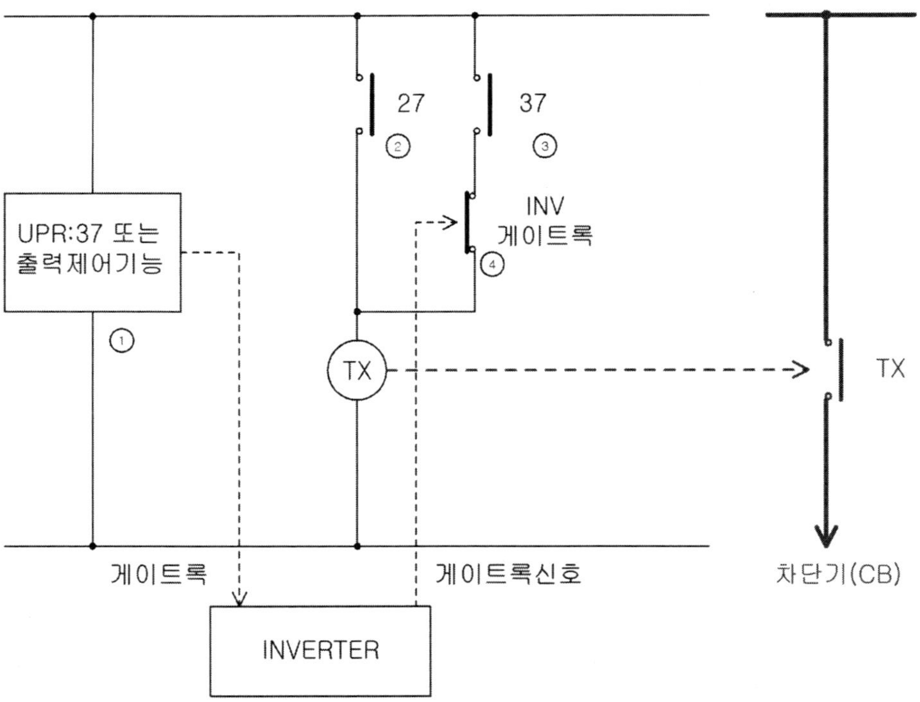

그림 9.22 역충전 검출기능의 동작 시퀀스

(3) 안전개폐기의 설치

단독운전 검출기능은 때에 따라 매우 중요한 역할을 가지고 있으나 운전경험이 거의 없었던 새로운 기법으로서, 어떠한 원인에 의해 분리실패 될 경우라도 위험을 막기 위하여 옥외에서 조작 할 수 있는 개폐기를 거래용 계량기의 소규모 발전설비 측에 설치하여, 발전설비 운전자 또는 선로 작업자가 필요에 따라 그것을 개방할 수 있도록 한다.

(4) 배전선로 재폐로시 비동기 투입 방지 문제

연계된 계통의 사고복구를 위한 자동 재폐로를 시행하는 경우에는 발전설비가 확실히 전력계통으로부터 분리되어 있는 상태 일 것. 다만, 소규모 발전기의 용량이 100 kW이하인 경우 또는 자동재폐로시 발전기에 전기, 기계적인 충격이 경미하다고 인정되는 경우에는 예외로 한다. : 자동 재폐로의 가장 빠른 무전압시간(0.5초)이내에 자동 분리 될 수 있는 장치가 있어야 한다.

고압 또는 특고압 이상으로의 계통연계에서는 송배전선 자동재폐로시 안전대책으로서 변전소측에 선로 무전압 확인장치를 설치하는 것이 원칙으로 되어있지만, 저압배전선으로의 연계에서는 다음의 이유 때문에 선로 무전압 확인장치의 설치는 불필요하다.

(가) 단독 운전 중에 계통이 복구되어 비동기 투입되는 경우, 일반적으로 역변환 장치는 순시 출력정지 또는 전류제어를 함으로 소규모 발전설비, 전력계통 등에 악영향을 주지 않는다.

(나) 전압이상, 주파수 이상을 검출하는 보호계전기 이외에 복수의 단독운전 검출장치(역조류를 허용하는 경우) 또는 역충전 검출장치(역조류를 허용하지 않는 경우)에 의한 단독운전 검출 가능 영역이 증대되며, 특히 각 검출요소의 검출가능영역이 중첩되어 상호 보완된다.

(다) 계통의 분리개소의 위치나 분리개소수가 항상 일정하지 않으며, 고압 또는 특고압 송배전선의 인출부에 선로 무전압 확인장치를 설치해도 기능을 발휘할 수 없는 경우가 많다. 그리고 저압 배전선로에 선로 무전압 확인장치를 설치하여 이용하는 것은 비현실적이다.

(5) 혼촉 등 방지용의 변압기의 설치

역변환장치의 내부고장 등에 의해 교류출력에 직류 성분이 혼입되어 계통으로 유출되면 주상변압기의 편자현상 등에 의해 계통과 다른 수용가 설비에 악영향을 미칠 염려가 있기 때문에, 역변환장치의 교류 출력측(역변환장치의 내부를 포함)에 변압기(단권 변압기 제외)를 설치할 필요가 있다. 단, 다음의 조건을 충족하는 경우에 역변환장치의 교류 출력측에 변압기를 생략할 수 있다.

(가) 직류회로가 비접지 또는 고조파 변압기를 사용하는 경우

(나) 교류 출력측에 직류검출기를 설치하고, 직류성분 검출시에 교류출력을 정지시키는 기능이 구비된 경우. 직류성분의 검출은 역변환

장치출력에 혼입되어 있는 직류 전류성분에 대한 것이며 검출레벨은 역변환장치 정격전류의 1%이하, 검출시한은 0.5초 이내이다. 여기서, 직류검출 레벨은 전력계통에 시설되어 있는 주상변압기를 대상으로 하여 직류편자에 의한 여자전류 첨두치가 정격전류 정도까지 급증하지 않는 범위를 조사·검토한 결과이다.(일반가전기기, 전동기 등에 대한 영향에 있어서는 아직 조사·검토되지 않았음). 또한 동일한 주상변압기에 접속된 복수개의 역변환 장치에 같은 형태의 이상 현상이 동시에 발생되는 경우에는 주상변압기가 극단적으로 편자 될 위험성이 있지만 이와 같은 현상이 발생될 확률은 극히 적으므로 여기서는 검토대상에서 제외한다.

9.5.5 국내 태양광 시스템 인증 방안

태양광 발전설비를 역변환장치를 통하여 계통 연계하는 경우에 사용하는 역변환 장치 및 보호장치 등에 대해서는 가이드라인에서 정해지는 기술조건에 대한 기능확보를 이루기 위하여 공인기관에서 시험을 거쳐 인정하는 제도가 필요하다. 현재 이와 관련한 인증기관은 국내에는 있지 않으며 국제적으로 PMC(PowerMark Corp.), PV GAP(Global Approval Program for PV) 등에서도 현재 계통 연계형에 대해서는 작업중에 있다. 향후 기준안이 마련되면 계통 연계형 시스템에 대해서도 인증마크를 발급하는 제도를 시행 할 수 있을 것이다. 인증제도에 의해 공인을 받은 장치를 사용하는 경우에는, 전력회사와 수용가의 연계협의에 있어서 개별적인 성능확인시험 등의 생략이 가능해 지므로 협의, 검토에 필요한 절차기간의 단축이 기대됨과 동시에 전력품질의 유지, 안전확보 등의 관점에서도 바람직하다.

특히 연계보호장치로서 역변환장치에 내장되는 보호기능을 이용하는 경우에는 그의 구체적인 성능평가는 인증제도에서 수행하는 것으로 하며 또한 혼촉 등 방지용 변압기의 설치를 생략하는 경우에도 인정제도에 의한 인정을 받는 것이 바람직하다(또한 제도도입 당초의 당분간은 고압발전설비 및 저압대용량의 발전설치는 적을 것으로 예상되기 때문에, 저압의 10 KW 미만의 소형 태양전지 발전 시스템의 연계에 사용하는 역변환 장치 및 보호계전장치를 대상으로 운용되고 있다).

아래의 표 9.25는 계통연계 시스템에서 요구되는 기능과 기술 동향을 요약하였으며 표 9.26에서는 주택용 태양광 시스템 구성기기의 기능·설치장소·관련법규를 요약하였다.

표 9.25 계통연계 시스템에서의 요구기능과 기술 동향

NO	기술 및 기능	기능의 해설	기술동향
1	최대출력제어 [MPPT]	태양전지의 최대출력점에서 인버터가 운전될 수 있도록 최대출력점을 상시감시 응답제어하는 기능	추적범위에 따라 2모드 운전 기법 사용
2	고효율제어	스위칭 동작주파수의 증가와 함께 스위칭손실 증가하기 때문에 손실을 최대화하기 위하여 회로방식 및 제어가 필요, 무부하 손실 억제로 총발전량 향상을 위하여 필요한 제어기술	트랜스레스 회로방식 및 공진형기술 채용
3	소음의 저감	계통연계의 경우 실내설치를 고려하면 스위칭 및 팬소음 저감 기능 필요	SW주파수 20 kHz 이상 및 자연냉각 방식
4	직류분제어기능 [트랜스레스방식에서요구]	인버터의 이상에 의해 교류출력에 직류분이 혼입되어 계통에 유출되면 주상변압기의 편자현상 등에 의해 계통이나 수용가설비에 악영향을 주기 때문에 직류분 유출 억제기술 필요	직류검출 제어회로방식 정격출력전류의 1% 이하, 검출시한 0.5초 이내, 절연 TR
5	직류지락검출기능 [트랜스레스방식에서요구]	직류·교류간에 절연되어 있지 않는 직류회로에 지락이 발생하면 계통측으로부터 인버터를 통하여 지락전류가 흐름, 직류지락전류가 흐르면 ZCT의 자기화에 의해 지락검출불능, 검출 불능상태를 고려한 대책기술 필요	인버터 내부에 직류지락전류 검출회로 설치하여 직류지락 방지와 함께 계통으로부터 해열
6	고조파 억제	인버터로부터 역조류되는 전류에 왜율이 크면 계통 및 부하설비에 악영향을 주기 때문에 고조파억제기술 구사 필요	전류파형 정현파제어 및 휠터설치, 총왜율 5% 이하 각차 3% 이하
7	고주파 억제	스위칭소자가 고속으로 ON/OFF를 반복하기 때문에 고주파 노이즈를 발생, TV/라디오에 약영향	잡음단자전압기준 0.5 MHz ~ 300 MHz 이하: 73 dB(μV) 이하 0.15 MHz ~ 0.5 MHz 이하: 79 dB(μV) 이하
8	계통연계보호기능	인버터 고장 또는 계통의 사고시에 사고의 저거, 사고범위의 국소화 대책 필요 OVR, UVR, OFR, UFR	인버터를 정지시키고 계통으로부터 해역
9	단독운전방지기능	계통사고시에 인버터가 부하용량과 평형되어 이상을 검출할 수 없어 운전을 계속하는 상태, 단독운전이 발생하면 상위계통이 차단되어 있어도 저압측으로부터 전압이 유기되기 때무네 안전면에서의 문제발생	수동적 및 능동적 방식이 개발되어 1방식이상 조합하여 검출 10초이내 검출

(주) 1. 과전압계전기 : OVR(Over Voltage Relay), 부족전압계전기 : UVR(Under Voltage Relay)
2. 주파수상승계전기 : (Over Frequency Relay), 주파수저하계전기 : (Under Frequency Relay)

표 9.26 주택용 PV시스템 구성기기의 기능 · 설치장소 · 관련법규

NO	기기명칭 []내는 설치장소	기능의 해설	관련법규/지침
1	태양전지에레이 [지붕위]	태양전지 모듈의 집합체	전기설비기술기준 건축기준법
	가대 [기붕위]	태양전지어레이를 지붕에 고정하기 위한 가대	
2	직류측 옥외 개폐기 [옥외, 양전지근방]	태양전지어레이로부터 인버터까지의 직류배선의 단락보호용 및 설비점검용으로서 개폐기 또는 과전류차단기를 설치한다.	전기설비기술기준
3	역변환장치(인버터) [옥내]	태양전지어레이의 직류출력을 연계하는 상용계통과 같은 교류전압, 주파수로 변환하는 장치	계통연계기술요건 지침
	혼촉방지용 절연변압기 [옥내]	교류출력으로 직류성분이 포함되는 것을 방지하기 위한 변압기를 설치한다.	
4	계통연계보호장치 [옥내]	연계에 필요한 보호장치 또는 이것과 동등의 기능, 단독운전검출기능 및 해열용 차단기 등에 의해 구성되고 있다.	
5	분전반 [옥내]	OC기능보유 ELCB, 분기회로의 단락 · 과부하보호용 MCCB 등으로 구성되고 있다. 인버터의 교류출력은, 일반적으로 분기 회로에 접속된다.	내선규정
6	계약용 전류제한기 [옥내]	수용가가 전력회사로부터 전기의 공급을 받을때 계약전력이상의 전류가 흐르면 차단한다. 단지, 필요로 하지 않는 전력회사도 있다	
7	공급전력계량용 전려계 [옥외 · 처마밑 등]	전력회사로부터 공급전력을 계량하기 위한 계기 (전력회사가 설치한다)	계량법
8	잉여전력계량용 전력계 [옥외 · 처마밑 등]	전력회사로부터 공급전력량을 계량하기 위한 계기	계량법
9	교류측 옥외 개폐기 [옥외 · 처마밑 등]	계통연계보호장치가 고장이 발생하여 만일 해열할 수 없을 경우 등의 위험을 회피하기 위하여 전력회사 작업원이 필요에 ek라서 개방할 수 있도록 설치한다.	계통연계기술요건 지침

연 습 문 제

1 온도변화에 따른 태양전지의 효율변화를 설명하시오.

2 태양전지의 전면 및 후면 빛 조사시 분광반응데 대하여 설명하시오.

3 결합속도와 에미터 포화전류, 베이스에서와 확산길이와 후면의 효과적인 표면 재결합 속도를 측정하기 위한 광전류-전압 감쇄(PCVD) 측정 기술에 대하여 설명하시오.

참고문헌

1. The IEEE Standard Dictionary of Electrical and Electronic Terms. ANSI/IEEE Standard 100. 1992, New York, NY: The Institute of Electrical and Electronic Engineers.
2. Recommended Practice for Maintenance, Testing, and Replacement of Large Lead Storage Batteries for Generating Stations and Substations. ANSI/IEEE Standard 450. 1987, New York, NY: The Institute of Electrical and Electronic Engineers.
3. Maintenance and Operation of Stand-Alone Photovoltaic Systems. December 1991, Albuquerque, NM: Photovoltaic Design Assistance Center, Sandia National Laboratories.
4. Photovoltaic System Design. Course Manual. 1991, Cocoa, FL: Florida Solar Energy Center.
5. Stand-Alone Photovoltaic Systems: A Handbook of Recommended Design Practices. March 1995, Albuquerque, NM: Photovoltaic Design Assistance Center, Sandia National Laboratories.
6. Storage Battery Technical Service Manual. 10th Edition. 1987, Chicago, IL: Battery Council International.
7. Perez, Richard. The Complete Battery Book. 1985, Blue Ridge Summit, PA: Tab Books.
8. Solar Radiation Data Manual for Flat-Plate and Concentrating Collectors. April 1994. NREL/TP-463-5607, Golden, CO. National Renewable Energy Laboratory.
9. A Preliminary Evaluation of the PV Streetlight Outdoor Lighting System. Contract Report. May 26, 1999, Cocoa, FL. Florida Solar Energy Center.
10. Guide For Selection, Test and Evaluation of Lead-Acid Batteries Used in PV

Systems. ANSI/IEEE PAR 1361 Draft 6.0 Revised July 8, 1999, New York, NY: The Institute of Electrical and Electronic Engineers.

11. "계통연계운전형 신에너지원의 표준화 및 보급체제 정비"의 7차 분기보고서 <한국전기연구소> (1999.6.8~1999.9.7)

12. "분산형전원계통기술지침" (JEAG 9701-1993) <사단법인 일본전기협 전기기술기준조사위원회>

부록 1 GENERAL PROPERTIES OF SILICON(300K)

Property	Value
Absorption Coefficient (α)	부록 2 참조
Atomic Density	$5 \times 10^{22}/cm^3$ $5 \times 10^{28}/m^3$
Atomic Weight	28.09
Density (ρ)	$2.32\ g/cm^3$ $2328\ kg/m^3$
Diffusion Coefficient (D_n, D_p)	$(kT/q) \times$ mobility (non−degenerate material)
Effective Density of States: Conduction Band (N_C) Valence Band (N_v)	$3 \times 10^{19}/cm^3$ $3 \times 10^{25}/m^3$ $1 \times 10^{19}/cm^3$ $1 \times 10^{25}/m^3$
Effective Mass Ratio: Electrons Holes	$0.98m_o$ (longitudinal) $0.19m_o$ (transverse) $0.49m_o$ (heavy hole) $0.16m_o$ (light hole)
Electron Affinity (χ)	4.05 eV
Energy Bandgap (E_G)	1.1242 eV
Intrinsic Carrier Concentration (n_i)	$1.45 \times 10^{10}/cm^3$ $1.45 \times 10^{16}/m^3$
Lattice Constant	0.543095 nm
Melting Point	1415°C
Mobility (μ_n, μ_p)	1500, 500 $cm^2/V \cdot S$

Property	Value
Phonon Energy (E_{ph})	1.2 eV
Refractive index (n)	부록 2 참조
Relative Permittivity (ε_r)	11.7
Resistivity (ρ)	0.5~10 Ω−cm
Thermal Conductivity	1.5 W/cm−K 150 W/m−K
Thermal Expansion Coefficient	2.6×10^{-6}/K

부록 2 OPTICAL PROPERTIES OF SILICON

λ (μm)	α (/cm)	n	k
0.25	1.80E6	1.600	3.700
0.26	2.10E6	1.980	4.420
0.27	2.21E6	2.214	4.752
0.28	2.35E6	3.244	5.230
0.29	2.13E6	4.473	4.909
0.30	1.65E6	4.894	3.938
0.31	1.44E6	4.953	3.549
0.32	1.28E6	4.983	3.272
0.33	1.19E6	5.092	3.132
0.34	1.12E6	5.234	3.018
0.35	1.08E6	5.451	2.998
0.36	1.04E6	6.147	2.976
0.37	7.32E5	6.890	2.155
0.38	2.92E5	6.510	0.881
0.39	1.70E5	6.053	0.527
0.40	1.07E5	5.619	0.341
0.41	7.80E4	5.374	0.254
0.42	5.73E4	5.130	0.191
0.43	4.63E4	4.989	0.158
0.44	3.70E4	4.824	0.130
0.45	3.06E4	4.737	0.110
0.46	2.54E4	4.608	0.093
0.47	2.18E4	4.525	0.082
0.48	1.82E4	4.454	0.069
0.49	1.59E4	4.347	0.062
0.50	1.38E4	4.281	0.055
0.51	1.18E4	4.256	0.048
0.52	1.02E4	4.207	0.042
0.53	9.27E3	4.159	0.039
0.54	8.10E3	4.112	0.035

λ (μm)	α (/cm)	*n*	*k*
0.55	7.15E3	4.084	0.031
0.56	6.45E3	4.049	0.029
0.57	5.94E3	4.025	0.027
0.58	5.43E3	3.987	0.025
0.59	4.77E3	3.958	0.022
0.60	4.40E3	3.933	0.021
0.61	4.09E3	3.916	0.020
0.62	3.82E3	3.892	0.019
0.63	3.55E3	3.872	0.018
0.64	3.28E3	3.854	0.017
0.65	3.02E3	3.840	0.016
0.66	2.77E3	3.816	0.015
0.67	2.53E3	3.800	0.013
0.68	2.34E3	3.787	0.013
0.69	2.17E3	3.774	0.012
0.70	2.00E3	3.762	0.011
0.71	1.86E3	3.751	0.011
0.72	1.71E3	3.741	0.010
0.73	1.58E3	3.731	0.009
0.74	1.46E3	3.721	0.008
0.75	1.342E3	3.711	0.008
0.76	1.234E3	3.702	0.007
0.77	1.133E3	3.693	0.007
0.78	1.039E3	3.685	0.006
0.79	9.51E2	3.678	0.006
0.80	8.69E2	3.671	0.006
0.81	7.92E2	3.664	0.005
0.82	7.21E2	3.657	0.005
0.83	6.55E2	3.651	0.004
0.84	5.94E2	3.645	0.004
0.85	5.36E2	3.639	0.004
0.86	4.83E2	3.633	0.003
0.87	4.34E2	3.627	0.003
0.88	3.89E2	3.622	0.003
0.89	3.47E2	3.617	0.002

λ (μm)	α (/cm)	n	k
0.90	3.08E2	3.612	0.002
0.91	2.72E2	3.607	0.002
0.92	2.39E2	3.603	0.002
0.93	2.09E2	3.598	0.002
0.94	1.82E2	3.594	0.001
0.95	1.57E2	3.590	0.001
0.96	1.34E2	3.586	0.001
0.97	1.14E2	3.583	0.001
0.98	9.5E1	3.579	0.001
0.99	7.9E1	3.575	0.001
1.00	6.40E1	3.572	0.001
1.01	5.11E1	3.568	–
1.02	3.99E1	3.565	–
1.03	3.02E1	3.562	–
1.04	2.26E1	3.559	–
1.05	1.63E1	3.556	–
1.06	1.11E1	3.553	–
1.07	8.0E0	3.550	–
1.08	6.2E0	3.548	–
1.09	4.7E0	3.546	–
1.10	3.5E0	3.543	–
1.11	2.7E0	3.541	–
1.12	2.0E0	3.539	–
1.13	1.5E0	3.536	–
1.14	1.01E0	3.534	–
1.15	6.8E−1	3.532	–
1.16	4.2E−1	3.530	–
1.17	2.2E−1	3.528	–
1.18	6.5E−2	3.526	–
1.19	3.6E−2	3.524	–
1.20	2.3E−2	3.522	–
1.21	1.3E−2	3.520	–
1.22	7.7E−3	3.518	–
1.23	3.8E−3	3.517	–
1.24	1.5E−3	3.515	–

부록 3 물리 상수

아보가드로상수	N_{AVO}	6.02204×10^{23} mol^{-1}
보어반지름	a_B	0.52917 Å
볼츠만상수	k, k_B	1.38066×10^{-23} J/K(=R/N_{AVO})
단위전하량	q, e	1.60218×10^{-19} C
전자의 정지질량	m_0	0.91095×10^{-30} kg
전자볼트	eV	1eV=1.60218×10^{-19}J
		= 23.053 kcal/mol
기체상수	R	1.98719 cal mol^{-1}K^{-1}
공기의 투자율	μ_0	1.25663×10^{-8} H/cm($4\pi \times 10^{-9}$)
공기의 유전율	ϵ_0	8.854×10^{-14} F/cm($1/\mu_0 c^2$)
플랭크 상수	h	6.62617×10^{-34} J−sec
	$\hbar(=h/2\pi)$	1.05458×10^{-34} J−sec
양자의 정지질량	M_P	1.67264×10^{-27} kg
진공중 빛의 속도	c	2.99792×10^{10} cm/sec
표준대기압		1.01325×10^{5} N/m^2

부록 4 주요 반도체의 성질(300K)

	E_g (eV)	μ_n(cm^2/V-s)	μ_p(cm^2/V-s)	ρ (Ω-cm)	천이 형태	도핑	격자 형태	a (Å)	ε_r	밀도(g/cm^3)	융점 (℃)
Si	1.11	1350	480	2.5×10^5*	*i*	n.p	*D*	5.43	11.8	2.33	1415
Ge	0.67	3900	1900	43	*i*	n.p	*D*	5.66	16	5.32	936
SiC(α)	2.86	500		10^{10}	*i*	n.p	*W*	3.08	10.2	3.21	2830
AlP	2.45	80		10^{-5}	*i*	n.p	*Z*	5.46	9.8	2.40	2000
AlAs	2.16	180		0.1	*i*	n.p	*Z*	5.66	10.9	3.60	1740
AlSb	1.6	200	300	5	*i*	n.p	*Z*	6.14	11	4.26	1080
GaP	2.26	300	150	1	*i*	n.p	*Z*	5.45	11.1	4.13	1467
GaAs	1.43	8500	400	4×10^8*	*d*	n.p	*Z*	5.65	13.2	5.31	1238
GaSb	0.7	5000	1000	0.04	*d*	n.p	*Z*	6.09	15.7	5.61	712
InP	1.35	4000	100	8×10^{-3}	*d*	n.p	*Z*	5.87	12.4	4.79	1070
InAs	0.36	22600	200	0.03	*d*	n.p	*Z*	6.06	14.6	5.67	943
InSb	0.18	10^5	1700	0.06	*d*	n.p	*Z*	6.48	17.7	5.78	525
ZnS	3.6	110		10^{10}	*d*	n	*Z,W*	5.409	8.9	4.09	1650[F]
ZnSe	2.7	600		10^9	*d*	n	*Z*	5.671	9.2	5.65	1100[F]
ZnTe	2.25		100	100	*d*	p	*Z*	6.101	10.4	5.51	1238[F]
CdS	2.42	250	15		*d*	n	*W,Z*	4.137	8.9	4.82	1475
CdSe	1.73	650		10^5	*d*	n	*W*	4.30	10.2	5.81	1258
CdTe	1.58	1050	100	10^{10}	*d*	n.p	*Z*	6.482	10.2	6.20	1098
PbS	0.37	575	200	5×10^{-3}	*i*	n.p	*H*	5.936	161	7.6	1119
PbSe	0.27	1000	1000	10^{-3}	*i*	n.p	*H*	6.147	280	8.73	1081
PbTe	0.29	1600	700	10^{-2}	*i*	n.p	*H*	6.452	360	8.16	925

+ : 기화온도
* : 고유저항율
i : 간접 천이 반도체
d : 직접 천이 반도체
D : 다이아몬드구조
W : wurtzite
Z : zincblende
H : *halite*

찾아보기

저자소개

◈ 이준신

- **석사** 뉴욕주립대학교 1989~1991 ECE
- **박사** 뉴욕주립대학교 1991~1994 ECE
- **현재** 성균관대학교 정보통신공학부 교수

◈ 김경해

- **석사** 성균관대학교 1997~1999 전기전자컴퓨터공학부
- **박사** 성균관대학교 2000~2005 전기전자컴퓨터공학부
  성균관대학교 정보통신공학부 연구교수

도서출판 그 린

태양전지공학

초판 인쇄일 ▶	2007년 3월 5일
재판 발행일 ▶	2017년12월 15일
저자 ▶	이준신, 김경해
발행처 ▶	도서출판 그린
발행인 ▶	윤 덕 우
출판등록 ▶	제8-161호(1995. 5. 3.)
주소 ▶	경기도 파주시 가람로 116번길 107 운정한강듀클래스 411호 (우)10896
전화 ▶	02)333-2574, 2575
Fax ▶	02)333-2561
E-mail ▶	greenpress@greenpress.co.kr
Homepage ▶	http://www.greenpress.co.kr

Green Pub.

정가 : 25,000원

ISBM 978-89-5727-087-5